2022

中国住房公积金年鉴

Yearbook of China Housing Provident Fund

住房和城乡建设部住房公积金监管司　主编

中国城市出版社

图书在版编目（CIP）数据

2022 中国住房公积金年鉴 = Yearbook of China Housing Provident Fund / 住房和城乡建设部住房公积金监管司主编. — 北京：中国城市出版社，2023.8

ISBN 978-7-5074-3635-8

Ⅰ. ①2… Ⅱ. ①住… Ⅲ. ①住房基金-公积金制度-中国-2022-年鉴 Ⅳ. ①F299.233.1-54

中国国家版本馆 CIP 数据核字（2023）第 155523 号

责任编辑：万　李
责任校对：张　颖
校对整理：赵　菲

2022 中国住房公积金年鉴

Yearbook of China Housing Provident Fund

住房和城乡建设部住房公积金监管司　主编

*

中国城市出版社出版、发行（北京海淀三里河路 9 号）

各地新华书店、建筑书店经销

北京鸿文瀚海文化传媒有限公司制版

北京中科印刷有限公司印刷

*

开本：880 毫米×1230 毫米　1/16　印张：33　插页：1　字数：1043 千字

2023 年 8 月第一版　2023 年 8 月第一次印刷

定价：**180.00** 元

ISBN 978-7-5074-3635-8

（904666）

《2022中国住房公积金年鉴》编写委员会

主　任

董建国　住房和城乡建设部
　　　　党组成员、副部长

副主任

杨佳燕　住房和城乡建设部住房公积金
　　　　监管司司长
王旭东　住房和城乡建设部住房公积金
　　　　监管司副司长
唐在富　财政部政策研究室副主任
彭立峰　中国人民银行金融市场司副司长
张　锋　中国建筑出版传媒有限公司
　　　　（中国城市出版社有限公司）
　　　　党委书记、董事长

编　委

蔺雪峰　天津市住房和城乡建设委员会
　　　　党委书记、主任
马　韧　上海市住房和城乡建设管理
　　　　委员会副主任
张其悦　重庆市住房和城乡建设委员会
　　　　党组成员
赵春旺　河北省住房和城乡建设厅
　　　　党组成员、副厅长
卫再学　山西省住房和城乡建设厅
　　　　党组成员、副厅长
张　鹤　内蒙古自治区住房和城乡建设厅
　　　　党组成员、副厅长
曹桂喆　辽宁省住房和城乡建设厅
　　　　党组成员、副厅长
刘　萍　吉林省住房和城乡建设厅
　　　　党组成员、副厅长
徐东锋　黑龙江省住房和城乡建设厅
　　　　党组成员、副厅长
张　钧　江苏省住房和城乡建设厅
　　　　党组成员、副厅长
施卫忠　浙江省住房和城乡建设厅
　　　　党组成员、副厅长
方廷勇　安徽省住房和城乡建设厅
　　　　党组成员、副厅长
王明炫　福建省住房和城乡建设厅
　　　　党组成员、副厅长
李道鹏　江西省住房和城乡建设厅
　　　　副厅长
周善东　山东省住房和城乡建设厅
　　　　党组成员、副厅长
王　艺　河南省住房和城乡建设厅
　　　　党组副书记、副厅长（正厅级）
刘　震　湖北省住房和城乡建设厅
　　　　党组成员、副厅长
易继红　湖南省住房和城乡建设厅
　　　　党组成员、总工程师
刘　玮　广东省住房和城乡建设厅
　　　　党组成员、副厅长
汪夏明　广西壮族自治区住房和城乡建设厅
　　　　党组副书记、副厅长、一级巡视员
陈积卫　海南省住房和城乡建设厅
　　　　党组成员、副厅长
樊　晟　四川省住房和城乡建设厅
　　　　党组成员、副厅长

王　春　贵州省住房和城乡建设厅
党组成员、副厅长

黄　媛　云南省住房和城乡建设厅
党组成员、副厅长

于　洋　西藏自治区住房和城乡建设厅
党组成员、副厅长

王友志　陕西省住房和城乡建设厅
党组成员、副厅长

梁文钊　甘肃省住房和城乡建设厅
党组成员、副厅长

马庆林　青海省住房和城乡建设厅
党组成员、副厅长

李　梅　宁夏回族自治区住房和城乡
建设厅党组成员、副厅长

周　江　新疆维吾尔自治区住房和城乡
建设厅党组成员、副厅长

杨　旭　新疆生产建设兵团住房和城乡
建设局党组成员、副局长

刘旭泽　中央国家机关住房资金管理中心
主任

《2022中国住房公积金年鉴》编写执行委员会

杨　林　住房和城乡建设部住房公积金监管司综合处处长

崔　勇　住房和城乡建设部住房公积金监管司政策协调处处长

蒋俊锋　住房和城乡建设部住房公积金监管司督察管理处处长

葛　峰　住房和城乡建设部住房公积金监管司信息化推进处处长

陈彩林　住房和城乡建设部住房公积金监管司服务指导处处长

于江涛　财政部综合司住房土地处处长

郑玉玲　中国人民银行金融市场司房地产与消费金融处处长

魏　庆　上海市住房和城乡建设管理委员会审计处（公积金处）处长

赵国栋　河北省住房和城乡建设厅住房保障与住房公积金监管处处长

郭永昶　山西省住房和城乡建设厅住房公积金监管处处长

王丹阳　内蒙古自治区住房和城乡建设厅住房保障与公积金监管处处长

杨　勇　辽宁省住房和城乡建设厅住房公积金监管处处长

赵　伟　吉林省住房和城乡建设厅房地产市场监管处（住房公积金管理办公室）副处长

王　亮　黑龙江省住房和城乡建设厅住房保障和房地产处处长

葛仁军　江苏省住房和城乡建设厅住房公积金监管处处长

梁红伟　浙江省住房和城乡建设厅住房改革与公积金监管处处长

刘家祥　安徽省住房和城乡建设厅住房公积金监管处处长

陈德仓　福建省住房和城乡建设厅住房公积金监管处处长

林　伟　江西省住房和城乡建设厅住房公积金监管处处长

张道远　山东省住房和城乡建设厅住房公积金监管处处长、一级调研员

赵树德　河南省住房和城乡建设厅住房公积金监管处处长、二级巡视员

杨　东　湖北省住房和城乡建设厅住房公积金监管处处长

黄　俊　湖南省住房和城乡建设厅住房公积金监管处处长

林刘雄　广东省住房和城乡建设厅住房公积金监管处处长

傅　文　广西壮族自治区住房和城乡建设厅住房公积金监管处处长

王建宝　海南省住房和城乡建设厅住房公积金监管处处长

谭维斌　四川省住房和城乡建设厅住房公积金监管处处长

罗立平　贵州省住房和城乡建设厅住房公积金监管处处长

赵智捷　云南省住房和城乡建设厅住房改革和公积金监管处处长

何　荆　西藏自治区住房和城乡建设厅规划财务处（住房公积金监督管理处）处长

王宏宇　陕西省住房和城乡建设厅住房公积金监管处处长

贺瑞雪　甘肃省住房和城乡建设厅住房公积金监管处处长

渭兆军　青海省住房和城乡建设厅住房改革与保障处（住房公积金监管处）处长

张小霞　宁夏回族自治区住房和城乡建设厅住房公积金监管处处长

万　强　新疆维吾尔自治区住房和城乡建设厅住房公积金监管处处长

芦　伟　新疆生产建设兵团住房和城乡建设局住房保障处处长

张国伟　北京住房公积金管理中心党组书记、主任

刘诚宏　天津市住房公积金管理中心党组书记、主任

浦建华　上海市公积金管理中心党委副书记、主任

张其悦　重庆市住房公积金管理中心党组书记、主任

甄贵福　河北省唐山市住房公积金管理中心党组书记、主任

陈玉林　黑龙江省伊春市住房公积金管理中心党组书记、主任

吴海泳　江苏省常州市住房公积金管理中心党组书记、主任

刘玉波　江苏省连云港市住房公积金管理中心党组书记、主任

杨永斌　山东省济南住房公积金中心党组书记、主任

曹彦平　山东省青岛市住房公积金管理中心党组书记、主任

宋玉波　山东省临沂市住房公积金中心党组书记、主任

袁运强　湖北省武汉住房公积金管理中心党组书记、主任

冯　卫　广东省广州住房公积金管理中心党组书记、主任

艾　力　贵州省黔南州住房公积金管理中心党组书记、主任

姜德炜　甘肃省金昌市住房公积金管理中心党组书记、主任

《2022中国住房公积金年鉴》主要撰稿人名单（以姓氏笔画为序）

于晓滨	马　尧	王　茜	王　宪	王　琳	王　睿
王彦杰	艾　迪	卢　海	曲连英	刘　阳	刘　香
刘　涛	刘传香	刘志彬	刘秋明	刘鸿剑	许　彬
许龙华	孙　康	牟宗英	杜凌波	李　芳	李　莹
李洋宇	李晓霞	李道夏	李慧群	杨　乐	杨　帆
吴　昊	张文静	张荣松	张艳芳	陈　英	陈　燕
孟　萍	夏　诚	夏剑君	高经纬	黄　勇	彭佳娟
蒋丽萍	童　爽	谢　斐	慕　剑	翟　鹰	

编写说明

《中国住房公积金年鉴》是由住房和城乡建设部组织编纂的住房公积金资料工具书，由中国城市出版社负责具体的编辑出版。

一、《中国住房公积金年鉴》综合反映我国住房公积金制度发展年度情况，内容丰富，数据翔实，具有很强的实用性、可读性、指导性，可为相关部门和人员提供参考借鉴，为学术研究机构提供有力支撑，为社会各界提供知情渠道。

二、《中国住房公积金年鉴》2022卷力求全面记载当年住房公积金管理运行情况，突出展示住房公积金年度重点工作、主要举措和经验亮点。

三、《中国住房公积金年鉴》共分三个部分，第一部分为全国住房公积金年度报告；第二部分为各地住房公积金年度报告，包括各省、自治区、直辖市年度报告，有代表性城市的年度报告，所有省市年度报告均附有在线阅读二维码；第三部分为住房公积金管理运行有关经验做法。

限于编写水平和经验，本年鉴难免存在不足之处，欢迎广大读者提出宝贵意见。谨向关心支持住房公积金事业发展的各级领导、撰稿人员和广大读者致以诚挚的感谢！

目　录

第一部分　全国住房公积金年度报告

第二部分　各地住房公积金年度报告

第三部分　住房公积金管理运行有关经验做法

第一部分

全国住房公积金年度报告

全国住房公积金 2022 年年度报告[1]

2022 年，住房公积金系统坚持以习近平新时代中国特色社会主义思想为指导，全面贯彻党的二十大和中央经济工作会议精神，坚决贯彻落实党中央、国务院决策部署，牢固树立以人民为中心的发展思想，坚持稳中求进工作总基调，坚持房子是用来住的、不是用来炒的定位，推动制度惠及更多群体，租购并举解决缴存人基本住房问题，推动数字化发展，提升服务标准化规范化便利化水平，住房公积金制度运行安全平稳。根据《住房公积金管理条例》和《住房和城乡建设部 财政部 中国人民银行关于健全住房公积金信息披露制度的通知》（建金〔2015〕26 号）有关规定，现将全国住房公积金 2022 年年度报告公布如下。

一、机构概况

（一）根据《住房公积金管理条例》规定，住房和城乡建设部会同财政部、中国人民银行负责拟定住房公积金政策，并监督执行。住房和城乡建设部设立住房公积金监管司，各省、自治区住房和城乡建设厅设立住房公积金监管处（办），分别负责全国、省（自治区）住房公积金日常监管工作。

（二）直辖市和省、自治区人民政府所在地的市，其他设区的市（地、州、盟）以及新疆生产建设兵团设立住房公积金管理委员会，作为住房公积金管理决策机构，负责在《住房公积金管理条例》框架内审议住房公积金决策事项，制定和调整住房公积金具体管理措施并监督实施。截至 2022 年末，全国共设有住房公积金管理委员会 341 个。

（三）直辖市和省、自治区人民政府所在地的市，其他设区的市（地、州、盟）以及新疆生产建设兵团设立住房公积金管理中心，负责住房公积金的管理运作。截至 2022 年末，全国共设有住房公积金管理中心 341 个；未纳入设区城市统一管理的分支机构 109 个。全国住房公积金服务网点 3628 个。全国住房公积金从业人员 4.48 万人，其中，在编 2.69 万人，非在编 1.79 万人。

（四）按照中国人民银行的规定，住房公积金贷款、结算等金融业务委托住房公积金管理委员会指定的商业银行办理。

二、业务运行情况

（一）缴存。2022 年，住房公积金实缴单位 452.72 万个，实缴职工 16979.57 万人，分别比上年增长 8.80%和 3.31%。新开户单位 75.22 万个，新开户职工 1985.44 万人。

2022 年，住房公积金缴存额 31935.05 亿元，比上年增长 9.53%。

截至 2022 年末，住房公积金累计缴存总额 256927.26 亿元，缴存余额 92454.82 亿元，分别比上年末增长 14.19%、12.91%（表 1、表 2、图 1）。

2022 年分地区住房公积金缴存情况 **表 1**

地区	实缴单位（万个）	实缴职工（万人）	缴存额（亿元）	累计缴存总额（亿元）	缴存余额（亿元）
全国	**452.72**	**16979.57**	**31935.05**	**256927.26**	**92454.82**
北京	43.67	946.48	2924.31	23454.91	6992.21

续表

地区	实缴单位（万个）	实缴职工（万人）	缴存额（亿元）	累计缴存总额（亿元）	缴存余额（亿元）
天津	9.50	309.09	642.94	6309.54	1964.30
河北	8.47	561.55	839.22	7399.67	3139.33
山西	5.32	363.61	559.23	4666.56	1899.36
内蒙古	4.91	276.97	520.09	4525.22	1904.71
辽宁	11.24	512.72	953.00	9884.40	3283.74
吉林	4.70	252.70	412.13	4032.69	1594.85
黑龙江	4.34	294.35	537.81	5186.69	2003.58
上海	52.13	936.20	2227.22	16945.31	6916.42
江苏	51.08	1610.46	2850.60	21567.74	7166.18
浙江	40.24	1091.35	2274.02	17135.12	5020.26
安徽	9.04	523.39	935.15	8026.18	2507.91
福建	16.82	483.21	908.42	7265.70	2369.97
江西	6.04	325.20	612.99	4475.74	1949.05
山东	26.34	1124.15	1824.52	14215.22	5398.38
河南	10.75	716.19	1038.57	8264.07	3677.32
湖北	11.24	566.91	1142.73	8760.30	3821.81
湖南	8.87	536.60	897.05	6949.29	3144.15
广东	59.12	2218.74	3605.49	27638.75	8746.22
广西	7.37	354.71	628.86	5158.31	1739.97
海南	4.85	126.79	187.76	1452.02	622.44
重庆	5.53	310.28	548.89	4463.88	1595.09
四川	17.23	820.37	1468.17	11512.72	4453.52
贵州	6.56	296.28	534.49	3962.69	1575.76
云南	6.57	307.72	673.14	5884.45	1953.06
西藏	0.63	42.37	152.98	988.77	488.93
陕西	9.04	472.33	746.54	5793.66	2387.99
甘肃	3.82	206.87	376.95	3306.27	1399.02
青海	1.27	58.59	155.31	1301.34	445.88
宁夏	1.25	74.65	161.85	1297.35	446.87
新疆	4.18	229.93	534.25	4643.84	1653.28
新疆兵团	0.61	28.85	60.37	458.84	193.28

2022年分类型单位住房公积金缴存情况　　**表2**

单位性质	实缴单位（万个）	占比（%）	实缴职工（万人）	占比（%）	新开户职工（万人）	占比（%）
国家机关和事业单位	71.26	15.74	4744.96	27.95	249.68	12.58
国有企业	25.00	5.52	3010.21	17.73	201.56	10.15
城镇集体企业	4.90	1.08	237.33	1.40	24.96	1.26
外商投资企业	11.39	2.52	1225.67	7.22	160.43	8.08

续表

单位性质	实缴单位（万个）	占比（%）	实缴职工（万人）	占比（%）	新开户职工（万人）	占比（%）
城镇私营企业及其他城镇企业	277.16	61.22	6474.33	38.13	1134.78	57.16
民办非企业单位和社会团体	11.14	2.46	315.06	1.86	51.52	2.60
其他类型单位	51.87	11.46	972.01	5.72	162.50	8.18
合计	**452.72**	**100.00**	**16979.57**	**100.00**	**1985.44**	**100.00**

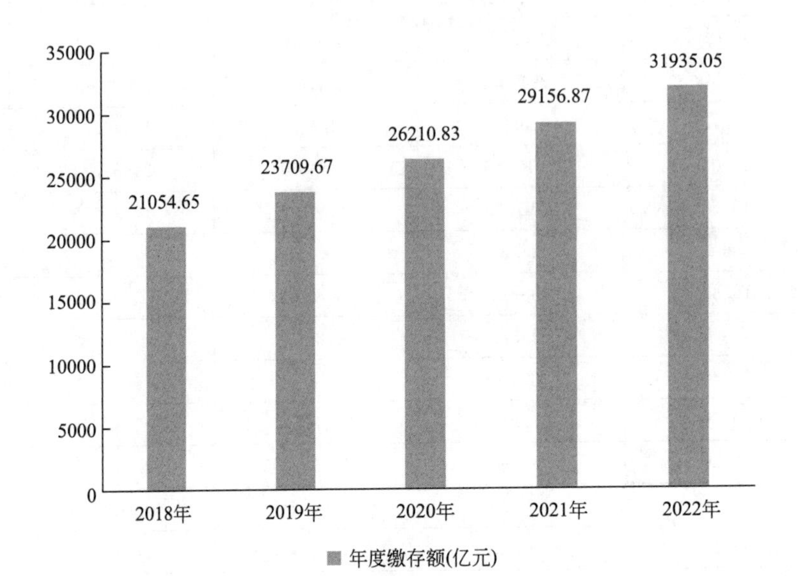

图 1　2018—2022 年住房公积金缴存额

（二）提取。2022 年，住房公积金提取人数 6782.63 万人，占实缴职工人数的 39.95%；提取额 21363.27 亿元，比上年增长 5.15%；提取率[2] 66.90%，比上年降低 2.78 个百分点。

截至 2022 年末，住房公积金累计提取总额 164472.44 亿元，占累计缴存总额的 64.02%（表 3、图 2）。

2022 年分地区住房公积金提取情况　　**表 3**

地区	提取额（亿元）	提取率（%）	住房消费类提取额（亿元）	非住房消费类提取额（亿元）	累计提取总额（亿元）
全国	**21363.27**	**66.90**	**16916.96**	**4446.31**	**164472.44**
北京	2113.59	72.28	1857.37	256.22	16462.71
天津	461.31	71.75	350.04	111.26	4345.24
河北	472.17	56.26	324.53	147.64	4260.34
山西	322.10	57.60	242.63	79.47	2767.21
内蒙古	309.89	59.58	212.26	97.63	2620.51
辽宁	691.61	72.57	499.99	191.62	6600.66
吉林	272.54	66.13	184.41	88.13	2437.83
黑龙江	342.13	63.62	212.94	129.19	3183.11
上海	1379.44	61.94	1140.99	238.45	10028.90
江苏	1908.54	66.95	1543.83	364.71	14401.56

续表

地区	提取额（亿元）	提取率（%）	住房消费类提取额（亿元）	非住房消费类提取额（亿元）	累计提取总额（亿元）
浙江	1678.71	73.82	1414.62	264.09	12114.86
安徽	638.91	68.32	497.85	141.06	5518.27
福建	664.87	73.19	527.70	137.17	4895.73
江西	386.89	63.11	283.93	102.96	2526.70
山东	1150.73	63.07	901.71	249.03	8816.85
河南	599.17	57.69	406.96	192.20	4586.75
湖北	726.57	63.58	514.72	211.85	4938.49
湖南	539.40	60.13	370.75	168.64	3805.13
广东	2534.10	70.28	2161.39	372.71	18892.52
广西	434.64	69.12	339.42	95.22	3418.34
海南	111.61	59.44	81.26	30.35	829.58
重庆	350.65	63.88	291.83	58.82	2868.79
四川	1036.35	70.59	829.37	206.98	7059.20
贵州	399.15	74.68	319.35	79.80	2386.93
云南	513.69	76.31	399.96	113.73	3931.39
西藏	57.85	37.81	45.41	12.44	499.84
陕西	453.96	60.81	353.79	100.17	3405.68
甘肃	242.32	64.29	179.72	62.61	1907.26
青海	88.59	57.04	62.96	25.64	855.46
宁夏	99.40	61.42	75.58	23.82	850.48
新疆	350.42	65.59	268.19	82.24	2990.56
新疆兵团	31.96	52.94	21.50	10.45	265.56

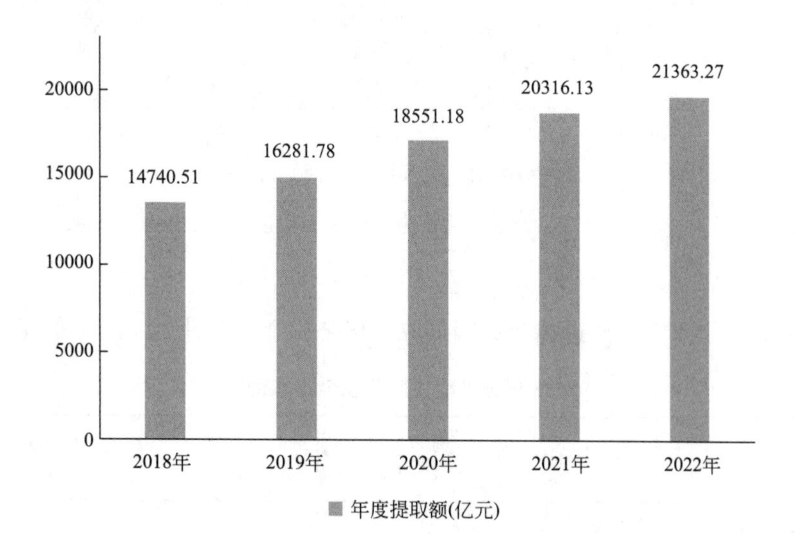

图 2　2018—2022 年住房公积金提取额

1. 提取用于租赁住房和老旧小区改造。

2022 年，支持 1537.87 万人提取住房公积金 1521.37 亿元用于租赁住房（图 3）。支持 1.07 万人提取住房公积金 5.01 亿元用于老旧小区改造。

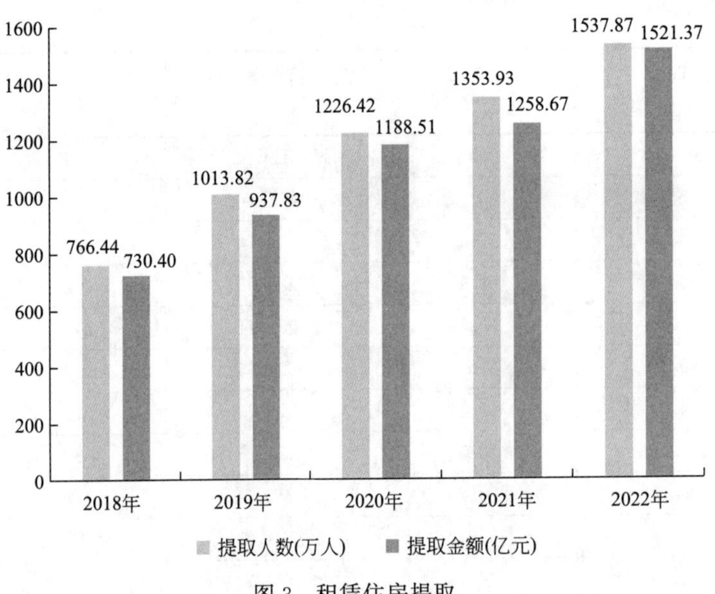

图 3　租赁住房提取

2. 提取用于购买、建造、翻建、大修自住住房和偿还购房贷款本息。

2022 年，支持 4245.26 万人提取住房公积金用于购买、建造、翻建、大修自住住房和偿还购房贷款本息，共计 15286.81 亿元（图 4）。

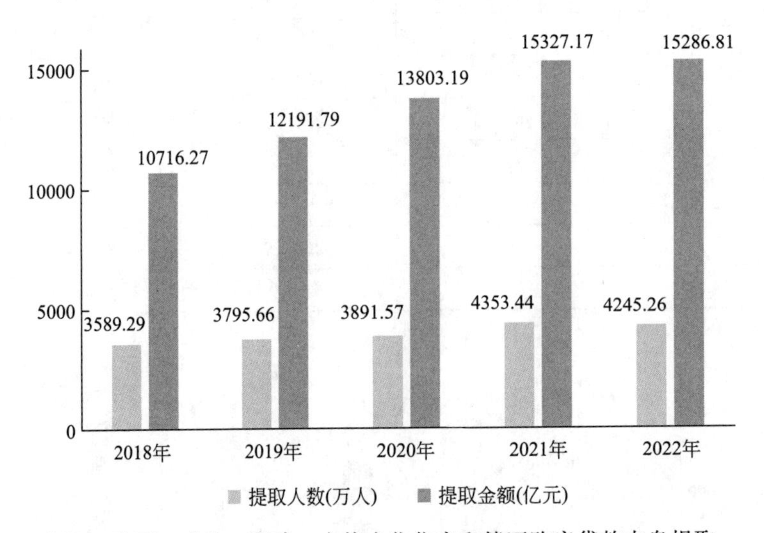

图 4　购买、建造、翻建、大修自住住房和偿还购房贷款本息提取

3. 离退休等提取。

2022 年，支持 896.15 万人因离退休等原因提取住房公积金，共计 4446.31 亿元（表 4）。

2022 年分类型住房公积金提取情况　　**表 4**

提取原因		提取人数（万人）	占比（%）	提取金额（亿元）	占比（%）
住房消费类	购买、建造、翻建、大修自住住房	601.90	8.87	4157.95	19.46
	偿还购房贷款本息	3643.36	53.72	11128.86	52.09
	租赁住房	1537.87	22.67	1521.37	7.12
	老旧小区改造	1.07	0.02	5.01	0.02
	其他	102.27	1.51	103.77	0.49

续表

提取原因		提取人数（万人）	占比（%）	提取金额（亿元）	占比（%）
非住房消费类	离退休	259.34	3.82	3141.74	14.71
	丧失劳动能力，与单位终止劳动关系	213.53	3.15	347.13	1.62
	出境定居或户口迁移	47.22	0.70	86.61	0.41
	死亡或宣告死亡	12.10	0.18	85.74	0.40
	其他	363.96	5.37	785.09	3.67
合计		**6782.63**	**100.00**	**21363.27**	**100.00**

（三）贷款。

1. 个人住房贷款。

2022年，发放住房公积金个人住房贷款247.75万笔，比上年减少20.17%；发放金额11841.85亿元，比上年减少15.20%。

截至2022年末，累计发放住房公积金个人住房贷款4482.46万笔、137144.66亿元，分别比上年末增长5.85%和9.45%；个人住房贷款余额72984.33亿元，比上年末增长5.88%；个人住房贷款率[3] 78.94%，比上年末减少5.24个百分点（表5、表6、图5）。

2022年分地区住房公积金个人住房贷款情况　　表5

地区	放贷笔数（万笔）	贷款发放额（亿元）	累计放贷笔数（万笔）	累计贷款总额（亿元）	贷款余额（亿元）	个人住房贷款率（%）
全国	**247.75**	**11841.85**	**4482.46**	**137144.66**	**72984.33**	**78.94**
北京	8.18	631.27	143.88	8899.29	5084.15	72.71
天津	4.12	212.97	117.07	3903.40	1576.41	80.25
河北	7.30	345.23	133.75	3835.32	2190.45	69.77
山西	6.33	259.71	81.83	2362.13	1451.44	76.42
内蒙古	4.46	174.74	128.19	2858.28	1250.53	65.65
辽宁	7.12	272.86	209.61	5190.66	2379.93	72.48
吉林	3.40	135.64	87.28	2227.14	1142.61	71.64
黑龙江	3.36	118.48	105.90	2539.74	1106.95	55.25
上海	11.30	842.76	311.12	11751.54	5872.25	84.90
江苏	21.00	1032.75	407.38	12549.66	6133.88	85.59
浙江	19.21	1018.65	249.84	9093.88	4651.20	92.65
安徽	8.95	333.41	169.80	4336.06	2135.32	85.14
福建	7.53	382.87	124.82	4009.42	2084.05	87.94
江西	6.36	290.90	99.38	2784.48	1533.13	78.66
山东	18.75	726.07	286.53	8009.74	4333.59	80.28
河南	9.16	378.04	168.26	4614.03	2683.25	72.97
湖北	12.47	613.50	176.69	5427.70	3088.02	80.80
湖南	9.03	387.29	167.56	4267.64	2445.40	77.78
广东	20.11	1065.79	270.48	10885.96	6671.98	76.28
广西	6.98	279.28	93.89	2462.02	1528.14	87.83
海南	1.68	100.71	23.21	843.69	555.61	89.26

续表

地区	放贷笔数（万笔）	贷款发放额（亿元）	累计放贷笔数（万笔）	累计贷款总额（亿元）	贷款余额（亿元）	个人住房贷款率（%）
重庆	5.36	225.43	78.38	2389.12	1451.48	91.00
四川	14.45	608.31	212.35	6138.02	3522.03	79.08
贵州	6.13	249.09	95.42	2585.38	1488.66	94.47
云南	6.72	310.95	144.79	3368.87	1482.21	75.89
西藏	0.50	34.00	11.80	523.11	278.53	56.97
陕西	7.44	385.30	103.28	3045.33	1902.43	79.67
甘肃	3.40	135.73	92.08	2011.36	941.19	67.28
青海	0.99	45.45	31.84	740.22	330.30	74.08
宁夏	0.97	45.10	32.29	760.34	285.80	63.96
新疆	4.53	182.52	114.77	2499.68	1253.82	75.84
新疆兵团	0.45	17.06	8.96	231.45	149.57	77.39

2022 年分类型住房公积金个人住房贷款情况 **表 6**

类别		发放笔数（万笔）	占比（%）	金额（亿元）	占比（%）
房屋类型	新房	172.00	69.43	8089.65	68.31
	存量商品住房	71.02	28.67	3565.82	30.11
	建造、翻建、大修自住住房	0.25	0.10	7.48	0.06
	其他	4.47	1.80	178.90	1.51
房屋建筑面积	90 平方米（含）以下	55.77	22.51	2875.81	24.29
	90 至 144 平方米（含）	169.79	68.53	7867.62	66.44
	144 平方米以上	22.19	8.96	1098.43	9.28
支持购房套数	首套	202.90	81.90	9650.56	81.50
	二套及以上	44.84	18.10	2191.30	18.50
贷款职工	单缴存职工	125.81	50.78	5343.28	45.12
	双缴存职工	121.43	49.02	6473.93	54.67
	三人及以上缴存职工	0.50	0.20	24.65	0.21
贷款职工年龄	30 岁（含）以下	86.01	34.72	3989.53	33.69
	30 岁～40 岁（含）	111.70	45.09	5659.70	47.79
	40 岁～50 岁（含）	39.73	16.03	1793.47	15.15
	50 岁以上	10.31	4.16	399.15	3.37
贷款职工收入水平	低于上年当地社会平均工资 3 倍	237.98	96.06	11244.48	94.96
	高于上年当地社会平均工资 3 倍（含）	9.76	3.94	597.38	5.04

2. 支持保障性住房建设试点项目贷款。

近年来，支持保障性住房建设试点项目贷款工作以贷款回收为主。2022 年，未发放试点项目贷款，回收试点项目贷款 1.74 亿元。

截至 2022 年末，累计向 373 个试点项目发放贷款 872.15 亿元，累计回收试点项目贷款 870.64 亿元，试点项目贷款余额 1.51 亿元。371 个试点项目结清贷款本息，83 个试点城市全部收回贷款本息。

（四）国债。2022 年，未购买国债，兑付、转让、收回国债 0.40 亿元；截至 2022 年末，国债余额

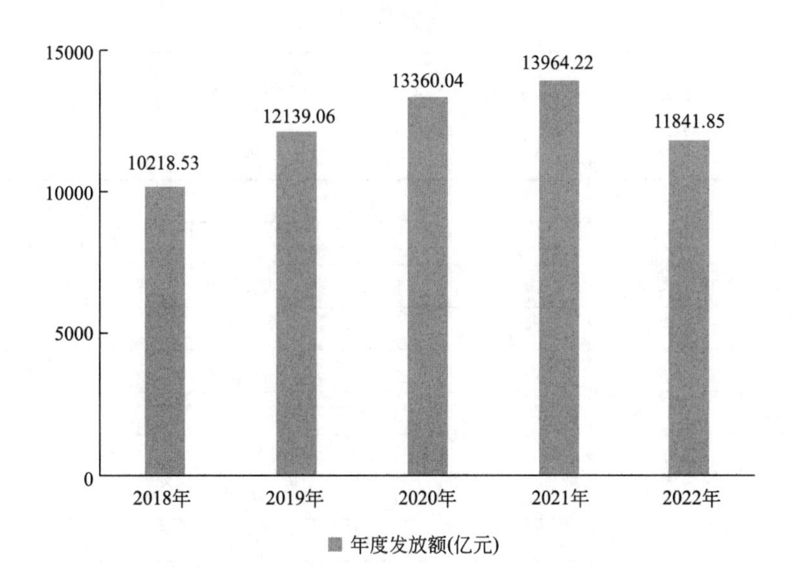

图 5　2018—2022 年个人住房贷款发放情况

4.89 亿元。

三、业务收支及增值收益情况

（一）业务收入。 2022 年，住房公积金业务收入 2868.42 亿元，比上年增长 10.82%。其中，存款利息 535.46 亿元，委托贷款利息 2321.34 亿元，国债利息 0.10 亿元，其他 11.52 亿元。

（二）业务支出。 2022 年，住房公积金业务支出 1460.10 亿元，比上年增长 10.09%。其中，支付缴存职工利息 1325.97 亿元，支付受委托银行归集手续费 28.36 亿元、委托贷款手续费 72.66 亿元，其他 33.11 亿元。

（三）增值收益。 2022 年，住房公积金增值收益 1408.32 亿元，比上年增长 11.59%；增值收益率[4] 1.61%。

（四）增值收益分配。 2022 年，提取住房公积金贷款风险准备金[5] 298.43 亿元，提取管理费用 127.24 亿元，提取公租房（廉租房）建设补充资金 982.96 亿元（表 7）。

2022 年分地区住房公积金增值收益及分配情况　　**表 7**

地区	业务收入（亿元）	业务支出（亿元）	增值收益（亿元）	增值收益率（%）	提取贷款风险准备金（亿元）	提取管理费用（亿元）	提取公租房(廉租房)建设补充资金(亿元)
全国	**2868.42**	**1460.10**	**1408.32**	**1.61**	**298.43**	**127.24**	**982.96**
北京	220.37	104.51	115.86	1.76	0.86	5.29	109.71
天津	54.42	32.25	22.17	1.18	0.34	3.83	18.07
河北	94.72	47.84	46.88	1.59	1.94	8.42	36.62
山西	60.76	30.65	30.11	1.69	5.83	3.31	20.97
内蒙古	56.18	27.34	28.84	1.61	11.72	4.16	12.95
辽宁	102.95	52.34	50.62	1.60	5.73	5.25	39.64
吉林	48.67	24.70	23.97	1.57	4.36	3.41	16.19
黑龙江	60.01	30.09	29.92	1.57	0.01	2.83	27.08
上海	230.92	106.06	124.86	1.92	98.42	1.74	24.69
江苏	214.85	120.21	94.63	1.41	34.34	7.97	52.16

续表

地区	业务收入（亿元）	业务支出（亿元）	增值收益（亿元）	增值收益率（%）	提取贷款风险准备金（亿元）	提取管理费用（亿元）	提取公租房（廉租房）建设补充资金（亿元）
浙江	159.52	83.81	75.71	1.60	38.96	4.55	32.20
安徽	76.67	40.79	35.87	1.52	2.57	3.59	29.71
福建	73.11	43.66	29.45	1.31	5.99	2.07	21.38
江西	61.05	29.91	31.14	1.69	3.13	3.28	24.69
山东	166.36	85.39	80.97	1.60	0.13	5.84	75.00
河南	109.69	55.36	54.33	1.57	−3.81	5.15	53.31
湖北	120.96	60.87	60.09	1.66	8.24	7.13	44.71
湖南	97.73	46.62	51.11	1.71	2.87	6.34	41.95
广东	278.90	138.72	140.18	1.70	37.63	7.79	94.76
广西	54.34	27.31	27.03	1.64	3.72	3.52	19.79
海南	22.76	9.79	12.97	2.21	7.78	0.90	4.29
重庆	47.99	27.10	20.90	1.39	0.98	2.98	16.93
四川	143.33	69.30	74.02	1.75	11.68	6.91	55.44
贵州	48.63	26.67	21.95	1.44	0.81	2.44	18.70
云南	59.12	30.40	28.72	1.53	1.13	5.47	22.12
西藏	9.20	6.77	2.44	0.56	1.44	0.10	0.89
陕西	71.98	38.06	33.92	1.51	5.99	5.05	22.86
甘肃	41.14	22.24	18.89	1.42	1.18	3.46	14.24
青海	14.02	6.01	8.01	1.95	3.71	0.63	3.67
宁夏	12.57	6.73	5.84	1.41	0.01	0.82	5.01
新疆	49.70	25.58	24.12	1.56	0.60	2.65	20.87
新疆兵团	5.80	2.99	2.81	1.58	0.11	0.34	2.36

截至 2022 年末，累计提取住房公积金贷款风险准备金 3086.40 亿元，累计提取公租房（廉租房）建设补充资金 6518.01 亿元。

（五）管理费用支出。2022 年，实际支出管理费用 114.83 亿元，比上年增加 0.63%。其中，人员经费[6] 64.59 亿元，公用经费[7] 9.72 亿元，专项经费[8] 40.52 亿元。

四、资产风险情况

（一）个人住房贷款。截至 2022 年末，住房公积金个人住房贷款逾期额 20.75 亿元，逾期率[9] 0.03%。

2022 年，使用住房公积金个人住房贷款风险准备金核销呆坏账 82.85 万元。

（二）支持保障性住房建设试点项目贷款。2022 年，试点项目贷款未发生逾期。截至 2022 年末，无试点项目贷款逾期。

五、社会经济效益

（一）缴存群体进一步扩大。

2022 年，全国净增住房公积金实缴单位 36.63 万个，净增住房公积金实缴职工 543.48 万人，住房公积金缴存规模持续增长（图 6）。

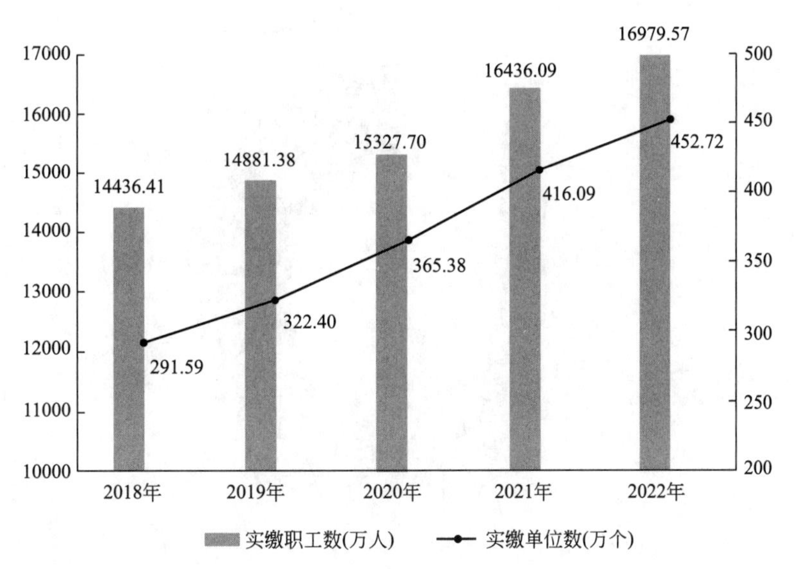

图 6　2018—2022 年实缴单位数和实缴职工人数

缴存职工中，城镇私营企业及其他城镇企业、外商投资企业、民办非企业单位和社会团体，以及其他类型单位占 52.93%，比上年增加 0.79 个百分点，占比进一步增加（图 7）。

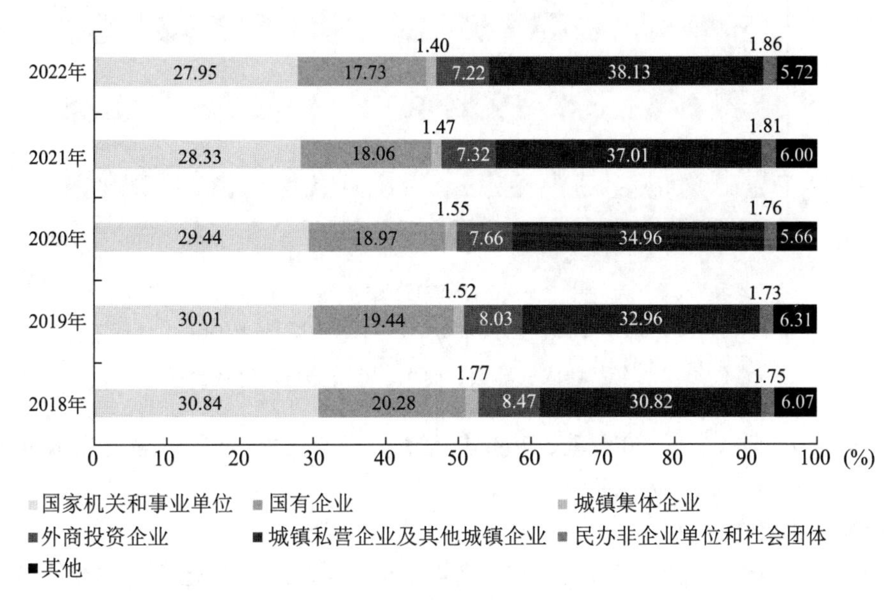

图 7　2018—2022 年按单位性质分缴存职工人数占比变化

新开户职工中，城镇私营企业及其他城镇企业、外商投资企业、民办非企业单位和社会团体，以及其他类型单位的职工占比达 76.02%（图 8）；非本市职工 1192.21 万人，占全部新开户职工的 60.05%。

（二）支持缴存职工住房消费。

有效支持租赁住房消费。2022 年，租赁住房提取金额 1521.37 亿元，比上年增长 20.87%；租赁住房提取人数 1537.87 万人，比上年增长 13.59%。

大力支持城镇老旧小区改造。2022 年，支持 1.07 万人提取住房公积金 5.01 亿元用于加装电梯等自住住房改造，改善职工居住环境。

个人住房贷款重点支持首套普通住房。2022 年发放的个人住房贷款笔数中，首套住房贷款占 81.90%，144 平方米（含）以下住房贷款占 91.04%，40 岁（含）以下职工贷款占 79.81%（图 9）。2022 年末，住房公积金个人住房贷款市场占有率[10] 15.83%。

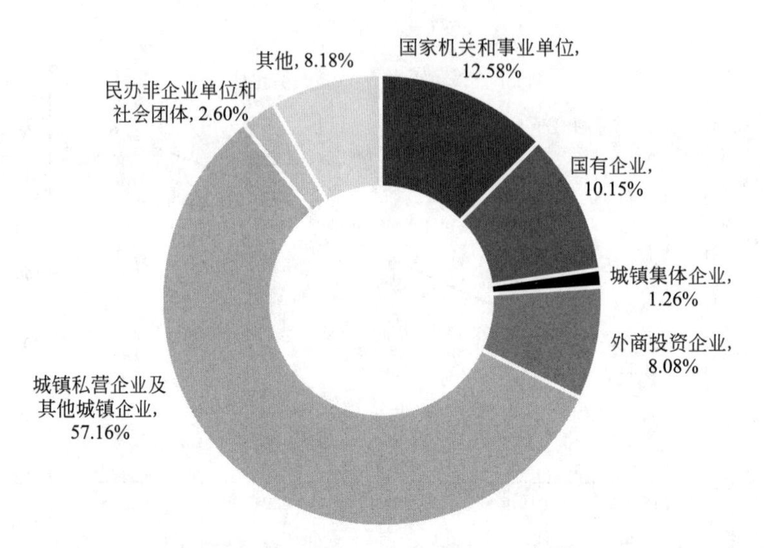

图 8　2022 年按单位性质分新开户职工人数占比

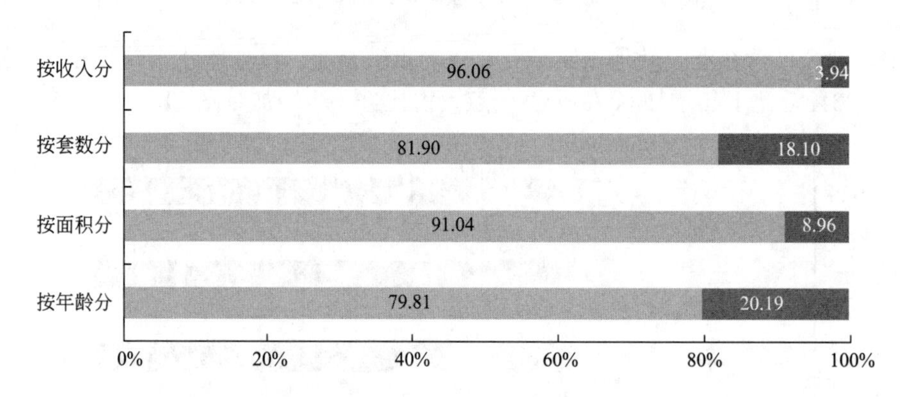

图 9　2022 年按收入、套数、面积、年龄分贷款笔数占比

2022 年，发放异地贷款[11] 17.80 万笔、769.07 亿元；截至 2022 年末，累计发放异地贷款 145.13 万笔、5246.35 亿元，余额 3588.87 亿元。

（三）支持保障性住房建设。

持续支持保障性住房建设。2022 年，提取公租房（廉租房）建设补充资金占当年分配增值收益的 69.78%（图 10）。2022 年末，累计为公租房（廉租房）建设提供补充资金 6518.01 亿元。

（四）节约职工住房贷款利息支出。

住房公积金个人住房贷款利率比同期贷款市场报价利率（LPR）低 0.9～1.35 个百分点，2022 年发放的住房公积金个人住房贷款，偿还期内可为贷款职工节约利息[12] 支出约 2089.02 亿元，平均每笔贷款可节约利息支出约 8.43 万元。

六、其他重要事项

2022 年，住房和城乡建设部等部门坚决贯彻党中央、国务院关于高效统筹疫情防控和经济社会发展等决策部署，认真落实国家“十四五”规划关于“改革完善住房公积金制度，健全缴存、使用、管理和运行机制”要求，租购并举解决缴存人基本住房问题，进一步提升管理运行水平，全力推动住房公积金事业发展取得新成效。

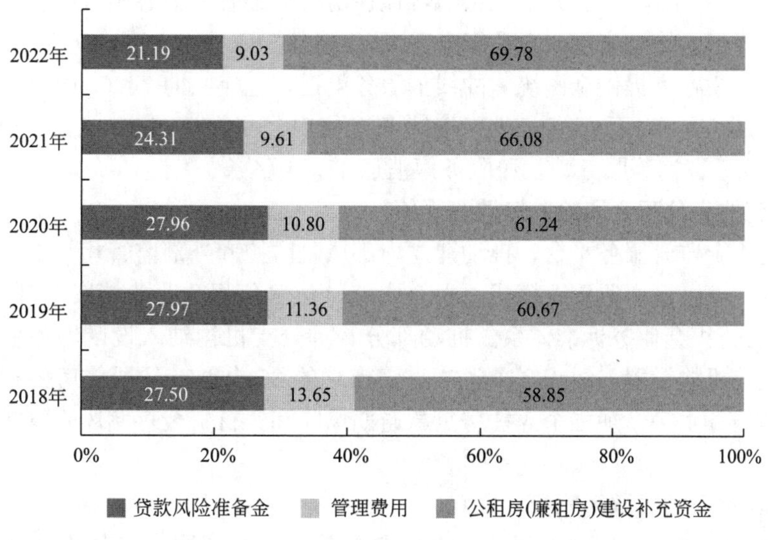

图 10　2018—2022 年增值收益分配占比

（一）实施阶段性支持政策进一步发挥纾难解困作用。

2022 年 5 月 20 日，住房和城乡建设部会同财政部、人民银行出台住房公积金阶段性支持政策，帮助受疫情影响的企业和缴存人共同渡过难关，政策实施至 2022 年 12 月底。期间，支持受疫情影响的企业缓缴住房公积金，对受疫情影响不能正常偿还的住房公积金个人住房贷款不作逾期处理，提高租房提取额度更好满足缴存人租赁住房的实际需要。

（二）租购并举解决缴存人基本住房问题。

加大租房提取支持力度，推广按月提取住房公积金付房租、为缴存人给予租金优惠等做法，推动建立住房公积金支持租房新模式。推广发放共有产权住房公积金个人住房贷款做法，支持住房保障体系发展。下调首套住房公积金个人住房贷款利率，加大对缴存人首套刚性住房需求的支持力度。坚持房子是用来住的、不是用来炒的定位，指导地方加强与房地产调控政策协同联动，促进房地产市场平稳健康发展。

（三）推动住房公积金数字化发展。

贯彻党中央、国务院关于加快数字经济发展、数字社会建设的决策部署，落实国务院关于加强数字政府建设的相关要求，住房和城乡建设部印发《关于加快住房公积金数字化发展的指导意见》（建金〔2022〕82 号），提出健全数据资源体系和平台支撑体系，建立数字化管理新机制、服务新模式、监管新局面、安全新防线的数字化发展总体思路，明确实现全系统业务协同、全方位数据赋能、全业务线上服务、全链条智能监管的数字化发展主要目标。推动实现与公安、民政、人民银行等 7 个部门 40 类数据共享，拓展电子营业执照等电子证照共享应用范围，赋能地方数字化发展。

（四）推进灵活就业人员参加住房公积金制度试点。

指导重庆、成都、广州、深圳、常州、苏州 6 个城市稳步推进灵活就业人员参加住房公积金制度试点工作，初步探索出灵活就业人员住房公积金缴存、使用政策体系，助力灵活就业人员稳业安居。截至 2022 年末，6 个试点城市共有 22.03 万名灵活就业人员缴存住房公积金，其中新市民、青年人占比超过 70%。

（五）持续提升住房公积金服务效能。

落实党中央、国务院关于加快建设全国统一大市场的决策部署，持续优化营商环境，聚焦人民群众业务办理中的急难愁盼问题，更好满足单位和群众异地办事需求，新增实现了“住房公积金汇缴、住房公积金补缴、提前部分偿还住房公积金贷款”3 项高频服务事项“跨省通办”，“跨省通办”服务事项增加至 11 项。各地共设立 3423 个“跨省通办”线下专窗和 1043 个线上专区，全年线上办理上述 3 项业务分别达 8414 万笔、463 万笔、252 万笔。指导各地住房公积金管理中心积极配合当地有关部门，优化业务流程，做好系统对接，推动实现“企业开办”“职工退休”等“一件事一次办”。持续完善全国住房公积金小程序功能，为缴存人提供全国统一的线上服务渠道，全年共向 7666.96 万人提供个人住房公积金信息查询服务，帮助 258.51 万人线上转移接续个人住房公积金 252.86 亿元。全年，12329 热线为 3414.18 万人次提供业务咨询等服务、发送服务短消息 11.21 亿条。

（六）进一步织密住房公积金风险防控监管网络。

依托全国住房公积金监管服务平台，推动建立内部风险防控和外部监管相结合、线上发现问题和线下核查处置相衔接的“互联网＋监管”模式。发布实施《住房公积金业务档案管理标准》（JGJ/T 495-2022），推进完善住房公积金业务标准体系。推动部分管理分支机构纳入设区城市住房公积金管理中心统一管理，进一步规范机构设置。组织 7 个省（直辖市）的 26 个城市开展住房公积金体检评估试评价工作，促进提升管理服务水平。加强个人住房贷款逾期风险和银行资金存储风险管控，推动提高风险防控水平。

（七）文明行业与窗口创建取得积极成果。

深化行业精神文明创建，开展“惠民公积金、服务暖人心”全国住房公积金系统服务提升三年行动，进一步强化为民服务意识。2022 年，全系统扎实开展精神文明创建活动，共获得地市级以上文明单位（行业、窗口）214 个，青年文明号 99 个，工人先锋号 31 个，五一劳动奖章（劳动模范）15 个，三八红旗手（巾帼文明岗）48 个，先进集体和个人 832 个，其他荣誉称号 881 个。

注释：

[1] 本报告数据取自各省（自治区、直辖市）和新疆生产建设兵团披露的住房公积金年度报告、全国住房公积金统计信息系统及各地报送的数据，对各省（自治区、直辖市）和新疆生产建设兵团年度报告中的部分数据进行了修正。部分数据因小数取舍，存在与分项合计不等的情况，不作机械调整。指标口径按《住房和城乡建设部 财政部 中国人民银行关于健全住房公积金信息披露制度的通知》（建金〔2015〕26 号）等文件规定注释。涉及的全国性统计数据未包括香港特别行政区、澳门特别行政区和台湾省。

[2] 提取率指当年提取额占当年缴存额的比率。

[3] 个人住房贷款率指年度末个人住房贷款余额占年度末住房公积金缴存余额的比率。

[4] 增值收益率指增值收益与月均缴存余额的比率。

[5] 提取住房公积金贷款风险准备金，如冲减往年提取的住房公积金贷款风险准备金，则按负数统计。

[6] 人员经费包括住房公积金管理中心工作人员的基本工资、补助工资、职工福利费、社会保障费、住房公积金、助学金等。

[7] 公用经费包括住房公积金管理中心的公务费、业务费、设备购置费、修缮费和其他费用。

[8] 专项经费指经财政部门批准的用于指定项目和用途，并要求单独核算的资金。

[9] 个人住房贷款逾期率指个人住房贷款逾期额占个人住房贷款余额的比率。

[10] 个人住房贷款市场占有率指当年住房公积金个人住房贷款余额占全国商业性和住房公积金个人住房贷款余额总和的比率。

[11] 异地贷款指缴存和购房行为不在同一城市的住房公积金个人住房贷款，包括用本市资金为在本市购房的外地缴存职工发放的贷款以及用本市资金为在外地购房的本市缴存职工发放的贷款。

[12] 可为贷款职工节约利息指当年获得住房公积金个人住房贷款的职工合同期内所需支付贷款利息总额与申请商业性住房贷款利息总额的差额。商业性住房贷款利率按贷款市场报价利率（LPR）测算。

全国住房公积金2022年年度报告解读

一、租购并举支持缴存人解决基本住房问题

（一）进一步加大租房提取支持力度。

1. 全年支持1537.87万人提取1521.37亿元用于租赁住房，分别比上年增长13.59%、20.87%。

2. 从2018至2022年，累计支持租赁住房提取5636.78亿元。

（二）大力支持刚性和改善性住房需求。

重点支持购买首套住房、普通住房及40岁以下群体购房。

1. 首套住房贷款笔数占比81.90%。

2. 普通住房贷款笔数占比91.04%。

3. 40岁（含）以下缴存人贷款笔数占比79.81%。

（三）减轻缴存人购房支出压力。

1. 2022年9月出台政策，下调住房公积金首套个人住房贷款利率0.15个百分点，5年及以下和5年以上利率分别调整为2.6%和3.1%。

2. 全年发放的贷款，偿还期内可为缴存人节约利息支出约2089.02亿元。

（四）实施阶段性支持政策助企纾困为民解难。

出台住房公积金阶段性支持政策，帮助受疫情影响的企业和缴存人共渡难关，特别是加大租房支持力度，提高租房提取额度，更好满足缴存人租赁住房的实际需要。

（五）助力缴存人加装电梯等自住住房改造。

1.07万人提取住房公积金5.01亿元，用于加装电梯等自住住房改造，分别比上年增长7.00%、18.44%。

二、住房公积金制度惠及面进一步扩大

（一）缴存单位和缴存人规模稳步增长。

1. 全国新开户单位75.22万个，新开户职工1985.44万人。

2. 实缴单位452.72万个，实缴职工16979.57万人，分别比上年增长8.8%和3.31%。

（二）城镇私营企业等职工占比过半且持续提高。

1. 新开户职工中，城镇私营企业等单位缴存职工占比达76.02%。

2. 实缴职工中，城镇私营企业等单位缴存职工占比52.93%。

（三）推进灵活就业人员参加住房公积金制度试点。

指导重庆、成都、广州、深圳、常州、苏州6个城市推进试点工作，灵活就业人员愿缴能缴。6个试点城市共有22.03万名灵活就业人员缴存住房公积金，其中新市民、青年人占比超过70%。

三、推动住房公积金服务更加“好办易办”

（一）推动更多高频服务事项实现“跨省通办”。

1. 新增实现“住房公积金汇缴”“住房公积金补缴”“提前部分偿还住房公积金贷款”3项高频服务事项“跨省通办”。“跨省通办”服务事项增加至11项。

2. 各地共设立 3423 个“跨省通办”线下专窗和 1043 个线上专区，全年线上办理住房公积金汇缴、补缴、提前部分偿还住房公积金贷款业务分别达 8414 万笔、463 万笔、252 万笔。

（二）服务渠道多样化。

1. 7666.96 万人使用全国住房公积金小程序查询个人住房公积金信息，258.51 万人线上转移接续个人住房公积金 252.86 亿元。

2. 12329 热线提供咨询等服务 3414.18 万次、短消息服务 11.21 亿条。

3. 通过国家政务服务平台和国务院客户端向缴存职工提供住房公积金信息查询 1.65 亿次。

4. 在住房和城乡建设部网站上线全国住房公积金小程序网页版，进一步拓展服务渠道，方便缴存人办理业务。

5. 各地不断完善综合服务平台功能，优化服务流程，推动“网上办、掌上办、就近办、一次办”更加好办易办。

（三）推动服务更加利民惠企。

1. 加快推进“一件事一次办”，指导各地住房公积金管理中心积极配合当地部门，优化业务流程，做好系统对接，推动实现“企业开办”“职工退休”等“一件事一次办”。

2. 开展“惠民公积金、服务暖人心”全国住房公积金系统服务提升三年行动，努力实现从“人找服务”到“服务找人”转变。山东省发挥典型示范引领作用，打造一批政策操作“一口清”、接待咨询“问不倒”、服务群众“暖人心”的住房公积金星级服务岗，服务效能持续提升。四川省在全省开展“互助互学一家亲”活动，将服务提升行动与行业文明创建紧密结合，助推住房公积金事业发展。

（四）文明行业与窗口建设。全系统共获得地市级以上文明单位（行业、窗口）214 个、青年文明号 99 个、工人先锋号 31 个。以文明行业与窗口为学习榜样，各地积极为广大缴存人提供更多更好的服务。

四、服务国家战略进一步发挥住房公积金制度作用

（一）促进构建全国统一大市场，推进服务便利共享。积极融入“双循环”新发展格局，不断推动住房公积金服务标准化、规范化、便利化，让“跨省通办”“一件事一次办”等服务事项更好满足缴存人异地办事需求，助力劳动力要素的自由流动。上海、江苏、浙江、安徽等省市构建区域“一网通办”政务服务平台，通过跨区域业务协同、跨部门信息共享，在实现 11 项服务事项“跨省通办”的同时，推动实现区域内职工离退休提取等 7 项服务事项“全程网办”，助力长三角一体化发展。

（二）落实数字政府建设要求，推动住房公积金数字化发展。2022 年，住房和城乡建设部印发了《关于加快住房公积金数字化发展的指导意见》，明确数字化发展的总体要求和主要目标。推动实现与公安等 7 个部门 40 类数据共享，拓展电子营业执照等电子证照共享应用范围，提高管理运行水平。新疆维吾尔自治区推动构建一体化的住房公积金信息系统，实现业务“全区通办”。广东广州、福建厦门等城市实现与保障性住房租赁等机构的数据共享，采取“按月付、免押金”方式，推动落实“租购并举”，帮助缴存人解决基本住房问题。

（三）落实人才强国战略，助力稳业安居。坚守制度初心使命，坚持“租购并举”，着力解决青年人、新市民住房问题，促进人才住有所居，让人才进得来、留得住。江苏常州实施住房公积金缴存补贴、租房提取、发放低息贷款等“青春留常”政策，吸引人才留常安居、就业创业。

（四）落实稳增长的部署要求，支持实体经济发展。充分发挥住房公积金广泛联系企业、行业、缴存人的纽带作用，创新提供增值服务，助力实体经济发展，助推经济高质量发展。山东济南、浙江温州等城市以服务企业为切入点，发挥住房公积金信用信息作用，搭建银企对接平台，统筹推进住房公积金缴存扩面和助企融资增信。

五、坚持底线思维保障资金安全

（一）守牢缴存人的“钱袋子”。在7个省（直辖市）的26个城市开展了住房公积金体检评估试评价工作，进一步提升城市住房公积金管理中心的管理服务水平。加强个人住房贷款逾期风险和资金存储风险管控，牢牢守住缴存人的“钱袋子”。

（二）织密资金监管网络。构建内部风险防控和外部监管相结合、现场和非现场监管相结合、线上发现问题和线下核查处置相衔接的“互联网＋监管”模式，推动监管方式由“人工”向“智能”转变，助力地方提高风险防控的精准性，确保资金安全。

（三）规范机构设置。推动部分行业分支机构纳入城市住房公积金管理中心实现属地化管理，让“小系统”融入“大系统”，为更多缴存单位和缴存人提供高效便捷的服务。

第二部分

各地住房公积金年度报告

北京市

北京住房公积金 2022 年年度报告

根据国务院《住房公积金管理条例》和住房和城乡建设部、财政部、中国人民银行《关于健全住房公积金信息披露制度的通知》（建金〔2015〕26 号）的规定，经北京住房公积金管理委员会审议通过，现将北京住房公积金 2022 年年度报告公布如下：

一、机构概况

（一）住房公积金管理委员会

2022 年，北京住房公积金管理委员会有 30 名成员，共召开 2 次会议，审议通过的事项主要包括：关于 2021 年北京住房公积金归集使用计划执行情况和 2022 年计划安排的报告、关于北京住房公积金增值收益 2021 年收支情况和 2022 年收支计划的报告、北京住房公积金 2021 年年度报告、关于住房公积金支持北京老旧小区综合整治的工作报告、关于住房公积金缴存比例执行及审批单位降低缴存比例和缓缴申请情况的报告、关于贯彻实施住房公积金阶段性支持政策有关情况的报告及关于加大租住保障性租赁住房的支持力度进一步优化住房公积金提取业务的请示等 14 个事项。

（二）住房公积金管理中心

北京住房公积金管理中心（以下简称公积金中心）为北京市政府直属的不以营利为目的的全额拨款事业单位。公积金中心有 3 个分中心：中共中央直属机关分中心（以下简称中直分中心）、中央国家机关分中心（以下简称国管分中心）、北京铁路分中心（以下简称铁路分中心）；内设 14 个处室、机关党委（党建工作处）、机关纪委和工会；垂直管理 19 个分支机构（18 个管理部和住房公积金贷款中心）。从业人员 727 人，其中，在编 704 人，非在编 23 人。

二、业务运行情况

（一）缴存

2022 年，北京地区新开户单位 28493 个，实缴单位 436653 个，净增单位（实缴）20883 个，同比增长 5.0%；新开户职工 73.68 万人，实缴职工 946.48 万人，净增职工（实缴）2.42 万人，同比增长 0.3%；缴存额 2924.31 亿元，同比增长 6.4%。2022 年末，缴存总额 23454.91 亿元，同比增长 14.2%；缴存余额 6992.21 亿元，同比增长 13.1%。受委托办理住房公积金缴存业务的银行 11 家。

（二）提取

2022 年，494.05 万名缴存人提取住房公积金 2113.59 亿元，同比增长 2.7%。占当年缴存额的 72.3%，同比下降 2.6 个百分点。2022 年末，提取总额 16462.71 亿元，同比增长 14.7%。

（三）委托贷款

1. 住房公积金个人住房贷款

个人住房贷款最高额度 120 万元，其中，单缴存职工和双缴存职工的最高额度均为 120 万元。

2022 年，北京地区发放个人住房贷款 81769 笔、631.27 亿元，同比分别下降 13.2%、12.8%。其中，北京地方发放 62665 笔、447.23 亿元，中直分中心发放 194 笔、1.54 亿元，国管分中心发放 17235 笔、170.40 亿元，铁路分中心发放 1675 笔、12.10 亿元。

2022年，北京地区回收个人住房贷款444.38亿元。其中，北京地方回收356.07亿元，中直分中心回收2.21亿元，国管分中心回收76.13亿元，铁路分中心回收9.97亿元。

2022年末，北京地区累计发放个人住房贷款143.88万笔、8899.29亿元，贷款余额5084.15亿元，同比分别增长6.0%、7.6%、3.8%。个人住房贷款余额占缴存余额的72.7%，比上年同期下降6.5个百分点。受委托办理住房公积金个人住房贷款业务的银行13家。

2. 异地贷款

2022年，发放异地购房贷款670笔、53236万元。2022年末，发放异地购房贷款总额263252万元，异地贷款余额215936.58万元。

3. 公转商贴息贷款

2022年，未发放公转商贴息贷款，当年贴息额629.25万元。2022年末，累计发放公转商贴息贷款13528笔、496295.8万元，累计贴息19729.42万元。

4. 住房公积金支持保障性住房建设项目贷款

2022年，回收项目贷款1亿元。2022年末，累计发放项目贷款236.09亿元，项目贷款余额35亿元。

（四）购买国债

2022年，未发生新购买、兑付、转让、回收国债情况。2022年末，国债抵债资产2.27亿元。

（五）资金存储

2022年末，住房公积金存款1896.95亿元。其中，活期4.05亿元，1年以内定期（含）285.96亿元，1年以上定期1139.04亿元，其他（协定、通知存款）467.89亿元。

（六）资金运用率

2022年末，住房公积金个人住房贷款余额、项目贷款余额和购买国债余额的总和占缴存余额的73.2%，比上年同期下降6.6个百分点。

三、主要财务数据

（一）业务收入

2022年，住房公积金业务收入共计2203675.64万元，同比增长13.8%。其中，北京地方1706904.02万元，中直分中心24229.87万元，国管分中心414994.61万元，铁路分中心57547.14万元；存款（含增值收益存款）利息收入516381.63万元，委托贷款利息收入1663528.05万元，无国债利息收入，其他收入23765.96万元。

（二）业务支出

2022年，住房公积金业务支出共计1045084.39万元，同比增长12.2%。其中，北京地方811117.73万元，中直分中心17529.93万元，国管分中心184697.97万元，铁路分中心31738.75万元；住房公积金利息支出987114.91万元，归集手续费用支出4006.96万元，委托贷款手续费支出42293.62万元，其他支出11668.90万元。

（三）增值收益

2022年，住房公积金增值收益1158591.26万元，同比增长15.3%。其中，北京地方895786.29万元，中直分中心6699.94万元，国管分中心230296.64万元，铁路分中心25808.38万元。增值收益率（增值收益与月均缴存余额的比率）1.8%，较去年上升0.03个百分点。

（四）增值收益分配

2022年，提取贷款风险准备金8570.52万元，提取管理费用52918.28万元，提取城市廉租住房（公共租赁住房）建设补充资金1097102.45万元。

2022年，上交财政管理费用50486.03万元。上缴财政城市廉租住房（公共租赁住房）建设补充资金732620.90万元，其中北京地方上缴732620.90万元。

2022年末，贷款风险准备金余额1114461.37万元。累计提取城市廉租住房（公共租赁住房）建设补充资金6613109.40万元。其中，北京地方提取5449223.95万元，中直分中心提取40702.00万元，国管分中心提取929816.11万元，铁路分中心提取193367.35万元。

（五）管理费用支出

2022年，管理费用支出53825.60万元，同比增长0.7%。其中，人员经费26606.50万元，公用经费2151.24万元，专项经费25067.86万元。

北京地方管理费用支出39490.16万元，其中，人员、公用、专项经费分别为20421.13万元、1542.85万元、17526.19万元；中直分中心管理费用支出1230.76万元，其中，人员、公用、专项经费分别为496.71万元、114.27万元、619.78万元；国管分中心管理费用支出8243.90万元，其中，人员、公用、专项经费分别为2749.35万元、356.22万元、5138.34万元；铁路分中心管理费用支出4860.77万元，其中，人员、公用、专项经费分别为2939.31万元、137.90万元、1783.56万元。

四、资产风险状况

（一）住房公积金个人住房贷款

2022年末，逾期住房公积金个人贷款1606.66万元，住房公积金个人贷款逾期率0.03‰。其中，国管分中心逾期率0.14‰，铁路分中心逾期率0.23‰。住房公积金个人贷款风险准备金余额为1101541.37万元。当年无使用住房公积金个人贷款风险准备金核销金额。

（二）支持保障性住房建设试点项目贷款

2022年末，无逾期项目贷款。项目贷款风险准备金余额为12920.00万元。当年无使用项目贷款风险准备金核销金额。

五、社会经济效益

（一）缴存业务

缴存职工中，国家机关和事业单位职工占13.5%，国有企业职工占14.8%，城镇集体企业职工占0.4%，外商投资企业职工占7.1%，城镇私营企业及其他城镇企业职工占29.4%，民办非企业单位和社会团体职工占0.6%，其他职工占34.1%；中、低收入群体占88.7%，高收入群体占11.3%。

新开户职工中，国家机关和事业单位占7.5%，国有企业占12.6%，城镇集体企业占0.2%，外商投资企业占6.0%，城镇私营企业及其他城镇企业占30.4%，民办非企业单位和社会团体占0.7%，其他占42.7%；中、低收入群体占97.3%，高收入群体占2.7%。

（二）提取业务

提取金额中，购买、建造、翻建、大修自住住房占56.9%，偿还购房贷款本息占21.6%，租赁住房占9.3%，支持老旧小区改造占0.0001%，离休和退休提取占8.8%，完全丧失劳动能力并与单位终止劳动关系提取占0.005%，户口迁出本市或出境定居占0.005%，其他占3.3%。

提取职工中，中、低收入群体占85.3%，高收入群体占14.7%。

（三）贷款业务

1. 住房公积金个人住房贷款

2022年，支持职工购房714.02万平方米。年末住房公积金个人住房贷款市场占有率（指2022年末住房公积金个人住房贷款余额占当地商业性和住房公积金个人住房贷款余额总和的比率）为29.9%，比上年末增加0.5个百分点。通过申请住房公积金个人住房贷款，购房职工减少利息支出约1091851.63万元。

职工贷款笔数中，购房建筑面积90（含）平方米以下占67.5%，90～144（含）平方米占29.6%，144平方米以上占2.9%；购买新房占39.9%（购买保障性住房占15.1%），购买二手房占60.1%。

职工贷款笔数中，单缴存职工申请贷款占47.0%，双缴存职工申请贷款占53.0%。

贷款职工中，30 岁（含）以下占 27.3%，30 岁～40 岁（含）占 57.8%，40 岁～50 岁（含）占 11.8%，50 岁以上占 3.1%；购买首套住房申请贷款占 75.5%，购买二套及以上申请贷款占 24.5%；中、低收入群体占 77.3%，高收入群体占 22.7%。

2. 支持保障性住房建设试点项目贷款

2022 年末，累计发放项目贷款 37 个，贷款额度 236.09 亿元，建筑面积约 943 万平方米，可解决约 9 万户中低收入职工家庭的住房问题。36 个项目贷款资金已发放并还清贷款本息。

（四）住房贡献率

2022 年，住房公积金个人住房贷款发放额、公转商贴息贷款发放额、项目贷款发放额、住房消费提取额的总和与当年缴存额的比率为 85.1%，比上年减少 7.3 个百分点。

六、其他重要事项

（一）统筹抓好疫情防控与业务发展

紧跟党中央和全市疫情防控工作决策部署，科学精准做好疫情防控各项工作。助力“六稳”“六保”，积极落实助企纾困政策，继续执行 5%～12%缴存比例自主选择政策，近 6000 家企业缓缴公积金 18.91 亿元；10 万人享受租房提取政策提取公积金近 8 亿元；受疫情影响的 2.5 万笔逾期贷款，暂不催收、不作逾期处理、不计罚息、不纳入征信。按照中国人民银行决定，及时调整新发放贷款利率。疫情期间全力保障群众办事无忧，确保对外服务电话“打的通接的好”，加强广泛宣传“网上办、掌上办、指尖办”，网办率高达 92%。“贷款申请”实行“容缺先行”，办理异地购房提取 5000 余笔、转入转出业务 20 万笔。

（二）扎实做好接诉即办

坚持“1 小时接单、1 天内联系、7 天内回复、节假日无休”，做到“涉疫诉求处置不过夜”，全年受理 12345 工单 4601 件，接诉即办排名连续 11 个月全市第一，位居全市前三分之一。固化“一周一碰头、一月一研究、一季一通报、一年一奖惩”工作机制，坚持“发一个温馨的信息、打一个温馨的电话、提供一个温馨的场所”办理模式，做到“见面是常态，不见面是例外”。

（三）持续优化服务环境

全面完成全市“1+1”5.0 版改革任务。全面完成 3 项创新试点改革任务、10 项 5.0 版改革任务、3 项重点改革任务，取消委托收款“三方协议”在首都公积金领域率先试点。《优化服务环境措施（2.0 版）》67 项任务全部完成，“全程网办”事项增至 40 项，“跨省通办”事项增至 13 项，95%事项可“不见面”办结，办事材料从 33 份减至 27 份，办理时限从 23 天减至 16 天，跑动次数从 0.19 次减至 0.05 次。贷款申请审核时限由 9 个工作日缩至 3 个，启用电子印章、电子签字，减少二手房借款人签字 20 个。通过取消证明、跨省通办、证明告知承诺制等方式减证明。个人不再承担担保费、评估费，提取、贷款业务可由个人自行办理，基本实现“无需证明、无需费用、无需代理”目标。6 个业务大厅、2 个银行代办网点试点自助服务，安装调试 72 套自助设备，综合窗口数量再精简 20%。贷款业务进驻市级政务服务中心，归集、提取、贷款业务在城区管理部及贷款中心均可受理。

（四）加强行政执法体系建设

加快建成“四个一”执法体系。制定完善行政执法“三项制度”，修订农业户籍职工案件办理指引、处罚案件办理指引，建立全流程规范化标准。与市高法联合印发《关于建立协作联动机制的工作办法》，提升执行联动能力。坚持人岗相宜，138 名执法人员全员“双证”上岗。做好“双随机、一公开”，首次对 18 个管理部、118 份案卷开展评查。坚决维护职工合法权益，受理执法案件 2.1 万件，为 1.3 万名职工追缴公积金 2.6 亿元。

（五）不断深化住房公积金制度改革

积极支持老旧小区综合整治，父母、子女之间可互助提取公积金，危旧楼房改建项目可申请个人贷款。推动京津冀公积金协同发展，与天津中心、河北省厅监管处及河北省内 14 个城市中心会签《京津冀住房公积金区域协同发展合作备忘录》；三地共享 5 类公积金信息，通办 9 项业务。加快建设智慧公积金，助力“京通”体系建设，发布 15 个事项、21 个功能；全市统一申办受理平台上线 4 个事项、开发 11 个事项，市政务服务自助平台上线 12 个事项，电子档案“应归尽归”；15 个事项可“掌上办”，政务网站上线智能机器人。

北京住房公积金 2022 年年度报告二维码

名称	二维码
北京住房公积金 2022 年年度报告	

天津市

天津市住房公积金 2022 年年度报告

根据国务院《住房公积金管理条例》和住房和城乡建设部、财政部、人民银行《关于健全住房公积金信息披露制度的通知》（建金〔2015〕26 号）以及住房和城乡建设部公积金监管司《关于做好 2022 年住房公积金年度报告披露工作的通知》（建司局函金〔2023〕6 号）的规定，经住房公积金管理委员会审议通过，现将天津市住房公积金 2022 年年度报告公布如下：

一、机构概况

（一）住房公积金管理委员会。住房公积金管理委员会有 27 名委员，2022 年通过函审方式审议公积金相关事项 5 次，审议通过的事项主要包括：天津市 2021 年住房公积金归集使用情况及 2022 年住房公积金归集使用计划、天津市 2021 年住房公积金增值收益分配情况及 2022 年住房公积金增值收益计划、天津市住房公积金 2021 年年度报告、关于购买首套住房和保障性住房提取住房公积金有关问题的通知、天津市 2021 年住房公积金管理工作情况及 2022 年住房公积金管理工作安排、调整 2022 年住房公积金缴存额、提高租房提取住房公积金最高限额、调整租房提取住房公积金和个人住房公积金贷款有关政策等。

（二）住房公积金管理中心。住房公积金管理中心为直属于天津市政府、不以营利为目的的自收自支事业单位，内设机构 17 个、下设机构 4 个、办事机构（管理部）20 个。从业人员 669 人，全部为在编人员。

二、业务运行情况

（一）缴存。2022 年，新开户单位 21318 家，净增单位 16908 家；新开户职工 36.45 万人，净增职工 18.39 万人；实缴单位 94968 家，实缴职工 309.09 万人，缴存额 642.94 亿元，分别同比增长 10.30%、4.78%、5.58%。2022 年末，缴存总额 6309.54 亿元，比上年末增加 11.35%；缴存余额 1964.30 亿元，同比增长 10.19%。受委托办理住房公积金缴存业务的银行 1 家。

（二）提取。2022 年，114.84 万名缴存职工提取住房公积金；提取额 461.31 亿元，同比增长 1.42%；提取额占当年缴存额的 71.75%，比上年减少 2.94 个百分点。2022 年末，提取总额 4345.24 亿元，比上年末增加 11.88%。

（三）贷款。

1. 个人住房贷款。申请个人住房公积金贷款购买家庭首套住房的，贷款最高限额 80 万元。多子女家庭购买家庭首套住房的，贷款最高限额以本市统一贷款限额为基础上浮 20%。

2022 年，发放个人住房贷款 4.12 万笔、212.97 亿元，同比分别下降 23.56%、14.71%。

2022 年，回收个人住房贷款 178.49 亿元。

2022 年末，累计发放个人住房贷款 117.07 万笔、3903.40 亿元，贷款余额 1576.41 亿元，分别比上年末增加 3.65%、5.77%、2.24%。个人住房贷款余额占缴存余额的 80.25%，比上年末减少 6.24 个百分点。受委托办理住房公积金个人住房贷款业务的银行 21 家。

2. 异地贷款。2022 年，发放异地贷款 1 笔、40 万元。2022 年末，发放异地贷款总额 448.20 万元，异地贷款余额 364.18 万元。

（四）资金存储。2022年末，住房公积金存款404.92亿元。其中，活期0.05亿元，1年（含）以下定期14.00亿元，1年以上定期373.72亿元，其他（协定、通知存款等）17.15亿元。

（五）资金运用率。2022年末，住房公积金个人住房贷款余额、项目贷款余额和购买国债余额的总和占缴存余额的80.25%，比上年末减少6.24个百分点。

三、主要财务数据

（一）业务收入。2022年，业务收入544231.53万元，同比增长3.43%。存款利息39671.26万元，委托贷款利息504560.27万元，国债利息0万元，其他0万元。

（二）业务支出。2022年，业务支出322494.30万元，同比增长9.76%。支付职工住房公积金利息285619.60万元，归集手续费12851.94万元，委托贷款手续费24904.60万元，其他−881.84万元。

（三）增值收益。2022年，增值收益221737.23万元，同比下降4.45%。增值收益率1.18%，比上年减少0.18个百分点。

（四）增值收益分配。2022年，提取贷款风险准备金3448.75万元，提取管理费用38299.24万元，提取城市廉租住房（公共租赁住房）建设补充资金179989.24万元。

2022年，上交财政管理费用38299.24万元。上缴财政城市廉租住房（公共租赁住房）建设补充资金180683.04万元，其中2022年增值收益资金179989.24万元，历年待分配增值收益资金693.80万元。

2022年末，贷款风险准备金余额373321.96万元。累计提取城市廉租住房（公共租赁住房）建设补充资金1695244.04万元。

（五）管理费用支出。2022年，管理费用支出38299.24万元，同比增长6.39%。其中，正常经费26151.40万元，专项经费12147.84万元。增加费用主要是用于中心综合服务用房尾款项目支出。

四、资产风险状况

个人住房贷款。2022年末，个人住房贷款逾期额744.80万元，逾期率0.05‰。个人贷款风险准备金余额367116.52万元。2022年，使用个人贷款风险准备金核销呆坏账0万元。

五、社会经济效益

（一）缴存业务。缴存职工中，国家机关和事业单位占16.40%，国有企业占10.30%，城镇集体企业占0.81%，外商投资企业占2.39%，城镇私营企业及其他城镇企业占65.10%，民办非企业单位和社会团体占2.97%，灵活就业人员占0%，其他占2.03%；中、低收入占96.64%，高收入占3.36%。

新开户职工中，国家机关和事业单位占4.16%，国有企业占3.90%，城镇集体企业占0.65%，外商投资企业占1.48%，城镇私营企业及其他城镇企业占83.90%，民办非企业单位和社会团体占3.46%，灵活就业人员占0%，其他占2.45%；中、低收入占99.19%，高收入占0.81%。

（二）提取业务。提取金额中，购买、建造、翻建、大修自住住房占10.17%，偿还购房贷款本息占64.82%，租赁住房占0.89%，支持老旧小区改造占0.001%，离休和退休提取占15.39%，完全丧失劳动能力并与单位终止劳动关系提取占0%，出境定居占0.004%，其他占8.72%。提取职工中，中、低收入占94.63%，高收入占5.37%。

（三）贷款业务。个人住房贷款：2022年，支持职工购建房395.70万平方米，年末个人住房贷款市场占有率为17.89%，比上年末增加0.36个百分点。通过申请住房公积金个人住房贷款，可节约职工购房利息支出532422.83万元。

职工贷款笔数中，购房建筑面积90（含）平方米以下占43.07%，90～144（含）平方米占53.73%，144平方米以上占3.20%。购买新房占47.66%（其中购买保障性住房占2.14%），购买二手房占52.34%，建造、翻建、大修自住住房占0%（其中支持老旧小区改造占0%），其他占0%。

职工贷款笔数中，单缴存职工申请贷款占 94.40%，双缴存职工申请贷款占 5.60%，三人及以上缴存职工共同申请贷款占 0%。

贷款职工中，30 岁（含）以下占 40.65%，30 岁～40 岁（含）占 47.23%，40 岁～50 岁（含）占 10.56%，50 岁以上占 1.56%；购买首套住房申请贷款占 84.63%，购买二套及以上申请贷款占 15.37%；中、低收入占 98.18%，高收入占 1.82%。

（四）住房贡献率。2022 年，个人住房贷款发放额、公转商贴息贷款发放额、项目贷款发放额、住房消费提取额的总和与当年缴存额的比率为 87.57%，比上年减少 12.23 个百分点。

六、其他重要事项

（一）落实住房公积金阶段性支持政策情况。2022 年，中心深入贯彻落实党中央、国务院关于高效统筹疫情防控和经济社会发展的决策部署，出台住房公积金阶段性支持政策，全市共支持 1464 个企业、44723 名职工缓缴住房公积金 2.8 亿元；支持 14149 笔无法正常偿还的个人住房贷款不作逾期处理，涉及贷款余额 39.9 亿元。

（二）租购并举落实情况。2022 年，中心着力完善租房提取住房公积金政策体系，将租房提取频次由按季度提取调整为按月提取，租房提取住房公积金的最高限额由 2400 元提高至 3000 元，支持 32194 名职工提高租房提取额度，提取资金 1.9 亿元。提高购买首套住房贷款限额，将职工购买首套住房的贷款最高限额由 60 万元提高至 80 万元，建立贷款最高限额自动调节机制；多子女家庭购买家庭首套住房的，贷款最高限额以本市统一贷款限额为基础上浮 20%。

（三）当年住房公积金政策调整及执行情况。2022 年，政策调整主要涉及五个方面。一是缴存政策调整：按我市现行政策，职工住房公积金缴存基数不得低于上一年度市人力资源和社会保障部门公布的职工月最低工资标准，不得高于市统计部门公布的上一年度全市职工月平均工资的三倍。2022 年度住房公积金缴存基数最低不得低于 2180 元，最高不得超过 25539 元；国家机关、事业单位及其职工按各 11%或各 12%的比例缴存住房公积金，其他单位可以根据自身情况在 5%～12%间自主确定单位和职工的缴存比例。二是提取政策调整：出台保障性租赁住房提取公积金政策；符合租房提取条件的多子女家庭，可按实际房租支出提取住房公积金；首套房和保障性住房提取住房公积金政策到期后延期。三是贷款政策调整：职工购买首套住房的贷款最高限额调整为 80 万元；多子女家庭购买家庭首套住房的，贷款最高限额以本市统一贷款限额为基础上浮 20%。四是中心严格执行存贷款利率标准：住房公积金账户存款利率按一年期定期存款基准利率 1.5%执行；首套个人住房公积金贷款利率 5 年以下（含 5 年）2.6%，5 年以上 3.1%，第二套个人住房公积金贷款利率 5 年以下（含 5 年）3.025%，5 年以上 3.575%。五是落实支持老旧小区改造政策：中心持续助力我市老旧小区改造，支持城市更新，全年共办理老旧小区加装电梯提取业务 5 人，提取住房公积金 29.5 万元。

（四）当年服务改进情况。2022 年，中心优化“跨省通办”工作机制，简化管理部办理流程，异地购房提取“两地联办”服务办理时长平均压减 1.5 个工作日，满足职工异地办事需求。深入开展“惠民公积金、服务暖人心”服务提升三年行动，制定实施意见，出台“文明服务管理部”和“星级服务岗”创建等配套措施。完善网上业务办理功能，单位网缴业务替代率达到 99.6%，个人电子业务综合替代率达到 98.0%。配合完成全国住房公积金行业内数据共享，实现“让数据多跑路、让群众少跑腿”。

（五）当年风险防控情况。2022 年，坚持加强风险防控，完善内控制度，优化以七类风险管理制度为抓手的制度框架，建立了风险管理考核机制，压实“三道防线”风险识别、评估、报告责任，推动中心业务安全、持续、稳健运行。通过住房和城乡建设部监管服务平台、电子稽查工具，排查风险隐患，强化风险识别能力。持续优化资金使用，按月开展住房公积金资金流动性指标监测，将资金运用控制在合理范围内，提升风险处置水平。

（六）当年信息化建设情况。2022 年，中心新一代智慧公积金服务平台完成正式上线部署并投入试运行，该平台共包括 17 个新建系统、13 个改造系统和 1 个数据管理服务平台，实现了全面标准化、业务一体化、渠道多元化、技术创新化的要求。严格落实《住房和城乡建设部关于加快住房公积金数字化发展的指导意见》，坚持将数字技术广泛应用于住房公积金管理服务，推动更多事项全程网办，线上渠道累计受理业务总量近740万笔，提供协查服务775万次；渠道整合平台日均调用次数近457万次，单日最高达1470万次。

（七）当年住房公积金管理中心及职工所获荣誉情况。2022年，中心南开管理部荣获“全国住房和城乡建设系统先进集体”称号，河北管理部荣获“天津市工人先锋号”称号，电子业务部荣获“天津市三八红旗集体”称号。

（八）当年对违反《住房公积金管理条例》和相关法规行为进行行政处罚和申请人民法院强制执行情况。2022年，中心共作出行政处罚9件，申请人民法院强制执行案件333件，因行政执法发生行政复议5件、行政诉讼28件，行政诉讼案件均胜诉，行政复议案件均得到维持。中心发挥执法管理架构调整优势，全市执法案件前端化解率85%，连续三年达到80%以上。中心组织开展制度扩面工作，将服务促建与执法催建相结合，新开户职工8.2万人，恢复缴存1.5万人，带动全年新建36.5万人，突破历史最高水平。

天津市住房公积金 2022 年年度报告二维码

名称	二维码
天津市住房公积金 2022 年年度报告	

河北省

河北省住房公积金 2022 年年度报告

根据国务院《住房公积金管理条例》和住房和城乡建设部、财政部、人民银行《关于健全住房公积金信息披露制度的通知》(建金〔2015〕26 号)规定，现将河北省住房公积金 2022 年年度报告汇总公布如下：

一、机构概况

(一) 住房公积金管理机构。全省共设 11 个设区城市住房公积金管理中心，1 个雄安新区住房管理中心，9 个独立设置的分中心［其中，定州市和辛集市管理中心分别隶属当地城市人民政府，省直住房资金中心隶属河北省机关事务管理局，冀东油田中心、东方物探中心、华北油田中心、管道局中心隶属中石油股份有限公司，邢矿分中心隶属冀中能源股份有限公司，开滦分中心隶属开滦(集团)有限责任公司］。从业人员 2393 人，其中，在编 1546 人，非在编 847 人。

(二) 住房公积金监管机构。省住房和城乡建设厅、财政厅和人民银行石家庄中心支行负责对本省住房公积金管理运行情况进行监督。省住房和城乡建设厅设立住房保障与住房公积金监管处，负责辖区住房公积金日常监管工作。

二、业务运行情况

(一) 缴存。2022 年，新开户单位 11590 家，净增单位 6714 家；新开户职工 50.14 万人，净增职工 10.27 万人；实缴单位 84697 家，实缴职工 561.55 万人，缴存额 839.22 亿元，分别同比增长 8.61%、1.86%、11.61%。2022 年末，缴存总额 7399.67 亿元，比上年末增加 12.79%；缴存余额 3139.33 亿元，同比增长 13.24%(表 1)。

2022 年分城市住房公积金缴存情况　　表 1

地区	实缴单位(万个)	实缴职工(万人)	缴存额(亿元)	累计缴存总额(亿元)	缴存余额(亿元)
河北省	**8.47**	**561.55**	**839.22**	**7399.67**	**3139.33**
石家庄	1.98	107.80	191.08	1610.36	700.04
承德	0.46	24.18	41.73	372.39	159.85
张家口	0.55	30.07	47.55	453.33	206.63
秦皇岛	0.37	29.39	43.42	460.13	159.48
唐山	0.89	90.33	126.70	1140.89	503.41
廊坊	0.67	41.28	65.88	552.78	202.04
保定	0.92	67.95	86.46	740.58	323.92
沧州	0.73	53.21	86.08	807.09	286.57
衡水	0.44	24.10	29.71	234.67	118.16
邢台	0.52	36.78	46.44	395.51	165.30
邯郸	0.84	51.06	64.75	588.09	283.42
雄安新区	0.10	5.40	9.42	43.85	30.51

（二）提取。2022 年，147.31 万名缴存职工提取住房公积金；提取额 472.17 亿元，同比下降 3.63%；提取额占当年缴存额的 56.26%，比上年减少 8.9 个百分点。2022 年末，提取总额 4260.34 亿元，比上年末增加 12.46%（表 2）。

2022 年分城市住房公积金提取情况　　**表 2**

地区	提取额（亿元）	提取率（%）	住房消费类提取额（亿元）	非住房消费类提取额（亿元）	累计提取总额（亿元）
河北省	**472.17**	**56.26**	**324.53**	**147.64**	**4260.34**
石家庄	112.48	58.87	76.11	36.37	910.32
承德	22.60	54.15	14.57	8.03	212.54
张家口	24.07	50.62	15.35	8.72	246.70
秦皇岛	26.49	61.01	17.40	9.09	300.65
唐山	72.31	57.07	49.62	22.69	637.48
廊坊	38.59	58.58	27.68	10.91	350.74
保定	46.64	53.95	32.51	14.13	416.67
沧州	51.80	60.17	38.10	13.70	520.52
衡水	15.09	50.80	11.05	4.04	116.51
邢台	27.30	58.78	18.69	8.61	230.21
邯郸	32.44	50.10	21.97	10.47	304.66
雄安新区	2.36	25.08	1.48	0.88	13.34

（三）贷款。

1. 个人住房贷款。2022 年，发放个人住房贷款 7.3 万笔、345.23 亿元，同比下降 24.35%、19.89%。回收个人住房贷款 229.54 亿元。

2022 年末，累计发放个人住房贷款 133.75 万笔、3835.32 亿元，贷款余额 2190.45 亿元，分别比上年末增加 5.77%、9.89%、5.58%。个人住房贷款余额占缴存余额的 69.77%，比上年末减少 5.07 个百分点（表 3）。

2022 年分城市住房公积金个人住房贷款情况　　**表 3**

地区	放贷笔数（万笔）	贷款发放额（亿元）	累计放贷笔数（万笔）	累计贷款总额（亿元）	贷款余额（亿元）	个人住房贷款率（%）
河北省	**7.30**	**345.23**	**133.75**	**3835.32**	**2190.45**	**69.77**
石家庄	1.25	66.60	21.73	712.36	415.40	59.34
承德	0.35	15.01	6.90	182.50	98.33	61.51
张家口	0.48	18.91	10.56	241.70	120.62	58.37
秦皇岛	0.29	12.43	8.42	233.79	122.49	76.80
唐山	0.97	50.72	24.69	684.09	363.73	72.25
廊坊	0.39	19.78	6.38	231.24	143.88	71.22
保定	1.21	57.95	13.62	407.09	267.51	82.59
沧州	0.66	30.47	13.22	372.50	206.37	72.02
衡水	0.45	17.53	6.92	165.82	82.58	69.89
邢台	0.57	22.75	8.83	228.79	133.21	80.59
邯郸	0.68	32.97	12.13	369.59	234.59	82.77
雄安新区	0.0041	0.11	0.35	5.85	1.74	5.69

2022 年，支持职工购建房 828.16 万平方米。年末个人住房贷款市场占有率（含公转商贴息贷款）为 11.67%，比上年末增加 0.25 个百分点。通过申请住房公积金个人住房贷款，可节约职工购房利息支出 548710.51 万元。

2. 异地贷款。2022 年，发放异地贷款 11169 笔、525366.9 万元。2022 年末，发放异地贷款总额 2683985.98 万元，异地贷款余额 1833610.66 万元。

3. 公转商贴息贷款。2022 年，发放公转商贴息贷款 0 笔、0 万元，支持职工购建房面积 0 万平方米。当年贴息额 14.11 万元。2022 年末，累计发放公转商贴息贷款 1445 笔、55868.88 万元，累计贴息 289.57 万元。

（四）资金存储。2022 年末，住房公积金存款 982.79 亿元。其中，活期 12.58 亿元，1 年（含）以下定期 235.03 亿元，1 年以上定期 590.75 亿元，其他（协定、通知存款等）144.43 亿元。

（五）资金运用率。2022 年末，住房公积金个人住房贷款余额、项目贷款余额和购买国债余额的总和占缴存余额的 69.77%，比上年末减少 5.07 个百分点。

三、主要财务数据

（一）业务收入。2022 年，业务收入 947201.05 万元，同比增长 10.09%。其中，存款利息 249413.31 万元，委托贷款利息 697737.30 万元，国债利息 0 万元，其他 50.44 万元。

（二）业务支出。2022 年，业务支出 478370.13 万元，同比增长 11.71%。其中，支付职工住房公积金利息 451501.23 万元，归集手续费 2745.24 万元，委托贷款手续费 21292.28 万元，其他 2831.38 万元。

（三）增值收益。2022 年，增值收益 468830.92 万元，同比增长 8.49%；增值收益率 1.59%，比上年减少 0.05 个百分点。

（四）增值收益分配。2022 年，提取贷款风险准备金 19409.32 万元，提取管理费用 84163.60 万元，提取城市廉租住房（公共租赁住房）建设补充资金 366152.33 万元（表 4）。

2022 年，上交财政管理费用 81863.05 万元，上缴财政城市廉租住房（公共租赁住房）建设补充资金 375811.87 万元。

2022 年分城市住房公积金增值收益及分配情况 **表 4**

地区	业务收入（亿元）	业务支出（亿元）	增值收益（亿元）	增值收益率（%）	提取贷款风险准备金（亿元）	提取管理费用（亿元）	提取公租房(廉租房)建设补充资金(亿元)
河北省	**94.72**	**47.84**	**46.88**	**1.59**	**1.94**	**8.42**	**36.62**
石家庄	20.22	10.49	9.73	1.48	0.25	0.89	8.59
承德	5.02	2.37	2.65	1.76	0.05	0.58	2.02
张家口	6.28	2.93	3.35	1.73	0.05	0.71	2.59
秦皇岛	4.72	2.60	2.12	1.40	0	0.22	1.90
唐山	15.67	7.64	8.03	1.68	0.09	0.46	7.49
廊坊	6.14	3.05	3.09	1.65	0.16	0.33	2.60
保定	10.06	5.10	4.96	1.64	0.47	1.84	2.65
沧州	8.68	4.32	4.36	1.62	0.60	1.15	2.61
衡水	3.29	1.78	1.51	1.38	0.05	0.39	1.07
邢台	5.11	2.60	2.51	1.59	0.07	0.80	1.64
邯郸	8.90	4.56	4.34	1.63	0.01	1.05	3.37
雄安新区	0.63	0.40	0.23	0.85	0.14	0	0.09

2022年末，贷款风险准备金余额343322.26万元，累计提取城市廉租住房（公共租赁住房）建设补充资金2658534.00万元。

（五）管理费用支出。2022年，管理费用支出63647.18万元，同比增长3.22%。其中，人员经费32835.82万元，公用经费4292.30万元，专项经费26519.06万元。

四、资产风险状况

个人住房贷款。2022年末，个人住房贷款逾期额2338.93万元，逾期率0.107‰，个人贷款风险准备金余额338094.26万元。2022年，使用个人贷款风险准备金核销呆坏账0万元。

五、社会经济效益

（一）缴存业务。

缴存职工中，国家机关和事业单位占40.74%，国有企业占21.27%，城镇集体企业占2.55%，外商投资企业占2.15%，城镇私营企业及其他城镇企业占26.56%，民办非企业单位和社会团体占1.61%，灵活就业人员占0.79%，其他占4.33%；中、低收入占98.36%，高收入占1.64%。

新开户职工中，国家机关和事业单位占18.23%，国有企业占11.6%，城镇集体企业占3.26%，外商投资企业占2.55%，城镇私营企业及其他城镇企业占49.38%，民办非企业单位和社会团体占3.38%，灵活就业人员占2.44%，其他占9.16%；中、低收入占97.2%，高收入占2.8%。

（二）提取业务。

提取金额中，购买、建造、翻建、大修自住住房占17.57%，偿还购房贷款本息占46.56%，租赁住房占4.53%；离休和退休提取占20.93%，完全丧失劳动能力并与单位终止劳动关系提取占2.52%，出境定居占0.09%，其他占7.8%。提取职工中，中、低收入占98.3%，高收入占1.7%。

（三）贷款业务。

职工贷款笔数中，购房建筑面积90（含）平方米以下占17.71%，90～144（含）平方米占76.28%，144平方米以上占6.01%。购买新房占72.48%（其中购买保障性住房占1.49%），购买二手房占27.52%。

职工贷款笔数中，单缴存职工申请贷款占39.16%，双缴存职工申请贷款占60.80%，三人及以上缴存职工共同申请贷款占0.04%。

贷款职工中，30岁（含）以下占29.19%，30岁～40岁（含）占47.72%，40岁～50岁（含）占18.94%，50岁以上占4.15%；购买首套住房申请贷款占81.85%，购买二套及以上申请贷款占18.15%；中、低收入占98.2%，高收入占1.8%。

（四）住房贡献率。2022年，个人住房贷款发放额、公转商贴息贷款发放额、项目贷款发放额、住房消费提取额的总和与当年缴存额的比率为79.84%，比上年减少23.4个百分点。

六、其他重要事项

（一）阶段性支持政策成效。按照《住房和城乡建设部 财政部 人民银行关于实施住房公积金阶段性支持政策的通知》（建金〔2022〕45号）要求，住房公积金阶段性支持政策有效期至2022年12月底，期间累计为全省714家受疫情影响的企业办理缓缴住房公积金3.9亿元，涉及缴存职工8.9万人；对6466笔职工无法正常偿还的个人住房公积金贷款不作逾期处理，涉及贷款余额13.6亿元；通过提高住房公积金租房提取额度，支持5.7万名职工提取住房公积金5.4亿元；新购首套和改善型住房的缴存人可以提取本人及其配偶账户存储余额，该政策已惠及2.8万人，提取金额24亿元。通过提高住房公积金最高贷款额度，支持“二孩”“三孩”家庭合理住房需求，惠及4169人，贷款金额12.27亿元；支持高端人才使用住房公积金贷款，惠及508人，贷款金额3.77亿元。

（二）政策调整情况。省政府出台扎实稳定全省经济运行的一揽子措施及配套政策，其中总文件明确：受疫情影响的企业，可按规定申请缓缴住房公积金，到期后进行补缴，在此期间，缴存职工正常提取和申请住房公积金贷款，不受缓缴影响；受疫情影响的缴存人，不能正常偿还住房公积金贷款的，不作逾期处理，不作为逾期记录报送征信部门；各地可根据本地实际情况，提高住房公积金租房提取额度，更好满足实际需要，实施时限暂定至 2022 年底。新购首套和改善型住房的缴存人可提取本人及其配偶住房公积金账户存储余额，夫妻双方累计提取总额不超过实际购房支出。配套文件《关于支持房地产业良性循环和健康发展的五条措施》明确：对于引进的高端人才（具体范围由各地确定），各地可结合实际，在其购买首套自住住房时提高住房公积金最高贷款额度；鼓励各地提高住房公积金最高贷款额度，支持“二孩”“三孩”家庭刚性和改善性住房需求。

（三）监督检查情况。深入开展公积金电子稽查，督导业务疑点和风险问题整改。每月督导各管理中心开展电子稽查自查，对各地住房公积金中心（分中心）进行了现场或线上抽检，实现了抽检全覆盖。

（四）服务改进情况。深入贯彻落实《国务院办公厅关于扩大政务服务“跨省通办”范围进一步提升服务效能的意见》（国办发〔2022〕34 号）要求，指导各地制定工作方案，明确责任分工、时间表、路线图，建立联系人制度。全省当年实现住房公积金汇缴、住房公积金补缴、提前部分偿还住房公积金贷款 3 项业务“跨省通办”，“跨省通办”业务累计达到 11 项。

（五）信息化建设情况。完善《全省住房公积金信息共享外部接入标准化目录》和数据接口规范，推动实现对被执行人住房公积金的在线冻结和查控。省住房城乡建设厅印发《关于发布婚姻、法人库信息接口文档的通知》，完善与民政、市场监管部门的数据接口规范，实现住房公积金与婚姻、法人库信息的互联共享。做好人民银行征信系统接入准备工作。

（六）当年住房公积金机构及从业人员所获荣誉情况。2022 年，全省住房公积金系统创建文明单位（行业、窗口）25 个（其中，省部级 7 个、地市级 18 个）、青年文明号 4 个（地市级）、三八红旗手 2 个（地市级）、先进集体和个人 35 个（其中，国家级 1 个、省部级 2 个、地市级 32 个）、其他类 36 个（其中，国家级 1 个、省部级 5 个、地市级 30 个）。

（七）当年对住房公积金管理人员违规行为的纠正和处理情况等。无。

（八）其他需要披露的情况。省高级人民法院、省住房和城乡建设厅联合印发《关于建立住房公积金执行联动机制的实施意见》，进一步规范涉及住房公积金案件的查询、控制和划扣案件的执行程序，以及住房公积金部门申请执行案件的执行程序，维护住房公积金正常的管理秩序，保障债权人和住房公积金缴存人的合法权益。省住房和城乡建设厅联合北京、天津、省内 14 家公积金中心签署《京津冀住房公积金区域协同发展合作备忘录》，明确京津冀住房公积金领域协同发展的总体要求、合作内容，为深化住房公积金领域跨区域合作发挥重要作用。

河北省石家庄住房公积金 2022 年年度报告

根据国务院《住房公积金管理条例》和住房和城乡建设部、财政部、人民银行《关于健全住房公积金信息披露制度的通知》（建金〔2015〕26 号）的规定，经住房公积金管理委员会审议通过，现将石家庄住房公积金 2022 年年度报告公布如下：

一、机构概况

（一）住房公积金管理委员会

石家庄住房公积金管理委员会有 30 名委员，2022 年召开 3 次会议，审议通过的事项主要包括：《2021 年住房公积金归集使用计划执行情况及 2022 年住房公积金归集使用计划的报告》《石家庄住房公积金 2021 年年度报告》《关于调整我市住房公积金个人住房贷款最高额度等有关事项的报告》《关于进一步拓展住房公积金阶段性支持政策的通知》《关于对中信银行石家庄分行申办住房公积金业务相关事项的考察报告》。

辛集市住房公积金管理委员会有 18 名委员，2022 年召开 4 次会议，审议通过的事项主要包括：《2021 年住房公积金归集、使用计划执行情况》《2021 年增值收益分配方案》《2022 年住房公积金归集、使用计划》《关于实施住房公积金阶段性支持政策的通知》《关于进一步加大住房公积金阶段性支持政策的通知》。

（二）住房公积金管理中心

石家庄住房公积金管理中心为石家庄市人民政府直属的不以营利为目的独立的正县级事业单位，设 12 个科（中心），23 个管理部。从业人员 165 人，其中，在编 155 人，非在编 10 人。

河北省省直住房资金中心为隶属于河北省机关事务管理局不以营利为目的正处级事业单位，设 7 个科。从业人员 49 人，其中，在编 38 人，非在编 11 人。

辛集市住房公积金管理中心为直属辛集市人民政府不以营利为目的自收自支事业单位，设 4 个科。从业人员 30 人，其中，在编 12 人，非在编 18 人。

二、业务运行情况

（一）缴存。2022 年，新开户单位 3412 家，净增单位 2273 家；新开户职工 11.36 万人，净增职工 2.56 万人；实缴单位 19745 家，实缴职工 107.80 万人，缴存额 191.08 亿元，分别同比增长 13.01%、2.43%、10.37%。2022 年末，缴存总额 1610.36 亿元，比上年末增加 13.46%；缴存余额 700.04 亿元，同比增长 12.65%。

石家庄住房公积金管理中心受委托办理住房公积金缴存业务的银行 6 家。河北省省直住房资金中心受委托办理住房公积金缴存业务的银行 8 家。辛集市住房公积金管理中心受委托办理住房公积金缴存业务的银行 9 家。

（二）提取。2022 年，32.92 万名缴存职工提取住房公积金；提取额 112.48 亿元，同比下降 0.84%；提取额占当年缴存额的 58.87%，比上年减少 6.65 个百分点。2022 年末，提取总额 910.32 亿元，比上年末增加 14.10%。

（三）贷款。

1. 个人住房贷款。个人住房贷款最高额度 60 万元。

2022 年，发放个人住房贷款 1.25 万笔、66.60 亿元，同比分别下降 17.22%、12.13%。其中，石家庄住房公积金管理中心发放个人住房贷款 1.13 万笔、60.84 亿元，河北省省直住房资金中心发放个人住房贷款 0.08 万笔、4.96 亿元，辛集市住房公积金管理中心发放个人住房贷款 0.04 万笔、0.80 亿元。

2022 年，回收个人住房贷款 41.95 亿元。其中，石家庄住房公积金管理中心 35.54 亿元，河北省省直住房资金中心 5.63 亿元，辛集市住房公积金管理中心 0.78 亿元。

2022 年末，累计发放个人住房贷款 21.73 万笔、712.36 亿元，贷款余额 415.40 亿元，分别比上年末增加 6.10%、10.31%、6.31%。个人住房贷款余额占缴存余额的 59.34%，比上年末减少 3.54 个百分点。

石家庄住房公积金管理中心受委托办理住房公积金个人住房贷款业务的银行 10 家。河北省省直住房资金中心受委托办理住房公积金个人住房贷款业务的银行 7 家。辛集市住房公积金管理中心受委托办理住房公积金个人住房贷款业务的银行 4 家。

2. 异地贷款。2022 年，发放异地贷款 1351 笔、73254.80 万元。2022 年末，发放异地贷款总额 658028.30 万元，异地贷款余额 338065.72 万元。

3. 公转商贴息贷款。2022 年，辛集市住房公积金管理中心未发放公转商贴息贷款，当年贴息额 14.11 万元。2022 年末，累计发放公转商贴息贷款 84 笔、1904 万元，累计贴息 76.38 万元。

（四）资金存储。2022 年末，住房公积金存款 291.33 亿元。其中，活期 3.79 亿元，1 年（含）以下定期 89.65 亿元，1 年以上定期 143.89 亿元，其他（协定、通知存款等）54 亿元。

（五）资金运用率。2022 年末，住房公积金个人住房贷款余额占缴存余额的 59.34%，比上年末减少 3.54 个百分点。

三、主要财务数据

（一）业务收入。2022 年，业务收入 202245.34 万元，同比增长 7.18%。其中，石家庄住房公积金管理中心 158591.83 万元，河北省省直住房资金中心 39864.44 万元，辛集市住房公积金管理中心 3789.07 万元；存款利息 69136.18 万元，委托贷款利息 133093.66 万元，其他 15.50 万元。

（二）业务支出。2022 年，业务支出 104930.09 万元，同比增长 10.58%。其中，石家庄住房公积金管理中心 81085.65 万元，河北省省直住房资金中心 22081.20 万元，辛集市住房公积金管理中心 1763.24 万元；支付职工住房公积金利息 99214.49 万元，归集手续费 550 万元，委托贷款手续费 5041.60 万元，其他 124 万元。

（三）增值收益。2022 年，增值收益 97315.25 万元，同比增长 3.74%。其中，石家庄住房公积金管理中心 77506.18 万元，河北省省直住房资金中心 17783.24 万元，辛集市住房公积金管理中心 2025.83 万元；增值收益率 1.48%，比上年减少 0.10 个百分点。

（四）增值收益分配。2022 年，提取贷款风险准备金 2531.75 万元，提取管理费用 8907.07 万元，提取城市廉租住房（公共租赁住房）建设补充资金 85876.43 万元。

2022 年，上交财政管理费用 8403.19 万元。上缴财政城市廉租住房（公共租赁住房）建设补充资金 81299.06 万元。其中，石家庄住房公积金管理中心上缴 65561.79 万元，河北省省直住房资金中心上缴 14563.38 万元，辛集市住房公积金管理中心上缴 1173.89 万元。

2022 年末，贷款风险准备金余额 51532.90 万元。累计提取城市廉租住房（公共租赁住房）建设补充资金 626051.15 万元。其中，石家庄住房公积金管理中心提取 496323.27 万元，河北省省直住房资金中心提取 123250.86 万元，辛集市住房公积金管理中心提取 6477.02 万元。

（五）管理费用支出。2022 年，管理费用支出 8955.49 万元，同比增长 25.61%。其中，人员经费 6172.15 万元，公用经费 613.27 万元，专项经费 2170.07 万元。

石家庄住房公积金管理中心管理费用支出 6273.88 万元，其中，人员、公用、专项经费分别为

4760.27万元、357.09万元、1156.52万元；河北省省直住房资金中心管理费用支出1987.58万元，其中，人员、公用、专项经费分别为1149.02万元、233.14万元、605.42万元；辛集市住房公积金管理中心管理费用支出694.03万元，其中，人员、公用、专项经费分别为262.86万元、23.04万元、408.13万元。

四、资产风险状况

个人住房贷款。2022年末，个人住房贷款逾期额745.51万元，逾期率0.18‰，其中，石家庄住房公积金管理中心0.18‰，河北省省直住房资金中心0.17‰，辛集市住房公积金管理中心逾期0.003‰。个人贷款风险准备金余额51532.90万元。2022年未使用个人贷款风险准备金核销呆坏账。

五、社会经济效益

（一）缴存业务

缴存职工中，国家机关和事业单位占31.71%，国有企业占20.35%，城镇集体企业占1.89%，外商投资企业占2.02%，城镇私营企业及其他城镇企业占38.38%，民办非企业单位和社会团体占1.47%，灵活就业人员占0.04%，其他占4.14%；中、低收入占97.17%，高收入占2.83%。

新开户职工中，国家机关和事业单位占11.30%，国有企业占16.18%，城镇集体企业占2.75%，外商投资企业占2.56%，城镇私营企业及其他城镇企业占57.31%，民办非企业单位和社会团体占2.63%，灵活就业人员占0.01%，其他占7.26%；中、低收入占99.17%，高收入占0.83%。

（二）提取业务

提取金额中，购买、建造、翻建、大修自住住房占21.93%，偿还购房贷款本息占38.21%，租赁住房占7.53%，离休和退休提取占18.14%，完全丧失劳动能力并与单位终止劳动关系提取占0.03%，其他占14.16%。提取职工中，中、低收入占96.97%，高收入占3.03%。

（三）贷款业务

个人住房贷款。2022年，支持职工购建房134.55万平方米，年末个人住房贷款市场占有率为11.28%，比上年末增加0.41个百分点。通过申请住房公积金个人住房贷款，可节约职工购房利息支出123822.91万元。

职工贷款笔数中，购房建筑面积90（含）平方米以下占25.84%，90～144（含）平方米占69.16%，144平方米以上占5.00%。购买新房占56.21%，购买二手房占43.79%。

职工贷款笔数中，单缴存职工申请贷款占39.45%，双缴存职工申请贷款占60.55%。

贷款职工中，30岁（含）以下占36.97%，30岁～40岁（含）占45.48%，40岁～50岁（含）占14.93%，50岁以上占2.62%；购买首套住房申请贷款占78.66%，购买二套住房申请贷款占21.34%；中、低收入占98.74%，高收入占1.26%。

（四）住房贡献率

2022年，个人住房贷款发放额、住房消费提取额的总和与当年缴存额的比率为74.68%，比上年减少16.48个百分点。

六、其他重要事项

（一）应对新冠肺炎疫情采取的措施，落实住房公积金阶段性支持政策情况和政策实施成效

深入实施住房公积金阶段性支持政策，作为贯彻国家和省市重大决策部署的实际行动，围绕助企、纾困、惠民三大重点，相继出台一系列支持政策，先后印发《关于实施住房公积金阶段性支持政策的通知》《关于进一步拓展住房公积金阶段性支持政策的通知》及相关政策解读。受新冠肺炎疫情影响的企业，经本单位职工代表大会或工会讨论通过，可申请缓缴住房公积金。缓缴期满，根据实际经营情况，在6个月内一次性或分期完成补缴。受新冠肺炎疫情影响的缴存人，不能正常偿还住房公积金贷款的，

经本人申请、住房公积金中心审核通过后，不作逾期处理，不作为逾期记录报送征信部门。职工及其配偶租住商品住房提取住房公积金的，最高提取额度提高至 12000 元。上述支持政策实施时限至 2022 年 12 月 31 日。

石家庄住房公积金管理中心全年共支持 28 家企业、2890 名职工缓缴住房公积金 1100 余万元；支持 27531 名职工提高租房提取额度，提取金额 2.50 亿元。河北省省直住房资金管理中心支持 1684 名职工提高租房提取额度，提取金额 17878 万元。辛集市住房公积金管理中心发放享受首付比例下调政策的贷款共 83 笔，放贷金额 2734 万元；支持 1 家企业办理了缓缴业务，缓缴金额 113.30 万元；支持 123 名职工购房提取，提取金额 1011.60 万元。

（二）租购并举满足缴存人基本住房需求，加大租房提取住房公积金支持力度、支持缴存人贷款购买首套普通自住住房特别是共有产权住房等情况

按照“房子是用来住的，不是用来炒的”定位及建立租购并举住房制度的精神，不断优化租房提取政策，进一步提高租房提取额度。职工及其配偶租住商品住房提取住房公积金的，最高提取额度提高至 12000 元；提供石家庄市住房租赁监管服务平台备案登记的租赁合同的，在房屋租赁合同有效期内，每人每年提取额度提高到 15000 元。2022 年，支持缴存人贷款购买首套普通自住住房 9803 户，发放贷款金额 536941.40 万元。

（三）当年机构及职能调整情况，受委托办理缴存贷款业务金融机构变更情况

石家庄住房公积金管理中心客户服务中心更名为档案科。受委托办理缴存贷款业务金融机构无变更。

河北省省直住房资金中心受委托办理缴存业务和贷款业务的银行增加了工商银行光明支行。中心机构及职能无调整。

辛集市住房公积金管理中心受委托办理缴存业务的金融机构增加了河北银行股份有限公司辛集支行。受委托办理贷款业务的金融机构增加了中国银行股份有限公司辛集分行。

（四）当年住房公积金政策调整及执行情况

1. 当年缴存基数限额及确定方法、缴存比例

石家庄住房公积金管理中心和河北省省直住房资金中心住房公积金的月缴存基数最高不得超过上一年度职工月平均工资的 3 倍，最低不得低于上一年度职工月平均工资的 60%。2022 年度石家庄住房公积金缴存基数最高为 21599 元，最低为 4320 元。2022 年度辛集市住房公积金缴存基数最高为 21488 元，最低为 1790 元。

单位和职工住房公积金缴存比例，均不得低于 5%，最高不得超过 12%。住房公积金缴存单位可在 5%至 12%的区间内，自主确定单位和个人住房公积金缴存比例，单位和个人的缴存比例宜一致。

2. 提取政策调整情况

石家庄住房公积金管理中心、河北省省直住房资金中心落实执行《关于实施住房公积金阶段性支持政策的通知》（石公积金〔2022〕13 号）规定：职工及其配偶租住商品住房提取住房公积金的，每人每年最高提取额度提高至 12000 元；2022 年 6 月 1 日至 12 月 31 日，新购首套和改善型住房的缴存人，可按规定每年提取本人及其配偶住房公积金账户存储余额，夫妻双方累计提取总额不超过实际购房支出。上述支持政策实施时限至 2022 年 12 月 31 日。《关于进一步拓展住房公积金阶段性支持政策的通知》（石公管委〔2022〕4 号）规定：自 2022 年 10 月 1 日起，办理租房提取时，提供石家庄市住房租赁监管服务平台备案登记的租赁合同的，在房屋租赁合同有效期内，每人每年提取金额不超过 15000 元。

辛集市住房公积金管理中心落实《关于实施住房公积金阶段性支持政策的通知》（辛公积金〔2022〕9 号）规定：职工本人及配偶在辛集市行政区域内无自有住房且租赁住房的，以家庭为单位每年房租提取 12000 元。未达到房租提取金额上限的职工可再办理一次补充提取。2022 年 6 月 1 日至 2022 年 12 月 31 日，新购首套和改善性住房的缴存人，可提取本人及其配偶住房公积金账户存储余额，夫妻双方累计提取总额不超过实际购房支出。《关于进一步加大住房公积金阶段性支持政策的通知》（辛公积金

〔2022〕10号）规定：2022年6月1日至2022年12月31日在本市购买首套和改善性普通自住住房的缴存人（商品房以网签备案的购房合同日期为准，再交易住房以不动产权证日期为准），其直系亲属可一次性提取住房公积金存储余额，提取额合计不得超过已付房款总额。

3．支持老旧小区改造政策落实情况

《石家庄住房公积金归集提取管理实施细则》（石公管委〔2022〕2号）规定：职工居住的未配备电梯的老旧住宅小区按国家规定增设电梯，存在个人分摊费用支出的，可申请提取本人及配偶的住房公积金。

4．当年个人住房贷款最高贷款额度、贷款条件等贷款政策调整情况

个人住房贷款最高额度60万元。

2022年降低住房公积金贷款首付款比例，缴存职工在长安区、裕华区、新华区、桥西区、高新区，使用住房公积金贷款购买家庭首套或第二套自住住房的，最低首付款比例不得低于总房价的30%。在石家庄市内其他区域，最低首付款比例不得低于总房价的20%。以上政策实施时限至2022年12月31日。

石家庄住房公积金管理中心自2022年8月8日起，将个人住房公积金贷款划入预售资金监管账户。

5．当年住房公积金存、贷款利率执行标准

职工住房公积金账户存款利率按一年期定期存款基准利率1.50%执行。

住房公积金个人贷款利率执行中国人民银行公布的个人住房公积金贷款利率。2022年1～9月，购买家庭首套住房的个人住房公积金贷款利率为：1～5年期（含）年利率为2.75%，6～30年期年利率为3.25%。购买家庭第二套住房的个人住房公积金贷款利率为同期首套个人住房公积金贷款利率的1.1倍，即：1～5年期（含）年利率3.025%；6～30年期年利率3.575%。自2022年10月1日起，下调首套个人住房公积金贷款利率0.15个百分点，5年以下（含5年）和5年以上利率分别调整为2.6%和3.1%。第二套个人住房公积金贷款利率政策保持不变。2022年10月1日前已经发放的首套个人住房公积金贷款：贷款期限在1年（含1年）以内的，执行原利率标准；贷款期限在1年以上的，自2023年1月1日起执行调整后的个人住房公积金贷款利率标准。

（五）当年服务改进情况

石家庄住房公积金管理中心强力推进信息化建设，通过数字化管理和移动化服务，持续提升管理服务水平。积极推动与人民银行征信联网，于2022年5月率先通过住房和城乡建设部接入中国人民银行二代征信查询系统。经缴存职工授权，中心可实时查询征信相关信息，有效降低贷款风险，提升业务服务水平。聚焦群众期盼，扎实开展营商环境专项治理，深入实施住房公积金系统服务提升三年行动，确保取得实效。建立住房公积金贷款联合服务大厅和个人住房贷款合作银行网签大厅，引进10家贷款合作银行入驻中心并设立办事窗口，实现住房公积金个人住房贷款申请受理审批、贷款合同面签、二手房交易网签备案及贷款房产抵押、注销抵押网上申请等事项“一门办理”。中心主动协调相关部门，免除缴存单位电子认证服务费用，每年可为缴存单位节约100余万元。按照住建部、河北省住建厅部署要求，中心积极推进落实高频服务事项“跨省通办”。2022年，住房公积金汇缴、补缴、提前部分偿还住房公积金贷款、租房提取、提前退休提取5种服务事项实现“跨省通办”和全程网办，全年共计办理25万余笔。不断完善“互联网+公积金服务”，丰富网上业务办理种类，深化线上线下融合服务，在“手机公积金”App新增线上开具异地贷款证明、缴存证明、贷款结清证明等业务功能。在河北省政务服务网对接企业开办“一日办”高频服务事项。

河北省省直住房资金中心一是2022年新增公积金汇缴、公积金补缴、提前部分偿还公积金贷款三项跨省通办事项。二是在门户网站、“省直公积金”手机App、微信公众号开设“跨省通办”服务专区，支撑全程网办、异地代收代办、两地联办等办理模式，让企业和群众办事减少“两地跑”“折返跑”。与公安、民政、社保、市场监管、房管、法院、纪检、银行、市公积金等多部门实现数据共享，应用于住房公积金各项业务办理环节中。减少材料，简化流程，让“信息多跑路，群众少跑腿”，实现了26项业

务“一次都不跑”，运用数字化手段为群众排忧解难。三是进一步拓宽服务渠道，与建设银行共建住房公积金智能终端，推动公积金服务延伸至“最后一公里”，全省 768 个建行网点 3000 余台智慧柜员机可自助办理省直公积金业务，实现公积金业务“就近办、家门口办”，为群众办事提供更多选择。四是微信公众号开通业务预约功能，为确需到现场办理业务的缴存职工提供预约服务，提前预约节省办事时间。

辛集市住房公积金管理中心进一步深化 8 个“跨省通办”事项服务力度，增加了“出具贷款职工住房公积金缴存使用证明”网上办理渠道即：个人网厅和手机公积金 App，实现了该事项的全程网办；将“偿还异地住房贷款提取住房公积金”业务纳入“跨省通办”服务范围。中心在开通上门服务、预约服务、延时服务的基础上又开通了快递邮寄服务，将异地贷款职工住房公积金缴存使用证明回执单免费邮寄回对方中心，节省了异地缴存职工的办事时间和费用。中心还创新服务模式，利用新媒体平台全省首创以抖音直播形式讲解住房公积金相关事项的模式，每周四晚上通过抖音直播间进行实时线上服务，“面对面”为群众答疑解难，指导缴存职工办理线上业务，不断提升人民群众的获得感。

（六）当年信息化建设情况

石家庄住房公积金管理中心一是持续完善数据共享及应用，继续拓展中心数据共享类型。依托部、省级数据共享平台，拓展数据共享接口，2022 年中心完成与中国人民银行二代征信查询系统对接；与市住房和城乡建设局租赁平台接口对接；优化完善省内婚姻接口及国家婚姻接口对接。完成与省级企业开办“一日办”系统对接，助力企业开户一次办结。二是持续优化完善系统。进一步完善线上业务办理，实现 20 余项业务“掌上办”，40 余项业务“网上办”；完善灵活就业人员开户、缴存、提取、贷款等相关业务功能；完成与中国人民银行二代征信系统对接，开通征信授权及征信报告查询。三是进一步加强网络安全建设。完成中心业务系统信息安全等级保护三级测评，切实保障公积金系统安全、高效、稳定运行；开展中心系统渗透测试，并对系统进行安全加固，有效消除系统漏洞。

河北省省直住房资金中心一是与 8 家银行实现了电子回单的无纸化传输，全面实现财务回执电子化。并与公积金业务系统实现数据关联，保证会计凭证的合法性和真实性。实现了中心财务无纸化，提高了中心会计档案管理信息化水平和工作效率。二是向省网信办申请在河北省政务云进行住房公积金业务数据异地备份，架设专用数字电路进行业务数据传输，构建异地灾备数据云平台，完成业务数据异地灾备工作，保证了公积金业务的连续性和安全性。三是建设虚拟化集群平台，将公积金系统的各项应用服务迁移到虚拟化集群平台上，提高了住房公积金系统可靠性。

辛集市住房公积金管理中心一是按照河北省住房和城乡建设厅关于印发《河北省住房公积金档案数字化建设方案》的通知要求，完成了住房公积金电子档案建设，通过系统建设实现了业务办理无纸化服务，节约职工办理成本，业务要件全流程线上推送，增加稽核岗对贷款业务进行线上稽核，提高中心风险防控能力。二是推进数据共享工作。通过接入数据共享平台，实现了殡葬、婚姻、法人、企业开户等的数据共享，缴存职工办理各项业务更加方便快捷。与自然资源确权交易中心、市房地产交易中心、市行政审批局建立了数据共享协查机制。与中国银行、工商银行、建设银行、农业银行开展了商业住房贷款数据共享工作。完成了购房提取、租房提取等数据共享系统改造工作，实现了单位公积金网厅业务“两不见面”“手机公积金”7×24 小时无假日线上服务。住房公积金便民服务热线向缴存职工提供 24 小时热线咨询服务，回复率、办结率、满意率均为 100%，在市政务服务热线工单承办得分中市直单位排名第一。

（七）当年住房公积金管理中心及职工所获荣誉情况

石家庄住房公积金管理中心获得 2021 年度全市法治宣传教育工作优秀单位；获得 2022 年度市 12345 政务服务便民热线工作考核（市政府部门）第 2 名；获得 2022 年度全市“双随机、一公开”监管工作考核优秀等次。中心职工 1 人获得第十八届河北省社会科学优秀成果奖三等奖；1 人获得石家庄市发光青年典型人物称号；1 人获得 2021 年度全市法治宣传教育工作优秀个人称号。

河北省省直住房资金中心 1 人被河北省政务服务管理办公室评为进驻工作组先进工作者；2 人被河

北省机关事务管理局评为年度优秀共产党员；1人年度考核优秀等次并记功；4人年度考核优秀并嘉奖。

辛集市住房公积金管理中心一名同志获得2022年辛集市“巾帼建功标兵”光荣称号；2人年度考核优秀并嘉奖。

（八）当年对违反《住房公积金管理条例》和相关法规行为进行行政处罚和申请人民法院强制执行情况

石家庄住房公积金管理中心2022年对违反《住房公积金管理条例》和相关法规行为进行行政处罚3件，罚款5.40万元。申请人民法院执行情况：一是对逾期偿还住房公积金贷款的借款人，向人民法院申请强制执行8件履行生效判决所确定的义务；二是对不办理住房公积金缴存登记的单位，向人民法院申请强制执行行政罚款1件，罚款5万元。

河北省及省内各城市住房公积金
2022 年年度报告二维码

名称	二维码
河北省住房公积金 2022 年年度报告	
石家庄住房公积金 2022 年年度报告	
承德市住房公积金 2022 年年度报告	
张家口市住房公积金 2022 年年度报告	
秦皇岛市住房公积金 2022 年年度报告	
唐山市住房公积金 2022 年年度报告	
廊坊市住房公积金 2022 年年度报告	

续表

名称	二维码
保定市住房公积金 2022 年年度报告	
沧州市住房公积金 2022 年年度报告	
衡水市住房公积金 2022 年年度报告	
邢台市住房公积金 2022 年年度报告	
邯郸市住房公积金 2022 年年度报告	
雄安新区住房公积金 2022 年年度报告	

山西省

山西省住房公积金 2022 年年度报告

根据国务院《住房公积金管理条例》和住房和城乡建设部、财政部、人民银行《关于健全住房公积金信息披露制度的通知》(建金〔2015〕26 号) 规定，现将山西省住房公积金 2022 年年度报告汇总公布如下：

一、机构概况

(一) 住房公积金管理机构。全省共设 11 个设区城市住房公积金管理中心，2 个独立设置的分中心 (其中，省直分中心、焦煤分中心隶属太原市住房公积金管理中心)。从业人员 2059 人，其中，在编 1276 人，非在编 783 人。

(二) 住房公积金监管机构。省住房和城乡建设厅、财政厅和人民银行太原中心支行负责对本省住房公积金管理运行情况进行监督。省住房和城乡建设厅设立住房公积金监管处，负责辖区住房公积金日常监管工作。

二、业务运行情况

(一) 缴存。2022 年，新开户单位 7288 家，净增单位 1256 家；新开户职工 28.60 万人，净增职工 8.70 万人；实缴单位 53197 家，实缴职工 363.61 万人，缴存额 559.23 亿元，分别同比增长 2.42%、2.45%、11.66%。2022 年末，缴存总额 4666.56 亿元，比上年末增加 13.62%；缴存余额 1899.36 亿元，同比增长 14.27% (表 1)。

2022 年分城市住房公积金缴存情况　　表 1

地区	实缴单位(万个)	实缴职工(万人)	缴存额(亿元)	累计缴存总额(亿元)	缴存余额(亿元)
全省	**5.32**	**363.61**	**559.23**	**4666.56**	**1899.36**
太原	1.69	120.6	217.93	1840.6	706.95
大同	0.35	33.34	45.72	438.11	158.53
朔州	0.19	12.3	24.67	201.27	78.98
忻州	0.4	19.16	27.38	213.62	87.18
吕梁	0.37	22.8	38.18	253.28	119.37
晋中	0.38	23.42	29.68	235.88	111.73
阳泉	0.18	17.12	24.22	211.69	79.88
长治	0.46	30.34	41.60	341.71	140.63
晋城	0.3	27.49	38.44	334.66	138.96
临汾	0.53	27.8	37.46	315.43	145.70
运城	0.46	29.24	33.95	280.32	131.46

（二）提取。2022 年，105.07 万名缴存职工提取住房公积金；提取额 322.10 亿元，同比增长 6.91%；提取额占当年缴存额的 57.60%，比上年减少 2.55 个百分点。2022 年末，提取总额 2767.21 亿元，比上年末增加 13.17%（表 2）。

2022 年分城市住房公积金提取情况 **表 2**

地区	提取额（亿元）	提取率（%）	住房消费类提取额（亿元）	非消费类提取额（亿元）	累计提取总额（亿元）
全省	**322.10**	**57.60**	**242.63**	**79.47**	**2767.21**
太原	132.73	60.9	102.55	30.18	1133.65
大同	21.89	47.88	16.29	5.6	279.59
朔州	13.00	52.71	10.14	2.86	122.29
忻州	14.46	52.79	10.98	3.48	126.44
吕梁	22.08	57.83	17.25	4.83	133.90
晋中	15.50	52.22	10.23	5.27	124.15
阳泉	12.82	52.93	9.47	3.35	131.80
长治	24.54	59.00	19.13	5.41	201.09
晋城	22.94	59.68	17.95	4.99	195.70
临汾	23.30	62.21	15.03	8.27	169.73
运城	18.84	55.49	13.6	5.24	148.85

（三）贷款。

1. 个人住房贷款。2022 年，发放个人住房贷款 6.33 万笔、259.71 亿元，同比下降 21.56%、25.11%。回收个人住房贷款 159.95 亿元。

2022 年末，累计发放个人住房贷款 81.83 万笔、2362.13 亿元，贷款余额 1451.44 亿元，分别比上年末增加 8.38%、12.35%、7.38%。个人住房贷款余额占缴存余额的 76.42%，比上年末减少 4.9 个百分点（表 3）。

2022 年分城市住房公积金个人住房贷款情况 **表 3**

地区	放贷笔数（万笔）	贷款发放额（亿元）	累计放贷笔数（万笔）	累计贷款总额（亿元）	贷款余额（亿元）	个人住房贷款率（%）
全省	**6.33**	**259.71**	**81.83**	**2362.13**	**1451.44**	**76.42**
太原	2.35	93.72	24.70	941.38	607.77	85.97
大同	0.32	13.15	5.64	185.97	128.57	81.11
朔州	0.13	4.11	3.52	72.81	35.95	45.52
忻州	0.28	11.68	4.56	113.60	62.05	71.17
吕梁	0.29	12.40	2.76	72.39	40.86	34.23
晋中	0.47	20.04	5.30	155.00	97.86	87.59
阳泉	0.26	12.41	3.06	70.62	39.06	48.89
长治	0.60	26.40	6.02	172.43	110.99	78.93
晋城	0.63	27.10	6.19	179.08	115.54	83.15
临汾	0.53	21.06	8.37	202.01	114.43	78.54
运城	0.47	17.62	11.70	196.83	98.36	74.82

2022 年，支持职工购建房 811.25 万平方米。年末个人住房贷款市场占有率为 26.49%，比上年末增加 0.74 个百分点。通过申请住房公积金个人住房贷款，可节约职工购房利息支出 690780.97 万元。

2. 异地贷款。2022 年，发放异地贷款 12416 笔、517244.40 万元。2022 年末，发放异地贷款总额 2909627.15 万元，异地贷款余额 2339644.71 万元。

（四）融资。2022 年，融资 38.20 亿元，归还 57.80 亿元。2022 年末，融资总额 144.60 亿元，融资余额 23.80 亿元。

（五）资金存储。2022 年末，住房公积金存款 502.86 亿元（含融资 23.80 亿元）。其中，活期 0.22 亿元，1 年（含）以下定期 92.07 亿元，1 年以上定期 315.63 亿元，其他（协定、通知存款等）94.94 亿元。

（六）资金运用率。2022 年末，住房公积金个人住房贷款余额占缴存余额的 76.42%，比上年末减少 4.9 个百分点。

三、主要财务数据

（一）业务收入。2022 年，业务收入 607629.62 万元，同比增长 9.52%。其中，存款利息 145142.74 万元，委托贷款利息 462383.68 万元，其他 103.20 万元。

（二）业务支出。2022 年，业务支出 306511.08 万元，同比增长 10.57%。其中，支付职工住房公积金利息 266654.83 万元，委托贷款手续费 18075.20 万元，其他 21781.05 万元（含融资利息 21711.79 万元）。

（三）增值收益。2022 年，增值收益 301118.54 万元，同比增长 8.45%；增值收益率 1.69%，比上年减少 0.08 个百分点。

（四）增值收益分配。2022 年，提取贷款风险准备金 58320.57 万元，提取管理费用 33134.14 万元，提取城市廉租住房（公共租赁住房）建设补充资金 209663.83 万元（表 4）。

2022 年分城市住房公积金增值收益及分配情况　　**表 4**

地区	业务收入（亿元）	业务支出（亿元）	增值收益（亿元）	增值收益率（%）	提取贷款风险准备金（亿元）	提取管理费用（亿元）	提取公租房（廉租房）建设补充资金（亿元）
全省	**60.76**	**30.65**	**30.11**	**1.69**	**5.83**	**3.31**	**20.97**
太原	23.76	13.13	10.62	1.59	0.46	1.12	9.05
大同	4.64	2.22	2.42	1.65	0.01	0	2.41
朔州	1.90	1.13	0.77	1.06	0.36	0.14	0.28
忻州	2.70	1.23	1.48	1.86	0.62	0.15	0.71
吕梁	4.02	1.71	2.31	2.07	0.74	0.40	1.17
晋中	3.62	1.74	1.88	1.79	0.49	0.26	1.13
阳泉	2.26	1.15	1.10	1.49	0.17	0.30	0.63
长治	4.40	2.17	2.23	1.69	0.15	0.01	2.08
晋城	4.36	2.13	2.23	1.71	0.15	0.30	1.78
临汾	4.74	2.23	2.51	1.82	1.50	0.43	0.58
运城	4.36	1.81	2.55	2.05	1.18	0.22	1.15

2022 年，上交财政管理费用 24763.22 万元，上缴财政城市廉租住房（公共租赁住房）建设补充资金 158476.45 万元。

2022 年末，贷款风险准备金余额 504578.18 万元，累计提取城市廉租住房（公共租赁住房）建设补充资金 1507308.80 万元。

（五）管理费用支出。2022 年，管理费用支出 33230.92 万元，同比增长 12.47%。其中，人员经费 19990.45 万元，公用经费 2300.72 万元，专项经费 10939.75 万元。

四、资产风险状况

个人住房贷款。2022 年末，个人住房贷款逾期额 14042.76 万元，逾期率 0.10%，个人贷款风险准备金余额 504217.98 万元。

五、社会经济效益

（一）缴存业务

缴存职工中，国家机关和事业单位占 36.18%，国有企业占 41.12%，城镇集体企业占 1.96%，外商投资企业占 2.53%，城镇私营企业及其他城镇企业占 13.31%，民办非企业单位和社会团体占 1.07%，灵活就业人员占 1.47%，其他占 2.36%；中、低收入占 98.85%，高收入占 1.15%。

新开户职工中，国家机关和事业单位占 23.84%，国有企业占 23.13%，城镇集体企业占 2.08%，外商投资企业占 4.89%，城镇私营企业及其他城镇企业占 34.75%，民办非企业单位和社会团体占 2.40%，灵活就业人员占 4.50%，其他占 4.41%；中、低收入占 99.69%，高收入占 0.31%。

（二）提取业务

提取金额中，购买、建造、翻建、大修自住住房占 22.81%，偿还购房贷款本息占 36.29%，租赁住房占 16.09%，离休和退休提取占 20.44%，完全丧失劳动能力并与单位终止劳动关系提取占 2.25%，其他占 2.12%。提取职工中，中、低收入占 97.75%，高收入占 2.25%。

（三）贷款业务

个人住房贷款

职工贷款笔数中，购房建筑面积 90（含）平方米以下占 10.64%，90～144（含）平方米占 78.81%，144 平方米以上占 10.55%。购买新房占 87.32%（其中购买保障性住房占 0.17%），购买二手房占 12.54%，其他占 0.14%。

职工贷款笔数中，单缴存职工申请贷款占 47.71%，双缴存职工申请贷款占 52.26%，三人及以上缴存职工共同申请贷款占 0.03%。

贷款职工中，30 岁（含）以下占 29.49%，30 岁～40 岁（含）占 45.29%，40 岁～50 岁（含）占 18.95%，50 岁以上占 6.27%；购买首套住房申请贷款占 84.34%，购买二套及以上申请贷款占 15.66%；中、低收入占 98.60%，高收入占 1.40%。

（四）住房贡献率

2022 年，个人住房贷款发放额、住房消费提取额的和与当年缴存额的比率为 104.04%，比上年减少 11.9 个百分点。

六、其他重要事项

（一）应对新冠肺炎疫情采取的政策措施，落实住房公积金阶段性支持政策情况和政策实施成效

为落实《住房和城乡建设部 财政部 人民银行关于实施住房公积金阶段性支持政策的通知》（建金〔2022〕45 号）文件精神和省政府高效统筹疫情防控和经济社会发展的决策部署，进一步加大住房公积金助企纾困力度，解决受疫情影响收入减少或失去收入住房公积金借款职工的还款压力，更好地满足缴存人支付房租实际需要，2022 年 6 月 17 日，山西省住房和城乡建设厅、山西省财政厅、中国人民银行太原中心支行出台了《关于落实住房公积金阶段性支持政策的通知》（晋建金字〔2022〕103 号），同时对文件内容进行了主动公开和详细解读，并督促各市公积金中心和分中心出台了实施细则，要求通过多

种形式进行主动推送和广泛宣传。

截至 2022 年 12 月 31 日，全省 11 个公积金中心和 2 个分中心均出台了实施细则。受新冠疫情影响，全省累计办理缓缴企业 121 个，累计缓缴职工 19872 人，累计缓缴金额 9688.45 万元；受新冠疫情影响的缴存人无法正常还款且不作逾期处理的贷款 795 笔，不作逾期处理的贷款余额 21290.95 万元，不作逾期处理的贷款应还未还本金额 234.28 万元；累计享受提高租房提取额度职工 6.84 万人、130134.42 万元。

（二）当年住房公积金政策调整情况

根据《中国人民银行下调首套个人住房公积金贷款利率的通知》（银行〔2022〕226 号），自 2022 年 10 月 1 日起，全省住房公积金管理机构下调首套个人住房公积金贷款利率 0.15 个百分点，5 年以下（含 5 年）和 5 年以上利率分别调整为 2.6％和 3.1％。第二套个人住房公积金贷款利率政策保持不变，即 5 年以下（含 5 年）和 5 年以上利率分别为 3.025％和 3.575％。

（三）当年开展监督检查情况

充分发挥大数据的监管优势，线上线下同步监管。截至 12 月底，较好完成了全国住房公积金监管平台筛查出“缴存比例超限、向不符合条件的职工发放公积金贷款、低于最低首付比例发放贷款、一人多贷、一人多缴”5 类疑似风险问题整改工作，总体整改率 99.93％，及时有效地防范化解了风险隐患。

进一步加强对住房公积金管理机构的日常监管，加大企业违规行为的整治力度。依据日常检查和群众反映线索，2022 年督促整改公积金管理委员会违规决策事项、公积金中心超越权限确定受托银行委托业务、不按业务需求划拨和转存资金、窗口人员违规办理业务等事项 5 起，查处企业自行违规归集和管理住房公积金 1 家，先后下发《山西省住房和城乡建设厅关于督促整改住房公积金违规问题的通知》（晋建金函〔2022〕1572 号）和《山西省住房和城乡建设厅关于督促整改企业自行归集管理职工住房公积金的通知》（晋建金函〔2022〕1586 号），进一步规范我省住房公积金管理使用秩序，有效维护了职工的合法权益。

（四）当年服务改进和改革创新情况

全省灵活就业人员自愿缴存住房公积金稳步推进，2022 年 5.36 万灵活就业人员缴存住房公积金 3.31 亿元，为 0.19 万灵活就业人员发放住房公积金贷款 6.08 亿元。为总结经验，规范管理，积极推举晋城市住房公积金管理中心参加全国灵活就业人员试点工作。太忻一体化和中部城市群公积金融合有序开展，跨区域合作效果显著，吕梁公积金中心累计为本市在太原等地购房的职工发放公积金贷款 234 笔、1.57 亿元，阳泉公积金中心累计向晋中购房职工跨区域发放公积金贷款 1670 笔、9.46 亿元，实现了通过业务统筹资金使用的突破。

（五）当年信息化建设情况

加大部门间合作，持续推进住房公积金信息共享。山西省住房公积金数据共享平台新增全省电子居住证和全省房屋网签信息，优化了房屋不动产登记信息查询接口，实现了住房公积金系统与 8 个省级行政部门、19 个金融机构和全国住房公积金数据平台及全国住房公积金小程序的互联互通，基本建成了山西特色的“可用不可见”省级住房公积金“纵向贯通、横向联通”数据共享“立交桥、高速路”，全省住房公积金服务质量和效能实现整体提升。

认真贯彻落实省委、省政府《关于实施市场主体倍增工程的意见》，围绕“企业开办注销极简审批”中公积金事项，组织 11 个设区市住房公积金管理中心扎实开展《企业开办全程网上办规范》贯彻落实，推动全省新企业设立登记、市场主体歇业等信息与住房公积金缴存登记、账户封存等实现实时互推、业务互认、同步办结，进一步提升了住房公积金服务企业的效能。

督促指导各市公积金中心圆满完成国务院下达的“住房公积金汇缴、住房公积金补缴和提前部分偿还公积金贷款”三项“跨省通办”任务。全省住房公积金“网上办、掌上办”服务事项持续增多，广大缴存职工的获得感、幸福感、安全感成色更足。组织太原、忻州两市公积金中心率先实现跨市域“购房提取住房公积金”全程网办。

（六）当年住房公积金机构及从业人员所获荣誉情况

全省住房公积金管理机构获得多项荣誉，其中省部级青年文明号 1 个、省部级五一劳动奖章 1 个、省部级三八红旗手 1 个、省部级先进集体和个人 5 个；地市级文明单位 4 个、地市级五一劳动奖章 1 个、地市级先进集体和个人 3 个。

山西省晋中市住房公积金2022年年度报告

根据国务院《住房公积金管理条例》和住房和城乡建设部、财政部、人民银行《关于健全住房公积金信息披露制度的通知》（建金〔2015〕26号）的规定，经住房公积金管理委员会审议通过，现将晋中市住房公积金2022年年度报告公布如下：

一、机构概况

（一）住房公积金管理委员会。2022年晋中市住房公积金管理委员会有17名委员。审议通过的事项主要包括：一是审议通过晋中市住房公积金管理中心2021年年度报告；二是审议通过晋中市住房公积金管理中心2021年度缴存使用情况及2022年度缴存使用计划；三是审议通过晋中市住房公积金管理中心2021年度住房公积金增值收益分配方案。

（二）住房公积金管理中心。晋中市住房公积金管理中心为直属晋中市人民政府，不以营利为目的的公益一类事业单位，内设5个部门，下设12个分理处。从业人员174人，其中，在编119人，非在编55人。

二、业务运行情况

（一）缴存。2022年，新开户单位289家，单位净减少61家；新开户职工2.35万人，职工净增加1.16万人；实缴单位3779家，同比减少1.59%；实缴职工23.42万人，缴存额29.68亿元，分别同比增加5.21%、15.26%。截至2022年末，缴存总额235.88亿元，同比增长14.39%；缴存余额111.73亿元，同比增长14.54%。受委托办理住房公积金缴存业务的银行5家。

（二）提取。2022年，4.95万人提取住房公积金，同比减少72.76%；提取额为15.50亿元，同比增加15.59%，提取额占当年缴存额的52.22%，比上年增加0.23个百分点。截至2022年末，提取总额124.15亿元，同比增加14.27%。

（三）贷款。

1. 个人住房贷款。单缴存职工个人住房贷款最高额度50万元，双缴存职工个人住房贷款最高额度80万元。

2022年，发放个人住房贷款0.47万笔、20.04亿元，同比分别增加23.99%、25.96%。

2022年，回收个人住房贷款11.61亿元。

2022年末，累计发放个人住房贷款5.30万笔、155亿元，贷款余额97.86亿元，同比分别增长9.63%、14.86%、9.44%。个人住房贷款余额占缴存余额的87.59%，比上年末减少4.08个百分点。

受委托办理住房公积金个人住房贷款业务的银行9家。

2. 异地贷款。2022年，发放异地贷款907笔、38858万元。2022年末，发放异地贷款总额304451.10万元，异地贷款余额255577.82万元。

（四）资金存储。2022年末，住房公积金存款19.07亿元，其中：活期0.02亿元，1年以上定期15亿元，其他（协定、通知存款等）4.05亿元。

（五）资金运用率。2022年末，住房公积金个人住房贷款余额、项目贷款余额和购买国债余额的总和占缴存余额的87.59%，比上年末减少4.08个百分点。

三、主要财务数据

（一）业务收入。 2022 年，业务收入 36196.22 万元，同比增长 10.77%。其中：存款利息收入 5974.03 万元，委托贷款利息收入 30221.56 万元，其他收入 0.63 万元。

（二）业务支出。 2022 年，业务支出 17379.32 万元，同比增长 14.31%。其中：支付职工住房公积金利息支出 15949.60 万元，委托贷款手续费支出 1405.94 万元，其他支出 23.78 万元。

（三）增值收益。 2022 年，增值收益 18816.90 万元，同比增长 7.68%。增值收益率 1.80%，比上年减少 0.11 个百分点。

（四）增值收益分配。 2022 年，提取贷款风险准备金 4892.93 万元，提取管理费用 2600 万元，提取城市廉租住房（公共租赁住房）建设补充资金 11323.97 万元。

2022 年末，贷款风险准备金余额 52560.32 万元。累计提取城市廉租住房（公共租赁住房）建设补充资金 53016.30 万元。

（五）管理费用支出。 2022 年，管理费用支出 2314.81 万元，同比增加 8.36%。其中：人员经费 1676.16 万元，公用经费 207.85 万元，专项经费 430.80 万元。

四、资产风险状况

（一）个人住房贷款。 2022 年末，个人住房贷款逾期额 0 万元，逾期率 0‰。个人贷款风险准备金余额 52238.32 万元。2022 年，使用个人贷款风险准备金核销呆坏账 0 万元。

（二）支持保障性住房建设试点项目贷款。 2022 年末，项目贷款风险准备金余额 322 万元。

五、社会经济效益

（一）缴存业务

缴存职工中，国家机关和事业单位占 47.33%，国有企业占 25.43%，城镇集体企业占 6.70%，外商投资企业占 2.78%，城镇私营企业及其他城镇企业占 10.61%，民办非企业单位和社会团体占 1.39%，灵活就业人员占 0%，其他占 5.76%；中、低收入占 98.20%，高收入占 1.80%。

新开户职工中，国家机关和事业单位占 19.39%，国有企业占 28.82%，城镇集体企业占 12.43%，外商投资企业占 4.24%，城镇私营企业及其他城镇企业占 24.28%，民办非企业单位和社会团体占 4.71%，灵活就业人员占 0%，其他占 6.13%；中、低收入占 99.55%，高收入占 0.45%。

（二）提取业务

提取金额中，购买、建造、翻建、大修自住住房占 14.03%，偿还购房贷款本息占 49.50%，租赁住房占 2.38%，离休和退休提取占 26.76%，完全丧失劳动能力并与单位终止劳动关系提取 4.15%，户口迁出本市或出国定居占 3.07%，其他非住房消费占 0.11%。提取职工中，中、低收入占 93.24%，高收入占 6.76%。

（三）贷款业务

2022 年，支持职工购建房 57.42 万平方米，年末个人住房贷款市场占有率为 20.88%，比上年末增加 0.65%。通过申请住房公积金个人住房贷款，可节约职工购房利息支出 61734.35 万元。

职工贷款笔数中，购房建筑面积 90（含）平方米以下占 8.18%，90～144（含）平方米占 76.46%，144 平方米以上占 15.36%；购买新房占 85.01%（其中购买保障性住房占 0%），购买二手房占 14.99%，建造、翻建、大修自住住房占 0%，其他占 0%。

职工贷款笔数中，单缴存职工申请贷款占 27%，双缴存职工申请贷款占 73%，三人及以上缴存职工共同申请贷款占 0%。

贷款职工中，30 岁（含）以下占 27.66%，30 岁～40 岁（含）占 41.82%，40 岁～50 岁（含）占 23.39%，50 岁以上占 7.13%；首次申请贷款占 91.45%，二次申请贷款占 8.55%；中、低收入占

98.15%，高收入占1.85%。

（四）住房贡献率

2022年，个人住房贷款发放额、公转商贴息贷款发放额、项目贷款发放额、住房消费提取额的总和与当年缴存额的比率为101.95%。比上年增加4.61%。

六、其他重要事项

（一）应对新冠肺炎疫情采取的措施，落实住房公积金阶段性支持政策情况和政策实施成效

2022年5月中心印发了《关于实施住房公积金阶段性支持政策的通知》（市房金管发〔2022〕8号）。明确自2022年12月31日，受新冠肺炎疫情影响的企业，根据单位实际情况可申请缓缴、降比；缴存职工可申请延迟还贷。2023年1季度为补缴、还贷期，2023年4月1日起恢复正常。

全年申请缓缴单位1家，涉及职工918人；共受理审核80名受疫情影响借款人不作逾期处理申请，涉及贷款金额2327.15万元。

（二）当年晋中市住房公积金政策调整及执行情况

1. 缴存基数调整及缴存政策情况

（1）2022年7月中心印发了《关于2022年度晋中市住房公积金缴存基数、比例调整》的通知（市房金管发〔2022〕10号），明确自2022年7月1日起，本市职工住房公积金的缴存基数统一调整为：月缴存工资上限为19737元，月缴存工资下限为1880元。

（2）2022年7月中心印发了《晋中市高校应届毕业生创业就业人员缴存使用住房公积金暂行办法》（市房金管发〔2022〕15号）和《晋中市灵活就业人员缴存使用住房公积金暂行办法》（市房金管发〔2022〕16号）。高校应届毕业生创业就业人员及灵活就业人员参加住房公积金制度正式实施。

2. 提取政策调整情况

2022年12月中心印发了《关于购房提取不再受公积金贷款限制》的通知。明确自2023年1月1日起，公积金缴存职工凭三年内购房资料进行提取时，不再受公积金贷款限制。

3. 贷款政策调整情况

2022年2月中心印发《关于调整住房公积金个人贷款政策》的通知（试行）（市房金管发〔2022〕3号），做出如下调整：

提高贷款额度。双缴存职工最高贷款额度为80万元；单缴存职工最高贷款额度为50万元。

降低二套房首付比例。家庭购买第二套改善性住房需申请住房公积金贷款的，首付比例下调为不低于购房总价的20%。

调整房屋套数认定标准。以家庭住房公积金贷款次数认定房屋套数。

现役军人配偶、按照国家生育政策，生育二孩或三孩的家庭申请住房公积金贷款，按双缴存职工计算最高贷款额度。退出现役后的军人，服役期间认定为住房公积金缴存时间，与地方缴存时间可合并计算。

4. 住房公积金存贷款利率调整及执行情况

根据中国人民银行决定，2022年9月印发《关于调整住房公积金个人住房贷款利率》的通知（市房金管发〔2022〕23号）。自2022年10月1日起调整住房公积金贷款利率，下调首套个人住房公积金贷款利率0.15个百分点，5年以下（含5年）和5年以上利率分别调整为2.6%和3.1%。第二套个人住房公积金贷款利率政策保持不变，即5年以下（含5年）和5年以上利率分别不低于3.025%和3.575%。

（三）当年服务改进情况

1. 围绕“二十五条”，降利率、提额度、优服务，促进房地产业良性循环和平稳发展

紧紧围绕《晋中市促进房地产业良性循环和健康发展二十五条》，结合我市实际，连续快速推出了降低购房首付比例，提高贷款额度，降低贷款利率，优惠特殊群体，服务房地产开发企业等利企惠民政

策，助力晋中市房地产业良性循环和平稳发展。

2. 聚力“跨省通办”，为异地缴存职工提供全程网办、代收代办、两地联办

加大住房公积金手机 App、全国住房公积金小程序、晋中市住房公积金微信公众号等自助办理业务宣传力度，依托综合服务平台，积极开展住房公积金高频服务事项“跨省通办”业务，让数据多跑路，让群众少跑腿，加强数据互联互通，切实解决企业和群众“多地跑”“折返跑”等异地办理业务问题，畅通住房公积金服务群众“最后一公里”。截至目前，共办理“跨省通办”业务 31.79 万笔。

3. 聚焦一体化发展，与阳泉等三个中心推进“跨区域战略合作”，实现互惠共赢

与阳泉、吕梁、焦煤三个中心签订《跨区域战略合作协议》，破困拓新，拓展融资引资渠道，蹚出了一条异地贷款、均衡发展的新路子。目前，四个中心共跨区域合作 23 个楼盘项目，跨区域发放异地贷款 2705 笔，贷款总额 13.8 亿元，为全省乃至全国提供了可复制可借鉴的宝贵经验。

4. 大力简政惠民，拓网点、减要件，优化营商环境

坚持把群众呼声作为第一信号，把群众需要作为第一选择，把群众满意作为第一追求，根据城市布局和人口分布现状，公积金便民服务网点由原来的 13 个增加到 70 个，实现市本级和 10 个县（区、市）全覆盖，着力打造住房公积金“15 分钟便民服务圈”。同时，简化办事流程，精简办理要件，将缴存、提取、个人贷款等业务所需要件由原来的 51 件精简到 17 件，精简了三分之二。

5. 全面推进“组合贷”业务

针对“部分缴存职工因贷款额度不足无法购房”这一难题，中心综合运用公积金和商业银行资金规模，与 11 家商业银行签订贷款合作协议，积极推出“组合贷”业务。2022 年共办理住房公积金组合贷款 230 笔、9820 万元，进一步满足了缴存职工日益增长的贷款额度需求。

（四）当年信息化建设改进情况

加快数字赋能，实现“一网通办，集成服务”。加强数据资源互联共享、丰富网上服务功能，积极推进服务热线与政务热线并行联动，为缴存人提供更便捷、更智能、更高效的服务新体验；开办企业全程网办服务平台，实现“照、章、税、金、保、医、银”数据一次采集，集成办理；开发了集政策咨询、大厅导引、自助打印等功能于一体的公积金智能机器人，拓宽了公积金服务的新领域。

（五）当年逾期贷款清零情况

中心高度重视住房公积金逾期贷款清收工作，建立“四清单一责任”工作机制，按照“全面部署、提前介入、保持压力、持续关注、动态监管”的工作方针，不断完善防范机制，强化贷前、贷中、贷后管理，有效防控贷款风险。在贷款总量增加的情况下，2022 年底，晋中市住房公积金个人贷款逾期额为零，逾期率 0.0‰，突破性实现清零目标，保证了资金使用安全，实现了资金良性运转。

（六）当年住房公积金管理中心及职工所获荣誉情况

2022 年，晋中市住房公积金管理中心被省住房和城乡建设厅评为优秀单位；被住房和城乡建设部评为“全国住房和城乡建设系统先进单位”；市直分理处被住房和城乡建设部表彰为全国“跨省通办示范专窗”，被省人社厅、省妇联授予“山西省三八红旗集体”称号；又被全国妇联授予“全国巾帼文明岗”；榆次分理处信贷岗被推荐为住房和城乡建设部表彰的星级服务岗。

山西省及省内各城市住房公积金 2022 年年度报告二维码

名称	二维码
山西省住房公积金 2022 年年度报告	
太原住房公积金 2022 年年度报告	
阳泉市住房公积金 2022 年年度报告	
朔州市住房公积金 2022 年年度报告	
吕梁市住房公积金 2022 年年度报告	
长治市住房公积金 2022 年年度报告	
忻州市住房公积金 2022 年年度报告	

续表

名称	二维码
大同市住房公积金 2022 年年度报告	
晋中市住房公积金 2022 年年度报告	
晋城市住房公积金 2022 年年度报告	
临汾市住房公积金 2022 年年度报告	
运城市住房公积金 2022 年年度报告	

内蒙古自治区

内蒙古自治区住房公积金 2022 年年度报告

根据国务院《住房公积金管理条例》和住房和城乡建设部、财政部、中国人民银行《关于健全住房公积金信息披露制度的通知》(建金〔2015〕26 号)的规定,经自治区住房和城乡建设厅、财政厅和中国人民银行呼和浩特中心支行审核,现将《内蒙古自治区住房公积金 2022 年年度报告》予以发布。

一、机构概况

(一)住房公积金管理机构。全区共设 13 个设区城市住房公积金中心和 8 个独立设置的分中心。8 个独立设置的分中心:内蒙古自治区住房资金中心隶属呼和浩特市;内蒙古电力(集团)有限公司住房资金管理中心隶属呼和浩特市;国网内蒙古东部电力有限公司住房公积金管理部隶属呼和浩特市;北方联合电力有限责任公司住房公积金管理部隶属呼和浩特市;内蒙古集通铁路(集团)有限责任公司住房公积金管理部隶属呼和浩特市;包钢住房公积金管理分中心隶属包头市;神华准格尔能源有限责任公司住房公积金管理分中心隶属鄂尔多斯市;二连浩特市住房公积金中心隶属锡林郭勒盟。

从业人员 1832 人,其中,在编 1074 人,非在编 758 人。

(二)住房公积金监管机构。内蒙古自治区住房和城乡建设厅、财政厅和中国人民银行呼和浩特中心支行负责对本区住房公积金管理运行情况进行监督。自治区住房和城乡建设厅设立住房保障与公积金监管处,负责辖区住房公积金日常监管工作。

二、业务运行情况

(一)缴存。2022 年,新开户单位 7237 家,净增单位 1310 家;新开户职工 29.57 万人,净增职工 9.86 万人;实缴单位 49146 家,实缴职工 276.97 万人,缴存额 520.09 亿元,分别同比增长 2.74%、3.69%、6.75%。2022 年末,缴存总额 4525.22 亿元,比上年末增加 12.99%;缴存余额 1904.71 亿元,同比增长 12.41%(表 1)。

2022 年分城市住房公积金缴存情况 表 1

地区	实缴单位(万个)	实缴职工(万人)	缴存额(亿元)	累计缴存总额(亿元)	缴存余额(亿元)
内蒙古自治区	**4.92**	**276.97**	**520.09**	**4525.22**	**1904.71**
呼和浩特市	0.94	60.03	128.03	1252.02	463.91
包头市	0.47	33.51	56.09	528.42	218.91
呼伦贝尔市	0.50	22.44	50.07	420.45	163.73
兴安盟	0.20	10.64	20.73	179.45	66.55
通辽市	0.38	21.73	35.78	322.26	156.73
赤峰市	0.49	31.46	53.50	480.76	206.12
锡林郭勒盟	0.37	12.51	25.07	205.26	83.58
乌兰察布市	0.29	14.10	18.55	167.48	84.41
鄂尔多斯市	0.67	38.19	77.00	455.51	242.14

续表

地区	实缴单位（万个）	实缴职工（万人）	缴存额（亿元）	累计缴存总额（亿元）	缴存余额（亿元）
巴彦淖尔市	0.25	15.56	23.77	226.88	104.02
乌海市	0.12	9.08	16.07	121.67	55.35
阿拉善盟	0.16	4.81	8.63	100.90	36.01
满洲里市	0.08	2.92	6.80	64.15	23.27

（二）提取。2022年，116.97万名缴存职工提取住房公积金；提取额309.89亿元，同比下降8.11%；提取额占当年缴存额的59.58%，比上年减少9.64个百分点。2022年末，累计提取总额2620.51亿元，比上年末增加13.41%（表2）。

2022年分城市住房公积金提取情况　　**表2**

地区	提取额（亿元）	提取率（%）	住房消费类提取额（亿元）	非住房消费类提取额（亿元）	累计提取总额（亿元）
内蒙古自治区	**309.89**	**59.58**	**212.26**	**97.63**	**2620.51**
呼和浩特市	83.38	65.12	56.40	26.98	788.11
包头市	36.53	65.13	25.18	11.35	309.51
呼伦贝尔市	29.16	58.24	19.25	9.91	256.72
兴安盟	13.38	64.56	9.96	3.42	112.90
通辽市	23.13	64.63	15.25	7.88	165.53
赤峰市	33.24	62.13	23.48	9.77	274.64
锡林郭勒盟	16.70	66.63	12.50	4.20	121.69
乌兰察布市	10.28	55.44	6.40	3.88	83.07
鄂尔多斯市	32.74	42.51	23.54	9.20	213.38
巴彦淖尔市	12.63	53.13	7.82	4.81	122.87
乌海市	9.45	58.77	6.67	2.77	66.32
阿拉善盟	5.47	63.38	3.51	1.97	64.89
满洲里市	3.80	55.84	2.30	1.49	40.88

（三）贷款。

1. 个人住房贷款。2022年，发放个人住房贷款4.46万笔、174.74亿元，同比下降29.09%、26.90%。回收个人住房贷款172.06亿元。

2022年末，累计发放个人住房贷款128.19万笔、2858.28亿元，贷款余额1250.53亿元，分别比上年末增加3.60%、6.51%、0.21%。个人住房贷款余额占缴存余额的65.65%，比上年末减少7.99个百分点（表3）。

2022年分城市住房公积金个人住房贷款情况　　**表3**

地区	放贷笔数（万笔）	贷款发放额（亿元）	累计放贷笔数（万笔）	累计贷款总额（亿元）	贷款余额（亿元）	个人住房贷款率（%）
内蒙古自治区	**4.46**	**174.74**	**128.19**	**2858.28**	**1250.53**	**65.65**
呼和浩特市	0.83	41.09	21.31	562.16	295.07	63.61

续表

地区	放贷笔数（万笔）	贷款发放额（亿元）	累计放贷笔数（万笔）	累计贷款总额（亿元）	贷款余额（亿元）	个人住房贷款率（%）
包头市	0.35	12.17	11.00	321.50	168.91	77.16
呼伦贝尔市	0.48	17.09	13.73	262.03	109.39	66.81
兴安盟	0.24	8.35	8.29	155.38	54.32	81.63
通辽市	0.31	10.13	15.34	247.15	77.85	49.67
赤峰市	0.68	26.13	16.15	415.83	162.10	78.64
锡林郭勒盟	0.22	6.78	6.69	137.31	56.91	68.10
乌兰察布市	0.15	5.27	6.45	130.37	52.69	62.43
鄂尔多斯市	0.75	32.20	12.00	297.36	156.27	64.54
巴彦淖尔市	0.17	5.36	8.65	162.14	59.71	57.40
乌海市	0.18	6.88	2.79	64.93	30.31	54.75
阿拉善盟	0.07	2.40	3.58	67.09	16.53	45.92
满洲里市	0.03	0.89	2.20	35.03	10.47	44.98

2022年，支持职工购建房539.39万平方米。年末个人住房贷款市场占有率（含公转商贴息贷款）为25.60%，比上年末减少0.94个百分点。通过申请住房公积金个人住房贷款，可节约职工购房利息支出290768.25万元。

2. 异地贷款。2022年，发放异地贷款3452笔、143271.10万元。2022年末，累计发放异地贷款总额1135025.29万元，异地贷款余额753904.59万元。

3. 公转商贴息贷款。2022年，发放公转商贴息贷款0笔、0万元，支持职工购建房面积0万平方米。当年贴息额230.89万元。2022年末，累计发放公转商贴息贷款779笔、35601.55万元，累计贴息1268.49万元。

（四）购买国债。2022年，购买国债0亿元，国债0亿元。2022年末，国债余额0亿元，比上年末增加0亿元。

（五）融资。2022年，融资0亿元，归还0亿元。2022年末，融资总额4.5亿元，融资余额0亿元。

（六）资金存储。2022年末，住房公积金存款683.49亿元。其中，活期27.11亿元，1年（含）以下定期316.88亿元，1年以上定期207.69亿元，其他（协定、通知存款等）131.81亿元。

（七）资金运用率。2022年末，住房公积金个人住房贷款余额、项目贷款余额和购买国债余额的总和占缴存余额的65.65%，比上年末减少7.99个百分点。

三、主要财务数据

（一）业务收入。2022年，业务收入561784.08万元，同比下降8.08%。其中，存款利息155277.57万元，委托贷款利息406355.56万元，国债利息0万元，其他150.95万元。

（二）业务支出。2022年，业务支出273393.28万元，同比增长5.38%。其中，支付职工住房公积金利息269308.29万元，归集手续费69.96万元，委托贷款手续费3572.03万元，其他443万元。

（三）增值收益。2022年，增值收益288390.81万元，同比增长10.76%；增值收益率1.61%，比上年减少0.01个百分点。

（四）增值收益分配。2022年，提取贷款风险准备金117212.37万元，提取管理费用41643.42万元，提取城市廉租住房（公共租赁住房）建设补充资金129535.02万元（表4）。

2022 年分城市住房公积金增值收益及分配情况　　**表 4**

地区	业务收入（亿元）	业务支出（亿元）	增值收益（亿元）	增值收益率（%）	提取贷款风险准备金（亿元）	提取管理费用（亿元）	提取公租房（廉租房）建设补充资金（亿元）
内蒙古自治区	**56.18**	**27.34**	**28.84**	**1.61**	**11.72**	**4.16**	**12.95**
呼和浩特市	15.10	6.61	8.49	1.93	3.09	1.26	4.14
包头市	6.77	3.18	3.59	1.72	2.15	0.51	0.93
呼伦贝尔市	4.70	2.37	2.33	1.52	1.40	0.32	0.61
兴安盟	2.05	0.96	1.09	1.74	0.26	0.18	0.65
通辽市	3.86	2.25	1.61	1.07	0	0.23	1.38
赤峰市	6.36	3.04	3.32	1.70	0.19	0.38	2.75
锡林郭勒盟	2.21	1.27	0.94	1.19	0.18	0.36	0.40
乌兰察布市	2.47	1.20	1.27	1.59	0.76	0.40	0.11
鄂尔多斯市	6.76	3.33	3.44	1.55	2.12	0.19	1.12
巴彦淖尔市	2.66	1.49	1.17	1.19	0.70	0.13	0.34
乌海市	1.75	0.80	0.95	1.82	0.57	0.04	0.33
阿拉善盟	0.91	0.49	0.41	1.20	0.30	0.09	0.03
满洲里市	0.59	0.35	0.25	1.13	0	0.08	0.17

2022 年，上交财政管理费用 37057.62 万元，上缴财政城市廉租住房（公共租赁住房）建设补充资金 151107.38 万元。

2022 年末，贷款风险准备金余额 909039.81 万元，累计提取城市廉租住房（公共租赁住房）建设补充资金 865607.39 万元。

（五）管理费用支出。2022 年，管理费用支出 32420.15 万元，同比下降 0.98%。其中，人员经费 15629.06 万元，公用经费 3624.95 万元，专项经费 13166.14 万元。

四、资产风险状况

个人住房贷款。2022 年末，个人住房贷款逾期额 13282.72 万元，逾期率 1.10‰，个人贷款风险准备金余额 909039.81 万元。2022 年，使用个人贷款风险准备金核销呆坏账 6.96 万元。

五、社会经济效益

（一）缴存业务

缴存职工中，国家机关和事业单位占 43.66%，国有企业占 27.54%，城镇集体企业占 1.57%，外商投资企业占 0.96%，城镇私营企业及其他城镇企业占 21.86%，民办非企业单位和社会团体占 0.64%，灵活就业人员占 0.86%，其他占 2.91%；中、低收入占 98.25%，高收入占 1.75%。

新开户职工中，国家机关和事业单位占 23.76%，国有企业占 15.85%，城镇集体企业占 1.39%，外商投资企业占 1.52%，城镇私营企业及其他城镇企业占 50.74%，民办非企业单位和社会团体占 1.12%，灵活就业人员占 1%，其他占 4.62%；中、低收入占 99.29%，高收入占 0.71%。

（二）提取业务

提取金额中，购买、建造、翻建、大修自住住房占 23.93%，偿还购房贷款本息占 40.74%，租赁住房占 3.82%，支持老旧小区改造提取占 0%；离休和退休提取占 21.96%，完全丧失劳动能力并与单位终止劳动关系提取占 2.89%，出境定居占 0.25%，其他占 6.41%。提取职工中，中、低收入占 97.38%，高收入占 2.62%。

（三）贷款业务

个人住房贷款

职工贷款笔数中，购房建筑面积 90（含）平方米以下占 13.33%，90～144（含）平方米占 67.77%，144 平方米以上占 18.90%。购买新房占 62.19%（其中购买保障性住房占 0%），购买二手房占 29.32%，建造、翻建、大修自住住房占 0%（其中支持老旧小区改造占 0%），其他占 8.49%。

职工贷款笔数中，单缴存职工申请贷款占 41.93%，双缴存职工申请贷款占 58.06%，三人及以上缴存职工共同申请贷款占 0.01%。

贷款职工中，30 岁（含）以下占 31.09%，30 岁～40 岁（含）占 45.79%，40 岁～50 岁（含）占 16.28%，50 岁以上占 6.84%；购买首套住房申请贷款占 74.36%，购买二套及以上申请贷款占 25.64%；中、低收入占 97.26%，高收入占 2.74%。

（四）住房贡献率

2022 年，个人住房贷款发放额、公转商贴息贷款发放额、项目贷款发放额、住房消费提取额的总和与当年缴存额的比率为 74.42%，比上年减少 24.63 个百分点。

六、其他重要事项

（一）应对新冠肺炎疫情采取的政策措施，落实住房公积金阶段性支持政策情况和政策实施成效

联合自治区财政厅、中国人民银行呼和浩特中心支行印发《关于贯彻落实住房公积金阶段性支持政策的函》，15 个住房公积金中心制定实施办法，持续推动阶段性支持政策落地见效。截至 2022 年 12 月 31 日，受疫情影响累计缓缴企业个数 1218 个，累计缓缴职工人数 18066 人，累计缓缴金额 14931.56 万元；受疫情影响的缴存人无法正常还款且不作逾期处理的贷款 1748 笔，应还未还本金额 1338.76 万元；10 个中心提高了租房提取额度，累计 35869 人享受提高租房提取额度政策，累计租房提取金额 54034.62 万元。

（二）当年住房公积金政策调整情况

以自治区人民政府办公厅名义重新修订印发了《〈内蒙古自治区住房公积金缴存管理办法〉等三个办法通知》（内政办发〔2022〕92 号），进一步加强全区住房公积金缴存、提取、贷款管理，规范住房公积金缴存、提取、贷款行为，切实维护住房公积金缴存人的合法权益。

（三）当年服务改进和信息化建设情况

提前完成住房公积金汇缴等 3 个新增服务事项“跨省通办”，完善已实现的“跨省通办”“一网通办”服务水平，推进 12329 热线与 12345 热线归并工作，配合推动员工录用等 4 个住房公积金服务事项实现“一件事一次办”。推进全区住房公积金监管一体化平台建设，完成与各盟市住房公积金中心的对接工作，制定升级改造方案，在提高监管能力的同时提升服务能力。

（四）当年住房公积金机构及从业人员所获荣誉情况，包括：文明单位（行业、窗口）、青年文明号、工人先锋号、五一劳动奖章（劳动模范）、三八红旗手（巾帼文明岗）、先进集体和个人等

锡林郭勒盟住房公积金中心锡林浩特市服务部、呼伦贝尔市住房公积金中心海拉尔业务部被评为“惠民公积金、服务暖人心”全国住房公积金系统服务提升三年行动“2022 年度星级服务岗”。呼和浩特市住房公积金中心和林格尔县服务部、锡林郭勒盟住房公积金中心锡林浩特市服务部、包头市住房公积金中心高新区受理部、内蒙古自治区住房资金中心 4 个表现突出的“跨省通办”窗口，2022 年受到住房和城乡建设部通报表扬。呼伦贝尔市住房公积金中心 2022 年荣获呼伦贝尔市“文明单位标兵”称号。通辽市住房公积金中心 2007 年 9 月被自治区党委、政府评为“内蒙古自治区文明单位”，2022 年通过两年复查继续保留“自治区文明单位”荣誉称号；中共通辽市住房公积金中心支部委员会被中共通辽市直属机关工作委员会评为 2022 年市直机关“最强党支部”；2022 年 5 月，中心归集科一名工作人员被通辽市妇女联合会授予“通辽市巾帼建功标兵”荣誉称号。乌海市住房公积金中心 2022 年 2 名工作人员获得市行政审批服务局授予的“岗位建功先锋岗”荣誉称号。阿拉善盟住房公积金中心阿拉善经济开发区管理部荣获“阿拉善盟工人先锋号”“阿拉善经济开发区五一劳动奖状”；额济纳旗管理部荣获“额济纳旗工人先锋号”；阿右旗管理部荣获“阿右旗工人先锋号”；中心 3 名工作人员分别荣获“内蒙古自治区最美家庭”“阿拉善盟最美家庭”和“阿拉善盟五一劳动奖章”荣誉称号。

内蒙古自治区通辽市住房公积金 2022 年年度报告

根据国务院《住房公积金管理条例》和住房和城乡建设部、财政部、人民银行《关于健全住房公积金信息披露制度的通知》(建金〔2015〕26 号)的规定，经住房公积金管理委员会审议通过，现将通辽市住房公积金 2022 年年度报告公布如下：

一、机构概况

(一) 住房公积金管理委员会。住房公积金管理委员会有 25 名委员，2022 年召开 1 次会议，审议通过的事项主要包括：2022 年住房公积金归集和贷款计划、住房公积金有关政策调整、委托授权缓缴业务审批权限、2021 年住房公积金增值收益分配方案、2022 年住房公积金年度预算报告和通辽市住房公积金 2021 年信息披露报告等。

(二) 住房公积金中心。住房公积金中心为市住房和城乡建设局所属不以营利为目的的公益一类事业单位，设 6 个科（室），8 个服务部。从业人员 173 人，其中，在编 121 人，非在编 52 人。

二、业务运行情况

(一) 缴存。2022 年，新开户单位 388 家，净增单位 47 家；新开户职工 2.09 万人，净增职工 0.71 万人；实缴单位 3755 家，实缴职工 21.73 万人，缴存额 35.78 亿元，分别同比增长 1.27%、3.37%、4.58%（图 1）。2022 年末，缴存总额 322.26 亿元，比上年末增加 12.49%；缴存余额 156.73 亿元，同比增长 8.79%（图 2）。受委托办理住房公积金缴存业务的银行 5 家。

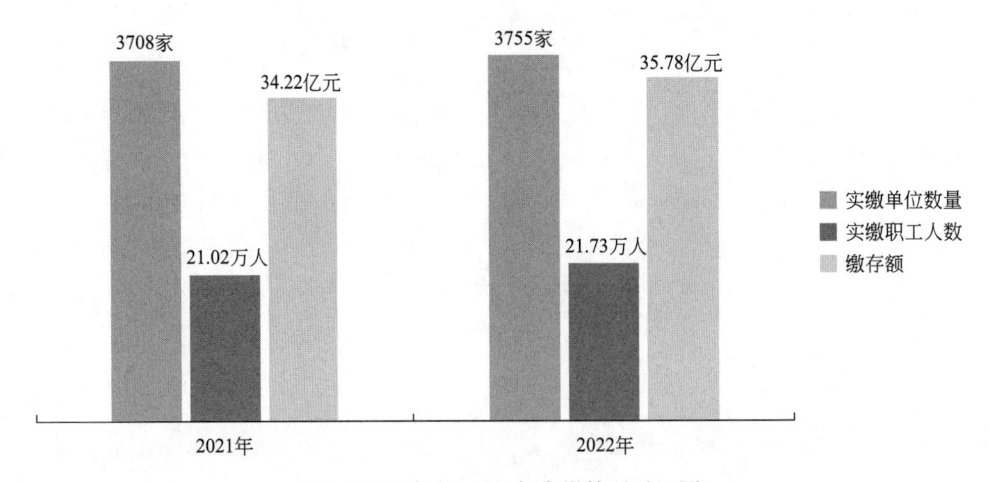

图 1　2021 年与 2022 年实缴情况对比图

(二) 提取。2022 年，5.05 万名缴存职工提取住房公积金；提取额 23.13 亿元，同比下降 1.24%；提取额占当年缴存额的 64.63%，比上年减少 3.81 个百分点。2022 年末，提取总额 165.53 亿元，比上年末增加 16.24%（图 3）。

(三) 贷款。

1. 个人住房贷款。单缴存职工个人住房贷款最高额度 50 万元，双缴存职工个人住房贷款最高额度

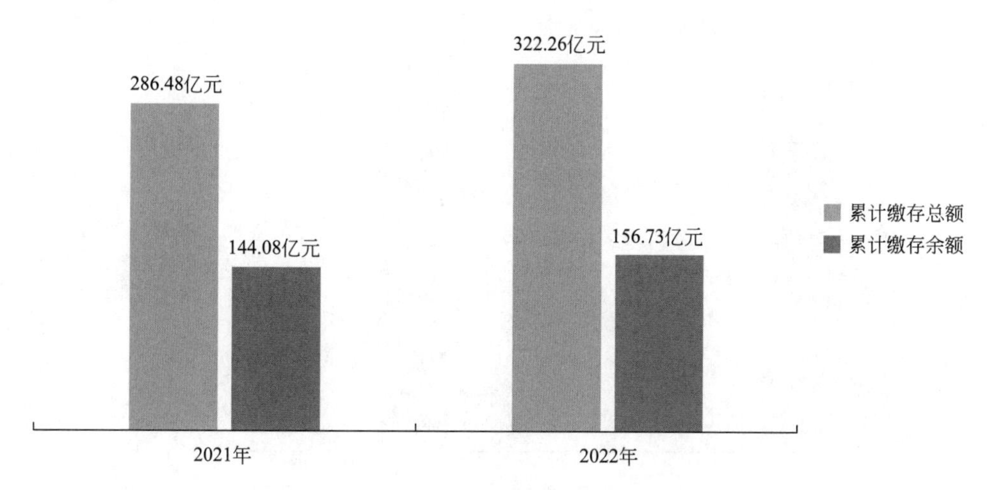

图 2　2021 年与 2022 年累计缴存情况对比图

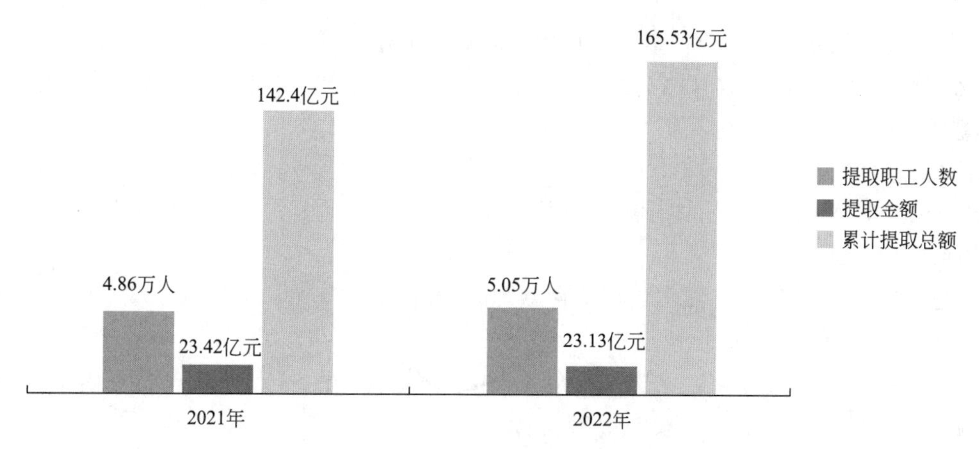

图 3　2021 年与 2022 年提取情况对比图

70 万元。

2022 年，发放个人住房贷款 0.31 万笔、10.13 亿元，同比分别下降 16.22%、6.38%（图 4）。

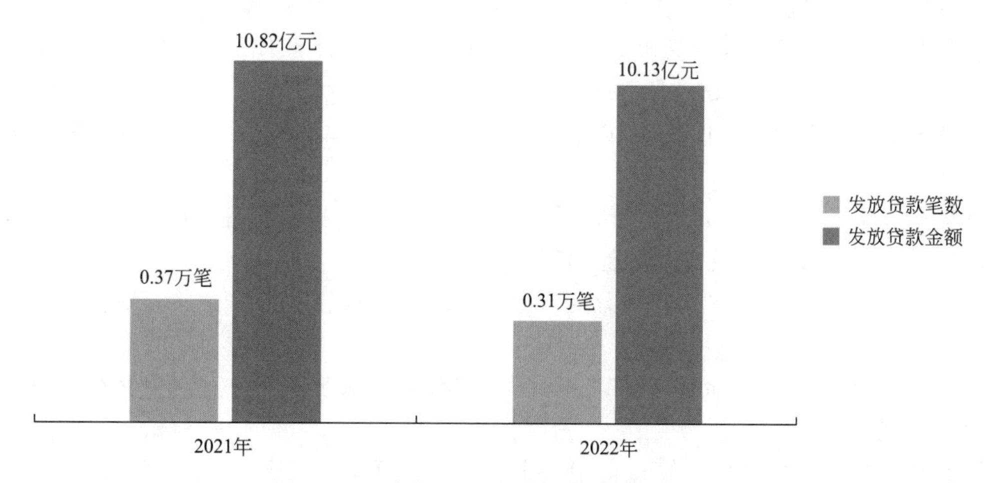

图 4　2021 年与 2022 年贷款发放情况对比图

2022 年，回收个人住房贷款 13.74 亿元。

2022 年末，累计发放个人住房贷款 15.34 万笔、247.15 亿元，贷款余额 77.85 亿元，分别比上年末增加 2.06%、4.27%、−4.43%（图 5）。个人住房贷款余额占缴存余额的 49.67%，比上年末减少

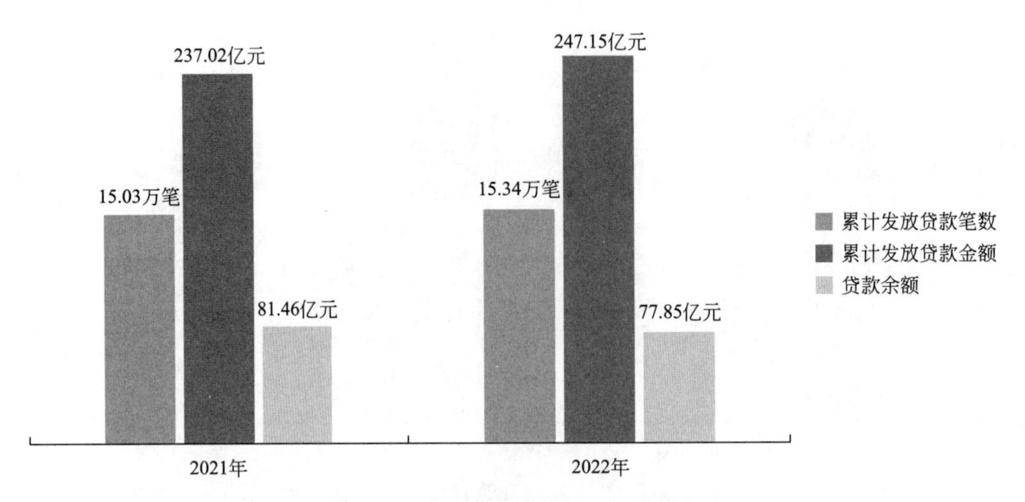

图 5　2021 年与 2022 年累计贷款发放情况对比图

6.87 个百分点。受委托办理住房公积金个人住房贷款业务的银行 5 家。

2. 异地贷款。2022 年，发放异地贷款 162 笔、5381 万元。2022 年末，发放异地贷款总额 37653 万元，异地贷款余额 25380.96 万元。

3. 公转商贴息贷款。无。

4. 住房公积金支持保障性住房建设项目贷款。无。

（四）购买国债。无

（五）资金存储。2022 年末，住房公积金存款 80.038 亿元。其中，活期 0.005 亿元，1 年（含）以下定期 67.50 亿元，协定 12.533 亿元。

（六）资金运用率。2022 年末，住房公积金个人住房贷款余额、项目贷款余额和购买国债余额的总和占缴存余额的 49.67%，比上年末减少 6.87 个百分点。

三、主要财务数据

（一）业务收入。2022 年，业务收入 38581.78 万元，同比增长 1.26%。其中，存款利息 12688.48 万元，委托贷款利息 25873.11 万元，其他 20.19 万元。

（二）业务支出。2022 年，业务支出 22515.16 万元，同比增长 7.18%。其中，支付职工住房公积金利息 22396.15 万元，委托贷款手续费 118.47 万元，其他 0.54 万元。

（三）增值收益。2022 年，增值收益 16066.62 万元，同比下降 6.03%。增值收益率 1.07%，比上年减少 0.16 个百分点。

（四）增值收益分配。2022 年，提取贷款风险准备金 0 万元，提取管理费用 2278.52 万元，提取城市廉租住房（公共租赁住房）建设补充资金 13788.10 万元。

2022 年，上交财政管理费用 2278.52 万元。上缴财政城市廉租住房（公共租赁住房）建设补充资金 14923.60 万元。

2022 年末，贷款风险准备金余额 9556.51 万元。累计提取城市廉租住房（公共租赁住房）建设补充资金 128192.61 万元。

（五）管理费用支出。2022 年，管理费用支出 2151.74 万元，同比增长 3.30%。其中，人员经费 1416.62 万元，公用经费 0 万元，专项经费 735.12 万元。

四、资产风险状况

（一）个人住房贷款。2022 年末，个人住房贷款逾期额 614.11 万元，逾期率 0.8‰，个人贷款风险准备金余额 9556.51 万元。2022 年，使用个人贷款风险准备金核销呆坏账 0 万元。

（二）支持保障性住房建设试点项目贷款。无。

五、社会经济效益

（一）缴存业务

缴存职工中，国家机关和事业单位占 59.11%，国有企业占 16.78%，城镇集体企业占 3.33%，外商投资企业占 1.08%，城镇私营企业及其他城镇企业占 19.39%，民办非企业单位和社会团体占 0.31%，灵活就业人员占 0%，其他占 0%（图 6）；中、低收入占 98.23%，高收入占 1.77%。

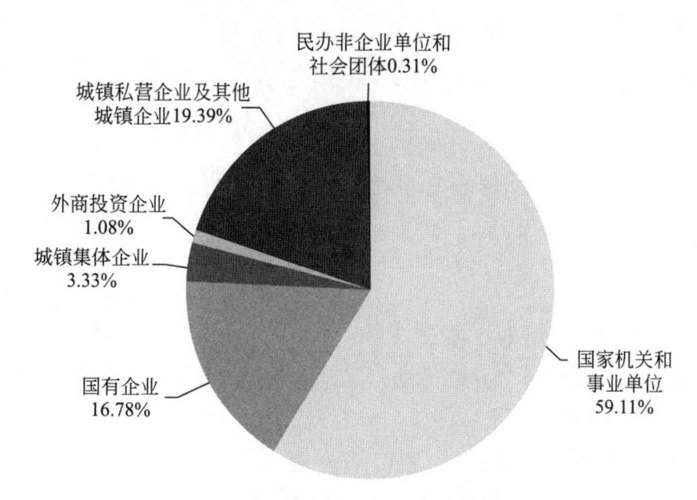

图 6　2022 年缴存职工按所在单位性质分类

新开户职工中，国家机关和事业单位占 53.01%，国有企业占 6.07%，城镇集体企业占 2.56%，外商投资企业占 3.07%，城镇私营企业及其他城镇企业占 34.97%，民办非企业单位和社会团体占 0.32%，灵活就业人员占 0%，其他占 0%（图 7）；中、低收入占 99.47%，高收入占 0.53%。

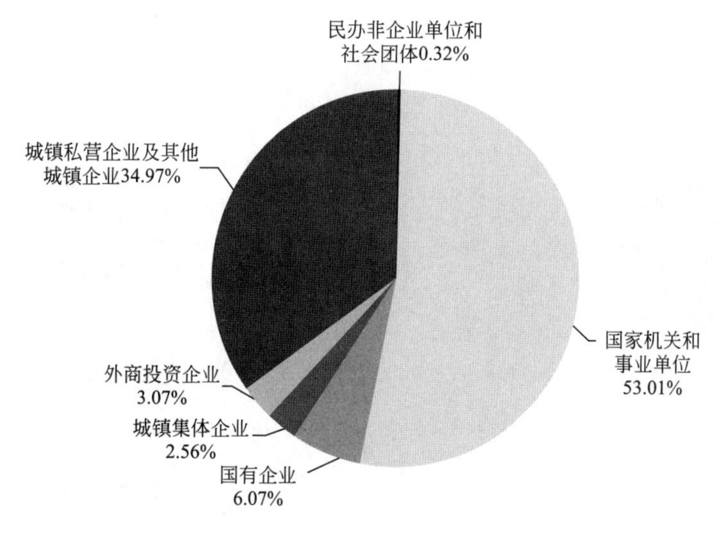

图 7　2022 年新开户职工按单位性质分类

（二）提取业务

提取金额中，购买、建造、翻建、大修自住住房占 29.44%，偿还购房贷款本息占 35.14%，租赁住房占 1.35%，支持老旧小区改造占 0%，离休和退休提取占 25.01%，完全丧失劳动能力并与单位终止劳动关系提取占 4.49%，出境定居占 0%，其他占 4.57%（图 8）。提取职工中，中、低收入占

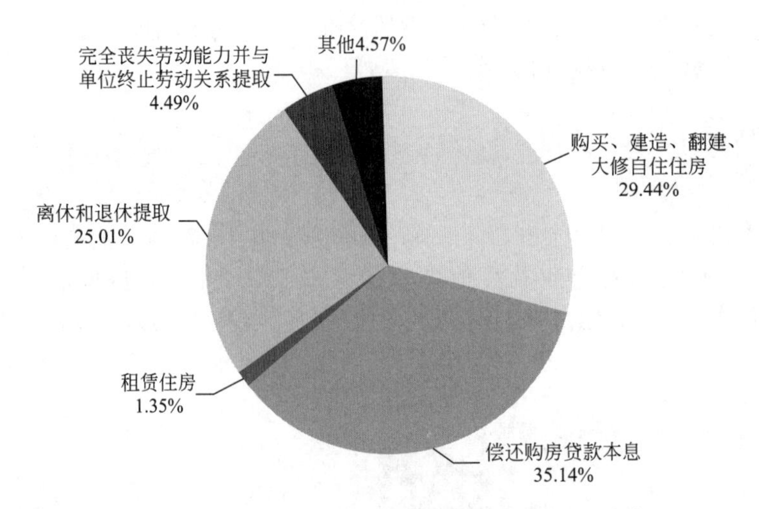

图 8　2022 年个人住房公积金提取按提取原因分类

96.04%，高收入占 3.96%。

（三）贷款业务

1. 个人住房贷款。2022 年，支持职工购建房 36.78 万平方米（含公转商贴息贷款），年末个人住房贷款市场占有率（含公转商贴息贷款）为 20.88%，比上年末减少 6.89 个百分点。通过申请住房公积金个人住房贷款，可节约职工购房利息支出 11240.18 万元。

职工贷款笔数中，购房建筑面积 90（含）平方米以下占 14.03%，90～144（含）平方米占 72.84%，144 平方米以上占 13.13%（图 9）。购买新房占 67.74%（其中购买保障性住房占 0%），购买二手房占 32.26%，建造、翻建、大修自住住房占 0%（其中支持老旧小区改造占 0%），其他占 0%。

职工贷款笔数中，单缴存职工申请贷款占 61.89%，双缴存职工申请贷款占 38.11%，三人及以上缴存职工共同申请贷款占 0%。

贷款职工中，30 岁（含）以下占 32.07%，30 岁～40 岁（含）占 48.83%，40 岁～50 岁（含）占 15.18%，50 岁以上占 3.92%（图 10）；购买首套住房申请贷款占 55.99%，购买二套及以上申请贷款占 44.01%；中、低收入占 98.56%，高收入占 1.44%。

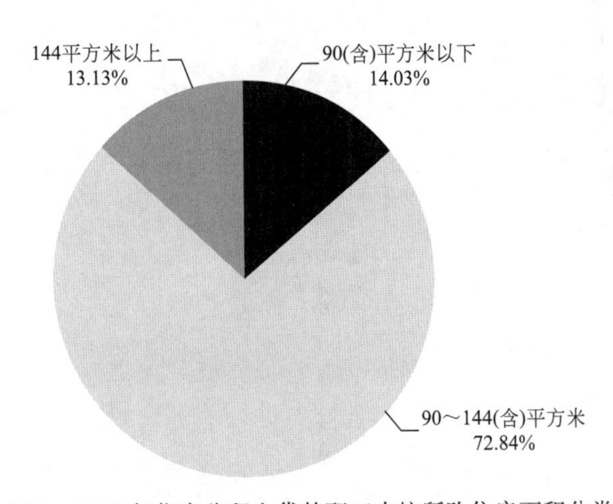

图 9　2022 年住房公积金贷款职工中按所购住房面积分类

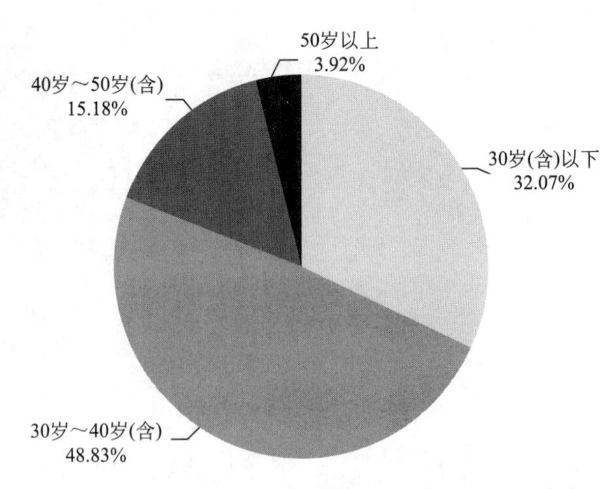

图 10　2022 年住房公积金贷款职工中按年龄段分类

2. 支持保障性住房建设试点项目贷款。无。

（四）住房贡献率

2022 年，个人住房贷款发放额、公转商贴息贷款发放额、项目贷款发放额、住房消费提取额的总和与当年缴存额的比率为70.92%，比上年减少6.8个百分点。

六、其他重要事项

（一）应对新冠肺炎疫情采取的措施，落实住房公积金阶段性支持政策情况和政策实施成效

1. 支持受新冠肺炎疫情影响的企业按规定缓缴。受新冠肺炎疫情影响的企业，可按规定申请缓缴2022年6月至12月的住房公积金。在此期间，缴存职工正常提取和申请住房公积金贷款，不受缓缴影响，缓缴期限届满后，从次月起恢复正常缴存，在2023年6月30日前足额补缴缓缴的住房公积金。截至2022年12月31日，全市有7家企业207名职工办理缓缴，缓缴金额119.2万元。

2. 支持阶段性提高缴存职工租房提取额度。根据我市房租水平和合理租房面积，提高住房公积金租房提取额度，按照无自住住房家庭支付房租提取相关规定，符合提取条件的，市本级、科尔沁区最高提取额度由每年1.5万元提高至每年1.8万元，其他旗县市最高提取额度由每年1.0万元提高至每年1.2万元。截至2022年12月31日，全市共有547名职工享受提高租房提取额度政策，提取住房公积金826.88万元。

3. 受新冠肺炎疫情影响的贷款职工不作逾期处理。受新冠肺炎疫情影响的贷款职工（包括因感染新冠肺炎住院治疗或隔离人员、参加疫情防控工作人员以及受疫情影响暂时失去收入来源或收入明显下降人员），2022年6月至2022年12月不能正常偿还住房公积金贷款的，不作逾期处理，不计罚息，不作为逾期记录报送征信部门。截至2022年12月31日，全市有8名缴存职工申请住房公积金贷款不作逾期处理。

（二）当年住房公积金政策调整及执行情况

1. 缴存政策调整情况

2022年度住房公积金缴存基数应为职工2021年度月平均工资，新参加工作职工的第二个月当月工资和新调入职工首月工资。2022年度缴存基数最高限额不得高于按照通辽市统计部门提供的“2021年通辽市城镇非私营单位就业人员年平均工资83267元”计算的月平均工资6939元的3倍，即20817元，月缴存额上限为4996元。

2. 提取政策调整情况

（1）放宽异地购房提取条件，取消户籍地或工作地购房限制，职工本人或其配偶在异地购买自住住房的（不含商住两用住房）、只要购房地住房公积金中心能够协助核查并出具购房真实性、合法性相关材料的，就可申请提取其住房公积金账户内余额。

（2）放宽“按月对冲还贷”申请条件，将个人账户内余额满足年还款额调整为满足月还款额，同时将原按1年至3年定期签订对冲协议调整为签订一次长期有效至贷款结清。

3. 个人住房贷款最高贷款额度、贷款条件等贷款政策调整情况

（1）调整个人住房贷款最高贷款额度：市本级、科尔沁区单职工最高可贷额度由40万元增至50万元、双职工最高可贷额度由50万元增至70万元，其他旗县市单职工最高可贷额度由30万元增至40万元、双职工最高可贷额度由40万元增至50万元。

（2）对于缴存职工个人征信报告逾期计算标准由原来的连三累六调整为连三累九，并对单次逾期金额在100元（不含）以内的不再计入逾期次数。

（3）已结清贷款再次申请住房公积金贷款的职工，住房公积金贷款逾期标准调整为：①近5年内还款存在连续3期（含）以上未偿还贷款本息的或累计逾期9期（含）以上15期（含）以下的，清还贷款后自没有违约之日起满2年方可再次申请住房公积金贷款；累计逾期达到15期以上24期（含）以下或连续6个月未偿还贷款本息的，清还贷款后自没有违约之日起满4年方可再次申请住房公积金贷款；累计逾期达到24期以上、连续6个月以上未偿还贷款本息并依法诉讼的或被列入住房公积金中心贷款信用黑名单的职工及其配偶，不予办理住房公积金贷款；②对于还款当月在月末之前还款并于次月1日结转完成的，不再计算逾期次数。

(4) 关于缴存职工账户余额倍数的界定不再区分缴存年限，统一调整为在符合其他贷款条件下均按缴存职工账户余额 20 倍计算。

(5) 夫妻双方及未成年子女缴存地、户籍所在地的住房套数及征信报告中显示有住房贷款未结清的，套数合并计算。

(6) 通辽市住房公积金中心（含旗县服务部）缴存职工在缴存地以外（通辽市行政区域范围内）购买自住住房的，可自由选择向购房地或缴存地公积金部门申请公积金贷款，贷款额度按贷款地公积金部门相关规定执行。

(7) 通辽市住房公积金中心（含旗县服务部）缴存职工在符合贷款担保条件的情况下，可在通辽市行政区域范围内跨地区进行住房公积金贷款担保。

4. 住房公积金存贷款利率执行标准情况

(1) 2022 年住房公积金存款利率均在基准利率的基础上大幅度上浮，其中：活期存款利率 0.30%、协定存款利率 1.65%、定期存款（一年期）利率 2.10%。

(2) 自 2022 年 10 月 1 日起，下调首套个人住房公积金贷款利率 0.15 个百分点，5 年以下（含 5 年）和 5 年以上利率分别调整为 2.6%和 3.1%。第二套个人住房公积金贷款利率政策保持不变，即 5 年以下（含 5 年）和 5 年以上利率分别为 3.025%和 3.575%。

（三）当年服务改进情况

1. 积极推进跨省通办。截至 2022 年 12 月，上级文件要求的十三个涉及住房公积金跨省通办事项已全部实现，有效满足企业和群众异地办事需求。

2. 不断优化办理流程。简化、放宽部分提取业务材料、提取条件，线上登录注册即可办理正常退休提取业务；实现与委托银行划扣住房公积金系统对接，中心与缴存单位、合作银行签定协议，通过该系统实现缴存住房公积金的托收功能，简化办理手续、缩短办理时限；优化住房公积金网上业务大厅（单位版）登录方式，便于缴存单位线上办理个人账户设立、个人封存、个人启封、个人账户同城转移、汇缴、补缴、缴存基数调整等对公业务；大力推广“蒙速办”“手机公积金”App 等线上便民服务功能，在原有业务的基础上，新增了租房提取、部分还款、月对冲解约等业务，让广大职工“足不出户”即可办理 18 个住房公积金事项。

3. 有效提升服务效能。积极推动“贷款抵押”一站式服务，深化与市不动产登记中心合作，将住房公积金贷款的不动产抵押登记业务延伸至住房公积金中心业务窗口办理，避免贷款职工“两头跑”；支付办理贷款不动产抵押手续费，减少借款人办理贷款经济成本；调整审批人员配置，推行全市住房公积金贷款业务受理后实时审批；实行全市统一的业务规定和办事流程，全市住房公积金服务窗口对授权范围内的住房公积金业务实现无差别受理，同标准办理。

4. 持续优化营商环境。中心与通辽市市场监督管理局依托“一网通办”平台将住房公积金企业缴存登记与其他部门开办事项整合为 1 个环节办理，企业开户 0.5 个工作日内即可完成办结。依托“住建部全国住房公积金数据共享平台”实现住房公积金业务系统与市场监管总局相关部门建立数据共享机制，通过企业授权可直接获取企业电子营业执照等相关信息。同时，积极推进住房公积金业务系统与“政务一体化”平台综窗受理系统对接工作，进一步提高缴存单位和职工办事便利化水平。

5. 创新政务服务模式。开展“综合柜员制”试点工作，深化与国有银行的合作，引入中、农、工、建、邮储五大国有银行人员入驻中心市本级和科区服务部业务窗口，实现住房公积金业务“一窗办理”。全面梳理明确适用“容缺受理”的住房公积金服务事项，列出容缺清单，涉及内容 6 项，已于 2022 年 8 月在中心网站上进行公示。推出“上门服务、延时服务、预约服务、容缺服务、帮办代”五种服务内容，实现“午间不间断、早晚弹性办、周六上午不打烊”特色服务。

（四）当年信息化建设情况

1. 根据《住房和城乡建设部住房公积金监管司关于组织开展电子营业执照试用的函》（建司局函金〔2022〕28 号）工作安排，中心于 2022 年 12 月完成电子营业执照应用建设项目的招投标和建设工作，并上线使用。实现中心通过电子营业执照关联企业相关信息，支撑企业在办理住房公积金服务事项时，所需信息免填写，纸质材料免提交。

2. 根据《住房和城乡建设部关于发布行业标准〈住房公积金业务档案管理标准〉的公告》（中华人民共和国住房和城乡建设部公告 2022 年第 115 号）文件要求，中心于 2022 年 12 月完成电子档案管理信息系统建设项目的招投标工作，计划 2023 年 5 月正式使用。

3. 根据《住房和城乡建设部办公厅关于做好征信信息共享有关工作的通知》（建办金函〔2022〕229 号）文件要求，中心于 2022 年 12 月完成征信信息共享建设项目的招标投标工作，计划 2023 年 6 月底实现上线和应用。

4. 根据《国务院办公厅关于复制推广营商环境创新试点改革举措的通知》（国办发〔2022〕35 号）文件要求，中心于 2022 年 12 月完成电子签章及电子签名应用建设项目的招标投标工作，计划 2023 年 6 月正式使用。

（五）当年住房公积金中心及职工所获荣誉情况

1. 2007 年 9 月，中心被自治区党委、政府评为“内蒙古自治区文明单位”，2022 年通过两年复查继续保留“自治区文明单位”荣誉称号。

2. 中共通辽市住房公积金中心支部委员会被中共通辽市直属机关工作委员会评为 2022 年市直机关“最强党支部”。

3. 2022 年 5 月，中心归集科职工王超被通辽市妇女联合会授予“通辽市巾帼建功标兵”荣誉称号。

内蒙古自治区及自治区内各城市住房公积金 2022 年年度报告二维码

名称	二维码
内蒙古自治区住房公积金 2022 年年度报告	
呼和浩特市住房公积金 2022 年年度报告	
乌兰察布市住房公积金 2022 年年度报告	
巴彦淖尔市住房公积金 2022 年年度报告	
阿拉善盟住房公积金 2022 年年度报告	
赤峰市住房公积金 2022 年年度报告	
呼伦贝尔市住房公积金 2022 年年度报告	

续表

名称	二维码
包头市住房公积金 2022 年年度报告	
锡林郭勒盟住房公积金 2022 年年度报告	
兴安盟住房公积金 2022 年年度报告	
通辽市住房公积金 2022 年年度报告	
满洲里市住房公积金 2022 年年度报告	
乌海市住房公积金 2022 年年度报告	
鄂尔多斯市住房公积金 2022 年年度报告	

辽宁省

辽宁省住房公积金2022年年度报告

根据国务院《住房公积金管理条例》和住房和城乡建设部、财政部、人民银行《关于健全住房公积金信息披露制度的通知》（建金〔2015〕26号）规定，现将辽宁省住房公积金2022年年度报告汇总公布如下：

一、机构概况

（一）住房公积金管理机构。全省共设14个设区城市住房公积金管理中心，1个省直住房资金管理中心，6个独立设置的分中心、管理部。从业人员2073人，其中，在编1124人，非在编949人。

（二）住房公积金监管机构。辽宁省住房和城乡建设厅、辽宁省财政厅和人民银行沈阳分行负责对本省住房公积金管理运行情况进行监督。辽宁省住房和城乡建设厅设立住房公积金监管处，负责辖区住房公积金日常监管工作。

二、业务运行情况

（一）缴存。2022年，新开户单位16121家，净增单位6909家；新开户职工36.71万人，净增职工3.03万人；实缴单位112411家，实缴职工512.72万人，缴存额953.00亿元，分别同比增长6.55%、0.59%、6.18%。2022年末，缴存总额9884.40亿元，比上年末增加10.67%；缴存余额3283.74亿元，同比增长8.65%（表1）。

2022年分城市住房公积金缴存情况　　表1

地区	实缴单位（万个）	实缴职工（万人）	缴存额（亿元）	累计缴存总额（亿元）	缴存余额（亿元）
辽宁省	**11.24**	**512.72**	**953.00**	**9884.40**	**3283.74**
沈阳市	3.44	165.05	342.42	3390.88	1090.63
大连市	4.91	138.42	261.27	2864.16	798.18
鞍山市	0.34	28.38	48.04	593.07	186.51
抚顺市	0.20	17.02	31.53	364.63	116.33
本溪市	0.20	16.53	26.80	280.34	103.36
丹东市	0.29	15.21	23.93	227.86	88.46
锦州市	0.30	18.26	26.47	274.04	118.10
营口市	0.27	16.76	26.67	245.18	113.94
阜新市	0.18	12.31	17.99	153.79	64.52
辽阳市	0.16	12.12	22.82	251.68	99.70
铁岭市	0.25	15.87	24.37	252.99	110.24
朝阳市	0.34	16.67	27.80	236.67	110.73
盘锦市	0.21	24.38	48.18	509.68	170.39
葫芦岛市	0.15	15.74	24.69	239.43	112.65

（二）提取。2022 年，213.69 万名缴存职工提取住房公积金；提取额 691.61 亿元，同比增长 1.43%；提取额占当年缴存额的 72.57%，比上年减少 3.4 个百分点。2022 年末，提取总额 6600.66 亿元，比上年末增加 11.70%（表 2）。

2022 年分城市住房公积金提取情况 **表 2**

地区	提取额（亿元）	提取率（%）	住房消费类提取额（亿元）	非住房消费类提取额（亿元）	累计提取总额（亿元）
辽宁省	**691.61**	**72.57**	**499.99**	**191.62**	**6600.66**
沈阳市	271.46	79.28	192.45	79.01	2300.25
大连市	194.60	74.48	158.06	36.54	2065.98
鞍山市	31.05	64.63	19.39	11.66	406.56
抚顺市	23.32	73.96	14.98	8.34	248.30
本溪市	15.97	59.58	9.25	6.72	176.97
丹东市	16.22	67.78	11.81	4.41	139.40
锦州市	17.60	66.49	11.06	6.54	155.94
营口市	15.74	59.02	11.49	4.25	131.24
阜新市	9.57	53.21	6.58	3.00	89.27
辽阳市	15.34	67.22	8.95	6.39	151.98
铁岭市	14.73	60.44	8.72	6.00	142.75
朝阳市	18.40	66.19	13.19	5.21	125.94
盘锦市	31.96	66.33	23.37	8.59	339.29
葫芦岛市	15.65	63.40	10.70	4.95	126.77

（三）贷款

1. 个人住房贷款。2022 年，发放个人住房贷款 7.12 万笔、272.86 亿元，同比下降 31.07%、25.12%。回收个人住房贷款 286.17 亿元。

2022 年末，累计发放个人住房贷款 209.61 万笔、5190.66 亿元，贷款余额 2379.93 亿元，分别比上年末增加 3.51%、增加 5.55%、减少 0.56%。个人住房贷款余额占缴存余额的 72.48%，比上年末减少 6.7 个百分点（表 3）。

2022 年，支持职工购建房 728.81 万平方米。年末个人住房贷款市场占有率（含公转商贴息贷款）为 25.95%，比上年末增加 5.34 个百分点。通过申请住房公积金个人住房贷款，可节约职工购房利息支出 47.25 万元。

2022 年分城市住房公积金个人住房贷款情况 **表 3**

地区	放贷笔数（万笔）	贷款发放额（亿元）	累计放贷笔数（万笔）	累计贷款总额（亿元）	贷款余额（亿元）	个人住房贷款率（%）
辽宁省	**7.12**	**272.86**	**209.61**	**5190.66**	**2379.93**	**72.48**
沈阳市	2.38	99.71	69.36	1787.47	799.35	73.29
大连市	1.68	65.57	56.99	1570.02	688.25	86.23
鞍山市	0.31	11.36	9.32	225.27	119.55	64.10
抚顺市	0.25	8.62	7.89	190.62	80.87	69.52

续表

地区	放贷笔数（万笔）	贷款发放额（亿元）	累计放贷笔数（万笔）	累计贷款总额（亿元）	贷款余额（亿元）	个人住房贷款率（%）
本溪市	0.20	7.11	5.14	115.30	59.43	57.50
丹东市	0.33	11.92	6.37	163.92	78.35	88.56
锦州市	0.23	8.76	6.96	168.11	90.66	76.76
营口市	0.23	7.82	7.71	171.94	88.44	77.62
阜新市	0.19	4.91	5.67	89.53	38.31	59.38
辽阳市	0.16	5.81	4.44	100.74	41.85	41.98
铁岭市	0.16	4.99	6.55	96.84	42.61	38.65
朝阳市	0.48	17.28	8.52	183.17	93.40	84.35
盘锦市	0.29	10.59	6.69	147.45	68.08	39.96
葫芦岛市	0.23	8.42	8.00	180.27	90.77	80.57

2. 异地贷款。2022 年，发放异地贷款 6297 笔、259862.93 万元。2022 年末，发放异地贷款总额 2219409.04 万元，异地贷款余额 1409621.32 万元。

3. 公转商贴息贷款。2022 年，发放公转商贴息贷款 0 笔、0 万元，支持职工购建房面积 0 万平方米。当年贴息额 3209.30 万元。2022 年末，累计发放公转商贴息贷款 22092 笔、834429.10 万元，累计贴息 32617.80 万元。

（四）购买国债。2022 年，购买国债 0 亿元，兑付、转让、收回国债 0 亿元。2022 年末，国债余额 0 亿元，比上年末增加 0 亿元。

（五）融资。2022 年，融资 0 亿元，归还 0 亿元。2022 年末，融资总额 194.47 亿元，融资余额 0 亿元。

（六）资金存储。2022 年末，住房公积金存款 918.88 亿元。其中，活期 24.02 亿元，1 年（含）以下定期 310.86 亿元，1 年以上定期 450.60 亿元，其他（协定、通知存款等）133.40 亿元。

（七）资金运用率。2022 年末，住房公积金个人住房贷款余额、项目贷款余额和购买国债余额的总和占缴存余额的 72.48%，比上年末减少 6.7 个百分点。

三、主要财务数据

（一）业务收入。2022 年，业务收入 1029540.61 万元，同比增加 7.36%。其中存款利息 248833.04 万元，委托贷款利息 775764.33 万元，国债利息 0 万元，其他 4943.24 万元。

（二）业务支出。2022 年，业务支出 523377.22 万元，同比增加 7.79%。其中，支付职工住房公积金利息 481188.85 万元，归集手续费 7779.57 万元，委托贷款手续费 24905.07 万元，其他 9503.73 万元。

（三）增值收益。2022 年，增值收益 506163.39 万元，同比增加 6.91%；增值收益率 1.60%，比上年减少 0.02 个百分点。

（四）增值收益分配。2022 年，提取贷款风险准备金 57291.66 万元，提取管理费用 52474.36 万元，提取城市廉租住房（公共租赁住房）建设补充资金 396397.37 万元（表 4）。

2022 年，上交财政管理费用 45106.06 万元，上缴财政城市廉租住房（公共租赁住房）建设补充资金 353440.50 万元。

2022 年末，贷款风险准备金余额 1529351.88 万元，累计提取城市廉租住房（公共租赁住房）建设补充资金 2623023.99 万元。

2022 年分城市住房公积金增值收益及分配情况 **表 4**

地区	业务收入（亿元）	业务支出（亿元）	增值收益（亿元）	增值收益率（%）	提取贷款风险准备金（亿元）	提取管理费用（亿元）	提取公租房(廉租房)建设补充资金(亿元)
辽宁省	**102.95**	**52.34**	**50.62**	**1.60**	**5.73**	**5.25**	**39.64**
沈阳市	35.01	17.94	17.07	1.61	2.30	1.30	13.47
大连市	25.16	12.72	12.44	1.62	1.23	1.35	9.86
鞍山市	5.17	2.66	2.51	1.40	0.001	0.35	2.16
抚顺市	3.57	1.80	1.77	1.57	0	0.18	1.59
本溪市	3.00	1.53	1.47	1.49	0.42	0.15	0.90
丹东市	2.85	1.32	1.53	1.79	0.01	0.20	1.32
锦州市	3.70	1.96	1.74	1.46	0.09	0.18	1.47
营口市	3.32	1.70	1.62	1.49	0.0005	0.11	1.51
阜新市	2.01	0.90	1.11	1.83	0.19	0.15	0.77
辽阳市	3.25	1.52	1.73	1.79	0	0.16	1.57
铁岭市	3.69	1.68	2.01	1.89	1.19	0.18	0.64
朝阳市	3.42	1.63	1.79	1.67	0.05	0.26	1.48
盘锦市	5.36	3.21	2.15	1.32	0.17	0.45	1.53
葫芦岛市	3.44	1.76	1.68	1.55	0.08	0.23	1.37

（五）管理费用支出。2022 年，管理费用支出 49806.19 万元，同比增长 13.81%。其中，人员经费 30173.77 万元，公用经费 3426.17 万元，专项经费 16206.25 万元。

四、资产风险状况

2022 年末，个人住房贷款逾期额 15666.07 万元，逾期率 0.66‰，个人贷款风险准备金余额 1520867.88 万元。2022 年，使用个人贷款风险准备金核销呆坏账 0 万元。

五、社会经济效益

（一）缴存业务

缴存职工中，国家机关和事业单位占 27.20%，国有企业占 22.67%，城镇集体企业占 1.25%，外商投资企业占 7.32%，城镇私营企业及其他城镇企业占 32.61%，民办非企业单位和社会团体占 1.70%，灵活就业人员占 0.05%，其他占 7.20%；中、低收入占 98.06%，高收入占 1.94%。

新开户职工中，国家机关和事业单位占 12.20%，国有企业占 9.42%，城镇集体企业占 1.27%，外商投资企业占 7.66%，城镇私营企业及其他城镇企业占 55.69%，民办非企业单位和社会团体占 2.43%，灵活就业人员占 0.29%，其他占 11.04%；中、低收入占 99.28%，高收入占 0.72%。

（二）提取业务

提取金额中，购买、建造、翻建、大修自住住房占 11.07%，偿还购房贷款本息占 57.44%，租赁住房占 3.72%，支持老旧小区改造提取占 0.001%；离休和退休提取占 21.07%，完全丧失劳动能力并与单位终止劳动关系提取占 0.91%，出境定居占 0.10%，其他占 5.689%。提取职工中，中、低收入占 98.13%，高收入占 1.87%。

（三）贷款业务

职工贷款笔数中，购房建筑面积 90（含）平方米以下占 32.57%，90～144（含）平方米占

61.50%，144 平方米以上占 5.93%。购买新房占 59.12%（其中购买保障性住房占 0.02%），购买二手房占 40.21%，建造、翻建、大修自住住房占 0%，其他占 0.67%。

职工贷款笔数中，单缴存职工申请贷款占 58.27%，双缴存职工申请贷款占 41.47%，三人及以上缴存职工共同申请贷款占 0.26%。

贷款职工中，30 岁（含）以下占 38.30%，30 岁～40 岁（含）占 38.76%，40 岁～50 岁（含）占 16.71%，50 岁以上占 6.23%；购买首套住房申请贷款占 84.56%，购买二套及以上申请贷款占 15.44%；中、低收入占 99.17%，高收入占 0.83%。

（四）住房贡献率

2022 年，个人住房贷款发放额、公转商贴息贷款发放额、项目贷款发放额、住房消费提取额的总和与当年缴存额的比率为 81.10%，比上年减少 19.24 个百分点。

六、其他重要事项

（一）助企纾困政策有效落实。《住房和城乡建设部 财政部 人民银行关于实施住房公积金阶段性支持政策的通知》出台后，全省在落实企业缓缴、提高租房提取额度、逾期还款不作逾期处理等阶段性支持政策的基础上，增加了优化租房提取频次、缓缴和降低缴存比例等业务全程线上办理等方面的支持政策，为疫情期间缴存职工足不出户办理业务提供便利。截至 12 月 31 日，全省共有 584 家企业申请缓缴，涉及职工 15 万人，累计缓缴金额 7.3 亿元；支持 5.2 万名受疫情影响的缴存人不作逾期处理，涉及本金 1.1 亿元；11 个城市提高了租房提取额度，2.7 万名职工享受租房额度提高优惠，累计提取金额 4.2 亿元。

（二）监督管理能力持续增强。一是省厅建立完善了周调度、周报告、月统计、定期通报和调研督导制度，全省平均个贷逾期率下降至 0.066%，同比下降 20%。二是全省先后多次对资金挪用、政策制度、银行存储、财务管理、停贷断供等问题开展排查，省厅先后对部分中心及分支机构在非受委托银行存款、财务制度管理不完善、风险防控和内部管理不严格等问题进行纠正。三是开展了全省违规提取和违规贷款排查整改工作，共排查出违规提取 34 笔，追回资金 280.8 万元，列入不良记录 34 条。除此以外，还排查出制度漏洞、业务系统漏洞、漏扫要件、信息录入错误、操作不规范等问题 119 条。四是业务数据质量提升工作有序推进，各地对线上监管工作重视程度不断提高，对监管服务平台上 1.6 万条风险线索进行整改，实现了动态清零。五是持续规范住房公积金行政执法工作，推动职工合法权益得到保障。

（三）公积金服务效能进一步提升。一是提前完成 2022 年 3 项“跨省通办”任务，“跨省通办”事项增加至 11 个。二是持续推动“全省通办”工作，35 个公积金高频服务事项中可网办事项增至 27 个。三是推动电子证照在公积金服务场景中应用，沈阳、大连、抚顺、辽阳、铁岭等中心在办理住房公积金业务时使用电子营业执照等电子证照。四是以沈阳和大连中心为试点进行了集成化办理试点工作，为 2023 年全面实现集成化办理奠定基础。五是持续开展 12329 热线服务互访暗访工作，各地热线服务质量进一步提升。

（四）当年住房公积金机构及从业人员所获荣誉情况。沈阳住房公积金中心获得省部级“青年文明号”荣誉 1 项，获得地市级其他荣誉 8 项；大连市住房公积金管理中心获得省部级“青年文明号”荣誉 1 项，省部级“先进集体和个人荣誉”2 项，获得地市级“先进集体和个人”4 项，获得其他省部级荣誉 1 项，获得其他地市级荣誉 2 项；鞍山市住房公积金中心获得省部级“青年文明号”荣誉 1 项；抚顺市住房公积金管理中心获得省部级“青年文明号”荣誉 1 项，获得其他地市级荣誉 2 项；锦州市住房公积金管理中心获得地市级“创建文明单位（行业、窗口）”荣誉 1 项；阜新市住房公积金管理中心获得地市级“青年文明号”荣誉 1 项，获得地市级“先进集体和个人”1 项；铁岭市住房公积金管理中心获得地市级“创建文明单位（行业、窗口）”荣誉 1 项，获得地市级“先进集体和个人”1 项；朝阳市住房公积金管理中心获得地市级“创建文明单位（行业、窗口）”荣誉 1 项，获得其他地市级荣誉 1 项。

辽宁省沈阳市住房公积金 2022 年年度报告

根据国务院《住房公积金管理条例》和住房和城乡建设部、财政部、人民银行《关于健全住房公积金信息披露制度的通知》（建金〔2015〕26 号）的规定，经住房公积金管理委员会审议通过，现将沈阳住房公积金 2022 年年度报告（含沈阳中心、省直中心、电力分中心、东电管理部）公布如下：

一、机构概况

（一）住房公积金管理委员会

住房公积金管理委员会有 25 名委员，2022 年召开 9 次会议，审议通过的事项主要包括：

1. 沈阳住房公积金管理中心 2021 年工作总结及 2022 年工作安排的报告；
2. 沈阳住房公积金管理中心 2021 年计划执行情况及 2022 年计划安排情况的报告；
3. 关于完善住房公积金流动性“双向调节”系数的意见；
4. 关于调整住房公积金贷款政策措施的意见；
5. 关于出台沈阳住房公积金单位信用评价管理办法的意见；
6. 关于新冠肺炎疫情防控期间实施住房公积金阶段性支持政策的意见；
7. 沈阳市住房公积金 2021 年年度报告；
8. 关于实施住房公积金阶段性支持政策的意见；
9. 关于沈阳市退役军人住房公积金缴存使用管理的意见；
10. 关于阶段性支持职工家庭互助购房提取住房公积金的意见；
11. 关于开展灵活就业人员缴存使用住房公积金工作的意见；
12. 关于提高多子女家庭租房和保障性租赁住房提取住房公积金额度的意见；
13. 关于开展职工家庭既有住宅增设电梯互助提取住房公积金的意见；
14. 关于调整住房公积金个人贷款还贷系数及账户余额倍数的意见；
15. 关于持续实施住房公积金助企纾困支持政策的意见；
16. 关于延长阶段性支持职工家庭互助购房提取住房公积金政策执行期限的意见；
17. 关于实行个人住房商业贷款转住房公积金贷款政策的意见；
18. 关于调整和增补沈阳住房公积金管理委员会委员的意见。

（二）住房公积金管理中心

1. 沈阳住房公积金管理中心（简称“沈阳中心”）。沈阳中心为直属沈阳市政府不以营利为目的的财政全额拨款事业单位，设 13 个部室，13 个管理部，1 个铁路分中心。从业人员 368 人，其中，在编 199 人，非在编 169 人。

2. 辽宁省省直住房资金管理中心（简称“省直中心”）。省直中心为隶属辽宁财政厅不以营利为目的的公益一类事业单位，设 7 个部。从业人员 39 人，其中，在编 19 人，非在编 20 人。

3. 电力分中心。电力分中心由沈阳住房公积金管理中心授权经营，不以营利为目的，非独立法人分支机构。主要负责国家电网公司系统、中国能源建设集团、部分发电企业驻辽单位住房公积金的归集、管理、使用和会计核算。目前中心内设住房公积金管理处和财务管理处。实有从业人员 13 人，其中在编 7 人，非在编 6 人。

4. 东电管理部。沈阳住房公积金管理中心电力分中心东电管理部为国家电网公司东北分部住房制度改革办公室的一个部门，主要负责国家电网公司东北分部直属单位住房公积金的归集、管理、使用和会计核算。目前管理部内设有主任、账户管理、贷款管理、财务核算、出纳5人。

二、业务运行情况

（一）缴存。2022年，新开户单位6239家，净增单位2600家；新开户职工14.41万人，净增职工0.57万人；实缴单位34409家，实缴职工165.06万人，缴存额342.41亿元，分别同比增长8.17%、0.35%、5.25%。2022年末，缴存总额3390.88亿元，比上年末增加11.23%；缴存余额1090.63亿元，同比增长6.96%。受委托办理住房公积金缴存业务的银行6家。

沈阳中心：2022年，新开户单位6215家，净增单位2604家；新开户职工13.64万人，净增职工0.67万人；实缴单位33241家，实缴职工146.04万人，缴存额279.65亿元，分别同比增长8.50%、0.46%、4.95%。2022年末，缴存总额2702.9亿元，比上年末增加11.54%；缴存余额877.31亿元，同比增长6.15%。受委托办理住房公积金缴存业务的银行6家。

省直中心：2022年，新开户单位21家，净减单位4家；新开户职工0.63万人，净减职工0.11万人；实缴单位1048家，实缴职工12.38万人，缴存额40.1亿元，分别同比下降0.38%、0.89%、增长7.67%。2022年末，缴存总额383.03亿元，比上年末增加11.69%；缴存余额122.41亿元，同比增长11.07%。受委托办理住房公积金缴存业务的银行3家。

电力分中心：2022年，新开户单位3家，净增单位1家；新开户职工0.13万人，净增职工0.02万人；实缴单位107家，实缴职工6.45万人，缴存额21.64亿元，分别同比增长0.94%、0.31%、5.10%。2022年末，缴存总额291.55亿元，比上年末增加8.02%；缴存余额86.58亿元，同比增长9.78%。受委托办理住房公积金缴存业务的银行2家。

东电管理部：2022年，新开户单位0家，净减单位1家；新开户职工0.0091万人，净减职工0.0125万人；实缴单位13家，实缴职工0.1904万人，缴存额1.02亿元，分别同比下降7.14%、12.67%、0.97%。2022年末，缴存总额13.40亿元，比上年末增加8.24%；缴存余额4.33亿元，同比增长5.35%。受委托办理住房公积金缴存业务的银行1家。

（二）提取。2022年，81.04万名缴存职工提取住房公积金；提取额271.47亿元，同比增长7.25%；提取额占当年缴存额的79.28%，比上年增加1.48个百分点。2022年末，提取总额2300.26亿元，比上年末增加13.38%。

沈阳中心：2022年，73.19万名缴存职工提取住房公积金；提取额228.82亿元，同比增长8.60%；提取额占当年缴存额的81.82%，比上年增加2.75个百分点。2022年末，提取总额1825.59亿元，比上年末增加14.33%。

省直中心：2022年，5.53万名缴存职工提取住房公积金；提取额27.9亿元，同比下降1.96%；提取额占当年缴存额的69.57%，比上年减少6.83个百分点。2022年末，提取总额260.62亿元，比上年末增加11.99%。

电力分中心：2022年，2.25万名缴存职工提取住房公积金；提取额13.94亿元，同比增长7.56%；提取额占当年缴存额的64.42%，比上年增加1.48个百分点。2022年末，提取总额204.97亿元，比上年末增加7.30%。

东电管理部：2022年，0.0692万名缴存职工提取住房公积金；提取额0.81亿元，同比下降18.18%；提取额占当年缴存额的79.41%，比上年减少16.71个百分点。2022年末，提取总额9.08亿元，比上年末增加9.79%。

（三）贷款

1. 个人住房贷款。沈阳中心单缴存职工个人住房贷款最高额度50万元，双缴存职工个人住房贷款最高额度70万元，家庭成员三人以上共同申请贷款的最高额度为90万元；省直中心单缴存职工个人住房贷款最高额度 60 万元，双缴存职工个人住房贷款最高额度 84 万元；电力分中心单缴存职工个人住房贷款最高额度 50 万元，双缴存职工个人住房贷款最高额度 70 万元；东电管理部单缴存职工个人住房贷款最高额度 60 万元，双缴存职工个人住房贷款最高额度 80 万元。

2022 年，发放个人住房贷款 2.38 万笔、99.71 亿元，同比分别下降 18.49%、2.58%。其中，沈阳中心发放个人住房贷款 2.2 万笔 90.88 亿元，户数同比下降 16.53%、金额同比增长 1.31%；省直中心发放个人住房贷款 0.12 万笔、5.8 亿元，同比分别下降 25.91%、9.55%；电力分中心发放个人住房贷款 0.06 万笔、2.92 亿元，同比分别下降 53.85%、51.82%；东电管理部发放个人住房贷款 0.0019 万笔、0.108 亿元，同比分别下降 24%、35.33%。

2022 年，回收个人住房贷款 91.16 亿元。其中，沈阳中心 76.39 亿元，省直中心 9.32 亿元，电力分中心 5.20 亿元，东电管理部 0.25 亿元。

2022 年末，累计发放个人住房贷款 69.36 万笔、1787.46 亿元，贷款余额 799.34 亿元，分别比上年末增加 3.55%、5.91%、1.08%。个人住房贷款余额占缴存余额的 73.29%，比上年末减少 4.26 个百分点。受委托办理住房公积金个人住房贷款业务的银行 6 家。

沈阳中心：累计发放个人住房贷款 60.9 万笔、1529.31 亿元，贷款余额 682.26 亿元，分别比上年末增加 3.75%、6.32%、2.17%。个人住房贷款余额占缴存余额的 77.77%，比上年末减少 3.03 个百分点。受委托办理住房公积金个人住房贷款业务的银行 6 家。

省直中心：累计发放个人住房贷款 5.81 万笔、171.51 亿元，贷款余额 77.54 亿元，分别比上年末增加 2.08%、3.5%、减少 4.34%。个人住房贷款余额占缴存余额的 63.35%，比上年末减少 10.21 个百分点。受委托办理住房公积金个人住房贷款业务的银行 1 家。

电力分中心：累计发放个人住房贷款 2.60 万笔、83.87 亿元，贷款余额 37.91 亿元，分别比上年末增加 2.36%、3.59%、5.70%。个人住房贷款余额占缴存余额的 43.79%，比上年末减少 7.17 个百分点。受委托办理住房公积金个人住房贷款业务的银行 2 家。

东电管理部：累计发放个人住房贷款 0.0522 万笔、2.77 亿元，贷款余额 1.63 亿元，分别比上年末增加 3.78%、3.75%、减少 8.94%。个人住房贷款余额占缴存余额的 37.64%，比上年末减少 5.67 个百分点。受委托办理住房公积金个人住房贷款业务的银行 1 家。

2. 异地贷款。2022 年，发放异地贷款 2815 笔、132126.36 万元。其中，沈阳中心发放异地贷款 2810 笔、131868.36 万元；省直中心发放异地贷款 5 笔、258 万元。2022 年末，发放异地贷款总额 885129.48 万元，异地贷款余额 504555.84 万元。其中，沈阳中心发放异地贷款总额 882684.48 万元，异地贷款余额 503302.67 万元；省直中心发放异地贷款总额 2375 万元，异地贷款余额 1228.76 万元；东电管理部发放异地贷款总额 70 万元，异地贷款余额 24.41 万元。

3. 公转商贴息贷款：2022 年，发放公转商贴息贷款 0 笔、0 万元，当年贴息额 2751.16 万元。2022 年末，累计发放公转商贴息贷款 19211 笔、732703.6 万元，累计贴息 29043.15 万元。

（四）购买国债。无。

（五）资金存储。2022 年末，住房公积金存款 298.55 亿元。其中，活期 0.02 亿元，1 年（含）以下定期 109.7 亿元，1 年以上定期 151.83 亿元，其他（协定、通知存款等）37 亿元。

（六）资金运用率。2022 年末，住房公积金个人住房贷款余额、项目贷款余额和购买国债余额的总和占缴存余额的 73.29%，比上年末减少 4.26 个百分点。其中，沈阳中心 77.77%，比上年末减少 3.03 个百分点；省直中心 63.35%，比上年末减少 10.21 个百分点；电力分中心 43.79%，比上年末减少 7.18 个百分点；东电管理部 37.64%，比上年末减少 5.67 个百分点。

三、主要财务数据

（一）业务收入。2022 年，业务收入 350116.05 万元，同比增长 6.44%。其中，沈阳中心 281445.45 万元，同比增长 6.07%；省直中心 40782.13 万元，同比增长 9.20%；电力分中心 26512.94

万元，同比增长 6.56%；东电管理部 1375.53 万元，同比下降 0.07%。存款利息 90518.96 万元，委托贷款利息 256938.22 万元，其他 2658.87 万元。

（二）业务支出。2022 年，业务支出 179369.08 万元，同比增长 4.50%。其中，沈阳中心 145917.13 万元，同比增长 3.45%；省直中心 19564.68 万元，同比增长 9.45%；电力分中心 13229.75 万元，同比增长 9.42%；东电管理部 657.52 万元，同比增长 3.43%。支付职工住房公积金利息 157767.13 万元，归集手续费 6206.27 万元，贷款手续费 12466.67 万元，贴息贷款利息 2751.16 万元，其他 177.85 万元。

（三）增值收益。2022 年，增值收益 170746.97 万元，同比增长 8.56%，增值收益率 1.61%，比上年增加 0.02 个百分点。其中，沈阳中心增值收益 135528.32 万元，同比增长 9.05%，增值收益率 1.58%，比上年增加 0.03 个百分点；省直中心增值收益 21217.45 万元，同比增长 8.97%，增值收益率 1.8%，比上年减少 0.02 个百分点；电力分中心增值收益 13283.19 万元，同比增长 3.85%，增值收益率 1.59%，比上年减少 0.1 个百分点；东电管理部增值收益 718.01 万元，同比下降 3.09%，增值收益率 1.59%，比上年减少 0.14 个百分点。

（四）增值收益分配。2022 年，提取贷款风险准备金 23009.90 万元；提取管理费用 13038.33 万元，提取城市廉租住房（公共租赁住房）建设补充资金 134698.74 万元。

2022 年，上交财政管理费用 13341.07 万元。上缴财政城市廉租住房（公共租赁住房）建设补充资金 144911.43 万元，其中，沈阳中心上缴 138899.59 万元；省直中心上缴 6011.84 万元。

2022 年末，贷款风险准备金余额 815546.89 万元。累计提取城市廉租住房（公共租赁住房）建设补充资金 597455.11 万元。其中，沈阳中心贷款风险准备金余额 610251.59 万元，累计提取城市廉租住房（公共租赁住房）建设补充资金 487818.63 万元；省直中心贷款风险准备金余额 127614.84 万元，累计提取城市廉租住房（公共租赁住房）建设补充资金 61385.97 万元；电力分中心贷款风险准备金余额 73717.03 万元，累计提取城市廉租住房（公共租赁住房）建设补充资金 46722.83 万元；东电管理部贷款风险准备金余额 3963.43 万元，累计提取城市廉租住房（公共租赁住房）建设补充资金 1527.68 万元。

（五）管理费用支出。2022 年，管理费用支出 13028.29 万元，同比增长 6.78%。其中，人员经费 8300.2 万元，公用经费 1017.30 万元，专项经费 3710.79 万元。

沈阳中心：管理费用支出 11352.43 万元，同比增长 6.8%。其中，人员、公用、专项经费分别为 7549.19 万元、701.54 万元、3101.70 万元。

省直中心：管理费用支出 1330.85 万元，同比下降 1.01%。其中，人员、公用、专项经费分别为 709.61 万元、36.60 万元、584.64 万元。

电力分中心：管理费用支 294.69 万元，同比增长 66.79%。其中，人员、公用经费分别为 41.40 万元、253.29 万元。

东电管理部：管理费用支出 50.32 万元，同比增长 0.22%。其中，公用、专项经费分别为 25.87 万元，24.45 万元。

四、资产风险状况

个人住房贷款。2022 年末，个人住房贷款逾期额 1029.16 万元，逾期率 0.129‰。个人贷款风险准备金余额 815546.89 万元。2022 年，使用个人贷款风险准备金核销呆坏账 0 万元。

沈阳中心：2022 年末，个人住房贷款逾期额 747.87 万元，逾期率 0.1096‰。个人贷款风险准备金余额 610251.59 万元。2022 年，使用个人贷款风险准备金核销呆坏账 0 万元。

省直中心：2022 年末，个人住房贷款逾期额 190.42 万元，逾期率 0.25‰。个人贷款风险准备金余额 127614.84 万元。2022 年，使用个人贷款风险准备金核销呆坏账 0 万元。

电力分中心：2022 年末，个人住房贷款逾期额 90.87 万元，逾期率 0.24‰。个人贷款风险准备金余额 73717.03 万元。2022 年，使用个人贷款风险准备金核销呆坏账 0 万元。

东电管理部：2022 年末，个人住房贷款逾期额 0 万元，逾期率 0‰。个人贷款风险准备金余额 3963.43 万元。2022 年，使用个人贷款风险准备金核销呆坏账 0 万元。

五、社会经济效益

(一) 缴存业务

缴存职工中，国家机关和事业单位占 20.46%，国有企业占 21.65%，城镇集体企业占 1.09%，外商投资企业占 6.25%，城镇私营企业及其他城镇企业占 39.20%，民办非企业单位和社会团体占 1.11%，灵活就业人员占 0.09%，其他占 10.15%；中、低收入占 97.88%，高收入占 2.12%。

新开户职工中，国家机关和事业单位占 8.81%，国有企业占 10.24%，城镇集体企业占 1.21%，外商投资企业占 6.97%，城镇私营企业及其他城镇企业占 62.49%，民办非企业单位和社会团体占 1.87%，灵活就业人员占 0.56%，其他占 7.85%；中、低收入占 99.50%，高收入占 0.50%。

沈阳中心：缴存职工中，国家机关和事业单位占 18.85%，国有企业占 17.27%，城镇集体企业占 1.14%，外商投资企业占 7.04%，城镇私营企业及其他城镇企业占 43.12%，民办非企业单位和社会团体占 1.18%，灵活就业人员占 0.1%，其他占 11.3%；中、低收入占 98.71%，高收入占 1.29%。

新开户职工中，国家机关和事业单位占 7.79%，国有企业占 8.36%，城镇集体企业占 1.27%，外商投资企业占 7.34%，城镇私营企业及其他城镇企业占 64.7%，民办非企业单位和社会团体占 1.83%，灵活就业人员占 0.6%，其他占 8.11%；中、低收入占 99.73%，高收入占 0.27%。

省直中心：缴存职工中，国家机关和事业单位占 50.24%，国有企业占 31.91%，城镇集体企业占 0.71%，外商投资企业占 0.27%，城镇私营企业及其他城镇企业占 13.96%，民办非企业单位和社会团体占 0.8%，其他占 2.11%；中、低收入占 89.53%，高收入占 10.47%。

新开户职工中，国家机关和事业单位占 32.71%，国有企业占 31.08%，城镇集体企业占 0.17%，外商投资企业占 0.41%，城镇私营企业及其他城镇企业占 28.73%，民办非企业单位和社会团体占 3.25%，其他占 3.65%；中、低收入占 94.98%，高收入占 5.02%。

电力分中心：缴存职工中，国有企业占 98.86%，其他占 1.14%；中、低收入占 95.41%，高收入占 4.59%。

新开户职工中，国有企业占 96.69%；中、低收入占 98.70%，高收入占 1.30%。

东电管理部：缴存职工中，国有企业占 100%；中、低收入占 83%，高收入占 17%。

新开户职工中，国有企业占 100%；中、低收入占 85%，高收入占 15%。

(二) 提取业务

提取金额中，购买、建造、翻建、大修自住住房占 8.18%，偿还购房贷款本息占 58.12%，租赁住房占 4.54%，支持老旧小区改造占 0.001%，离休和退休提取占 18.90%，完全丧失劳动能力并与单位终止劳动关系提取占 0.21%，出境定居占 0.002%，其他占 10.047%。提取职工中，中、低收入占 97.96%，高收入占 2.04%。

沈阳中心：提取金额中，购买、建造、翻建、大修自住住房占 7.89%，偿还购房贷款本息占 58.06%，租赁住房占 5.17%，支持老旧小区改造占 0.002%，离休和退休提取占 17.57%，完全丧失劳动能力并与单位终止劳动关系提取占 0.004%，出境定居占 0.004%，其他占 11.3%。提取职工中，中、低收入占 98.67%，高收入占 1.33%。

省直中心：提取金额中，购买、建造、翻建、大修自住住房占 7.8%，偿还购房贷款本息占 64.35%，租赁住房占 1.39%，离休和退休提取占 21.65%，完全丧失劳动能力并与单位终止劳动关系提取占 2%，其他占 2.81%。提取职工中，中、低收入占 78%，高收入占 22%。

电力分中心：提取金额中，购买、建造、翻建、大修自住住房占 13.17%，偿还购房贷款本息占 47.70%，租赁住房占 0.78%，支持老旧小区改造占 0%，离休和退休提取占 34.19%，完全丧失劳动能力并与单位终止劳动关系提取占0%，出境定居占0%，其他占4.16%。提取职工中，中、低收入占93.09%，高收入占6.91%。

东电管理部：提取金额中，购买、建造、翻建、大修自住住房占8%，偿还购房贷款本息占74%，租赁住房占0%，支持老旧小区改造占0%，离休和退休提取占13%，完全丧失劳动能力并与单位终止劳动关系提取占0%，出境定居占0%，其他占5%。提取职工中，中、低收入占82%，高收入占18%。

（三）贷款业务

个人住房贷款。2022年，支持职工购建房226.02万平方米（含公转商贴息贷款），2022年末个人住房贷款市场占有率（含公转商贴息贷款）为16.24%，比上年末增加0.28个百分点。通过申请住房公积金个人住房贷款，可节约职工购房利息支出212922.77万元。

职工贷款笔数中，购房建筑面积90（含）平方米以下占36.62%，90～144（含）平方米占58.74%，144平方米以上占4.64%。购买新房占62.22%（其中购买保障性住房占0%），购买二手房占37.78%，建造、翻建、大修自住住房占0%（其中支持老旧小区改造占0%），其他占0%。

职工贷款笔数中，单缴存职工申请贷款占59.86%，双缴存职工申请贷款占39.48%，三人及以上缴存职工共同申请贷款占0.66%。

贷款职工中，30岁（含）以下占52.32%，30岁～40岁（含）占32.89%，40岁～50岁（含）占11.62%，50岁以上占3.17%；购买首套住房申请贷款占87.14%，购买二套及以上申请贷款占12.86%；中、低收入占99.29%，高收入占0.71%。

沈阳中心：2022年，支持职工购建房205.56万平方米（含公转商贴息贷款），年末个人住房贷款市场占有率（含公转商贴息贷款）为14.26%，比上年末增加0.35个百分点。通过申请住房公积金个人住房贷款，可节约职工购房利息支出198348.18万元。

职工贷款笔数中，购房建筑面积90（含）平方米以下占37.72%，90～144（含）平方米占58.19%，144平方米以上占4.09%。购买新房占61.94%（其中购买保障性住房占0%），购买二手房占38.06%，建造、翻建、大修自住住房占0%（其中支持老旧小区改造占0%），其他占0%。

职工贷款笔数中，单缴存职工申请贷款占60.53%，双缴存职工申请贷款占38.8%，三人及以上缴存职工共同申请贷款占0.67%。

贷款职工中，30岁（含）以下占53.43%，30岁～40岁（含）占32.72%，40岁～50岁（含）占11.05%，50岁以上占2.8%；购买首套住房申请贷款占87.28%，购买二套及以上申请贷款占12.72%；中、低收入占99.52%，高收入占0.48%。

省直中心：2022年，支持职工购建房12.77万平方米（含公转商贴息贷款），2022年末个人住房贷款市场占有率（含公转商贴息贷款）为1.78%，比上年末减少0.04个百分点。通过申请住房公积金个人住房贷款，可节约职工购房利息支出8550.33万元。

职工贷款笔数中，购房建筑面积90（含）平方米以下占30.74%，90～144（含）平方米占60.14%，144平方米以上占9.12%。购买新房占56.84%，购买二手房占43.16%。职工贷款笔数中，单缴存职工申请贷款占53.72%，双缴存职工申请贷款占45.27%，三人及以上缴存职工共同申请贷款占1.01%。

贷款职工中，30岁（含）以下占35.05%，30岁～40岁（含）占40.88%，40岁～50岁（含）占17.74%，50岁以上占6.33%；购买首套住房申请贷款占85.3%，购买二套及以上申请贷款占14.7%；中、低收入占95.19%，高收入占4.81%。

电力分中心：2022年，支持职工购建房7.46万平方米（含公转商贴息贷款），2022年末个人住房贷款市场占有率（含公转商贴息贷款）为0.88%，比上年末增加0.1个百分点。通过申请住房公积金个人住房贷款，可节约职工购房利息支出6024.26万元。

职工贷款笔数中，购房建筑面积90（含）平方米以下占8.67%，90～144（含）平方米占75.67%，144平方米以上占15.66%。购买新房占82.17%（其中购买保障性住房占0%），购买二手房占

17.83%，建造、翻建、大修自住住房占 0%（其中支持老旧小区改造占 0%），其他占 0%。

职工贷款笔数中，单缴存职工申请贷款占 47.33%，双缴存职工申请贷款占 52.67%，三人及以上缴存职工共同申请贷款占 0%。

贷款职工中，30 岁（含）以下占 46.00%，30 岁～40 岁（含）占 23.00%，40 岁～50 岁（含）占 20.50%，50 岁以上占 10.50%；购买首套住房申请贷款占 86.33%，购买二套及以上申请贷款占 13.6%；中、低收入占 99.00%，高收入占 1.00%。

东电管理部：2022 年，支持职工购建房 0.23 万平方米。通过申请住房公积金个人住房贷款，可节约职工购房利息支出 57.95 万元。

职工贷款笔数中，购房建筑面积 90（含）平方米以下占 11%，90～144（含）平方米占 78%，144 平方米以上占 11%。购买新房占 63%（其中购买保障性住房占 0%），购买二手房占 34%，建造、翻建、大修自住住房占 0%（其中支持老旧小区改造占 0%），其他占 0%。

职工贷款笔数中，单缴存职工申请贷款占 58%，双缴存职工申请贷款占 42%，三人及以上缴存职工共同申请贷款占 0%。

贷款职工中，30 岁（含）以下占 47%，30 岁～40 岁（含）占 37%，40 岁～50 岁（含）占 5%，50 岁以上占 11%；购买首套住房申请贷款占 63%，购买二套及以上申请贷款占 37%；中、低收入占 89%，高收入占 11%。

（四）住房贡献率

2022 年，个人住房贷款发放额、公转商贴息贷款发放额、项目贷款发放额、住房消费提取额的总和与当年缴存额的比率为 85.32%，比上年减少 8.39 个百分点。其中：沈阳中心 90.73%，比上年减少 6.82 个百分点；省直中心 65.63%，比上年减少 12.20 个百分点；电力分中心 53.30%，比上年减少 20.77 个百分点；东电管理部 75.71%，比上年减少 4.13 个百分点。

六、其他重要事项

（一）应对新冠肺炎疫情采取的措施，落实住房公积金阶段性支持政策情况和政策实施成效

2022 年 6 月 10 日，印发《沈阳住房公积金管理中心阶段性支持政策实施细则》，积极落实住房和城乡建设部《关于实施住房公积金阶段性支持政策的通知》要求，让助企纾困政策第一时间惠及受疫情影响的企业和职工。首推企业办理缓缴降比承诺制，累计为 438 户企业办理缓缴、为 1225 户企业办理降比，涉及职工 139192 人、兑现政策资金 6.07 亿元。全年为受疫情影响缓缴企业职工办理贷款 1193 笔，贷款金额 5.44 亿元；对 1339 户受疫情影响不能正常还款职工，免予逾期处理，不计罚息，不上报个人征信。

（二）租购并举满足缴存人基本住房需求，加大租房提取住房公积金支持力度、支持缴存人贷款购买首套普通自住住房特别是共有产权住房等情况

2022 年 6 月 10 日至 2022 年 12 月 31 日，职工家庭租房提取住房公积金额度由原来 1400 元/月提高至 1600 元/月，全年累计 12190 名职工享受提高租房提取额度政策，多提租房租金 2746.22 万元。

2022 年 3 月 25 日，印发《关于调整住房公积金贷款政策措施的通知》，将购买首套房公积金贷款最低首付比例由 30%下调至 20%，进一步减轻缴存人支付购房首付款的资金压力。全年支持购买首套房公积金贷款 19192 笔，占比 87.28%；贷款金额 78.35 亿元，占比 86.21%。

（三）当年机构及职能调整情况、受委托办理缴存贷款业务金融机构变更情况

2022 年末，沈阳中心 13 个管理部分别进驻所属区、县（市）政务服务中心企业开办专区，共设置 16 个公积金服务窗口，专门办理住房公积金单位及个人开户业务；受委托办理住房公积金贷款业务的个贷延伸网点达到 20 家，其中，银行延伸网点 15 家，房地产开发企业售楼处延伸网点 5 家；建立 4 个管理部分部，业务范围为全部公积金政务服务事项；通过布设智慧柜员机的方式，在银行网点设立 100 个智慧服务专区，对外办理住房公积金政务服务事项。打造住房公积金“多点办”“就近办”服务体系，将公积金服务延伸至市民“家门口”。

（四）当年住房公积金政策调整及执行情况

1. 当年缴存基数限额及确定方法。从 2022 年 7 月 1 日起，职工月缴存基数上限调整为 25386 元（即全市城镇非私营单位在岗职工 2021 年平均工资的 3 倍）；缴存基数下限为本地区社会最低工资标准，全市四个县区缴存基数下限为 1640 元，其他地区为 1910 元。

2. 缴存比例等缴存政策调整情况。缴存比例继续执行 5%～12%的灵活缴存比例区间。企业连续 1 年以上（含 1 年）亏损，且职工月平均工资低于本市上一年度社会月平均工资 50%的，经职工代表大会或工会讨论通过，可申请降低缴存比例最低至 3%，政策执行期延长至 2023 年 6 月 30 日结束。制定灵活就业人员住房公积金缴存使用管理办法，将新市民、青年人纳入制度保障范围；出台退役军人缴存住房公积金政策，拓宽退役军人筹资渠道，减轻购房资金负担。

3. 住房公积金提取政策调整及执行情况。一是增加提取频次，实行逐月提取公积金偿还房租或商业贷款。二是阶段性实施支持职工家庭互助购房提取住房公积金政策，2022 年 10 月 1 日至 2023 年 6 月 30 日在本市购房家庭，职工本人及其配偶、子女、夫妻双方父母可提取住房公积金支付购房首付款或购房全款。

4. 个人住房公积金贷款政策调整及执行情况。一是贷款政策叠加释放。先后出台“调整还贷系数、增加余额倍数”等 9 项贷款政策，笔均贷款提升至 42.3 万元，同比去年每笔增加 8.25 万元，增幅 24.23%。二是优化支持人才政策。积极响应市委组织部“兴沈英才”计划，将高校本科毕业生纳入政策支持范围，贷款限额提高 1.2 倍。发放高层次人才住房贷款 49 笔、金额 3991 万元；发放高校毕业生住房贷款 816 笔、金额 5.18 亿元。三是推出支持生育政策。二孩三孩家庭贷款限额提高 1.3 倍，发放多孩家庭住房贷款 197 笔、金额 1.53 亿元。四是建立双向系数调节机制。对个人贷款额度实行资金流动性双向调节，将资金流动性系数与资金运用率挂钩，有效调剂贷款额度，资金使用总体保持相对平衡。

5. 支持老旧小区改造政策落实情况。当年支持老旧小区改造加装电梯提取 9 笔、42.86 万元。

（五）当年服务改进情况

一是创新贷款办理新模式。全国首创贷款“移动办”，贷款移动审批系统走进房交会，走进沈阳市首届“直播带房”大型公益活动直播现场，走进楼盘、政务服务大厅、延伸网点等服务场所，贷款职工在房产交易现场签合同即可办理公积金贷款，大幅提升公积金贷款便捷度。二是“一网通办”工作持续为全省系统做示范。强化数字赋能，建设智慧公积金，商业银行信息共享由 14 家扩容至 16 家；“刷脸认证”业务由 16 项增加至 18 项；完成单位网厅“去 U 盾化”登录；实现贷款注销“无感办”；依托银行网点布设 100 台智能柜员机；全场景应用电子证照做法在全省系统内推广；首席数据官做法被省政府网站转发。三是完成沈阳现代化都市圈八城市住房公积金一体化合作协议签订，推出第一批 27 项都市圈通办事项清单，取消异地购房提取所需户籍证明，做法被《中国建设报》报道。四是增加跨省通办事项。跨省通办业务由原来的 8 项增加至 13 项，进一步提升职工异地办理业务便利度。五是开展首届“聚金惠民”宣介周活动。连续 5 天围绕 5 个主题进行现场直播，1900 余万人次参与活动并纷纷点赞，学习强国、新华社、央视网等 20 余家新闻媒体给予报道。六是开展全员业务技能大赛，提升员工整体素质和业务服务水平。七是高效处理诉求问题。全年受理各类咨询诉求 43.95 万次，解决疑难诉求问题 43 个，受理率、回复率、办结率均为 100%。

（六）当年信息化建设情况

一是开发完成“公积金移动办”审批系统。“公积金移动办”审批系统顺利上线运行，公积金提取、个贷开发商管理、信息查询等 76 个业务功能开发建设完成，促进中心办公服务水平整体提升。二是打造“互联网＋公积金”线上云平台。将单位网厅、个人网厅、手机 App、微信平台整体迁移至建设银行总行公有云平台，全面提升网厅系统平台安全管控能力、提高网上服务大厅的运营安全管理和服务水平。三是推进公积金小程序系统建设。开发建设个人开户、变更、汇缴登记等 23 个业务事项，实现单位业务在小程序平台的掌上办理。四是推进智能柜员机系统建设。中心与省建设银行联合开发建设智能柜员机系统。实现提取还公贷、提取还商贷、租房提取、现金还款、办事指南、说说办、视频客服、满意度评价等共计 39 个业务事项，进一步拓展服务渠道。五是推进 12329 智能客服系统建设。开发建设 12329 智能客服系统，在微信公众号中增加智能文本客服，开发建设智能语音导航、智能坐席助手、AI 能力平台、智能外呼系统、数据分析、智能质检、智能文本客服等智能导航功能模块，不断健全和完善中心的客户服务体系。六是完成“商转公贷款”业务系统研发。七是推进全国住房公积金数据共享平台接口系统建设。开展电子营业执照试用工作，完成住房公积金行业内及行业外数据共享接口的开发建设工作，共计开发完成 30 项数据接口，并全部投产上线运行。八是推进电子印章系统建设。完成个人明细清单打印、职工住房公积金缴存使用证明、贷款结清证明打印、异地贷款职工住房公积金缴存使用证明和单位缴存证明 5 项高频电子印章业务功能改造工作。九是推行首席数据官制度，数据质量有效提升。

（七）当年住房公积金管理中心及职工所获荣誉情况

2022 年，沈阳中心荣获省市级荣誉 4 项分别为：中心机关党委获得市直机关工委“振兴新突破 我要当先锋”党建创新案例金奖；皇姑管理部获中共沈阳市直属机关工作委员会授予“建设模范机关先进典型”；浑南管理部获共青团辽宁省委员会、辽宁省住房和城乡建设厅授予“2021—2022 年度辽宁省青年文明号”；个人贷款部获中共沈阳市直属机关工作委员会办公室授予“2022 年市直机关建设模范机关标兵单位暨市直机关工委系统标准化规范化建设示范点”。

2022 年，沈阳中心有多名职工获得个人荣誉，突出的有：仲蕾同志获中共沈阳市直属机关工作委员会授予“振兴新突破、我要当先锋——思想·青年理论论坛青年理论学习分享会一等奖”“振兴新突破、我要当先锋——党建创新案例大赛金奖”；付博同志获中共沈阳市委、沈阳市人民政府授予“抗击疫情先进人物”；佟振宇同志获得沈阳市直属机关工会工作委员会“振兴新突破、我要当先锋”学理论、补知识、提能力基础知识竞赛优秀个人奖；杨希文同志荣获市直机关工委“思享·青年理论论坛”优秀奖；张慧瑾同志荣获沈阳市第二届“学习强国”学习平台知识竞赛（个人组）学习能手奖。

（八）当年对违反《住房公积金管理条例》和相关法规行为进行行政处罚和申请人民法院强制执行情况

2022 年，沈阳中心通过法院执行个人逾期贷款 8 人次，回收欠款 124 万元。通过行政执法手段为职工补缴公积金 6 笔、10.3 万元。

（九）当年对住房公积金管理人员违规行为的纠正和处理情况等

无。

（十）其他需要披露的情况

无。

辽宁省及省内各城市住房公积金 2022 年年度报告二维码

名称	二维码
辽宁省住房公积金 2022 年年度报告	
沈阳市住房公积金 2022 年年度报告	
大连市住房公积金 2022 年年度报告	
鞍山市住房公积金 2022 年年度报告	
抚顺市住房公积金 2022 年年度报告	
本溪市住房公积金 2022 年年度报告	
丹东市住房公积金 2022 年年度报告	

续表

名称	二维码
锦州市住房公积金 2022 年年度报告	
营口市住房公积金 2022 年年度报告	
阜新市住房公积金 2022 年年度报告	
辽阳市住房公积金 2022 年年度报告	
铁岭市住房公积金 2022 年年度报告	
朝阳市住房公积金 2022 年年度报告	
盘锦市住房公积金 2022 年年度报告	
葫芦岛市住房公积金 2022 年年度报告	

吉林省

吉林省住房公积金 2022 年年度报告

根据国务院《住房公积金管理条例》和住房和城乡建设部、财政部、人民银行《关于健全住房公积金信息披露制度的通知》(建金〔2015〕26号)规定，现将吉林省住房公积金2022年年度报告汇总公布如下：

一、机构概况

(一)住房公积金管理机构。全省共设9个设区城市住房公积金管理中心，2个独立设置的分中心(其中，长春省直住房公积金管理分中心隶属于吉林省机关事务管理局，松原市住房公积金管理中心油田分中心隶属于中国石油天然气股份有限公司吉林油田分公司)。从业人员1253人，其中，在编688人，非在编565人。

(二)住房公积金监管机构。吉林省住房和城乡建设厅、吉林省财政厅和中国人民银行长春中心支行负责对本省住房公积金管理运行情况进行监督。吉林省住房和城乡建设厅设立房地产市场监管处，负责辖区住房公积金日常监管工作。

二、业务运行情况

(一)缴存。2022年，新开户单位4376家，净增单位3490家；新开户职工17.80万人，净增职工5.47万人；实缴单位46968家，实缴职工252.70万人，缴存额412.13亿元，分别同比增长3.78%、下降0.32%、增长4.27%。2022年末，缴存总额4032.69亿元，比上年末增加11.38%；缴存余额1594.85亿元，同比增长9.59%(表1)。

2022年分城市住房公积金缴存情况 **表1**

地区	实缴单位(万个)	实缴职工(万人)	缴存额(亿元)	累计缴存总额(亿元)	缴存余额(亿元)
吉林省	**46968**	**252.70**	**412.13**	**4032.69**	**1594.85**
长春市中心	22589	128.04	225.84	2166.89	816.96
吉林市中心	5724	34.92	58.20	616.95	215.00
四平市中心	2270	11.35	17.48	162.92	74.88
辽源市中心	1281	6.44	9.31	83.92	42.03
通化市中心	3280	14.78	16.00	158.35	81.63
白山市中心	1954	9.29	11.38	122.08	49.94
松原市中心	2843	16.07	26.63	303.92	127.85
白城市中心	2529	11.24	14.66	106.62	53.88
延边州中心	4498	20.57	32.63	311.04	132.68

(二)提取。2022年，80.60万名缴存职工提取住房公积金；提取额272.54亿元，同比增长0.05%；提取额占当年缴存额的66.13%，比上年减少2.79个百分点。2022年末，提取总额2437.83亿元，比上年末增加12.59%(表2)。

2022年分城市住房公积金提取情况　　**表2**

地区	提取额（亿元）	提取率（%）	住房消费类提取额（亿元）	非住房消费类提取额（亿元）	累计提取总额（亿元）
吉林省	**272.54**	**66.13**	**184.41**	**88.13**	**2437.83**
长春市中心	152.76	67.64	109.97	42.79	1349.92
吉林市中心	41.29	70.95	26.62	14.67	401.95
四平市中心	9.93	56.80	6.22	3.71	88.04
辽源市中心	5.46	58.66	3.43	2.03	41.88
通化市中心	9.08	56.77	5.17	3.91	76.72
白山市中心	6.51	57.22	3.26	3.25	72.14
松原市中心	18.51	69.49	11.58	6.93	176.07
白城市中心	6.78	46.25	4.03	2.75	52.74
延边州中心	22.22	68.09	14.13	8.09	178.37

（三）贷款。

1. 个人住房贷款。2022年，发放个人住房贷款3.40万笔、135.64亿元，同比下降17.17%、15.35%。回收个人住房贷款133.44亿元。

2022年末，累计发放个人住房贷款87.28万笔、2227.14亿元，贷款余额1142.61亿元，分别比上年末增加4.05%、6.49%、0.19%。个人住房贷款余额占缴存余额的71.64%，比上年末减少6.72个百分点（表3）。

2022年，支持职工购建房368.29万平方米。年末个人住房贷款市场占有率为21.13%，比上年末减少0.19个百分点。通过申请住房公积金个人住房贷款，可节约职工购房利息支出168334.48万元。

2. 异地贷款。2022年，发放异地贷款1723笔、70410.48万元。2022年末，发放异地贷款总额1245699.40万元，异地贷款余额660778.71万元。

2022年分城市住房公积金个人住房贷款情况　　**表3**

地区	放贷笔数（万笔）	贷款发放额（亿元）	累计放贷笔数（万笔）	累计贷款总额（亿元）	贷款余额（亿元）	个人住房贷款率（%）
吉林省	**3.40**	**135.64**	**87.28**	**2227.14**	**1142.61**	**71.64**
长春市中心	1.56	80.00	35.34	1189.01	660.59	80.86
吉林市中心	0.82	24.48	15.06	337.93	168.03	78.16
四平市中心	0.15	4.59	6.65	127.12	51.11	68.25
辽源市中心	0.11	4.18	2.45	56.68	32.53	77.41
通化市中心	0.14	4.05	6.11	117.82	52.11	63.83
白山市中心	0.06	1.25	2.43	29.94	9.53	19.08
松原市中心	0.23	7.00	6.13	123.30	58.19	45.51
白城市中心	0.10	2.90	4.28	67.06	26.75	49.65
延边州中心	0.23	7.19	8.83	178.28	83.77	63.13

3. 公转商贴息贷款。2022年，未发放公转商贴息贷款。当年贴息额1487.49万元。2022年末，累计发放公转商贴息贷款4309笔、157109.80万元，累计贴息8438.06万元。

（四）资金存储。2022年末，住房公积金存款468.65亿元。其中，活期36.90亿元，1年（含）以下定期 90.19 亿元，1 年以上定期 280.38 亿元，其他（协定、通知存款等）61.18 亿元。

（五）资金运用率。2022 年末，住房公积金个人住房贷款余额、项目贷款余额和购买国债余额的总和占缴存余额的 71.64%，比上年末减少 6.72 个百分点。

三、主要财务数据

（一）业务收入。2022 年，业务收入 486726.50 万元，同比增长 6.00%。其中，存款利息 121022.15 万元，委托贷款利息 365579.80 万元，其他 124.55 万元。

（二）业务支出。2022 年，业务支出 247027.85 万元，同比下降 7.89%。其中，支付职工住房公积金利息 230268.90 万元，归集手续费 617.03 万元，委托贷款手续费 14501.81 万元，其他 1640.11 万元。

（三）增值收益。2022 年，增值收益 239698.65 万元，同比增长 25.52%；增值收益率 1.57%，比上年增加 0.20 个百分点。

（四）增值收益分配。2022 年，提取贷款风险准备金 43632.56 万元，提取管理费用 34143.59 万元，提取城市廉租住房（公共租赁住房）建设补充资金 161922.50 万元（表 4）。

2022 年，上缴财政管理费用 33793.81 万元，上缴财政城市廉租住房（公共租赁住房）建设补充资金 93124.21 万元；油田分中心上缴中国石油天然气股份有限公司吉林油田分公司管理费用 940.27 万元，上缴中国石油天然气股份有限公司吉林油田分公司部廉租住房（公共租赁住房）建设补充资金 682.60 万元。共上缴管理费用 34734.08 万元，上缴廉租住房（公共租赁住房）建设补充资金 93806.81 万元。

2022 年末，贷款风险准备金余额 700308.79 万元，累计提取城市廉租住房（公共租赁住房）建设补充资金 908351.62 万元。

2022 年分城市住房公积金增值收益及分配情况 **表 4**

地区	业务收入（亿元）	业务支出（亿元）	增值收益（亿元）	增值收益率（%）	提取贷款风险准备金（亿元）	提取管理费用（亿元）	提取公租房(廉租房)建设补充资金(亿元)
吉林省	**48.67**	**24.70**	**23.97**	**1.57**	**4.36**	**3.42**	**16.19**
长春市中心	24.52	12.88	11.64	1.49	1.51	1.41	8.72
吉林市中心	6.85	3.47	3.38	1.63	0	0.44	2.94
四平市中心	2.09	1.11	0.98	1.39	0.59	0.15	0.24
辽源市中心	1.39	0.58	0.81	2.02	0.55	0.11	0.15
通化市中心	2.45	1.25	1.20	1.52	0.04	0.15	1.01
白山市中心	1.50	0.73	0.77	1.64	0.46	0.13	0.18
松原市中心	3.92	1.90	2.02	1.63	1.21	0.55	0.26
白城市中心	1.56	0.78	0.78	1.57	0	0.20	0.58
延边州中心	4.39	2.00	2.39	1.87	0	0.28	2.11

（五）管理费用支出。2022 年，管理费用支出 27446.14 万元，同比增长 13.12%。其中，人员经费 14842.70 万元，公用经费 3131.63 万元，专项经费 9471.81 万元。

四、资产风险状况

个人住房贷款。2022 年末，个人住房贷款逾期额 8216.08 万元，逾期率 0.72‰，个人贷款风险准备金余额 697528.79 万元。2022 年，未使用个人贷款风险准备金核销呆坏账。

五、社会经济效益

（一）缴存业务

缴存职工中，国家机关和事业单位占38.25%，国有企业占26.46%，城镇集体企业占1.97%，外商投资企业占2.51%，城镇私营企业及其他城镇企业占25.06%，民办非企业单位和社会团体占2.16%，灵活就业人员占0.28%，其他占3.31%；中、低收入占99.33%，高收入占0.67%。

新开户职工中，国家机关和事业单位占22.10%，国有企业占14.20%，城镇集体企业占1.72%，外商投资企业占2.45%，城镇私营企业及其他城镇企业占47.21%，民办非企业单位和社会团体占4.65%，灵活就业人员占0.12%，其他占7.55%；中、低收入占99.92%，高收入占0.08%。

（二）提取业务

提取金额中，购买、建造、翻建、大修自住住房占10.34%，偿还购房贷款本息占53.75%，租赁住房占3.58%；离休和退休提取占26.20%，完全丧失劳动能力并与单位终止劳动关系提取占2.59%，其他占3.54%。提取职工中，中、低收入占98.37%，高收入占1.63%。

（三）个人住房贷款

职工贷款笔数中，购房建筑面积90（含）平方米以下占26.75%，90～144（含）平方米占67.61%，144平方米以上占5.64%。购买新房占74.84%（其中购买保障性住房占0%），购买二手房占25.16%。

职工贷款笔数中，单缴存职工申请贷款占43.03%，双缴存职工申请贷款占56.93%，三人及以上缴存职工共同申请贷款占0.04%。

贷款职工中，30岁（含）以下占36.18%，30岁～40岁（含）占38.32%，40岁～50岁（含）占19.45%，50岁以上占6.05%；购买首套住房申请贷款占88.93%，购买二套及以上申请贷款占11.07%；中、低收入占97.86%，高收入占2.14%。

（四）住房贡献率

2022年，个人住房贷款发放额、公转商贴息贷款发放额、项目贷款发放额、住房消费提取额的总和与当年缴存额的比率为77.66%，比上年减少11.32个百分点。

六、其他重要事项

（一）落实住房公积金阶段性支持政策情况

贯彻落实国家和我省各项住房公积金阶段性支持政策。一是受新冠肺炎疫情影响的企业，可按规定申请缓缴住房公积金，不影响缴存职工正常提取和申请住房公积金贷款；二是受新冠肺炎疫情影响的缴存人，不能正常偿还住房公积金贷款的，不作逾期处理；三是根据当地房租水平和合理租住面积，提高住房公积金租房提取额度；四是延长业务办理所需相关证明材料期限。阶段性支持政策对于缓解职工还贷压力，助力企业复工复产发挥了重要作用。

（二）当年住房公积金政策调整情况

吉林省人民政府印发《关于稳定全省经济若干措施的通知》（吉政发〔2022〕9号），职工首次申请住房公积金个人住房贷款的，最低首付款比例不低于20%；首次住房公积金贷款结清后，即可再次申请住房公积金贷款，最低首付款比例不低于30%；推进省内异地贷款业务；鼓励开展“商贷＋住房公积金贷款”组合贷款业务和商业银行贷款转住房公积金贷款业务。

（三）当年开展监督检查情况

一是持续推进住房公积金逾期贷款管理。建立“逾期贷款电子台账”及“6期及以上逾期贷款原因分类情况统计报表”工作机制；二是强化监管服务平台和电子稽查工具监管力度。督导中心开展疑点指标数据和风险线索排查整改，及时堵塞漏洞、消除隐患；三是对上半年全省统计数据运行分析、监管服务平台数据整改、电子稽查疑点排查、个贷逾期电子台账等工作进行全面梳理，提出工作要求。

（四）当年服务改进情况

一是按照住房和城乡建设部要求落实“跨省通办”工作，实现住房公积金“汇缴”“补缴”“提前部分偿还贷款”3个服务事项“跨省通办”。全省共开设“跨省通办”业务线下窗口108个，“跨省通办”业务线上服务专区35个，长春、吉林、辽源市中心3个“跨省通办”窗口受到住房和城乡建设部表扬；二是开展“惠民公积金、服务暖人心”全国住房公积金系统服务提升三年行动。督导中心按照要求制定行动方案，加强党建引领，推进服务标准化规范化便利化，打造先进典型，做好宣传宣讲，采取各种方式提升服务水平；三是继续对中心的《季度业务运行分析报告》和《年度信息披露报告》采取“三审制”的方式进行审核，提高中心的工作效率，确保全省所有报表数据的连续性、真实性和准确性；四是做好住房公积金政策宣传和信息报送工作。指导中心积极开展宣传工作，及时反映行业动态，展示工作成果。全年共收到宣传信息170条，向《中国建设报》推荐信息35条，其中2条信息被《中国建设报》刊载。

（五）当年信息化建设情况

一是督促中心采取有效措施提高网办水平，推动更多服务事项“网上办”“掌上办”；二是开展征信系统接入，中心按要求与当地人民银行分支机构对接并报送相关情况，白城市中心已于2022年7月完成接入；三是配合市场监管部门开展“e窗通办”，长春、吉林、通化、白城、松原、白山市中心已通过省政务信息共享平台实现与省市场监督管理厅信息共享，助力企业开办“一网通办”。

（六）当年住房公积金机构及从业人员所获荣誉情况

1. 文明单位（行业、窗口）：省部级5个，地市级1个。
2. 青年文明号：省部级2个，地市级2个。
3. 五一劳动奖章（劳动模范）：地市级1个。
4. 三八红旗手：地市级1个。
5. 先进集体和个人：省部级1个，地市级11个。
6. 其他类：地市级41个。

（七）其他需要披露的情况

一是会同省高级人民法院建立住房公积金执行联动机制。以省高院名义印发《关于建立住房公积金执行联动机制的实施办法（试行）》，对建立执行联动机制和查询、冻结、划拨住房公积金等事项予以规范明确；二是住房公积金管理分支机构调整取得突破。长春市中心于2022年11月顺利接收电力分中心住房公积金管理职能，电力系统住房公积金实现属地化管理，为推动其他分支机构调整积累了宝贵经验。

吉林省长春市住房公积金 2022 年年度报告

根据国务院《住房公积金管理条例》和住房和城乡建设部、财政部、人民银行《关于健全住房公积金信息披露制度的通知》（建金〔2015〕26 号）的规定，经住房公积金管理委员会审议通过，现将长春市住房公积金 2022 年年度报告公布如下：

一、机构概况

（一）住房公积金管理委员会。长春市住房公积金管理委员会有 33 名委员，2022 年召开 1 次会议，审议通过的事项主要包括：调整管委会委员、《2021 年长春市住房公积金计划执行情况和 2022 年计划编制草案情况的报告》、《关于进一步明确铁路系统职工住房公积金缴存基数上下限执行标准的说明》、《关于进一步加强住房公积金规范性文件管理工作的说明》。

（二）住房公积金管理中心。长春市住房公积金管理中心（以下简称“市中心”）为直属于长春市人民政府的不以营利为目的的公益二类事业单位，设 8 个处室及机关党委，8 个分中心，14 个分理处。从业人员 370 人，其中，在编 195 人，非在编 175 人。

长春省直住房公积金管理分中心（以下简称“省直分中心”）为直属于吉林省机关事务管理局不以营利为目的的参公事业单位，设 7 个科。从业人员 76 人，其中，在编 24 人，非在编 52 人。

二、业务运行情况

（一）缴存。2022 年，新开户单位 2774 家，净增单位 2644 家；新开户职工 10.78 万人，净增职工 5.39 万人；实缴单位 22589 家，实缴职工 128.04 万人，缴存额 225.84 亿元（图 1），分别同比增长 7.73%、下降 1.10%、增长 4.43%。2022 年末，缴存总额 2166.89 亿元，比上年末增加 11.63%；缴存余额 816.96 亿元，同比增长 9.82%。受委托办理住房公积金缴存业务的银行 5 家，比上年增加 1 家。

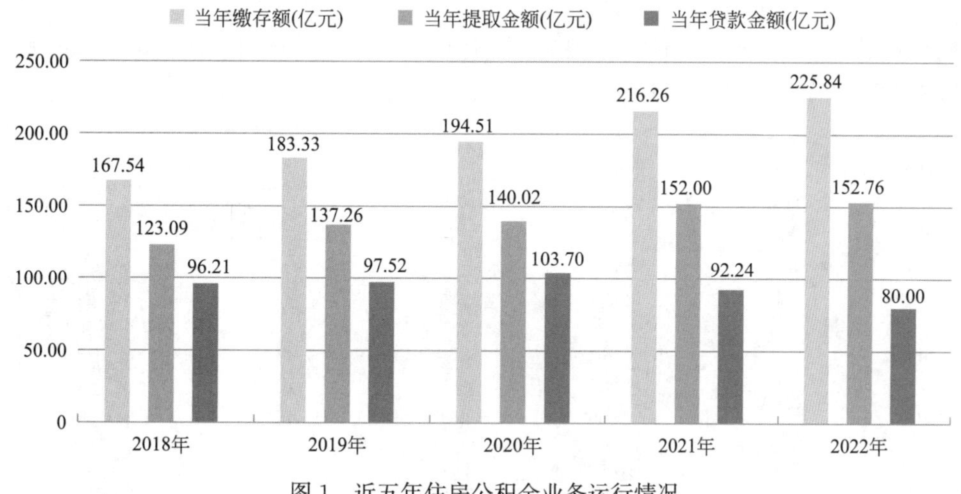

图 1　近五年住房公积金业务运行情况

（二）提取。2022 年，44.66 万名缴存职工提取住房公积金；提取额 152.76 亿元，同比增长 0.50%；提取额占当年缴存额的 67.64%，比上年减少 2.65 个百分点。2022 年末，提取总额 1349.92

亿元，比上年末增加 12.76%。

（三）贷款。

1. 个人住房贷款。单缴存职工个人住房贷款最高额度 60 万元，双缴存职工个人住房贷款最高额度 90 万元。

2022 年，发放个人住房贷款 1.56 万笔、80.00 亿元，同比分别下降 19.59%、13.28%。其中，市中心发放个人住房贷款 1.42 万笔、72.48 亿元，省直分中心发放个人住房贷款 0.14 万笔、7.52 亿元。

2022 年，回收个人住房贷款 70.80 亿元。其中，市中心 62.51 亿元，省直分中心 8.29 亿元。

2022 年末，累计发放个人住房贷款 35.34 万笔、1189.01 亿元，贷款余额 660.59 亿元，分别比上年末增加 4.61%、7.21%、1.41%。个人住房贷款余额占缴存余额的 80.86%，比上年末减少 6.71 个百分点。受委托办理住房公积金个人住房贷款业务的银行 20 家，比上年增加 2 家。

2. 异地贷款。2022 年，发放异地贷款 648 笔、36890.20 万元。2022 年末，发放异地贷款总额 767760.10 万元，异地贷款余额 437182.75 万元。

（四）资金存储。2022 年末，住房公积金存款 165.32 亿元。其中，活期 2.15 亿元，1 年（含）以下定期 74.75 亿元，1 年以上定期 55.40 亿元，其他（协定、通知存款等）33.02 亿元（图 2）。

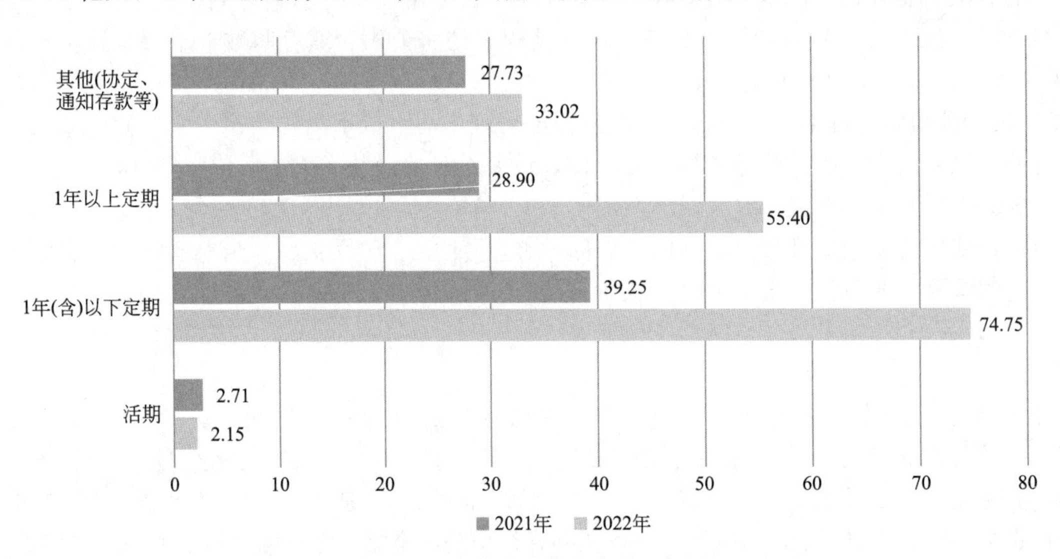

图 2　2022 年住房公积金存款（亿元）

（五）资金运用率。2022 年末，住房公积金个人住房贷款余额、项目贷款余额和购买国债余额的总和占缴存余额的 80.86%（图 3），比上年末减少 6.71 个百分点。

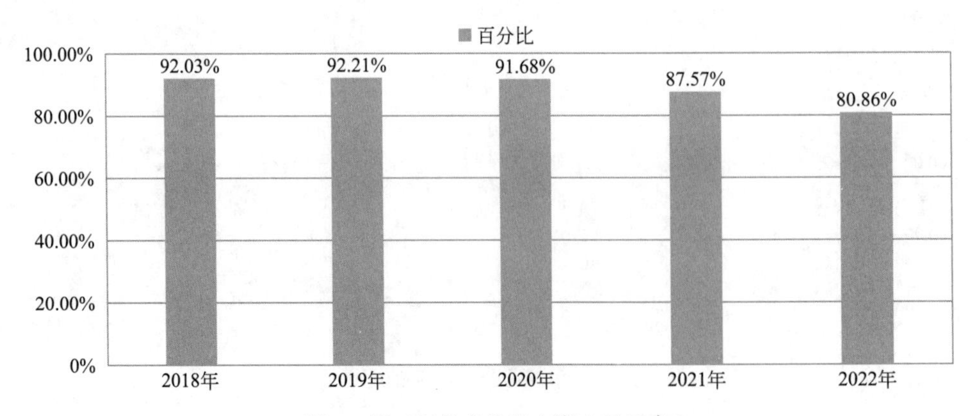

图 3　近五年住房公积金资金运用率

三、主要财务数据

（一）业务收入。 2022年，业务收入245177.24万元，同比增长5.19%。其中，市中心212590.04万元，省直分中心32587.20万元；存款利息35681.68万元，委托贷款利息209485.48万元，其他10.08万元。

（二）业务支出。 2022年，业务支出128833.78万元，同比下降18.24%。其中，市中心109875.58万元，省直分中心18958.20万元；支付职工住房公积金利息118311.99万元，委托贷款手续费10509.49万元，其他12.30万元。

（三）增值收益。 2022年，增值收益116343.46万元，同比增长54.11%。其中，市中心102714.46万元，省直分中心13629.00万元；增值收益率1.49%，比上年增加0.43个百分点。

（四）增值收益分配。 2022年，提取贷款风险准备金15103.99万元，提取管理费用14085.52万元，提取城市廉租住房（公共租赁住房）建设补充资金87153.95万元（图4）。

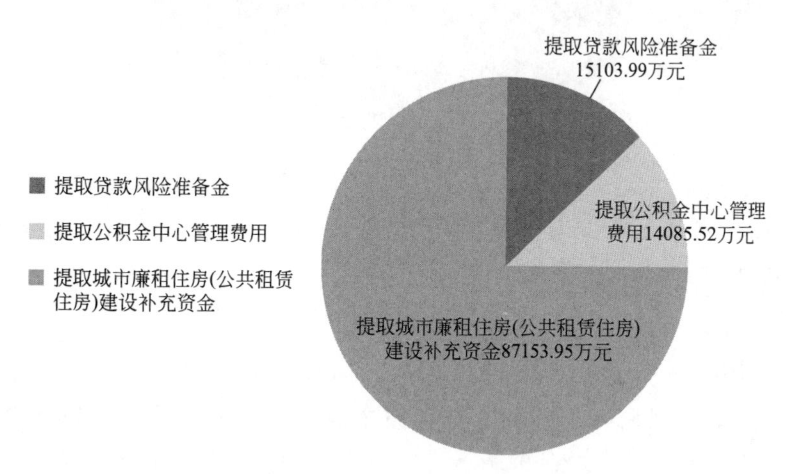

图4　增值收益分配情况

2022年，上缴财政管理费用14588.76万元。上缴财政城市廉租住房（公共租赁住房）建设补充资金38711.18万元，其中，市中心上缴34054.13万元，省直分中心上缴（吉林省财政厅）4657.05万元。

2022年末，贷款风险准备金余额246051.87万元。累计提取城市廉租住房（公共租赁住房）建设补充资金576813.69万元。其中，市中心提取533122.58万元，省直分中心提取43691.11万元。

四、资产风险状况

个人住房贷款。2022年末，个人住房贷款逾期额1515.69万元，逾期率0.23‰，其中，市中心0.25‰，省直分中心0.11‰。个人贷款风险准备金余额246051.87万元（图5）。2022年，未使用个人贷款风险准备金核销呆坏账。

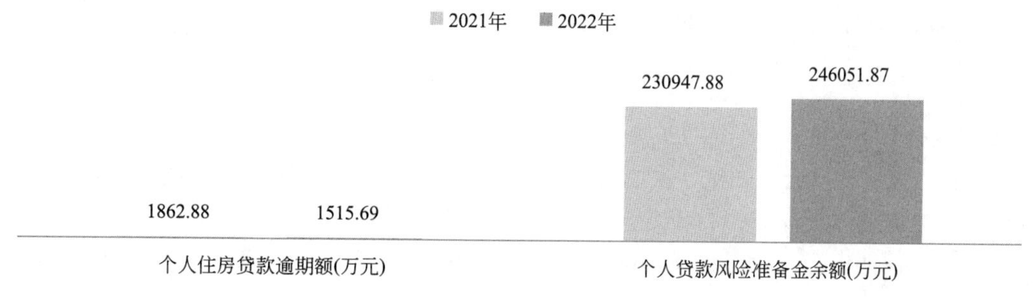

图5　资产风险情况

五、社会经济效益

（一）缴存业务

缴存职工中，国家机关和事业单位占25.84%，国有企业占25.37%，城镇集体企业占2.68%，外商投资企业占3.77%，城镇私营企业及其他城镇企业占33.64%，民办非企业单位和社会团体占3.14%，灵活就业人员占0.07%，其他占5.49%（图6）；中、低收入占99.40%，高收入占0.60%。

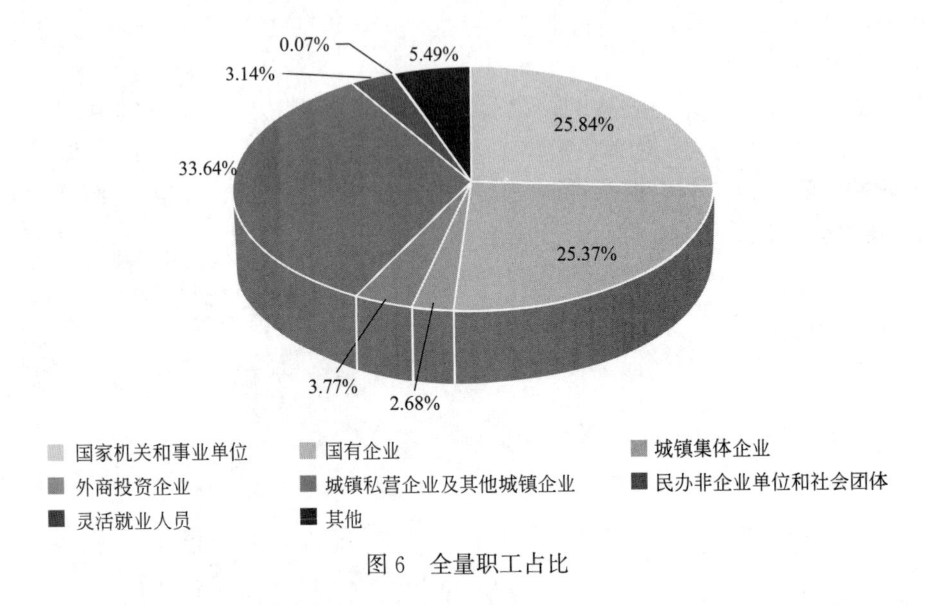

图6　全量职工占比

新开户职工中，国家机关和事业单位占10.81%，国有企业占13.64%，城镇集体企业占1.83%，外商投资企业占2.82%，城镇私营企业及其他城镇企业占54.19%，民办非企业单位和社会团体占5.97%，灵活就业人员占0.09%，其他占10.65%（图7）；中、低收入占99.97%，高收入占0.03%。

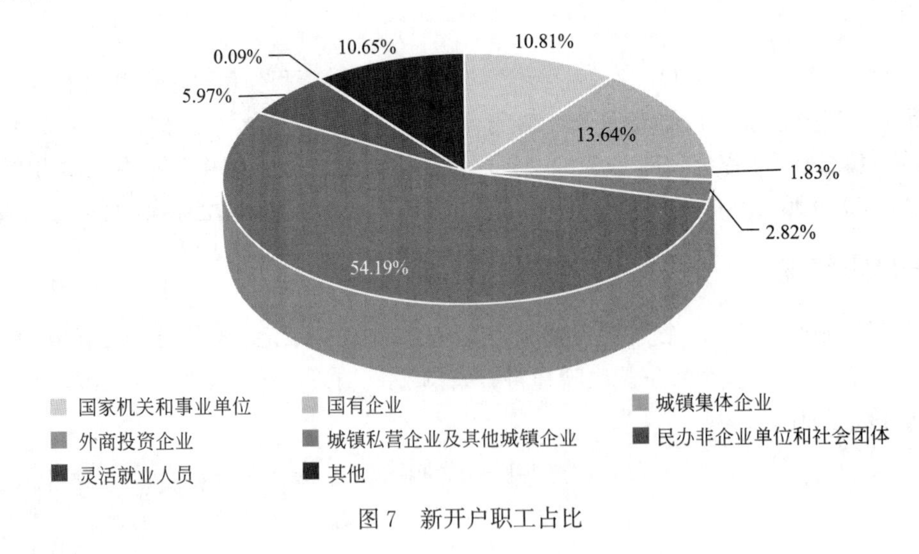

图7　新开户职工占比

（二）提取业务

提取金额中，购买、建造、翻建、大修自住住房占7.85%，偿还购房贷款本息占59.53%，租赁住房占4.61%，离休和退休提取占22.68%，完全丧失劳动能力并与单位终止劳动关系提取占1.42%，出境定居占0.01%，其他占3.90%（图8）。提取职工中，中、低收入占97.81%，高收入占2.19%。

（三）贷款业务

个人住房贷款：2022年，支持职工购建房167.55万平方米，年末个人住房贷款市场占有率为

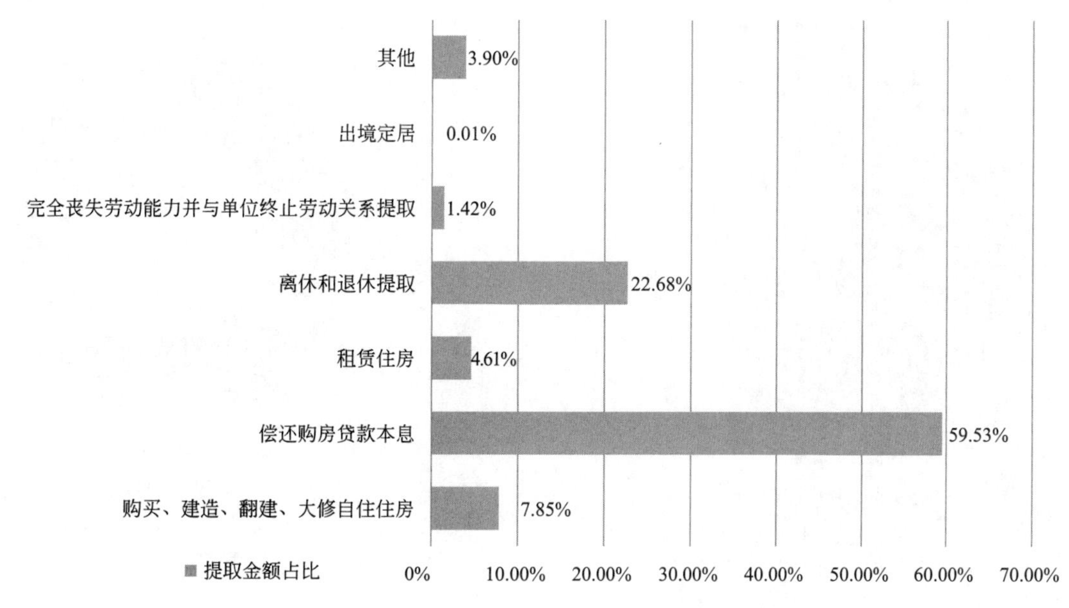

图 8　提取金额按提取原因分类情况

18.01%，比上年末增加 0.03 个百分点。通过申请住房公积金个人住房贷款，可节约职工购房利息支出 110201.54 万元。

职工贷款笔数中，购房建筑面积 90（含）平方米以下占 30.08%，90～144（含）平方米占 64.53%，144 平方米以上占 5.39%（图 9）。购买新房占 75.88%（其中购买保障性住房占 0%），购买二手房占 24.12%（图 10）。

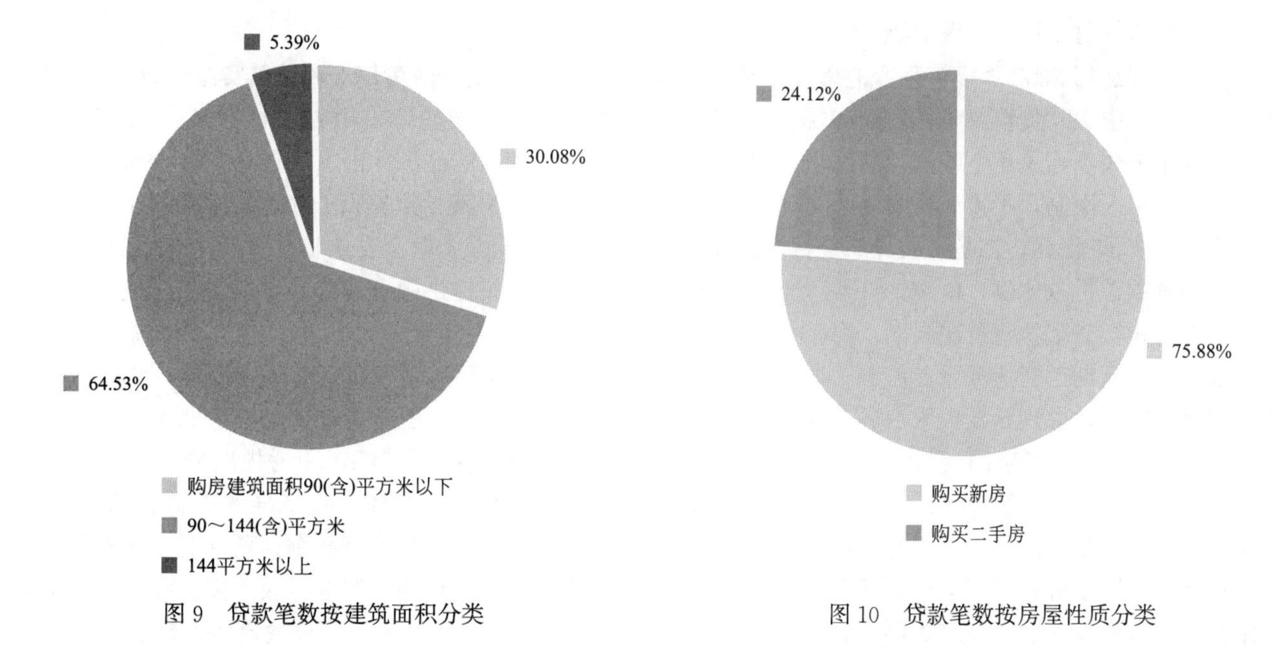

图 9　贷款笔数按建筑面积分类

图 10　贷款笔数按房屋性质分类

职工贷款笔数中，单缴存职工申请贷款占 41.28%，双缴存职工申请贷款占 58.71%，三人及以上缴存职工共同申请贷款占 0.01%（图 11）。

贷款职工中，30 岁（含）以下占 40.53%，30 岁～40 岁（含）占 40.24%，40 岁～50 岁（含）占 15.04%，50 岁以上占 4.19%（图 12）；购买首套住房申请贷款占 93.35%，购买二套及以上申请贷款占 6.65%；中、低收入占 97.17%，高收入占 2.83%。

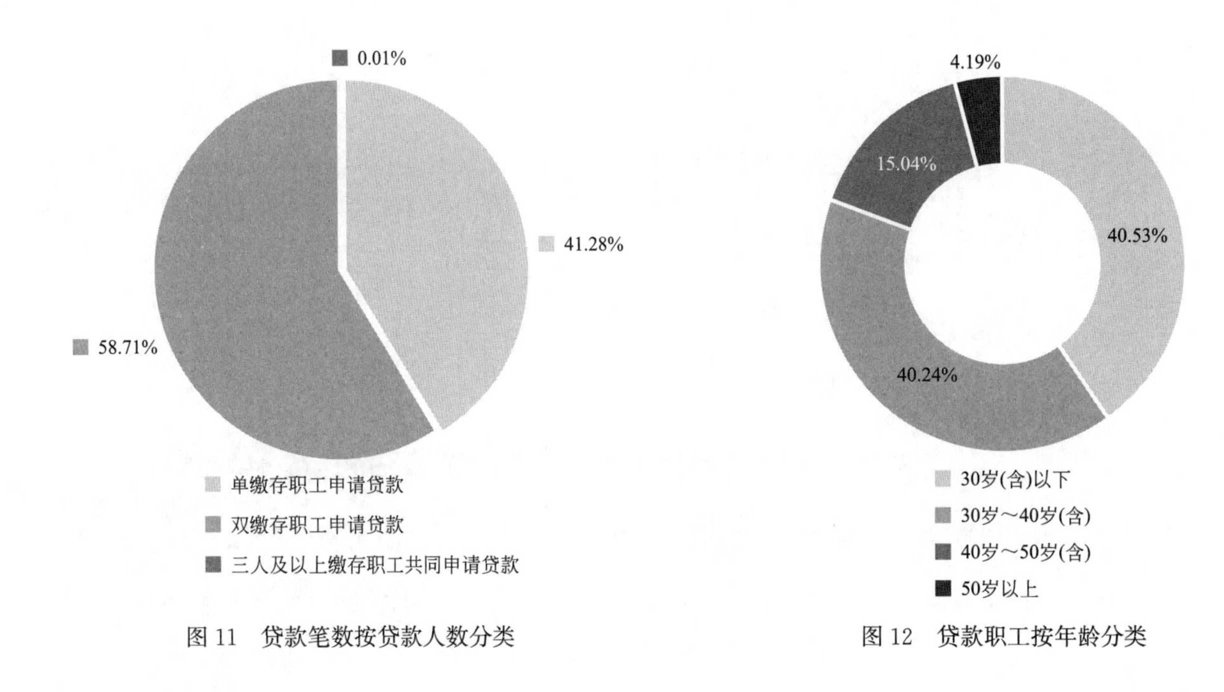

图 11　贷款笔数按贷款人数分类　　　　图 12　贷款职工按年龄分类

(四) 住房贡献率

2022 年，个人住房贷款发放额、公转商贴息贷款发放额、项目贷款发放额、住房消费提取额的总和与当年缴存额的比率为 84.12%，比上年减少 10.41 个百分点。

六、其他重要事项

长春市住房公积金管理中心:

(一) 应对新冠肺炎疫情采取的措施，落实住房公积金阶段性支持政策情况和政策实施成效

按照党中央“疫情要防住，经济要稳住，发展要安全”的总体要求，市中心因时制宜、因地制宜，制定颁布十余项惠民惠企政策，帮助职工和市场主体应对疫情带来的经济冲击。一是放开首套与二套公积金贷款年限限制，不再计算间隔区间。全年为首套贷款结清后未满 2 年的职工办理二套贷款 1352 笔、贷款金额 4.15 亿元；二是开通异地贷款快速办理渠道，发放贷款 591 笔，发放贷款金额 3.42 亿元；三是下调贷款首付款比例，由 30%下调至 20%，共计为 2774 户居民提供服务，合计金额 16.17 亿元；四是二次公积金贷款执行首次利率，为 1404 户居民办理降率贷款涉及资金 8.63 亿元；五是放宽逾期贷款追索时限，延期还贷业务总计服务 4216 名职工，涉及本金 488.46 万元，利息 175.34 万元；六是放宽提取时间限制，办理延期提取业务 149 笔，涉及金额 1378.7 万元；七是为受疫情影响的职工补充提取公积金 2508 笔、金额 1 亿元，补充提取金额 1127.2 万元；八是提高无房职工租房提取额度，为 3.97 万名职工提取 4.36 亿元资金，用以解决民生困难。除此外，针对市场主体因疫情导致资金流动性差，生产经营成本难以维持，市中心积极受理缓缴申请，延长缓缴时限，在计算贷款缴存条件时也放宽连续缴存状态时限条件，灵活运行，便民利民。长春市一系列惠民惠企政策为中等偏低收入家庭疫情期间的刚性、改善性购房需求持续提供了有力支撑。2022 年公积金贷款中低收入职工贷款笔数占比 97.06%、金额占比 96.14%；35 岁及以下首次使用公积金贷款职工笔数占比 66.46%，金额占比 65.64%。公积金的各项工作为我市抵御疫情冲击、保障民生，尤其是提高中等偏低收入职工家庭购房支付能力发挥了巨大作用。

(二) 租购并举满足缴存人基本住房需求，加大租房提取住房公积金支持力度情况

2022 年，因疫情冲击，市中心在辖区内针对租房提取额度进行了放宽性提高，获得社会普遍认可和广泛好评。结合我市当前租房市场实际，市中心经研究后决定将阶段性“提高租房提取额度”直接提升为长期政策，用以帮助解决新市民、青年人等群体住房困难。成为切实帮助我市实现“租购并举”政策落地的有力措施，充分发挥公积金在稳经济、稳民生工作中的重要作用，取得了良好社会效果。

（三）当年机构及职能调整情况、受委托办理缴存贷款业务金融机构变更情况

按照住房和城乡建设部关于住房公积金属地化管理工作要求，市中心于10月31日与国网吉林电力集团签订协议，原电力分中心住房公积金业务正式移交至长春市住房公积金管理中心进行属地化管理。实现属地区域内电力系统单位公积金业务的全面接收，并入缴存单位71家，缴存职工28689人。

2022年，经长春市住房公积金管理委员会审议通过，新增归集合作金融机构1家（吉林银行）、贷款合作金融机构2家（邮政储蓄银行、长春农商银行）。

（四）当年住房公积金政策调整及执行情况

1. 缴存政策调整情况

根据吉林省统计局发布的吉林省2021年城镇非私营单位就业人员年平均工资信息计算，长春市（含双阳区、九台区、榆树市、德惠市、农安县、公主岭市）2022年度住房公积金缴存基数上限调整为24284元，下限调整不动仍为1880元（双阳区、九台区、榆树市、德惠市、农安县、公主岭市调整为1540元）。铁路分中心及其下设分理处缴存职工的住房公积金缴存基数标准按照沈阳铁路局统一标准执行。

2. 提取政策调整情况

根据住房和城乡建设部、财政部、人民银行、公安部《关于开展治理违规提取住房公积金工作的通知》（建金〔2018〕46号）（以下简称《通知》）通知文件要求，为有效防范骗提套取住房公积金行为，中心对提取政策规定作出部分修改。

（1）明确共同购买房屋可提取主体的范围。将原政策中“职工与他人共同购买同一住房全部产权的”的表述修改为“职工与同一户籍内的父母、子女以外的人共同购买住房全部产权的”，与“职工与同一户籍内的父母、子女共同购买住房全部产权的”情形进行严格区分。

（2）防范骗提套取住房公积金行为。依据《通知》中“多人频繁买卖同一套住房”“非配偶或非直系亲属共同购房等申请提取住房公积金的，要严格审核住房消费行为和证明材料的真实性”内容，要求职工与同一户籍内的父母、子女以外的人共同购买，或同一住房在12个月内发生两次及以上权属过户交易的，申请“购买再交易自住住房”情形提取的，须持有该房屋产权满12个月后申请一次性提取，提取时限相应顺延至符合提取条件后24个月内。

3. 贷款政策调整情况

（1）调整贷款额度

为有效应对疫情冲击，为民纾困，助企盈利，切实维护好公积金缴存单位和职工的合法权益，2022年阶段性调整长春城区住房公积金个人住房贷款单笔最高额度，以及第二次使用公积金贷款个人账户余额的计算倍数。

①新建商品房贷款单笔最高额度。长春城区有共同借款人的为90万元，无共同借款人的为60万元。

②存量房贷款单笔最高额度。长春城区有共同借款人的为70万元，无共同借款人的为50万元。

③提高第二次使用公积金贷款个人账户余额的计算倍数。缴存职工第二次使用公积金贷款时，可申请额度在不超过单笔贷款最高额度的前提下，执行首次公积金贷款个人账户余额的计算倍数，即借款人和共同借款人住房公积金个人账户余额之和的20倍。

（2）开通“商转公”贷款业务

市中心突出民生保障和公共服务基本属性，着力攻坚因疫情原因所带来的市场不利影响。积极走访调研其他城市经验做法，倾听民生诉求，积极回应，支持消费，进一步释放住房公积金利好政策。2022年9月，经过前期调研与草拟论证，开通了职工呼声较高的“商转公”贷款业务，发放“商转公”贷款1227笔，共计5.17亿元，为群众减轻生活成本，支持拉动房地产市场复苏提供帮助，赢得群众广泛好评。

（3）住房公积金存贷款利率执行标准

五年期以下（含五年）个人住房公积金贷款年利率为 2.6%，五年期以上个人住房公积金贷款年利率为 3.1%。

（五）当年服务改进情况

第一，持续保持多渠道服务模式，提升群众满意度。

长春公积金 12329 客户服务热线全年共接入电话 50.03 万个，其中自助语音服务电话 21.65 万个，转人工语音电话 28.38 万个，人工接通量 21.29 万个。微信公众号、手机 App 在线解答接入会话总量 3.18 万条，会话转人工率 53.74%，人工受理率 98.24%，满意度 99.54%；受理职工疑难、投诉、建议问题 1452 件，回复主任信箱及各渠道留言 5878 个。全年"长春公积金"手机 App 访问量 881 万次，微信公众号访问量 313 万次，各网络媒体渠道发布、更新、维护各类信息 1021 条，回复网站留言 3789 条，回复主任信箱 312 条，职工各类诉求都能得到及时回应。

第二，持续优化政务服务助企利民环境，提高网办效率。

长春公积金优化业务流程，拓宽办事渠道，通过减时间、减环节、减材料，实现职工办事"马上办、网上办、就近办、一地办"，切实解决"多地跑""来回跑"等问题。一是企业住房公积金开户登记一个环节办理。全年有 1432 户企业在工商开户注册时同步生成了住房公积金账户，企业公积金开户"一次不跑"；二是全面铺开跨省通办服务。各分支机构都能受理"跨省通办"业务，全年受理异地业务 1573 笔，同比增长 355.94%；三是线上业务发展迅速。全年公积金归集网厅受理业务 33.12 万笔，网厅开通率 97%；手机 App 受理提取业务 3.85 万笔、同比增长 19.69%，受理贷款业务 8430 笔、同比增长 268.77%；受理异地转移业务 1.29 万笔、同比增长 179.36%；四是为房地产开发企业返还贷款保证金。全年共为长春市和外县市、铁路沿线符合资格的房地产开发企业返还贷款保证金 11.29 亿元，有效助力房地产开发企业疫情后资金回笼、复产纾困，受到开发企业一致好评。

第三，全媒体流域投放公积金宣传，打造一流服务品牌。

2022 年，市中心与长春电视台联合制作《公积金政策宣传直通车》《秒懂公积金》等政策宣传片，已累计在电视台播出 28 期，有效扩大住房公积金政策的知晓度和受益面。每周三参与交通之声《城市热线——公积金咨询专线》直播节目，解答听众提出的公积金问题，普及宣传公积金政策，节目播出过程中累计解答群众咨询问题 354 个，回复交通之声咨询平台留言 133 条。全年为缴存单位上门提供政策宣讲培训服务 3 次，为我市大中型企业线上宣讲公积金政策 8 次，举办线上政策宣讲会 2 次，充分发挥制度优势，助力缴存职工住有所居、住有安居。

（六）当年信息化建设情况

市中心持续不断推动数字化建设，着力提高信息化水平。凭借政府信息数据共享串联实现公积金业务在柜面 CS、手机 App、微信公众号和业务网厅的在线办理，切实增强政务服务的标准化、便捷化、协同化，服务形式更加多元，实现共享便民成果，创新服务体验。同时为积极推进住房和城乡建设部关于公积金行业"跨省通办"的重要任务。依托各业务自有办理渠道，积极推进"公积金监管服务平台"在各网点的使用范围，加深使用刻度，为完成长春市政务平台间共享数据挂载连接及市级数据共享作出贡献。

（七）当年住房公积金管理中心及职工所获荣誉情况

2022 年，市中心获得"全市政府系统政务信息工作优秀单位"荣誉称号和"发现长春之美・竞展青春风采"活动优秀组织奖，综合服务中心荣获"吉林省青年文明号""长春市青年文明号"荣誉称号，高新分中心荣获"长春市青年文明号"荣誉称号。有 8 位同志的党建调研成果在全市评比中荣获二等奖、三等奖、优秀奖等荣誉奖励，1 位同志被省委授予"吉林好人・战疫先锋"荣誉称号。2 位同志被评为"政务服务标兵"，2 位同志被评为"政务服务微笑之星"。

（八）当年对违反《住房公积金管理条例》和相关法规行为进行行政处罚和申请人民法院强制执行情况

2022 年长春公积金中心对长春鸿达光电子与生物统计识别技术有限公司欠缴住房公积金一案向人

民法院申请强制执行。欠缴金额合计124.53万元。

长春省直住房公积金管理分中心：

（一）应对新冠肺炎疫情采取的措施，落实住房公积金阶段性支持政策情况和政策实施成效

一是出台系列政策。按照住房和城乡建设部要求，研究出台系列阶段性支持政策。明确受疫情影响的单位可缓缴或降低缴存比例；提高住房公积金贷款单笔最高额度和第二次贷款个人账户余额计算倍数，降低贷款首付款比例，下浮二次贷款利率；延长提取时限，提高租房提取额度；对受疫情影响、不能正常偿还公积金贷款的缴存人，不作逾期处理，不作逾期记录。二是加强宣传解读。充分利用官方网站、微信公众号、服务热线和企业微信群等服务渠道，开展政策宣传解读工作，做好政策答疑，使缴存单位和职工了解政策用好政策。三是简化办理流程。针对受疫情影响缴存住房公积金困难的企业，妥善做好缓缴审批工作，开通缓缴业务“线上”办理渠道，简化缓缴审批要件，进一步减轻企业负担。

阶段性支持政策有效帮助企业和职工应对疫情影响，解决实际困难，体现住房公积金扶危济困的积极作用。2022年，共为36家企业办理缓缴业务，涉及缓缴职工人6785人，单位缓缴金额3663.42万元；租房提取额度每年由1.5万元提高至1.8万元，8025名职工享受到该项惠民政策，提取金额总计8598.04万元，解决了职工租房实际困难；共有2550笔贷款不作逾期处理，不作逾期的贷款余额为94923.55万元，不作逾期处理的贷款应还未还本金额为787.59万元。

（二）租购并举满足缴存人基本住房需求，加大租房提取住房公积金支持力度情况

一是拓宽租房提取受理渠道。职工可通过中心官方网站、微信公众号、手机App等多渠道线上申请办理租房提取业务，业务复核后资金即时到账，极大方便办事职工。二是提高租房提取额度。自2022年6月6日起，无房职工租住商品房的，家庭每年提取限额由1.5万元提高至1.8万元，进一步减轻职工租房经济压力。三是放宽租房提取时限。2022年度租房提取不受两次提取间隔12个月限制，可提前一次性提取2022年的提取额度。四是支持贷款购买首套自住住房。职工首次申请住房公积金个人贷款的，最低首付款比例不低于20%。

（三）当年住房公积金政策调整及执行情况

1. 缴存政策调整情况

（1）允许缓缴或降低缴存比例。2022年12月31日前，受疫情影响缴存住房公积金确有困难的单位，经本单位职工代表大会、工会或全体职工大会审议通过后形成决议，可申请缓缴住房公积金或降低住房公积金缴存比例（最低5%）。

（2）调整缴存基数上限。根据吉林省统计局发布的2021年城镇非私营单位就业人员平均工资信息，2022年度住房公积金缴存基数上限调整为24284元。

2. 提取政策调整情况

（1）延长提取时限。符合购买、建造、翻建、大修自住住房，支付既有住宅加装电梯费用或提前部分偿还（结清）购房贷款提取条件，因疫情管控超过规定提取时限的，可延期至2022年9月30日前提取。

（2）放宽提取时限。2022年度租房提取不受两次提取间隔12个月限制，可提前一次性提取2022年额度。

（3）补充还贷提取额度。职工偿还购房贷款本息情形，因疫情管控导致本次提取与上次提取间隔超过12个月的，可以按月将疫情管控期间偿还的购房贷款本息一并计入本次提取申请额度。

3. 贷款政策调整情况

（1）提高贷款单笔最高额度。新建商品房贷款，有共同借款人的，单笔最高额度提高至90万元；无共同借款人的，单笔最高额度提高至60万元。存量房贷款，有共同借款人的，单笔最高额度提高至70万元；无共同借款人的，单笔最高额度提高至50万元。

（2）提高第二次贷款个人账户余额计算倍数。第二次申请住房公积金个人贷款，在不超过单笔贷款最高额度前提下，可申请额度提高至借款人和共同借款人住房公积金账户余额之和的20倍。

(3) 放宽贷款申请缴存时间要求。职工申请住房公积金个人住房贷款，连续、足额缴存住房公积金要求，由 12 个月（含）以上放宽为 6 个月（含）以上。

(4) 取消 2 次贷款间隔限制。借款人家庭结清首次住房公积金个人住房贷款后，即可申请第 2 次贷款，取消间隔两年限制。

(5) 降低贷款首付款比例。2022 年 12 月 31 日前，职工首次申请住房公积金个人住房贷款的，最低首付款比例不低于 20%；第 2 次申请的，首付款比例不低于 30%。

(6) 个人贷款不作逾期处理。2022 年 12 月 31 日前，因疫情原因造成贷款不能按期偿还的，不作逾期处理，不计罚息，不作为逾期记录报送征信部门。

(7) 实施贷款利率优惠政策。2022 年 12 月 31 日前，职工第 2 次申请住房公积金个人住房贷款，贷款利率执行同期首次住房公积金个人住房贷款利率。

(8) 开展异地贷款业务并持续推行住房公积金商业银行组合贷款业务。

（四）当年服务改进情况

一是推行业务预约办理。开通现场业务“分时段预约”服务，企业和职工可根据需求通过中心网站、公众号和 App 提前预约，提高服务效率，提升职工体验。二是精简业务办理要件。对业务办理材料再“瘦身”，简化职工异地贷款购房提取和企业缓缴业务办理要件，职工办理离职提取，不再签订无缴存单位承诺书。三是解决异地办事难问题。瞄准缴存职工异地办事“多地跑”“折返跑”的痛点问题，积极推行“跨省通办”业务。2022 年，通过“跨省通办”平台共受理业务 258 笔，提取金额 905.57 万元。

（五）当年信息化建设情况

一是积极开展业务信息共享。加强与相关部门沟通协调，顺利完成全国公积金小程序、长春市房地产、公积金信息数据共享接口开发工作，推进业务数据跨部门互查共享。二是认真做好征信共享工作。与住房和城乡建设部、人民银行顺利对接，完成征信数据上报功能开发，检核测试数据，针对问题数据制定修改方案，加快推进征信共享。三是加强系统设备维护。定期对机房、网络、软件系统、硬件设备开展巡检维护，组织开展安全风险评估，完成住房公积金业务系统、电子档案管理系统和综合服务平台的等保三级测评工作，确保信息系统运行安全高效。

（六）当年住房公积金管理中心及职工所获荣誉情况

荣获吉林省人民政府政务大厅“优秀进驻单位”称号，11 名工作人员被评为“先进工作者”。

吉林省及省内各城市住房公积金 2022 年年度报告二维码

名称	二维码
吉林省住房公积金 2022 年年度报告	
长春市住房公积金 2022 年年度报告	
吉林市住房公积金 2022 年年度报告	
四平市住房公积金 2022 年年度报告	
辽源市住房公积金 2022 年年度报告	
通化市住房公积金 2022 年年度报告	
白山市住房公积金 2022 年年度报告	

续表

名称	二维码
白城市住房公积金 2022 年年度报告	
松原市住房公积金 2022 年年度报告	
延边朝鲜族自治州住房公积金 2022 年年度报告	

黑龙江省

黑龙江省住房公积金 2022 年年度报告

根据国务院《住房公积金管理条例》和住房和城乡建设部、财政部、人民银行《关于健全住房公积金信息披露制度的通知》（建金〔2015〕26 号）规定，现将黑龙江省住房公积金 2022 年年度报告汇总公布如下：

一、机构概况

（一）住房公积金管理机构。全省共设 13 个设区城市住房公积金管理中心，1 个县级市公积金中心（绥芬河市住房公积金管理中心），1 个行业公积金中心（黑龙江省森工林区住房公积金管理中心，隶属于中国龙江森林工业集团有限公司），3 个独立设置的分中心（其中，哈尔滨住房公积金管理中心省直分中心，隶属于黑龙江省机关事务管理局；哈尔滨住房公积金管理中心农垦分中心，隶属于北大荒农垦集团有限公司；哈尔滨住房公积金管理中心电力分中心，隶属于国网黑龙江省电力有限公司）。从业人员 1513 人，其中，在编 957 人，非在编 556 人。

（二）住房公积金监管机构。省住房和城乡建设厅、财政厅和人民银行哈尔滨中心支行负责对本省住房公积金管理运行情况进行监督。省住房和城乡建设厅设立住房公积金监管处，负责辖区住房公积金日常监管工作。

二、业务运行情况

（一）缴存。2022 年，新开户单位 3820 家，净减单位 179 家；新开户职工 17.62 万人，净增职工 0.46 万人；实缴单位 43351 家，实缴职工 294.35 万人，缴存额 537.81 亿元，分别同比增长−0.41%、0.16%、8.98%。2022 年末，缴存总额 5186.69 亿元，比上年末增加 11.57%；缴存余额 2003.58 亿元，同比增长 10.82%（表 1）。

2022 年分城市住房公积金缴存情况 表 1

地区	实缴单位（个）	实缴职工（万人）	缴存额（亿元）	累计缴存总额（亿元）	缴存余额（亿元）
黑龙江省	**43351**	**294.35**	**537.81**	**5186.69**	**2003.58**
哈尔滨	14091	93.40	180.72	1743.36	576.41
省直	973	11.18	31.75	292.60	87.89
农垦	712	7.94	13.85	155.46	61.15
电力	50	3.44	10.19	149.23	44.24
齐齐哈尔	3940	22.35	38.80	335.84	148.17
鸡西	1549	11.98	18.93	138.52	75.20
鹤岗	950	8.89	12.04	94.57	53.11
双鸭山	1421	9.69	18.09	132.98	76.28
大庆	3747	42.11	89.77	1107.98	354.56
伊春	1513	9.71	13.03	97.28	50.08

续表

地区	实缴单位（个）	实缴职工（万人）	缴存额（亿元）	累计缴存总额（亿元）	缴存余额（亿元）
佳木斯	2731	12.66	21.04	191.65	83.28
牡丹江	3050	13.22	20.31	201.82	86.93
绥芬河	337	0.86	1.28	13.57	7.73
七台河	918	7.72	10.08	86.03	47.38
黑河	1987	10.46	19.06	149.76	80.56
绥化	3081	17.05	21.08	175.36	95.14
大兴安岭	1298	5.57	10.40	67.98	36.47
森工	1003	6.11	7.37	52.69	38.98

2022 年各地市缴存职工人数同去年对比情况见图 1。

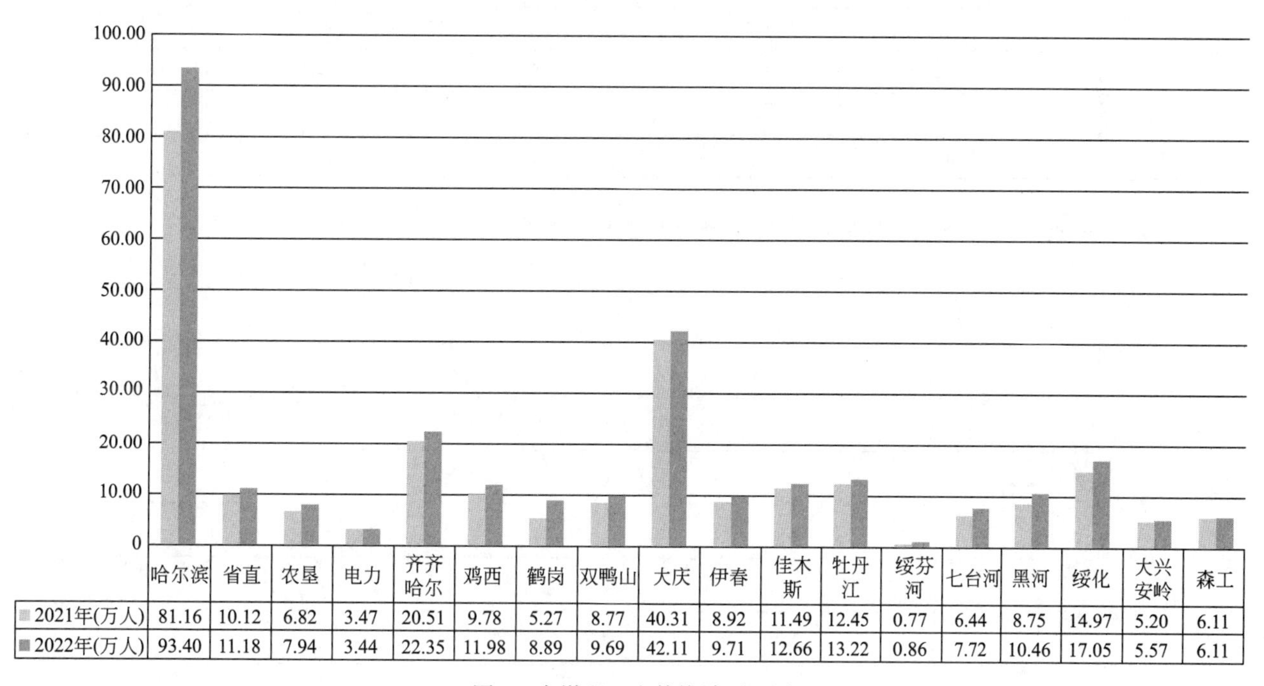

图 1　实缴职工人数统计对比图

（二）提取。2022 年，110.99 万名缴存职工提取住房公积金；提取额 342.13 亿元，同比下降 0.91%；提取额占当年缴存额的 63.62%，比上年减少 6.34 个百分点。2022 年末，提取总额 3183.11 亿元，比上年末增加 12.04%（表 2）。

2022 年分城市住房公积金提取情况　　**表 2**

地区	提取额（亿元）	提取率（%）	住房消费类提取额（亿元）	非住房消费类提取额（亿元）	累计提取总额（亿元）
黑龙江省	**342.13**	**63.62**	**212.94**	**129.19**	**3183.11**
哈尔滨	120.24	66.53	86.92	33.32	1166.94
省直	20.02	63.06	14.90	5.12	204.71
农垦	12.99	93.79	3.25	9.74	94.31
电力	5.66	55.54	3.01	2.65	104.99

续表

地区	提取额（亿元）	提取率（%）	住房消费类提取额（亿元）	非住房消费类提取额（亿元）	累计提取总额（亿元）
齐齐哈尔	25.44	65.57	15.72	9.72	187.67
鸡西	10.17	53.72	3.68	6.49	63.32
鹤岗	6.95	57.72	3.23	3.72	41.46
双鸭山	8.80	48.65	3.86	4.94	56.70
大庆	63.19	70.39	40.94	22.25	753.42
伊春	7.01	53.80	3.98	3.03	47.20
佳木斯	12.92	61.41	7.70	5.22	108.37
牡丹江	13.61	67.01	8.18	5.43	114.89
绥芬河	0.77	60.16	0.29	0.48	5.84
七台河	5.23	51.88	2.40	2.83	38.65
黑河	9.87	51.78	5.08	4.79	69.20
绥化	10.88	51.61	6.16	4.72	80.22
大兴安岭	4.81	46.25	2.41	2.40	31.51
森工	3.56	48.30	1.24	2.32	13.71

2022 年各地市住房公积金提取额占当年缴存额的比重见图 2。

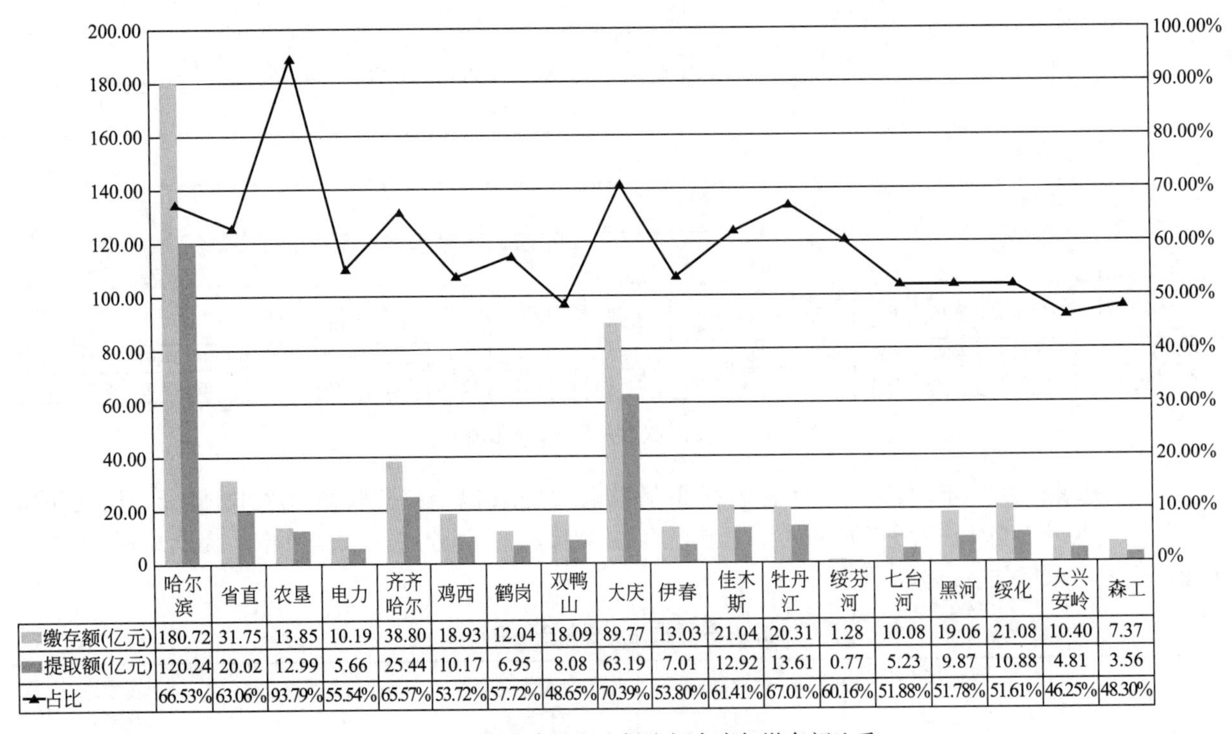

图 2　2022 年住房公积金提取额占当年缴存额比重

2022 年各地市住房公积金资金使用率情况见图 3。

（三）贷款。

1. 个人住房贷款。2022 年，发放个人住房贷款 3.36 万笔、118.48 亿元，同比下降 26.64％、27.88％。回收个人住房贷款 139.72 亿元。

2022 年末，累计发放个人住房贷款 105.90 万笔、2539.74 亿元，贷款余额 1106.95 亿元，分别比

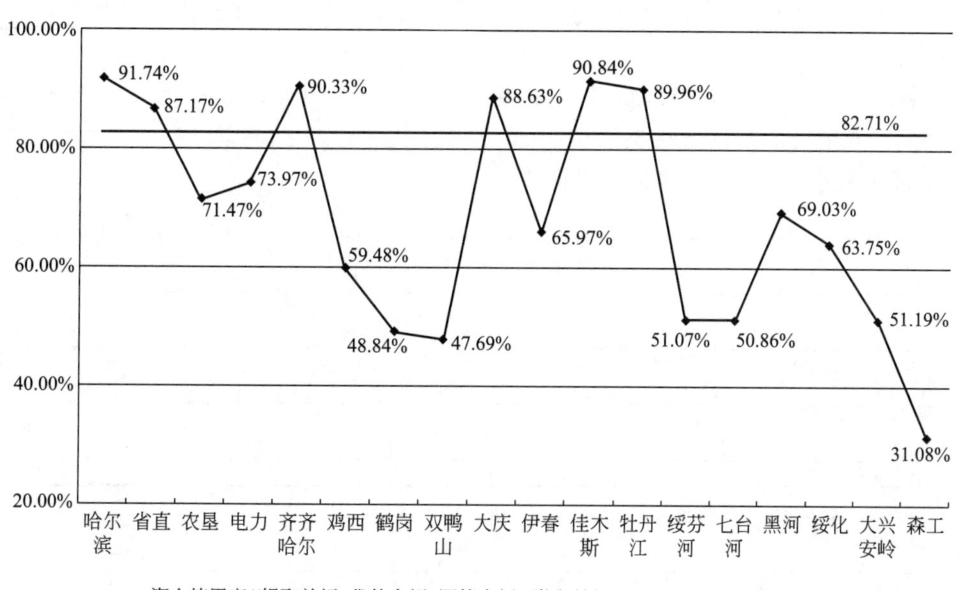

图 3　2022 年住房公积金资金使用率情况表

上年末增加 3.28%、4.89%、−1.88%。个人住房贷款余额占缴存余额的 55.25%，比上年末减少 7.15 个百分点（表 3）。

2022 年分城市住房公积金个人住房贷款情况　　　　表 3

地区	放贷笔数（笔）	贷款发放额（亿元）	累计放贷笔数（万笔）	累计贷款总额（亿元）	贷款余额（亿元）	个人住房贷款率（%）
黑龙江省	**33598**	**118.48**	**105.90**	**2539.74**	**1106.95**	**55.25**
哈尔滨	9918	44.89	27.78	871.38	432.37	75.01
省直	553	2.84	3.32	115.94	50.35	57.29
农垦	433	1.81	2.51	42.14	16.80	27.48
电力	26	0.1	0.31	10.13	5.39	12.18
齐齐哈尔	3744	13.22	8.61	224.14	115.70	78.09
鸡西	932	2.55	4.19	62.45	19.07	25.36
鹤岗	427	0.93	3.73	43.28	4.73	8.91
双鸭山	640	0.99	2.69	30.93	6.72	8.81
大庆	7662	23.97	25.22	631.36	228.57	64.47
伊春	1019	2.57	3.14	45.36	16.98	33.91
佳木斯	2342	7.87	5.95	131.47	65.72	78.91
牡丹江	1845	5.29	5.62	130.79	66.66	76.68
绥芬河	57	0.12	0.25	4.63	1.09	14.10
七台河	508	1.31	0.92	12.62	5.10	10.76
黑河	1453	4.52	6.40	96.34	34.18	42.43
绥化	1498	4.35	4.56	74.62	31.57	33.18
大兴安岭	476	0.90	0.63	8.84	3.29	9.02
森工	65	0.23	0.09	3.31	2.66	6.82

2022 年，支持职工购建房 363.46 万平方米。年末个人住房贷款市场占有率（含公转商贴息贷款）

为 9.14%，比上年末增加 0.12 个百分点。通过申请住房公积金个人住房贷款，可节约职工购房利息支出 228678.47 万元。

2. 异地贷款。2022 年，发放异地贷款 3289 笔、132419.65 万元。2022 年末，发放异地贷款总额 1477905.88 万元，异地贷款余额 929259.85 万元。

2022 年各地市住房公积金个贷率情况见图 4。

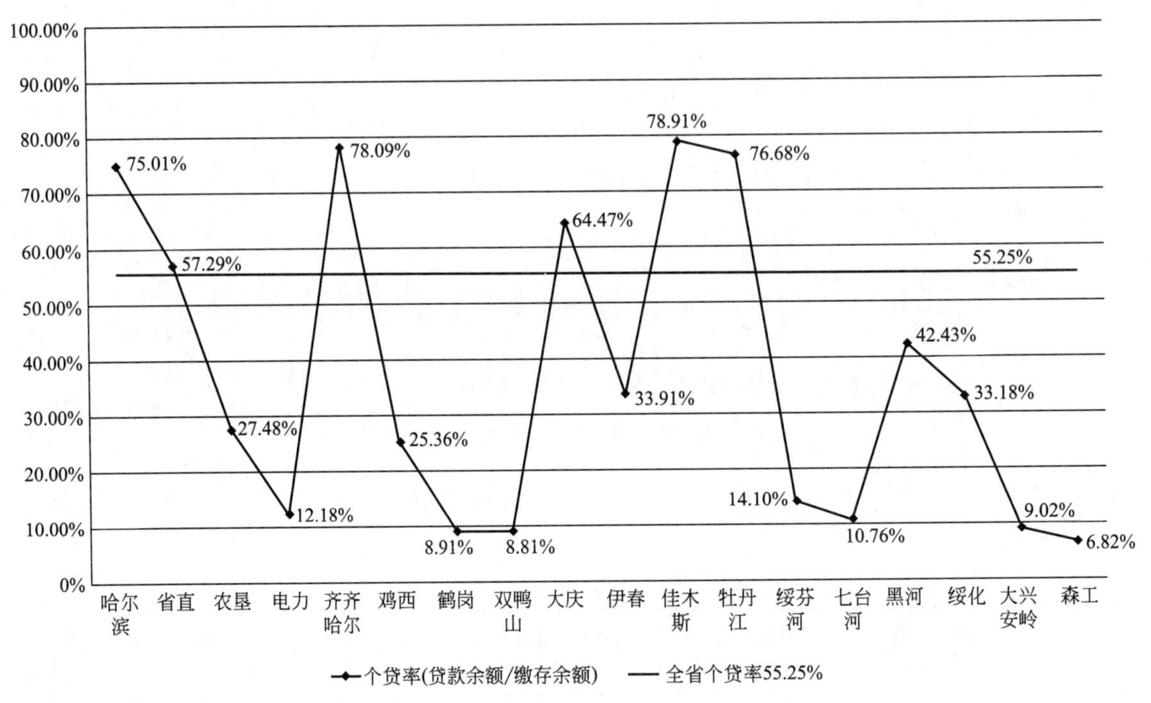

图 4　2022 年住房公积金个贷率情况表

（四）资金存储。 2022 年末，住房公积金存款 903.46 亿元。其中，活期 6.02 亿元，1 年（含）以下定期 253.78 亿元，1 年以上定期 579.56 亿元，其他（协定、通知存款等）64.1 亿元。

（五）资金运用率。 2022 年末，住房公积金个人住房贷款余额、项目贷款余额和购买国债余额的总和占缴存余额的 55.25%，比上年末减少 7.16 个百分点。

三、主要财务数据

（一）业务收入。 2022 年，业务收入 600105.6 万元，同比增长 9.13%。其中，存款利息 234960.87 万元，委托贷款利息 364056.82 万元，国债利息 46.9 万元，其他 1041.01 万元。

（二）业务支出。 2022 年，业务支出 300944.40 万元，同比增长 7.91%。其中，支付职工住房公积金利息 285197.36 万元，归集手续费 3271.83 万元，委托贷款手续费 11437.19 万元，其他 1038.02 万元。

（三）增值收益。 2022 年，增值收益 299161.20 万元，同比增长 10.39%；增值收益率 1.57%，比上年无增减。

（四）增值收益分配。 2022 年，提取贷款风险准备金 119.46 万元，提取管理费用 28272.35 万元，提取城市廉租住房（公共租赁住房）建设补充资金 270769.39 万元（表 4、图 5）。

2022 年，上交财政管理费用 25082.83 万元，上缴财政城市廉租住房（公共租赁住房）建设补充资金 258882.14 万元。

2022 年末，贷款风险准备金余额 362171.82 万元，累计提取城市廉租住房（公共租赁住房）建设补充资金 1745090.79 万元。

2022 年分城市住房公积金增值收益及分配情况　　表 4

地区	业务收入（亿元）	业务支出（亿元）	增值收益（亿元）	增值收益率（%）	提取贷款风险准备金（亿元）	提取管理费用（亿元）	提取公租房（廉租房）建设补充资金（亿元）
黑龙江省	**60.01**	**30.09**	**29.92**	**1.57**	**0.01**	**2.83**	**27.08**
哈尔滨	18.29	9.23	9.06	1.52		0.63	8.43
省直	2.40	1.42	0.98	1.19		0.13	0.85
农垦	1.56	0.93	0.63	1.04		0.19	0.44
电力	1.09	0.64	0.45	1.05		0.02	0.43
齐齐哈尔	4.38	2.18	2.20	1.55		0.12	2.08
鸡西	2.40	1.07	1.33	1.88		0.15	1.18
鹤岗	1.29	0.77	0.52	1.03		0.08	0.44
双鸭山	2.19	1.08	1.11	1.55		0.09	1.02
大庆	11.11	5.25	5.86	1.71		0.28	5.58
伊春	1.65	0.67	0.98	2.08		0.09	0.89
佳木斯	2.55	1.23	1.32	1.66	0.01	0.15	1.16
牡丹江	2.80	1.31	1.49	1.78		0.30	1.19
绥芬河	0.21	0.11	0.10	1.39		0.04	0.06
七台河	1.33	0.68	0.65	1.42		0.14	0.51
黑河	2.33	1.19	1.14	1.51		0.11	1.03
绥化	2.13	1.28	0.85	0.95		0.11	0.74
大兴安岭	1.22	0.52	0.70	2.06		0.05	0.65
森工	1.08	0.53	0.55	1.49		0.14	0.41

2022 年全省增值收益分配情况见图 5。

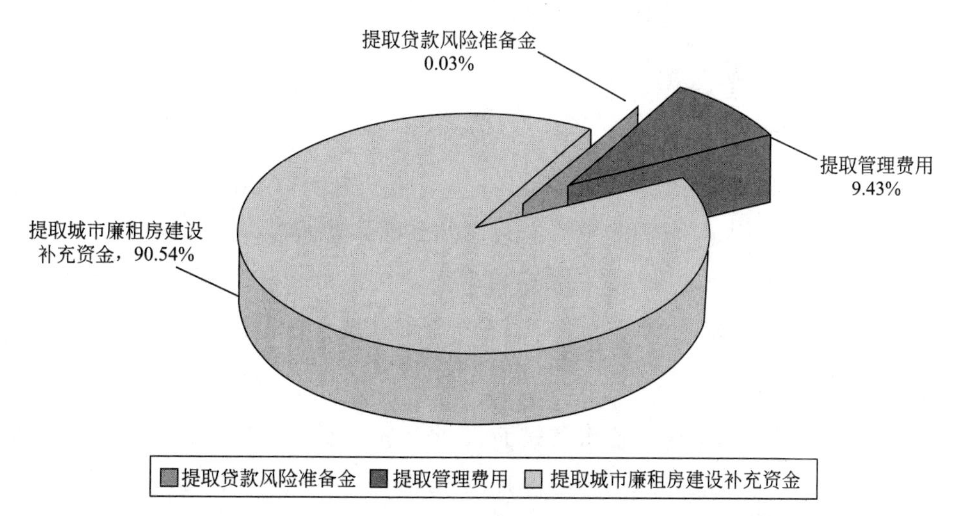

图 5　2022 年全省增值收益分配情况

（五）管理费用支出。2022 年，管理费用支出 27214.50 万元，同比下降 14.45%。其中，人员经费 16581.28 万元，公用经费 3200.63 万元，专项经费 7432.59 万元。

四、资产风险状况

个人住房贷款。2022 年末，个人住房贷款逾期额 10570.79 万元，逾期率 0.95‰，个人贷款风险准备金余额 348539.82 万元。

五、社会经济效益

（一）缴存业务。缴存职工中，国家机关和事业单位占 42.63%，国有企业占 29.68%，城镇集体企业占 1.01%，外商投资企业占 1.55%，城镇私营企业及其他城镇企业占 19.25%，民办非企业单位和社会团体占 2.88%，灵活就业人员占 1.43%，其他占 1.57%；中、低收入占 98.53%，高收入占 1.47%。

新开户职工中，国家机关和事业单位占 39.85%，国有企业占 17.52%，城镇集体企业占 0.90%，外商投资企业占 1.54%，城镇私营企业及其他城镇企业占 31.19%，民办非企业单位和社会团体占 3.06%，灵活就业人员占 2.57%，其他占 3.37%；中、低收入占 99.32%，高收入占 0.68%。

（二）提取业务。提取金额中，购买、建造、翻建、大修自住住房占 16.44%，偿还购房贷款本息占 42.12%，租赁住房占 3.68%；离休和退休提取占 29.80%，完全丧失劳动能力并与单位终止劳动关系提取占 2.39%，出境定居占 0.79%，其他占 4.78%。提取职工中，中、低收入占 97.56%，高收入占 2.44%。

2022 年全省住房公积金提取用途分类情况见图 6。

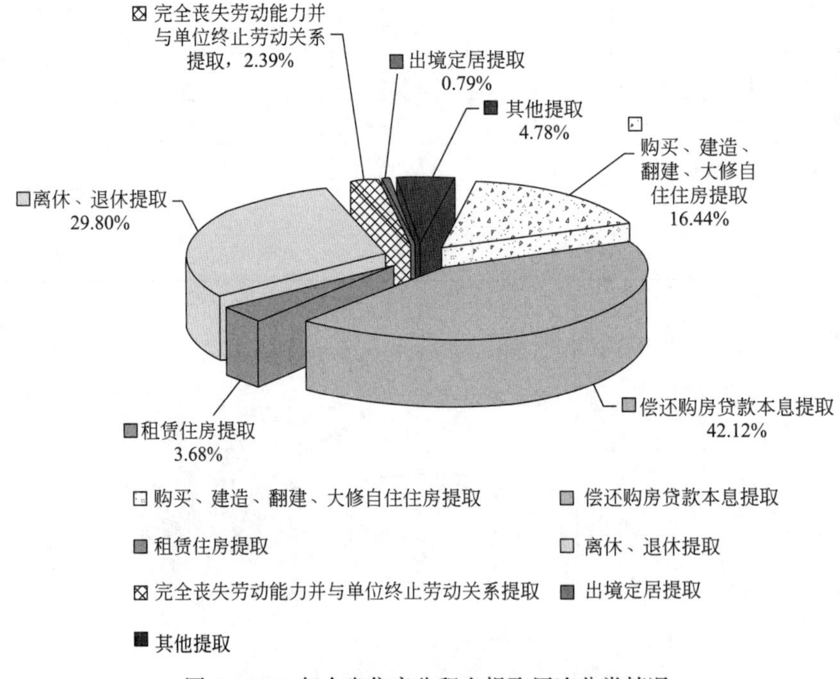

图 6　2022 年全省住房公积金提取用途分类情况

（三）贷款业务。

个人住房贷款。职工贷款笔数中，购房建筑面积 90（含）平方米以下占 29.06%，90～144（含）平方米占 64.03%，144 平方米以上占 6.91%。购买新房占 49.00%（其中购买保障性住房占 0.02%），购买二手房占 48.59%，其他占 2.41%。

职工贷款笔数中，单缴存职工申请贷款占 71.18%，双缴存职工申请贷款占 28.81%，三人及以上缴存职工共同申请贷款占 0.01%。

贷款职工中，30 岁（含）以下占 34.12%，30 岁～40 岁（含）占 43.66%，40 岁～50 岁（含）占

17.19%，50岁以上占5.03%；购买首套住房申请贷款占86.49%，购买二套及以上申请贷款占13.51%；中、低收入占94.32%，高收入占5.68%。

（四）住房贡献率。2022年，个人住房贷款发放额、公转商贴息贷款发放额、项目贷款发放额、住房消费提取额的总和与当年缴存额的比率为61.62%，比上年减少18.73个百分点。

六、其他重要事项

（一）应对新冠肺炎疫情采取的政策措施，落实住房公积金阶段性支持政策情况和政策实施成效

为全面贯彻落实国务院、住房和城乡建设部《关于实施住房公积金阶段性支持政策的通知》（建金〔2022〕45号）和黑龙江省委、省政府关于高效统筹疫情防控和经济社会发展决策部署，进一步助企纾困，黑龙江省住房和城乡建设厅、黑龙江省财政厅、中国人民银行哈尔滨中心支行联合印发了《关于组织实施住房公积金阶段性支持政策的通知》，提出了7条贯彻落实意见。2022年，在阶段性政策实施期间，黑龙江省申请缓缴企业96家、10186人，缓缴住房公积金12724.3万元；支持19602笔贷款职工无法正常偿还的个人住房公积金贷款不作逾期处理，涉及贷款余额443111.7万元；累计享受提高租房提取额度的人数35061人，累计租房提取金额57049.51万元。

（二）当年住房公积金政策调整情况

1. 省政府住房建设工作领导小组办公室印发了文件，提出各地公积金中心可适当提高贷款额度，职工购买二手房的房龄限制可放宽至30年。

2. 全省各住房公积金中心认真落实《新时代龙江人才振兴60条》要求，结合本地实际工作，出台了《关于支持政策内二孩及以上家庭和租赁保障性住房家庭提取住房公积金的通知》《关于落实大学生人才贷款政策的通知》《关于落实新时代人才引领发展若干政策措施的通知》等政策。

（三）当年开展监督检查情况

为化解住房公积金贷款逾期风险，黑龙江省住房和城乡建设厅先后印发《黑龙江省住房和城乡建设厅关于进一步加强住房公积金逾期贷款管理工作的通知》（黑建房〔2022〕2号）、《黑龙江省住房和城乡建设厅关于建立健全住房公积金逾期贷款异地划扣协同机制的通知》（黑建房〔2022〕3号）等文件，压实各中心职责，责成逾期率较高的城市查找制度漏洞，分析研判风险点，健全政策制度，确保公积金安全运行、规范管理。积极发挥督导作用，黑龙江省人民政府住房建设工作领导小组办公室向逾期率超过1‰的城市中心下发《关于加快清收住房公积金逾期贷款的函》，要求相关公积金中心通过加大逾期清收力度，完善贷款管理制度，严格贷前调查，规范贷中审核，强化贷后管理，有效降低和化解贷款逾期风险。

（四）当年服务改进情况

1. 深入“开展惠民公积金服务暖人心”服务提升行动。黑龙江省公积金行业积极落实住房和城乡建设部《“惠民公积金 服务暖人心”全国住房公积金系统服务提升三年行动实施方案》部署，按照《关于开展“惠民公积金 服务暖人心”系统服务提升三年行动（2022—2024年）工作的通知》（黑建房〔2022〕9号）要求，持续深化住房公积金系统精神文明创建工作。通过落实文明行业标准、解决群众关心的“关键小事”、打造星级服务岗等举措增强服务意识、提升服务效能、提升行业形象、提高群众满意度。

2. 通过体检评估促进提升管理水平。哈尔滨、伊春两个公积金中心作为试点按时完成了体检评估自评，省复评小组采取召开座谈会听取汇报、对相关指标进行现场复核和抽评等方式，对上述两个中心体检评估工作完成了复评。两中心按照复评意见制定了短板指标改进提升工作方案，通过开展体检评估不仅丰富了监管手段，进一步规范了管理行为，也为促进住房公积金事业健康运行、高质量发展夯实了基础。

3. 深化“跨省通办”“一网通办”成果提供便捷高效服务。按照住房和城乡建设部统一部署，在省级监管部门的组织推动下，各公积金中心如期完成新增3项“跨省通办”业务，促进实现了公积金服务标准化、规范化、便利化水平。在黑龙江省住房和城乡建设厅、黑龙江省市场监管局、黑龙江省营商局等部门共同推动下，黑龙江省住房公积金企业缴存登记业务已实现“一网通办”。

（五）当年信息化建设情况

1. 完善省级监管平台功能。全省各公积金中心全部实现了住房公积金业务系统与当地政务服务平台“好差评”功能对接，保证了线上线下渠道办理完成后的评价数据及时共享互认，为全面掌握服务质量、提升政务服务效能创造了条件。

2. 各地完成系统升级和综合服务平台功能完善。各公积金中心按照省级监管部门的统一要求，结合本地工作实际，科学推动业务系统升级改造，同时完善综合服务平台功能，拓宽服务渠道，丰富业务管理种类，部分公积金中心全程网办取得实质性进展，其中伊春公积金中心贷款业务已实现全程网办。

（六）当年住房公积金机构及从业人员所获荣誉情况

1. 哈尔滨住房公积金管理中心道外办事处荣获住房和城乡建设部“跨省通办”表现突出服务窗口称号；

2. 哈尔滨住房公积金管理中心道外办事处荣获第六届全省“人民满意公务员集体”称号；

3. 齐齐哈尔市住房公积金管理中心被国家四部委授予“全国节约型机关”荣誉称号；

4. 牡丹江市住房公积金管理中心荣获“黑龙江省巾帼建功先进集体”荣誉称号；

5. 伊春市住房公积金管理中心管理部荣获“全国住房和城乡建设系统先进集体”称号。

黑龙江省哈尔滨市住房公积金2022年年度报告

根据国务院《住房公积金管理条例》和住房和城乡建设部、财政部、人民银行《关于健全住房公积金信息披露制度的通知》（建金〔2015〕26号）的规定，经住房公积金管理委员会审议通过，现将哈尔滨市住房公积金2022年年度报告公布如下：

一、机构概况

（一）住房公积金管理委员会。住房公积金管理委员会有22名委员，2022年召开4次会议，审议通过的事项主要包括：

1. 通报《关于拟调整哈尔滨市住房公积金管理委员会组成人员的通知》；
2. 审议2021年住房公积金归集使用计划执行情况；
3. 审议2022年住房公积金归集使用计划及财务收支预算草案；
4. 审议哈尔滨市住房公积金2021年年度（信息披露）报告；
5. 审议关于拟出台支持哈尔滨市高层次人才申请住房公积金贷款优惠政策有关情况的汇报；
6. 审议关于预缴财政部分廉租住房建设补充资金的意见；
7. 通报《关于拟调整哈尔滨市住房公积金管理委员会组成人员的通知》；
8. 审议拟出台实施住房公积金阶段性支持政策有关情况的汇报；
9. 审议关于疫情防控期间住房公积金助企纾困政策落实情况的汇报；
10. 审议关于拟出台提高公积金个人贷款额度政策的情况汇报；
11. 审议关于拟出台完善购买非本市自住住房提取住房公积金业务的情况汇报。

（二）住房公积金管理中心。哈尔滨住房公积金管理中心（以下简称“市中心”）为隶属市政府不以营利为目的的独立事业单位，设十一个处（科），十八个办事处，一个分中心（铁路分中心）。此外，本年度报告中含自主管理独立运作的省直分中心、农垦分中心、电力分中心、黑龙江省森工林区住房公积金管理中心数据。从业人员461人，其中，在编340人，非在编121人。

二、业务运行情况

（一）缴存。2022年，新开户单位2056家，净增单位640家；新开户职工7.78万人，净减职工1.5万人；实缴单位16829家，实缴职工122.07万人，缴存额243.88亿元，分别同比增长3.95%、－1.21%、6.66%。2022年末，缴存总额2393.34亿元，比上年末增长11.35%。缴存余额808.67亿元，同比增长11.19%。受委托办理住房公积金缴存业务的银行3家。

（二）提取。2022年，61.67万名缴存职工提取住房公积金；提取额162.47亿元，同比下降3.08%；提取额占当年缴存额的66.62%，比上年减少6.69个百分点。2022年末，提取总额1584.66亿元，比上年末增长11.42%。

（三）贷款。

1. 个人住房贷款。单缴存职工个人住房贷款最高额度60万元，双缴存职工个人住房贷款最高额度80万元。

2022年，发放个人住房贷款1.1万笔、49.87亿元，同比分别下降24.66%、22.78%。其中，市中心发放个人住房贷款 9918 笔、44.89 亿元，省直分中心发放个人住房贷款 553 笔、2.84 亿元，农垦分中心发放个人住房贷款 433 笔、1.81 亿元，电力分中心发放个人住房贷款 26 笔、0.10 亿元，森工公积金中心发放个人住房贷款 65 笔、0.23 亿元。

2022 年，回收个人住房贷款 54.45 亿元。其中，市中心 45.93 亿元，省直分中心 5.95 亿元，农垦分中心 1.74 亿元，电力分中心 0.62 亿元，森工公积金中心 0.21 亿元。

2022 年末，累计发放个人住房贷款 34.01 万笔、1042.90 亿元，贷款余额 507.57 亿元，分别比上年末增长 3.34%、5.02%、－0.89%。个人住房贷款余额占缴存余额的 62.77%，比上年末减少 7.65 个百分点。受委托办理住房公积金个人住房贷款业务的银行 9 家。

2. 异地贷款。2022 年，发放异地贷款 1648 笔、80905.70 万元。2022 年末，发放异地贷款总额 692167.53 万元，异地贷款余额 460157.79 万元。

（四）资金存储。2022 年末，住房公积金存款 305.56 亿元。其中，活期 3.15 亿元，1 年（含）以下定期 86.83 亿元，1 年以上定期 206.02 亿元，其他（协定、通知存款等）9.56 亿元。

（五）资金运用率。2022 年末，住房公积金个人住房贷款余额、项目贷款余额和购买国债余额的总和占缴存余额的 62.77%，比上年末减少 7.65 个百分点。

三、主要财务数据

（一）业务收入。2022 年，业务收入 244217.05 万元，同比增长 7.52%。其中，市中心 182971.77 万元，省直分中心 23943.02 万元，农垦分中心 15556.06 万元，电力分中心 10876.60 万元，森工公积金中心 10869.60 万元。存款利息 77490.22 万元，委托贷款利息 165993.08 万元，其他 733.75 万元。

（二）业务支出。2022 年，业务支出 127557.88 万元，同比增长 6.71%。其中，市中心 92324.19 万元，省直分中心 14172.25 万元，农垦分中心 9302.50 万元，电力分中心 6427.33 万元，森工公积金中心 5331.61 万元。支付职工住房公积金利息 115662.76 万元，归集手续费 3104.35 万元，委托贷款手续费 7779.27 万元，其他 1011.50 万元。

（三）增值收益。2022 年，增值收益 116659.17 万元，同比增长 8.42%。其中，市中心 90647.58 万元，省直分中心 9770.77 万元，农垦分中心 6253.57 万元，电力分中心 4449.27 万元，森工公积金中心 5537.98 万元；增值收益率 1.52%，比上年减少 0.03 个百分点。

（四）增值收益分配。2022 年，提取贷款风险准备金 0 万元，提取管理费用 11067.48 万元，提取城市廉租住房（公共租赁住房）建设补充资金 105591.69 万元。

2022 年，上交财政管理费用 11561.78 万元。上缴财政城市廉租住房（公共租赁住房）建设补充资金 110258.76 万元。其中，市中心上缴 73061.72 万元，省直分中心上缴 13167.63 万元，农垦分中心上缴 11348.73 万元，电力分中心上缴 7889.28 万元，森工公积金中心上缴 4791.40 万元。

2022 年末，贷款风险准备金余额 182498.03 万元。累计提取城市廉租住房（公共租赁住房）建设补充资金 632390.15 万元。其中，市中心提取 468209.30 万元，省直分中心提取 74503.36 万元农垦分中心提取 28038.82 万元，电力分中心提取 46901.30 万元，森工公积金中心提取 14737.37 万元。

（五）管理费用支出。2022 年，管理费用支出 11246.67 万元，同比增长 3.17%。其中，人员经费 5993.48 万元，公用经费 1092.97 万元，专项经费 4150.22 万元。市中心管理费用支出 6963.40 万元，其中，人员、公用、专项经费分别为 4432.30 万元、433.14 万元、2097.96 万元；省直分中心管理费用支出 1186.42 万元，其中，人员、公用、专项经费分别为 542.11 万元、28.49 万元、615.82 万元；农垦分中心管理费用支出 1528.23 万元，其中，人员、公用、专项经费分别为 618.09 万元、614.31 万元、295.83 万元；电力分中心管理费用支出 143.95 万元，其中，人员、公用、专项经费分别为 0 万元、2.99 万元、140.96 万元；森工公积金中心管理费用支出 1414.67 万元，其中，人员、公用、专项经费分别为 400.98 万元、14.04 元、999.65 万元。

四、资产风险状况

个人住房贷款。2022 年末，个人住房贷款逾期额 363.60 万元，逾期率 0.07‰，其中，市中心 0.05‰，省直分中心 0.09‰，农垦分中心 0.58‰，电力分中心 0‰，森工公积金中心 0‰。个人贷款风险准备金余额 172，098.03 万元。2022 年，使用个人贷款风险准备金核销呆坏账 0 万元。

五、社会经济效益

（一）缴存业务

缴存职工中，国家机关和事业单位占 30.91%，国有企业占 37.54%，城镇集体企业占 0.67%，外商投资企业占 2.49%，城镇私营企业及其他城镇企业占 19.69%，民办非企业单位和社会团体占 6.49%，灵活就业人员占 0.27%，其他占 1.94%；中、低收入占 98.52%，高收入占 1.48%。

新开户职工中，国家机关和事业单位占 27.77%，国有企业占 21.75%，城镇集体企业占 0.23%，外商投资企业占 2.2%，城镇私营企业及其他城镇企业占 37.94%，民办非企业单位和社会团体占 5.95%，灵活就业人员占 0.21%，其他占 3.95%；中、低收入占 99.19%，高收入占 0.81%。

（二）提取业务

提取金额中，购买、建造、翻建、大修自住住房占 14.16%，偿还购房贷款本息占 47.75%，租赁住房占 5.37%，离休和退休提取占 23.24%，完全丧失劳动能力并与单位终止劳动关系提取占 2.18%，出境定居占 1.41%，其他占 5.89%。提取职工中，中、低收入占 96.79%，高收入占 3.21%。

（三）贷款业务

个人住房贷款。2022 年，支持职工购建房 113.57 万平方米（含公转商贴息贷款），年末个人住房贷款市场占有率（含公转商贴息贷款）为 16.50%，比上年末增加 0.26 个百分点。通过申请住房公积金个人住房贷款，可节约职工购房利息支出 10.09 亿元。

职工贷款笔数中，购房建筑面积 90（含）平方米以下占 33.67%，90～144（含）平方米占 60.75%，144 平方米以上占 5.58%。购买新房占 51.32%，购买二手房占 48.68%。

职工贷款笔数中，单缴存职工申请贷款占 85.20%，双缴存职工申请贷款占 14.80%，三人及以上缴存职工共同申请贷款占 0%。

贷款职工中，30 岁（含）以下占 39.25%，30 岁～40 岁（含）占 42.33%，40 岁～50 岁（含）占 15.31%，50 岁以上占 3.11%；首次申请贷款占 92.29%，二次及以上申请贷款占 7.71%；中、低收入占 99.62%，高收入占 0.38%。

（四）住房贡献率

2022 年，个人住房贷款发放额、公转商贴息贷款发放额、项目贷款发放额、住房消费提取额的总和与当年缴存额的比率为 65.27%，比上年减少 15.94 个百分点。

六、其他重要事项

（一）应对新冠肺炎疫情采取的措施，落实住房公积金阶段性支持政策情况和政策实施成效

1. 落实住房公积金助企纾困阶段性支持政策情况

2022 年 3 月，出台《哈尔滨住房公积金管理中心〈关于应对疫情影响支持中小微企业纾困的政策措施〉实施细则》（〔2022〕-40 号）。受疫情影响企业可申请缓缴 2022 年 4 月份至 6 月份的住房公积金。

2022 年 5 月，出台《哈尔滨住房公积金管理中心关于〈哈尔滨市人民政府关于印发哈尔滨市应对疫情影响进一步支持市场主体健康发展若干政策措施的通知〉的实施细则》（〔2022〕-90 号）。对受疫情影响、缴存住房公积金确有困难的企业，可依法申请缓缴住房公积金或降低住房公积金缴存比例至 5%，对受疫情影响特别严重的企业，住房公积金缴存比例最低可降至 3%，期限不超过 12 个月。

2022 年 6 月，出台《关于实施住房公积金阶段性支持政策的通知》（哈公积金发〔2022〕10 号）、

《哈尔滨住房公积金管理中心〈关于实施住房公积金阶段性支持政策的通知〉实施细则》（〔2022〕-101号）。受新冠肺炎疫情影响的企业，可按规定申请缓缴住房公积金或降低住房公积金缴存比例至5%，对受疫情影响特别严重的企业，住房公积金缴存比例最低可降至3%，到期后补缴缓缴的住房公积金或提高住房公积金缴存比例。在此期间，缴存职工正常提取和申请住房公积金贷款，不受缓缴影响。自2022年6月1日起施行，实施时限暂定至2022年12月31日。

2022年共为74家企业办理缓缴业务，缓缴资金1.29亿元；为148家企业办理降低缴存比例手续，减少缴存资金1790万元。

2. 落实对租房职工、贷款职工住房公积金阶段性支持政策情况

2022年6月，出台《关于实施住房公积金阶段性支持政策的通知》（哈公积金发〔2022〕10号）、《哈尔滨住房公积金管理中心〈关于实施住房公积金阶段性支持政策的通知〉实施细则》（〔2022〕-101号）。

对于租房职工，租房提取限额上浮20%。无房租房自住的职工家庭，可分次提取，提取上限为市区（含呼兰、阿城、双城）每户21600元/年，县（市）每户14400元/年。自2022年6月1日起施行，实施时限暂定至2022年12月31日。2022年租房提取额8.72亿元，较上年增加1.06亿元，增长13.84%。

对于受新冠肺炎疫情影响的公积金借款人，不能正常偿还住房公积金贷款的，不作逾期处理，不作为逾期记录报送征信部门。自2022年6月1日起施行，实施时限暂定至2022年12月31日。2022年享受到上述政策的借款人有5439人。

（二）租购并举满足缴存人基本住房需求，加大租房提取住房公积金支持力度、支持缴存人贷款购买首套普通自住住房特别是共有产权住房等情况

2022年6月，出台《关于实施住房公积金阶段性支持政策的通知》（哈公积金发〔2022〕10号）、《哈尔滨住房公积金管理中心〈关于实施住房公积金阶段性支持政策的通知〉实施细则》（〔2022〕-101号）。租房提取限额上浮20%。无房租房自住的职工家庭，可分次提取，提取上限为市区（含呼兰、阿城、双城）每户21600元/年，县（市）每户14400元/年。自2022年6月1日起施行，实施时限暂定至2022年12月31日。

2022年6月，出台《关于公积金贷款抵押物填加共同共有产权人业务的通知》（〔2022〕-133号）。自2022年7月1日起，在办理公积金贷款过程中，限定借款人及其配偶在同意共同抵押前提下，可一起申请对抵押房屋共有。2022年发放共有产权住房贷款175笔，贷款金额9340万元。

2022年7月，出台《关于提高公积金个人贷款额度的通知》（哈公积金发〔2022〕11号）。自2022年7月1日起，单职工贷款最高额度由50万元提高至60万元，双职工贷款最高额度由70万元提高至80万元。

2022年10月，出台《关于下调首套个人住房公积金贷款利率的通知》（〔2022〕-212号）。自2022年10月1日起，下调首套个人住房公积金贷款利率0.15个百分点，5年以下（含5年）和5年以上利率分别调整为2.6%和3.1%。第二套个人住房公积金贷款利率政策保持不变，即5年以下（含5年）和5年以上利率分别不低于3.025%和3.575%。2022年按照下浮后的贷款利率支持2094人贷款购买首套住房，贷款金额9.97亿元。

（三）当年机构及职能调整情况、受委托办理缴存贷款业务金融机构变更情况

当年机构及职能无调整。受委托办理缴存贷款业务金融机构无变化。

（四）当年住房公积金政策调整及执行情况，包括当年缴存基数限额及确定方法、缴存比例等缴存政策调整情况；当年提取政策调整情况；当年个人住房贷款最高贷款额度、贷款条件等贷款政策调整情况；当年住房公积金存贷款利率执行标准等；支持老旧小区改造政策落实情况

1. 当年缴存政策调整情况

2022年3月，出台《哈尔滨住房公积金管理中心〈关于应对疫情影响支持中小微企业纾困的政策

措施〉实施细则》(〔2022〕-40 号)。受疫情影响企业可申请缓缴 2022 年 4 月份至 6 月份的住房公积金。

2022 年 5 月，出台《哈尔滨住房公积金管理中心关于〈哈尔滨市人民政府关于印发哈尔滨市应对疫情影响进一步支持市场主体健康发展若干政策措施的通知〉的实施细则》(〔2022〕-90 号)。对受疫情影响、缴存住房公积金确有困难的企业，可依法申请缓缴住房公积金或降低住房公积金缴存比例至 5%，对受疫情影响特别严重的企业，住房公积金缴存比例最低可降至 3%，期限不超过 12 个月。

2022 年 6 月，出台《关于实施住房公积金阶段性支持政策的通知》(哈公积金发〔2022〕10 号)、《哈尔滨住房公积金管理中心〈关于实施住房公积金阶段性支持政策的通知〉实施细则》(〔2022〕-101 号)。受新冠肺炎疫情影响的企业，可按规定申请缓缴住房公积金或降低住房公积金缴存比例至 5%，对受疫情影响特别严重的企业，住房公积金缴存比例最低可降至 3%，到期后补缴缓缴的住房公积金或提高住房公积金缴存比例。在此期间，缴存职工正常提取和申请住房公积金贷款，不受缓缴影响。自 2022 年 6 月 1 日起施行，实施时限暂定至 2022 年 12 月 31 日。

2022 年 6 月，出台《关于调整 2022 年度职工住房公积金缴存基数上限的通知》(〔2022〕-124 号)。住房公积金缴存基数上限为 22397 元，按照 2021 年全市城镇非私营单位在岗人员月平均工资的 3 倍确定。月缴存额上限调整为 5376 元。缴存比例为 5%～12%。

2022 年 10 月，出台《关于使用电子营业执照优化住房公积金缴存登记的通知》(〔2022〕-224 号)。单位办理缴存登记、缴存登记信息变更等业务时，电子证照与实体证照具有同等效力，出示电子营业执照的单位无需提供纸质营业执照。

2. 当年提取政策调整情况

2022 年 1 月，出台《关于取消职工再次申请提取住房公积金偿还商业住房贷款相关材料的通知》(〔2022〕-4 号)。职工 2019 年 1 月 1 日后办理过提取还商贷业务的，再次申请提取公积金偿还同笔贷款时，取消借款合同、借款人征信报告等材料。

2022 年 3 月，出台《哈尔滨住房公积金管理中心〈关于应对疫情影响支持中小微企业纾困的政策措施〉实施细则》(〔2022〕-40 号)。受疫情影响企业可申请缓缴 2022 年 4 月份至 6 月份的住房公积金，不影响缓缴企业职工正常办理提取。

2022 年 4 月，出台《关于调整租房和偿还商贷提取业务受理频次的通知》(〔2022〕-58 号)。缴存职工在一个自然月内办理租房或偿还商贷提取业务不能超过 2 次。

2022 年 6 月，出台《关于实施住房公积金阶段性支持政策的通知》(哈公积金发〔2022〕10 号)、《哈尔滨住房公积金管理中心〈关于实施住房公积金阶段性支持政策的通知〉实施细则》(〔2022〕-101 号)。租房提取限额上浮 20%。无房租房自住的职工家庭，可分次提取，提取上限为市区(含呼兰、阿城、双城)每户 21600 元/年，县(市)每户 14400 元/年。自 2022 年 6 月 1 日起施行，实施时限暂定至 2022 年 12 月 31 日。

2022 年 8 月，出台《关于调整我市既有住宅加装电梯提取住房公积金办理流程的通知》(〔2022〕-185 号)。职工本人及其配偶可以在既有住宅加装电梯项目竣工验收备案 5 年内提取住房公积金，累计提取额度不得超过实际出资部分。

2022 年 11 月，出台《关于完善购房提取住房公积金业务的通知》(〔2022〕-240 号)。职工购买非本市自住住房的，本人及其配偶须在购房时间满 12 个月后方可申请提取住房公积金，购房时间按购房发票或契税完税证明开具时间认定。

3. 当年个人住房贷款政策调整情况

2022 年 3 月，出台《关于支持哈尔滨市高层次人才申请住房公积金贷款优惠政策的通知》(〔2022〕-27 号)。高层次人才在我市建立个人住房公积金账户并连续足额缴存 6 个月(含)以上，即可申请住房公积金贷款，贷款额度按住房公积金账户余额的 40 倍计算，高层次人才配偶作为共同还款人时享受与主贷人同等优惠政策。

2022 年 3 月，出台《哈尔滨住房公积金管理中心〈关于应对疫情影响支持中小微企业纾困的政策措施〉实施细则》(〔2022〕-40 号)。受疫情影响企业可申请缓缴 2022 年 4 月份至 6 月份的住房公积金，缓缴期间内缴存时间连续计算，不影响缴存职工正常办理住房公积金贷款业务。

2022 年 4 月，出台《关于单位公积金账户整体转移过程中职工贷款资格认定的通知》(〔2022〕-53 号)。单位公积金账户整体转入我市，因缴存时间不满 6 个月，尚未办理转移接续手续的，提供原缴存地公积金中心开具的《异地贷款职工住房公积金缴存使用证明》，如前后缴存时间连续未中断，缴存余额可合并计算。

2022 年 6 月，出台《关于实施住房公积金阶段性支持政策的通知》(哈公积金发〔2022〕10 号)、《哈尔滨住房公积金管理中心〈关于实施住房公积金阶段性支持政策的通知〉实施细则》(〔2022〕-101 号)。受新冠肺炎疫情影响的公积金借款人，不能正常偿还住房公积金贷款的，不作逾期处理，不作为逾期记录报送征信部门。自 2022 年 6 月 1 日起施行，实施时限暂定至 2022 年 12 月 31 日。

2022 年 6 月，出台《关于公积金贷款抵押物填加共同共有产权人业务的通知》(〔2022〕-133 号)。自 2022 年 7 月 1 日起，在办理公积金贷款过程中，限定借款人及其配偶在同意共同抵押前提下，可一起申请对抵押房屋共同共有。

2022 年 7 月，出台《关于提高公积金个人贷款额度的通知》(哈公积金发〔2022〕11 号)。自 2022 年 7 月 1 日起，单职工贷款最高额度由 50 万元提高至 60 万元，双职工贷款最高额度由 70 万元提高至 80 万元。

2022 年 8 月，出台《关于放宽高校毕业生、政策内二孩及以上家庭住房公积金贷款申请条件的通知》(〔2022〕-167 号)。毕业五年以内全日制高校毕业生、政策内二孩及以上家庭在我省建立个人住房公积金账户并连续足额缴存 6 个月(含)以上即可申请住房公积金贷款；高校毕业生配偶和政策内二孩及以上家庭配偶作为共同还款人可享受与主贷人同等待遇。

2022 年 10 月，出台《关于下调首套个人住房公积金贷款利率的通知》(〔2022〕-212 号)。自 2022 年 10 月 1 日起，下调首套个人住房公积金贷款利率 0.15 个百分点，5 年以下(含 5 年)和 5 年以上利率分别调整为 2.6%和 3.1%。第二套个人住房公积金贷款利率政策保持不变，即 5 年以下(含 5 年)和 5 年以上利率分别不低于 3.025%和 3.575%。

(五)当年服务改进情况，包括推进住房公积金服务“跨省通办”工作情况，服务网点、服务设施、服务手段、综合服务平台建设和其他网络载体建设服务情况等

坚持以人民为中心的发展理念，积极出台落实惠民利企举措。一是持续推动“跨省通办”服务事项提质增效。全年通过代收代办、两地联办等方式办理“跨省通办”业务 1178 笔、5618 万元，业务办结率达到 100%。二是加强区域协同。与省内 17 家公积金中心(分中心)建立住房公积金异地贷款扣划协同机制，开通偿还异地贷款委托按月提取业务。三是住房公积金缴存、提取业务实现全程网办，网上业务办理率为 92.98%。新增线上公积金补缴等业务，常规对公业务全部实现网办，缴存业务离柜率提升至 91.29%。线上业务应用电子签名，操作流程更加安全、严密。四是实现贷款信息线上推送、贷款结清线上办理，为 2423 名贷款职工办理公积金贷款解押提供便利。五是拓展服务渠道，e 冰城 App 开通公积金网上查询、高频业务办理、缴存信息打印等服务事项。六是优化“企业开办直通车”公积金缴存登记流程，实现公积金缴存登记与账户设立合并办理，通过受理平台推送数据，为 408 家企业办理公积金缴存登记。七是新增 2 项“全市通办”服务事项，全年办理“全市通办”业务 9362 笔。在 9 家银行网点开通公积金贷款业务，实现组合贷款“一站式”服务。八是开展领导干部“走流程”288 次，解决问题 199 件，不断优化办事流程，提升政务服务便利度。九是积极与相关部门协作，在呼兰区试行开展企业注销“一站式服务”改革，优化企业注销流程，方便企业办理注销登记事宜。十是在全市率先完成政务服务事项迁移工作，助力我省推进政务服务“一网、一门、一次”改革。开展政务服务对标全国最优活动，45 项政务服务事项对标全国先进城市深圳，达到最优。十一是进一步完善营商监督考核机制，制定《经办机构规范化服务标准》《营商监督检查管理办法》，明确考核标准，规范服务行为。与第三方机构合作，对 32 个服务窗口开展营商环境督导检查 517 次，窗口服务规范化程度由 2020 年末的

93.31%提升至96.90%。十二是开展“惠民公积金、服务暖人心”三年行动，开展服务“好差评”、打造星级服务岗等工作32项，社会满意度好评率达到99.82%。

（六）当年信息化建设情况，包括信息系统升级改造情况，基础数据标准贯彻落实和结算应用系统接入情况等

一是大幅提升系统承载能力及稳定性。实施FSP渠道服务器迁移、移动互联服务器CPU升级、渠道数据库拆分优化等9项技术手段，系统处理能力提升1倍以上。2023年最高访问量5.75万次，较上年同时段最高访问量增长30%。二是强化信息系统和网络安全保障。发现并处理网络隐患700余次，拦截疑似攻击8000余次，处理外联数据突发中断状况40余次。持续开展网络和信息系统安全等级保护备案和测评，2022年等保测评档次由“中”晋级为“良”。三是开发上线16项数据接口，涉及公安、民政、人社等6大数据主体，新增、优化业务功能112项。

（七）当年住房公积金机构及从业人员所获荣誉情况，包括：文明单位（行业、窗口）、青年文明号、工人先锋号、五一劳动奖章（劳动模范）、三八红旗手（巾帼文明岗）、先进集体和个人等

1. 市中心道外办事处获得住建部“跨省通办”表现突出服务窗口称号。

2. 市中心道外办事处获得第六届全省“人民满意公务员集体”称号。

3. 市中心在2022年度全省各公积金管理中心重点目标评价中得分位列首位。

4. 市中心在全市政治生态考核中考核等次为“好”。

5. 市中心在“千企万众评作风”线上评比活动中，位列全市第六名。

6. 市中心获得“哈尔滨市2022年度改革创新奖”提名奖。

7. 市中心在“能力作风建设年”工作中，率先完成全年创先晋位工作任务，获得市机关工作质效提升行动专班通报表扬。

8. 市中心调研报告被哈尔滨市委组织部评为“2022年度组织工作重点难点专题调研优秀成果”二等奖。

9. 市中心陈家伟同志在市直机关“岗位技能大比武”中，获得“法律法规”个人二等奖，倪惠灵同志获得“公文写作”个人三等奖。

10. 市中心杨帆同志在哈尔滨市社会科学界联合会组织的“学习宣传贯彻党的二十大精神”主题征文活动中荣获二等奖。

七、指标注释

1. 实缴单位数：指当年实际汇缴、补缴住房公积金的单位数。

2. 实缴职工人数：指当年实际汇缴、补缴住房公积金的职工人数。

3. 个人住房贷款率：指年度末个人住房贷款余额占年度末住房公积金缴存余额的比率。

4. 增值收益率：指增值收益与月均缴存余额的比率。

5. 逾期率：指当年末逾期额与当年末公积金贷款余额的比率。

6. 缴存、提取、贷款职工按收入水平分类：中低收入是指收入低于上年当地社会平均工资3倍，高收入是指收入不低于上年当地社会平均工资3倍。

7. 个人住房贷款市场占有率：指年度末住房公积金个人住房贷款余额占当地商业性和住房公积金个人住房贷款余额总和的比率。

8. 可节约职工购房利息支出金额：指当年获得住房公积金个人住房贷款的职工合同期内所需支付贷款利息总额与申请商业性住房贷款利息总额的差额。

9. 发放异地贷款金额：指当年对缴存和购房行为不在同一城市的职工所发放的住房公积金个人住房贷款金额。

黑龙江省及省内各城市住房公积金 2022 年年度报告二维码

名称	二维码
黑龙江省住房公积金 2022 年年度报告	
哈尔滨市住房公积金 2022 年年度报告	
齐齐哈尔市住房公积金 2022 年年度报告	
牡丹江市住房公积金 2022 年年度报告	
佳木斯市住房公积金 2022 年年度报告	
大庆市住房公积金 2022 年年度报告	
鸡西市住房公积金 2022 年年度报告	

续表

名称	二维码
双鸭山市住房公积金 2022 年年度报告	
鹤岗市住房公积金 2022 年年度报告	
七台河市住房公积金 2022 年年度报告	
伊春市住房公积金 2022 年年度报告	
黑河市住房公积金 2022 年年度报告	
绥化市住房公积金 2022 年年度报告	
大兴安岭地区住房公积金 2022 年年度报告	
绥芬河市住房公积金 2022 年年度报告	

上海市

上海市住房公积金 2022 年年度报告

根据国务院《住房公积金管理条例》和住房和城乡建设部、财政部、人民银行《关于健全住房公积金信息披露制度的通知》（建金〔2015〕26 号）的规定，经审计，并由住房公积金管理委员会审议通过，现将上海市住房公积金 2022 年年度报告公布如下：

一、机构概况

（一）住房公积金管理委员会。住房公积金管理委员会有 21 名委员，2022 年召开 2 次会议，审议通过的事项主要包括：《关于 2021 年本市住房公积金预算收支执行、重点工作完成情况及 2022 年计划安排的报告》《关于 2022—2023 年度住房公积金归集提取相关业务委托协议方案的报告》《关于制定〈关于本市提取住房公积金支付保障性租赁住房房租的通知〉的报告》《关于修订〈上海市住房公积金个人贷款受托机构管理办法〉的报告》等，会议通报了《关于本市疫情期间出台的住房公积金阶段性支持政策及其推进落实情况》《关于 2022 年度住房公积金缴存基数及月缴存额上下限的报告》等。

（二）住房公积金管理中心。上海市公积金管理中心（以下简称“中心”）为直属上海市政府不以营利为目的的独立的自收自支的事业单位，设 13 个处室，16 个管理部。2022 年末，从业人员 306 人，其中，在编 244 人，非在编 62 人。

二、业务运行情况

（一）缴存。2022 年，新开户单位 5.75 万家，净增单位 2.29 万家；新开户职工 70.61 万人，净增职工 11.15 万人；实缴单位 52.13 万家，实缴职工 936.20 万人，缴存额 2227.22 亿元（图 1），同比分别增长 4.59%、1.21%和 14.62%。2022 年末，缴存总额 16945.31 亿元，比上年增长 15.13%；缴存余额 6916.42 亿元，同比增长 13.97%。受委托办理住房公积金缴存业务的银行 1 家。

（二）提取。2022 年，381.25 万名缴存职工提取住房公积金；提取额 1379.44 亿元（图 2），同比增长 11.58%；提取额占当年缴存额的 61.94%，比上年减少 1.68 个百分点。2022 年末，提取总额 10028.90 亿元，比上年增长 15.95%。

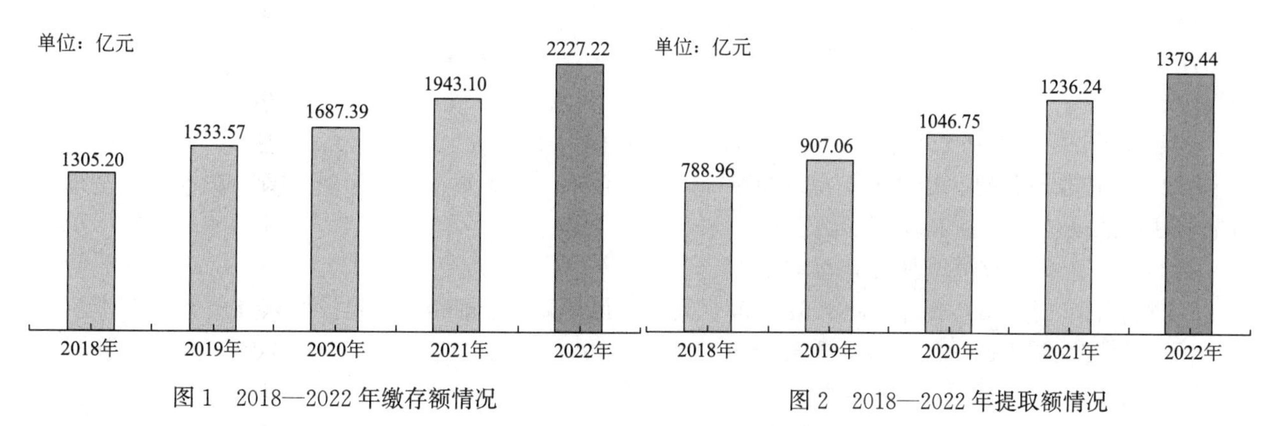

图 1　2018—2022 年缴存额情况

图 2　2018—2022 年提取额情况

（三）贷款。

1. 个人住房贷款。本市购买首套住房家庭最高贷款额度为 100 万元（个人为 50 万元），缴交补充公积金的最高贷款额度为 120 万元（个人为 60 万元）；本市购买第二套改善型住房家庭最高贷款额度为 80 万元（个人为 40 万元），缴交补充公积金的最高贷款额度为 100 万元（个人为 50 万元）。

图 3　2018—2022 年住房公积金个人住房贷款发放额情况

2022 年，发放个人住房贷款 11.30 万笔、842.76 亿元（图 3），同比分别下降 31.52%、26.82%。

2022 年，回收个人住房贷款 551.37 亿元。

2022 年末，累计发放个人住房贷款 311.12 万笔、11751.55 亿元，贷款余额 5872.25 亿元，分别比上年增长 3.77%、7.73%、5.22%。个人住房贷款余额占缴存余额的 84.90%，比上年末减少 7.06 个百分点。受委托办理住房公积金个人住房贷款业务的银行 19 家。

2. 异地贷款。2022 年，发放异地贷款 338 笔、3.10 亿元。2022 年末，发放异地贷款总额 8.43 亿元，异地贷款余额 7.73 亿元。

3. 住房公积金贴息贷款。2022 年，未发放住房公积金贴息贷款，当年贴息额为零，至年末贴息贷款余额为零。

（四）购买国债。2022 年未购买国债，至年末国债余额为零。

（五）资产证券化。2022 年末，个人住房贷款资产支持证券的未偿付贷款笔数为 5.79 万笔，本金余额为 86.39 亿元。

（六）资金存储。2022 年末，住房公积金存款 1137.27 亿元，其中，1 年（含）以下定期 327.00 亿元，1 年以上定期 240.00 亿元，其他（协定、通知存款等）570.27 亿元。

（七）资金运用率。2022 年末，住房公积金个人住房贷款余额和项目贷款余额的总和占缴存余额的 84.90%，比上年末减少 7.06 个百分点。

三、主要财务数据

（一）业务收入。2022 年，业务收入 230.92 亿元，同比增长 12.35%。其中，存款利息 41.33 亿元，委托贷款利息 187.32 亿元，其他 2.27 亿元。

（二）业务支出。2022 年，业务支出 106.06 亿元，同比增长 11.75%。其中，支付职工住房公积金利息 98.79 亿元，归集手续费 2.81 亿元，委托贷款手续费 3.63 亿元，其他 0.83 亿元。

（三）增值收益。2022 年，增值收益 124.86 亿元。其中：

住房公积金增值收益 123.03 亿元，同比增长 13.17%。当年增值收益率 1.89%，比上年减少 0.01 个百分点。

城市廉租住房建设补充资金（购买实物资产）增值收益 1.83 亿元。

（四）增值收益分配。2022 年，提取贷款风险准备金 98.42 亿元，提取管理费用 1.74 亿元，提取城市廉租住房建设补充资金 24.70 亿元。

2022 年，上交财政管理费用 1.74 亿元。

2022 年末，贷款风险准备金余额 670.66 亿元。累计提取城市廉租住房建设补充资金 293.62 亿元。

（五）管理费用支出。2022 年，管理费用支出 1.73 亿元，同比增长 4.85%。其中，人员经费 1.05 亿元，公用经费 0.26 亿元，专项经费 0.42 亿元。

四、资产风险状况

个人住房贷款。2022 年末，个人住房贷款逾期额 2.95 亿元，逾期率 0.503‰。个人贷款风险准备金余额 670.66 亿元。2022 年，未使用个人贷款风险准备金核销逾期贷款。

五、社会经济效益

（一）缴存业务

缴存职工中，国家机关和事业单位占 8.24%，国有企业占 12.52%，城镇集体企业占 1.60%，外商投资企业占 16.88%，城镇私营企业及其他城镇企业占 57.69%，民办非企业单位和社会团体占 1.15%，灵活就业人员占 0.05%，其他占 1.87%（图 4）；中、低收入占 92.33%，高收入占 7.67%。

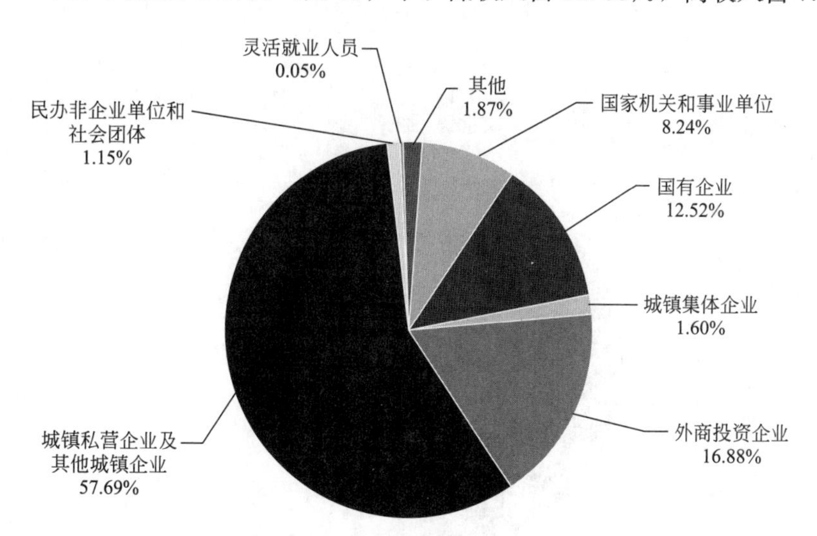

图 4　2022 年实缴职工按所在单位性质分类

新开户职工中，国家机关和事业单位占 3.43%，国有企业占 9.95%，城镇集体企业占 1.16%，外商投资企业占 17.56%，城镇私营企业及其他城镇企业占 65.86%，民办非企业单位和社会团体占 0.52%，灵活就业人员占 0.01%，其他占 1.51%；中、低收入占 97.37%，高收入占 2.63%。

（二）提取业务

提取金额中，偿还购房贷款本息占 66.20%，租赁住房占 10.93%，购买、建造、翻建、大修自住住房占 5.49%，支持老旧小区改造占 0.09%，离休和退休提取占 12.90%，完全丧失劳动能力并与单位终止劳动关系提取占 0.02%，出境定居占 0.04%，其他占 4.33%（图 5）。

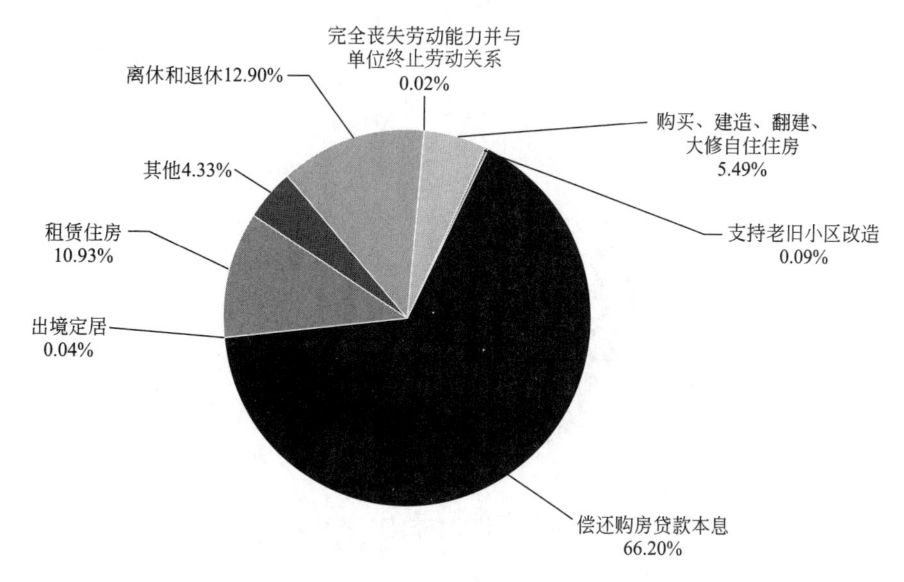

图 5　2022 年住房公积金提取额按提取原因分类

提取职工中，中、低收入占88.72%，高收入占11.28%。

（三）贷款业务

个人住房贷款。2022年，支持职工购建房1037.78万平方米，年末个人住房贷款市场占有率为26.14%，比上年末增加0.8个百分点。通过申请住房公积金个人住房贷款，在贷款合同约定的存续期内可节约职工购房利息支出119.84亿元。

职工贷款笔数中，购房建筑面积90（含）平方米以下占48.00%，90～144（含）平方米占47.10%，144平方米以上占4.90%（图6）。购买新房占48.91%（其中购买保障性住房占2.69%），购买二手房占51.09%。

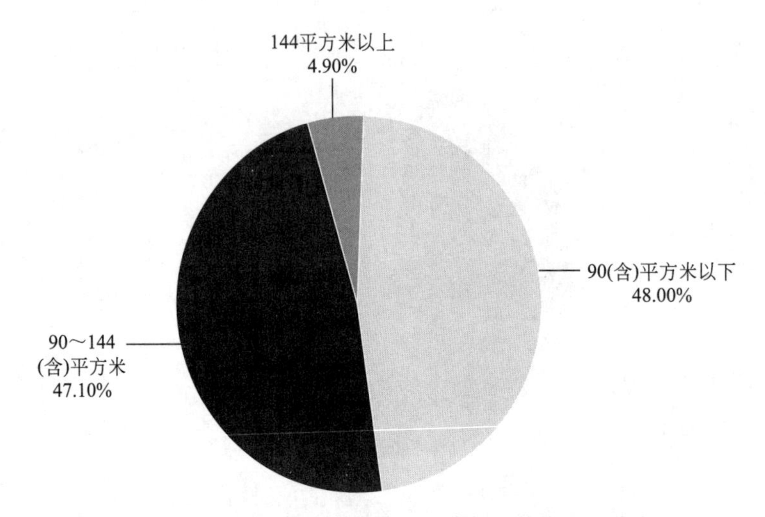

图6　2022年个人住房贷款职工贷款笔数按面积分类

职工贷款笔数中，单缴存职工申请贷款占45.92%，双缴存职工申请贷款占53.98%，三人及以上缴存职工共同申请贷款占0.10%。

贷款职工中，30岁（含）以下占22.91%，30岁～40岁（含）占55.46%，40岁～50岁（含）占18.34%，50岁以上占3.29%（图7）；购买首套住房申请贷款占78.34%，购买二套及以上申请贷款占21.66%；中、低收入占85.90%，高收入占14.10%。

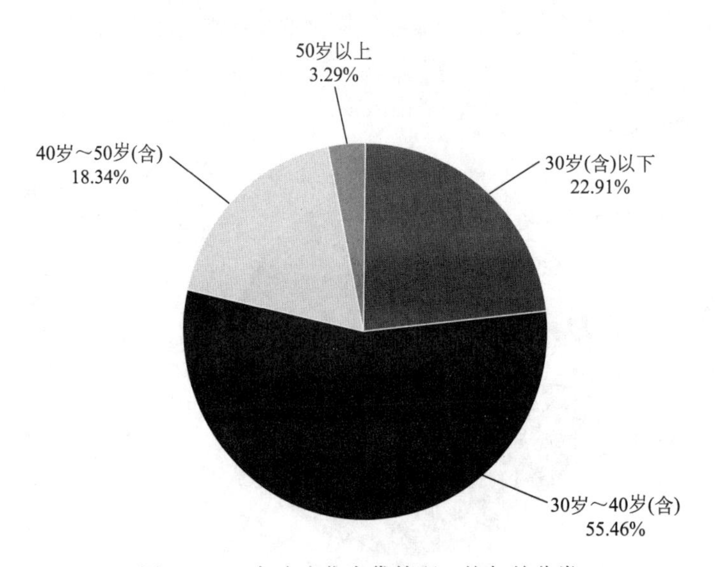

图7　2022年个人住房贷款职工按年龄分类

（四）住房贡献率

2022年，个人住房贷款发放额、住房消费提取额的总和与当年缴存额的比率为89.07%，比上年减少23.45个百分点。

六、其他重要事项

（一）疫情防控应对情况及实施成效

1. 阶段性支持政策落实情况

为深入贯彻落实国务院常务会议精神，根据住房和城乡建设部、财政部、人民银行《关于实施住房公积金阶段性支持政策的通知》（建金〔2022〕45号）以及本市加快经济恢复和重振工作要求，出台《关于本市实施住房公积金阶段性支持政策的通知》及其实施细则。政策涵盖单位缓缴、自愿缴存者缓缴、提高租赁提取月提取额、住房公积金贷款不作逾期处理等方面内容。阶段性缓缴措施惠及单位1万家，职工30.82万人，为相关单位减负纾困27.38亿元；支持38.22万名职工提高租赁提取额度，减轻职工租房负担41.47亿元；对3300余笔受疫情影响、无法正常偿还的个人住房贷款不作逾期处理，涉及贷款余额13.39亿元。

2. 落实疫情防控，服务不断不乱

一是发布《关于进一步做好住房公积金窗口疫情防控的通知》《关于返岗复工和常态化疫情防控管理的实施方案》，研究建立常态化疫情防控下的服务模式，推行线上预约，线下服务分类处理，提升线下办理效率。二是通过远程办公7×24小时确保12329热线、12345热线转接、工单及新媒体等渠道服务不断线、不停歇。三是在原先网上业务办理系统网页版的基础上，推出单位通过四项信息加手机验证码登录系统进行人员变更业务的功能，解决经办人没有key或电子营业执照而无法登录住房公积金网上业务办理系统的问题。四是完成阶段性缓缴住房公积金申请、阶段性缓缴住房公积金单位缓缴凭证下载功能上线，方便单位申请。

（二）政策调整及执行情况

1. 调整2022年度住房公积金缴存基数和月缴存额上下限

自2022年7月1日起，职工住房公积金的缴存基数由2020年月平均工资调整为2021年月平均工资。2022年度职工本人和单位住房公积金缴存比例为各5%至7%，由单位自主确定；单位可以自愿参加补充住房公积金制度，补充住房公积金缴存比例为各1%至5%。2022年度本市住房公积金月缴存额上下限如表1所示。

2022年度本市住房公积金月缴存额上下限　　表1

类型	单位和个人缴存比例	月缴存额上限	月缴存额下限
住房公积金	各7%	4786元	362元
	各6%	4102元	310元
	各5%	3418元	260元
补充住房公积金	各5%	3418元	260元
	各4%	2736元	208元
	各3%	2052元	156元
	各2%	1368元	104元
	各1%	684元	52元

2. 住房公积金支持购房政策执行情况

一是根据中国人民银行决定，自2022年10月1日起下调首套个人住房公积金贷款利率，其中五年期以上个人住房公积金贷款利率由3.25%下调至3.1%，五年期以下（含五年）个人住房公积金贷款利率由 2.75%下调至 2.6%，第二套个人住房公积金贷款利率政策保持不变。二是坚持“房住不炒”定位，重点支持首套刚需、支持中小户型、支持中低收入家庭，2022 年发放住房公积金贷款笔数中支持首套购房占比近八成。三是积极发放共有产权保障性住房贷款，截至 2022 年末，共有产权保障住房公积金贷款累计放款金额突破 300 亿元，成为本市中低收入家庭购买共有产权保障住房的重要信贷资金来源。

3. 出台提取住房公积金支付保障性租赁住房房租政策

根据市政府《关于加快发展本市保障性租赁住房的实施意见》，为加大住房公积金对新市民、青年人缓解住房困难的支持力度，出台《关于本市提取住房公积金支付保障性租赁住房房租的通知》，明确按照本市关于保障性租赁住房准入条件等相关政策规定，租赁已经本市政府主管部门认定并纳入统一管理的保障性租赁住房并按规定办妥租赁备案的职工及配偶，符合连续足额缴存住房公积金满 3 个月，在本市无住房公积金贷款、无委托提取住房公积金归还住房贷款等生效中提取业务条件的，可申请提取住房公积金支付保障性租赁住房房租。每户家庭（含单身家庭）月提取金额不超过当月实际房租支出，最高月提取限额为 4500 元。

（三）长三角一体化推进情况

一是 6 月离退休提取住房公积金业务作为精品事项成功上线长三角“一网通办”平台，借助信息共享实现三省一市跨区域人社信息核验，实现全程网办。二是针对已上线长三角“一网通办”平台的购房提取住房公积金业务，与三省共谋共建长三角数据共享交换平台“房屋提取记录数据池”，维护资金安全。

（四）业务服务优化情况

1. 加速推动业务事项应上尽上，助力服务“一网通办”

一是 2022 年新增实现单位住房公积金账户信息查询、租赁保障性租赁住房提取住房公积金等 15 项住房公积金服务事项接入“一网通办”平台。2022 年末，平台累计接入住房公积金服务事项 41 项，高频业务全覆盖。二是配合打造高效办成“一件事”，推动将住房公积金业务融入还清房贷、保障性租赁住房（公租房）申请、既有多层住宅加装电梯等多项“一件事”，通过流程整合重塑实现减材料、简环节、省时间、少跑动。三是实施“五险一金”缴费工资合并申报，当年共有 25 万家符合条件的企业通过本市“一网通办”平台“税费综合申报”栏目合并申报社会保险费、住房公积金缴费工资，超过全市实缴单位总数的一半。

2. 不断扩大通办服务事项范围，推进高频事项“跨省通办”

一是 2022 年新增实现住房公积金汇缴、住房公积金补缴、提前部分偿还住房公积金贷款、租房提取住房公积金、提前退休提取住房公积金 5 个事项跨省通办，累计完成跨省通办事项共计 13 个。二是主动扩大跨省通办服务事项范围，研究建立《“跨省通办”服务事项上海清单》，按照“三办”模式（全程网办、代收代办、两地联办），以“全程网办”模式优先为原则，提高“跨省”服务效能。三是试点《“跨省通办”异地中心收件要求共享备忘录》，探索备忘录维护机制，提升业务办理效率。

3. 坚持问题导向优化业务流程，实现业务更“好办”

一是持续优化流程引导，打造实现“租赁市场租赁住房提取住房公积金支付房租（未网签备案）”服务事项“好办”。二是聚焦企业群众办事过程中提出的建议，坚持问题导向、分析症结，持续优化业务流程，降低业务差评，推动住房公积金服务更加智慧便民，切实提升服务体验度。三是响应单位需求，网上开通为外籍人员办理封存、启封、转入业务。四是坚持守正创新思维，实现社保卡“一卡通”在住房公积金信息查询、业务办理及提取支付等领域的创新应用。

4. 探索“政策找人”服务新模式，打造“免申即享”主动办

借助市大数据中心平台资源，不断提升住房公积金服务的主动化、精准化水平。退休人员消息推送方面，2022 年前三季度向近 20 万名职工推送短信 5 次，通过“随申办”渠道图文推送 2 次，10 月起结合“免申即享”服务开展消息推送工作，借助与市人社的信息共享实现服务前置，累计推送符合“免申

即享”条件退休职工34.67万人。从首次退休消息推送工作开展至2022年末，退休消息推送职工中1.6万人进行了退休提取，提取总金额近6亿元。账户封存满半年人员消息推送方面，2022年向约60万名职工进行了短信推送以及“随申办”渠道的图文推送。消息推送后共计有近22万人办理销户提取，提取资金超25亿元。

（五）宣传培训情况

一是落实政务服务标准化建设要求，进一步统一服务标识，将“全国住房公积金”服务标识综合应用于对外服务网点，加深群众对住房公积金行业优质服务认同感。二是建立“延伸服务点”“公积金服务站点”，采用线下宣讲、线上直播相结合的方式，积极开展对外政策宣传、便民服务等活动，指导和帮助企业规范执行住房公积金相关政策。三是开展“优秀讲师”“优秀课件”评选活动，通过技能比拼，培养和选树一批能做会讲的业务宣传培训骨干，形成一批实用性强、通俗易懂的宣传培训材料，进一步扩大住房公积金制度的宣传面。

（六）执法推进情况

1. 完善制度和系统支撑，提高执法效能

一是贯彻落实市政府《关于全面推行轻微违法行为依法不予行政处罚的指导意见》，出台《上海市住房公积金领域轻微违法行为不予处罚清单》，优化营商环境，深化精细化执法和包容审慎监管。二是加强系统对接，将住房公积金行政处罚事项纳入全市统一综合执法系统办理。三是制定出台《上海市住房公积金执法程序操作规范（提取、贷款类）》，明确从立案、调查取证直至申请强制执行的执法流程，不断健全执法规范体系。

2. 积极督促协调，维护缴存职工合法权益

2022年，全市共受理登记投诉举报2361件，经中心积极督促协调，1658件得以在立案前协调化解，立案前的协调化解率近73%。当年共发出《责令限期缴存通知书》220件，向人民法院申请强制执行149件，通过执法办案共为437名职工追回住房公积金362.22万元。

（七）风险防控情况

一是依托住房和城乡建设部电子稽查工具推进“智能风控”，持续优化风险疑点核查，充实完善后督检查规则，夯实全流程联动核查机制，实现风控系统应用全覆盖。贯彻落实住房公积金监管服务平台风险防控工作，开展数据治理和风险疑点排查，增强监管实效。二是加强审计规范化、制度化建设，明确审计整改跟踪检查程序，加强审计整改结果运用；对受托机构开展专项审计，排查住房公积金业务中的风险点，增强业务办理的合规性，保障住房公积金资金安全。

（八）信息化建设情况

一是完成上海市住房公积金综合业务服务和管理平台项目专项验收，为中心数字化转型奠定系统平台基础。二是制定完善系统运行应急、系统权限管理等制度，保障系统运行维护安全平稳。三是持续推进数字化转型应用场景建设和任务事项落实。制定中心数字化转型方案，推进“一件事”、“政策找人”、应用办公业务流程自动化技术等，提高智能化服务水平和管理效率。四是深化数据共享，提升数据质量，进一步优化完善住建部数据上报系统，实现自动上报、自动检测检查。

（九）荣誉获得情况

2022年，中心、部门及职工共获得省部级以上荣誉12项，分别为：上海住房公积金网荣获“2021年度中国领先政务网站”；上海12329住房公积金热线荣获“2021年度市民服务热线典型案例（十佳）”；中心“一网通办”青年突击队荣获上海市青年五四奖章集体；中心3个部门荣获2021年度市“一网通办”立功竞赛活动集体奖项，其中二等奖1名、三等奖2名；中心6名职工荣获2021年度市“一网通办”立功竞赛活动个人奖项，其中一等奖1名、二等奖2名、三等奖3名。

上海市住房公积金 2022 年年度报告二维码

名称	二维码
上海市住房公积金 2022 年年度报告	

江苏省

江苏省住房公积金 2022 年年度报告

根据国务院《住房公积金管理条例》和住房和城乡建设部、财政部、人民银行《关于健全住房公积金信息披露制度的通知》(建金〔2015〕26 号)规定，现将江苏省住房公积金 2022 年年度报告汇总公布如下：

一、机构概况

(一) 住房公积金管理机构。全省共设 13 个设区市住房公积金管理中心，9 个独立的分中心，其中，江苏省省级机关住房资金管理中心隶属江苏省机关事务管理局，江苏省监狱系统住房公积金管理部隶属江苏省监狱管理局，中国石化集团华东石油局住房公积金管理部隶属中国石化集团华东石油局，徐州矿务集团住房基金管理中心隶属徐州矿务集团有限公司，国家管网集团东部原油储运有限公司住房公积金管理中心隶属国家管网集团东部原油储运有限公司（于 2023 年 1 月合并至徐州市住房公积金管理中心)，大屯煤电（集团）有限责任公司住房公积金管理中心隶属大屯煤电（集团）有限责任公司，扬州市住房公积金管理中心仪化分中心隶属中国石化仪征化纤有限责任公司，江苏石油勘探局有限公司住房公积金管理中心隶属中国石化集团江苏石油勘探局有限公司，苏州工业园区社会保险基金和公积金管理中心隶属苏州工业园区管委会。从业人员 2029 人，其中，在编 1164 人、非在编 865 人。

(二) 住房公积金监管机构。江苏省住房和城乡建设厅、财政厅和人民银行南京分行负责对本省住房公积金管理运行情况进行监督。江苏省住房和城乡建设厅设立住房公积金监管处，负责本省住房公积金监管工作。

二、业务运行情况

(一) 缴存。2022 年，新开户单位 105738 家，净增单位 56730 家；新开户职工 215.59 万人，净增职工 58.82 万人；实缴单位 510826 家，实缴职工 1610.46 万人，缴存额 2850.60 亿元，分别同比增长 9.65%、4.41%、9.50%。2022 年末，缴存总额 21567.74 亿元，比上年末增加 15.23%；缴存余额 7166.18 亿元，同比增长 15.14%（表 1)。

2022 年分城市住房公积金缴存情况 **表 1**

地区	实缴单位（万个）	实缴职工（万人）	缴存额（亿元）	缴存总额（亿元）	缴存余额（亿元）
江苏省	**51.08**	**1610.46**	**2850.60**	**21567.74**	**7166.18**
南京	8.99	299.42	661.92	5037.55	1760.08
无锡	9.57	197.20	324.04	2441.50	863.86
徐州	1.07	69.46	143.99	1320.43	482.78
常州	4.57	122.21	194.30	1469.60	494.25
苏州	16.39	452.75	690.89	5063.58	1550.05
南通	2.62	105.93	220.56	1544.13	500.04
连云港	1.22	43.87	83.60	646.59	221.32

续表

地区	实缴单位（万个）	实缴职工（万人）	缴存额（亿元）	缴存总额（亿元）	缴存余额（亿元）
淮安	0.81	47.18	88.11	661.14	202.52
盐城	1.78	83.34	119.59	797.73	231.91
扬州	1.48	62.44	112.95	945.76	302.69
镇江	1.23	42.73	75.00	652.93	204.48
泰州	0.81	44.26	78.80	632.71	213.89
宿迁	0.54	39.67	56.84	354.08	138.31

（二）提取。2022年，738.16万名缴存职工提取住房公积金；提取额1908.54亿元，同比增长2.71%；提取额占当年缴存额的66.95%，比上年减少4.43个百分点。2022年末，提取总额14401.56亿元，比上年末增加15.28%（表2）。

2022年分城市住房公积金提取情况　　**表2**

地区	提取额（亿元）	提取率（%）	住房消费类提取额（亿元）	非住房消费类提取额（亿元）	提取总额（亿元）
江苏省	**1908.54**	**66.95**	**1543.83**	**364.71**	**14401.56**
南京	468.38	70.76	384.77	83.61	3277.46
无锡	205.28	63.35	171.58	33.70	1577.64
徐州	89.66	62.27	66.75	22.91	837.65
常州	127.40	65.57	108.55	18.85	975.35
苏州	453.67	65.66	375.87	77.80	3513.54
南通	139.51	63.25	94.43	45.08	1044.09
连云港	58.47	69.93	45.00	13.47	425.27
淮安	63.03	71.54	51.69	11.34	458.62
盐城	79.17	66.20	65.55	13.62	565.82
扬州	77.98	69.04	60.79	17.19	643.07
镇江	50.77	67.70	39.64	11.13	448.45
泰州	55.37	70.26	46.16	9.21	418.83
宿迁	39.85	70.11	33.05	6.80	215.77

（三）贷款。

1. 个人住房贷款。2022年，发放个人住房贷款21.00万笔、1032.75亿元，同比下降21.55%、12.80%。回收个人住房贷款714.36亿元。

2022年末，累计发放个人住房贷款407.38万笔、12549.66亿元，贷款余额6133.88亿元，分别比上年末增加5.43%、8.97%、5.47%。个人住房贷款余额占缴存余额的85.59%，比上年末减少7.84个百分点（表3）。

2022年，支持职工购建房2273.68万平方米。年末个人住房贷款市场占有率（含公转商贴息贷款）为12.95%，比上年末增加0.57个百分点。通过申请住房公积金个人住房贷款，可节约职工购房利息支出893629.89万元。

2. 异地贷款。2022年，发放异地贷款11081笔、524931.66万元。2022年末，发放异地贷款总额1878817.90万元，异地贷款余额1527461.93万元。

2022 年分城市住房公积金个人住房贷款情况 表 3

地区	放贷笔数（万笔）	贷款发放额（亿元）	累计放贷笔数（万笔）	贷款总额（亿元）	贷款余额（亿元）	个人住房贷款率（%）
江苏省	**21.00**	**1032.75**	**407.38**	**12549.66**	**6133.88**	**85.59**
南京	5.05	295.60	88.42	3123.55	1677.25	95.29
无锡	2.56	119.54	47.06	1584.39	747.46	86.53
徐州	1.99	90.74	29.15	832.58	401.57	83.18
常州	1.16	56.63	32.07	967.62	438.09	88.64
苏州	3.62	208.09	64.52	2281.63	1205.48	77.77
南通	1.39	62.32	32.54	935.39	458.04	91.60
连云港	1.00	42.13	16.01	468.03	193.72	87.53
淮安	0.56	24.44	14.57	372.04	155.96	77.01
盐城	1.11	41.05	19.26	431.30	188.83	81.42
扬州	0.84	34.91	21.68	531.79	229.17	75.71
镇江	0.40	13.13	17.57	389.45	163.37	79.89
泰州	0.53	17.64	16.04	387.91	153.18	71.62
宿迁	0.78	26.53	8.49	243.98	121.76	88.03

3. 公转商贴息贷款。2022 年，发放公转商贴息贷款 6263 笔、216785.62 万元，支持职工购建房面积 678594.25 万平方米。当年贴息额 24685.97 万元。2022 年末，累计发放公转商贴息贷款 187033 笔、6551799.27 万元，累计贴息 254038.92 万元。

（四）购买国债。2022 年末，国债余额 0.58 亿元。

（五）融资。2022 年，融资 1.1 亿元，归还 84.48 亿元。2022 年末，融资总额 864.61 亿元，融资余额 0 亿元。

（六）资金存储。2022 年末，住房公积金存款 1168.39 亿元。其中，活期 9.63 亿元，1 年（含）以下定期 352.22 亿元，1 年以上定期 137.38 亿元，其他（协定、通知存款等）669.16 亿元。

（七）资金运用率。2022 年末，住房公积金个人住房贷款余额、项目贷款余额和购买国债余额的总和占缴存余额的 85.60%，比上年末减少 7.84 个百分点。

三、主要财务数据

（一）业务收入。2022 年，业务收入 2148454 万元，同比增长 9.20%。其中，存款利息 195526 万元，委托贷款利息 1950622 万元，国债利息 193 万元，其他 2113 万元。

（二）业务支出。2022 年，业务支出 1202133 万元，同比增长 9.05%。其中，支付职工住房公积金利息 1044172 万元，归集手续费 55090 万元，委托贷款手续费 61844 万元，其他 41027 万元。

（三）增值收益。2022 年，增值收益 946321 万元，同比增长 9.39%；增值收益率 1.41%，比上年减少 0.07 个百分点。

（四）增值收益分配。2022 年，提取贷款风险准备金 343411 万元，提取管理费用 79733 万元，提取城市廉租住房（公共租赁住房）建设补充资金 521637 万元（表 4）。

2022 年，上交财政管理费用 77132 万元，上缴财政城市廉租住房（公共租赁住房）建设补充资金 448299 万元。

2022 年末，贷款风险准备金余额 3453660 万元，累计提取城市廉租住房（公共租赁住房）建设补充资金 3608843 万元。

2022 年分城市住房公积金增值收益及分配情况　　表 4

地区	业务收入（亿元）	业务支出（亿元）	增值收益（亿元）	增值收益率（%）	提取贷款风险准备金（亿元）	提取管理费用（亿元）	提取公租房(廉租房)建设补充资金(亿元)
江苏省	**214.85**	**120.21**	**94.64**	**1.41**	**34.34**	**7.97**	**52.16**
南京	56.13	29.55	26.58	1.60	9.28	0.99	16.31
无锡	25.02	14.25	10.77	1.33	6.46	0.58	3.73
徐州	14.24	8.71	5.53	1.21	0.66	0.81	3.91
常州	15.12	8.78	6.34	1.37	3.80	0.47	2.07
苏州	43.22	25.87	17.35	1.20	4.24	1.14	11.97
南通	15.62	8.02	7.60	1.65	4.56	0.43	2.61
连云港	6.79	3.93	2.86	1.37	1.99	0.37	0.50
淮安	5.98	2.99	2.99	1.58	0	0.27	2.72
盐城	6.66	3.62	3.04	1.43	0.11	1.12	1.81
扬州	9.61	4.97	4.64	1.63	2.49	0.67	1.48
镇江	5.99	3.71	2.28	1.18	0.50	0.52	1.25
泰州	6.43	3.58	2.85	1.41	0	0.41	2.43
宿迁	4.04	2.23	1.81	1.40	0.25	0.19	1.37

（五）管理费用支出。2022 年，管理费用支出 70836 万元，同比增长 2.40%。其中，人员经费 41402 万元，公用经费 5565 万元，专项经费 23869 万元。

四、资产风险状况

个人住房贷款。2022 年末，个人住房贷款逾期额 3970 万元，逾期率 0.06‰，个人贷款风险准备金余额 3453107 万元。2022 年，使用个人贷款风险准备金核销呆坏账 0 万元。

五、社会经济效益

（一）缴存业务

缴存职工中，国家机关和事业单位占 16.31%，国有企业占 8.72%，城镇集体企业占 1.35%，外商投资企业占 13.57%，城镇私营企业及其他城镇企业占 55.03%，民办非企业单位和社会团体占 1.33%，灵活就业人员占 1.11%，其他占 2.58%；中、低收入占 97.26%，高收入占 2.74%。

新开户职工中，国家机关和事业单位占 5.62%，国有企业占 4.31%，城镇集体企业占 0.92%，外商投资企业占 15.47%，城镇私营企业及其他城镇企业占 66.20%，民办非企业单位和社会团体占 0.99%，灵活就业人员占 1.92%，其他占 4.57%；中、低收入占 98.44%，高收入占 1.56%。

（二）提取业务

提取金额中，购买、建造、翻建、大修自住住房占 14.46%，偿还购房贷款本息占 61.75%，租赁住房占 4.64%，支持老旧小区改造提取占 0.01%；离休和退休提取占 11.89%，完全丧失劳动能力并与单位终止劳动关系提取占 1.18%，出境定居占 1.39%，其他占 4.68%。提取职工中，中、低收入占 97.70%，高收入占 2.30%。

（三）个人贷款业务

职工贷款笔数中，购房建筑面积 90（含）平方米以下占 24.77%，90～144（含）平方米占 68.12%，144 平方米以上占 7.11%。购买新房占 60.37%（其中购买保障性住房占 0.29%），购买二手房占 37.75%，建造、翻建、大修自住住房占 0.01%，其他占 1.87%。

职工贷款笔数中，单缴存职工申请贷款占 47.63%，双缴存职工申请贷款占 51.65%，三人及以上缴存职工共同申请贷款占 0.72%。

贷款职工中，30 岁（含）以下占 36.16%，30 岁～40 岁（含）占 46.62%，40 岁～50 岁（含）占 14.35%，50 岁以上占 2.87%；购买首套住房申请贷款占 84.54%，购买二套及以上申请贷款占 15.46%；中、低收入占 97.48%，高收入占 2.52%。

（四）住房贡献率

2022 年，个人住房贷款发放额、公转商贴息贷款发放额、项目贷款发放额、住房消费提取额的总和与当年缴存额的比率为 91.15%，比上年减少 15.77 个百分点。

六、其他重要事项

（一）应对新冠肺炎疫情，落实住房公积金阶段性支持政策情况

深入贯彻落实党中央、国务院关于高效统筹疫情防控和经济社会发展的决策部署，进一步加大住房公积金助企纾困力度，全面实施住房公积金阶段性支持政策。全省 13 个城市住房公积金管理中心相继出台了一系列住房公积金阶段性支持政策，全省累计为 2131 家企业 8.51 万名职工办理缓缴住房公积金 4.49 亿元，其中为企业缓缴 2.31 亿元；对 7781 笔、1688.97 万元住房公积金贷款不作逾期记录；支持 30.15 万名缴存职工通过提高租房提取公积金额度政策提取公积金 24.26 亿元。有效缓解了企业和职工压力，为经济稳定持续发展作出了积极的贡献。

（二）推进住房公积金制度建设情况

1. 不断扩大制度覆盖面。在巩固苏州、常州灵活就业人员参加全国住房公积金制度试点成果基础上向全省推广，目前全省各设区市均建立了相关制度，做到了全覆盖，全省有 161786 名灵活就业人员自愿缴存住房公积金。持续通过降低门槛、财政补贴、扩面激励等方式，推动政府推动、宣传发动、信息互动、执法带动“四位一体”扩面管理模式，不断增加住房公积金制度吸引力。

2. 开展数字人民币应用试点。苏州市住房公积金管理中心推进数字人民币在公积金领域的试点，持续丰富数字人民币应用场景，成功办理全省首笔企业使用数字人民币缴存公积金业务，支持包括单位职工、个体工商户和自由职业者在内全部人员类型的缴存。截至 2022 年底全市运用数字人民币缴存公积金已破亿元。发放了全省首笔数字人民币公积金贷款。与苏州工业园区中心双向试点成功采用数字人民币完成职工跨区转移接续。

（三）当年开展监督检查情况

1. 开展住房公积金存单质押风险排查。全省住房公积金管理中心全面盘点存单实际情况，确认存单保管状态，检查了相关岗位不相容、印鉴等重要凭证分离保管等制度落实情况。经排查，全省住房公积金管理中心未向他人提供住房公积金存单质押等任何形式的担保。财务管理岗位设置合理，不相容岗位分离、印鉴等重要凭证分离保管制度落实到位。定期存单状态正常，存单印鉴真实，账实相符。

2. 开展住房公积金“跨省通办”工作检查。实地检查了 7 个城市住房公积金管理中心“跨省通办”线上和线下业务开展情况，包括渠道开通情况、专栏专区设置情况、百姓办事的方便程度、业务培训开展情况、宣传推广情况、业务办理量化情况、根据群众诉求与评价服务改进情况以及 12329 热线与 12345 政府热线双号并行情况。线上检查了 13 个城市住房公积金管理中心“跨省通办”全程网办业务情况。

3. 建立常态化风险监管防控机制。结合住房公积金专项审计整改要求，利用监管服务平台、电子稽查工具开展常态化风险监管防控，督促指导各地排查风险隐患、整改问题线索不放松。全省各住房公积金管理中心稽核部门和职能处室建立健全内审机制，开展常态化稽核审计，设置事前廉政意识政策规章学习预防、事中实时干预控制、事后全面稽查处理三道防线，筑牢风险防线。

（四）当年服务改进情况

1. 高质量完成住房公积金“跨省通办”工作。全面完成 2022 年住房公积金“跨省通办”事项，住房公积金汇缴、住房公积金补缴和提前部分偿还住房公积金贷款业务全部实现全程网办。提前完成2023年住房公积金"跨省通办"事项，全省住房公积金完成退休"一件事"，退休提取住房公积金上线长三角"一网通办"平台，提前退休提取住房公积金实现全程网办。坚持便民高效原则，规范服务流程，提升"跨省通办服务"能力，全省对1530人次进行了跨省通办工作培训，设立线下业务专窗98个，线上业务专区30个。全省线上办理住房公积金汇缴业务500.72万笔，线上办理住房公积金补缴业务100.91万笔，线上办理提前部分偿还住房公积金贷款业务16.90万笔。

2. 长三角住房公积金一体化建设稳步提升。落实新时代党的建设总要求，坚持党建引领、融合发展、远近结合、联动协同、追求品质原则，一市三省住房公积金监管部门签订《长三角住房公积金一体化党建联建协议》，探索新形势下党建引领长三角住房公积金一体化发展新路径。制定《江苏省依托长三角"一网通办"开展退休提取住房公积金工作对接指南》，推进退休提取住房公积金业务成功上线长三角"一网平台"，拓宽长三角区域内住房公积金服务渠道。梳理长三角住房公积金联合执法过程中亟需互联互通的跨区域、跨部门的清单目录，坚持于法有据、推动有序、便于实施的路径，一市三省共同制定《长三角住房公积金联合行政执法指导手册》。规范长三角一体化示范区公积金服务，建立常态化沟通联系机制，浙江、上海、江苏共同制定《长三角示范区住房公积金服务规范手册（试行）》。针对长三角"一网通办"平台的购房提取住房公积金业务，完善长三角数据共享交换平台"房屋提取记录数据池"，维护资金安全。

3. 淮海经济区住房公积金一体化融合发展。徐州市住房公积金管理中心将公积金区域一体化作为年度重点工作任务，推动召开第四届淮海经济区主任联席会，建立淮海经济区住房公积金事业一体化发展联席会议制度，共同签署《淮海经济区住房公积金业务异地办理合作协议》，逐步打破城市间政策壁垒，打造协调发展新格局。成立公积金区域一体化办公室，负责推进长三角和淮海经济区区域协同发展具体工作。建立淮海经济区十城"公积金党建联盟"，合力奏响党建引领区域一体化发展"最强音"。

4. 持续深化"放管服"改革。推进"一件事一次办"，打造政务服务升级版，提升政务服务标准化、规范化、便利化水平，制定《江苏省住房公积金推进就业登记"一件事"、退休"一件事"技术对接指引》《江苏省住房公积金推进企业开办"一件事"技术对接指引》，全省住房公积金完成就业登记"一件事"、退休"一件事"和企业开办"一件事"改革，实现含住房公积金业务的多个事项"一次告知、一表申请、一套材料、一窗（端）受理、一网办理"，企业和群众办事的体验感和获得感进一步提高。

5. 持续提升住房公积金服务水平。南京住房公积金管理中心依托政务云资源平台，运用NGN网络交换和控制技术，结合AI人工智能应用，为全市职工提供7×24小时人工＋智能公积金政策咨询、信息查询和互动交流。无锡市住房公积金管理中心加强窗口管理，严格落实"十要十严禁"、"文明服务六步法"等服务规范，提高服务标准，窗口形象显著提升。徐州市住房公积金管理中心实现"公积金＋商业银行"组合贷款业务现场受理、贷款同步发放、资金即刻到账的"一站式办结"。常州市住房公积金管理中心在灵活就业人员参加住房公积金制度试点政策的基础上，推动住房公积金支持"青春留常"计划列入常州市2022年度民生实事项目，出台《常州市住房公积金支持在常高校和职业院校毕业生"青春留常"实施办法》，对留常就业创业的31家在常高校、职业院校应届毕业生实行"首次开户缴存补贴300元＋2500元留常缴存补贴＋20万元住房公积金贷款额度支持"的住房公积金政策。苏州市住房公积金管理中心合理设置服务网点，优化网点布局，全年共撤并网点5处、调整网点职能2处、新开办网点1处，打通为民服务最后一公里，打造"15分钟"便民服务圈。南通市住房公积金管理中心领导班子开展"下沉一线"活动，实现主动服务"靠前一步"，全年持续开展"访民情、解企忧、聚人心"大走访活动，深入园区、社区、企业、楼盘等宣传公积金政策并答疑解惑，做到对规模以上企业全覆盖，拟上市企业全覆盖，着力解决好企业和职工的难点堵点。连云港市住房公积金管理中心完成全省美丽宜居城市建设"住房公积金窗口6S规范化管理"试点三年计划，统一建设服务大厅VI视觉系统，固化形成线上、线下和管理机制三大服务标准体系，建立90余条具体服务标准。淮安市住房公积金管理中心开展“12345”热线住房公积金专席接话系列活动，全年共开展“中心主任接话日”5 场、“县区专场接话日”8 场、“专家接话日”7 场，累计接听诉求 162 件，均现场办结。盐城市住房公积金管理中心依托农商银行网点多、分布广的优势，将住房公积金业务系统内嵌入全市农商银行 334 个经办网点的综合柜员机，将服务延伸至乡镇、街道，实现“就近办”；开通开发商网厅功能，通过业务端口前移，方便缴存人在购房时同步办理公积金贷款，实现“即时办”。扬州市住房公积金管理中心坚持将“延时服务”“周六、节假日增时服务”等系列便民举措落到实处；设置“政务服务 1 号窗口”（“办不成事”窗口），为群众一线解决复杂难办的问题；常态化开展第三方暗访，打造星级服务岗，持续推动服务标准化。镇江市住房公积金管理中心通过组建窗口服务内训师团队、建立第三方服务评测机制、开展“服务之星”评比及服务满意度调查等形式，营造“比、学、赶、帮、超”的良好氛围，窗口综合服务满意率稳步保持在 99%以上。泰州市住房公积金管理中心完成迭代升级企业开办全程电子化登记、便利企业开立银行账户、企业登记信息变更网上办理等业务功能，配合市 12345 平台打造“15 分钟”便民服务圈。宿迁市住房公积金管理中心按照区域划分建立服务企业名录库，开设线上服务专窗，为上市企业办理公积金开通“绿色通道”，同步建立拟上市企业“公积金流动辅导队”，为企业名录库中的企业提供专项公积金服务，及时掌握企业需求，助力企业加快上市。

（五）信息化建设情况

扬州市住房公积金管理中心在全国率先按照《住房公积金业务档案管理标准》建成了“贯标”的电子档案系统，获得扬州市档案信息化建设优秀案例一等奖和扬州市放管服改革十佳案例；立足创新应用推动数字化转型发展，完成江苏省美丽宜居城市试点项目——深化“智慧公积金”建设任务，建设了视频面签、PAD 移动服务、柜面服务智能质检、全链路运维监控、全景数据驾驶舱、风险预警防控、AI 客服机器人等系统。南京住房公积金管理中心利用大数据和区块链技术，建设数据共享管理平台、授权管理系统、区块链平台等，建设住房公积金链上可信数据平台，实现对重要数据上链存证、强化个人授权管理、共享数据统一管控、个人隐私信息脱敏，切实增强系统数据安全的技术保障，实现对住房公积金缴存职工个人信息全渠道、全业务、全生命周期的安全保护。无锡市住房公积金管理中心核心系统运维授权方式由“角色授权”改为“事项授权”，运维管理更加精准、规范。徐州市住房公积金管理中心加强公积金数字化建设，打造“公积金智能化 5G 无人营业厅”，实现公积金业务自助办理。常州市住房公积金管理中心筑牢信息安全屏障，“数字赋能公积金信用体系”被评为 2022 年常州市数字化转型网络安全创新应用十大案例之一，中心参加“网安 2022”常州行动防护获得满分。苏州市住房公积金管理中心试点推出“公积金（组合）贷款还清抵押注销一件事”主题服务，实现公积金（组合）贷款从申贷、放款、还款全生命周期的闭环服务。南通市住房公积金管理中心继续加大“智慧公积金”建设力度，着重拓展线上业务功能，推进与公积金业务承办银行之间数据对接共享，实现了对全市 23 家公积金业务承办银行“委托逐月提取公积金还商贷”业务全覆盖。连云港市住房公积金管理中心拓宽“好差评”系统“线上”评价渠道，实现“线上＋线下”评价事项全覆盖、服务过程全覆盖、评价页面全透明，随时随地接受办事群众监督和评价。淮安市住房公积金管理中心强化信息共享，深化与受委托银行的业务合作，在全市 230 多个网点、400 多台 STM 机器实现了住房公积金部分业务“就近办”。盐城市住房公积金管理中心坚持把安全作为数字公积金稳中求进的重要基石，推进系统迁移“上云”工作，依托市“政务云”平台搭建安全、可靠的基础计算存储平台，保障系统设备“不宕机”。镇江市住房公积金管理中心推进住房公积金信息系统 3.0 建设，加快住房公积金无纸化业务办理升级，全面融入政务服务体系，实现住房公积金主要业务“全程网办”“跨省通办”“全天候办”，进一步促进全市住房公积金管理科学化、信息化、规范化。泰州市住房公积金管理中心在互联网区域部署动态防护反爬虫设备，用于防范爬虫程序窃取公积金缴存信息，保障缴存职工个人信息安全。宿迁市住房公积金管理中心深化数据共享应用，实现与苏服办、苏服码系统对接，推动实现“亮码办理”“零材料办理”。江苏省省级机关住房资金管理中心大力推进数字化转型，建设“住房公积金贷款智能化审批平台”，相关工作被评为“江苏省 2022 数字江苏建设优秀实践成果十佳案例”和“2022 年江苏省个人信息保护优秀实践案例”。

（六）住房公积金机构及从业人员所获荣誉情况

2022年，全省住房公积金系统获得：12个省部级、5个地市级文明单位（行业、窗口）；1个国家级、31个省部级、33个地市级先进集体和个人；8个省部级、3个地市级工人先锋号；1个省部级、3个地市级五一劳动奖章（劳动模范）；2个省部级、1个地市级三八红旗手；2个国家级、19个省部级、56个地市级其他荣誉。

江苏省盐城市住房公积金 2022 年年度报告

根据国务院《住房公积金管理条例》和住房和城乡建设部、财政部、人民银行《关于健全住房公积金信息披露制度的通知》（建金〔2015〕26 号）的规定，经住房公积金管理委员会审议通过，现将盐城市住房公积金 2022 年年度报告公布如下：

一、机构概况

（一）住房公积金管理委员会。住房公积金管理委员会有 25 名委员，2022 年召开一次会议，审议通过的事项主要包括：

1. 改选市住房公积金管委会副主任委员；
2. 2021 年度全市住房公积金归集、使用计划执行情况；
3. 2022 年住房公积金归集、使用计划任务；
4. 2022 年度全市住房公积金增值收益分配方案；
5. 我市住房公积金有关政策调整。

（二）住房公积金管理中心。盐城市住房公积金管理中心系直属于盐城市人民政府不以营利为目的的事业单位，设 8 个处室，10 个管理部。从业人员 129 人，其中，在编 95 人，非在编 34 人。

二、业务运行情况

（一）缴存。2022 年，新开户单位 3300 家，实缴单位 17839 家，净增单位 2193 家，同比增长 14.02%；新开户职工 12.48 万人，实缴职工 83.34 万人，净增职工 6.52 万人，同比增长 8.49%；缴存额 119.59 亿元，同比增长 22.19%。

2022 年末，缴存总额 797.73 亿元，比上年末增长 17.64%；缴存余额 231.91 亿元，同比增长 21.11%（表 1、图 1）。

受委托办理住房公积金缴存业务的银行 5 家。

2022 年全市住房公积金缴存情况表 **表 1**

项目＼管理部	全市合计	盐南	开发区	亭湖	盐都	东台	大丰	射阳	建湖	阜宁	滨海	响水
新增缴存单位(个)	3300	826	220	567	381	263	205	138	284	124	152	140
新开户职工(万人)	12.48	1.55	1.21	1.41	1.18	1.56	1.45	1.02	1.03	0.73	0.65	0.69
当年缴存额(亿元)	119.59	13.91	5.84	20.39	11.69	11.72	12.68	10.24	8.14	8.52	9.38	7.08
缴存余额(亿元)	231.91	23.55	10.86	36.10	22.30	24.68	25.63	20.51	18.80	19.38	16.70	13.40
累计缴存额(亿元)	797.73	363.38				76.04	81.87	67.26	53.07	54.96	58.50	42.65

（二）提取。2022 年，36.54 万名缴存职工提取住房公积金；提取额 79.17 亿元，同比增长 3.42%；提取额占当年缴存额的 66.20%，比上年减少 12.02 个百分点（表 2、图 2）。

2022 年末，提取总额 565.82 亿元，比上年末增长 16.27%。

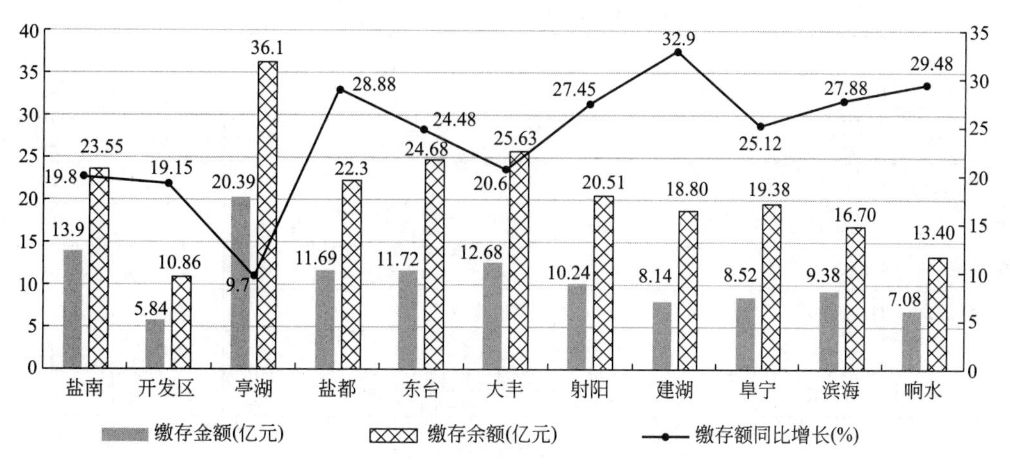

图 1　2022 年全市住房公积金缴存情况图

2022 年全市住房公积金提取情况表　　　　**表 2**

项目＼管理部	合计	盐南	开发区	亭湖	盐都	东台	大丰	射阳	建湖	阜宁	滨海	响水
当年提取额(亿元)	79.17	9.75	3.86	15.03	7.97	6.88	8.14	6.51	4.87	5.44	6.21	4.51
当年提取率(%)	66.20	70.11	66.27	73.72	68.13	58.69	64.17	63.61	59.76	63.88	66.20	63.65
累计提取额(亿元)	565.82	270.58				51.36	56.24	46.75	34.26	35.59	41.80	29.24

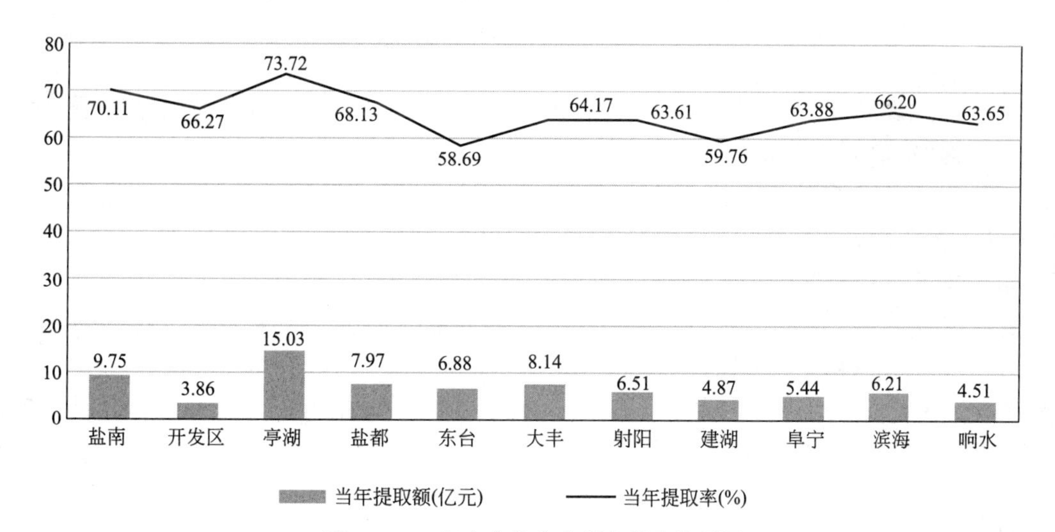

图 2　2022 年全市住房公积金提取情况图

（三）贷款。

1. 个人住房贷款。符合贷款条件的家庭，最高贷款额度为 60 万元；符合贷款条件的个人，最高贷款额度为 30 万元。2022 年，发放个人住房贷款 1.11 万笔、41.06 亿元，同比分别增长 32.91%、84.13%。回收个人住房贷款 25.89 亿元。

2022 年末，累计发放个人住房贷款 19.26 万笔、431.30 亿元，分别比上年末增长 6.1%、10.52%。个人住房贷款余额 188.84 亿元，比上年末增长 8.73%。个人住房贷款余额占缴存余额的 81.42%，比上年末减少 9.27 个百分点（表 3、图 3）。

受委托办理住房公积金个人住房贷款业务的银行 21 家。

2022 年全市住房公积金贷款情况表 表 3

项目 \ 管理部	全市合计	市区（不含大丰）	东台	大丰	射阳	建湖	阜宁	滨海	响水
当年放贷笔数（万笔）	1.11	0.56	0.05	0.14	0.11	0.05	0.08	0.07	0.05
当年放贷金额（亿元）	41.06	22.20	1.90	4.60	3.60	1.75	2.54	2.49	1.98
当年回收金额（亿元）	25.89	13.36	2.32	2.42	1.91	1.58	1.29	1.89	1.12
累计放贷笔数（万笔）	19.26	9.72	1.77	1.78	1.65	1.08	1.07	1.30	0.89
累计放贷金额（亿元）	431.30	233.55	35.54	39.92	30.78	24.71	20.97	27.76	18.07
贷款余额（亿元）	188.84	103.15	14.41	16.30	14.90	10.16	9.03	12.26	8.63
个贷率（%）	81.42	111.15	58.39	63.57	72.60	54.03	46.60	73.41	64.41

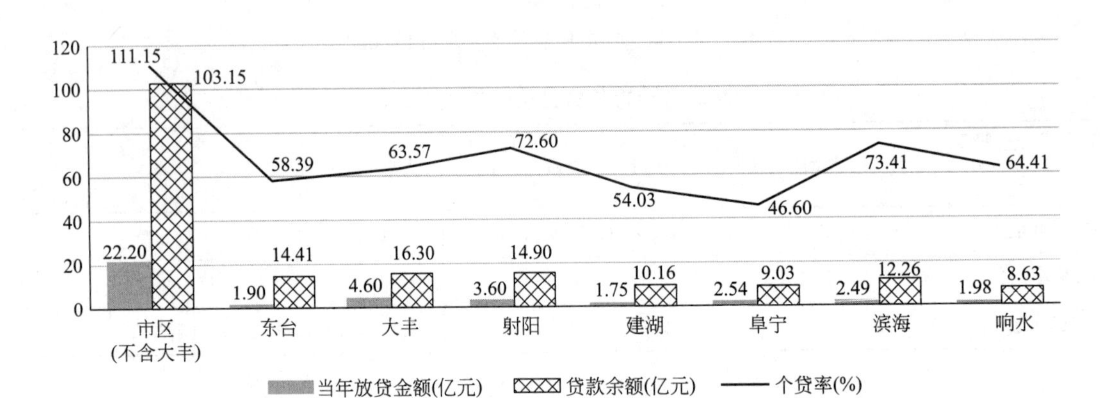

图 3　2022 年全市住房公积金贷款情况图

2. 异地贷款。2022 年，发放异地贷款 306 笔、10141 万元。2022 年末，累计发放异地贷款总额 104137 万元，异地贷款余额 57509 万元。

3. 公转商贴息贷款。2022 年，未发放公转商贴息贷款，当年贴息额为零，至年末贴息贷款余额为零。2022 年末，累计发放公转商贴息贷款 1892 笔、3.72 亿元，累计贴息 131.41 万元。

（四）购买国债。2022 年，未购买国债。2022 年末，国债余额 0.49 亿元。

（五）资金存储。2022 年末，住房公积金存款 57.43 亿元。其中，活期 0.02 亿元，1 年（含）以下定期 16.31 亿元，其他（协定、通知存款等）41.1 亿元。

（六）资金运用率。2022 年末，住房公积金个人住房贷款余额和购买国债余额的总和占缴存余额的 81.64%，比上年末减少 9.31 个百分点。

三、主要财务数据

（一）业务收入。2022 年，业务收入 66585 万元，同比增长 8.97%。其中，存款利息 8636 万元，委托贷款利息 57804 万元，国债利息 143 万元，其他 2 万元。

（二）业务支出。2022 年，业务支出 36187 万元，同比增长 11.21%。其中，支付职工住房公积金利息 32066 万元，归集手续费 2709 万元，委托贷款手续费 1412 万元。

（三）增值收益。2022 年，增值收益 30398 万元，同比增长 6.42%。其中，增值收益率 1.43%，比上年减少 0.17 个百分点。

（四）增值收益分配。2022 年，提取贷款风险准备金 1113 万元，提取管理费用 11200 万元，提取城市廉租住房建设补充资金 18085 万元。

2022 年，上交财政管理费用 11200 万元。上缴财政城市廉租住房建设补充资金 19863 万元，其中，市区（不含大丰）9932万元，东台1698万元，大丰1986万元，建湖1329万元，射阳1437万元，滨海1158万元，阜宁1395万元，响水928万元。

2022年末，贷款风险准备金余额111915万元。累计提取城市廉租住房建设补充资金95623万元。其中，市区（含大丰）57439万元，东台8414万元，建湖6647万元，射阳6887万元，滨海5522万元，阜宁6448万元，响水4266万元。

（五）管理费用支出。2022年，管理费用支出7210.01万元，同比增长40.09%。其中，人员经费3533.69万元，公用经费1255.71万元，专项经费2420.61万元（表4）。

2022年全市住房公积金管理费用情况表 **表4**

项目 \ 管理部	全市合计	市本级	东台	大丰	射阳	建湖	阜宁	滨海	响水
人员经费(万元)	3533.69	2094.35	199.05	235.62	217.73	222.84	205.68	204.59	153.63
公用经费(万元)	1255.71	961.75	39.51	45.12	40.97	35.71	39.78	54.25	38.81
专项经费(万元)	2420.61	2420.61							
合计(万元)	7210.01	5476.71	238.56	280.74	258.70	258.55	245.46	258.84	192.44

四、资产风险状况

2022年末，个人住房贷款逾期额38万元，逾期率0.021‰。个人贷款风险准备金余额111915万元。

五、社会经济效益

（一）缴存业务

缴存职工中，国家机关和事业单位占21.62%，国有企业占16.88%，城镇集体企业占0.66%，外商投资企业占6.52%，城镇私营企业及其他城镇企业占47.32%，民办非企业单位和社会团体占1.69%，灵活就业人员占4.67%，其他占0.64%（图4）。缴存职工中，中、低收入占98.93%，高收入占1.07%。

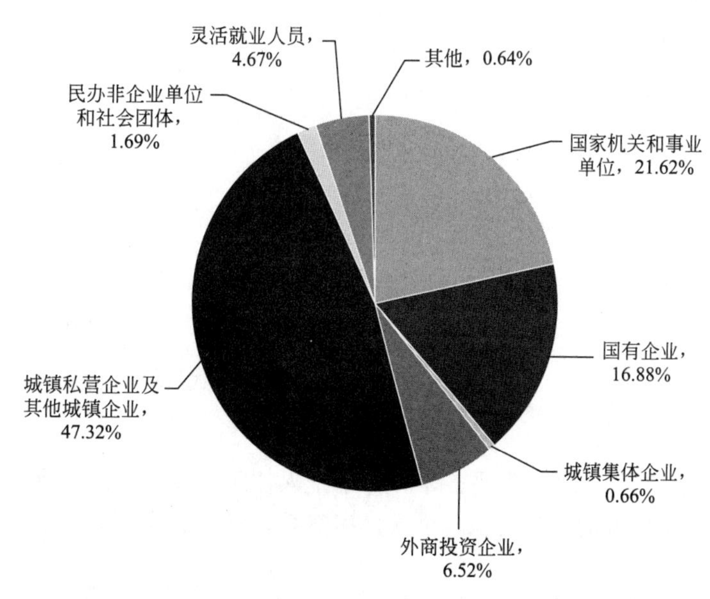

图4 2022年全市不同性质单位缴存职工分类占比图

新开户职工中，国家机关和事业单位占 7.03%，国有企业占 8.69%，城镇集体企业占 0.69%，外商投资企业占 8.87%，城镇私营企业及其他城镇企业占 65.02%，民办非企业单位和社会团体占 1.48%，灵活就业人员占 7.42%，其他占 0.81%（图 5）；中、低收入占 99.47%，高收入占 0.53%。

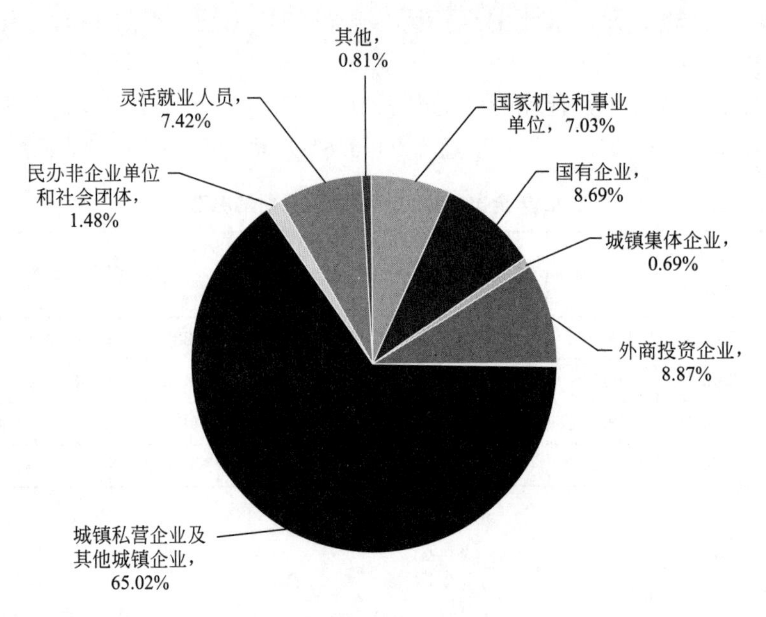

图 5　2022 年全市不同性质单位新开户职工分类占比图

（二）提取业务

提取金额中，购买、建造、翻建、大修自住住房及支持老旧小区改造占 10.22%，偿还购房贷款本息占 69.89%，租赁住房占 2.69%，离休和退休提取占 12.43%，死亡或宣告死亡提取占 0.29%，其他非住房消费提取占 4.48%（图 6）。

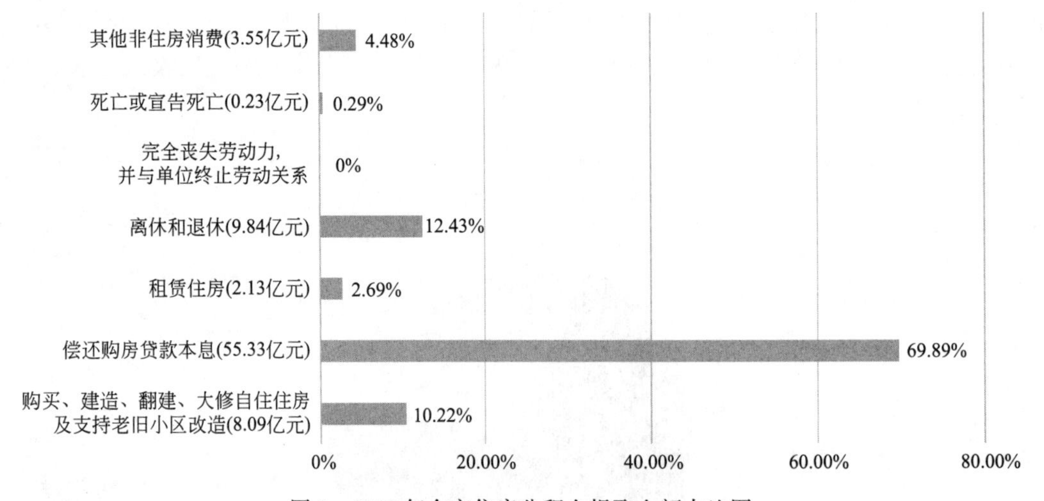

图 6　2022 年全市住房公积金提取金额占比图

（三）贷款业务

2022 年，支持职工购建房 131.25 万平方米，年末个人住房贷款市场占有率为 9.64%，比上年末增加 1.07 个百分点。2022 年发放的住房公积金个人住房贷款，在贷款合同约定的存续期内可节约职工购房利息支出 7.4 亿元。

职工贷款笔数中，购房建筑面积 90（含）平方米以下占 7.08%，90～144（含）平方米占 70.96%，144 平方米以上占 21.96%（图 7）。购买新房占 71%，购买二手房占 29%。

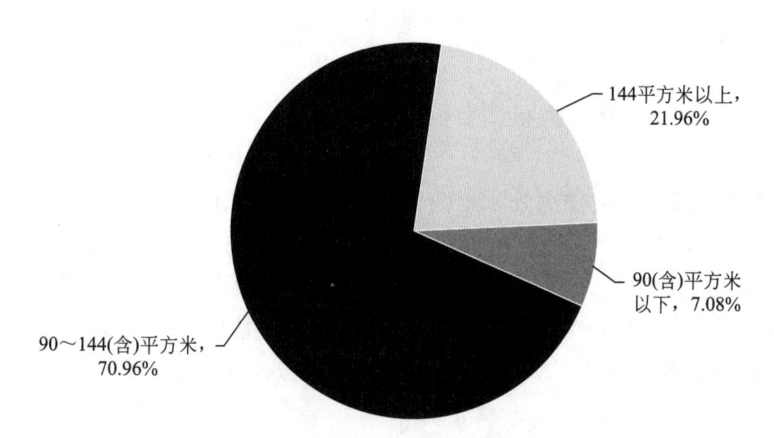

图 7　2022 年全市住房公积金贷款笔数按购房面积分类占比图

职工贷款笔数中，单缴存职工申请贷款占 23.83%，双缴存职工申请贷款占 74.32%，三人共同申请贷款占 1.85%（图 8）。

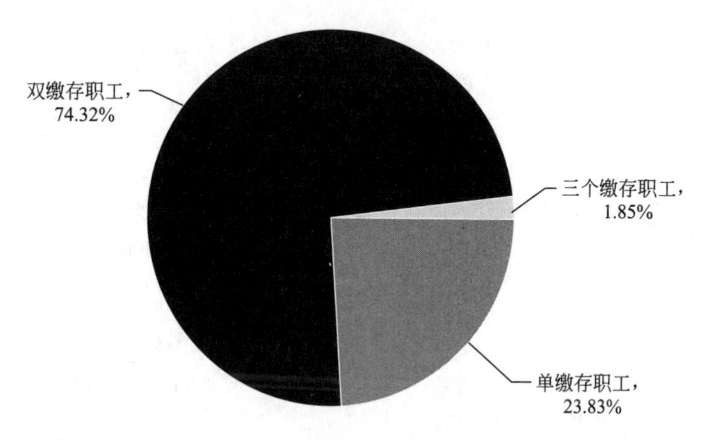

图 8　2022 年全市住房公积金贷款笔数按申请人数分类占比图

贷款职工中，30 岁（含）以下占 31.42%，30 岁～40 岁（含）占 46.36%，40 岁～50 岁（含）占 17.55%，50 岁以上占 4.67%（图 9）；购买首套住房申请贷款占 90.68%，购买二套房申请贷款占 9.32%；中、低收入占 98.8%，高收入占 1.2%。

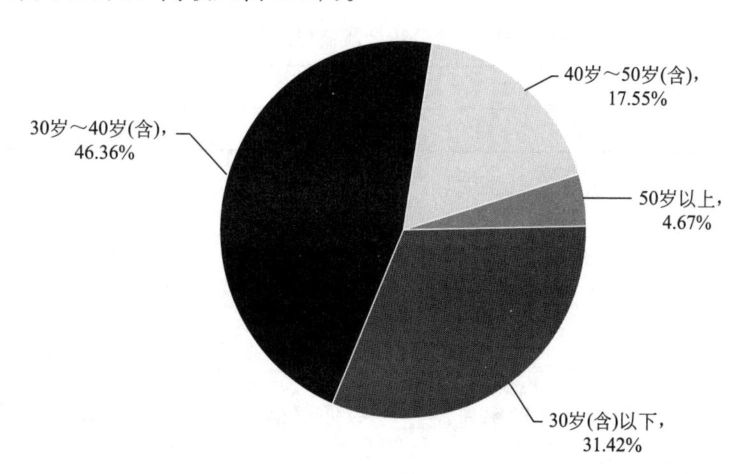

图 9　2022 年全市住房公积金贷款笔数按年龄分类占比图

（四）住房贡献率

2022 年，个人住房贷款发放额、住房消费提取额的总和与当年缴存额的比率为 89.15%。

六、其他重要事项

（一）受委托办理缴存贷款业务金融机构变更情况

2022 年，新增 7 家受委托办理住房公积金个人住房贷款业务的银行。

（二）应对新冠肺炎疫情，落实住房公积金阶段性支持政策情况

2022 年 4 月先后出台了《关于调整我市住房公积金贷款政策的通知》《关于进一步帮助市场主体纾困解难稳定经济增长的通知》两条稳定经济增长政策措施；6 月印发了《关于进一步落实住房公积金阶段性支持政策的通知》，进一步加大住房公积金助企纾困力度，帮助受疫情影响的企业和缴存人共渡难关。积极探索“即申即办、免审即享、动态跟踪”的管理模式，落实住房公积金应对疫情阶段性支持政策。

全年共计 1382 家企业缓缴和降低缴存比例，减负 1997 万元。对受疫情影响未正常偿还的 2546 笔、110.36 万元公积金贷款，不作逾期处理，不计罚息。

（三）住房公积金政策调整及执行情况

1. 缴存政策调整情况

（1）自 2022 年 7 月 1 日起，职工住房公积金月缴存工资基数上限为 26900 元，职工住房公积金月缴存工资基数下限按 2021 年度月最低工资标准执行（其中，市直、亭湖、盐都、开发区、盐南高新区、大丰、东台月最低工资标准为 2070 元，建湖、射阳、阜宁、滨海、响水月最低工资标准为 1840 元）。

灵活就业人员缴存基数上限为 26900 元，下限为 3800 元。

（2）机关事业单位及其职工缴存比例为 12%；企业及其职工缴存比例为 8%～12%；灵活就业人员缴存比例为 10%。继续执行我市减轻企业负担降低住房公积金缴存比例的政策。

2. 提取政策调整情况

持续助力“租购并举”，提高租房提取住房公积金最高额度，租房提取不限频次，加大租房提取住房公积金支持力度。自提高租房提取额度后，8843 名缴存职工累计租房提取金额 9795.34 万元。全年支持 2.9 万名缴存职工租房消费提取 2.13 亿元。

（1）自 2022 年 6 月 8 日起，提高租房提取住房公积金最高额度。市区（含大丰）范围内单职工每月提取最高限额由 600 元提高至 800 元，已婚职工夫妻双方每月提取最高限额由 1200 元提高至 1600 元；其他县（市）单职工每月提取最高限额由 500 元提高至 600 元，已婚职工夫妻双方每月提取最高限额由 1000 元提高至 1200 元（表 5）。

租房提取住房公积金最高额度情况表　　表 5

执行时间及标准 / 地区	2022 年 6 月 8 日前		2022 年 6 月 8 日起	
	单职工	双职工	单职工	双职工
市区（含大丰）	600 元	1200 元	800 元	1600 元
其他各县（市）	500 元	1000 元	600 元	1200 元

（2）自 2022 年 10 月 20 日起，取消购房建房一年内申请提取、贷款结清后三个月内申请补提取的时间限制。

3. 贷款政策调整情况

为满足缴存人基本住房需求，在全省率先调整住房公积金贷款政策，提高贷款额度，恢复二次公积金贷款，推行商转公带押转贷。

政策实施后，贷款笔数和规模呈快速增长态势，全年发放住房公积金贷款 11085 笔、41.06 亿元，同比分别增长 32.91%、84.13%。其中，支持缴存人购买首套房贷款 10052 笔、35.9 亿元，分别占贷款总量的 90.68%、87.43%（图 10），住房公积金贷款政策支持缴存人购买首套普通自住住房效应明显。

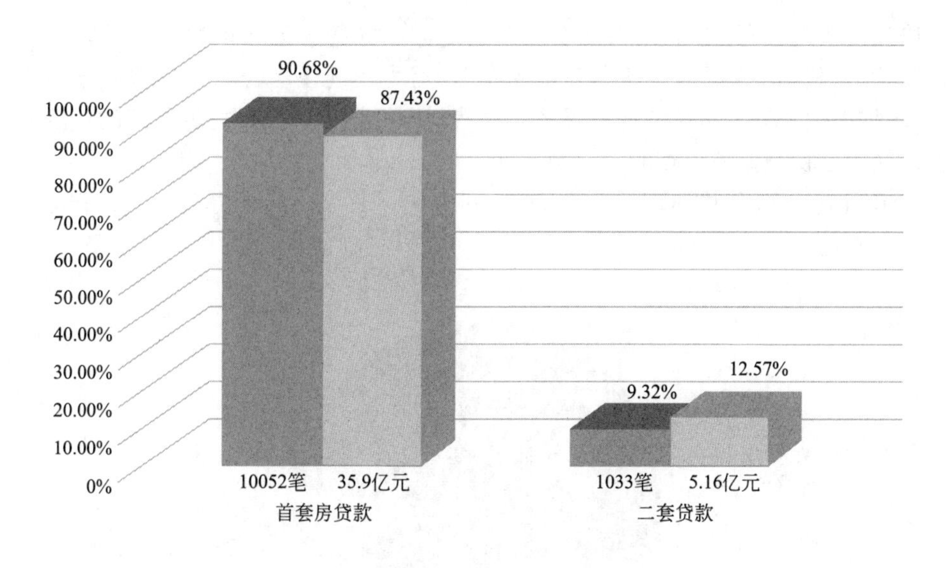

图 10　2022 年全市住房公积金贷款按次数分类的笔数和金额占比图

（1）调整公积金贷款最高限额

符合贷款条件的家庭，贷款最高限额由 40 万元调整至 60 万元；符合贷款条件的个人，贷款最高限额由 20 万元调整至 30 万元。

（2）恢复第二次购房住房公积金贷款支持政策

首次公积金贷款（含异地贷款）结清的缴存职工，新政策实施后，新购买、建造、翻建、大修自住普通住房的，可以再次申请公积金贷款，贷款利率按照同期住房公积金个人住房贷款基准利率的 1.1 倍执行。第三次及以上申请公积金贷款的，不予受理。

（3）调整公积金贷款保底贷款额度

符合贷款条件的家庭，保底贷款额度由 15 万元调整至 20 万元；符合贷款条件的个人，保底贷款额度由 8 万元调整至 10 万元。

4. 当年住房公积金存贷款利率执行标准

2022 年住房公积金存款利率为 1.5%；2022 年住房公积金贷款利率执行标准：9 月 30 日（含）以前，首套贷款利率为五年（含）以内 2.75%，五年以上 3.25%；第二套贷款利率为五年（含）以内 3.025%，五年以上 3.575%。10 月 1 日起，首套贷款利率为五年（含）以内 2.6%，五年以上 3.1%；第二套贷款利率为五年（含）以内 3.025%，五年以上 3.575%（表 6）。

当年住房公积金贷款利率执行标准　　**表 6**

执行时间及标准 / 贷款期限	2022 年 9 月 30 日(含)前		2022 年 10 月 1 日起	
	首套房	二套房	首套房	二套房
5 年(含)以内	2.75%	3.025%	2.6%	3.025%
5 年以上	3.25%	3.575%	3.1%	3.575%

（四）服务改进情况

1. 深度融合线上线下业务，不见面服务大幅提升

构建以“我的盐城 App、中心门户网站、住房公积金网厅、微信公众号、合作银行智能服务终端、短信、12329 服务热线”等全渠道的住房公积金综合服务平台；为缴存人提供 7×24 小时高效便捷的线上渠道；实现住房公积金高频提取业务“零材料”、资金“秒到账”的“掌上办”；与全市 8 家农商银行

签署全面合作协议，依托农商银行网点多、分布广的优势，将服务延伸至乡镇、街道，推进实现公积金业务“就近办”；充分利用“公积金＋银行贷款系统”，努力实现住房公积金贷款业务的“只见一次面”的“全程网办”；加强同公安、市场监督、民政、自然资源规划、人民银行等部门的业务系统数据共享、互联互通，实现住房公积金业务核查的“一网通办”。

2022 年，全市住房公积金共办理单位业务 54.6 万笔，其中，线上办理 51.6 万笔，占比 94.5%，线下办理 3 万笔，占比 5.5%（图 11）。

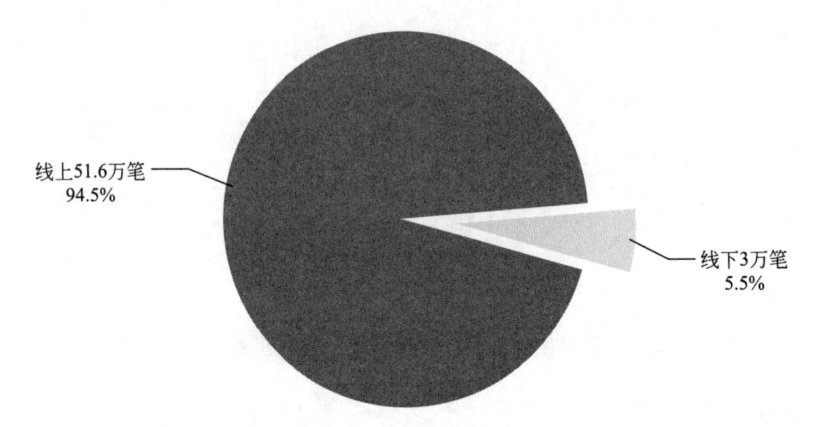

图 11　2022 年全市住房公积金单位业务办理情况图

2022 年，全市住房公积金共办理个人业务 255.6 万笔，其中，线上办理 238.4 万笔，占比 93.3%，线下办理 17.2 万笔，占比 6.7%（图 12）。

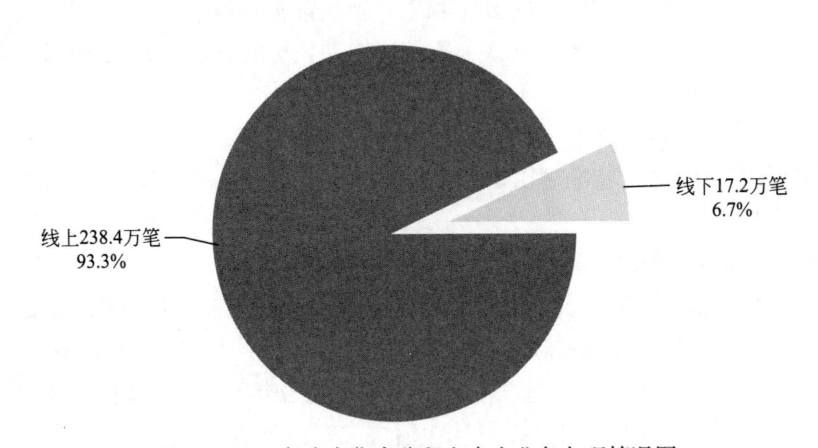

图 12　2022 年全市住房公积金个人业务办理情况图

个人业务线上办理主要在网上服务大厅、我的盐城 App、微信公众号，分别为 125.2 万笔、70.9 万笔、40.1 万笔，占全部线上办理量的 99.08%（图 13）。

2. 深化“跨省通办”“长三角一体化平台”功能，高质量做好异地协查协办业务

针对住房公积金监管平台和“长三角一体化平台”业务需要，设立线上线下“跨省通办”“长三角一体化平台”专窗，扎实推进异地公积金业务顺利开展。扩展公积金监管平台功能，在正常的 8 项“跨省通办”业务外，沟通协调其他公积金中心开展了超期异地证明撤销、贷款流水打印、房产交易信息协查、不动产证信息协查等多项业务。

全年累计出具贷款职工住房公积金缴存使用证明 1168 笔；正常退休提取住房公积金 4784 笔；住房公积金单位登记开户 1518 笔；住房公积金单位及个人缴存信息变更 267752 笔；购房提取住房公积金 143 笔；提前还清住房公积金贷款 6579 笔，长三角一体化平台协查 125 笔。

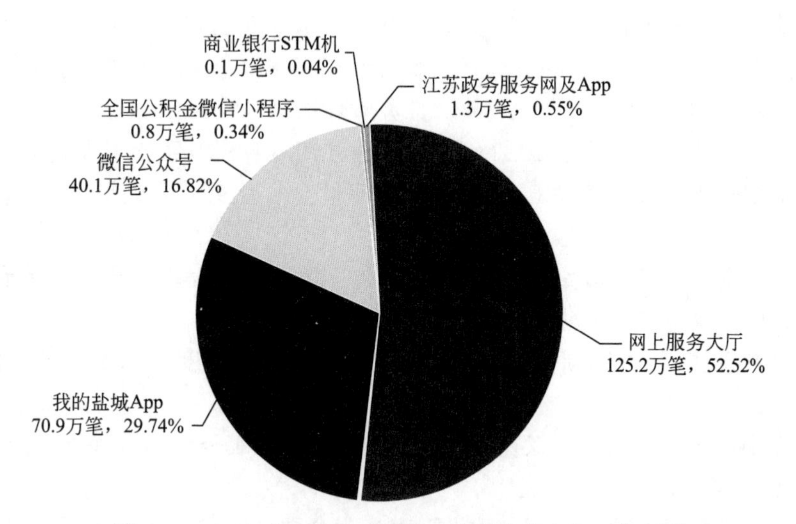

图13　2022年全市住房公积金个人业务线上办理情况图

3. 严格落实服务“好差评”制度，服务满意度不断提升

优化完善“好差评”评价渠道，在窗口增设服务评价器，全面开展现场服务“一次一评”和网上服务“一事一评”，主动引导企业和群众开展评价，实现公积金服务线上线下服务渠道评价全覆盖。

全年中心服务评价量为130万件，位居市级部门第二，满意率为99.99%。

（五）信息化建设情况

1. 推进跨省业务通办

对接全国住房公积金小程序，落实“跨省通办”、长三角“一网通办”，实现部、省市公积金数据共享。加强跨层级联动、跨部门协同推进住房公积金开户“一件事”、退休“一件事”和就业“一件事”等联办落地。

2. 深化数字公积金建设

探索以新型数字技术引领住房公积金数字化发展：一是上线人民银行征信查询前置系统，征信信息自动推送至业务系统，并可在办理公积金贷款时智能判断职工信用情况，进一步优化了业务办理流程；二是积极对接“苏服码”，进一步精简现有业务办理要件，推进公积金业务办理全流程“无纸化”。

3. 强化安全管理要求

坚持把安全作为数字公积金稳中求进的重要基石：一是按照三级等保要求，完成对旧安全设备的替换和关键安全设备的热备，优化升级核心业务系统密码登录验证规则，进一步增强了网络信息系统安全；二是对系统安全防护进行升级，传输通道升级为HTTPS，有效提升数据传输的安全性，确保数据的完整性和准确性；三是推进系统迁移“上云”工作，依托市“政务云”平台搭建安全、可靠的基础计算存储平台，保障系统设备“不宕机”。

（六）执法推进情况

2022年，制定《盐城市住房公积金管理中心投诉事项办理工作规范》和《盐城市住房公积金管理中心行政复议和行政应诉工作规范》，进一步健全行政执法工作规范，保证执法行为制度化、规范化、程序化，提升执法效能。

2022年，对违反《住房公积金管理条例》和相关法规行为，行政执法立案5件，发责令限期办理登记（开户、缴存）通知书5份；发责令限期缴存决定书1份；向人民法院申请强制执行6次，强制执行罚款5万元，加处罚款5万元，补缴职工住房公积金38907元。

（七）获得荣誉情况

1. 集体获得市级（含）以上荣誉情况

（1）盐城市住房公积金管理中心、盐城市住房公积金建湖管理部、盐城市住房公积金滨海管理部、盐城市住房公积金响水管理部被省文明委表彰为 2019—2021 年度江苏省文明单位。

（2）中心被省总工会、省全民阅读办命名为 2022 年江苏省工会“职工书屋示范点”。

（3）大丰管理部被省建设工会授予 2022 年“江苏省住房城乡建设系统五一巾帼标兵岗”称号。

（4）滨海管理部被省建设工会授予 2022 年“江苏省住房城乡建设系统工人先锋号”称号。

（5）滨海管理部工会小组被省建设工会评为 2022 年度全省住房城乡建设系统“工会工作模范职工小家”。

（6）市直管理部、射阳管理部分别被省住建系统职工劳动竞赛活动领导小组授予 2022 年度江苏省住建系统城乡运行保障劳动竞赛“先进单位”“先进班组”称号。

（7）阜宁管理部被省住建系统安康杯竞赛领导小组评为 2022 年度江苏省住房和城乡建设系统“安康杯”竞赛优胜班组。

（8）中心机关党委“赞颂新成就、献礼二十大”被市级机关工委评为“优秀书记”项目。

2. 个人获得市级（含）以上荣誉情况

（1）蔡建国同志被人社部、住房和城乡建设部表彰为全国住房和城乡建设系统先进工作者。

（2）彭琳同志被省建设工会授予 2022 年“江苏省住房城乡建设系统五一巾帼标兵”称号。

（3）陈月华同志被省住建系统职工劳动竞赛活动领导小组授予 2022 年度江苏省住建系统城乡运行保障劳动竞赛“先进个人”称号。

（4）王寿标同志被省住建系统安康杯竞赛领导小组评为 2022 年度江苏省住房和城乡建设系统“安康杯”竞赛组织工作优秀个人。

（5）刘畅同志被盐城市总工会授予“盐城市五一劳动奖章”。

（6）卫伟、黄晓敏、周泽、项晔、顾银利、陈智勇同志被市总工会授予“盐城市五一创新能手”。

江苏省及省内各城市住房公积金 2022 年年度报告二维码

名称	二维码
江苏省住房公积金 2022 年年度报告	
南京住房公积金 2022 年年度报告	
无锡市住房公积金 2022 年年度报告	
徐州市住房公积金 2022 年年度报告	
常州市住房公积金 2022 年年度报告	
苏州市住房公积金 2022 年年度报告	
南通市住房公积金 2022 年年度报告	

续表

名称	二维码
连云港市住房公积金 2022 年年度报告	
淮安市住房公积金 2022 年年度报告	
盐城市住房公积金 2022 年年度报告	
扬州市住房公积金 2022 年年度报告	
镇江市住房公积金 2022 年年度报告	
泰州市住房公积金 2022 年年度报告	
宿迁市住房公积金 2022 年年度报告	

浙江省

浙江省住房公积金 2022 年年度报告

根据国务院《住房公积金管理条例》及住房和城乡建设部、财政部、人民银行《关于健全住房公积金信息披露制度的通知》（建金〔2015〕26 号）规定，现将浙江省住房公积金 2022 年年度报告汇总公布如下：

一、机构概况

（一）住房公积金管理机构。全省共设 11 个设区城市住房公积金管理中心，12 个独立统计的分中心（其中，北仑、镇海、象山、宁海、余姚、慈溪、奉化分中心隶属宁波市中心，嘉善、海盐、海宁、平湖、桐乡分中心隶属嘉兴市中心）。从业人员 1996 人，其中，在编 1015 人，非在编 981 人。

（二）住房公积金监管机构。省建设厅、财政厅和人民银行杭州中心支行负责对本省住房公积金管理运行情况进行监督。省建设厅设立住房改革与公积金监管处，负责辖区住房公积金日常监管工作。

二、业务运行情况

（一）缴存。2022 年，新开户单位 128113 家，净增单位 41306 家；新开户职工 203.00 万人，净增职工 68.01 万人；实缴单位 402406 家，实缴职工 1091.35 万人，缴存额 2274.02 亿元，分别同比增长 11.44%、6.64%、10.01%。2022 年末，缴存总额 17135.12 亿元，比上年末增加 15.30%；缴存余额 5020.26 亿元，同比增长 13.45%（表 1）。

2022 年分城市住房公积金缴存情况 表 1

地区	实缴单位（万个）	实缴职工（万人）	缴存额（亿元）	累计缴存总额（亿元）	缴存余额（亿元）
浙江	**40.24**	**1091.35**	**2274.02**	**17135.12**	**5020.26**
杭州	16.18	375.66	920.33	6340.70	1798.18
宁波	6.70	196.64	361.42	2907.78	779.99
温州	3.52	97.95	183.09	1488.35	499.63
湖州	2.49	63.39	96.98	734.29	253.72
嘉兴	3.05	92.26	160.60	1218.01	354.12
绍兴	1.83	63.80	131.43	1066.26	307.61
金华	1.95	65.25	124.87	974.33	308.05
衢州	0.76	28.94	67.78	535.58	141.24
舟山	0.48	18.47	44.18	377.01	111.06
台州	2.50	64.65	124.73	1001.57	321.70
丽水	0.77	24.32	58.60	491.24	144.96

（二）提取。2022 年，472.15 万名缴存职工提取住房公积金；提取额 1678.71 亿元，同比增长 6.94%；提取额占当年缴存额的 73.82%，比上年减少 2.12 个百分点。2022 年末，提取总额 12114.86 亿元，比上年末增加 16.09%（表 2）。

2022年分城市住房公积金提取情况　　**表2**

地区	提取额（亿元）	提取率（%）	住房消费类提取额（亿元）	非住房消费类提取额（亿元）	累计提取总额（亿元）
浙江	**1678.71**	**73.82**	**1414.62**	**264.09**	**12114.86**
杭州	681.86	74.09	603.46	78.40	4542.52
宁波	270.01	74.71	221.39	48.63	2127.79
温州	133.76	73.05	108.56	25.19	988.72
湖州	68.02	70.14	54.40	13.63	480.57
嘉兴	116.23	72.37	95.78	20.44	863.89
绍兴	96.82	73.67	79.01	17.81	758.65
金华	92.40	74.00	73.90	18.50	666.27
衢州	50.31	74.23	41.90	8.41	394.35
舟山	32.03	72.52	25.38	6.65	265.94
台州	92.98	74.54	74.22	18.76	679.87
丽水	44.28	75.57	36.60	7.68	346.29

（三）贷款。

1. 个人住房贷款。2022年，发放个人住房贷款（含异地贷款，下同）19.21万笔、1018.65亿元，同比增长0.95%、14.73%。回收个人住房贷款553.18亿元。

2022年末，累计发放个人住房贷款249.84万笔、9093.88亿元，贷款余额4651.20亿元，分别比上年末增加8.33%、12.61%、11.12%。个人住房贷款余额占缴存余额的92.65%，比上年末减少1.94个百分点（表3）。

2022年分城市住房公积金个人住房贷款情况　　**表3**

地区	放贷笔数（笔）	贷款发放额（亿元）	累计放贷笔数（笔）	累计贷款总额（亿元）	贷款余额（亿元）	个人住房贷款率（%）
浙江	192094	1018.65	2498436	9093.88	4651.20	92.65
杭州	65076	413.81	674336	3070.07	1676.11	93.21
宁波	25262	147.14	369169	1386.64	715.19	91.69
温州	19646	96.38	255344	922.71	479.97	96.07
湖州	14413	56.16	162978	495.04	252.39	99.48
嘉兴	17207	83.45	237735	671.51	337.80	95.39
绍兴	11859	47.64	162855	543.18	261.74	85.09
金华	10560	54.63	171131	580.41	270.93	87.95
衢州	6042	34.78	115144	310.68	126.79	89.77
舟山	4968	19.25	72356	215.16	99.89	89.94
台州	12790	48.29	186063	603.47	297.74	92.55
丽水	4271	17.11	91325	295.00	132.64	91.50

2022年，支持职工购建房2077.50万平方米。年末个人住房贷款市场占有率（含公转商贴息贷款）为10.91%，比上年末减少0.85个百分点。通过申请住房公积金个人住房贷款，可节约职工购房利息支出171.25亿元。

2. 异地贷款。2022年，发放异地贷款9696笔、489966.65万元。2022年末，发放异地贷款总额

2614050.26 万元，异地贷款余额 1781561.91 万元。

3. 公转商贴息贷款。2022 年，发放公转商贴息贷款 20479 笔、985325.23 万元，支持职工购建房面积 191.26 万平方米。当年贴息额 64672.54 万元。2022 年末，累计发放公转商贴息贷款 193045 笔、9416839.6 万元，累计贴息 400238.18 万元。

（四）购买国债。2022 年，购买（记账式、凭证式）国债 0 亿元，（兑付、转让、收回）国债 0 亿元。2022 年末，国债余额 0 亿元。

（五）融资。2022 年，通过银行受信融资 3.61 亿元，归还 32.49 亿元。2022 年末，融资总额 568.23 亿元，融资余额 22.68 亿元。

（六）资金存储。2022 年末，住房公积金存款 438.88 亿元。其中，活期 3.17 亿元，1 年（含）以下定期 159.04 亿元，1 年以上定期 0.43 亿元，其他（协定、通知存款等）276.24 亿元。

（七）资金运用率。2022 年末，住房公积金个人住房贷款余额、项目贷款余额和购买国债余额的总和占缴存余额的 92.65%，比上年末减少 1.94 个百分点。

三、主要财务数据

（一）业务收入。2022 年，业务收入 1595217.11 万元，同比增长 12.87%。其中，存款利息 133400.97 万元，委托贷款利息 1448382.34 万元，国债利息 0 万元，其他 13433.80 万元。

（二）业务支出。2022 年，业务支出 838108.00 万元，同比增长 10.34%。其中，支付职工住房公积金利息 712140.20 万元，归集手续费 435.50 万元，委托贷款手续费 52490.11 万元，其他 73042.19 万元。

（三）增值收益。2022 年，增值收益 757109.34 万元，同比增长 15.82%；增值收益率 1.60%，比上年增加 0.03 个百分点。

（四）增值收益分配。2022 年，提取贷款风险准备金 389561.26 万元，提取管理费用 45507.74 万元，提取城市廉租住房（公共租赁住房）建设补充资金 322040.34 万元（表 4）。

2022 年分城市住房公积金增值收益及分配情况 表 4

地区	业务收入（亿元）	业务支出（亿元）	增值收益（亿元）	增值收益率（%）	提取贷款风险准备金（亿元）	提取管理费用（亿元）	提取公租房(廉租房)建设补充资金(亿元)
浙江	**159.52**	**83.81**	**75.71**	**1.60**	**38.96**	**4.55**	**32.20**
杭州	55.87	30.75	25.12	1.50	9.31	0.56	15.25
宁波	24.53	13.25	11.28	1.53	6.77	0.22	4.29
温州	16.16	8.43	7.73	1.62	3.56	0.61	3.57
湖州	8.76	4.07	4.69	1.94	2.89	0.39	1.40
嘉兴	11.35	5.76	5.59	1.67	3.35	0.41	1.83
绍兴	10.00	5.17	4.83	1.67	2.90	0.48	1.45
金华	9.78	4.88	4.90	1.68	3.05	0.41	1.44
衢州	4.32	2.13	2.19	1.65	1.31	0.36	0.52
舟山	3.52	2.04	1.48	1.41	0.89	0.27	0.32
台州	10.26	4.96	5.31	1.74	3.37	0.43	1.50
丽水	4.97	2.38	2.59	1.88	1.55	0.40	0.63

2022 年，上交财政管理费用 44797.35 万元，上缴财政城市廉租住房（公共租赁住房）建设补充资金 235326.19 万元。

2022年末，贷款风险准备金余额3610736.46万元，累计提取城市廉租住房（公共租赁住房）建设补充资金2279971.14万元。

（五）管理费用支出。2022年，管理费用支出62296.69万元，同比增长2.87%。其中，人员经费37046.81万元，公用经费5685.99万元，专项经费19563.89万元。

四、资产风险状况

（一）个人住房贷款。2022年末，个人住房贷款逾期额1775.22万元，逾期率0.038‰，个人贷款风险准备金余额3608158.68万元。2022年，使用个人贷款风险准备金核销呆坏账－0.16万元。

（二）住房公积金支持保障性住房建设项目贷款。2022年末，我省无逾期项目贷款，项目贷款风险准备金余额2577.78万元。2022年，使用项目贷款风险准备金核销呆坏账0万元。

五、社会经济效益

（一）缴存业务

缴存职工中，国家机关和事业单位占18.02%，国有企业占8.27%，城镇集体企业占1.16%，外商投资企业占4.77%，城镇私营企业及其他城镇企业占62.95%，民办非企业单位和社会团体占1.69%，灵活就业人员占1.35%，其他占1.79%；中、低收入占98.34%，高收入占1.66%。

新开户职工中，国家机关和事业单位占5.50%，国有企业占4.16%，城镇集体企业占1.19%，外商投资企业占4.61%，城镇私营企业及其他城镇企业占78.48%，民办非企业单位和社会团体占1.77%，灵活就业人员占2.06%，其他占2.23%；中、低收入占99.47%，高收入占0.53%。

（二）提取业务

提取金额中，购买、建造、翻建、大修自住住房占13.61%，偿还购房贷款本息占61.83%，租赁住房占8.73%；离休和退休提取占9.43%，完全丧失劳动能力并与单位终止劳动关系提取占0.75%，出境定居占1.71%，其他占3.94%。提取职工中，中、低收入占91.95%，高收入占8.05%。

（三）贷款业务

个人住房贷款。职工贷款笔数中，购房建筑面积90（含）平方米以下占21.76%，90～144（含）平方米占70.60%，144平方米以上占7.64%。购买新房占74.25%（其中购买保障性住房占0.04%），购买二手房占25.69%，建造、翻建、大修自住住房占0.05%，其他占0.01%。

职工贷款笔数中，单缴存职工申请贷款占47.84%，双缴存职工申请贷款占52.02%，三人及以上缴存职工共同申请贷款占0.14%。

贷款职工中，30岁（含）以下占36.64%，30岁～40岁（含）占44.38%，40岁～50岁（含）占15.37%，50岁以上占3.61%；购买首套住房申请贷款占75.87%，购买二套及以上申请贷款占24.13%；中、低收入占97.02%，高收入占2.98%。

（四）住房贡献率

2022年，个人住房贷款发放额、公转商贴息贷款发放额、项目贷款发放额、住房消费提取额的总和与当年缴存额的比率为111.34%，比上年减少10.78个百分点。

六、其他重要事项

（一）应对新冠肺炎疫情采取的政策措施，落实住房公积金阶段性支持政策情况和政策实施成效

为全面贯彻国务院、省委省政府高效统筹疫情防控和社会经济发展决策部署，出台《关于组织实施住房公积金阶段性支持政策的通知》（浙建金监〔2022〕61号），并纳入省政府关于贯彻落实国务院扎实稳住经济一揽子政策措施实施方案。重点支持困难企业缓缴，支持困难职工暂缓还贷，支持基本住房消费。2022年，全省共384家单位申请缓缴住房公积金，涉及缴存职工1.98万人，缓缴公积金7724.18万元；其中申请缓缴的职工正常提取住房公积金4073人，提取公积金4660.08万元。受疫情影响不能正常偿还住房公积金贷款，申请不作逾期处理的贷款共 1335 笔。累计享受提高租房提取额度 64.11 万人，累计提取 47.58 亿元；累计享受提高租房提取频次 47.58 万人。累计享受提高贷款额度 5.89 万人，累计发放 310.32 亿元。

（二）住房公积金助力共同富裕示范区建设情况

杭州、温州、嘉兴、金华、衢州等城市开展住房公积金助力共同富裕示范区建设试点。杭州探索创新公积金融资机制。温州积极推进“住房公积金助力共同富裕部省合作联系点”建设，将制度扩面等工作融入政府工作大局，把灵活就业人员建缴公积金、民营企业制度扩面纳入全市“扩中提低”行动方案，龙港探索集体经济组织成员建立住房公积金制度。嘉兴、金华、衢州等试点城市推进灵活就业人员等群体缴存扩面出台相关实施细则，探索财政、金融等政策优惠提升制度吸引力。

（三）当年住房公积金政策调整情况

在租购并举支持缴存人基本住房需求方面，全省各市大力支持购买首套自住住房使用住房公积金，均提高了购买首套自住住房公积金贷款额度，杭州出台了购买共有产权住房使用公积金贷款实施办法；全省各市均出台支持多孩家庭使用住房公积金政策，明确提高符合规定的三孩家庭首套住房公积金贷款额度和租赁提取额度；湖州明确绿色建筑住宅使用公积金贷款可以上浮额度。

在完善业务规范方面，持续优化政务服务，夯实住房公积金数字化建设基础，开展全省住房公积金归集、提取、贷款等业务规范编制工作；衢州等地实行贷款额度限额与个贷率挂钩浮动机制。

（四）当年开展监督检查情况

开展住房公积金专项监督检查，联合省财政厅对湖州、绍兴、衢州、台州、丽水、省直等管理中心开展年度专项行政监督检查，并对 2021 年国家专项审计问题“回头看”。

开展住房公积金管理中心体检评估试点，围绕发展绩效、管理规范化、数字化建设、风险防控、服务能力等方面对试点中心工作开展全面评估分析，落实整改措施，及时改进工作。

加强电子监管应用，利用全国电子化稽查手段和全国监督平台，实施住房公积金业务实时动态监管，及时排查系统筛选的风险隐患，指导中心落实整改任务。全年通过风险指标梳理，整改问题 1581 个，整改完成率 100％，通过率 100％。

（五）当年服务改进情况

1. 协同优化政务服务。聚焦服务群众，简化办事流程，提高办事效率：完成“关键小事”智能速办还贷“一件事”优化，协同推进灵活就业人员缴存“一件事”、离退休提取“一件事”、抵押注销“一件事”、公积金业务社保卡“一卡通办”等事项；在企业开办“一件事”中增加在线签订银行代缴代扣公积金协议功能，助力优化营商环境；杭州、宁波、湖州等中心探索二手房“带押过户”，降低二手房交易成本和风险。以数字技术优化业务流程，衢州迭代升级“贷款不见面”应用，温州推动应用电子身份证等电子证照，宁波、义乌探索数字人民币在住房公积金业务的应用取得成效。

2. 推进长三角住房公积金一体化建设。实现离退休提取公积金事项接入长三角“一网通办”平台；在长三角示范区率先试点异地租赁提取服务；牵头制定了《长三角示范区住房公积金服务规范手册》，持续提升长三角区域住房公积金服务便利共享水平。

3. 推进“跨省通办”任务落实。拓展全国政务服务“跨省通办”范围，完成住房公积金汇缴、住房公积金补缴、提前部分偿还住房公积金贷款 3 项任务，全部实现全程网办。

（六）当年信息化建设情况

落实数字化场景建设。按照“一地创新、全省共享”模式，统筹推进“惠你购房”“无忧租赁”“金心惠企”“应急帮扶”等数字化场景建设试点上线。

推动部门间数据共享，与省银保监联合印发《关于推动住房公积金与银行数据共享应用的通知》，加强银行数据共享，迭代升级“偿还贷款本息提取住房公积金”事项，推进民生“关键小事”事项建设。

优化事项功能配置，印发《关于进一步治理违规购房提取住房公积金有关事项的通知》，指导各中心在业务核心系统配置职工购房同一地址核验功能，打击异常交易提取等违规行为。

（七）当年住房公积金机构及从业人员所获荣誉情况

金华中心获评2022年度“全国住房和城乡建设系统先进集体”称号；湖州中心安吉分中心获浙江省青年文明号；温州中心获得2022年度浙江省“规范化数字档案室”称号；杭州中心驻市民之家窗口、宁波中心窗口获评全国住房公积金“跨省通办”表现突出服务窗口；衢州中心吴海鹰、杭州中心吴静波、温州中心林琼、台州中心郑毅、绍兴中心屠盈萍荣获“全国住房和城乡建设系统先进工作者”称号；衢州中心蔡乐荣获“全国住房和城乡建设系统劳动模范”；衢州中心程晓敏荣获浙江省“人民满意的公务员”；全省各地住房公积金管理机构共获得地市级以上先进单位、个人称号以及其他荣誉67个。

（八）当年对住房公积金管理人员违规行为的纠正和处理情况等

当年全省无对住房公积金管理人员违规行为的纠正和处理情况等。

浙江省湖州市住房公积金 2022 年年度报告

根据国务院《住房公积金管理条例》和住房和城乡建设部、财政部、人民银行《关于健全住房公积金信息披露制度的通知》(建金〔2015〕26 号)的规定，经住房公积金管理委员会审议通过，现将湖州市住房公积金 2022 年年度报告公布如下：

一、机构概况

(一) 住房公积金管理委员会。住房公积金管理委员会有 29 名委员，2023 年 3 月召开 1 次会议，审议通过的事项主要包括：关于四届管委会工作总结和五届管委会工作总体安排的报告、湖州市住房公积金管理中心工作汇报、湖州市 2022 年度住房公积金计划执行情况及财务预算的报告、关于湖州市 2022 年度住房公积金增值收益分配方案、湖州市住房公积金 2022 年年度报告、市公积金中心业务大楼整改情况汇报和商业性个人住房贷款转公积金个人住房贷款具体规定。

(二) 住房公积金管理中心。住房公积金管理中心为市政府直属不以营利为目的的参照公务员法管理的事业单位，设 6 个处室，1 个直属业务部、2 个管理部、3 个分中心以及 1 个缴存托管服务中心。从业人员 148 人，其中，在编 65 人，非在编 83 人。

二、业务运行情况

(一) 缴存。2022 年，新开户单位 3327 家，净增单位 1909 家；新开户职工 10.01 万人，净增职工 3.88 万人；实缴单位 24851 家，实缴职工 63.39 万人，缴存额 96.98 亿元，分别同比增长 8.32%、6.53%和 8.77%。2022 年末，缴存总额 734.29 亿元，比上年末增加 15.22%；缴存余额 253.72 亿元，同比增长 12.88%。受委托办理住房公积金缴存业务的银行 9 家。

(二) 提取。2022 年，20.77 万名缴存职工提取住房公积金；提取额 68.02 亿元，同比增长 7.87%；提取额占当年缴存额的 70.14%，比上年减少 0.59 个百分点。2022 年末，提取总额 480.57 亿元，比上年末增加 16.49%。

(三) 贷款。

1. 个人住房贷款。个人住房贷款最高额度 70 万元。

2022 年，发放个人住房贷款 14413 笔、56.16 亿元，同比分别增长 2.18%、6.20%。其中，市本级发放个人住房贷款 7534 笔、29.92 亿元，德清县分中心发放个人住房贷款 1914 笔、7.31 亿元，长兴县分中心发放个人住房贷款 2840 笔、10.40 亿元，安吉县分中心发放个人住房贷款 2125 笔、8.53 亿元。

2022 年，回收个人住房贷款 27.03 亿元。其中，市本级 15.27 亿元，德清县分中心 1.95 亿元，长兴县分中心 5.25 亿元，安吉县分中心 4.56 亿元。

2022 年末，累计发放个人住房贷款 162978 笔、495.04 亿元，贷款余额 252.39 亿元，分别比上年末增加 9.70%、12.80%、13.05%。个人住房贷款余额占缴存余额的 99.48%，比上年末增加 0.15 个百分点。受委托办理住房公积金个人住房贷款业务的银行 15 家。

2. 异地贷款。2022 年，发放异地贷款 1304 笔、48657.87 万元。2022 年末，发放异地贷款总额 230313.87 万元，异地贷款余额 152257.20 万元。

3. 公转商贴息贷款。2022 年，未发放公转商贴息贷款。当年贴息额 2753.58 万元。2022 年末，累计发放公转商贴息贷款 11016 笔 389564.73 万元，累计贴息 14913.91 万元。

（四）购买国债。2022 年，国债购买、兑付、转让、收回均为 0。2022 年末，国债余额为 0。

（五）资金存储。2022 年末，住房公积金存款 8.60 亿元。其中，活期 0.24 亿元，一年（含）以下定期 2.00 亿元，其他（协定、通知存款等）6.36 亿元。

（六）资金运用率。2022 年末，住房公积金个人住房贷款余额、项目贷款余额和购买国债余额的总和占缴存余额的 99.48%，比上年末增加 0.15 个百分点。

三、主要财务数据

（一）业务收入。2022 年，业务收入 87572.39 万元，同比增长 20.04%。其中，市本级 45646.26 万元，德清县分中心 15047.16 万元，长兴县分中心 15045.62 万元，安吉县分中心 11833.35 万元。其中，存款利息收入 4858.10 万元，委托贷款利息收入 77177.70 万元，其他收入 5536.59 万元。

（二）业务支出。2022 年，业务支出 40716.50 万元，同比增长 11.17%。其中，市本级 20664.72 万元，德清县分中心 6498.40 万元，长兴县分中心 7394.01 万元，安吉县分中心 6159.37 万元。其中，支付职工住房公积金利息支出 37028.81 万元，归集手续费支出 11.85 万元，委托贷款手续费支出 1482.24 万元，其他支出 2193.60 万元。

（三）增值收益。2022 年，增值收益 46855.89 万元，同比增长 28.99%。其中，市本级 24981.54 万元，德清县分中心 8548.76 万元，长兴县分中心 7651.61 万元，安吉县分中心 5673.98 万元；增值收益率 1.94%，比上年增加 0.18 个百分点。

（四）增值收益分配。2022 年，提取贷款风险准备金 28881.89 万元，提取管理费用 3932.25 万元，提取城市廉租住房（公共租赁住房）建设补充资金 14041.75 万元。

2022 年，上交财政管理费用 3952.34 万元。上缴财政 2021 年度城市廉租住房（公共租赁住房）建设补充资金 11037.69 万元。其中，市本级上缴 6056.87 万元，德清县分中心上缴 1532.77 万元，长兴县分中心上缴 2049.19 万元，安吉县分中心上缴 1398.86 万元。

2022 年末，贷款风险准备金余额 197218.97 万元（包括项目贷款风险准备金 560.00 万元）。累计提取城市廉租住房（公共租赁住房）建设补充资金 85418.85 万元。其中，市本级提取 43245.61 万元，德清县分中心提取 15575.11 万元，长兴县分中心提取 15780.14 万元，安吉县分中心提取 10817.99 万元。

（五）管理费用支出。2022 年，管理费用支出 6417.18 万元，同比增长 56.02%。其中，人员经费 2732.29 万元，公用经费 702.46 万元，专项经费 2982.43 万元。

市本级管理费用支出 2122.55 万元，其中，人员、公用、专项经费分别为 1274.81 万元、501.92 万元、345.82 万元；德清县分中心管理费用支出 3015.60 万元，其中人员、公用、专项经费分别为 456.51 万元、84.66 万元、2474.43 万元；长兴县分中心管理费用支出 664.74 万元，其中人员、公用、专项经费分别为 577.28 万元、46.90 万元、40.56 万元；安吉县分中心管理费用支出 614.29 万元，其中人员、公用、专项经费分别为 423.69 万元、68.98 万元、121.62 万元。

四、资产风险状况

个人住房贷款。2022 年末，个人住房贷款逾期额 91.12 万元，逾期率为 0.036‰。其中，市本级 0.070‰，德清县分中心、长兴县分中心和安吉县分中心均为 0。个人贷款风险准备金余额 196658.97 万元。2022 年，未使用个人贷款风险准备金核销逾期贷款。

五、社会经济效益

（一）缴存业务

缴存职工中，国家机关和事业单位占 15.83%，国有企业占 11.74%，城镇集体企业占 1.60%，外商投资企业占 5.83%，城镇私营企业及其他城镇企业占 56.51%，民办非企业单位和社会团体占

4.10%，灵活就业人员占 4.19%，其他占 0.20%；中、低收入占 99.97%，高收入占 0.03%。

新开户职工中，国家机关和事业单位占 4.32%，国有企业占 5.55%，城镇集体企业占 0.66%，外商投资企业占 6.45%，城镇私营企业及其他城镇企业占 75.22%，民办非企业单位和社会团体占 2.48%，灵活就业人员占 3.56%，其他占 1.76%；中、低收入占 100%，高收入占 0%。

（二）提取业务

提取金额中，购买、建造、翻建、大修自住住房占 22.27%，偿还购房贷款本息占 54.56%，租赁住房占 2.78%，支持加装电梯等老旧小区改造占 0.01%，离休和退休提取占 13.98%，完全丧失劳动能力并与单位终止劳动关系提取占 1.69%，出境定居占 2.77%，其他占 1.94%。提取职工中，中、低收入占 99.92%，高收入占 0.08%。

（三）贷款业务

个人住房贷款。2022 年，支持职工购建房 135.28 万平方米，年末个人住房贷款市场占有率（含公转商贴息贷款）为 14.33%，比上年末增加 0.78 个百分点。通过申请住房公积金个人住房贷款，与商业银行住房贷款利率比较，职工在整个贷款偿还期内可节约购房利息支出 117804.00 万元。

职工贷款笔数中，购房建筑面积 90（含）平方米以下占 22.64%，90～144（含）平方米占 68.13%，144 平方米以上占 9.23%。购买新房占 85.51%（其中购买保障性住房占 0.01%），购买二手房占 14.42%，建造、翻建、大修自住住房占 0.07%（其中支持老旧小区改造占 0%）。

职工贷款笔数中，单缴存职工申请贷款占 32.40%，双缴存职工申请贷款占 67.60%，三人及以上缴存职工共同申请贷款占 0%。

贷款职工中，30 岁（含）以下占 30.81%，30 岁～40 岁（含）占 43.15%，40 岁～50 岁（含）占 19.81%，50 岁以上占 6.23%；购买首套住房申请贷款占 69.58%，购买二套申请贷款占 30.42%；中、低收入占 100%，高收入占 0%。

（四）住房贡献率

2022 年，个人住房贷款发放额、公转商贴息贷款发放额、住房消费提取额的总和与当年缴存额的比率为 114.01%，比上年减少 4.26 个百分点。

六、其他重要事项

（一）应对新冠肺炎疫情采取的措施，落实住房公积金阶段性支持政策情况和政策实施成效

湖州市住房公积金管委会办公室 5 月 31 日发布《关于实施住房公积金阶段性支持政策的通知》（湖公积金委办〔2022〕3 号），进一步明确了阶段性支持政策时间期限、条件要求、申请流程、租房提取的优惠额度和注意事项等。同时，将住房公积金阶段性支持政策纳入《2022 年度湖州市减负降本工作实施方案》、《湖州市市场主体歇业备案实施办法（试行）》等，中心配套制定了实施细则，出台企业缓缴住房公积金、贷款不能正常还款不作为逾期处理、简化租房提取材料和手续等措施，持续加大住房公积金助企纾困力度，帮助受疫情影响的企业和缴存人共同渡过难关。全市共有 11 家企业 498 名职工，通过申请降缓缴阶段性支持政策，累计金额达 270 万元；全市共有近 3 万名缴存人租房提取公积金享受阶段性支持政策，累计 11 万人次提取，提取总额达到 10248.33 万元。

受新冠肺炎疫情影响的缴存人，2022 年 12 月 31 日前住房公积金贷款不能正常还款的，经申请后可不作为逾期处理，不作为逾期记录报送征信部门；缓缴期间缴存时间连续计算，不影响正常提取和申请住房公积金贷款。不作逾期贷款处理笔数 22 笔，不作逾期处理的贷款余额 555.14 万元，不作逾期处理的贷款应还未还本金 4.93 万元。

（二）租购并举满足缴存人基本住房需求，加大租房提取住房公积金支持力度、支持缴存人贷款购买首套普通自住住房特别是共有产权住房等情况

根据租购并举总要求，湖州市住房公积金管委会办公室发布《关于实施住房公积金阶段性支持政策的通知》（湖公积金委办〔2022〕3 号）、《关于实施三孩家庭住房公积金优惠政策的通知》（湖公积金委办〔2022〕5号），中心发布《关于住房公积金阶段性支持政策的政策解答》等文件，进一步加大住房公积金支持租房提取力度，减少申请材料、简化审批手续，在本市无房产即可提取，每月最高提取额从1200元提高至1500元，三孩家庭租房提取最高额度在此基础上提高50%，更好地满足缴存人实际支付房租的实际需要。全年共有4.2万名缴存人累计21万人次办理租房提取，提取总额达到1.89亿元。中心高质量完成省住房和城乡建设厅领办任务，省内首批上线浙惠住房公积金“无忧租赁”多跨场景应用，实现线上无房提、租房提、租金代付和租房金融贷，全年累计办理租赁提取公积金业务4万余笔、3681万元。

调整首套住房贷款额度计算倍数。缴存职工首次使用住房公积金购买首套自住住房，贷款额度计算倍数由现行的10倍调整为15倍，具体计算公式为：借款人和配偶住房公积金账户月均余额×15。完善贷款发放差异化排队轮候制度，优先保障首套房贷款发放。

（三）当年机构及职能调整情况、受委托办理缴存贷款业务金融机构变更情况

2022年，机构及职能未作调整。全市受委托办理住房公积金缴存贷款业务金融机构未发生变化。

（四）当年住房公积金政策调整及执行情况

1. 当年缴存基数限额及确定方法、缴存比例等缴存政策调整情况

2022年职工缴存工资基数按2021年度职工个人工资总额的月平均数确定（工资口径按国家统计局规定列入工资总额统计的项目计算）。最低不得低于2021年湖州市最低工资标准，最高不得高于2021年湖州市社平工资的3倍。各缴存单位在此基础上进行年度调整，截至2022年底，全市缴存单位及缴存职工均已调整到位。

2. 当年提取政策调整情况

（1）2022年1月18日印发《湖州市住房公积金调整提取、贷款部分业务操作有关事项的具体规定》（湖公积金发〔2022〕1号），自2022年1月18日实施。调整异地购房提取住房公积金的具体规定，对购车位、储藏室等提取住房公积金及《商品房买卖合》同变更需退还住房公积金作出具体规定。

（2）2022年5月31日印发《湖州市住房公积金管理委员会办公室关于实施住房公积金阶段性支持政策的通知》，自2022年5月实施。允许缴存单位及灵活就业缴存人可按规定申请缓缴2022年12月31日前的住房公积金，加大住房公积金支持租房提取力度，每月最高提取额从1200元提高至1500元。

（3）2022年8月1日印发《湖州市住房公积金管理委员会办公室关于实施三孩家庭住房公积金优惠政策的通知》（湖公积金委办〔2022〕5号），自2022年8月1日实施，规定我市三孩家庭无房租赁住房提取住房公积金的，提取限额按规定额度标准上浮50%确定。

（4）2022年8月14日印发《湖州市住房公积金管理委员会关于调整住房公积金使用有关政策的通知》（湖公积金委发〔2022〕7号），自2022年8月15日实施。推出了直系亲属提取互助政策，允许缴存职工在购买首套自住住房或者建造、翻建、大修自住住房及老旧小区加装电梯所需资金，提取本人及配偶住房公积金账户中缴存余额尚不足的，可以提取直系亲属（父母、子女）的住房公积金账户中的缴存余额。推出按月提取冲还商贷，即在按年提取冲还商贷的基础上，增加按月提取冲还商贷方式。调整物业服务费提取标准，物业服务费提取标准调整为按房屋实际建筑面积每平方米2元/月标准提取。

3. 当年个人住房贷款最高贷款额度、贷款条件等贷款政策调整情况

（1）2022年1月18日印发《湖州市住房公积金调整提取、贷款部分业务操作有关事项的具体规定》（湖公积金发〔2022〕1号），自2022年1月18日实施。在《商品房买卖合同》备案后，如职工申请撤销，或在父母、子女之间更名备案合同的，应退还已提取的购买该房产的住房公积金。如该房产申请公积金贷款的，还清后不纳入已贷额度。

（2）2022年4月12日印发《湖州市住房公积金管理委员会关于调整住房公积金使用有关政策的通知》（湖公积金委发〔2022〕5号），自2022年4月15日起执行。一是调整首套住房贷款额度计算倍数，贷款额度计算倍数由现行的10倍调整为15倍。二是调整绿色建筑贷款额度上浮比例，首次使用住房公积金购买新建绿色建筑且为首套自住住房的，购买一星绿色建筑的最高上浮比例提高至10%，购买二

星和三星绿色建筑的最高上浮比例提高至 20%。三是调整引进人才和新就业大学生可贷额度，引进人才和新就业大学生首次使用住房公积金购买首套自住住房，上浮后双职工缴存家庭最高可贷 70 万元，单职工缴存家庭最高可贷 55 万元。四是优先保障首套房贷款发放。五是支持异地缴存职工购房贷款。

（3）2022 年 8 月 1 日印发《湖州市住房公积金管理委员会办公室关于实施三孩家庭住房公积金优惠政策的通知》（湖公积金委办〔2022〕5 号），自 2022 年 8 月 1 日实施，规定我市三孩家庭购买首套普通自住住房且首次申请住房公积金贷款的，贷款额度可按家庭当期最高贷款限额上浮 20%确定。

（4）2022 年 8 月 14 日印发《湖州市住房公积金管理委员会关于调整住房公积金使用有关政策的通知》（湖公积金委发〔2022〕7 号），自 2022 年 8 月 15 日实施。调整单笔住房公积金贷款额度及累计贷款额度。缴存职工家庭单笔住房公积金最高贷款额度调整至 70 万元，累计贷款额度调整至 100 万元。取消再次申请住房公积金贷款与前次公积金贷款还清后间隔 6 个月时间间隔要求。前次住房公积金贷款还清后，即可再次申请住房公积金贷款。

4. 当年住房公积金存贷款利率执行标准

个人住房公积金贷款利率，贷款 5 年（含）之内的基准年利率为 2.75%，5 年以上的基准年利率为 3.25%；申请公积金贷款，商业银行住房贷款未结清的，贷款利率按基准利率的 1.1 倍执行。自 2022 年 10 月 1 日起，首套个人住房公积金贷款利率下调 0.15 个百分点，执行 5 年以下（含 5 年）2.6%和 5 年以上 3.1%；第二套个人住房公积金贷款利率政策保持不变，5 年以下（含 5 年）3.025%和 5 年以上 3.575%。贷款期限在 1 年（含）以内的，执行合同利率，遇法定利率调整时不作调整；贷款期限在 1 年以上的，遇法定利率调整时，自调整的次年 1 月 1 日起，按调整后的利率执行。

5. 支持老旧小区改造政策落实情况

2022 年，中心严格落实管委会通知，进一步优化公积金提取使用范围，推出直系亲属提取互助政策，允许缴存职工在办理老旧小区加装电梯提取住房公积金业务中，可以提取直系亲属的住房公积金账户中的缴存余额。当年既有住宅加装电梯提取公积金业务为 17 笔，金额达 62 万元。

（五）当年服务改进情况

2022 年，住房公积金服务矩阵更多元化，极大满足了职工对业务办理的需求。“无忧租赁”板块充实到“浙里办”中，全年租房提取业务 7 万余笔，“跨省通办”“一件事”等业务有序开展。线上业务更丰富，提取公积金冲还商贷、物业费提取等纷纷上线。全年线上办理提取业务 9.3 万多笔。加强了网点质量建设，实施网点评先和轮岗实习制度，提升了银行延伸网点的服务能力。有针对性地开展了信息服务，对满足退休、还贷、离职提取条件的职工进行短信、电话等提醒，使公积金服务更具主动性。

（六）当年信息化建设情况

2022 年，以数字化改革为重点，全面提升信息化服务水平。一是制度保障，提高系统安全。出台了《网信工作领导小组工作制度》、《信息资源共享管理制度》，网络安全责任制考核制度，将网络安全工作纳入中心部门年度考核工作。通过引入短信验证码完善信息共享授权，有效提高系统安全性。二是数字赋能，进一步便民利民。上线浙里办应急帮扶场景应用。为纾困政策相关的事项提供线上办理入口。上线浙惠公积金“无忧租赁”场景应用。实现与租赁机构、合作银行等部门的业务多跨协同。上线贷款还清一件事应用场景获省厅推广。全省首创推出浙里办物业费提取线上办理新模式。中心严格落实征信信息安全管理制度，征信信息查询符合征信信息安全和合规管理相关规定。

（七）当年住房公积金管理中心及职工所获荣誉情况

1. 根据浙建办〔2023〕1 号文件，中心获省住房和城乡建设厅 2022 年度工作目标责任制考核优秀单位；

2. 根据浙青文〔2022〕1 号文件，安吉县分中心获浙江省青年文明号；

3. 根据浙建政服发〔2022〕116 号文件，安吉县分中心获 2022 年度全省住房城乡建设系统“红旗窗口”荣誉；

4. 根据市县政务办相关文件，中心窗口获示范（文明）窗口；安吉县分中心窗口获“美丽窗口”；

5. 安吉公积金还贷“一件事”被省发展改革委增补为浙里民生“关键小事智能速办”应用；

6. 根据湖委办发便笺〔2022〕45 号文件，德清县分中心获“湖州市清廉建设基层成绩突出单位”荣誉称号；

7. 根据《关于公布湖州市“双创双建实干争先”典型案例的通知》文件，德清县分中心获典型案例；

8. 根据长委发〔2023〕3 号文件，长兴县分中心获县全民创富争示范单位；

9. 根据德共富办〔2022〕1 号文件，德清县分中心“农居金服”项目被列为县高质量发展建设共同富裕示范区先行样板地年度标志性项目清单；

10. 根据湖委发〔2023〕5 号，侯利萍获市推进共同富裕先进个人。

浙江省及省内各城市住房公积金 2022 年年度报告二维码

名称	二维码
浙江省住房公积金 2022 年年度报告	
杭州市住房公积金 2022 年年度报告	
宁波市住房公积金 2022 年年度报告	
温州市住房公积金 2022 年年度报告	
湖州市住房公积金 2022 年年度报告	
嘉兴市住房公积金 2022 年年度报告	
绍兴市住房公积金 2022 年年度报告	

续表

名称	二维码
金华市住房公积金 2022 年年度报告	
衢州市住房公积金 2022 年年度报告	
舟山市住房公积金 2022 年年度报告	
台州市住房公积金 2022 年年度报告	
丽水市住房公积金 2022 年年度报告	

安徽省

安徽省住房公积金 2022 年年度报告

根据国务院《住房公积金管理条例》和住房和城乡建设部、财政部、人民银行《关于健全住房公积金信息披露制度的通知》（建金〔2015〕26 号）规定，现将安徽省住房公积金 2022 年年度报告公布如下：

一、机构概况

（一）住房公积金管理机构

全省共设 16 个设区城市住房公积金管理中心，1 个独立设置的分中心（安徽省省直住房公积金管理分中心隶属安徽省机关事务管理局）。从业人员 1284 人，其中，在编 761 人，非在编 523 人。

（二）住房公积金监管机构

安徽省住房和城乡建设厅、财政厅和人民银行合肥中心支行负责对本省住房公积金管理运行情况进行监督。安徽省住房和城乡建设厅设立住房公积金监管处，负责本省住房公积金日常监管工作。

二、业务运行情况

（一）缴存

2022 年，新开户单位 17314 家，净增单位 9247 家；新开户职工 96.92 万人，净增职工 35.34 万人；实缴单位 90441 家，实缴职工 523.39 万人，缴存额 935.15 亿元，分别同比增长 11.39%、7.24%、9.95%。2022 年末，缴存总额 8026.18 亿元，比上年末增加 13.19%；缴存余额 2507.91 亿元，同比增长 13.39%（表 1）。

2022 年分城市住房公积金缴存情况 **表 1**

地区	实缴单位（万个）	实缴职工（万人）	缴存额（亿元）	累计缴存总额（亿元）	缴存余额（亿元）
安徽省	**9.04**	**523.39**	**935.15**	**8026.18**	**2507.91**
合肥	2.81	175.8	306.4	2338.05	721.62
芜湖	0.79	46.21	71.36	600.74	183.36
蚌埠	0.40	23.58	39.18	343.02	114.82
淮南	0.39	26.01	55.32	651.7	184.93
马鞍山	0.37	23.79	53.44	511.49	133.95
淮北	0.20	20.38	42.35	469.03	140.46
铜陵	0.34	13.03	28.65	272.33	78.65
安庆	0.46	25.01	58.05	482.41	155.40
黄山	0.32	10.99	21.99	200.38	61.21
滁州	0.61	33.46	48.62	390.91	118.06
阜阳	0.43	29.73	51.49	410.38	163.57
宿州	0.34	20.34	33.65	278.17	107.39

续表

地区	实缴单位（万个）	实缴职工（万人）	缴存额（亿元）	累计缴存总额（亿元）	缴存余额（亿元）
六安	0.49	24.86	43.99	355.71	125
亳州	0.36	19	29.77	269.48	95.92
池州	0.23	9.61	18.51	157.9	47.55
宣城	0.50	21.58	32.39	294.48	76.03

（二）提取

2022年，190.14万名缴存职工提取住房公积金；提取额638.91亿元，同比增长1.28%；提取额占当年缴存额的68.32%，比上年减少5.85个百分点。2022年末，提取总额5518.27亿元，比上年末增加13.09%（表2）。

2022年分城市住房公积金提取情况 **表2**

地区	提取额（亿元）	提取率（%）	住房消费类提取额（亿元）	非住房消费类提取额（亿元）	累计提取总额（亿元）
安徽省	**638.91**	**68.32**	**497.85**	**141.06**	**5518.27**
合肥	212.40	69.32	177.22	35.18	1616.43
芜湖	50.21	70.36	40.48	9.74	417.38
蚌埠	27.42	69.98	20.16	7.26	228.2
淮南	38.84	70.21	27.06	11.78	466.77
马鞍山	37.10	69.42	28.76	8.34	377.54
淮北	27.49	64.91	19.52	7.98	328.57
铜陵	19.41	67.75	14.47	4.94	193.68
安庆	38.83	66.89	28.04	10.79	327.02
黄山	14.16	64.39	10.61	3.55	139.17
滁州	32.36	66.56	24.91	7.45	272.85
阜阳	33.94	65.92	25.66	8.27	246.81
宿州	19.75	58.69	14.45	5.30	170.79
六安	31.33	71.22	24.30	7.03	230.71
亳州	20.24	67.99	15.43	4.81	173.56
池州	12.39	66.94	9.59	2.80	110.35
宣城	23.05	71.16	17.21	5.84	218.45

（三）贷款

1. 个人住房贷款。2022年，发放个人住房贷款8.95万笔、333.41亿元，同比下降28%、23.68%。回收个人住房贷款265.28亿元。

2022年末，累计发放个人住房贷款169.80万笔、4336.06亿元，贷款余额2135.32亿元，分别比上年末增加5.56%、8.33%、3.29%。个人住房贷款余额占缴存余额的85.14%，比上年末减少8.33个百分点（表3）。

2022年，支持职工购建房1025.78万平方米。年末个人住房贷款市场占有率（含公转商贴息贷款）为11.85%，比上年末减少0.03个百分点。通过申请住房公积金个人住房贷款，可节约职工购房利息支出511273.80万元。

2022 年分城市住房公积金个人住房贷款情况　　**表 3**

地区	放贷笔数（万笔）	贷款发放额（亿元）	累计放贷笔数（万笔）	累计贷款总额（亿元）	贷款余额（亿元）	个人住房贷款率（%）
安徽省	**8.95**	**333.41**	**169.80**	**4336.06**	**2135.32**	**85.14**
合肥	2.75	124.74	39.47	1282.19	657.76	91.15
芜湖	0.67	19.81	15.29	342.97	160.77	87.68
蚌埠	0.31	9.1	8.17	174.85	83.26	72.51
淮南	0.46	16.3	12.53	304.33	130.94	70.81
马鞍山	0.36	13.82	12.04	260.89	106.86	79.78
淮北	0.35	13.11	9.02	217.28	109.71	78.11
铜陵	0.27	9.52	5.53	129.89	64.22	81.65
安庆	0.39	14.51	12.56	274.18	118.37	76.17
黄山	0.21	7.45	4.66	99.75	44.41	72.55
滁州	0.31	10.7	8.22	185.99	78.58	66.56
阜阳	0.78	27.03	10.39	295.75	179.71	109.87
宿州	0.28	9.35	6.5	164.84	93.26	86.84
六安	0.63	23.11	7.48	200.6	112	89.6
亳州	0.43	14.52	6.01	156.14	91.38	95.27
池州	0.26	7.62	3.86	81.89	39.07	82.17
宣城	0.48	12.72	8.08	164.52	65.04	85.55

2. 异地贷款。2022 年，发放异地贷款 4754 笔、154159.71 万元。2022 年末，发放异地贷款总额 1921092.66 万元，异地贷款余额 802702.90 万元。

3. 公转商贴息贷款。2022 年，发放公转商贴息贷款 2626 笔、88961.69 万元，支持职工购建房面积 27.76 万平方米。当年贴息额 8239.11 万元。2022 年末，累计发放公转商贴息贷款 34901 笔、1024965.77 万元，累计贴息 28824.15 万元。

（四）融资

2022 年，融资 5.54 亿元，归还 17.64 亿元。2022 年末，融资总额 500.02 亿元，融资余额 32.92 亿元。

（五）资金存储

2022 年末，住房公积金存款 441.11 亿元。其中，活期 0.71 亿元，1 年（含）以下定期 86.06 亿元，1 年以上定期 127.22 亿元，其他（协定、通知存款等）227.12 亿元。

（六）资金运用率

2022 年末，住房公积金个人住房贷款余额、项目贷款余额和购买国债余额的总和占缴存余额的 85.14%，比上年末减少 8.33 个百分点。

三、主要财务数据

（一）业务收入

2022 年，业务收入 766664.52 万元，同比增长 10.39%。其中，存款利息 65943.62 万元，委托贷款利息 684664.64 万元，其他 16056.26 万元。

（二）业务支出

2022 年，业务支出 407929.90 万元，同比增长 11.89%。其中，支付职工住房公积金利息

364420.14 万元，归集手续费 1876.10 万元，委托贷款手续费 20868.28 万元，其他 20765.38 万元。

（三）增值收益

2022 年，增值收益 358734.62 万元，同比增长 8.73%；增值收益率 1.52%，比上年减少 0.05 个百分点。

（四）增值收益分配

2022 年，提取贷款风险准备金 25716.91 万元，提取管理费用 35879 万元，提取城市廉租住房（公共租赁住房）建设补充资金 297138.71 万元（表 4）。

2022 年分城市住房公积金增值收益及分配情况 表 4

地区	业务收入（亿元）	业务支出（亿元）	增值收益（亿元）	增值收益率（%）	提取贷款风险准备金（亿元）	提取管理费用（亿元）	提取公租房(廉租房)建设补充资金(亿元)
安徽省	**76.67**	**40.79**	**35.87**	**1.52**	**2.57**	**3.59**	**29.71**
合肥	21.89	11.68	10.21	1.52	0	0.51	9.7
芜湖	5.88	2.83	3.05	1.76	0	0.63	2.42
蚌埠	3.22	1.79	1.42	1.30	0	0.16	1.27
淮南	5.46	3.21	2.25	1.27	0	0.17	2.08
马鞍山	3.95	2.13	1.81	1.43	0	0.17	1.64
淮北	4.5	3.09	1.41	1.06	0	0.22	1.19
铜陵	2.4	1.26	1.14	1.53	0	0.11	1.02
安庆	5.51	2.27	3.24	2.21	0	0.23	3.01
黄山	1.77	0.95	0.83	1.44	0	0.16	0.67
滁州	2.86	1.84	1.02	0.92	0.61	0.26	0.15
阜阳	5.35	2.71	2.64	1.68	1.58	0.14	0.91
宿州	3.31	1.69	1.62	1.61	0	0.31	1.32
六安	4	2.13	1.86	1.55	0.23	0.2	1.43
亳州	2.99	1.44	1.55	1.69	0	0.1	1.45
池州	1.29	0.58	0.71	1.59	0.15	0.09	0.47
宣城	2.28	1.18	1.1	1.54	0	0.14	0.96

2022 年，上交财政管理费用 37285.13 万元，上缴财政城市廉租住房（公共租赁住房）建设补充资金 242271.28 万元。

2022 年末，贷款风险准备金余额 710154.66 万元，累计提取城市廉租住房（公共租赁住房）建设补充资金 1935242 万元。

（五）管理费用支出

2022 年，管理费用支出 35833.91 万元，同比下降 1.68%。其中，人员经费 19144.62 万元，公用经费 2713.71 万元，专项经费 13975.58 万元。

四、资产风险状况

2022 年末，个人住房贷款逾期额 1524.78 万元，逾期率 0.07‰，个人贷款风险准备金余额 696582.68 万元。2022 年，使用个人贷款风险准备金核销呆坏账 0 万元。

五、社会经济效益

（一）缴存业务

缴存职工中，国家机关和事业单位占33.26%，国有企业占22.55%，城镇集体企业占0.92%，外商投资企业占3.82%，城镇私营企业及其他城镇企业占34.11%，民办非企业单位和社会团体占2.37%，灵活就业人员占0.39%，其他占2.58%；中、低收入占98.29%，高收入占1.71%。

新开户职工中，国家机关和事业单位占14.77%，国有企业占11.4%，城镇集体企业占0.78%，外商投资企业占5.22%，城镇私营企业及其他城镇企业占60.73%，民办非企业单位和社会团体占3.62%，灵活就业人员占0.36%，其他占3.12%；中、低收入占99.33%，高收入占0.67%。

（二）提取业务

提取金额中，购买、建造、翻建、大修自住住房占17.87%，偿还购房贷款本息占56.35%，租赁住房占3.6%；离休和退休提取占17.78%，完全丧失劳动能力并与单位终止劳动关系提取占1.61%，其他占2.79%。提取职工中，中、低收入占97.65%，高收入占2.35%。

（三）贷款业务

职工贷款笔数中，购房建筑面积90（含）平方米以下占16.72%，90～144（含）平方米占77.8%，144平方米以上占5.48%。购买新房占71.73%（其中购买保障性住房占0.01%），购买二手房占28.15%，其他占0.12%。

职工贷款笔数中，单缴存职工申请贷款占49.56%，双缴存职工申请贷款占50.44%。

贷款职工中，30岁（含）以下占37.69%，30岁～40岁（含）占40.56%，40岁～50岁（含）占16.19%，50岁以上占5.56%；购买首套住房申请贷款占83.05%，购买二套及以上申请贷款占16.95%；中、低收入占98.11%，高收入占1.89%。

（四）住房贡献率

2022年，个人住房贷款发放额、公转商贴息贷款发放额、项目贷款发放额、住房消费提取额的总和与当年缴存额的比率为89.84%，比上年减少31.09个百分点。

六、其他重要事项

（一）应对新冠肺炎疫情采取的政策措施，落实住房公积金阶段性支持政策情况和政策实施成效

认真贯彻落实党中央、国务院关于统筹疫情防控决策部署，全面落实住房公积金阶段性支持政策。全省住房公积金严格落实住房和城乡建设部、财政部、人民银行《关于实施住房公积金阶段性支持政策的通知》，全省16个城市住房公积金管理中心全部出台了相关政策措施。全省累计为322家企业4.35万名职工办理缓缴住房公积金9579.34万元，其中为企业缓缴5509.58万元，对个人住房贷款延期不作逾期处理35278笔。有效缓解了企业和职工压力，为经济稳定持续发展作出了积极的贡献。

（二）分支机构职能调整情况

推进住房公积金行业分中心职能调整，将宝武马钢集团、淮南矿业集团、淮北矿业集团、皖北煤电集团所属的住房公积金分中心，全部并入所在城市住房公积金中心管理，实现设区城市住房公积金制度、决策、管理、核算“四统一”。

（三）当年开展监督检查情况

1. 开展住房公积金电子稽查评估＋委托审计。分别对安庆市住房公积金管理中心，省直、淮北矿业、皖北煤电分中心开展季度电子稽查；委托审计事务所对亳州、池州市住房公积金管理中心开展专项业务审计。提升了全省住房公积金规范管理和风险管控水平，确保了政策落实和资金安全。

2. 开展风险筛查整改。以全国住房公积金监管服务平台数据核验为抓手，整改完成平台风险提示36941笔，抽查通过率为100%，平台风险防控数得到有效控制。

（四）信息化建设和服务改进情况

1. 实现公积金汇缴、补缴、提前部分结清公积金贷款事项“跨省通办”。截至 2022 年 12 月底，共实现开具异地缴存使用证明、异地购房提取、离退休提取公积金等 11 项高频服务事项“跨省通办”。

2. 实现住房公积金离退休提取“长三角一网通办”，截至 2022 年 12 月底，共实现购房提取住房公积金等 7 个服务事项长三角“一网通办”。

3. 牵头编制《长三角住房公积金联合行政执法指导手册》，为长三角区域协同打击、整治住房公积金违法行为提供可操作性指导。

4. 加强多部门数据共享。实现企业开办“一网通办”，企业在工商注册登记同时即可同步开展住房公积金登记开户。推进职工退休、录用、身后公积金业务一件事一次办。

5. 认真开展“惠民公积金、服务暖人心”全国住房公积金系统服务提升三年行动，全省各地聚焦缴存职工急难愁盼问题，努力实现从“群众找服务”到“主动送服务”，不断推进规范服务、特色服务、绿色通道、休息日服务等，打造一批各具品牌特色的住房公积金星级服务岗。

（五）住房公积金机构及从业人员所获荣誉情况

2022 年，全省住房公积金积极开展精神文明创建，分别荣获 21 个省部级、12 个地市级文明单位（行业、窗口）；4 个地市级青年文明号；1 个省部级、4 个地市级三八红旗手；2 个国家级、27 个省部级、27 个地市级先进集体和个人；51 个省部级、65 个地市级其他荣誉。

安徽省合肥市住房公积金 2022 年年度报告

根据国务院《住房公积金管理条例》和住房和城乡建设部、财政部、人民银行《关于健全住房公积金信息披露制度的通知》（建金〔2015〕26 号）的规定，经住房公积金管理委员会全体委员审议通过，现将合肥市住房公积金 2022 年年度报告公布如下：

一、机构概况

（一）住房公积金管理委员会。 住房公积金管理委员会有 23 名委员，2022 年召开一次会议，会议听取了公积金管理委员会调整情况的说明，选举市住房公积金管理中心主任张仁山同志为管委会副主任委员。会议审议通过 2021 年度住房公积金归集、使用计划执行情况和 2022 年计划草案的报告。会议审议通过 2021 年住房公积金增值收益分配情况和 2022 年增值收益计划分配方案的报告。会议审议通过合肥市 2022 年度住房公积金预算编制说明。

（二）住房公积金管理中心。

1. 合肥市住房公积金管理中心为直属合肥市人民政府不以营利为目的的公益二类事业单位，主要负责全市住房公积金的归集、管理、使用和会计核算。设 11 个处室，4 个管理部，2 个分中心（铁路分中心、巢湖分中心）。从业人员 141 人，其中，在编 83 人，非在编 58 人。

2. 省直住房公积金管理分中心为独立法人，隶属安徽省机关事务管理局，是不以营利为目的的公益二类事业单位，设 3 个部。从业人员 67 人，其中，在编 21 人，非在编 46 人。

二、业务运行情况

（一）缴存。 2022 年，新开户单位 6989 家，净增单位 4270 家；新开户职工 45.19 万人，净增职工 13.15 万人；实缴单位 28139 家，实缴职工 175.80 万人，缴存额 306.40 亿元，分别同比增长 17.89%、8.08%、12.80%。2022 年末，缴存总额 2338.05 亿元，比上年末增加 15.08%；缴存余额 721.62 亿元，同比增长 14.98%。受委托办理住房公积金缴存业务的银行 4 家。

（二）提取。 2022 年，67.24 万名缴存职工提取住房公积金；提取额 212.40 亿元，同比增长 5.83%；提取额占当年缴存额的 69.32%，比上年减少 4.57 百分点。2022 年末，提取总额 1616.43 亿元，比上年末增加 15.13%。

（三）贷款。

1. 个人住房贷款。单缴存职工个人住房贷款最高额度 55 万元，双缴存职工个人住房贷款最高额度 65 万元。

2022 年，发放个人住房贷款 2.75 万笔、124.74 亿元，同比分别下降 18.64%、17.03%。其中，市中心发放个人住房贷款 2.28 万笔、102.68 亿元，省直分中心发放个人住房贷款 0.47 万笔、22.06 亿元。

2022 年，回收个人住房贷款 70.22 亿元。其中，市中心 53.93 亿元，省直分中心 16.29 亿元。

2022 年末，累计发放个人住房贷款 39.47 万笔、1282.19 亿元，贷款余额 657.76 亿元，分别比上年末增加 7.49%、10.78%、9.04%。个人住房贷款余额占缴存余额的 91.15%，比上年末减少 4.97 个百分点。受委托办理住房公积金个人住房贷款业务的银行 15 家。

2. 异地贷款。2022 年，发放异地贷款 58 笔、2679.60 万元（铁路行业）。2022 年末，发放异地贷款总额 352339.14 万元，异地贷款余额 29562.98 万元。

3. 公转商贴息贷款。2022 年，发放公转商贴息贷款（存量公转商贷款）1414 笔、58957.01 万元，当年贴息额 7224.36 万元。2022 年末，累计发放公转商贴息贷款 21055 笔、679618.12 万元，累计贴息 14226.58 万元。

（四）资金存储。2022 年末，住房公积金存款 69.21 亿元。其中，活期 0.22 亿元，1 年（含）以下定期 2.55 亿元，其他（协定存款等）66.44 亿元。

（五）资金运用率。2022 年末，住房公积金个人住房贷款余额、项目贷款余额和购买国债余额的总和占缴存余额的 91.15%，比上年末减少 4.97 个百分点。

三、主要财务数据

（一）业务收入。2022 年，业务收入 218912.91 万元，同比增长 12.15%。其中，市中心 167748.21 万元，省直分中心 51164.70 万元；存款利息 10724.75 万元，委托贷款利息 208175.63 万元，其他 12.53 万元。

（二）业务支出。2022 年，业务支出 116829.44 万元，同比增长 10.11%。其中，市中心 92021.00 万元，省直分中心 24808.44 万元；支付职工住房公积金利息 100080.24 万元，归集手续费 1041.31 万元，委托贷款手续费 4425.45 万元，其他 11282.44 万元（其中市中心贴息支出 7224.36 万元，担保及资产管理费 2949.73 万元，省直分中心担保费 1087.77 万元等）。

（三）增值收益。2022 年，增值收益 102083.47 万元，同比增长 14.57%。其中，市中心 75727.21 万元，省直分中心 26356.26 万元；增值收益率 1.52%，比上年增加 0.01 个百分点。

（四）增值收益分配。2022 年，提取管理费用 5080.14 万元，提取城市廉租住房（公共租赁住房）建设补充资金 97003.33 万元。

2022 年，上交财政管理费用 5080.14 万元。上缴财政城市廉租住房（公共租赁住房）建设补充资金 81865.26 万元，其中，市中心上缴 60445.87 万元，省直分中心上缴 21419.39 万元。

2022 年末，贷款风险准备金余额 131460.46 万元。累计提取城市廉租住房（公共租赁住房）建设补充资金 579566.61 万元。其中，市中心提取 423603.68 万元，省直分中心提取 155962.93 万元。

（五）管理费用支出。2022 年，管理费用支出 5737.24 万元，同比下降 22.22%。其中，人员经费 3529.29 万元，公用经费 743.90 万元，专项经费 1464.05 万元。

市中心管理费用支出 4043.09 万元，其中，人员、公用、专项经费分别为 2972.76 万元、635.74 万元、434.59 万元；省直分中心管理费用支出 1694.15 万元，其中，人员、公用、专项经费分别为 556.53 万元、108.16 万元、1029.46 万元。

四、资产风险状况

个人住房贷款。2022 年末，个人贷款风险准备金余额 131460.46 万元。

五、社会经济效益

（一）缴存业务

缴存职工中，国家机关和事业单位占 18.87%，国有企业占 21.26%，城镇集体企业占 0.23%，外商投资企业占 4.76%，城镇私营企业及其他城镇企业占 52.31%，民办非企业单位和社会团体占 2.50%，灵活就业人员占 0.01%，其他占 0.06%；中、低收入占 97.81%，高收入占 2.19%。

新开户职工中，国家机关和事业单位占 7.10%，国有企业占 11.40%，城镇集体企业占 0.19%，外商投资企业占 5.84%，城镇私营企业及其他城镇企业占 72.46%，民办非企业单位和社会团体占 2.98%，灵活就业人员占 0.02%，其他占 0.01%；中、低收入占 99.13%，高收入占 0.87%。

（二）提取业务

提取金额中，购买、建造、翻建、大修自住住房占18.59%，偿还购房贷款本息占57.68%，租赁住房占7.15%，支持老旧小区改造占0.02%，离休和退休提取占13.33%，完全丧失劳动能力并与单位终止劳动关系提取占0.08%，其他占3.15%。提取职工中，中、低收入占96.93%，高收入占3.07%。

（三）贷款业务

个人住房贷款。2022年，支持职工购建房301.93万平方米（含公转商贴息贷款），年末个人住房贷款市场占有率（含公转商贴息贷款）为11.49%，比上年末增加0.35个百分点。通过申请住房公积金个人住房贷款，可节约职工购房利息支出199095.47万元。

职工贷款笔数中，购房建筑面积90（含）平方米以下占22.53%，90～144（含）平方米占73.11%，144平方米以上占4.36%。购买新房占68.37%，购买二手房占31.63%。

职工贷款笔数中，单缴存职工申请贷款占42.01%，双缴存职工申请贷款占57.99%。

贷款职工中，30岁（含）以下占43.86%，30岁～40岁（含）占41.59%，40岁～50岁（含）占11.18%，50岁以上占3.37%；购买首套住房申请贷款占84.80%，购买二套及以上申请贷款占15.20%；中、低收入占96.69%，高收入占3.31%。

（四）住房贡献率

2022年，个人住房贷款发放额、公转商贴息贷款发放额、项目贷款发放额、住房消费提取额的总和与当年缴存额的比率为100.48%，比上年减少42.86个百分点。

六、其他重要事项

（一）应对新冠肺炎疫情采取的措施，落实住房公积金阶段性支持政策情况和政策实施成效

认真贯彻落实党中央、国务院关于高效统筹疫情防控和经济社会发展的决策部署及住房和城乡建设部等三部委《关于实施住房公积金阶段性支持政策的通知》的文件要求，出台《关于落实住房公积金阶段性支持政策的通知》《企业阶段性缓缴住房公积金操作流程》，帮助企业共渡难关，及时细化解读政策，畅通宣传和咨询渠道，确保政策宣传推广全覆盖。

2022年共为106家企业1.65万名职工缓缴公积金3008万元，对贷款延迟还款不作逾期处理的32036笔，应还未还本金1306.66万元，有力支持我市公积金缴存企业、职工应对疫情、共渡难关。

（二）租购并举满足缴存人基本住房需求，加大租房提取住房公积金支持力度、支持缴存人贷款购买首套普通自住住房特别是共有产权人住房等情况

多措并举落实租购政策，2022年共为19.18万人办理租房提取，金额15.18亿元，同比分别上涨32.46%和29.08%。2022年全年发放首套住房公积金贷款23324户，金额1045751.50万元。

（三）当年机构及职能调整情况、受委托办理缴存贷款业务金融机构变更情况

2022年，市中心新增二家委托贷款业务承办银行，分别为：中国民生银行股份有限公司合肥分行、杭州银行股份有限公司合肥分行。

省直分中心：2022年1月暂停兴业银行合肥分行、合肥科技农村商业银行、浦发银行合肥分行三家银行住房公积金贷款业务受理资格半年；2022年12月，准入光大银行合肥分行作为省直住房公积金贷款业务受托银行。

（四）当年住房公积金政策调整及执行情况

1. 2022年住房公积金缴存比例保持5%～12%。2022年1月1日至2022年12月31日，职工住房公积金月缴存基数上限为26182元，下限按合肥市最低工资标准1650元/月执行，市辖四县一市最低工资标准按省市相关文件规定执行。进一步简化住房公积金缴存比例调整流程，缴存单位可在5%～12%区间内，自主确定住房公积金缴存比例。

2. 2022年4月制定阶段性缓缴实施细则，缓缴期为2022年4～6月；之后根据国家、省、市相关规定，缓缴期延长至2022年12月底。

3. 出台《关于进一步明确还贷提取政策的通知》，明确夫妻双方婚前分别用公积金贷款、商业贷款各自购房，婚后可分别提取事项。

4. 2022 年 6 月 11 日出台《关于进一步完善住房公积金贷款政策的通知》。提高首套首次住房贷款的公积金最高可贷额度，单方和夫妻双方正常缴存最高可贷款额度分别提高 10 万元；延长二手房贷款年限，贷款最长期限为 30 年且贷款期限加房龄最长不超过 40 年。

5. 根据中国人民银行的通知要求，自 2022 年 10 月 1 日起，下调首套个人住房公积金贷款利率，5 年以下（含 5 年）和 5 年以上利率分别调整为 2.6%和 3.1%；2022 年 10 月 1 日前已发放的首套个人住房公积金贷款按原利率执行，自 2023 年 1 月 1 日起按新利率执行。

6. 贯彻落实支持老旧小区改造政策。2022 年共为 110 户家庭办理了加装电梯提取业务，金额为 520.96 万元。

（五）当年服务改进情况

1. 持续拓展服务渠道。一是在已实现住房公积金 8 项“跨省通办”业务的基础上，新增了住房公积金汇缴、住房公积金补缴、提前部分偿还住房公积金贷款和租房提取住房公积金 4 项新业务。二是率先完成与长三角“一网通办”平台的对接，职工在办理离退休提取时，依托跨区域数据共享，实现了零材料、零跑动、零等候、实时办。三是缴存职工可通过“皖事通”平台免费订制“预还款提醒”“汇补缴提醒”“提取提醒”“账户余额结息提醒”四类短信。

2. 持续提高办事效率。一是与税务、房产等部门联动，对部分网厅业务的申请材料进一步规范和简化。二是继续推进网上还贷提取无纸化办理，在原有 13 家银行的基础上，2022 年新增中行、邮储银行等 4 家银行。三是推出线上数字签名、电子印章、短信订阅等服务，方便群众，切实让“数据多跑路，职工少跑腿”。

（六）当年信息化建设情况

一是全年对业务信息系统进行了 120 多项优化升级，进一步拓展多渠道网上业务平台功能。二是推动住房公积金与居民服务“一卡通”业务融合，提取业务全面支持社保卡，柜面支持社保卡身份认证。三是积极推进“跨省通办”服务事项和“长三角一体化”工作。四是对关键信息基础设施、重要网络运维和安全状况进行定期检测。

（七）当年住房公积金管理中心及职工所获荣誉情况

市中心花园街营业部获全国住房公积金“跨省通办”表现突出服务窗口；省直分中心被国家机关事务管理局授予全国机关事务工作先进集体荣誉称号；市中心荣获 2020—2022 年度安徽省第十二届文明单位；省直分中心被安徽省直属机关精神文明建设活动委员会授予 2020—2022 年度省直机关文明单位；省直分中心被安徽省机关事务管理局授予 2022 年度考核先进单位；市中心业务服务处获全省住房和城乡建设系统先进集体、市中心花园街营业部获全省住房城乡建设系统学雷锋活动示范点、市中心滨湖营业部和巢湖分中心综合服务窗口获全省住房城乡建设系统文明服务窗口；省直分中心窗口被安徽省精神文明建设指导委员会办公室、安徽省住房和城乡建设厅授予文明服务窗口；市中心获全市效能建设考评优秀单位、合肥市网络攻防演习竞赛优秀奖、全市政府网站暨政务新媒体工作先进单位、全市政务公开工作先进单位、合肥市直机关平安单位；市中心在市直单位中抓基层党建综合评价等次为“好”、市中心第一党支部被评为合肥市直机关先进党组织；巢湖分中心业务大厅获合肥市巾帼文明岗；巢湖分中心获巢湖市青年文明号、庐江管理部获庐江县青年文明号；黄咏梅获全省住房和城乡建设系统先进工作者；李慧灵获全省住房城乡建设系统岗位学雷锋标兵；钱靖、王天玉、杨配珍、马燕、丁一鸣获全省住房城乡建设系统文明服务标兵；王波、朱玲获安徽省机关事务管理局 2022 年度局属单位优秀管理人员。

安徽省及省内各城市住房公积金 2022 年年度报告二维码

名称	二维码
安徽省住房公积金 2022 年年度报告	
合肥市住房公积金 2022 年年度报告	
芜湖市住房公积金 2022 年年度报告	
蚌埠市住房公积金 2022 年年度报告	
淮南市住房公积金 2022 年年度报告	
马鞍山市住房公积金 2022 年年度报告	
淮北市住房公积金 2022 年年度报告	

续表

名称	二维码
铜陵市住房公积金 2022 年年度报告	
安庆市住房公积金 2022 年年度报告	
黄山市住房公积金 2022 年年度报告	
滁州市住房公积金 2022 年年度报告	
阜阳市住房公积金 2022 年年度报告	
宿州市住房公积金 2022 年年度报告	
六安市住房公积金 2022 年年度报告	
亳州市住房公积金 2022 年年度报告	

续表

名称	二维码
池州市住房公积金 2022 年年度报告	
宣城市住房公积金 2022 年年度报告	

福建省

福建省住房公积金2022年年度报告

根据国务院《住房公积金管理条例》和住房和城乡建设部、财政部、人民银行《关于健全住房公积金信息披露制度的通知》(建金〔2015〕26号)规定，现将福建省住房公积金2022年年度报告汇总公布如下：

一、机构概况

(一)住房公积金管理机构。全省共设9个设区城市住房公积金中心和平潭综合实验区行政服务中心，平潭综合实验区行政服务中心承担住房公积金管理中心的职能，福州另设有省直单位住房公积金管理中心(其隶属福建省机关事务管理局)。全省从业人员942人，其中，在编596人，非在编346人。

(二)住房公积金监管机构。福建省住房和城乡建设厅、财政厅和人民银行福州中心支行负责对本省住房公积金管理运行情况进行监督。福建省住房和城乡建设厅设立住房公积金监管处，负责辖区住房公积金日常监管工作。

二、业务运行情况

(一)缴存。2022年，新开户单位30844家，净增单位10718家；新开户职工62.10万人，净增职工15.36万人；实缴单位168156家，实缴职工483.21万人，缴存额908.42亿元，同比分别增长6.81%、3.28%、9.86%。2022年末，缴存总额7265.71亿元，比上年末增长14.29%；缴存余额2369.97亿元，同比增长11.45%(表1)。

2022年分城市住房公积金缴存情况　　表1

地区	实缴单位(万个)	实缴职工(万人)	缴存额(亿元)	累计缴存总额(亿元)	缴存余额(亿元)
福建省	**16.82**	**483.21**	**908.42**	**7265.71**	**2369.97**
福州	3.66	121.44	270.31	2154.80	717.09
厦门	6.22	132.44	239.86	1794.07	583.86
莆田	0.69	23.12	36.79	307.72	117.49
三明	0.77	26.00	47.67	442.02	125.11
泉州	2.50	64.12	117.65	978.06	308.81
漳州	1.09	37.34	68.61	508.46	173.37
南平	0.54	20.60	35.16	332.14	110.02
龙岩	0.72	24.55	45.15	397.72	111.29
宁德	0.64	33.60	47.21	350.72	122.93

(二)提取。2022年，197.75万名缴存职工提取住房公积金；提取额664.87亿元，同比增长8.26%；提取额占当年缴存额的73.19%，比上年减少1.08个百分点。2022年末，提取总额4895.73亿元，比上年末增长15.71%(表2)。

2022 年分城市住房公积金提取情况 **表 2**

地区	提取额（亿元）	提取率（%）	住房消费类提取额（亿元）	非住房消费类提取额（亿元）	累计提取总额（亿元）
福建省	**664.87**	**73.19**	**527.70**	**137.17**	**4895.73**
福州	194.30	71.88	149.80	44.50	1437.71
厦门	167.64	69.89	142.56	25.08	1210.21
莆田	28.81	78.30	21.71	7.09	190.23
三明	37.31	78.26	27.30	10.01	316.91
泉州	85.56	72.72	69.62	15.94	669.25
漳州	53.17	77.49	43.01	10.15	335.09
南平	27.91	79.38	19.10	8.82	222.12
龙岩	34.28	75.92	27.13	7.15	286.43
宁德	35.89	76.03	27.47	8.43	227.80

（三）贷款。

1. 个人住房贷款。2022 年，发放个人住房贷款 7.53 万笔、382.87 亿元，同比增长 9.4%、10.12%。回收个人住房贷款 222.67 亿元。

2022 年末，累计发放个人住房贷款 124.82 万笔、4009.42 亿元，贷款余额 2084.05 亿元，比上年末分别增长 6.43%、10.56%、8.33%。个人住房贷款余额占缴存余额的 87.94%，比上年末减少 2.53 个百分点（表 3）。

2022 年分城市住房公积金个人住房贷款情况 **表 3**

地区	放贷笔数（万笔）	贷款发放额（亿元）	累计放贷笔数（万笔）	累计贷款总额（亿元）	贷款余额（亿元）	个人住房贷款率（%）
福建省	**7.53**	**382.87**	**124.82**	**4009.42**	**2084.05**	**87.94**
福州	1.62	93.03	25.43	1017.56	590.96	82.41
厦门	1.58	97.98	21.46	959.69	537.32	92.03
莆田	0.32	13.87	5.61	175.25	99.39	84.60
三明	0.54	20.42	12.40	267.00	115.72	92.49
泉州	1.24	61.56	17.17	591.59	281.82	91.26
漳州	0.78	39.56	10.40	281.90	151.31	87.28
南平	0.49	18.63	8.65	201.71	101.83	92.55
龙岩	0.50	19.52	12.94	258.95	99.01	88.96
宁德	0.46	18.28	10.75	255.76	106.69	86.79

2022 年，支持职工购建房 786.94 万平方米。年末个人住房贷款市场占有率（含公转商贴息贷款）为 14.21%，比上年末增加 0.43 个百分点。通过申请住房公积金个人住房贷款，可节约职工购房利息支出 683949.22 万元。

2. 异地贷款。2022 年，发放异地贷款 3118 笔、159786.02 万元。2022 年末，发放异地贷款总额 581180.66 万元，异地贷款余额 453499.39 万元。

3. 公转商贴息贷款。2022 年，发放公转商贴息贷款 822 笔、36757.80 万元，支持职工购建房面积 8.9 万平方米，当年贴息额 61704.16 万元。2022 年末，累计发放公转商贴息贷款 108418 笔、5798000.36 万元，累计贴息 230767.06 万元。

4. 住房公积金支持保障性住房建设项目贷款。2022 年末，我省未开展住房公积金支持保障性住房建设项目贷款。

（四）购买国债。2022 年，未购买国债。当年未兑付、转让、收回国债，国债余额 0.28 亿元，与上年同期相比持平。

（五）融资。2022 年，融资 0 亿元，归还 0 亿元。年末，融资总额 277.88 亿元，融资余额 0 亿元。

（六）资金存储。2022 年末，住房公积金存款 319.78 亿元。其中，活期 0.68 亿元，1 年（含）以下定期 75.25 亿元，1 年以上定期 102.49 亿元，其他（协定、通知存款等）141.36 亿元。

（七）资金运用率。2022 年末，住房公积金个人住房贷款余额、项目贷款余额和购买国债余额的总和占缴存余额的 87.95%，比上年末减少 2.54 个百分点。

三、主要财务数据

（一）业务收入。2022 年，业务收入 731081.96 万元，同比增长 10.41%。其中，存款利息 76812.22 万元，委托贷款利息 654141.21 万元，国债利息 87.0 万元，其他 41.53 万元。

（二）业务支出。2022 年，业务支出 436582.65 万元，同比增长 8.89%。其中，支付职工住房公积金利息 334698.85 万元，归集手续费 17866.27 万元，委托贷款手续费 18202.66 万元，其他 65814.87 万元。

（三）增值收益。2022 年，增值收益 294499.31 万元，同比增长 12.76%；增值收益率 1.31%，基本与去年持平。

（四）增值收益分配。2022 年，提取贷款风险准备金 59943.08 万元，提取管理费用 20723.18 万元，提取城市廉租住房（公共租赁住房）建设补充资金 213833.06 万元（表 4）。2022 年，上缴管理费用 14609.25 万元，上缴城市廉租住房（公共租赁住房）建设补充资金 196281.93 万元。

2022 年末，贷款风险准备金余额 840835.21 万元，累计提取城市廉租住房（公共租赁住房）建设补充资金 1717742.28 万元。

2022 年分城市住房公积金增值收益及分配情况　　**表 4**

地区	业务收入（亿元）	业务支出（亿元）	增值收益（亿元）	增值收益率（%）	提取贷款风险准备金（亿元）	提取管理费用（亿元）	提取公租房(廉租房)建设补充资金(亿元)
福建省	**73.11**	**43.66**	**29.45**	**1.31**	**5.99**	**2.07**	**21.38**
福州	22.47	11.65	10.82	1.59	1.67	0.66	8.49
厦门	17.85	11.84	6.02	1.09	2.14	0.26	3.62
莆田	3.58	1.92	1.66	1.46	0.12	0.11	1.43
三明	3.92	2.73	1.19	0.99	0.21	0.15	0.82
泉州	9.26	5.67	3.59	1.23	0.98	0.23	2.37
漳州	5.34	3.96	1.38	0.83	0.60	0.22	0.55
南平	3.51	2.08	1.43	1.34	0.27	0.12	1.05
龙岩	3.44	1.85	1.59	1.49	0.01	0.15	1.43
宁德	3.74	1.96	1.78	1.52	0	0.16	1.62

（五）管理费用支出。2022 年，管理费用支出 20408.20 万元，同比增长 7.2%。其中，人员经费 14950.86 万元，公用经费 1175.53 万元，专项经费 4281.81 万元。

四、资产风险状况

（一）个人住房贷款。2022 年末，个人住房贷款逾期额 4226.17 万元，逾期率 0.203‰，个人贷款风险准备金余额 837775.21 万元。2022 年，未使用个人贷款风险准备金核销呆坏账。

（二）住房公积金支持保障性住房建设项目贷款。我省项目贷款于 2015 年已全部结清，无项目贷款逾期情况，全省项目贷款风险准备金余额为 3060 万元，其中厦门贷款风险准备金余额 1840 万元，福州贷款风险准备金余额 1220 万元。

五、社会经济效益

（一）缴存业务

缴存职工中，国家机关和事业单位占 25.53%，国有企业占 22.47%，城镇集体企业占 1.21%，外商投资企业占 7.92%，城镇私营企业及其他城镇企业占 37.54%，民办非企业单位和社会团体占 2.58%，灵活就业人员占 0.81%，其他占 1.94%；中、低收入占 97.91%，高收入占 2.09%。

新开户职工中，国家机关和事业单位占 9.25%，国有企业占 15.67%，城镇集体企业占 1.13%，外商投资企业占 8.57%，城镇私营企业及其他城镇企业占 57.40%，民办非企业单位和社会团体占 3.23%，灵活就业人员占 0.84%，其他占 3.91%；中、低收入占 99.52%，高收入占 0.48%。

（二）提取业务

提取金额中，购买、建造、翻建、大修自住住房占 19.31%，偿还购房贷款本息占 55.02%，租赁住房占 4.97%，支持老旧小区改造提取占 0.07%；离休和退休提取占 12.83%，完全丧失劳动能力并与单位终止劳动关系提取占 3.88%，出境定居占 0.02%，其他占 3.90%。提取职工中，中、低收入占 97.25%，高收入占 2.75%。

（三）贷款业务

1. 个人住房贷款。

职工贷款笔数中，购房建筑面积 90（含）平方米以下占 34.98%，90～144（含）平方米占 60.88%，144 平方米以上占 4.14%。购买新房占 73.85%（其中购买保障性住房占 3.15%），购买二手房占 25.83%，建造、翻建、大修自住住房占 0.02%，其他占 0.30%。

职工贷款笔数中，单缴存职工申请贷款占 61.56%，双缴存职工申请贷款占 38.32%，三人及以上缴存职工共同申请贷款占 0.12%。

贷款职工中，30 岁（含）以下占 29.27%，30 岁～40 岁（含）占 49.10%，40 岁～50 岁（含）占 16.27%，50 岁以上占 5.36%；首套申请贷款占 88.36%，二套及以上申请贷款占 11.64%；中、低收入占 96.46%，高收入占 3.54%。

2. 住房公积金支持保障性住房建设项目贷款。2022 年末，我省未开展住房公积金支持保障性住房建设项目贷款。

（四）住房贡献率

2022 年，个人住房贷款发放额、公转商贴息贷款发放额、项目贷款发放额、住房消费提取额的总和与当年缴存额的比率为 100.64%，比上年减少 17.03 个百分点。

六、其他重要事项

（一）积极落实住房公积金阶段性支持政策。积极落实党中央、国务院及省委省政府关于高效统筹疫情防控和经济社会发展的决策部署要求，省住房和城乡建设厅于 2022 年 4 月、6 月分别印发了《关于积极应对疫情影响促进住房城乡建设行业健康发展若干措施的通知》（闽建办〔2022〕4 号）、《关于稳住住建行业经济运行若干措施的通知》（闽建办〔2022〕5 号），出台受疫情影响的企业可申请缓缴住房公积金、受疫情影响职工不能正常还款的不作逾期处理、提高租房提取额度、提高多孩家庭公积金贷款最高贷款额度等住房公积金助企纾困政策，帮助受疫情影响的企业和缴存职工共渡难关。截至 2022 年末，全省共 390 家企业申请缓缴公积金，涉及职工 1.96 万人、缓缴金额 1.17 亿元；1501 名受疫情影响无法正常还款的公积金贷款人申请不作逾期处理，不作逾期处理的应还未还贷款本金共 341.2 万元；全省各地租房提取额度均提高 1000 元/年以上，累计 29.4 万租房职工受益，累计提取金额 17.95 亿元；全省提高公积金贷款额度政策惠及多孩家庭共计 3207 户，共发放公积金贷款 22.83 亿元，切实减轻多孩家庭住房负担。

（二）全面推行提取住房公积金支付首付款政策。针对缴存职工反映的公积金不能直接用来支付首付款导致职工筹款压力较大的问题，我省积极探索，对购房提取业务进行优化升级，省住房和城乡建设厅于 2022 年 3 月 29 日印发《关于进一步优化购买新建商品住房职工提取住房公积金支付首付款的指导意见》（闽建金〔2022〕1 号），率先全面推行购买新建商品住房提取住房公积金冲抵购房首付款政策。全省各地自 2022 年 4 月陆续实施，截至 2022 年末，全省共 1086 个开发企业、1196 个楼盘参加，累计办理提取公积金支付首付款 2.41 万笔共 27.9 亿元，支持购房 1.73 万套涉及购房金额 295.6 亿元，有效缓解职工购房首付款筹款压力，取得良好的社会反响，被列入我省 2023 年第一批学习推广优化营商环境工作典型经验做法。

（三）稳妥推进灵活就业人员参加住房公积金制度。指导督促各地积极建立灵活就业人员缴存公积金制度，并进一步完善灵活就业人员缴存、使用公积金相关政策，促进灵活就业人员缴存范围不断扩大，三明、厦门、莆田、龙岩、宁德、漳州、南平共 7 个地市出台灵活就业人员缴存使用住房公积金政策文件。截至 2022 年末，全省共有 3.93 万灵活就业人员缴存住房公积金。

（四）进一步加强行业规范化管理。一是全面落实专项审计整改和国务院大督查工作要求，深化共享数据对接、建立联网核查机制，推进源头治理，切实将审计整改成果转化为治理效能。二是规范分支机构设置，铁路、能源集团 2 个分支机构移交福州住房公积金中心管理，我省已全面完成行业分支机构属地化管理。三是完成《福建省住房公积金金融业务受托银行年度考评实施细则》、《福建省住房公积金综合管理信息系统管理办法》修订工作，进一步规范和强化我省住房公积金金融业务和信息系统管理工作。四是深化住房公积金监管服务平台应用，强化住房公积金日常监管，建立及时监测跟踪机制，确保“跨省通办”协同业务、异地转移接续业务的及时办理；建立定期风险筛查和整改机制，确保风险点及时发现和整改。

（五）奋力推动全省住房公积金一体化建设。开展各地住房公积金政策差异化分析，进一步梳理“五级十五同”标准化目录清单，逐步规范地方特殊事项标准，将部分地市特殊事项纳入全省统一服务事项中，并持续优化其他公共服务事项。深化省内跨地区数据共享和互信机制建设，打破地域限制，拓展“冲还贷”业务的受益群体，创先推出“省内跨中心冲还贷”业务，第一批试点福州、省直、莆田三个公积金中心于 2022 年 9 月 26 日同时开通上线。截至 2022 年末，已有 941 名职工申请该项业务，累计冲还提取金额 1015.21 万元。

（六）不断提高住房公积金服务效能。全省设立 95 个“跨省通办”服务窗口，进一步优化“跨省通办”业务流程，线上线下协同推进，新增“公积金汇缴”“公积金补缴”“提前部分偿还公积金贷款”3 个服务事项“跨省通办”，截至 2022 年末，全面实现 11 个住房公积金高频服务事项“跨省通办”。积极贯彻落实住房和城乡建设部《“惠民公积金、服务暖人心”全国住房公积金系统服务提升三年行动实施方案（2022—2024 年）》，将实施方案与贯彻落实省委“提高效率、提升效能、提增效益”行动相结合，重点对党建引领、行业文明建设、打造星级服务岗、服务事项标准化等方面内容进行细化落实。

（七）持续深化信息化建设。一是推动全省公积金网上办事大厅服务渠道集中部署，避免各地重复建设，构建全省集约高效的公积金数字化系统框架，提高外联渠道安全性和服务效率。二是全力推进征信共享对接，根据住房和城乡建设部工作部署推动各地公积金中心分批次分阶段开展征信信息共享“总对总”对接，截至 2022 年末，全省 11 个中心全面上线征信信息共享查询，8 个中心进入贷款征信数据报送测试，1 个中心完成贷款征信数据报送上线。三是积极配合“一件事一次办”改革工作，按时完成涉及住房公积金的 5 个“一件事”套餐服务事项对接。四是持续优化信息系统功能，进一步完善网厅、微信公众号、闽政通 App 等综合服务渠道业务办理功能，促进租房提取、购房提取、贷款受理等服务事项实现网上办理，优化系统易用性提高群众办事体验。

（八）深入推进精神文明建设。2022 年全省全系统创建地市级以上文明单位 3 个，其中省部级 1 个；省部级青年文明号 1 个；工人先锋号 1 个；先进集体和个人 16 个，其中国家级 2 个，省部级 1 个；其他类荣誉称号 35 个，其中国家级 1 个，省部级 3 个。

福建省厦门市住房公积金 2022 年年度报告

根据国务院《住房公积金管理条例》和住房和城乡建设部、财政部、人民银行《关于健全住房公积金信息披露制度的通知》（建金〔2015〕26 号）的规定，经住房公积金管理委员会审议通过，现将厦门市住房公积金 2022 年年度报告公布如下：

一、机构概况

（一）住房公积金管理委员会。住房公积金管理委员会有 25 名委员，2022 年召开 5 次会议，审议通过的事项主要包括：《厦门市住房公积金 2021 年年度报告》《厦门市 2021 年度住房公积金决算》《厦门市 2022 年度住房公积金预算》《厦门市 2021 年度住房公积金归集使用计划执行情况报告》《2021 年度住房公积金增值收益分配方案》《关于调整 2022 年度厦门市住房公积金月缴存额上下限的建议》《关于实施住房公积金个人住房贷款阶段性支持政策的建议》《关于提取住房公积金支付购买新建商品住房首付款的建议》《关于住房公积金支持多子女家庭购房租房有关事项的建议》《关于调整个人住房公积金贷款利率有关事项的建议》《关于上浮个人住房公积金贷款最高贷款额度流动性调节系数的建议》《关于简化提取已故职工住房公积金材料的建议》等。

（二）住房公积金中心。住房公积金中心为直属厦门市人民政府不以营利为目的的参照公务员法管理事业单位，设 6 个处，4 个工作部。从业人员 70 人，其中，在编 54 人，非在编 16 人。

二、业务运行情况

（一）缴存。2022 年，新开户单位 12272 家，净增单位 4957 家；新开户职工 16.98 万人，净增职工 3.65 万人；实缴单位 62187 家，实缴职工 132.44 万人，缴存额 239.86 亿元，分别同比增长 8.66%、2.83%、11.97%。2022 年末，缴存总额 1794.07 亿元，比上年末增加 15.43%；缴存余额 583.86 亿元，同比增长 14.12%。受委托办理住房公积金缴存业务的银行 8 家。

（二）提取。2022 年，65.91 万名缴存职工提取住房公积金；提取额 167.64 亿元，同比增长 7.41%；提取额占当年缴存额的 69.89%，比上年减少 2.97 个百分点。2022 年末，提取总额 1210.21 亿元，比上年末增加 16.08%。

（三）贷款。

1. 个人住房贷款。个人住房贷款最高额度 120 万元。

2022 年，发放个人住房贷款 1.58 万笔、97.98 亿元，同比分别增长 22.48%、下降 1.27%。

2022 年，回收个人住房贷款 44.51 亿元。

2022 年末，累计发放个人住房贷款 21.46 万笔、959.69 亿元，贷款余额 537.32 亿元，分别比上年末增加 7.95%、11.37%、11.05%。个人住房贷款余额占缴存余额的 92.03%，比上年末减少 2.54 个百分点。

受委托办理住房公积金个人住房贷款业务的银行 16 家。

2. 异地贷款。2022 年，未发放异地贷款。2022 年末，发放异地贷款总额 92658.60 万元，异地贷款余额 62493.72 万元。

3. 公转商贴息贷款。2022 年，发放公转商贴息贷款 12 笔、1036 万元，当年贴息额 32306.89 万元。

2022 年末，累计发放公转商贴息贷款 28776 笔、2367721.69 万元，累计贴息 107515.33 万元。

（四）购买国债。2022 年，未购买、未兑付国债，期末无国债余额。

（五）资金存储。2022 年末，住房公积金存款 52.29 亿元。其中，活期 0.05 亿元，协定存款 52.24 亿元。

（六）资金运用率。2022 年末，住房公积金个人住房贷款余额、项目贷款余额和购买国债余额的总和占缴存余额的 92.03%，比上年末减少 2.54 个百分点。

三、主要财务数据

（一）业务收入。2022 年，业务收入 178526.16 万元，同比增长 16.38%。其中，存款利息 9008.72 万元，委托贷款利息 169510.56 万元，其他 6.88 万元。

（二）业务支出。2022 年，业务支出 118360.23 万元，同比增长 11.92%。其中，支付职工住房公积金利息 77459.38 万元，归集手续费 4117.92 万元，委托贷款手续费 4475.96 万元，其他 32306.97 万元。

（三）增值收益。2022 年，增值收益 60165.93 万元，同比增长 26.28%。增值收益率 1.09%，比上年增加 0.1 个百分点。

（四）增值收益分配。2022 年，提取贷款风险准备金 21391.03 万元；提取管理费用 2607.93 万元，提取城市廉租住房（公共租赁住房）建设补充资金 36166.97 万元。

2022 年，上交财政管理费用 2735.83 万元。上缴财政城市廉租住房（公共租赁住房）建设补充资金 23150.02 万元。

2022 年末，贷款风险准备金余额 216769.73 万元。累计提取城市廉租住房（公共租赁住房）建设补充资金 358236.99 万元。

（五）管理费用支出。2022 年，管理费用支出 2688.25 万元，同比增长 4.37%。其中，人员经费 1914.16 万元，公用经费 336.41 万元，专项经费 437.68 万元。

四、资产风险状况

（一）个人住房贷款。2022 年末，个人住房贷款逾期额 1389.57 万元，逾期率 0.259‰。个人贷款风险准备金余额 214929.73 万元。2022 年，未使用个人贷款风险准备金核销呆坏账。

（二）支持保障性住房建设试点项目贷款。2022 年末，项目贷款已全部结清，无项目贷款逾期情况；项目贷款风险准备金余额 1840 万元。2022 年，未使用项目贷款风险准备金核销项目贷款。

五、社会经济效益

（一）缴存业务

缴存职工中，国家机关和事业单位占 11.34%，国有企业占 17.13%，城镇集体企业占 0.88%，外商投资企业占 16.40%，城镇私营企业及其他城镇企业占 48.73%，民办非企业单位和社会团体占 1.97%，灵活就业人员占 0.40%，其他占 3.15%；中、低收入占 97.29%，高收入占 2.71%。

新开户职工中，国家机关和事业单位占 4.30%，国有企业占 11.22%，城镇集体企业占 0.62%，外商投资企业占 17.03%，城镇私营企业及其他城镇企业占 56.22%，民办非企业单位和社会团体占 3.05%，灵活就业人员占 0.91%，其他占 6.65%；中、低收入占 99.55%，高收入占 0.45%。

（二）提取业务

提取金额中，购买、建造、翻建、大修自住住房占 16.68%，偿还购房贷款本息占 56.05%，租赁住房占 12.23%，支持老旧小区改造占 0.08%，离休和退休提取占 7.96%，完全丧失劳动能力并与单位终止劳动关系提取占 0.02%，出境定居占 0.01%，其他占 6.97%。提取职工中，中、低收入占 96.62%，高收入占 3.38%。

（三）贷款业务

2022年，支持职工购建房139.56万平方米（含公转商贴息贷款），年末个人住房贷款市场占有率（含公转商贴息贷款）为18.75%，比上年末增加1.02个百分点。通过申请住房公积金个人住房贷款，可节约职工购房利息支出180528.63万元。

职工贷款笔数中，购房建筑面积90（含）平方米以下占63.54%，90～144（含）平方米占34.61%，144平方米以上占1.85%。购买新房占69.57%（其中购买保障性住房占14.72%），购买二手房占30.43%。

职工贷款笔数中，单缴存职工申请贷款占77.90%，双缴存职工申请贷款占22.10%。

贷款职工中，30岁（含）以下占29.51%，30岁～40岁（含）占56.44%，40岁～50岁（含）占12.08%，50岁以上占1.97%；购买首套住房申请贷款占95.21%，购买二套及以上申请贷款占4.79%；中、低收入占92.39%，高收入占7.61%。

（四）住房贡献率

2022年，个人住房贷款发放额、公转商贴息贷款发放额、项目贷款发放额、住房消费提取额的总和与当年缴存额的比率为100.33%，比上年减少32.71个百分点。

六、其他重要事项

（一）应对新冠肺炎疫情采取的措施，落实住房公积金阶段性支持政策情况和政策实施成效。

为全面落实党中央、国务院各项决策部署和省委省政府、市委市政府要求，我市及时出台住房公积金各项阶段性支持政策，涉及公积金缴存、贷款及提取业务，助力企业职工纾困解难。

1. 精准施策加大助企惠民力度。4月8日，厦门市人民政府办公厅印发《关于应对新冠肺炎疫情影响进一步帮助市场主体纾困解难若干措施的通知》，2022年4月至6月期间，受疫情影响的企业，可按规定申请缓缴住房公积金，缓缴期间缴存时间连续计算，不影响职工正常提取和申请住房公积金贷款；受疫情影响的职工，住房公积金贷款不能正常还款的，不作逾期处理，不计逾期利息。6月1日，我市出台《关于实施住房公积金阶段性支持政策的通知》，通知明确缓缴政策延期至12月31日。

2. 多管齐下确保政策直达快享。为便于企业操作，我市专门出台《关于贯彻落实应对新冠肺炎疫情影响进一步帮助市场主体纾困解难若干措施的通知》，就阶段性支持政策办理方式、渠道、注意事项等操作细节进行详细说明。

（1）少环节减材料。为方便企业办理缓缴申请，进一步简化业务办理材料，实行承诺制。对受疫情影响需缓缴住房公积金的单位，申请仅需“一表一证”（《单位缓缴住房公积金申请表（疫情专用）》及单位经办人身份证件原件），承诺单位因受疫情影响造成生产经营困难且经职工（代表）大会或工会同意即可，无需再提供其他证明材料。

（2）多模式拓渠道。一是设置窗口绿色通道，授权驻岛外各区政务服务中心公积金审批窗口审批权限，实现企业缓缴业务“全市通办”“即来即办”。二是开通企业缓缴网上申请渠道。依托市住房公积金综合服务平台，单位经办人上传职工代表大会或者职工大会或者工会决议，即可实现缓缴审批全程网办，高标准落实业务窗口疫情期间“不见面”审批。三是业务办理双向邮寄服务，通过“互联网＋邮寄”方式，实现审批服务“零跑腿”，打通服务企业、群众“最后一公里”。

（3）全方位广宣传。为了快速落实政策措施，中心第一时间通过微信公众号、中心官网、报纸等媒介开展宣传，让广大企业和缴存人知晓阶段性政策内容及办理方式等；后期加大宣传力度，利用微信公众号，对企业办理缓缴的条件、渠道等相关问题通过问答模式进行热点解读。

截至2022年12月底，已有194家单位申请暂缓缴交公积金，涉及职工10406名，缓缴金额达3878.52万元；不作逾期处理的454笔，涉及逾期金额178.91万元。

（二）租购并举满足缴存人基本住房需求，加大租房提取住房公积金支持力度、支持缴存人贷款购买首套普通自住住房特别是共有产权住房等情况。

1. 提额度阶段性支持租房提取。2022 年 6 月至 2022 年 12 月，我市无房职工租住商品住房提取住房公积金支付房租由原来每月不超过 1000 元提高到每月不超过 1200 元，月提取额度为全省最高。符合条件的无房职工可通过住房公积金缴存业务受委托银行或住房公积金网上办事大厅、微信公众号、支付宝、"闽政通" App、"i 厦门" App 及 "e 政务" 自助服务终端等渠道签约提取，实现业务"全程网办""秒批秒办"。原已签约租房提取的缴存人，可"免申即享"阶段性支持政策，在公积金账户余额足够的前提下，每月租房提取额度自动上调为 1200 元。截至 2022 年 12 月底，共有 18.82 万名缴存人"免申即享"提高租房提取额度，累计提取金额 109856.78 万元。

2. 创模式推出集成服务套餐。2022 年 4 月，联合市住房保障中心推出承租保障性租赁房提取住房公积金"一件事"集成服务，实现职工"一次签约、一站办理、逐月自动还租"。截至 2022 年 12 月底，共有 232 户缴存人签约承租保障性租赁房提取住房公积金"一件事"，累计提取公积金 13.68 万元。2022 年 11 月，在长租公寓领域首创提取住房公积金直缴房租新服务。住房公积金业务系统对接住房租赁企业支付系统，长租公寓租客每月在企业 App 上支付租金账单时，可先选择"使用公积金抵扣"，剩余租金差额部分再使用其他方式在线补齐。截至 2022 年 12 月底，提取公积金支付长租公寓租金 105 笔，金额 87364.95 元。

3. 加力度支持贷款购买首套房。2022 年 10 月，阶段性上浮我市个人住房公积金贷款最高贷款额度流动性调节系数。首次公积金贷款最高贷款额度的流动性调节系数上浮 0.2；多子女家庭首次申请公积金贷款最高贷款额度的流动性调节系数提高至 1。政策向首次申请贷款的职工家庭倾斜，有效提升了首次申请贷款职工的住房购买力，减轻贷款职工还贷压力。2022 年，发放公积金贷款支持职工购买首套住房 15060 笔，金额 95.07 亿元，分别同比增长 34.21%、11.15%，贷款职工中购买首套住房申请贷款占 95.21%。

（三）当年机构及职能调整情况、受委托办理缴存贷款业务金融机构变更情况。

2022 年 10 月，厦门市住房公积金中心规格调整为副局级，领导职数调整为正职（副局级）1 人，副职（正处级）3 人。11 月，根据《中共厦门市委机构编制委员会办公室关于厦门市住房公积金中心内设机构调整的通知》，中心设置副处级内设机构 10 个，核定内设机构领导职数 10 正 2 副。

2022 年，新增上海浦东发展银行股份有限公司厦门分行为受委托办理贷款业务金融机构。

（四）当年住房公积金政策调整及执行情况。

1. 缴存政策调整情况

缴存基数为职工本人 2021 年的月平均工资。工资总额口径按国家统计局《关于工资总额组成的规定》（国家统计局令〔1990〕第 1 号）执行。工资总额按 2021 年 1 月 1 日至 2021 年 12 月 31 日期间的工资总收入计算。月缴存额上限为 6932 元，下限为 204 元。

缴存单位可在 5%至 12%的区间内自主确定缴存比例。单位申请降低缴存比例的，须经本单位职工（代表）大会或工会讨论通过。

2. 提取政策调整情况

（1）自 2022 年 10 月 25 日起，房地产开发企业已办理住房公积金支付购买新建商品住房首付款信息报备的，购买该新建商品住房的职工及其配偶可在《商品房买卖合同》签订后，向公积金中心申请提取住房公积金，用于支付购房首付款。

（2）自 2022 年 10 月 25 日起，多子女家庭在我市无自有住房、租住市场性租赁住房已在我市住房租赁交易服务系统备案的，可按照实际租金提取住房公积金，月提取总额不超过当月实际房租支出。

（3）自 2022 年 10 月 28 日起，简化提取已故职工住房公积金材料。已故职工住房公积金账户余额在 1 万元以下（含 1 万，不含利息）的，其配偶、父母、子女申请一次性销户提取其住房公积金，可签署《告知承诺书》，无需再提供关于继承或遗赠的生效法律文书（继承、遗赠等公证书或法院判决书）。

3. 贷款政策调整情况

（1）调整住房公积金贷款首付比例。2022 年 8 月 24 日起，本市无房且无未结清住房贷款记录的职工家庭，首付比例不得低于 30%；本市有 1 套住房且无未结清住房贷款记录的职工家庭，首付比例不得低于 40%；在本市拥有 1 套（含）以下住房且有 1 笔未结清商业性住房贷款记录的职工家庭，首付比例不得低于 50%。

（2）自 2022 年 10 月 25 日起，多子女家庭在我市购买首套自住住房、首次申请住房公积金贷款的，在我市住房公积金贷款最高额度限额内，其可贷额度可在住房公积金贷款额度计算公式测算金额的基础上增加 10 万元。

（3）上浮我市个人住房公积金贷款最高贷款额度流动性调节系数。首次个人住房公积金贷款最高贷款额度的流动性调节系数上浮 0.2；多子女家庭首次申请个人住房公积金贷款最高贷款额度的流动性调节系数提高至 1。政策执行时间自 2022 年 10 月 28 日起，期限为一年。

4. 当年住房公积金存贷款利率执行标准

（1）存款利率。职工住房公积金账户存款利率为一年期存款基准利率，即 1.5%。

（2）贷款利率。自 2022 年 10 月 1 日起，借款人家庭名下没有未结清住房贷款记录或没有住房公积金贷款记录的，按首套个人住房公积金贷款利率执行，即 5 年以下（含 5 年）和 5 年以上利率分别为 2.6%和 3.1%；借款人家庭名下有 1 笔未结清住房贷款记录，且有 1 笔住房公积金贷款记录的，按第二套个人住房公积金贷款利率执行，即 5 年以下（含 5 年）和 5 年以上利率分别不低于 3.025%和 3.575%。

5. 支持老旧小区改造政策落实情况

2022 年，支持老旧小区加装电梯、老旧电梯更新改造提取住房公积金 1353.15 万元。2022 年末，支持老旧住宅加装电梯和老旧电梯更新改造提取住房公积金累计共 1575 笔，金额 8068.34 万元。

（五）当年服务改进情况。

1. 强化“跨省通办”专区专窗服务。2022 年，聚焦企业和群众普遍关切的异地办事事项，充分运用大数据、人工智能等新技术手段，优化再造业务流程，不断推进业务事项“异地受理、远程办理、协同联动”的跨区域通办模式，推动住房公积金服务线上线下深度融合、优势互补，进一步扩展跨区域通办服务的深度和广度，切实解决企业和群众异地办事“多地跑”“折返跑”等问题，持续提升企业和群众办事满意度。2022 年新增住房公积金汇缴、住房公积金补缴和提前部分偿还住房公积金贷款 3 个服务事项“跨省通办”，全面实现 11 个住房公积金高频服务事项“跨省通办”。当年共办理“跨省通办”业务 152.16 万笔，其中代收代办业务 86 笔，两地联办业务 103 笔，其他均全程网上办结。

2. 深化协作联办套餐拓展升级。一是联合市住房保障中心推出承租保障性租赁房提取住房公积金“一件事”集成服务，实现职工“一次签约、一站办理、逐月自动还租”。同时，在长租公寓领域首创提取住房公积金直缴房租新服务，进一步提升服务效能。二是联合市社保中心推出企业职工退休与提取住房公积金“一件事”。企业职工在线申办正常退休（提前退休）业务时，可同步申请提取本人住房公积金。三是积极参与市民政局、市人社局等部门推出的“公民身后一件事”“员工录用一件事”集成服务。实现居民死亡证明开具、死亡提取住房公积金等公民身后事项及就业登记、个人公积金账户设立等员工录用事项“一件事一次办”。四是落实执行联动机制，与厦门市中级人民法院及厦门海事法院建立“点对点”住房公积金云执行平台，实现被执行人住房公积金账户的查询、冻结、续冻、解冻、扣划全业务的网上办理。

3. 提质增效持续优化营商环境。一是实现数字人民币“全试点金融机构开立、全业务场景覆盖、全自动系统划转核算”。2022 年 5 月，发放全国首笔住房公积金数字人民币贷款，获得中国人民银行肯定。截至 2022 年 12 月 31 日，利用数字人民币办理提取住房公积金用于偿还个人住房公积金贷款业务 2 笔、8.2 万元，办理 42 家单位住房公积金缴存 180 万余元，办理个人住房公积金贷款 2 笔、106 万元。二是优化企业变更登记“一网通办”服务。企业在市市场监管局办理信息变更后，通过“一照一码”平台实现住房公积金单位缴存信息同步更新，让企业免于多头办理同一变更事项，提升办事质效。

4. 窗口前移提供保障房“靠前服务”。2022 年，住房公积金窗口 4 次前移至保障房销售服务大厅，现场为厦门市 2021 年第三批保障性商品房、2021 年“三高”企业骨干员工切块分配保障性商品房、2022 年第一批“高层次人才”保障性商品房购房职工提供住房公积金业务咨询、打印账户余额单、提取、贷款和逐月自动还贷等“一站式”“一条龙”服务，减少职工至少 5 次的往返。2022 年，现场为购房职工集中办理提取住房公积金支付购房首付款等提取业务共 4898 笔，现场集中预受理职工公积金贷款业务共 3437 笔，得到购房家庭的广泛好评。

（六）当年信息化建设情况。

1. 服务渠道形成新体系。新增与市社会保险中心的“退休提取住房公积金一件事”、与市住房保障中心的“承租保障性租赁房提取住房公积金一件事”、与建信住房厦门公司的“住房公积金在线抵扣房租”。至此，建成“6 个主渠道＋N 个微渠道”服务场景，为缴存单位和职工提供线上线下多渠道场景、同质量标准的办事服务。

2. 试点工作取得新成绩。年内，先后完成居民身份证电子证照试点、数字人民币在住房公积金领域试点以及法院云执行平台与住房公积金业务系统对接工作。5 月 26 日成功发放全国首笔数字人民币住房公积金贷款，在全国引起广泛关注。作为全国首个完全嵌入法院办案系统的住房公积金查控模块，实现全业务、全流程一体化线上办理。

3. 数据共享取得新进展。年内，新增人民银行个人征信报告、全国职工住房公积金缴存账户信息、全省常住人口婚姻信息、人社部门社保缴费信息、民政部门殡葬与低保信息以及市房屋事务中心房屋租赁备案信息等。至此，通过直连或对接部、省、市政务数据共享平台，累计对接共享了 17 类政府部门的业务信息；新增浦发银行为贷款业务承办银行，累计对接共享了 16 家承办银行的银行卡账户信息及 19 家商业银行的贷款信息。

4. 数据整合跃上新台阶。年内，先后完成公积金中心个人、单位网厅与省网办事大厅认证体系对接以及与“好差评”系统、省网业务审批数据回流的对接及数据上报工作，实现了业务办理“一次认证、全网漫游”，推动了生产数据“一数一源、一源多用”，避免了重复采集、多头采集，保障了同一数据在各个业务系统的准确性、完整性、时效性以及可用性。

（七）当年住房公积金中心及职工所获荣誉情况。

厦门市住房公积金中心驻市政务服务中心“跨省通办”窗口获 1 个部级表彰；厦门市住房公积金中心数据共享案例被厦门市数字厦门建设领导小组办公室评为“2022 年度厦门市优秀共享案例”；审批服务科及岛外各区工作部被评为市、区政务服务中心 2022 年度“红旗窗口”或“红旗单位”。

陈松泉同志被市委组织部、市委宣传部评为首届“鹭岛好公仆”。

（八）2022 年未发生违反《住房公积金管理条例》和相关法规行为进行行政处罚和申请人民法院强制执行情况。

（九）2022 年未发生对住房公积金管理人员违规行为的纠正和处理情况。

（十）2022 年无其他需要披露的情况。

福建省及省内各城市住房公积金 2022 年年度报告二维码

名称	二维码
福建省住房公积金 2022 年年度报告	
福州住房公积金 2022 年年度报告	
厦门市住房公积金 2022 年年度报告	
漳州市住房公积金 2022 年年度报告	
莆田市住房公积金 2022 年年度报告	
宁德市住房公积金 2022 年年度报告	
三明市住房公积金 2022 年年度报告	

续表

名称	二维码
龙岩市住房公积金 2022 年年度报告	
南平市住房公积金 2022 年年度报告	
泉州市住房公积金 2022 年年度报告	
平潭综合实验区住房公积金 2022 年年度报告	

江西省

江西省住房公积金 2022 年年度报告

根据国务院《住房公积金管理条例》和住房和城乡建设部、财政部、人民银行《关于健全住房公积金信息披露制度的通知》（建金〔2015〕26 号）规定，现将江西省住房公积金 2022 年年度报告公布如下：

一、机构概况

（一）住房公积金管理机构。全省共设 11 个设区城市住房公积金管理中心，1 个独立设置的分中心（省直分中心隶属江西省住房和城乡建设厅）。从业人员 1335 人，其中在编 813 人，非在编 522 人。

（二）住房公积金监管机构。省住房和城乡建设厅、省财政厅和人民银行南昌中心支行负责对本省住房公积金管理运行情况进行监督。省住房和城乡建设厅设立住房公积金监管处，负责全省住房公积金日常监管工作。

二、业务运行情况

（一）缴存。2022 年，新开户单位 10095 家，净增单位 4552 家；新开户职工 41.13 万人，净增职工 14.39 万人；实缴单位 60355 家，实缴职工 325.20 万人，缴存额 612.99 亿元，同比分别增长 8.10%、4.63%、10.08%。2022 年末，累计缴存总额 4475.74 亿元，比上年末增加 15.87%；缴存余额 1949.05 亿元，同比增长 13.12%（表 1）。

2022 年分城市住房公积金缴存情况 表 1

地区	实缴单位（万个）	实缴职工（万人）	缴存额（亿元）	累计缴存总额（亿元）	缴存余额（亿元）
江西省	**6.04**	**325.20**	**612.99**	**4475.74**	**1949.05**
南昌	1.70	96.80	208.67	1589.68	595.21
景德镇	0.19	12.35	22.05	164.80	75.85
萍乡	0.22	11.94	25.01	173.59	82.44
九江	0.66	36.34	55.63	413.12	158.43
新余	0.14	10.38	22.09	156.92	67.25
鹰潭	0.16	7.15	15.02	117.67	50.85
赣州	1.06	49.52	86.26	566.35	284.68
吉安	0.53	26.91	47.56	339.86	162.93
宜春	0.47	27.89	47.45	355.46	143.19
抚州	0.40	17.89	31.63	225.72	123.83
上饶	0.50	28.04	51.63	372.56	204.39

（二）提取。2022 年，112.58 万名缴存职工提取住房公积金；提取额 386.89 亿元，同比增长 10.86%；提取额占当年缴存额的 63.11%，比上年增加 0.44 个百分点。2022 年末，累计提取总额 2526.70 亿元，比上年末增加 18.08%（表 2）。

2022 年分城市住房公积金提取情况 表 2

地区	提取额（亿元）	提取率（%）	住房消费类提取额（亿元）	非住房消费类提取额（亿元）	累计提取总额（亿元）
江西省	**386.89**	**63.11**	**283.93**	**102.96**	**2526.70**
南昌	131.32	62.93	100.82	30.50	994.47
景德镇	14.49	65.72	10.82	3.67	88.95
萍乡	13.93	55.70	9.79	4.13	91.15
九江	39.17	70.41	29.10	10.07	254.68
新余	12.59	57.01	8.63	3.96	89.66
鹰潭	7.64	50.88	4.73	2.91	66.83
赣州	51.52	59.73	37.26	14.27	281.68
吉安	32.34	68.01	23.59	8.75	176.93
宜春	32.20	67.84	23.45	8.75	212.27
抚州	18.04	57.05	11.88	6.16	101.90
上饶	33.64	65.16	23.85	9.79	168.18

（三）贷款。

1. 个人住房贷款。2022 年，发放个人住房贷款 6.36 万笔、290.90 亿元，同比下降 11.50%、0.40%。回收个人住房贷款 172.36 亿元。

2022 年末，累计发放个人住房贷款 99.38 万笔、2784.48 亿元，贷款余额 1533.13 亿元，分别比上年末增加 6.84%、11.67%、8.38%。个人住房贷款余额占缴存余额的 78.66%，比上年末减少 3.44 个百分点（表 3）。

2022 年，支持职工购建房 769.84 万平方米。年末个人住房贷款市场占有率（含公转商贴息贷款）为 16.66%，比上年末增加 3.44 个百分点。通过申请住房公积金个人住房贷款，可节约职工购房利息支出 565306.79 万元。

2. 异地贷款。2022 年，发放异地贷款 2360 笔、95950.50 万元。2022 年末，累计发放异地贷款总额 634262.03 万元，异地贷款余额 384583.39 万元。

2022 年分城市住房公积金个人住房贷款情况 表 3

地区	放贷笔数（万笔）	贷款发放额（亿元）	累计放贷笔数（万笔）	累计贷款总额（亿元）	贷款余额（亿元）	个人住房贷款率（%）
江西省	**6.36**	**290.90**	**99.38**	**2784.48**	**1533.13**	**78.66**
南昌	1.88	102.07	24.72	810.26	405.37	68.10
景德镇	0.29	12.16	4.42	114.13	64.60	85.16
萍乡	0.21	6.82	4.26	110.03	70.66	85.71
九江	0.69	24.46	11.87	271.36	130.08	82.11
新余	0.19	7.66	3.18	78.23	39.94	59.38
鹰潭	0.09	3.39	2.73	73.20	39.79	78.26
赣州	1.05	44.05	16.53	422.25	250.05	87.84
吉安	0.59	26.16	9.34	247.22	145.41	89.25
宜春	0.49	22.94	8.42	220.81	120.44	84.11
抚州	0.35	14.99	6.08	172.99	102.96	83.15
上饶	0.55	26.22	7.84	264.01	163.83	80.16

3. 公转商贴息贷款。2022 年，发放公转商贴息贷款 0 笔、0 万元，支持职工购建房面积 0 万平方米。当年贴息额 0 万元。2022 年末，累计发放公转商贴息贷款 5931 笔、219844.40 万元，累计贴息 6888.06 万元。

（四）购买国债。2022 年，购买（记账式、凭证式）国债 0 亿元，（兑付、转让、收回）国债 0 亿元。2022 年末，国债余额 0 亿元，比上年末减少（增加）0 亿元。

（五）融资。2022 年，融资 2.8 亿元，归还 7.5 亿元。2022 年末，融资总额 144.18 亿元，融资余额 0 亿元。

（六）资金存储。2022 年末，住房公积金存款 456.41 亿元。其中，活期 8.83 亿元，1 年（含）以下定期 131.95 亿元，1 年以上定期 234.52 亿元，其他（协定、通知存款等）81.11 亿元。

（七）资金运用率。2022 年末，住房公积金个人住房贷款余额、项目贷款余额和购买国债余额的总和占缴存余额的 78.66%，比上年末减少 3.44 个百分点。

三、主要财务数据

（一）业务收入。2022 年，业务收入 610469.52 万元，同比增长 11.61%。其中，存款利息 116844.71 万元，委托贷款利息 477057.94 万元，国债利息 0 万元，其他 16566.87 万元。

（二）业务支出。2022 年，业务支出 299110.99 万元，同比增长 12.47%。其中，支付职工住房公积金利息 278628.24 万元，归集手续费 0 万元，委托贷款手续费 16067.42 万元，其他 4415.33 万元。

（三）增值收益。2022 年，增值收益 311358.52 万元，同比增长 10.80%；增值收益率 1.69%，比上年减少 0.05 个百分点。

（四）增值收益分配。2022 年，提取贷款风险准备金 31330.87 万元，提取管理费用 32807.54 万元，提取城市廉租住房（公共租赁住房）建设补充资金 246903.47 万元（表 4）。

2022 年分城市住房公积金增值收益及分配情况 **表 4**

地区	业务收入（亿元）	业务支出（亿元）	增值收益（亿元）	增值收益率（%）	提取贷款风险准备金（亿元）	提取管理费用（亿元）	提取公租房(廉租房)建设补充资金(亿元)
江西省	**61.05**	**29.91**	**31.14**	**1.69**	**3.13**	**3.28**	**24.69**
南昌	17.84	9.09	8.75	1.56	1.13	0.78	6.84
景德镇	2.15	1.09	1.06	1.46	0.04	0.20	0.81
萍乡	2.55	1.40	1.15	1.49	0.05	0.23	0.87
九江	5.29	2.70	2.59	1.72	0.08	0.39	2.12
新余	2.30	0.94	1.37	2.17	0.04	0.03	1.30
鹰潭	1.59	0.74	0.85	1.82	−0.01	0.13	0.69
赣州	8.60	4.24	4.35	1.64	0.19	0.56	3.60
吉安	5.73	2.56	3.17	2.05	1.45	0.25	1.47
宜春	4.49	2.14	2.35	1.74	0.06	0.17	2.12
抚州	3.87	1.89	1.98	1.70	0	0.25	1.74
上饶	6.64	3.12	3.52	1.81	0.10	0.29	3.13

2022 年，上交财政管理费用 28234.49 万元，上缴财政城市廉租住房（公共租赁住房）建设补充资金 215987.99 万元。

2022 年末，贷款风险准备金余额 357939.68 万元，累计提取城市廉租住房（公共租赁住房）建设补充资金 1619028.54 万元。

（五）管理费用支出。2022 年，管理费用支出 32807.54 万元，同比增长 10.26%。其中，人员经费 19222.94 万元，公用经费 4394.59 万元，专项经费 9233.08 万元。

四、资产风险状况

个人住房贷款。2022 年末，个人住房贷款逾期额 3424.96 万元，逾期率 0.22‰，个人贷款风险准备金余额 357379.68 万元。2022 年，使用个人贷款风险准备金核销呆坏账 0 万元。

五、社会经济效益

（一）缴存业务

缴存职工中，国家机关和事业单位占 44.77%，国有企业占 21.07%，城镇集体企业占 1.57%，外商投资企业占 4.19%，城镇私营企业及其他城镇企业占 23.06%，民办非企业单位和社会团体占 2.58%，灵活就业人员占 0.11%，其他占 2.65%；中、低收入占 97.66%，高收入占 2.34%。

新开户职工中，国家机关和事业单位占 23.91%，国有企业占 10.67%，城镇集体企业占 2.16%，外商投资企业占 4.74%，城镇私营企业及其他城镇企业占 47.98%，民办非企业单位和社会团体占 5.38%，灵活就业人员占 0.51%，其他占 4.65%；中、低收入占 99.63%，高收入占 0.37%。

（二）提取业务

提取金额中，购买、建造、翻建、大修自住住房占 13.27%，偿还购房贷款本息占 57.47%，租赁住房占 2.57%，支持老旧小区改造提取占 0.01%；离休和退休提取占 20.88%，完全丧失劳动能力并与单位终止劳动关系提取占 2.34%，出境定居占 0.51%，其他占 2.95%。提取职工中，中、低收入占 96.55%，高收入占 3.45%。

（三）贷款业务

个人住房贷款

职工贷款笔数中，购房建筑面积 90（含）平方米以下占 8.87%，90～144（含）平方米占 82.01%，144 平方米以上占 9.12%。购买新房占 74.21%（其中购买保障性住房占 0.28%），购买二手房占 23.28%，建造、翻建、大修自住住房占 1.34%，其他占 1.17%。

职工贷款笔数中，单缴存职工申请贷款占 47.22%，双缴存职工申请贷款占 52.65%，三人及以上缴存职工共同申请贷款占 0.13%。

贷款职工中，30 岁（含）以下占 37.70%，30 岁～40 岁（含）占 42.79%，40 岁～50 岁（含）占 15.11%，50 岁以上占 4.40%；购买首套住房申请贷款占 79.43%，购买二套及以上申请贷款占 20.57%；中、低收入占 96.14%，高收入占 3.86%。

（四）住房贡献率

2022 年，个人住房贷款发放额、公转商贴息贷款发放额、项目贷款发放额、住房消费提取额的总和与当年缴存额的比率为 93.87%，比上年减少 7.86 个百分点。

六、其他重要事项

（一）应对新冠肺炎疫情采取的政策措施，落实住房公积金阶段性支持政策情况和政策实施成效

今年 4 月，省住房和城乡建设厅会同省财政厅、人民银行南昌中心支行印发《关于实施住房公积金阶段性缓缴进一步帮助中小企业纾困解难的通知》，就实施住房公积金阶段性缓缴工作做出具体安排。6 月，省住房和城乡建设厅会同省财政厅、人民银行南昌中心支行印发《关于落实住房公积金阶段性支持政策的通知》，明确了支持事项程序、审批时限、提升服务等要求。定期调度和督促指导各中心落实阶段性支持政策工作。至 2022 年底，全省共有 406 个企业、4 万名职工缓缴住房公积金 2.66 亿元，支持 6672 名不能正常还款的职工贷款不作逾期处理，有 4.71 万名职工享受到提高租房提取额度的政策，累计租房提取公积金 5.36 亿元，有力支持了缴存企业和职工纾困解难。

（二）当年住房公积金政策调整情况

4 月，印发《关于实施住房公积金阶段性缓缴进一步帮助中小企业纾困解难的通知》（赣建金〔2022〕3 号），就实施住房公积金阶段性缓缴工作做出具体安排。6 月，印发《关于落实住房公积金阶段性支持政策的通知》（赣建金〔2022〕5 号），明确支持事项程序、审批时限、提升服务等要求。

（三）当年开展监督检查情况

一是赴新余、宜春、萍乡等地，就住房公积金服务提升三年行动、骗提骗贷治理和异地通办等工作开展实地调研和督导，指导推进相关工作；二是组织开展全省住房公积金骗提骗贷治理工作，对各中心 2018 年以来的案件进行集中治理，进一步完善长效机制，有效防范风险；三是严格执行政策备案制度，对各中心出台的政策进行窗口指导，保障政策合规。

（四）当年服务改进情况

2022 年 2 月，我省 5 个窗口荣获全国住房公积金“跨省通办”表现突出服务窗口。一是完成住房公积金汇缴、住房公积金补缴和提前部分偿还住房公积金贷款 3 项“跨省通办”服务事项。二是推动数字赋能。优化系统、拓展平台，进一步改进服务方式，依托“手机公积金”App、住房公积金管理中心微信公众号及缴存单位网上营业大厅等线上渠道推进业务一次办、线上办、掌上办和全程网办。三是梳理事项清单。在全国住房公积金服务事项基本目录的基础上，梳理全省住房公积金“跨省通办”“省内通办”服务事项标准化表，完成“跨省通办”“一件事一次办”办事指南的梳理，推进业务流程改革、精简办件材料、缩短办理时限，落实政务服务标准化规范化便利化；四是开展服务提升三年行动。印发《江西省住房公积金系统“惠民公积金、服务暖人心”服务提升三年行动工作方案》，推动各地开展基层联系点遴选活动，创新服务举措，打造星级服务岗，推动减环节、减时限、减材料、优流程，解决老百姓“急难愁盼”问题，提升行业文明创建工作水平。

（五）当年信息化建设情况

一是建设全省住房公积金监管服务平台（共享平台）并投入试运行，实现省级公安、民政和市场监管跨部门数据共享和各中心数据联通，对运行数据进行分析、预警等；二是大力推行业务线上办、掌上办、“全程网办”，提高业务办理的离柜率；保障全国住房公积金小程序线上稳定运行，业务高效准确，提高线上办理率。

（六）当年住房公积金机构及从业人员所获荣誉情况

全省各住房公积金管理中心共获得 15 个文明单位（行业、窗口），其中国家级 2 个、省部级 4 个、地市级 9 个；国家级青年文明号 1 个；地市级工人先锋号 2 个；地市级三八红旗手 1 个；先进集体和个人 5 个，其中国家级 1 个，省部级 1 个，地市级 3 个；其他荣誉称号 9 个，其中国家级 1 个，省部级 2 个，地市级 6 个。

江西省九江市住房公积金 2022 年年度报告

根据国务院《住房公积金管理条例》和住房和城乡建设部、财政部、人民银行《关于健全住房公积金信息披露制度的通知》（建金〔2015〕26 号）的规定，现将九江市住房公积金 2022 年年度报告公布如下：

一、机构概况

（一）住房公积金管理委员会。住房公积金管理委员会有 25 名委员，2022 年召开 2 次会议，审议通过的事项主要包括：

《九江市灵活就业人员缴存和使用住房公积金暂行管理办法》；《关于中心城区双职工购房最高贷款额度从 40 万元/户提高至 50 万元/户的建议》；《关于恢复住房公积金二套房贷款利率上浮 10%政策的建议》；《关于增加住房公积金贷款合作银行的建议》；《关于恢复"商转公"业务的建议》；《关于优化多子女家庭住房公积金业务的建议》；《关于增加灵活就业人员住房公积金归集银行的建议》等。

（二）住房公积金管理中心。住房公积金管理中心为直属九江市政府不以营利为目的的公益一类事业单位，设 8 个科室，12 个办事处。从业人员 179 人，其中，在编 124 人，非在编 55 人。

二、业务运行情况

（一）缴存。2022 年，新开户单位 925 家，净增单位 775 家；新开户职工 4.23 万人，净减职工 0.35 万人；实缴单位 6648 家，实缴职工 36.34 万人，缴存额 55.63 亿元，分别同比增长 13.20%、−0.95%、6.20%。年末，缴存总额 413.11 亿元，比上年末增加 15.56%；缴存余额 158.43 亿元，同比增长 11.59%。受委托办理住房公积金缴存业务的银行 5 家。

（二）提取。2022 年，11.64 万名缴存职工提取住房公积金；提取额 39.17 亿元，同比增长 8.26%；提取额占当年缴存额的 70.41%，比上年增加 1.34 个百分点。年末，提取总额 254.68 亿元，比上年末增加 18.18%。

（三）贷款。

1. 个人住房贷款。单缴存职工个人住房贷款最高额度 40 万元，双缴存职工个人住房贷款最高额度 80 万元。

2022 年，发放个人住房贷款 0.69 万笔、24.46 亿元，同比分别下降 27.37%、9.44%。其中，市中心发放个人住房贷款 0.31 万笔、12.68 亿元，城区办事处发放个人住房贷款 0.05 万笔、2.39 亿元，修水办事处发放个人住房贷款 0.05 万笔、1.44 亿元，武宁办事处发放个人住房贷款 0.03 万笔、0.88 亿元，永修办事处发放个人住房贷款 0.03 万笔、0.87 亿元，共青城办事处发放个人住房贷款 0.04 万笔、1 亿元，德安办事处发放个人住房贷款 0.02 万笔、0.72 亿元，庐山办事处发放个人住房贷款 0.02 万笔、0.55 亿元，柴桑办事处发放个人住房贷款 0.02 万笔、0.64 亿元，都昌办事处发放个人住房贷款 0.02 万笔、0.68 亿元，湖口办事处发放个人住房贷款 0.03 万笔、0.81 亿元，彭泽办事处发放个人住房贷款 0.03 万笔、0.76 亿元，瑞昌办事处发放个人住房贷款 0.04 万笔、1.04 亿元。

2022 年，回收个人住房贷款 16.63 亿元。其中，市中心 8.31 亿元，城区办事处 1.47 亿元，修水办事处 1.24 亿元，武宁办事处 0.67 亿元，永修办事处 0.76 亿元，共青城办事处 0.51 亿元，德安办事处

0.48 亿元，庐山办事处 0.34 亿元，柴桑办事处 0.71 亿元，都昌办事处 0.45 亿元，湖口办事处 0.58 亿元，彭泽办事处 0.41 亿元，瑞昌办事处 0.70 亿元。

2022 年末，累计发放个人住房贷款 11.86 万笔、271.36 亿元，贷款余额 130.09 亿元，分别比上年末增加 6.18%、9.91%、6.40%。个人住房贷款余额占缴存余额的 82.11%，比上年末减少 4.01 个百分点。受委托办理住房公积金个人住房贷款业务的银行 11 家。

2. 异地贷款。2022 年，发放异地贷款 407 笔、11837.50 万元。2022 年末，发放异地贷款总额 119243.60 万元，异地贷款余额 72106.88 万元。

3. 公转商贴息贷款。2022 年，未发放公转商贴息贷款。2022 年末，累计发放公转商贴息贷款 0 笔、0 万元，累计贴息 0 万元。

（四）购买国债。2022 年，未购买、兑付、转让、收回国债。2022 年末，无国债余额。

（五）资金存储。2022 年末，住房公积金存款 32.72 亿元。其中，活期 0.06 亿元，1 年（含）以下定期 1.99 亿元，1 年以上定期 27.70 亿元，其他（协定、通知存款等）2.97 亿元。

（六）资金运用率。2022 年末，住房公积金个人住房贷款余额、项目贷款余额和购买国债余额的总和占缴存余额的 82.11%，比上年末减少 4.01 个百分点。

三、主要财务数据

（一）业务收入。2022 年，业务收入 52865.83 万元，同比增长 14.21%。其中，存款利息 9331.65 万元，委托贷款利息 40526.11 万元，国债利息 0 万元，其他 3008.07 万元。

（二）业务支出。2022 年，业务支出 27002.20 万元，同比增长 15.24%。其中，支付职工住房公积金利息 24505.24 万元，归集手续费 0 万元，委托贷款手续费 2015.10 万元，其他 481.86 万元。

（三）增值收益。2022 年，增值收益 25863.63 万元，同比增长 13.16%。其中，增值收益率 1.72%，比上年增长 0.01 个百分点。

（四）增值收益分配。2022 年，提取贷款风险准备金 782.63 万元，提取管理费用 3907.21 万元，提取城市廉租住房（公共租赁住房）建设补充资金 21173.79 万元。

2022 年，上交财政管理费用 3907.21 万元。上缴财政城市廉租住房（公共租赁住房）建设补充资金 18672.37 万元。

2022 年末，贷款风险准备金余额 18664.75 万元。累计提取城市廉租住房（公共租赁住房）建设补充资金 149726.14 万元。

（五）管理费用支出。2022 年，管理费用支出 3697.38 万元，同比增长 22.42%。其中，人员经费 2701.26 万元，公用经费 449.44 万元，专项经费 546.68 万元。

四、资产风险状况

个人住房贷款。2022 年末，个人住房贷款逾期额 134.94 万元，逾期率 0.10‰，其中，市中心 0.0959‰，城区办事处 0.4820‰，修水办事处 0.2337‰，武宁办事处 0‰，永修办事处 0‰，共青城办事处 0‰，德安办事处 0‰，庐山办事处 0‰，柴桑办事处 0‰，都昌办事处 0‰，湖口办事处 0‰，彭泽办事处 0‰，瑞昌办事处 0.0030‰。个人贷款风险准备金余额 18664.75 万元。2022 年，使用个人贷款风险准备金核销呆坏账 0 万元。

五、社会经济效益

（一）缴存业务

缴存职工中，国家机关和事业单位占 44.82%，国有企业占 19.99%，城镇集体企业占 2.50%，外商投资企业占 4.98%，城镇私营企业及其他城镇企业占 22.81%，民办非企业单位和社会团体占 1.02%，灵活就业人员占 0.42%，其他占 3.46%；中、低收入占 98.90%，高收入占 1.10%。

新开户职工中，国家机关和事业单位占28.81%，国有企业占10.25%，城镇集体企业占1.52%，外商投资企业占4.69%，城镇私营企业及其他城镇企业占43.40%，民办非企业单位和社会团体占2.46%，灵活就业人员占3.58%，其他占5.29%；中、低收入占99.80%，高收入占0.20%。

（二）提取业务

提取金额中，购买、建造、翻建、大修自住住房占15.89%，偿还购房贷款本息占57.43%，租赁住房占0.91%，支持老旧小区改造占0.01%，离休和退休提取占21.08%，完全丧失劳动能力并与单位终止劳动关系提取占3.04%，出境定居占0.11%，其他占1.53%。提取职工中，中、低收入占98.47%，高收入占1.53%。

（三）贷款业务

个人住房贷款。2022年，支持职工购建房84.60万平方米，年末个人住房贷款市场占有率为10.59%，比上年末减少0.12个百分点。通过申请住房公积金个人住房贷款，可节约职工购房利息支出29699.86万元。

职工贷款笔数中，购房建筑面积90（含）平方米以下占9.00%，90～144（含）平方米占79.45%，144平方米以上占11.55%。购买新房占72.41%（其中购买保障性住房占0.45%），购买二手房占27.59%，建造、翻建、大修自住住房占0%（其中支持老旧小区改造占0%），其他占0%。

职工贷款笔数中，单缴存职工申请贷款占65.01%，双缴存职工申请贷款占34.99%，三人及以上缴存职工共同申请贷款占0%。

贷款职工中，30岁（含）以下占31.53%，30岁～40岁（含）占37.77%，40岁～50岁（含）占21.82%，50岁以上占8.88%；购买首套住房申请贷款占75.69%，购买二套及以上申请贷款占24.31%；中、低收入占98.95%，高收入占1.05%。

（四）住房贡献率

2022年，个人住房贷款发放额、公转商贴息贷款发放额、项目贷款发放额、住房消费提取额的总和与当年缴存额的比率为96.27%，比上年减少9.92个百分点。

六、其他重要事项

（一）落实住房公积金阶段性支持政策及惠企惠民政策

加大住房公积金助企纾困力度，2022年，共有47家企业申请住房公积金阶段性缓缴，涉及缴存职工5264人，缓缴金额共计3494.98万元，有效减轻困难企业资金压力；共有4家企业申请住房公积金阶段性降缴，涉及缴存职工49人，降缴金额5.99万元；受新冠肺炎疫情影响的借款人不作逾期处理共计384人次，涉及贷款应还未还本金额49.11万元。

（二）租购并举满足缴存人基本住房需求

阶段性提高租房提取额度，租房地在市区（含浔阳区、濂溪区、九江经开区、八里湖新区、柴桑区），提取限额由7200元/年调整为12000元/年；租房地在各县（市），提取限额由3600元/年调整为7200元/年。2022年，共有5684名缴存职工享受提高租房提取额度，共计提取住房公积金3568.68万元，加大了对新市民、青年人使用住房公积金支付房租的支持力度。

（三）当年机构及职能调整情况、受委托办理缴存贷款业务金融机构变更情况

当年无机构及职能调整，新增邮储银行为灵活就业人员缴存住房公积金合作银行。

（四）住房公积金政策调整及执行情况

1. 调整缴存基数、比例和月缴存额。依据2021年度九江市在岗职工月平均工资及九江市最低工资标准计算，2022年度九江市住房公积金缴存基数不得高于本市上年度在岗职工月平均工资的3倍，即20657元/月；不得低于本市最低工资标准，即1740元/月。单位和职工住房公积金的缴存比例不得低于5%，不得高于12%。缴存额上限为4958元/月（单位和职工合计），缴存额下限为174元/月（单位和职工合计）。

2. 优化多子女家庭租房提取住房公积金额度。在本市无自有住房且租住商品住房的二孩家庭，租房提取额度在现行租房提取住房公积金额度上每月提高 500 元。在本市无自有住房且租住商品住房的三孩家庭，租房提取额度在现行租房提取住房公积金额度上每月提高 1000 元。

3. 调整住房公积金贷款政策。一是提高住房公积金贷款额度。2022 年 3 月，通过市住房公积金管委会决策，夫妻双方均缴存住房公积金的职工家庭，在中心城区购房的，贷款最高限额由 40 万元/户提高至 60 万元/户。2022 年 6 月 2 日起，根据《九江市人民政府办公室关于印发促进房地产业健康发展和良性循环若干措施的通知》，上调全市住房公积金贷款额度，夫妻双方均缴存住房公积金的职工家庭，在中心城区购房的，贷款最高限额由 60 万元/户提高至 80 万元/户，单方缴存住房公积金的职工家庭，贷款最高限额由 30 万元/户提高至 40 万元/户；夫妻双方均缴存住房公积金的职工家庭，在本市县（市）购房的，贷款最高限额由 35 万元/户提高至 50 万元/户，单方缴存住房公积金的职工家庭，贷款最高限额由 25 万元/户提高至 30 万元/户。二是2022 年 12 月 1 日起，全市恢复“商转公”业务，推出了“直转模式”和“自筹资金模式”两种申请方式，减轻缴存职工商业银行个人住房贷款压力。三是提高多子女家庭住房公积金贷款最高限额。生育二孩的家庭，购买首套自住住房申请住房公积金贷款，贷款最高限额在我市住房公积金贷款最高限额基础上上浮 10%；生育三孩的家庭，购买首套自住住房申请住房公积金贷款，贷款最高限额在我市住房公积金贷款最高限额基础上上浮 20%。

4. 调整住房公积金贷款利率。自 2022 年 10 月 1 日起，下调首套个人住房公积金贷款利率 0.15 个百分点，五年以下（含五年）和五年以上利率分别调整为 2.6%和 3.1%，第二套个人住房公积金贷款利率政策保持不变，即五年以下（含五年）和五年以上利率分别为 3.025%和 3.575%。

5. 出台《九江市灵活就业人员缴存和使用住房公积金暂行管理办法》，2022 年 7 月 1 日起，在全市开展灵活就业人员缴存住房公积金政策，支持灵活就业人员通过住房公积金解决住房刚性需求和改善性需求。2022 年，累计为 1514 名灵活就业人员成功开设住房公积金缴存账户，共计缴交住房公积金 601.58 万元。

（五）当年服务改进情况

1. 促进区域合作。以九江、黄冈两地跨江发展攻坚行动为抓手，不断深化长江中游城市群及赣鄂湘三省在住房公积金领域的合作，截至 2022 年底，已实现沿江 25 地市住房公积金互认互贷和转移接续，完成了住房和城乡建设部 2022 年度“跨省通办”服务事项目标任务，当年通过住房公积金监管服务平台和“异地通办”专窗办理“跨省通办”“省内通办”业务 779 笔。

2. 坚持数字赋能。推进 4 类常用电子证照在 21 项住房公积金业务中运用，“简化办”应简尽简。通过“一链办”将贷款业务延伸到银行窗口，实现了住房公积金贷款“一件事一次办”“就近办”。单位版网上营业厅和贷款版网上营业厅覆盖面持续扩大，“手机公积金”App 再升级，推出微信端业务办理功能。截至 2022 年 12 月底，已有 3150 家缴存单位开通了单位版网上营业厅，覆盖职工 29.71 万人。App 注册量已达到 34.89 万人次，当年 App 线上办件量达 89587 笔，同类业务占比超 80%。

3. 促进服务提升。围绕“服务意识强化年”主题，开展“惠民公积金、服务暖人心”服务提升三年行动，通过开展业务培训，提升职工服务意识和业务能力，促进管理服务水平再提升，以湖口、修水、永修三地办事处为重点，全力打造星级服务岗、优秀基层联系点。

4. 强化业务管理。扎实开展整治规范房地产市场秩序三年行动，治理违规骗提、骗贷住房公积金等乱象行为，针对小户型骗提套取住房公积金行为，细化相应防范举措，强化事前把关和事后监管。进一步优化公证办理住房公积金贷款业务流程，切实满足缴存职工需求。加强对住房公积金监管服务平台的管理和使用，及时处理平台反馈的风险预警情况和需整改落实的问题，通过电子化稽核检查工具，加强业务的日常稽核监督。

（六）当年信息化建设情况

1. 2022 年 4 月成功接入江西省住房公积金监管服务平台，并逐步完成相关业务系统开发。

2. 完成电子证照系统与住房公积金业务系统的对接工作，将业务系统接入省社保平台，促进电子证照、社保数据信息在业务过程中的运用。

（七）当年住房公积金管理中心及职工所获荣誉情况

2022年3月，永修办事处荣获九江市“三八红旗集体”称号；2022年5月，中心荣获全市国家安全知识线上答题竞赛活动优秀组织奖；2022年8月，市直服务大厅荣获“一星级全国青年文明号集体”称号；2022年10月，中心荣获“九江市无烟单位”称号。

江西省及省内各城市住房公积金 2022 年年度报告二维码

名称	二维码
江西省住房公积金 2022 年年度报告	
南昌市住房公积金 2022 年年度报告	
九江市住房公积金 2022 年年度报告	
景德镇市住房公积金 2022 年年度报告	
萍乡市住房公积金 2022 年年度报告	
新余市住房公积金 2022 年年度报告	
鹰潭市住房公积金 2022 年年度报告	

续表

名称	二维码
赣州市住房公积金 2022 年年度报告	
宜春市住房公积金 2022 年年度报告	
上饶市住房公积金 2022 年年度报告	
吉安市住房公积金 2022 年年度报告	
抚州市住房公积金 2022 年年度报告	

山东省

山东省住房公积金 2022 年年度报告

根据国务院《住房公积金管理条例》和住房和城乡建设部、财政部、人民银行《关于健全住房公积金信息披露制度的通知》（建金〔2015〕26 号）规定，现将山东省住房公积金 2022 年年度报告汇总公布如下：

一、机构概况

（一）住房公积金管理机构。全省共设 16 个设区城市住房公积金管理中心，3 个独立设置的分中心（其中，山东电力集团分中心隶属国网山东省电力公司，济南铁路分中心隶属中国铁路济南局集团有限公司，胜利油田分中心隶属中国石化集团胜利石油管理局有限公司）。从业人员 3089 人，其中，在编 1685 人，非在编 1404 人。

（二）住房公积金监管机构。省住房和城乡建设厅、省财政厅和人民银行济南分行负责对全省住房公积金管理运行情况进行监督。省住房和城乡建设厅设立住房公积金监管处，负责全省住房公积金日常监管工作。

二、业务运行情况

（一）缴存。2022 年，新开户单位 51236 家，净增单位 31959 家；新开户职工 119.52 万人，净增职工 40.93 万人；实缴单位 263386 家，实缴职工 1124.15 万人，缴存额 1824.52 亿元，分别同比增长 13.81%、3.78%、14.69%。2022 年末，缴存总额 14215.22 亿元，比上年末增加 14.72%；缴存余额 5398.38 亿元，同比增长 14.26%（图 1、表 1）。

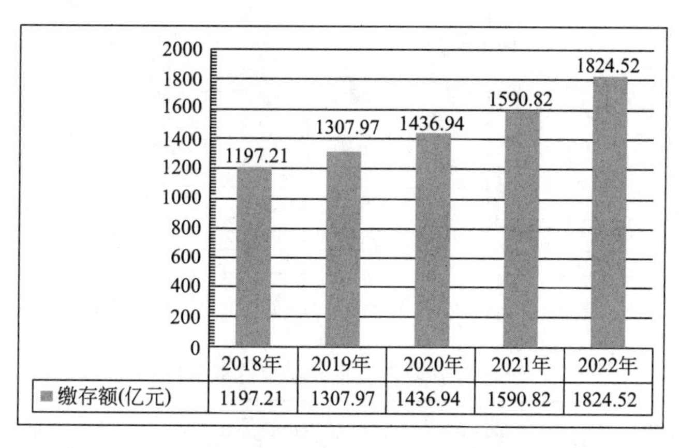

图 1　2018—2022 年全省住房公积金缴存情况图

2022 年分城市住房公积金缴存情况　　**表 1**

地区	实缴单位（万个）	实缴职工（万人）	缴存额（亿元）	累计缴存总额（亿元）	缴存余额（亿元）
山东省	**26.34**	**1124.15**	**1824.52**	**14215.22**	**5398.38**
济南市	5.22	194.67	399.07	3050.09	1147.48
青岛市	8.05	204.34	332.51	2729.95	873.28

续表

地区	实缴单位（万个）	实缴职工（万人）	缴存额（亿元）	累计缴存总额（亿元）	缴存余额（亿元）
淄博市	1.17	60.22	88.80	754.07	332.93
东营市	0.55	41.75	93.23	871.29	164.98
枣庄市	0.65	31.45	51.14	441.28	164.74
烟台市	1.37	87.38	141.52	1079.26	415.17
潍坊市	1.28	77.24	99.02	808.68	316.29
济宁市	1.16	67.01	115.55	910.12	348.77
泰安市	0.93	52.85	63.66	499.28	196.68
威海市	0.85	44.14	53.10	454.55	197.38
日照市	0.57	28.30	51.15	362.09	139.49
临沂市	1.27	69.47	104.15	778.18	337.73
德州市	1.11	51.40	57.54	367.52	179.66
聊城市	0.88	42.39	55.90	386.99	196.81
滨州市	0.68	32.46	52.73	317.35	153.05
菏泽市	0.60	39.08	65.44	404.52	233.96

（二）提取。2022 年，395.5 万名缴存职工提取住房公积金；提取额 1150.73 亿元，同比增长 3.03%；提取额占当年缴存额的 63.07%，比上年减少 7.14 个百分点。2022 年末，提取总额 8816.85 亿元，比上年末增加 15.01%（图 2、表 2）。

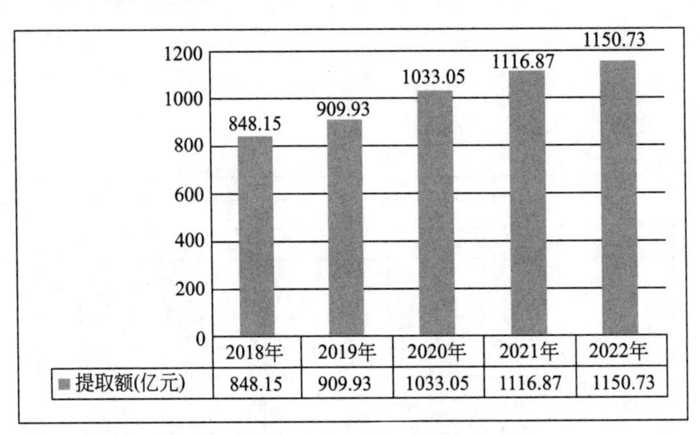

图 2　2018—2022 年全省住房公积金提取情况图

2022 年分城市住房公积金提取情况 **表 2**

地区	提取额（亿元）	提取率（%）	住房消费类提取额（亿元）	非住房消费类提取额（亿元）	累计提取总额（亿元）
山东省	**1150.73**	**63.07**	**901.71**	**249.02**	**8816.85**
济南市	253.72	63.58	208.81	44.91	1902.61
青岛市	221.29	66.55	181.55	39.74	1856.67
淄博市	57.55	64.82	38.79	18.77	421.14
东营市	66.02	70.81	57.82	8.20	706.32
枣庄市	33.88	66.25	25.42	8.46	276.54
烟台市	86.51	61.13	65.50	21.01	664.09

续表

地区	提取额（亿元）	提取率（%）	住房消费类提取额（亿元）	非住房消费类提取额(亿元)	累计提取总额（亿元）
潍坊市	67.08	67.74	50.34	16.74	492.39
济宁市	65.66	56.82	49.26	16.40	561.35
泰安市	36.26	56.97	25.93	10.33	302.60
威海市	32.43	61.08	23.32	9.12	257.17
日照市	33.74	65.97	27.64	6.10	222.60
临沂市	69.80	67.02	52.96	16.84	440.45
德州市	32.34	56.21	23.31	9.03	187.86
聊城市	31.39	56.15	23.06	8.33	190.18
滨州市	29.21	55.41	23.33	5.88	164.31
菏泽市	33.84	51.70	24.67	9.17	170.57

（三）贷款

1. 个人住房贷款。2022 年，发放个人住房贷款 18.75 万笔、726.07 亿元，同比下降 25.06%、21.09%。回收个人住房贷款 487.06 亿元。

2022 年末，累计发放个人住房贷款 286.53 万笔、8009.74 亿元，贷款余额 4333.59 亿元，分别比上年末增加 7%、9.97%、5.84%。个人住房贷款余额占缴存余额的 80.28%，比上年末减少 6.39 个百分点（表 3、图 3）。

2022 年分城市住房公积金个人住房贷款情况　　**表 3**

地区	放贷笔数（万笔）	贷款发放额（亿元）	累计放贷笔数（万笔）	累计贷款总额（亿元）	贷款余额（亿元）	个人住房贷款率（%）
山东省	**18.75**	**726.07**	**286.53**	**8009.74**	**4333.59**	**80.28**
济南市	3.34	139.07	42.95	1430.56	777.28	67.74
青岛市	2.88	120.79	43.88	1274.15	692.16	79.26
淄博市	1.21	54.46	18.12	531.83	316.24	94.99
东营市	0.56	20.55	12.85	269.32	118.77	71.99
枣庄市	0.75	27.28	10.79	285.27	152.39	92.51
烟台市	1.22	49.36	20.09	576.75	352.39	84.88
潍坊市	1.10	36.94	18.43	458.96	251.98	79.67
济宁市	1.16	36.64	22.85	603.78	307.67	88.21
泰安市	0.61	22.74	11.06	285.45	161.38	82.05
威海市	0.51	20.29	10.59	283.05	128.58	65.14
日照市	0.55	18.92	8.62	211.49	118.92	85.26
临沂市	1.52	70.17	23.32	667.97	293.16	86.80
德州市	1.36	44.33	10.45	290.78	160.78	89.49
聊城市	0.77	23.65	14.99	331.70	176.34	89.60
滨州市	0.40	14.25	7.75	219.97	118.20	77.23
菏泽市	0.83	26.63	9.79	288.71	207.36	88.63

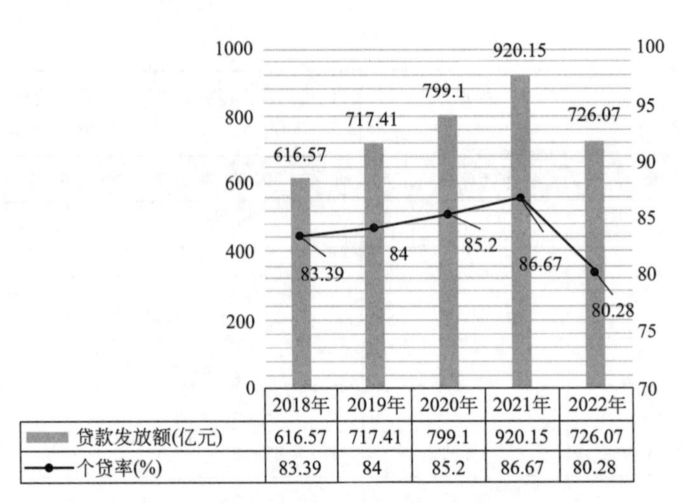

图 3　2018—2022 年全省住房公积金贷款情况图

2022 年，支持职工购建房 2351.03 万平方米。年末个人住房贷款市场占有率（含公转商贴息贷款）为 14.45%，比上年末增加 0.01 个百分点。通过申请住房公积金个人住房贷款，可节约职工购房利息支出 1332863 万元。

2. 异地贷款。2022 年，发放异地贷款 17314 笔、661863.39 万元。2022 年末，发放异地贷款总额 3221020.37 万元，异地贷款余额 2452928.95 万元。

3. 公转商贴息贷款。2022 年，未发放公转商贴息贷款。当年贴息额 3150.33 万元。2022 年末，累计发放公转商贴息贷款 15577 笔、502191.8 万元，累计贴息 30302.37 万元。

（四）购买国债。2022 年，未购买（记账式、凭证式）国债。年末，国债余额为 0。

（五）融资。2022 年，融资 8 亿元，归还 26.59 亿元。2022 年末，融资总额 69.61 亿元，融资余额为 0。

（六）资金存储。2022 年末，住房公积金存款 1112.79 亿元。其中，活期 16.24 亿元，1 年（含）以下定期 147.6 亿元，1 年以上定期 349.46 亿元，其他（协定、通知存款等）599.49 亿元。

（七）资金运用率。2022 年末，住房公积金个人住房贷款余额、项目贷款余额和购买国债余额的总和占缴存余额的 80.28%，比上年末减少 6.39 个百分点。

三、主要财务数据

（一）业务收入。2022 年，业务收入 1663598.47 万元，同比增长 11.23%。其中，存款利息 266493.88 万元，委托贷款利息 1392971.34 万元，其他 4133.25 万元。

（二）业务支出。2022 年，业务支出 853857.18 万元，同比增长 12.06%。其中，支付职工住房公积金利息 771071.73 万元，归集手续费 28115.45 万元，委托贷款手续费 47695.04 万元，其他 6974.96 万元。

（三）增值收益。2022 年，增值收益 809741.29 万元，同比增长 10.37%；增值收益率 1.60%，比上年减少 0.03 个百分点。

（四）增值收益分配。2022 年，提取贷款风险准备金 1340.59 万元，提取管理费用 58355.04 万元，提取城市廉租住房（公共租赁住房）建设补充资金 750045.66 万元（表 4）。

2022 年分城市住房公积金增值收益及分配情况　　**表 4**

地区	业务收入（亿元）	业务支出（亿元）	增值收益（亿元）	增值收益率（%）	提取贷款风险准备金（亿元）	提取管理费用（亿元）	提取公租房(廉租房)建设补充资金(亿元)
山东省	**166.36**	**85.39**	**80.97**	**1.60**	**0.13**	**5.84**	**75.00**
济南市	35.88	18.00	17.88	1.66	0	0.54	17.34

续表

地区	业务收入（亿元）	业务支出（亿元）	增值收益（亿元）	增值收益率（%）	提取贷款风险准备金（亿元）	提取管理费用（亿元）	提取公租房（廉租房）建设补充资金（亿元）
青岛市	27.12	12.35	14.77	1.80	0.10	1.03	13.64
淄博市	10.51	4.87	5.64	1.77	0	0.55	5.09
东营市	4.92	2.65	2.27	1.50	0	0.61	1.67
枣庄市	5.16	2.85	2.31	1.48	0	0.18	2.12
烟台市	13.40	7.65	5.75	1.48	0.03	0.16	5.56
潍坊市	9.42	4.97	4.45	1.48	0	0.58	3.87
济宁市	11.30	6.11	5.20	1.60	0	0.41	4.78
泰安市	5.48	3.01	2.47	1.35	0	0.28	2.19
威海市	5.59	3.04	2.55	1.38	0	0.27	2.28
日照市	4.07	2.27	1.80	1.38	0	0.06	1.74
临沂市	10.53	5.78	4.75	1.48	0	0.19	4.56
德州市	5.43	2.76	2.67	1.62	0	0.20	2.47
聊城市	6.03	3.33	2.70	1.46	0	0.22	2.48
滨州市	4.58	2.42	2.16	1.52	0	0.20	1.96
菏泽市	6.94	3.33	3.60	1.66	0	0.35	3.25

2022年，上交财政管理费用50310.57万元，上缴财政城市廉租住房（公共租赁住房）建设补充资金727003.09万元。

2022年末，贷款风险准备金余额586490.61万元，累计提取城市廉租住房（公共租赁住房）建设补充资金5063180.12万元。

（五）管理费用支出。2022年，管理费用支出60666.7万元，同比下降1.65%。其中，人员经费34898.62万元，公用经费9300.42万元，专项经费16467.66万元。

四、资产风险状况

2022年末，个人住房贷款逾期额8786.61万元，逾期率0.2‰，个人贷款风险准备金余额586490.61万元。2022年，未使用个人贷款风险准备金核销呆坏账。

五、社会经济效益

（一）缴存业务

缴存职工中，国家机关和事业单位占29.30%，国有企业占21.75%，城镇集体企业占3.95%，外商投资企业占5.12%，城镇私营企业及其他城镇企业占32.27%，民办非企业单位和社会团体占2.14%，灵活就业人员占0.55%，其他占4.92%（图4）；中、低收入占98.04%，高收入占1.96%。

新开户职工中，国家机关和事业单位占14.61%，国有企业占14.39%，城镇集体企业占3.87%，外商投资企业占4.69%，城镇私营企业及其他城镇企业占48.16%，民办非企业单位和社会团体占3.26%，灵活就业人员占1.20%，其他占9.82%（图5）；中、低收入占99.54%，高收入占0.46%。

（二）提取业务

提取金额中，购买、建造、翻建、大修自住住房占17.48%，偿还购房贷款本息占56.32%，租赁住房占4.10%；支持老旧小区改造提取占0.01%；离休和退休提取占17.17%，完全丧失劳动能力并与单位终止劳动关系提取占1.84%，户口迁出本市或出境定居占0.07%，其他占3.01%（图6）。提取职工中，中、低收入占97.18%，高收入占2.82%。

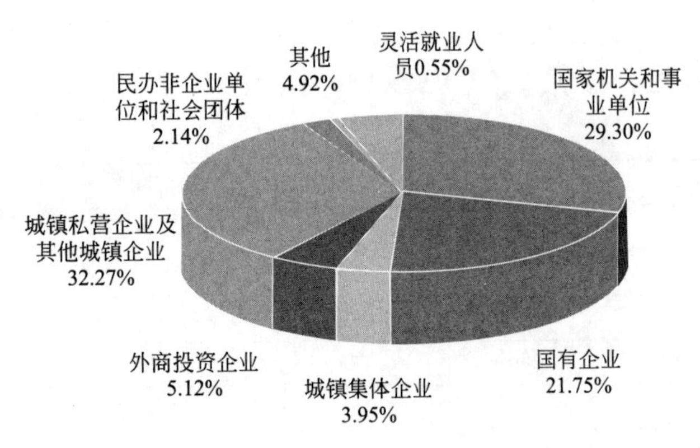

图 4 2022 年缴存职工人数按所在单位性质分类占比图

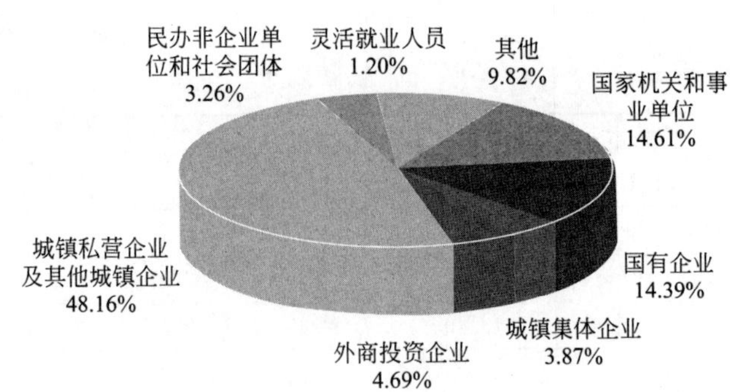

图 5 2022 年新开户职工人数按所在单位性质分类占比图

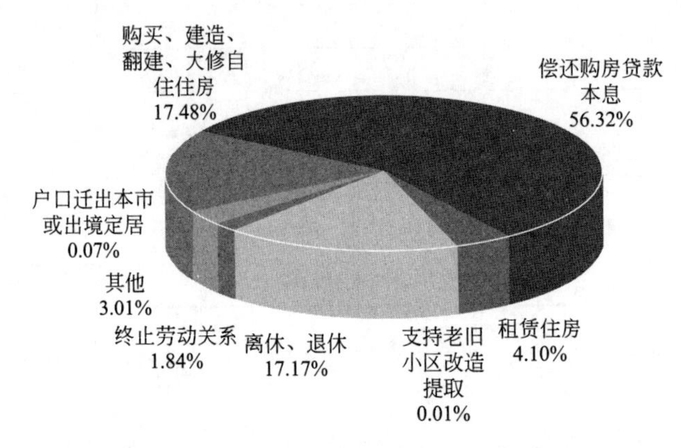

图 6 2022 年提取额按提取原因分类占比图

(三) 个人贷款业务

职工贷款笔数中，购房建筑面积 90（含）平方米以下占 12.22%，90～144（含）平方米占 70.07%，144 平方米以上占 17.71%。购买新房占 73.98%（其中购买保障性住房占 0.21%），购买二手房占 25.76%，建造、翻建、大修自住住房占 0.01%，其他占 0.25%。

职工贷款笔数中，单缴存职工申请贷款占 42.4%，双缴存职工申请贷款占 57.49%，三人及以上缴存职工共同申请贷款占 0.11%。

贷款职工中，30 岁（含）以下占 34%，30 岁～40 岁（含）占 45%，40 岁～50 岁（含）占 16.59%，50 岁以上占 4.41%；购买首套住房申请贷款占 78.3%，购买二套及以上申请贷款占 21.7%；中、低收入占 98.29%，高收入占 1.71%（图 7）。

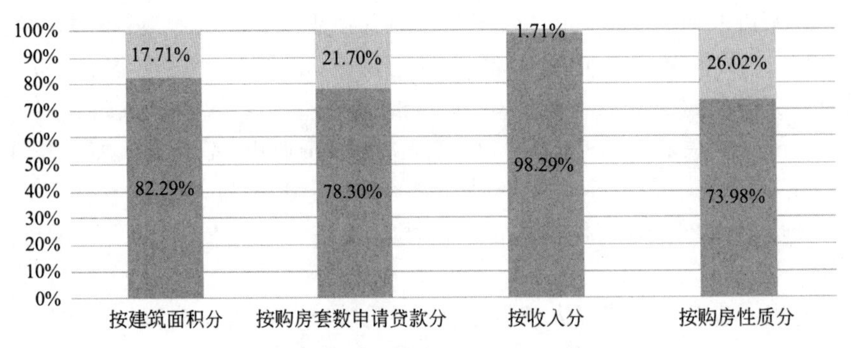

图 7 2022 年贷款笔数按面积、贷次、收入、购房性质分类占比图

（四）住房贡献率

2022年，个人住房贷款发放额、公转商贴息贷款发放额、项目贷款发放额、住房消费提取额的总和与当年缴存额的比率为89.22%，比上年减少26.03个百分点。

六、其他重要事项

（一）应对新冠肺炎疫情采取的政策措施，落实住房公积金阶段性支持政策情况和政策实施成效。坚决落实国务院173次常务会议决策部署及住房和城乡建设部住房公积金阶段性支持政策视频会议要求，指导各地公积金中心研究出台具体措施，帮助企业和职工解决现实困难，为企业生存发展提供空间。1～12月份，全省办理缓缴单位655个、缓缴职工7.84万人，企业和职工共缓缴2.93亿元；不作逾期处理贷款笔数928笔、涉及应还未还的贷款本金351.06万元；享受提高租房提取额度职工4.98万人、提取金额6.02亿元。

（二）开展监督检查情况。深入开展逾期贷款管理专项督导，组织各市梳理分析逾期贷款情况，分类施策，多措并举，加大催收工作力度，积极清收逾期贷款。以电子稽查结果为依据，对各市进行风险防控工作抽检。组织开展2019年专项审计整改情况“回头看”和问题排查整治工作，进一步促进住房公积金管理规范、运行高效。开展住房公积金政策调整情况自查自纠，对违反规定的政策予以纠正。

（三）当年服务改进情况。开展住房公积金政务服务事项标准化提升工作，推进同一事项在全省范围内无差别受理、同标准办理，进一步提升服务标准化、规范化、便利化水平。扩大“跨省通办”事项范围。对照2022年“跨省通办”事项清单，细化统一通办标准，编制“提前部分偿还住房公积金贷款”服务事项，对办事流程、申请材料、办结时限进行全省统一，3项住房公积金“跨省通办”服务事项全部实现全程网办，累计线上办理住房公积汇缴179万余件、住房公积金补缴58万余件、提前部分偿还住房公积金贷款业务26万余件。

（四）当年信息化建设情况。主动融入黄河流域生态保护和高质量发展战略，推进各市加快建设、有序接入“数字黄河链”，实现全省黄河流域城市间公积金信息互认、业务协同数据共享、应用场景“全省复用”。截至12月底，省内沿黄9市公积金中心数据全部实现“链上”共享，应用场景达10个。加快征信信息共享接入，12地市通过“总对总”方式有序接入征信信息。印发省住房公积金主题库数据汇聚优化方案，指导各市开展数据治理，提升数据上报效率和质量。持续推进全国住房公积金小程序推广应用工作，实时监控应用小程序受理相关业务情况，确保业务及时办理。

（五）当年住房公积金机构及从业人员所获荣誉情况。持续开展文明行业创建活动，建立完善工作机制，印发《关于统筹推进住房公积金系统服务提升和文明创建三年行动的通知》，以服务意识强化为重点，启动行业文明创建和服务提升行动，大力推进行业作风建设，推动全省住房公积金事业高质量发展。积极选树先进典型，优选推出100个“办实事、抓行风”优秀案例。2022年，各级住房公积金管理机构获得地市级以上文明单位（行业、窗口）17个、青年文明号30个、工人先锋号6个、五一劳动奖章3个、三八红旗手8个、先进集体和个人128个，其他荣誉98个。

山东省日照市住房公积金 2022 年年度报告

根据国务院《住房公积金管理条例》和住房和城乡建设部、财政部、人民银行《关于健全住房公积金信息披露制度的通知》(建金〔2015〕26 号) 的规定，现将日照市住房公积金 2022 年年度报告公布如下：

一、机构概况

(一) 住房公积金管理委员会。 住房公积金管委会有 30 名委员，2022 年召开会议 1 次，审议通过的事项主要包括：《关于日照市 2021 年住房公积金归集、使用计划执行情况和 2022 年工作计划的报告》《关于 2021 年度住房公积金预算执行情况的报告》《关于 2021 年度住房公积金增值收益分配建议的报告》《日照市住房公积金 2021 年年度报告》及《日照市住房公积金管理办法》《日照市住房公积金缴存管理办法》《日照市住房公积金提取管理办法》《日照市住房公积金个人住房贷款管理办法》《日照市住房公积金行政执法程序规定》。

(二) 住房公积金管理中心。 住房公积金管理中心为市政府直属不以营利为目的公益一类全额事业单位，设 6 个科，6 个管理部。从业人员 104 人，其中：在编 57 人，非在编 47 人。

二、业务运行情况

(一) 缴存。 2022 年，新开户单位 1287 家，净增单位 499 家；新开户职工 2.87 万人，净增职工 1.07 万人；实缴单位 5735 家，实缴职工 28.30 万人，缴存额 51.15 亿元，分别同比增长 9.53%、3.93%、10.31% (图 1)。2022 年末，缴存总额 362.09 亿元，比上年末增长 16.45%；缴存余额 139.49 亿元，比上年末增长 14.26%。受委托办理住房公积金缴存业务的银行 9 家。

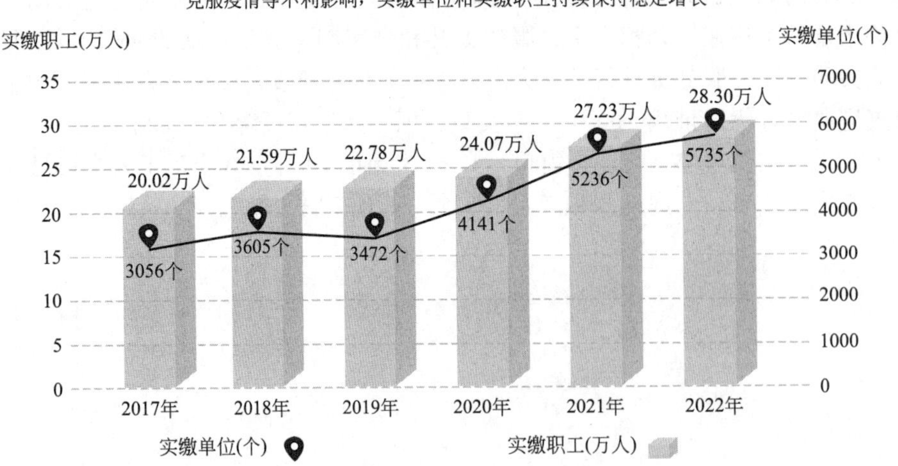

图 1　2017—2022 年实缴单位和实缴职工情况

(二) 提取。 2022 年，11.48 万名缴存职工提取住房公积金；提取额 33.74 亿元，同比下降 0.94% (图 2)；提取额占当年缴存额的 65.97%，比上年减少 7.49 个百分点。2022 年末，提取总额 222.60 亿元，比上年末增加 17.87%。

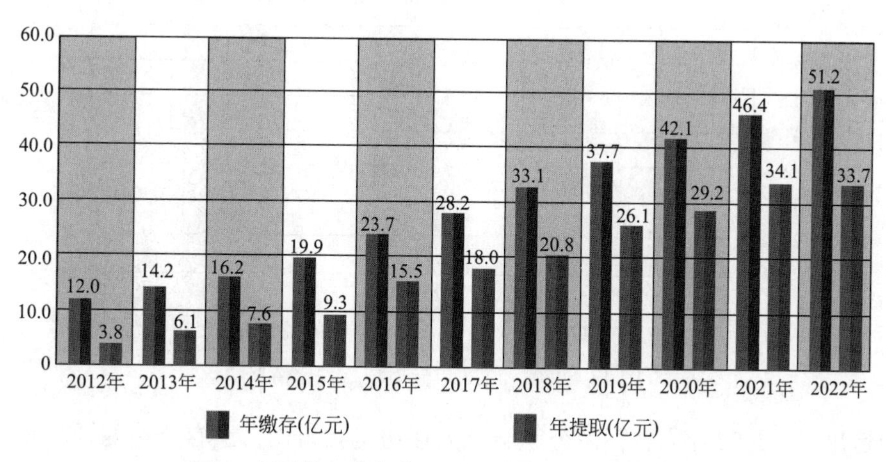

图 2　新时代以来住房公积金年度缴存、提取情况

（三）贷款。

1. 个人住房贷款。在本市范围内购房的，单缴存职工个人住房贷款最高额度 40 万元，双缴存职工个人住房贷款最高额度 60 万。购买装配式住宅的，贷款最高额度上浮 15%。

2022 年，发放个人住房贷款 0.55 万笔、18.92 亿元，同比分别减少 37.50%、32.67%。

2022 年，回收个人住房贷款 15.75 亿元。

2022 年末，累计发放个人住房贷款 8.62 万笔、211.49 亿元，贷款余额 118.92 亿元，分别比上年末增长 6.82%、9.82%、2.74%。个人住房贷款余额占缴存余额的 85.26%，比上年末减少 9.56 个百分点（图 3）。受委托办理住房公积金个人住房贷款业务的银行 7 家。

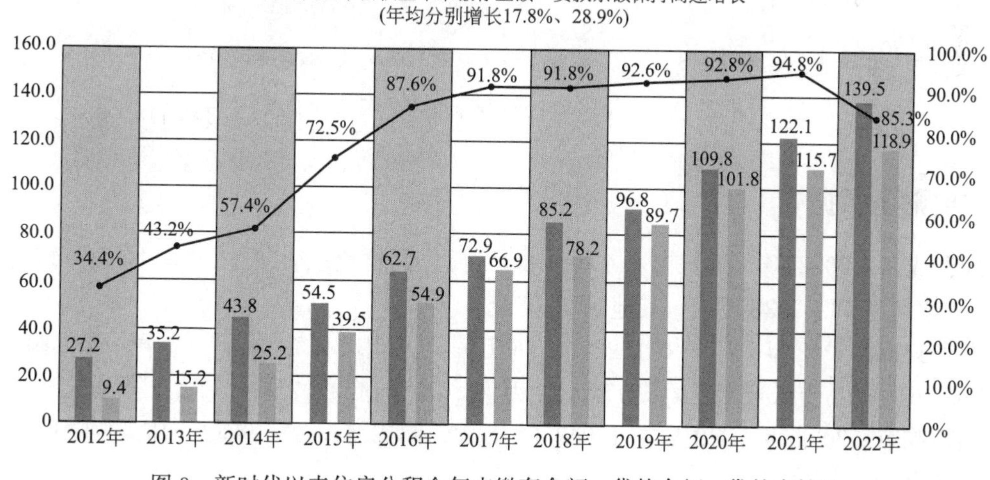

图 3　新时代以来住房公积金年末缴存余额、贷款余额、贷款率情况

2. 异地贷款。2022 年，发放异地贷款 291 笔、9141.00 万元。2022 年末，发放异地贷款总额 31260.00 万元，异地贷款余额 26289.00 万元。

2020—2022 年异地贷款占比情况见图 4。

3. 公转商贴息贷款。2022 年，未发放公转商贴息贷款，当年贴息额 1356.44 万元。2022 年末，累计发放公转商贴息贷款 4189 笔、150671.00 万元，累计贴息 9913.14 万元。

（四）资金存储。2022 年末，住房公积金存款 21.87 亿元。其中：活期 0.02 亿元，1 年（含）以下定期 6.10 亿元，其他（协定、通知存款等）15.75 亿元。

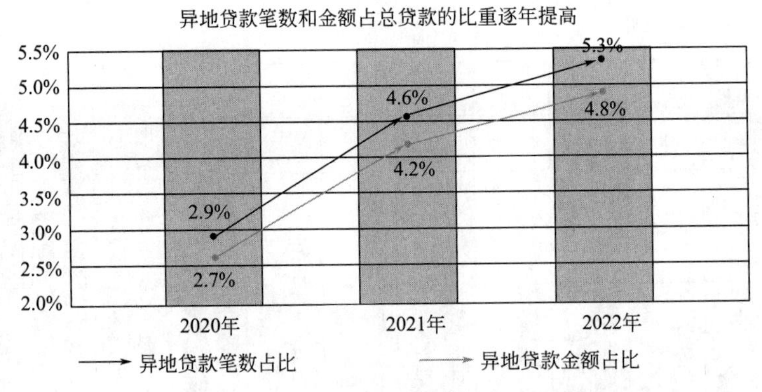

图 4　2020—2022 年异地贷款占比情况

（五）资金运用率。2022 年末，住房公积金个人住房贷款余额占缴存余额的 85.26%，比上年末减少 9.56 个百分点（图 5）。

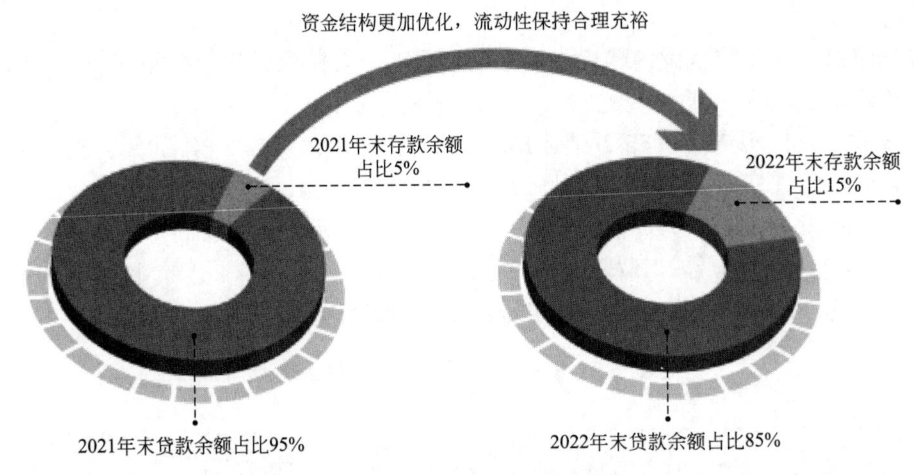

图 5　2021 年末和 2022 年末缴存余额资金结构

三、主要财务数据

（一）业务收入。2022 年，业务收入 40745.81 万元，同比增长 9.65%。其中，存款利息 1825.18 万元，委托贷款利息 38919.38 万元，其他 1.25 万元。

（二）业务支出。2022 年，业务支出 22702.56 万元，同比增长 9.00%。其中，支付职工住房公积金利息 19494.06 万元，委托贷款手续费 1725.43 万元，其他 1483.07 万元（贴息补贴支出）。

（三）增值收益。2022 年，增值收益 18043.25 万元，同比增长 10.49%。增值收益率 1.38%，比上年减少 0.03 个百分点。

（四）增值收益分配。2022 年，未提取贷款风险准备金，提取管理费用 605.46 万元，提取城市廉租住房（公共租赁住房）建设补充资金 17437.79 万元（图 6）。

2022 年，上交财政管理费用 591.26 万元，上缴财政城市廉租住房（公共租赁住房）建设补充资金 15738.85 万元。

2022 年末，贷款风险准备金余额 17931.02 万元，累计提取城市廉租住房（公共租赁住房）建设补充资金 98084.50 万元。

（五）管理费用支出。2022 年，管理费用支出 1658.43 万元，同比下降 7.79%。其中，人员经费 1069.21 万元，公用经费 94.77 万元，专项经费 494.45 万元。

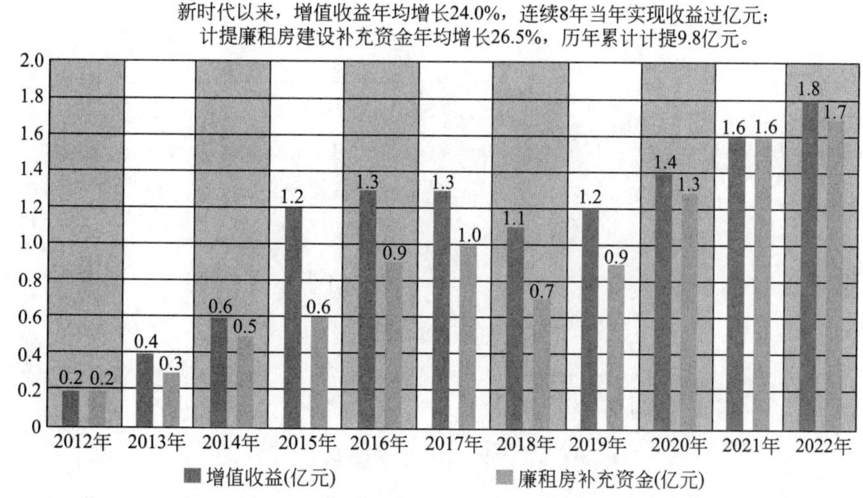

图 6　新时代以来公积金增值收益、廉租房建设补充资金情况

四、资产风险状况

2022 年末，个人住房贷款逾期额 0 万元，逾期率 0%。个人贷款风险准备金余额 17931.02 万元。2022 年，未使用个人贷款风险准备金核销呆坏账。

五、社会经济效益

（一）缴存业务

缴存职工中，国家机关和事业单位占 31.53%，国有企业占 19.83%，城镇集体企业占 1.08%，外商投资企业占 2.77%，城镇私营企业及其他城镇企业占 33.10%，民办非企业单位和社会团体占 9.13%，灵活就业人员占 0.55%，其他占 2.01%；中、低收入占 98.86%，高收入占 1.14%。

新开户职工中，国家机关和事业单位占 21.70%，国有企业占 9.42%，城镇集体企业占 1.29%，外商投资企业占 2.55%，城镇私营企业及其他城镇企业占 50.17%，民办非企业单位和社会团体占 9.18%，灵活就业人员占 0.19%，其他占 5.50%（图 7）；中、低收入占 99.68%，高收入占 0.32%。

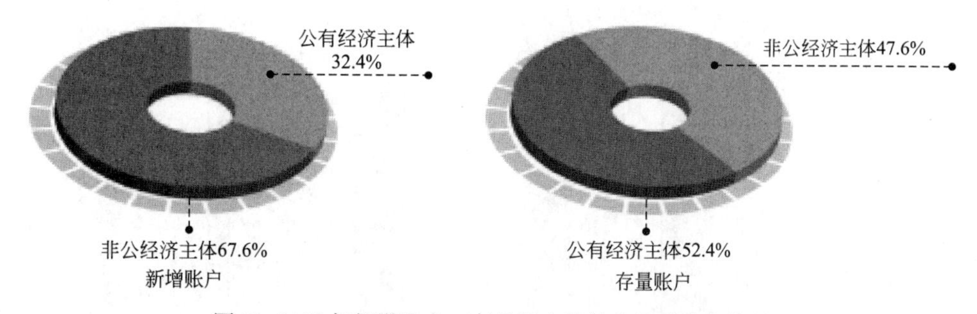

图 7　2022 年新增账户、存量账户按单位性质分布情况

（二）提取业务

提取金额中，购买、建造、翻建、大修自住住房占 12.66%，偿还购房贷款本息占 63.29%，租赁住房占 5.15%，离休和退休提取占 12.56%，完全丧失劳动能力并与单位终止劳动关系提取占 3.79%，其他占 2.55%（图 8、图 9）。提取职工中，中、低收入占 98.47%，高收入占 1.53%。

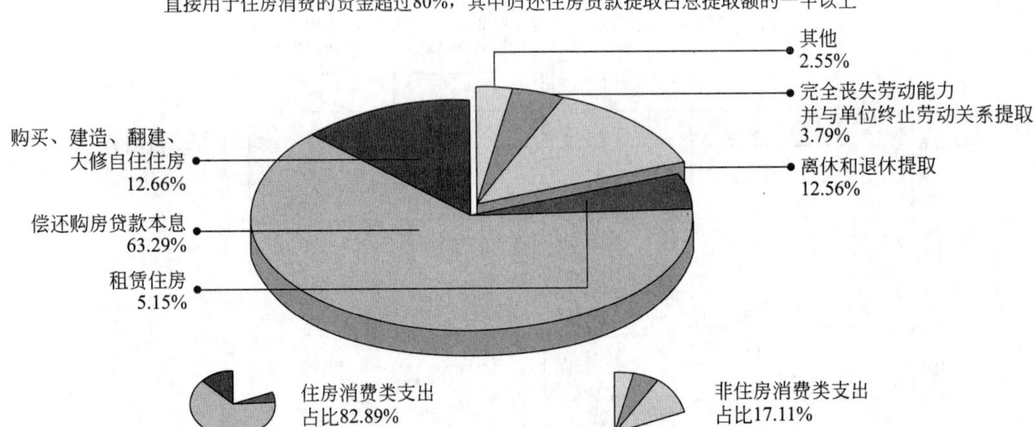

图 8　2022 年提取分类情况

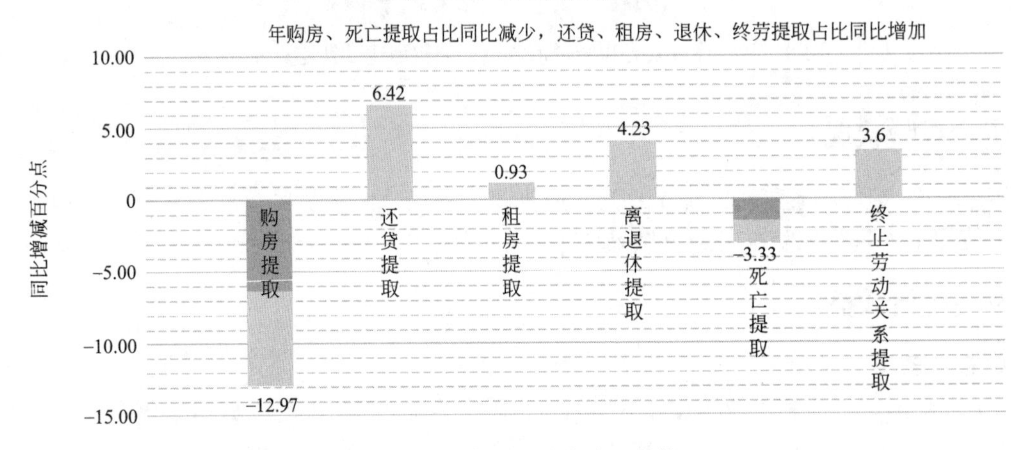

图 9　2022 年提取分类占比趋势

(三) 贷款业务

个人住房贷款。2022 年，支持职工购建房 71.50 万平方米（含公转商贴息贷款），年末个人住房贷款市场占有率（含公转商贴息贷款）为 15.42%，比上年末减少 0.11 个百分点（图 10）。通过申请住房公积金个人住房贷款，可节约职工购房利息支出 28900 万元。

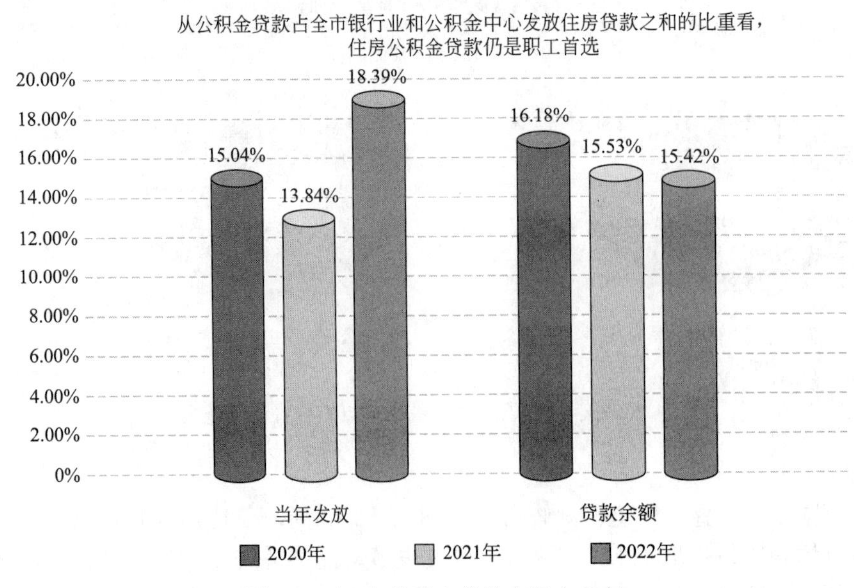

图 10　近三年公积金贷款市场占有率

职工贷款笔数中，购房建筑面积 90（含）平方米以下占 6.54%，90～144（含）平方米占 68.66%，144 平方米以上占 24.80%。购买新房占 76.04%，购买二手房占 23.96%（图 11）。

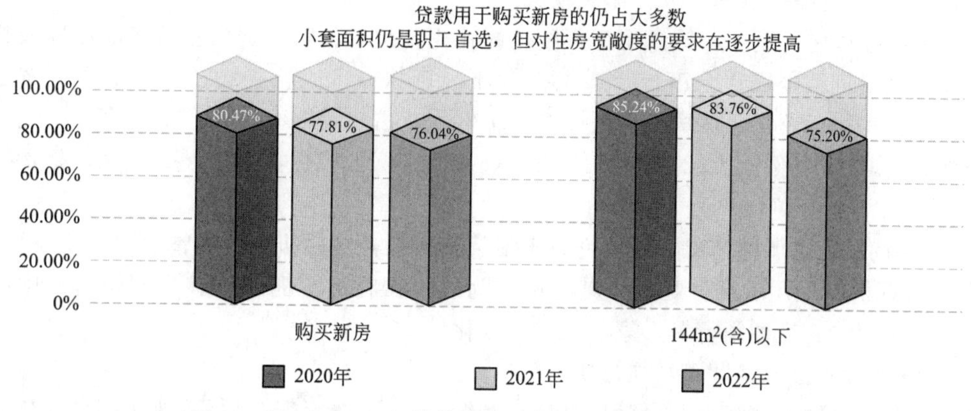

图 11　2020—2022 年贷款按房屋类型、面积分类占比情况

职工贷款笔数中，单缴存职工申请贷款占 27.26%，双缴存职工申请贷款占 72.74%。

贷款职工中，30 岁（含）以下占 22.20%，30 岁～40 岁（含）占 40.89%，40 岁～50 岁（含）占 24.78%，50 岁以上占 12.13%；首套住房申请贷款占 80.66%，购买二套及以上申请贷款占 19.34%；中、低收入占 98.06%，高收入占 1.94%（图 12）。

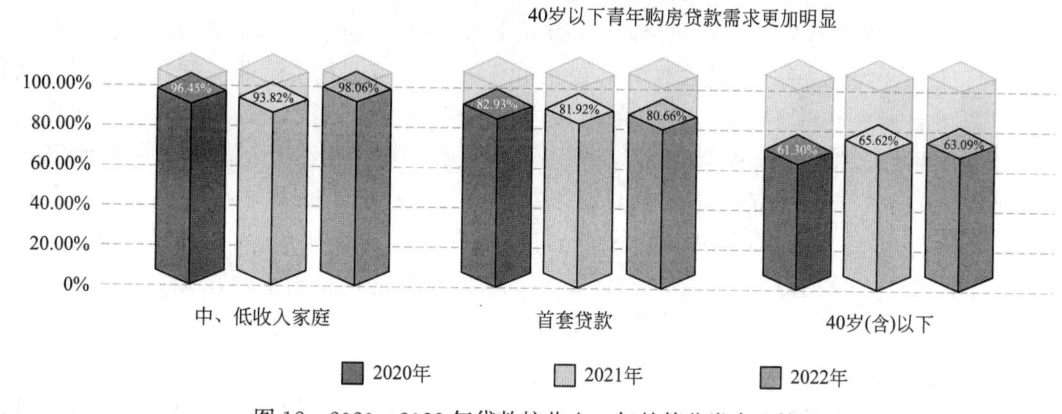

图 12　2020—2022 年贷款按收入、年龄等分类占比情况

（四）住房贡献率

2022 年，个人住房贷款发放额、住房消费提取额的总和与当年缴存额的比率为 91.03%，比上年减少 33.54 个百分点。

六、其他重要事项

（一）应对新冠肺炎疫情采取的措施，落实住房公积金阶段性支持政策情况和政策实施成效

第一时间落实住房公积金阶段性支持政策，允许受新冠肺炎疫情影响的企业缓缴公积金，精简缓缴申请材料 2 项，缩短审批时限至 1 日内；提高租房提取额度，无税票租房家庭年提取额度由 1.2 万元提高到 1.32 万元，有税票租房家庭年提取额度由 2.4 万元提高到 3 万元；对受疫情影响的贷款职工未按时还款不作逾期处理。

阶段性支持政策成效明显：2022 年，有 38 家受疫情影响的企业申请缓缴公积金 866 万元，有效缓解了短期资金压力；3750 名职工享受租房提取额度提高政策，当年租房提取额占总提取额的 5.1%，同比提高0.9个百分点。疫情期间充分释放科技支撑保障作用，积极倡导“线上办”服务方式，为缴存企业和职工提供“不见面”网办服务，主要业务综合网办率达到80.8%。

（二）租购并举满足缴存人基本住房需求情况

积极落实租购并举住房制度，提高租房额度、简化租房提取材料，加大租房提取住房公积金支持力度；统一并提高全市贷款限额、全市推行线上抵押压减贷款办理时长，2022年，住房消费投放46.89亿元：（1）购房、租房、还贷等住房消费提取27.97亿元，占总提取额的82.9%。其中，为1.9万名缴存职工办理租房提取1.74亿元。（2）为5517户家庭发放住房公积金贷款18.92亿元，直接投放拉动住房消费64.5亿元。

（三）当年机构及职能调整情况、受委托办理缴存贷款业务金融机构变更情况

2022年，管理机构和职能没有变化。受托银行为建设银行、工商银行、日照银行、中国银行、农业银行、邮政储蓄银行、交通银行等7家，未发生变化。

（四）当年住房公积金政策调整及执行情况

年内修订出台《日照市住房公积金管理办法》和缴存、提取、贷款、行政执法四个专项制度及操作规程，制度体系更加惠民利企、规范适用。

1. 缴存政策调整情况。2022年7月1日至2023年6月30日住房公积金月缴存基数最高限额由上一公积金年度的21471元调整为23457元，最低限额由1730元调整为1900元。

2. 提取政策调整情况。无税票租房家庭年提取额度由1.2万元提高到1.32万元，有税票租房家庭年提取额度由2.4万元提高到3万元。

3. 贷款政策调整情况。（1）优化可贷额度计算方式。可贷额度从按照月缴存额、缴存年限系数等要素计算，调整为按照缴存余额的15倍计算。（2）统一并提高住房公积金贷款最高限额。市、区、县贷款限额统一，同时，双缴存职工贷款限额从50万元上调为60万元，单缴存职工贷款限额从30万元上调为40万元。（3）出台支持人才贷款政策。2022年1月1日后到我市就业（创业）并正常缴存住房公积金的全日制硕士（博士）研究生，在日照市域内首次申请住房公积金贷款的最高贷款额度提高到100万元。（4）下调第二次住房公积金贷款首付款比例。第二次住房公积金贷款首付款比例由不低于40%调整为不低于30%。（5）取消异地贷款户籍限制。市外缴存职工来我市购房申请住房公积金异地贷款，不受户籍限制。（6）下调首套房住房公积金贷款利率。自2022年10月1日起，首套个人住房公积金贷款利率下调0.15个百分点，贷款期限1～5年（含5年）的，年利率调整为2.6%；5年以上的，年利率调整为3.1%。

（五）当年服务改进情况

1. 积极融入全市政务服务一体化。线下，东港、岚山、莒县管理部搬迁，公积金区县管理部全部入驻当地政务服务大厅，全市政务服务标准化、便捷度进一步提升，“进一扇门、办所有事”成为现实。线上，省政务服务平台畅通，业务覆盖100%；年内“爱山东·日照通”App新增21项公积金服务事项，“掌上办”事项整合稳步推进，合计有30项业务“指尖办理”，21项业务实现“智能秒办”。

2. “跨域通办”成为常态。通过全程网办、代收代办、两地联办，提前完成住房和城乡建设部11项“跨省通办”任务，普遍推行帮办代办，54项公积金事项实现“跨域通办”，市直管理部被评为全国住房公积金“跨省通办”表现突出服务窗口。扎实落实胶东五市信息共享、转移接续、互认互贷。全年办理跨域转移业务4152笔、5835万元，异地贷款291笔、9141万元。

3. “双全双百”试点成效显著。新增“工作一件事”，实现个人社保、医保、公积金开户（同城转移）“一链办结”；上线“退休（养老）一件事”，实现退休办理、养老金领取、养老保险待遇发放、公积金提取“一链办结”，累计有15项公积金业务纳入全市集成办、30项实现极简办。

4. 增值增信服务助企利民。与16家银行合作，以公积金缴存信息评价职工信用，共计发放网络消费贷款3.1万人、29.6亿元，扩展了缴存职工消费资金来源渠道，激发职工消费潜能，充分发挥公积金数据资产价值。主动搭建金融信息资源平台，联合受托银行开展“金银携手　助企纾困”专项行动，推出融资举措 83 项，31 家公积金业务合作银行为 850 家企业提供金融服务，助力困难企业和职工渡过难关。

5. 创新突破打造典型案例。

（1）首创加装电梯零材料提取公积金。创新自建加装电梯住户信息动态数据库，收录加装电梯住户信息 300 户 3546 项，加装电梯提取化繁为简，实现“零材料”“掌上办”“秒到账”，工作经验被《中国建设报》报道，工作经验被省住房和城乡建设厅点名表扬并推广。

（2）精心打造公积金贷款买房“一件事”“一次办”。坚持问题导向，强化改革思维，聚焦“一次办”再造流程，贷款“一窗”受理、“一表”申报，破解群众跑腿多、手续多难题；聚焦“高效办”共享数据，实现信息“一次”采集、抵押“线上”即办，破解群众重复提报材料、耗时久难题；聚焦“优质办”提升服务，实现“入口”统一、“标准”统一，破解群众不会办、满意度不高难题，公积金贷款从受理到结清全生命周期实现“一次办好”，经验做法被省住房和城乡建设厅专门发文推广，入选山东省智慧城市扩面打榜优秀案例。

（3）多措并举构筑热线暖心桥梁。一是通过优化系统、增设专席、严格值班制度，保障“24 小时”在线；二是建立工单督办制度，快速高效响应；三是开展全员全业务培训、轮岗锻炼、“科长在线”活动，力促“权威”答复；四是设置微信公众号和官网热点专栏，以点带面“精准”宣传；五是建立群众和科室双向反馈机制，助力科学决策。2022 年全年共接听群众咨询等来电 2.4 万通，服务热线接通率达 100%，工作经验被《中国建设报》报道。

（六）当年信息化建设情况

1. 公积金贷款征信数据纳入个人征信范围。突破研发瓶颈，实现公积金贷款征信数据上报人民银行个人征信系统，进一步降低贷款逾期风险系数。

2. 搭建“公积金一件事”平台。在“爱山东・日照通”平台建设“公积金一件事”综合服务平台，25 项公积金业务在该平台实现集成办、极简办。

3. 持续拓宽政务数据共享范围。共享数据扩展到 13 个部门 54 类。电子身份证等 6 项电子证照应用覆盖公积金服务全领域，构建 54 个公积金“无证明办事”服务场景。

4. 开展档案数字化加工。采取双层 PDF 格式数字化加工存量纸质档案 400 余万页，实现档案全生命周期数字化、精细化管理。

（七）当年住房公积金管理中心及职工所获荣誉情况

年内获集体荣誉 20 余项。市直管理部被住房和城乡建设部办公厅评为全国“跨省通办”表现突出服务窗口及全市“五星级政务服务窗口”，另有 3 个管理部被评为全市“金牌政务服务窗口”；2 个管理部继续保持省级“青年文明号”荣誉称号，其他 4 个管理部均继续保持市级“青年文明号”荣誉称号；2 个管理部获评市级“巾帼文明岗”。

年内 21 人获个人荣誉 29 项。包括山东省新时代岗位建功劳动竞赛标兵、日照市“五一先锋”、日照市巾帼建功标兵等个人荣誉。

（八）当年对违反《住房公积金管理条例》和相关法规行为进行行政处罚和申请人民法院强制执行情况

2022 年本市住房公积金欠缴执法案件立案 13 件，结案 12 件，作出行政处理决定 6 件，未进行行政处罚和申请人民法院法院强制执行。

（九）当年对住房公积金管理人员违规行为的纠正和处理情况等

2022 年住房公积金管理人员无违规情况。

山东省及省内各城市住房公积金 2022 年年度报告二维码

名称	二维码
山东省住房公积金 2022 年年度报告	
济南住房公积金 2022 年年度报告	
青岛市住房公积金 2022 年年度报告	
淄博市住房公积金 2022 年年度报告	
枣庄市住房公积金 2022 年年度报告	
东营市住房公积金 2022 年年度报告	
烟台市住房公积金 2022 年年度报告	

续表

名称	二维码
潍坊市住房公积金 2022 年年度报告	
济宁市住房公积金 2022 年年度报告	
泰安市住房公积金 2022 年年度报告	
威海市住房公积金 2022 年年度报告	
日照市住房公积金 2022 年年度报告	
临沂市住房公积金 2022 年年度报告	
德州市住房公积金 2022 年年度报告	
聊城市住房公积金 2022 年年度报告	

续表

名称	二维码
滨州市住房公积金2022年年度报告	
菏泽市住房公积金2022年年度报告	

河南省

河南省住房公积金 2022 年年度报告

根据国务院《住房公积金管理条例》和住房和城乡建设部、财政部、人民银行《关于健全住房公积金信息披露制度的通知》（建金〔2015〕26 号）规定，现将河南省住房公积金 2022 年年度报告汇总公布如下：

一、机构概况

（一）住房公积金管理机构。全省共设 17 个省辖市、济源示范区和 9 个省直管县（市）住房公积金管理中心，7 个独立设置的行业分中心（其中，河南省省直机关住房资金管理中心隶属河南省机关事务管理局，郑州住房公积金管理中心黄委会管理部隶属黄河水利委员会机关服务局，焦作市住房公积金中心焦煤集团分中心隶属焦作煤业（集团）有限责任公司，中原石油勘探局有限公司住房公积金管理中心隶属中原石油勘探局有限公司，三门峡市住房公积金管理中心义煤集团分中心隶属义马煤业集团股份有限公司，南阳市住房公积金管理中心河南油田分中心隶属河南石油勘探局有限公司，永城市住房公积金管理中心永煤分中心隶属永城煤电控股集团有限公司）。从业人员 2344 人，其中，在编 1356 人，非在编 988 人。

（二）住房公积金监管机构。河南省住房和城乡建设厅、河南省财政厅和中国人民银行郑州中心支行负责对本省住房公积金管理运行情况进行监督。河南省住房和城乡建设厅设立住房公积金监管处，负责辖区住房公积金日常监管工作。

二、业务运行情况

（一）缴存。2022 年，新开户单位 15056 家，净增单位 4075 家；新开户职工 69.13 万人，净增职工 20.40 万人；实缴单位 107508 家，实缴职工 716.19 万人，缴存额 1038.57 亿元，分别同比增长 3.94%、2.93%、5.66%。2022 年末，缴存总额 8264.07 亿元，比上年末增加 14.37%；缴存余额 3677.32 亿元，同比增长 13.57%（表 1）。

2022 年分城市住房公积金缴存情况 **表 1**

地区	实缴单位（万个）	实缴职工（万人）	缴存额（亿元）	累计缴存总额（亿元）	缴存余额（亿元）
河南省	**10.75**	**716.19**	**1038.57**	**8264.07**	**3677.32**
郑州	3.19	187.35	380.58	2963.85	1170.33
开封	0.26	22.37	25.94	186.72	99.63
洛阳	0.87	55.26	87.48	741.25	277.79
平顶山	0.48	47.48	44.63	471.24	215.80
安阳	0.43	28.22	41.71	353.44	143.72
鹤壁	0.21	14.41	16.90	139.66	58.17
新乡	0.50	33.74	44.66	323.61	152.43
焦作	0.52	33.85	35.46	299.19	143.99

续表

地区	实缴单位（万个）	实缴职工（万人）	缴存额（亿元）	累计缴存总额（亿元）	缴存余额(亿元)
濮阳	0.27	26.17	42.64	408.48	145.01
许昌	0.34	23.20	35.55	272.10	112.75
漯河	0.31	19.13	23.73	166.83	88.26
三门峡	0.28	19.31	27.11	228.70	94.83
南阳	0.74	53.05	62.47	464.97	273.00
商丘	0.51	39.66	47.34	320.73	192.71
信阳	0.63	31.93	40.81	316.39	164.91
周口	0.47	38.20	33.31	230.14	150.05
驻马店	0.52	32.04	39.40	301.52	153.61
济源	0.21	10.82	8.84	75.26	40.35

（二）提取。2022 年，187.71 万名缴存职工提取住房公积金；提取额 599.17 亿元，同比增长 2.01%；提取额占当年缴存额的 57.69%，比上年减少 2.07 个百分点。2022 年末，提取总额 4586.75 亿元，比上年末增加 15.03%（表 2）。

2022 年分城市住房公积金提取情况　　**表 2**

地区	提取额（亿元）	提取率（%）	住房消费类提取额（亿元）	非住房消费类提取额（亿元）	累计提取总额（亿元）
河南省	**599.17**	**57.69**	**406.96**	**192.21**	**4586.75**
郑州	227.86	59.87	149.30	78.56	1793.53
开封	13.12	50.58	8.56	4.56	87.09
洛阳	54.71	62.54	40.69	14.02	463.46
平顶山	28.00	62.74	18.32	9.68	255.44
安阳	27.17	65.14	21.78	5.39	209.73
鹤壁	8.89	52.60	6.09	2.81	81.48
新乡	24.94	55.84	17.49	7.45	171.19
焦作	20.35	57.39	13.52	6.83	155.20
濮阳	25.08	58.82	19.20	5.88	263.47
许昌	22.03	61.97	16.48	5.55	159.35
漯河	12.72	53.60	8.79	3.93	78.56
三门峡	16.02	59.09	11.03	4.99	133.87
南阳	33.50	53.63	21.18	12.32	191.97
商丘	19.63	41.47	12.71	6.92	128.02
信阳	25.21	61.77	15.68	9.53	151.48
周口	12.21	36.66	7.15	5.06	80.09
驻马店	22.73	57.69	15.70	7.03	147.91
济源	5.01	56.67	3.29	1.71	34.91

（三）贷款。

1. 个人住房贷款。2022 年，发放个人住房贷款 9.16 万笔、378.04 亿元，同比下降 35.45%、

35.85%。回收个人住房贷款 285.19 亿元。

2022 年末，累计发放个人住房贷款 168.26 万笔、4614.03 亿元，贷款余额 2683.25 亿元，分别比上年末增加 5.76%、8.92%、3.58%。个人住房贷款余额占缴存余额的 72.97%，比上年末减少 7.03 个百分点（表 3）。

2022 年分城市住房公积金个人住房贷款情况 表 3

地区	放贷笔数（万笔）	贷款发放额（亿元）	累计放贷笔数（万笔）	累计贷款总额（亿元）	贷款余额（亿元）	个人住房贷款率（%）
河南省	**9.16**	**378.04**	**168.26**	**4614.03**	**2683.25**	**72.97**
郑州	2.20	118.56	43.53	1480.44	924.70	79.01
开封	0.27	11.21	3.98	96.49	59.24	59.46
洛阳	0.63	26.50	17.01	457.42	234.53	84.43
平顶山	0.56	20.42	11.63	291.92	177.38	82.20
安阳	0.54	21.42	7.93	196.94	90.83	63.20
鹤壁	0.18	6.11	4.86	98.37	47.13	81.02
新乡	0.46	17.37	6.79	189.91	117.63	77.17
焦作	0.30	10.23	8.82	194.57	101.42	70.43
濮阳	0.35	13.28	8.98	212.67	108.11	74.56
许昌	0.35	12.01	6.03	171.10	90.81	80.54
漯河	0.34	10.50	5.60	123.63	63.52	71.96
三门峡	0.27	8.58	3.77	100.68	64.57	68.09
南阳	0.76	31.61	10.39	248.57	140.49	51.46
商丘	0.59	22.74	7.02	186.26	118.88	61.69
信阳	0.42	16.44	6.26	173.65	112.09	67.97
周口	0.40	13.75	4.77	137.13	95.61	63.72
驻马店	0.40	12.74	8.14	196.71	106.26	69.18
济源	0.15	4.58	2.74	57.55	30.07	74.53

2022 年，支持职工购建房 1169.94 万平方米。年末个人住房贷款市场占有率（含公转商贴息贷款）为 14.68%，比上年末减少 19.2 个百分点。通过申请住房公积金个人住房贷款，可节约职工购房利息支出 72.08 亿元。

2. 异地贷款。2022 年，发放异地贷款 1.01 万笔、41.07 亿元。2022 年末，发放异地贷款总额 352.85 亿元，异地贷款余额 212.95 亿元。

3. 公转商贴息贷款。2022 年，发放公转商贴息贷款 0.24 万笔、11.18 亿元，支持职工购建房面积 28.09 万平方米。当年贴息额 1982.04 万元。2022 年末，累计发放公转商贴息贷款 2.66 万笔、77.43 亿元，累计贴息 1.98 亿元。

（四）资金存储。2022 年末，住房公积金存款 1043.19 亿元。其中，活期 24.02 亿元，1 年（含）以下定期 291.19 亿元，1 年以上定期 512.74 亿元，其他（协定、通知存款等）215.25 亿元。

（五）资金运用率。2022 年末，住房公积金个人住房贷款余额、项目贷款余额和购买国债余额的总和占缴存余额的 72.97%，比上年末减少 7.03 个百分点。

三、主要财务数据

（一）业务收入。2022 年，业务收入 109.69 亿元，同比增长 10.41%。其中，存款利息 22.71 亿元，委托贷款利息 86.97 亿元，其他 0.01 亿元。

（二）业务支出。2022 年，业务支出 55.36 亿元，同比增长 9.45%。其中，支付职工住房公积金利息 52.13 亿元，归集手续费 0.04 亿元，委托贷款手续费 2.61 亿元，其他 0.58 亿元。

（三）增值收益。2022 年，增值收益 54.33 亿元，同比增长 11.40%；增值收益率 1.57%，比上年减少 0.04 个百分点。

（四）增值收益分配。2022 年，加上年初待分配增值收益 0.39 亿元，可供分配增值收益 54.72 亿元。其中提取贷款风险准备金－3.81 亿元（转出上缴财政），提取管理费用 5.15 亿元，提取城市廉租住房（公共租赁住房）建设补充资金 53.31 亿元，年末待分配增值收益 0.07 亿元（表 4）。

2022 年分城市住房公积金增值收益及分配情况　　**表 4**

地区	业务收入（亿元）	业务支出（亿元）	增值收益（亿元）	增值收益率（%）	提取贷款风险准备金（亿元）	提取管理费用（亿元）	提取公租房（廉租房）建设补充资金（亿元）
河南省	**109.69**	**55.36**	**54.33**	**1.57**	**−3.81**	**5.15**	**53.31**
郑州	35.13	18.49	16.64	1.54	0.46	0.94	15.23
开封	2.89	1.48	1.41	1.51	0.01	0.36	1.04
洛阳	8.29	4.40	3.90	1.42	0	0.22	3.67
平顶山	6.46	3.39	3.07	1.47	0.02	0.52	2.81
安阳	4.35	2.21	2.15	1.56	−0.07	0.16	2.06
鹤壁	1.72	0.90	0.82	1.51	0	0.17	0.65
新乡	4.84	2.34	2.49	1.75	−0.87	0.17	3.20
焦作	4.35	1.07	3.28	2.38	−0.30	0.33	3.25
濮阳	4.07	2.22	1.85	1.35	0.01	0.32	1.52
许昌	3.42	1.69	1.73	1.62	−1.13	0.11	2.75
漯河	2.49	1.45	1.04	1.27	0.03	0.17	0.85
三门峡	2.89	1.44	1.45	1.62	0.02	0.15	1.28
南阳	8.41	4.01	4.39	1.70	−0.22	0.48	4.17
商丘	5.40	2.72	2.68	1.49	−0.54	0.18	3.03
信阳	4.95	2.48	2.47	1.57	0.06	0.30	2.11
周口	4.00	2.13	1.87	1.34	0.06	0.34	1.48
驻马店	4.86	2.34	2.52	1.74	−1.35	0.16	3.72
济源	1.18	0.62	0.56	1.45	0.01	0.07	0.48

2022 年，上交财政管理费用 4.64 亿元，上缴财政城市廉租住房（公共租赁住房）建设补充资金 46.37 亿元。

2022 年末，贷款风险准备金余额 41.71 亿元，累计提取城市廉租住房（公共租赁住房）建设补充资金 286.82 亿元。

（五）管理费用支出。2022 年，管理费用支出 3.92 亿元，同比下降 13.08%。其中，人员经费 2.12 亿元，公用经费 0.51 亿元，专项经费 1.29 亿元。

四、资产风险状况

个人住房贷款。2022 年末，个人住房贷款逾期额 1.00 亿元，逾期率 0.37‰，个人贷款风险准备金余额 41.66 亿元。2022 年，使用个人贷款风险准备金核销呆坏账 0 万元。

五、社会经济效益

（一）缴存业务。缴存职工中，国家机关和事业单位占 43.54%，国有企业占 24.16%，城镇集体企业占 1.39%，外商投资企业占 1.46%，城镇私营企业及其他城镇企业占 19.99%，民办非企业单位和社会团体占 1.75%，灵活就业人员占 2.54%，其他占 5.17%；中、低收入占 97.08%，高收入占 2.92%。

新开户职工中，国家机关和事业单位占 23.72%，国有企业占 14.01%，城镇集体企业占 1.19%，外商投资企业占 6.90%，城镇私营企业及其他城镇企业占 37.73%，民办非企业单位和社会团体占 2.73%，灵活就业人员占 7.98%，其他占 5.74%；中、低收入占 99.10%，高收入占 0.90%。

（二）提取业务。提取金额中，购买、建造、翻建、大修自住住房占 18.83%，偿还购房贷款本息占 45.15%，租赁住房占 3.35%，支持老旧小区改造提取占 0.01%；离休和退休提取占 18.29%，完全丧失劳动能力并与单位终止劳动关系提取占 2.81%，出境定居占 0.07%，其他占 11.49%。提取职工中，中、低收入占 96.01%，高收入占 3.99%。

（三）贷款业务。

个人住房贷款。职工贷款笔数中，购房建筑面积 90（含）平方米以下占 12.23%，90～144（含）平方米占 78.20%，144 平方米以上占 9.57%。购买新房占 75.14%（其中购买保障性住房占 3.14%），购买二手房占 21.67%，建造、翻建、大修自住住房占 0.02%，其他占 3.17%。职工贷款笔数中，单缴存职工申请贷款占 44.26%，双缴存职工申请贷款占 55.74%，三人及以上缴存职工共同申请贷款占 0.00%。

贷款职工中，30 岁（含）以下占 23.39%，30 岁～40 岁（含）占 48.71%，40 岁～50 岁（含）占 21.93%，50 岁以上占 5.97%；购买首套住房申请贷款占 81.51%，购买二套及以上申请贷款占 18.49%；中、低收入占 96.08%，高收入占 3.92%。

（四）住房贡献率。2022 年，个人住房贷款发放额、公转商贴息贷款发放额、项目贷款发放额、住房消费提取额的总和与当年缴存额的比率为 76.66%，比上年减少 27.02 个百分点。

六、其他重要事项

（一）应对新冠肺炎疫情采取的政策措施，落实住房公积金阶段性支持政策情况和政策实施成效。认真贯彻落实住房和城乡建设部、财政部、人民银行《关于实施住房公积金阶段性支持政策的通知》（建金〔2022〕45 号）要求，印发《河南省住房和城乡建设厅关于明确住房公积金阶段性支持政策有关问题的通知》（豫建金〔2022〕130 号），督促指导各住房公积金管理中心出台落实阶段性支持政策具体措施，帮助受疫情影响的企业和缴存人共渡难关。全省 416 家受疫情影响企业缓缴住房公积金 4.34 亿元、为 1.01 万人办理延期偿还住房公积金贷款，涉及贷款余额 18.75 亿元。

（二）当年住房公积金政策调整情况。印发《河南省住房和城乡建设厅关于进一步加强住房公积金个人住房贷款管理有关问题的通知》（豫建金〔2022〕26 号），加强贷款风险管理，优化贷款办理流程，提高贷款服务效率。

（三）当年开展监督检查情况。一是严格落实住房公积金电子化巡检长效机制。指导各住房公积金管理机构每月通过电子化稽查工具进行巡检，并及时报送月度电子稽查报告。针对巡检中发现的问题，认真排查原因，确定整改措施和整改期限，从源头加以改进，严密防控各类风险。二是印发《河南省住房和城乡建设厅关于加强全省住房公积金资金风险管理保障资金安全有关问题的通知》（豫建金〔2022〕125 号），严格规范住房公积金业务受委托银行和资金存储管理，加强对受委托银行承办业务的考核，开展住房公积金资金风险排查，确保住房公积金资金安全。

（四）当年服务改进情况。一是巩固"我为群众办实事"实践活动成果，继续推动服务事项"跨省通办"。全省住房公积金系统持续深化政务服务"跨省通办"改革，不断提升政务服务标准化、规范化、便利化水平，全省提前实现住房公积金汇缴、补缴、提前部分偿还贷款等 3 项服务事项"跨省通办"任务。二是部署开展“惠民公积金、服务暖人心”服务提升三年行动，印发《河南省住房和城乡建设厅关于贯彻落实〈“惠民公积金、服务暖人心”全国住房公积金系统服务提升三年行动实施方案（2022—2024年）〉的通知》（豫建金〔2022〕150号），全力打造一批服务意识强、服务效能好、群众满意度高的星级服务岗和基层管理部，以点带面不断提升全行业服务水平。

（五）当年信息化建设情况。一是进一步提高数据质量，加快推进“一件事一次办”，大幅减少办事环节、申请材料、办理时间和跑动次数，充分利用数据共享等手段，推动线上线下办事渠道深度融合。全省全年网上办结量7267.48万人次，比上年同期增长6.01%；网上办结率94.34%，比上年同期增加5.56个百分点。二是推进全国住房公积金小程序应用，提高转移接续业务办理效率。按照住房和城乡建设部《关于做好全国住房公积金小程序上线运行的通知》（建办金函〔2021〕144号）要求，指导各住房公积金管理机构抓好业务办理、业务衔接、服务应答响应等项工作，确保小程序运行顺畅、稳定，进一步改进服务方式、提高办事效率。

（六）当年住房公积金机构及从业人员所获荣誉情况。13个中心获得文明单位（行业、窗口）、4个中心获得青年文明号、4个中心获得工人先锋号、1个中心获得五一劳动奖章（劳动模范）、5个中心获得三八红旗手（巾帼文明岗）等。

（七）当年对住房公积金管理人员违规行为的纠正和处理情况等。无。

（八）其他需要披露的情况。无。

河南省平顶山市住房公积金 2022 年年度报告

根据国务院《住房公积金管理条例》和住房和城乡建设部、财政部、人民银行《关于健全住房公积金信息披露制度的通知》（建金〔2015〕26 号）的规定，经住房公积金管理委员会审议通过，现将平顶山市住房公积金 2022 年年度报告公布如下（本报告中主要业务数据包含汝州市）：

一、机构概况

（一）住房公积金管理委员会。住房公积金管理委员会有 29 名委员，2022 年召开 1 次会议，审议通过的事项主要包括：推举市住房公积金管委会主任委员、副主任委员、审议《平顶山市 2021 年住房公积金归集、使用计划执行情况及 2022 年住房公积金归集、使用计划的报告》、审议《关于加强住房公积金贷款逾期管理防范资金风险的通知（草案）》。

（二）住房公积金管理中心。住房公积金管理中心为直属平顶山市人民政府的不以营利为目的的独立的事业单位，设 8 个科，10 个管理部，1 个分中心。从业人员 142 人，其中，在编 87 人，非在编 55 人。另辖内含汝州市住房公积金管理中心，从业人员 36 人，其中，在编 8 人，非在编 28 人。

二、业务运行情况

（一）缴存。2022 年，新开户单位 682 家，净增单位 636 家；新开户职工 2.37 万人，净增职工 6.85 万人；实缴单位 4828 家，实缴职工 47.48 万人，缴存额 44.63 亿元，分别同比增长 15.17%、16.85%、—5.22%。2022 年末，缴存总额 471.24 亿元，比上年末增加 10.46%；缴存余额 215.8 亿元，同比增长 8.34%。

平顶山市受委托办理住房公积金缴存业务的银行 7 家，汝州市受委托办理住房公积金缴存业务的银行 8 家。

（二）提取。2022 年，8.67 万名缴存职工提取住房公积金；提取额 28 亿元，同比下降 6.01%；提取额占当年缴存额的 62.76%，比上年减少 0.53 个百分点。2022 年末，提取总额 255.44 亿元，比上年末增加 12.31%。

（三）贷款。

1. 个人住房贷款。单职工缴存家庭住房贷款最高贷款额度 45 万元，双职工缴存家庭住房贷款最高贷款额度 55 万元，经我市认定引进的高层次人才住房贷款最高贷款额度 80 万元。汝州市个人住房贷款最高额度 40 万元。

2022 年，发放个人住房贷款 0.56 万笔、20.42 亿元，同比分别下降 42.9%、46.02%。其中，市中心发放个人住房贷款 0.42 万笔、15.6 亿元，平煤分中心发放个人住房贷款 0.1 万笔、3.48 亿元，汝州市发放个人住房贷款 0.04 万笔、1.34 亿元。

2022 年，回收个人住房贷款 19.25 亿元。其中，市中心 13.26 亿元，平煤分中心 4.55 亿元，汝州市 1.44 亿元。

2022 年末，累计发放个人住房贷款 11.63 万笔、291.92 亿元，贷款余额 177.38 亿元，分别比上年末增加 5.06%、7.52%、0.66%。个人住房贷款余额占缴存余额的 82.2%，比上年末减少 6.27 个百分点。平顶山市受委托办理住房公积金个人住房贷款业务的银行 6 家，汝州市受委托办理住房公积金个人住房贷款业务的银行 5 家。

2. 异地贷款。2022 年，发放异地贷款 608 笔、22217.5 万元。2022 年末，发放异地贷款总额 221087.25 万元，异地贷款余额 176462.16 万元。

（四）资金存储。2022 年末，住房公积金存款 45.15 亿元。其中，活期 0.02 亿元，1 年（含）以下定期 31.3 亿元，其他（协定、通知存款等）13.83 亿元。

（五）资金运用率。2022 年末，住房公积金个人住房贷款余额、项目贷款余额和购买国债余额的总和占缴存余额的 82.2%，比上年末减少 6.27 个百分点。

三、主要财务数据

（一）业务收入。2022 年，业务收入 64590.24 万元，同比增长 3.97%。其中，市中心 41245.42 万元，平煤分中心 17485.53 万元，汝州市 5859.29 万元；存款利息 5467.23 万元，委托贷款利息 59090.26 万元，其他 32.75 万元。

（二）业务支出。2022 年，业务支出 33913.15 万元，同比增长 9.32%。其中，市中心 21456.88 万元，平煤分中心 9897.85 万元，汝州市 2558.42 万元；支付职工住房公积金利息 31356.73 万元，归集手续费 832.45 万元，委托贷款手续费 1676.36 万元，其他 47.61 万元。

（三）增值收益。2022 年，增值收益 30677.09 万元，同比下降 1.36%。其中，市中心 19788.54 万元，平煤分中心 7587.69 万元，汝州市 3300.86 万元；增值收益率 1.47%，比上年减少 0.15 个百分点。

（四）增值收益分配。2022 年，提取贷款风险准备金 233.77 万元，提取管理费用 5235.58 万元，提取城市廉租住房（公共租赁住房）建设补充资金 28065.33 万元。

2022 年，上交财政管理费用 2747 万元。上缴财政城市廉租住房（公共租赁住房）建设补充资金 25021.59 万元，其中，市中心上缴 17651.2 万元，平煤分中心上缴 7370.39 万元。

2022 年末，贷款风险准备金余额 19440.62 万元。累计提取城市廉租住房（公共租赁住房）建设补充资金 187623.36 万元。其中，市中心提取 117529.36 万元，平煤分中心提取 69562.4 万元，汝州市提取 531.6 万元。

（五）管理费用支出。2022 年，管理费用支出 1495.42 万元，同比下降 76.74%。其中，人员经费 67.73 万元，公用经费 854.5 万元，专项经费 573.19 万元。

市中心管理费用支出 962.62 万元，其中，公用、专项经费分别为 472.67 万元、489.95 万元；平煤分中心管理费用支出 192.2 万元，其中，公用、专项经费分别为 122.96 万元、69.24 万元；汝州市管理费用支出 340.6 万元，其中，人员、公用、专项经费分别为 67.73 万元、258.87 万元、14 万元。

四、资产风险状况

个人住房贷款。2022 年末，个人住房贷款逾期额 463.88 万元，逾期率 0.26‰，其中，市中心 0.21‰，平煤分中心 0.19‰，汝州市 0.78‰。个人贷款风险准备金余额 19440.62 万元。

五、社会经济效益

（一）缴存业务

缴存职工中，国家机关和事业单位占 35.36%，国有企业占 42.28%，城镇集体企业占 0.12%，外商投资企业占 0.06%，城镇私营企业及其他城镇企业占 13.39%，民办非企业单位和社会团体占 0.25%，灵活就业人员占 5.51%，其他占 3.03%；中、低收入占 99.29%，高收入占 0.71%。

新开户职工中，国家机关和事业单位占 23.26%，国有企业占 25.84%，城镇集体企业占 0.06%，外商投资企业占 0.18%，城镇私营企业及其他城镇企业占 26.7%，民办非企业单位和社会团体占 0.87%，灵活就业人员占 21.73%，其他占 1.36%；中、低收入占 99.66%，高收入占 0.34%。

（二）提取业务

提取金额中，购买、建造、翻建、大修自住住房占 16.46%，偿还购房贷款本息占 44.12%，租赁住房占 4.71%，离休和退休提取占 25.78%，完全丧失劳动能力并与单位终止劳动关系提取占 4.63%，其他占 4.3%。提取职工中，中、低收入占 97.3%，高收入占 2.7%。

（三）贷款业务。

个人住房贷款。2022 年，支持职工购建房 70.9 万平方米，年末个人住房贷款市场占有率为 29.5%，比上年末减少 10.25 个百分点。通过申请住房公积金个人住房贷款，可节约职工购房利息支出 57815.61 万元。

职工贷款笔数中，购房建筑面积 90（含）平方米以下占 7.39%，90～144（含）平方米占 83.48%，144 平方米以上占 9.13%。购买新房占 73.92%，购买二手房占 16.5%，其他占 9.58%。

职工贷款笔数中，单缴存职工申请贷款占 22.62%，双缴存职工申请贷款占 77.38%。

贷款职工中，30 岁（含）以下占 14.61%，30 岁～40 岁（含）占 52.12%，40 岁～50 岁（含）占 27.12%，50 岁以上占 6.15%；购买首套住房申请贷款占 91.3%，购买二套及以上申请贷款占 8.7%；中、低收入占 88.6%，高收入占 11.4%。

（四）住房贡献率

2022 年，个人住房贷款发放额、公转商贴息贷款发放额、项目贷款发放额、住房消费提取额的总和与当年缴存额的比率为 86.8%，比上年减少 38.57 个百分点。

六、其他重要事项

（一）应对新冠肺炎疫情采取的措施，落实住房公积金阶段性支持政策情况和政策实施成效

为加快我市经济恢复，助力纾企惠民，中心出台了《关于落实阶段性支持政策加强服务保障工作的通知》，落实住房公积金阶段性支持政策。一是困难企业申请即可缓缴住房公积金，缓缴期间不影响职工正常提取住房公积金和申请住房公积金贷款。二是提高住房公积金租房提取额度，减轻受疫情影响的无房职工租房消费压力。三是困难职工未正常偿还公积金贷款不作逾期处理，即不计罚息、不作为征信逾期记录。政策实施后，累计申请缓缴公积金企业 22 家，涉及 1.3 万名职工，缓缴金额 4035.2 万元。

（二）租购并举满足缴存人基本住房需求，加大租房提取住房公积金支持力度、支持缴存人贷款购买首套普通自住住房特别是共有产权住房等情况

2022 年，中心积极助推租购并举住房保障体系建设，加大住房公积金对承租职工租房支持力度，缴存职工的租房提取限额由每年 1.56 万元提高至 2 万元，办理租房提取 1.32 亿元，8724 人次通过公积金减轻了租房资金压力。发放贷款总笔数中，首套房占比达 91.3%，共支持 5101 户缴存职工贷款购买首套普通自住住房，发放金额 18.49 亿元，充分发挥了住房公积金在解决住房刚性需求中的积极作用，为新型城镇化建设，实现全体人民“住有所居”目标贡献了积极力量。

（三）当年住房公积金政策调整及执行情况

1. 下发了《关于申报平顶山市 2022 年度住房公积金缴存基数和缴存比例的通知》，2022 年度我市住房公积金缴存基数上限为 17232 元，按照平顶山市统计部门公布的 2021 年全市（不含汝州）在岗职工月平均工资 5744 元的 3 倍确定。2022 年度我市住房公积金缴存基数下限分别为 2000 元（市区、舞钢市）、1800 元（宝丰县、郏县）、1600 元（鲁山县、叶县），按照平顶山市 2022 年职工最低工资标准确定。

2. 出台了《关于落实既有住宅加装电梯提取住房公积金相关政策的通知》，对我市既有住宅加装电梯，缴存职工因加装电梯需个人承担费用的，在加装电梯竣工验收并取得特种设备安全监督管理部门核发的使用登记证书后一年内，可以申请一次性提取房屋所有权人本人、配偶以及子女名下的住房公积金，进一步释放消费潜力，促进消费持续恢复。

3. 根据中国人民银行关于下调首套个人住房公积金贷款利率的决定，中心自 2022 年 10 月 1 日起，下调首套个人住房公积金贷款利率0.15个百分点，5年以下（含5年）和5年以上利率分别调整为2.6%和3.1%，进一步减轻了刚需职工购房成本。

4. 联合平顶山市中级人民法院联合下发了《关于建立住房公积金执行联动机制的实施意见》，推进建立人民法院与住房公积金管理部门执行联动机制，进一步规范涉及住房公积金执行案件的工作程序，切实维护住房公积金缴存职工和申请执行人的合法权益。

（四）当年服务改进情况

1. 延伸在线惠民服务。坚持“不见面的服务就是最好的服务”理念，不断优化网上业务大厅、微信公众号等线上服务渠道功能，支付宝公积金渠道查询点击量达1479.38万人次，业务办理6772笔，全市住房公积金网上办件量突破430万件，年末网上办结率98.36%。

2. 推进“跨省通办”。住房公积金服务“跨省通办”服务事项由去年的5项增加至8项，364名职工通过“跨省通办”业务专窗实现跨区域办结。推广“全国住房公积金小程序”应用，办理“异地转移接续”业务2678人次，满足职工异地办事需要，减少疫情期间人员流动。

3. 深化政务服务。精简办理要件，调整灵活就业人员缴存资金划转时限，由“每月10日”改为“每月10日至20日”。开展预约上门服务28次，延时服务80余次，容缺办理公积金业务220余件，努力打通服务群众“最后一公里”。完成与不动产中心电子证照资源共享测试工作，取代传统的纸质不动产权属证书（证明）查验环节，助力不动产登记“线上办”“零次跑”。发挥12329住房公积金服务热线沟通桥梁作用，接听人工咨询3.76万人次，自助语音2.81万人次，满意率保持在99%以上。

4. 优化营商环境。大力支持高层次人才在平安居置业，持续推动新开办企业缴存登记公积金线下“一窗通办”、线上“一网通办”，通过市场监管部门“企业开办”平台办理公积金开户业务占同期开户单位的30.26%。

（五）当年信息化建设情况

强化住房公积金数据管控，严控住房公积金数据对外共享范围，数据机房实行7×24小时监测运维；开展网络安全等级保护测评工作，核心业务系统、综合服务平台取得三级等保备案证书，核心业务系统安全平稳运行。加强风险防控中心建设，定期对风险隐患进行研判，利用电子化检查工具进行常态化监管，在100个风险隐患检查项中零增指标项71项、14个疑点项呈下降趋势，疑似风险点整改完成率91%。

（六）当年住房公积金管理中心及职工所获荣誉情况

2022年，中心先后荣获“全国节约型机关”“全省住建系统信息宣传先进单位”“市级创建模范机关先进单位”称号，2人获“市级纪检监察业务能手”称号。

河南省及省内各城市住房公积金 2022 年年度报告二维码

名称	二维码
河南省住房公积金 2022 年年度报告	
郑州住房公积金 2022 年年度报告	
开封市住房公积金 2022 年年度报告	
洛阳市住房公积金 2022 年年度报告	
平顶山市住房公积金 2022 年年度报告	
安阳市住房公积金 2022 年年度报告	
鹤壁市住房公积金 2022 年年度报告	

续表

名称	二维码
新乡市住房公积金 2022 年年度报告	
焦作市住房公积金 2022 年年度报告	
濮阳市住房公积金 2022 年年度报告	
许昌市住房公积金 2022 年年度报告	
漯河市住房公积金 2022 年年度报告	
三门峡市住房公积金 2022 年年度报告	
南阳市住房公积金 2022 年年度报告	
商丘市住房公积金 2022 年年度报告	
信阳市住房公积金 2022 年年度报告	

续表

名称	二维码
周口市住房公积金 2022 年年度报告	
驻马店市住房公积金 2022 年年度报告	
济源市住房公积金 2022 年年度报告	

湖北省

湖北省住房公积金 2022 年年度报告

根据国务院《住房公积金管理条例》和住房和城乡建设部、财政部、人民银行《关于健全住房公积金信息披露制度的通知》（建金〔2015〕26 号）规定，现将湖北省住房公积金 2022 年年度报告汇总公布如下：

一、机构概况

（一）住房公积金管理机构。全省共设 17 个市、州、直管市、神农架林区住房公积金管理中心。从业人员 2251 人，其中在编 1465 人、非在编 786 人。

（二）住房公积金监管机构。湖北省住房和城乡建设厅、湖北省财政厅和中国人民银行武汉分行负责对本省住房公积金管理运行情况进行监督。省住房和城乡建设厅设立住房公积金监管处，负责辖区住房公积金日常监管工作。

二、业务运行情况

（一）缴存。2022 年，新开户单位 23537 家，净增单位 16885 家；新开户职工 67.71 万人，净增职工 28.48 万人；实缴单位 112388 家，实缴职工 566.91 万人，缴存额 1142.73 亿元，分别同比增长 17.68%、5.29%、9.86%。2022 年末，缴存总额 8760.30 亿元，比上年末增加 15.00%；缴存余额 3821.81 亿元，同比增长 12.22%（表 1）。

2022 年分城市住房公积金缴存情况 表 1

地区	实缴单位（万个）	实缴职工（万人）	缴存额（亿元）	累计缴存总额（亿元）	缴存余额（亿元）
湖北省	**11.24**	**566.91**	**1142.73**	**8760.30**	**3821.81**
武汉	5.71	278.14	598.48	4508.57	1879.79
黄石	0.40	22.27	36.05	306.62	141.13
襄阳	0.61	35.83	64.12	487.76	223.63
宜昌	0.94	45.70	93.06	662.33	268.43
十堰	0.46	25.35	52.43	468.34	224.72
荆州	0.48	26.87	47.39	369.75	159.96
荆门	0.39	19.71	33.27	276.07	137.10
鄂州	0.16	7.58	14.76	121.97	50.77
孝感	0.39	21.01	36.43	293.51	140.47
黄冈	0.54	24.86	51.86	388.90	191.90
咸宁	0.29	17.28	27.22	202.06	98.55
随州	0.23	9.16	16.22	111.41	55.83
恩施州	0.36	15.87	37.18	290.19	129.55
仙桃	0.09	5.40	9.18	63.02	28.45

续表

地区	实缴单位（万个）	实缴职工（万人）	缴存额（亿元）	累计缴存总额（亿元）	缴存余额(亿元)
天门	0.07	3.65	7.24	51.98	25.73
潜江	0.10	7.38	15.66	142.17	58.09
神农架	0.03	0.84	2.18	15.64	7.71

（二）提取。2022年，187.44万名缴存职工提取住房公积金；提取额726.57亿元，同比增长10.64%；提取额占当年缴存额的63.58%，比上年增加0.45个百分点。2022年末，提取总额4938.49亿元，比上年末增加17.25%（表2）。

2022年分城市住房公积金提取情况　　**表2**

地区	提取额（亿元）	提取率（%）	住房消费类提取额(亿元)	非住房消费类提取额(亿元)	累计提取总额（亿元）
湖北省	**726.57**	**63.58**	**514.71**	**211.85**	**4938.49**
武汉	374.63	62.6	287.10	87.54	2628.78
黄石	26.00	72.13	18.11	7.89	165.49
襄阳	39.07	60.93	25.66	13.41	264.12
宜昌	59.15	63.56	36.22	22.93	393.90
十堰	32.72	62.41	19.20	13.51	243.62
荆州	31.50	66.47	21.31	10.19	209.80
荆门	20.03	60.19	12.37	7.65	138.97
鄂州	8.28	56.1	5.07	3.21	71.20
孝感	24.00	65.88	15.29	8.71	153.05
黄冈	35.45	68.36	24.71	10.73	197.00
咸宁	17.06	62.67	10.53	6.53	103.51
随州	9.88	60.91	6.46	3.43	55.58
恩施州	26.84	72.2	18.46	8.38	160.64
仙桃	5.42	59.04	3.77	1.64	34.57
天门	4.59	63.39	2.93	1.67	26.25
潜江	10.57	67.49	6.49	4.07	84.08
神农架	1.38	63.3	1.02	0.36	7.93

（三）贷款。

1. 个人住房贷款。2022年，发放个人住房贷款12.47万笔、613.50亿元，同比增长－3.11%、1.53%。回收个人住房贷款323.82亿元。

2022年末，累计发放个人住房贷款176.69万笔、5427.70亿元，贷款余额3088.02亿元，分别比上年末增加7.59%、12.74%、10.35%。个人住房贷款余额占缴存余额的80.80%，比上年末减少1.37个百分点（表3）。

2022年分城市住房公积金个人住房贷款情况　　**表3**

地区	放贷笔数（万笔）	贷款发放额（亿元）	累计放贷笔数（万笔）	累计贷款总额（亿元）	贷款余额（亿元）	个人住房贷款率（%）
湖北省	**12.47**	**613.50**	**176.69**	**5427.70**	**3088.02**	**80.8**
武汉	6.28	369.73	81.7	3073.74	1770.46	94.18

续表

地区	放贷笔数（万笔）	贷款发放额（亿元）	累计放贷笔数（万笔）	累计贷款总额（亿元）	贷款余额（亿元）	个人住房贷款率（%）
黄石	0.37	16.01	8.00	225.03	123.88	87.78
襄阳	0.77	36.25	8.84	277.07	174.84	78.18
宜昌	1.32	56.69	12.46	334.8	190.99	71.15
十堰	0.39	15.30	7.51	204.54	120.51	53.63
荆州	0.52	19.19	8.23	198.72	111.10	69.45
荆门	0.41	13.32	8.00	164.69	88.99	64.91
鄂州	0.18	7.14	3.64	85.96	40.34	79.45
孝感	0.33	11.71	5.96	141.59	76.27	54.29
黄冈	0.70	25.59	8.99	216.49	115.99	60.44
咸宁	0.41	13.34	6.55	126.25	65.37	66.33
随州	0.20	6.57	2.61	70.81	39.40	70.57
恩施州	0.32	12.57	9.30	194.8	104.83	80.92
仙桃	0.07	2.70	1.29	28.50	17.82	62.64
天门	0.07	2.46	1.16	28.19	16.47	63.99
潜江	0.09	4.20	2.11	48.84	27.61	47.53
神农架	0.02	0.71	0.33	7.67	3.14	40.78

2022 年，支持职工购建房 1422.00 万平方米。2022 年末个人住房贷款市场占有率（含公转商贴息贷款）为 19.24%，比上年末增加 3.61 个百分点。通过申请住房公积金个人住房贷款，可节约职工购房利息支出 101.94 亿元。

2. 异地贷款。2022 年，发放异地贷款 6182 笔、24.76 亿元。2022 年末，发放异地贷款总额 193.72 亿元，异地贷款余额 144.87 亿元。

3. 公转商贴息贷款。2022 年，发放公转商贴息贷款 0 笔、0 元，支持职工购建房面积 0 平方米。当年贴息额 270.07 万元。2022 年末，累计发放公转商贴息贷款 1048 笔、30074.41 万元，累计贴息 1323.86 万元。

4. 住房公积金支持保障性住房建设项目贷款。2022 年，发放支持保障性住房建设项目贷款 0 元，回收项目贷款 0 元。2022 年末，累计发放项目贷款 7.3 亿元，项目贷款余额 0 元。

（四）购买国债。2022 年，购买（记账式、凭证式）国债 0 元，（兑付、转让、收回）国债 0 元。2022 年末，国债余额 0 元，比上年末减少 2514.7 万元。

（五）融资。2022 年，融资 0 元，归还 0 元。2022 年末，融资总额 171.23 亿元，融资余额 0 元。

（六）资金存储。2022 年末，住房公积金存款 815.92 亿元。其中，活期 8.80 亿元，1 年（含）以下定期 195.46 亿元，1 年以上定期 499.18 亿元，其他（协定、通知存款等）112.48 亿元。

（七）资金运用率。2022 年末，住房公积金个人住房贷款余额、项目贷款余额和购买国债余额的总和占缴存余额的 80.80%，比上年末减少 1.37 个百分点。

三、主要财务数据

（一）业务收入。2022 年，业务收入 120.96 亿元，同比增长 8.81%。其中，存款利息 23.51 亿元，委托贷款利息 96.98 亿元，国债利息 0 元，其他 4737.64 万元。

（二）业务支出。2022 年，业务支出 60.87 亿元，同比增长 9.44%。其中，支付职工住房公积金利息 56.87 亿元，归集手续费 1.29 亿元，委托贷款手续费 2.66 亿元，其他 508.73 万元。

（三）增值收益。2022 年，增值收益 60.08 亿元，同比增长 8.15%；增值收益率 1.66%，比上年减少 0.06 个百分点。

（四）增值收益分配。2022 年，提取贷款风险准备金 8.24 亿元，提取管理费用 7.13 亿元，提取城市廉租住房（公共租赁住房）建设补充资金 44.71 亿元（表 4）。

2022 年，上交财政管理费用 7.64 亿元，上缴财政城市廉租住房（公共租赁住房）建设补充资金 41.00 亿元。

2022 年末，贷款风险准备金余额 76.10 亿元，累计提取城市廉租住房（公共租赁住房）建设补充资金 281.73 亿元。

2022 年分城市住房公积金增值收益及分配情况

表 4

地区	业务收入（亿元）	业务支出（亿元）	增值收益（亿元）	增值收益率（%）	提取贷款风险准备金（亿元）	提取管理费用（亿元）	提取公租房(廉租房)建设补充资金(亿元)
湖北省	**120.96**	**60.87**	**60.08**	**1.66**	**8.24**	**7.13**	**44.71**
武汉	59.37	31.15	28.22	1.59	5.54	1.00	21.68
黄石	4.53	2.28	2.25	1.64	0.02	0.22	2.01
襄阳	6.90	3.29	3.61	1.70	0.60	0.43	2.58
宜昌	8.52	4.09	4.43	1.75	0.36	0.93	3.14
十堰	7.67	3.84	3.83	1.78	0.01	0.50	3.32
荆州	4.91	2.42	2.48	1.56	0.06	0.32	2.10
荆门	4.05	1.75	2.30	1.75	0.02	0.54	1.74
鄂州	1.57	0.71	0.86	1.81	0.52	0.10	0.25
孝感	4.64	1.99	2.66	1.98	0.02	0.43	2.21
黄冈	5.95	3.07	2.88	1.57	0.84	1.46	0.58
咸宁	3.19	1.58	1.61	1.72	0	0.40	1.21
随州	1.68	0.81	0.87	1.65	0.01	0.14	0.71
恩施州	3.88	1.88	2.00	1.62	0.0063	0.28	1.72
仙桃	0.92	0.41	0.51	1.95	0.13	0.08	0.30
天门	0.88	0.55	0.34	1.38	0.0023	0.12	0.22
潜江	2.00	0.84	1.16	2.09	0.09	0.14	0.93
神农架	0.27	0.20	0.07	0.82	0.02	0.04	0.0057

（五）管理费用支出。2022 年，管理费用支出 6.24 亿元，同比增长 4.15%。其中，人员经费 3.39 亿元，公用经费 0.49 亿元，专项经费 2.36 亿元。

四、资产风险状况

（一）个人住房贷款。2022 年末，个人住房贷款逾期额 1.45 亿元，逾期率 0.5‰，个人贷款风险准备金余额 76.02 亿元。2022 年，使用个人贷款风险准备金核销呆坏账 0 元。

（二）住房公积金支持保障性住房建设项目贷款。2022 年末，逾期项目贷款 0 元，逾期率为 0‰，项目贷款风险准备金余额 820 万元。2022 年，使用项目贷款风险准备金核销呆坏账 0 元。

五、社会经济效益

（一）缴存业务。

缴存职工中，国家机关和事业单位占 31.4%，国有企业占 23.83%，城镇集体企业占 1.41%，外商投资企业占 7.51%，城镇私营企业及其他城镇企业占 27.97%，民办非企业单位和社会团体占 3.11%，灵活就业人员占 0.58%，其他占 4.19%；中、低收入占 97.19%，高收入占 2.81%。

新开户职工中，国家机关和事业单位占 14.33%，国有企业占 13.58%，城镇集体企业占 1.10%，外商投资企业占 7.75%，城镇私营企业及其他城镇企业占 50.85%，民办非企业单位和社会团体占 4.14%，灵活就业人员占 2.87%，其他占 5.38%；中、低收入占 99.19%，高收入占 0.81%。

（二）提取业务。

提取金额中，购买、建造、翻建、大修自住住房占 13.94%，偿还购房贷款本息占 52.40%，租赁住房占 4.24%，支持老旧小区改造提取占 0.01%；离休和退休提取占 22.07%，完全丧失劳动能力并与单位终止劳动关系提取占 3.13%，出境定居占 0.38%，其他占 3.83%。提取职工中，中、低收入占 92.56%，高收入占 7.44%。

（三）贷款业务。

1. 个人住房贷款。

职工贷款笔数中，购房建筑面积 90（含）平方米以下占 13.72%，90～144（含）平方米占 80.41%，144 平方米以上占 5.87%。购买新房占 73.81%（其中购买保障性住房占 0.04%），购买二手房占 24.16%，建造、翻建、大修自住住房占 0.09%，其他占 1.94%。

职工贷款笔数中，单缴存职工申请贷款占 47.75%，双缴存职工申请贷款占 51.73%，三人及以上缴存职工共同申请贷款占 0.52%。

贷款职工中，30 岁（含）以下占 35.34%，30 岁～40 岁（含）占 46.95%，40 岁～50 岁（含）占 13.54%，50 岁以上占 4.17%；购买首套住房申请贷款占 84.76%，购买二套及以上申请贷款占 15.24%；中、低收入占 98.04%，高收入占 1.96%。

2. 住房公积金支持保障性住房建设项目贷款。2022 年末，全省住房公积金试点城市 2 个，试点项目 2 个，贷款额度 2.9 亿元，建筑面积 27.86 万平方米，可解决 3006 户中低收入职工家庭的住房问题。2 个试点项目贷款资金已发放并还清贷款本息。

（四）住房贡献率。2022 年，个人住房贷款发放额、公转商贴息贷款发放额、项目贷款发放额、住房消费提取额的总和与当年缴存额的比率为 98.73%，比上年减少 7.93 个百分点。

六、其他重要事项

（一）住房公积金政策调整情况

联合湖北省财政厅、人民银行武汉分行印发《关于转发〈住房和城乡建设部 财政部 人民银行关于实施住房公积金阶段性支持政策的通知〉的通知》。

（二）开展监督检查情况

不断强化“互联网+监管”，充分发挥全国住房公积金监管服务平台作用，提高风险预警处置能力，贷款逾期率逐步下降。积极开展村镇银行存款资金风险排查，及时开展问题楼盘断供情况排查，督促指导各地紧盯贷款楼盘情况，防范断供风险。认真落实审计整改要求，积极推进央企行业分支机构“四统一”。

（三）服务改进情况

印发《湖北省住房公积金“惠民公积金、服务暖人心”服务提升三年行动实施方案（2022—2024年）》，在全省开展“惠民公积金、服务暖人心”服务提升三年行动，各地制定了实施细则，建立进展情况按月报送制度，相关工作取得明显成效。

（四）信息化建设情况

督促指导各城市中心加快推进“数字公积金”“智慧公积金”建设，推动相关业务“网上办、掌上办、指尖办”。新增实现“住房公积金汇缴”“住房公积金补缴”“提前部分偿还住房公积金贷款”3 项业务“跨省通办”。各地网上业务量逐步增加，更多高频服务事项实现“不见面”“零材料”办理，人民群众满意度和获得感明显提升。积极推动各地与银行征信系统互联共享工作取得积极进展，部分城市已接入运行。建成并运行“武汉都市圈住房公积金同城化业务服务平台”，实现了武汉都市圈九城住房公积金信息查询与校验、数据传输与交互、业务办理与融合等功能，在全国率先开展了住房公积金异地“打通用”。

（五）住房公积金机构及从业人员所获荣誉情况

1. 获得集体荣誉。2022 年全省共计获得 6 个地市级文明单位（行业、窗口）；9 个青年文明号，其中省部级 4 个、地市级 5 个。

2. 获得个人荣誉。获得 1 个地市级工人先锋号；获得 3 个地市级三八红旗手；先进集体和个人共计 15 个，其中国家级 2 个、省部级 6 个、地市级 7 个；获得其他荣誉 23 个，其中国家级 2 个、省部级 1 个、地市级 20 个。

湖北省武汉住房公积金 2022 年年度报告

根据国务院《住房公积金管理条例》和住房和城乡建设部、财政部、人民银行《关于健全住房公积金信息披露制度的通知》（建金〔2015〕26 号）的规定，经住房公积金管理委员会审议通过，现将武汉住房公积金 2022 年年度报告公布如下：

一、机构概况

（一）住房公积金管理委员会。住房公积金管理委员会有 27 名委员，2022 年召开 2 次会议，审议通过的事项主要包括：

1. 关于调整武汉住房公积金管理委员会部分委员、副主任和主任委员人选的意见；

2.《武汉住房公积金工作报告》；

3.《武汉住房公积金 2021 年年度报告》；

4.《2021 年归集使用计划执行情况与 2022 年归集使用计划（草案）》《2021 年财务收支预算执行情况与 2022 年财务收支预算（草案）》《市财政局关于 2022 年武汉住房公积金管理机构住房公积金财务收支及管理费预算的审核意见》；

5.《武汉住房公积金信用评价管理办法（试行）》；

6.《关于提高高层次人才和购买绿色建筑商品房住房公积金贷款额度及提高个贷率管控目标的请示》；

7.《武汉住房公积金 2022 年 1～9 月份业务运行情况报告》；

8.《关于向住房和城乡建设部上报〈武汉市灵活就业人员参加住房公积金制度试点实施方案（修订稿）〉的请示》；

9.《关于武汉住房公积金使用政策调整情况的报告》；

10.《关于重点信息化项目建设情况的报告》。

（二）住房公积金管理中心。住房公积金管理中心为武汉市政府直属不以营利为目的的正局级事业单位，设 8 个处室，9 个分中心，按规定设置机关党委。从业人员 267 人，其中，在编 148 人，非在编 119 人。

二、业务运行情况

（一）缴存。2022 年，新开户单位 14251 家，净增单位 12095 家；新开户职工 33.09 万人，净增职工 14.63 万人；实缴单位 57114 家、实缴职工 278.14 万人，缴存额 598.48 亿元，同比分别增长 26.87％、5.55％、11.74％。

截至 2022 年 12 月 31 日，累计缴存总额 4508.56 亿元，比上年末增长 15.31％；年末缴存余额 1879.79 亿元，同比增长 13.52％。受委托办理住房公积金缴存业务的银行 18 家。

（二）提取。2022 年，98.32 万名缴存职工提取住房公积金；提取额 374.63 亿元，同比增长 7.32％；提取额占当年缴存额的 62.60％，比上年减少 2.57 个百分点。

截至 2022 年 12 月 31 日，累计提取总额 2628.77 亿元，比上年末增长 16.62％。

（三）贷款。

1. 个人住房贷款。个人住房贷款最高额度 90 万元。

2022 年，发放个人住房贷款 6.28 万笔、369.73 亿元，同比分别增长 3.97%、7.98%。回收个人住房贷款 163.17 亿元。

截至 2022 年 12 月 31 日，累计发放个人住房贷款 81.70 万笔、3073.74 亿元，贷款余额 1770.46 亿元，分别比上年末增长 8.33%、13.67%、13.21%。个人住房贷款余额占缴存余额的 94.18%，比上年末减少 0.26 个百分点。受委托办理住房公积金个人住房贷款业务的银行 22 家。

2. 异地贷款。2022 年，发放异地贷款 516 笔、29686 万元。截至 2022 年 12 月 31 日，累计发放异地贷款总额 519861.20 万元，异地贷款余额 473858.27 万元。

（四）购买国债。2022 年未购买国债，年末国债余额 0 元。

（五）资金存储。2022 年末，住房公积金存款 160.87 亿元。其中，活期 0.05 亿元，1 年（含）以下定期 130.17 亿元，1 年以上定期 7 亿元，其他（协定、通知存款等）23.65 亿元。

（六）资金运用率。2022 年末，资金运用率为 94.18%，比上年末减少 0.26 个百分点。

三、主要财务数据

（一）业务收入。2022 年，业务收入 593698.84 万元，同比增长 10.88%。存款利息 42740.95 万元，委托贷款利息 550929.16 万元，其他 28.73 万元。

（二）业务支出。2022 年，业务支出 311488.53 万元，同比增长 10.94%。支付职工住房公积金利息 285074.77 万元，归集手续费 11595.46 万元，委托贷款手续费 14817.73 万元，其他 0.57 万元。

（三）增值收益。2022 年，增值收益 282210.31 万元，同比增长 10.81%。增值收益率为 1.59%，比上年减少 0.04 个百分点。

（四）增值收益分配。2022 年，提取贷款风险准备金 55459.31 万元，提取管理费用 9980 万元，提取公共租赁住房（城市廉租住房）建设补充资金 216771 万元。

2022 年，上交财政当年管理费用 9980 万元，上缴财政公共租赁住房（城市廉租住房）建设补充资金 193813.15 万元。截至 2022 年 12 月 31 日，累计提取公共租赁住房（城市廉租住房）建设补充资金 1426820.85 万元。

2022 年末，贷款风险准备金余额 464193.85 万元。

（五）管理费用支出。2022 年，管理费用支出 9534.78 万元，同比下降 12.17%。其中，基本支出 5609.69 万元，项目支出 3925.09 万元。

四、资产风险状况

2022 年末，个人住房贷款逾期额为 7056.05 万元，逾期率为 0.4‰（根据阶段性支持政策，2022 年 6 月 1 日至 2022 年 12 月 31 日期间，困难职工延期偿还的住房公积金贷款 496.65 万元不作逾期处理，实际逾期率为 0.37‰）。2022 年未使用贷款风险准备金核销呆坏账。

五、社会经济效益

（一）缴存业务

缴存职工中，国家机关和事业单位占 17.48%，国有企业占 25.52%，城镇集体企业占 1.95%，外商投资企业占 12.14%，城镇私营企业及其他城镇企业占 35.41%，民办非企业单位和社会团体占 2.88%，其他占 4.62%；中、低收入占 98.06%，高收入占 1.94%。

新开户职工中，国家机关和事业单位占 6.89%，国有企业占 15.75%，城镇集体企业占 1.43%，外商投资企业占 10.74%，城镇私营企业及其他城镇企业占 55.53%，民办非企业单位和社会团体占 3.12%，其他占 6.54%；中、低收入占 99.57%，高收入占 0.43%。

（二）提取业务

提取金额中，购买、建造、翻建、大修自住住房占 12.87%，偿还购房贷款本息占 57.30%，租赁住房占 6.47%，支持老旧小区改造占 0.0038%，离休和退休提取占 18.41%，完全丧失劳动能力和(或)与单位终止劳动关系提取占 3.48%，出境定居占 0.8912%，其他占 0.575%。提取职工中，中、低收入占 94.21%，高收入占 5.79%。

(三) 贷款业务

2022 年，支持职工购建房 679.70 万平方米，年末个人住房贷款市场占有率为 18.37%，比上年末减少 0.66 个百分点。通过申请住房公积金个人住房贷款，可节约职工购房利息支出为 485727.10 万元。

职工贷款笔数中，购房建筑面积 90(含)平方米以下占 20.27%，90～144(含)平方米占 75.52%，144 平方米以上占 4.21%。购买新房占 70.46%，购买二手房占 29.54%。

职工贷款笔数中，单缴存职工申请贷款占 49.58%，双缴存职工申请贷款占 50.42%。

贷款职工中，30 岁(含)以下占 38.78%，30 岁～40 岁(含)占 50.56%，40 岁～50 岁(含)占 8.81%，50 岁以上占 1.85%；购买首套住房申请贷款占 82.42%，购买二套申请贷款占 17.58%；中、低收入占 99.36%，高收入占 0.64%。

(四) 住房贡献率

2022 年，住房贡献率为 109.75%，比上年减少 6.81 个百分点。

六、其他重要事项

(一) 落实住房公积金阶段性支持政策情况

根据住房和城乡建设部、财政部、人民银行《关于实施住房公积金阶段性支持政策的通知》(建金〔2022〕45 号)精神，武汉公积金中心结合实际认真贯彻落实，情况如下：

1. 困难企业可在规定区间内，自主确定住房公积金缴存比例。受新冠肺炎疫情影响的困难企业，可在 5%～12%的规定区间内，自主确定住房公积金缴存比例。全年有 971 家企业办理了降低缴存比例业务，涉及缴存职工 4.47 万人。

2. 困难企业可申请阶段性缓缴住房公积金，其在职职工可正常办理住房公积金使用业务。受新冠肺炎疫情影响的困难企业，可申请缓缴 2022 年 6 月至 12 月的住房公积金。缓缴企业有 102 家、职工 9006 人，缓缴金额 3081.15 万元；有 22 名职工未因企业缓缴影响其公积金贷款资格，涉及贷款金额 1266 万元。

3. 困难职工可延期偿还住房公积金贷款。全年有 597 名职工贷款不作逾期处理，不计罚息，不作为逾期记录报送征信部门。

(二) 加大租房提取住房公积金支持力度情况

提高租房提取住房公积金额度。2022 年，将单身职工每年租房提取住房公积金额度从 14400 元提高到 18000 元，已婚职工及配偶每年租房提取住房公积金额度从 28800 元提高到 36000 元。全年有 21.35 万人享受租房提取新标准，共提取住房公积金 24.24 亿元。

(三) 受委托办理缴存贷款业务金融机构变更情况

2022 年，平安银行恢复办理住房公积金缴存业务，新增恒丰银行办理住房公积金贷款业务。

(四) 住房公积金政策调整及执行情况

1. 调整 2022 年度住房公积金缴存基数。根据武汉市统计局 2021 年度职工平均工资标准，确定 2022 年武汉缴存职工住房公积金月缴存基数上限为 29330.50 元，从 2022 年 7 月 1 日开始执行，各缴存单位一律不得突破上限缴存。2022 年武汉缴存职工最低月缴存基数为：中心城区 2010 元，新城区 1800 元。

2. 下调首套房住房公积金贷款利率。根据中国人民银行关于下调首套房个人住房公积金贷款利率规定，自 2022 年 10 月 1 日起，五年以下(含 5 年)首套房个人住房公积金贷款利率由 2.75%调整为 2.6%，五年以上首套房个人住房公积金贷款利率由 3.25%调整为 3.1%。第二套房个人住房公积金贷款利率政策保持不变，即 5 年以下(含 5 年)贷款利率 3.025%，5 年以上贷款利率 3.575%。

3. 下调住房公积金贷款首付比例。缴存职工家庭购买首套普通自住住房的，住房公积金个人住房贷款最低首付比例降至20％；购买第二套改善性自住住房的，住房公积金个人住房贷款最低首付比例降至30％。

4. 提高住房公积金最高贷款额度。缴存职工家庭使用住房公积金贷款购买首套普通自住住房的，最高贷款额度提高到90万元；购买第二套改善性自住住房的，最高贷款额度提高到70万元。

（五）服务改进情况

1. 线上线下融合发展，形成了“网上办为主、柜面办为辅”的办理模式。实现还商贷提取首次办理等5项高频业务网上办理，上线了支付宝小程序及微信小程序，在“鄂汇办”客户端新增资金类交易，网办种类和网办渠道更加丰富。积极推进自助服务，在全市投放的607台自助机上39项业务可实现自助办理。

2. 咨询服务更加通畅完善，着力解决群众合理诉求。完成12329公积金热线和12345市民热线“双号并行”，上线公积金智能客服，实现全天候不间断咨询服务。抓好日常投诉接收和回复，按月制发服务工作情况报告，针对热点焦点问题拿出意见措施，及时回应群众关切问题，全年公积金热线满意率99.7％，市民热线满意率98.02％。

3. 优化旗舰店管理，推进公积金办理模式升级、服务效能提升。打造36家受托银行网点“旗舰店”，集住房公积金缴存、提取、贷后管理、还款等业务办理于一体，以一流的环境与一流的服务为群众提供极致舒适的办事体验。挑选6家旗舰店为周六延时服务网点，切实解决部分职工“上班没空办，下班没处办”的痛点问题。关停85家服务能力弱、业务风险高的受托银行网点个人提取业务功能，实现银行网点“重服务”与“重扩面”的分层管理。

（六）信息化建设情况

1. 推进更多“跨省通办”服务事项全程网办。2022年新增“住房公积金汇缴”“住房公积金补缴”和“提前部分偿还住房公积金贷款”3个事项全程实现网上办理。全年通过线上渠道办理了住房公积金汇缴535401笔，住房公积金补缴18973笔，提前部分偿还住房公积金贷款119799笔。

2. 多措并举提升业务网办率。通过丰富网办种类、拓宽服务渠道、增加用户类型、优化系统功能、加强数据共享、提升系统承载能力等多种举措，将网厅离柜率提升至84.6％，同比提高20个百分点。目前个人开户、汇补缴、基数调整等46项单位业务，提取、贷款及还款等38项个人业务均已实现网厅自助办理。

（七）获得荣誉情况

2022年，武汉公积金中心被住房和城乡建设部、人力资源和社会保障部评选为全国住房和城乡建设系统先进集体，在全市绩效考核考评中被评为先进单位、文明单位、市直机关党建工作先进单位、全市平安建设考评优胜单位，党建主品牌“江城‘住’梦‘金’彩先锋”成功授牌；下属分中心和部门获评3个省级青年文明号、5个市级青年文明号、1个“省级巾帼文明岗”、1个“新时代英雄城市先锋队”标兵党支部，1个被住房和城乡建设部遴选为服务意识强、服务效能好、群众满意度高的“星级服务岗”，1个被评为全市政务服务十大“先锋团队”以及“全国住房公积金‘跨省通办’表现突出服务窗口”；1名同志被评为市直机关2022年度“机关作风竞赛标兵”，1名同志被评为市“百佳公务员”，1名同志被评为全市政务服务十大“先锋个人”，1名同志被评为全市政府系统政务信息工作突出个人。

（八）行政处罚和申请人民法院强制执行情况

2022年，对138名违规提取职工下发行政处罚决定书，申请法院强制执行5起。

（九）公积金区域合作情况

1. 武汉都市圈同城化发展情况。以服务都市圈人才自由流动为突破点，建成了都市圈住房公积金同城化业务服务平台，推出了公积金缴存“相互认”、账户“自由转”、业务“就地办”、数据“系统联”、资金“打通用”等同城化便民措施，实现了用不同城市缴存的公积金自动扣划偿还异地公积金贷款。2022年都市圈各市之间发放异地贷款1994笔、8.07亿元，办理转移接续业务1.71万笔、3.69

亿元。

2. 长江中游城市群发展情况。一是城市群间住房公积金异地互认互贷实现常态化。2022 年城市群间缴存职工申请住房公积金异地个人贷款 3826 笔、12.20 亿元。二是城市群间的住房公积金异地转移接续实现常态化。2022 年从长江中游城市群其他 22 个城市转入武汉的公积金 7143 笔、1.7 亿元；从武汉转出 5218 笔、0.57 亿元。三是住房公积金缴存信息核查机制实现常态化。2022 年武汉向城市群核实职工异地贷款信息 302 次。

湖北省及省内各城市住房公积金 2022年年度报告二维码

名称	二维码
湖北省住房公积金 2022 年年度报告	
武汉住房公积金 2022 年年度报告	
黄石市住房公积金 2022 年年度报告	
十堰市住房公积金 2022 年年度报告	
宜昌市住房公积金 2022 年年度报告	
襄阳市住房公积金 2022 年年度报告	
荆门市住房公积金 2022 年年度报告	

续表

名称	二维码
鄂州市住房公积金 2022 年年度报告	
孝感市住房公积金 2022 年年度报告	
荆州市住房公积金 2022 年年度报告	
黄冈市住房公积金 2022 年年度报告	
咸宁市住房公积金 2022 年年度报告	
随州市住房公积金 2022 年年度报告	
恩施土家族苗族自治州住房公积金 2022 年年度报告	
潜江市住房公积金 2022 年年度报告	
仙桃市住房公积金 2022 年年度报告	

续表

名称	二维码
天门市住房公积金 2022 年年度报告	
神农架林区住房公积金 2022 年年度报告	

湖南省

湖南省住房公积金 2022 年年度报告

根据国务院《住房公积金管理条例》和住房和城乡建设部、财政部、人民银行《关于健全住房公积金信息披露制度的通知》（建金〔2015〕26 号）规定，现将湖南省住房公积金 2022 年年度报告汇总公布如下：

一、机构概况

（一）住房公积金管理机构。全省共设 14 个设区城市住房公积金管理中心，2 个独立设置的分中心（其中，湖南省直住房公积金管理分中心隶属湖南省机关事务管理局，长沙住房公积金管理中心铁路分中心隶属长沙住房公积金管理中心）。从业人员 1941 人，其中，在编 1237 人，非在编 704 人。

（二）住房公积金监管机构。湖南省住房和城乡建设厅、湖南省财政厅和人民银行长沙中心支行负责对本省住房公积金管理运行情况进行监督。省住房和城乡建设厅设立住房公积金监管处，负责辖区住房公积金日常监管工作。

二、业务运行情况

（一）缴存：2022 年，新开户单位 12004 家，净增单位 6736 家；新开户职工 61.75 万人，净增职工 18.12 万人；实缴单位 88712 家，实缴职工 536.6 万人，缴存额 897.05 亿元，分别同比增长 8.22%、3.49%、9.17%。2022 年末，缴存总额 6949.29 亿元，比上年末增加 14.82%；缴存余额 3144.16 亿元，同比增长 12.84%（表 1）。

2022 年分城市住房公积金缴存情况　　**表 1**

地区	实缴单位（万个）	实缴职工（万人）	缴存额（亿元）	累计缴存总额（亿元）	缴存余额（亿元）
湖南省	**8.87**	**536.60**	**897.05**	**6949.29**	**3144.16**
长沙市	3.81	222.08	355.10	2461.54	1147.23
株洲市	0.43	30.96	59.56	514.64	229.55
湘潭市	0.28	19.93	37.62	337.85	111.44
衡阳市	0.43	33.74	57.66	454.68	212.74
邵阳市	0.34	26.19	48.11	360.03	177.51
岳阳市	0.51	28.97	51.33	433.98	220.83
常德市	0.55	34.43	53.96	455.11	183.69
张家界市	0.17	7.53	16.23	133.96	54.22
益阳市	0.33	24.37	37.00	308.76	118.28
郴州市	0.43	23.36	45.16	375.79	169.44
永州市	0.53	28.12	35.82	317.62	146.32
怀化市	0.43	22.57	38.82	309.49	143.10
娄底市	0.29	20.25	35.29	279.42	130.66
湘西州	0.35	14.10	25.39	206.42	99.15

（二）提取。2022 年，174.13 万名缴存职工提取住房公积金；提取额 539.4 亿元，同比增长 12.15%；提取额占当年缴存额的 60.13%，比上年增加 1.6 个百分点。2022 年末，提取总额 3805.13 亿元，比上年末增加 16.52%（表 2）。

2022 年分城市住房公积金提取情况　　表 2

地区	提取额（亿元）	提取率（%）	住房消费类提取额(亿元)	非住房消费类提取额(亿元)	累计提取总额（亿元）
湖南省	**539.40**	**60.13**	**370.76**	**168.64**	**3805.13**
长沙市	203.03	57.18	140.92	62.11	1314.31
株洲市	34.77	58.38	23.00	11.78	285.08
湘潭市	26.43	70.26	19.74	6.69	226.41
衡阳市	30.24	52.45	20.59	9.65	241.94
邵阳市	31.40	65.27	22.88	8.52	182.52
岳阳市	28.63	55.78	16.92	11.71	213.15
常德市	34.07	63.14	22.81	11.26	271.42
张家界市	11.27	69.44	8.23	3.04	79.74
益阳市	26.85	72.57	18.91	7.93	190.49
郴州市	28.90	63.99	17.75	11.15	206.35
永州市	25.82	72.08	18.32	7.50	171.30
怀化市	23.34	60.12	16.68	6.66	166.39
娄底市	19.13	54.21	12.78	6.35	148.76
湘西州	15.52	61.13	11.23	4.29	107.27

（三）贷款。

1. 个人住房贷款。2022 年，发放个人住房贷款 9.02 万笔、387.28 亿元，同比下降 15.62%、7.97%。回收个人住房贷款 243.98 亿元。

2022 年末，累计发放个人住房贷款 167.57 万笔、4267.63 亿元，贷款余额 2445.4 亿元，分别比上年末增加 5.7%、9.98%、6.23%。个人住房贷款余额占缴存余额的 77.78%，比上年末减少 4.84 个百分点（表 3）。

2022 年分城市住房公积金个人住房贷款情况　　表 3

地区	放贷笔数（万笔）	贷款发放额（亿元）	累计放贷笔数（万笔）	累计贷款总额（亿元）	贷款余额（亿元）	个人住房贷款率（%）
湖南省	**9.02**	**387.28**	**167.57**	**4267.63**	**2445.40**	**77.78**
长沙市	3.52	182.81	41.91	1430.95	907.33	79.09
株洲市	0.45	20.34	11.7	311.45	166.79	72.66
湘潭市	0.43	15.12	8.82	174.78	82.67	74.18
衡阳市	0.49	19.42	10.39	247.63	130.22	61.21
邵阳市	0.56	21.56	10.85	265.24	149.19	84.05
岳阳市	0.42	18.17	9.77	249.18	139.08	62.98
常德市	0.55	20.05	10.76	271.68	151.25	82.34
张家界市	0.15	6.40	2.77	64.63	37.29	68.78
益阳市	0.53	13.96	12.02	226.48	113.22	95.72

续表

地区	放贷笔数（万笔）	贷款发放额（亿元）	累计放贷笔数（万笔）	累计贷款总额（亿元）	贷款余额（亿元）	个人住房贷款率（%）
郴州市	0.44	16.01	10.66	243.06	141.17	83.32
永州市	0.48	17.22	10.99	235.47	132.74	90.72
怀化市	0.35	13.93	9.91	218.34	121.24	84.72
娄底市	0.28	10.55	9.58	180.76	91.31	69.88
湘西州	0.37	11.74	7.44	147.98	81.90	82.60

2022 年，支持职工购建房 1132.49 万平方米。年末个人住房贷款市场占有率（含公转商贴息贷款）为 12.55%，比上年末增加 0.28 个百分点。通过申请住房公积金个人住房贷款，可节约职工购房利息支出 944065.48 万元。

2. 异地贷款。2022 年，发放异地贷款 7174 笔、269038.6 万元。2022 年末，发放异地贷款总额 2044301.97 万元，异地贷款余额 1312728.73 万元。

3. 公转商贴息贷款。2022 年，发放公转商贴息贷款 477 笔、10007.74 万元，支持职工购建房面积 4.9 万平方米。当年贴息额 4035.91 万元。2022 年末，累计发放公转商贴息贷款 16399 笔、435329.81 万元，累计贴息 15748.46 万元。

（四）购买国债。2022 年，购买（记账式、凭证式）国债 0 亿元，（兑付、转让、收回）国债 0 亿元。2022 年末，国债余额 0 亿元。

（五）融资。2022 年，融资 5.4 亿元，归还 10.16 亿元。2022 年末，融资总额 94.08 亿元，融资余额 6.17 亿元。

（六）资金存储。2022 年末，住房公积金存款 755.98 亿元。其中，活期 12.9 亿元，1 年（含）以下定期 58.26 亿元，1 年以上定期 579.69 亿元，其他（协定、通知存款等）105.13 亿元。

（七）资金运用率。2022 年末，住房公积金个人住房贷款余额、项目贷款余额和购买国债余额的总和占缴存余额的 77.78%，比上年末减少 4.84 个百分点。

三、主要财务数据

（一）业务收入。2022 年，业务收入 977263.6 万元，同比增长 11.81%。其中，存款利息 199693.22 万元，委托贷款利息 777176.15 万元，国债利息 0 万元，其他 394.23 万元。

（二）业务支出。2022 年，业务支出 466179.12 万元，同比增长 13.82%。其中，支付职工住房公积金利息 444262.25 万元，归集手续费 2943.2 万元，委托贷款手续费 11140.38 万元，其他 7833.29 万元。

（三）增值收益。2022 年，增值收益 511084.48 万元，同比增长 10.04%；增值收益率 1.71%，比上年减少 0.06 个百分点。

（四）增值收益分配。2022 年，提取贷款风险准备金 28693.81 万元，提取管理费用 63433.15 万元，提取城市廉租住房（公共租赁住房）建设补充资金 419487.98 万元（表 4）。

2022 年分城市住房公积金增值收益及分配情况　　**表 4**

地区	业务收入（亿元）	业务支出（亿元）	增值收益（亿元）	增值收益率（%）	提取贷款风险准备金（亿元）	提取管理费用（亿元）	提取公租房（廉租房）建设补充资金（亿元）
湖南省	**97.73**	**46.61**	**51.11**	**1.71**	**2.86**	**6.33**	**41.94**
长沙市	34.92	17.04	17.88	1.66	2.05	1.51	14.33
株洲市	7.45	3.30	4.15	1.90	0.08	0.41	3.66

续表

地区	业务收入（亿元）	业务支出（亿元）	增值收益（亿元）	增值收益率（%）	提取贷款风险准备金（亿元）	提取管理费用（亿元）	提取公租房（廉租房）建设补充资金（亿元）
湘潭市	3.39	1.86	1.53	1.44	0.07	0.23	1.22
衡阳市	6.51	3.06	3.45	1.73	0.08	0.33	3.09
邵阳市	5.74	2.54	3.19	1.88	0.09	0.51	2.59
岳阳市	7.18	3.18	4.01	1.91	0.04	0.49	3.47
常德市	5.83	2.92	2.91	1.65	0.09	0.43	2.39
张家界市	1.52	0.77	0.75	1.44	0.04	0.20	0.51
益阳市	3.79	1.93	1.85	1.62	0.09	0.45	1.30
郴州市	5.13	2.55	2.58	1.60	0.06	0.52	2.00
永州市	4.52	2.11	2.41	1.68	0.06	0.30	2.05
怀化市	4.46	2.06	2.40	1.78	0.03	0.36	2.00
娄底市	4.18	1.90	2.28	1.85	0.02	0.41	1.85
湘西州	3.11	1.38	1.72	1.82	0.06	0.18	1.48

（说明：因此表中各市州数据以“亿元”为单位，按四舍五入法保留 2 位小数，故全省合计数与前“主要财务数据”以“万元”为单位的同一指标数值存在略微差别。）

2022 年，上交财政管理费用 79021.61 万元，上缴财政城市廉租住房（公共租赁住房）建设补充资金 418504.44 万元。

2022 年末，贷款风险准备金余额 498209.86 万元，累计提取城市廉租住房（公共租赁住房）建设补充资金 2497455.05 万元。

（五）管理费用支出。2022 年，管理费用支出 62043.59 万元，同比下降 0.63%。其中，人员经费 32663.53 万元，公用经费 8548.55 万元，专项经费 20831.51 万元。

四、资产风险状况

个人住房贷款：2022 年末，个人住房贷款逾期额 2481.04 万元，逾期率 0.10‰，个人贷款风险准备金余额 498209.85 万元。2022 年，使用个人贷款风险准备金核销呆坏账－3.91 万元。

五、社会经济效益

（一）缴存业务

缴存职工中，国家机关和事业单位占 39.58%，国有企业占 18.88%，城镇集体企业占 0.53%，外商投资企业占 2.78%，城镇私营企业及其他城镇企业占 31.93%，民办非企业单位和社会团体占 2.47%，灵活就业人员占 1.22%，其他占 2.61%；中、低收入占 98.62%，高收入占 1.38%。

新开户职工中，国家机关和事业单位占 15.68%，国有企业占 10.91%，城镇集体企业占 0.55%，外商投资企业占 4.41%，城镇私营企业及其他城镇企业占 58.4%，民办非企业单位和社会团体占 3.64%，灵活就业人员占 1.61%，其他占 4.8%；中、低收入占 99.59%，高收入占 0.41%。

（二）提取业务

提取金额中，购买、建造、翻建、大修自住住房占 12.28%，偿还购房贷款本息占 54.47%，租赁住房占 1.87%，支持老旧小区改造提取占 0.02%；离休和退休提取占 21.62%，完全丧失劳动能力并与单位终止劳动关系提取占 6.16%，出境定居占 0.1%，其他占 3.48%。提取职工中，中、低收入占 97.99%，高收入占 2.01%。

（三）贷款业务

个人住房贷款。

职工贷款笔数中，购房建筑面积 90（含）平方米以下占 8.07%，90～144（含）平方米占 76.93%，144 平方米以上占 15%。购买新房占 77.68%（其中购买保障性住房占 0%），购买二手房占 17.56%，建造、翻建、大修自住住房占 0.35%（其中支持老旧小区改造占 0%），其他占 4.41%。

职工贷款笔数中，单缴存职工申请贷款占 46.19%，双缴存职工申请贷款占 53.71%，三人及以上缴存职工共同申请贷款占 0.1%。

贷款职工中，30 岁（含）以下占 38.77%，30 岁～40 岁（含）占 43.64%，40 岁～50 岁（含）占 14.76%，50 岁以上占 2.83%；购买首套住房申请贷款占 81.25%，购买二套及以上申请贷款占 18.75%；中、低收入占 97.3%，高收入占 2.7%。

（四）住房贡献率

2022 年，个人住房贷款发放额、公转商贴息贷款发放额、项目贷款发放额、住房消费提取额的总和与当年缴存额的比率为 84.62%，比上年减少 11.89 个百分点。

六、其他重要事项

（一）应对新冠肺炎疫情采取的政策措施，落实住房公积金阶段性支持政策情况和政策实施成效

认真贯彻落实党中央、国务院关于助企纾困的决策部署，以及住房和城乡建设部等 3 部门《关于实施住房公积金阶段性支持政策的通知》（建金〔2022〕45 号）精神，主动靠前服务，实施住房公积金阶段性支持政策，通过企业缓缴、提高住房公积金租房提取额度及个人住房公积金贷款不作逾期处理等方式，帮助受疫情影响的企业和缴存人共渡难关。截至 2022 年末，全省累计缓缴企业 417 家，累计缓缴职工 48934 人，累计缓缴金额（单位部分）10651.99 万元，累计缓缴金额（职工部分）10651.99 万元；截至 2022 年末，全省不作逾期处理的贷款 9653 笔，不作逾期处理的贷款应还未还本金额 2319.71 万元，不作逾期处理的贷款余额 220572 万元；截至 2022 年末，全省累计享受提高租房提取额度的缴存人 50492 人，享受提高租房提取额度的缴存人实际累计租房提取金额 59350.79 万元。

（二）当年住房公积金政策调整情况

2022 年，湖南省住房和城乡建设厅出台了《湖南省 12329 住房公积金服务热线运行管理办法》（湘建金〔2022〕203 号）、《湖南省住房公积金综合服务平台考核暂行管理办法》（湘建金〔2022〕89 号）。

（三）当年开展监督检查情况

一是落实住房公积金审计整改，针对审计提出的问题和整改意见，召开专题会议，安排部署整改任务，全省审计整改工作扎实有效推进；二是利用电子稽查工具对全省 15 个住房公积金管理中心（分中心）政策执行情况和风险隐患情况开展电子稽查，并根据稽查结果，指导各城市住房公积金管理中心进一步完善了相关制度和下步工作措施；三是开展住房公积金体检评估工作，我省 15 家公积金中心内部管理进一步规范、信息化建设水平不断升级、风险防控措施更加得力、服务能力明显提高、业务绩效发展稳中有进。

（四）当年服务改进情况

一是积极推进公积金服务事项“跨省通办”，在 2021 年全面实现 8 项住房公积金高频业务线上“跨省通办”的基础上，对照 2022 年 10 月印发的《国务院办公厅关于扩大政务服务“跨省通办”范围进一步提升服务效能的意见》（国办发〔2022〕34 号）中住房公积金政务服务“跨省通办”新增任务清单，按要求完成了 2022 年“跨省通办”任务（包含住房公积金汇缴、住房公积金补缴、提前部分偿还住房公积金贷款）；二是积极增设营业网点，通过推动营业网点建设，铺开住房公积金服务网络，实现住房公积金业务“就近办”；三是不断提升服务效能，增加网厅、手机 App、支付宝、微信公众号、小程序、自助终端等服务平台功能，形成线上综合服务新格局，逐步实现从“线下办”到“线上办”的转变；四是加强政策宣传解读，及时更新市州公积金知识库，利用省 12345 政务服务平台、12329 综合服务平台、业务系统门户网站、微信公众号等线上服务渠道精准解读实施新政；五是通过政务服务“好差评”系统、门户网站、12329（12345）服务热线等，倾听收集缴存职工的评价反馈和意见建议，及时解决突出问题。

（五）当年信息化建设情况

一是进一步完善全省住房公积金监管平台，对业务和资金实现全面、实时、有效监督；二是开发建设省数据共享平台，对接相关厅局，提高全省公积金业务数据共享水平；三是严格落实安全保障体系建设，确保网络信息安全，确保业务和资金安全。

（六）当年住房公积金机构及从业人员所获荣誉情况

文明单位 9 个，其中省部级 4 个，地市级 5 个；青年文明号 5 个，其中国家级 1 个，省部级 1 个，地市级 3 个；工人先锋号 1 个，其中地市级 1 个；五一劳动奖章（劳动模范）1 个，其中地市级 1 个；三八红旗手（巾帼文明岗）8 个，其中国家级 1 个，省部级 2 个，地市级 5 个；先进集体和个人 21 个，其中国家级 4 个，省部级 1 个，地市级 16 个；其他荣誉称号 40 个，其中省部级 3 个，地市级 37 个。

（七）当年对住房公积金管理人员违规行为的纠正和处理情况等

2022 年，全省住房公积金行业接受处理共 2 人，通过落实巡察整改，开除党籍 1 人，开除公职 1 人。

湖南省常德市住房公积金2022年年度报告

根据国务院《住房公积金管理条例》和住房和城乡建设部、财政部、人民银行《关于健全住房公积金信息披露制度的通知》（建金〔2015〕26号）的规定，经住房公积金管理委员会审议通过，现将常德市住房公积金2022年年度报告公布如下：

一、机构概况

（一）常德市住房公积金管理委员会。有44名委员，2022年5月25日召开了常德市住房公积金管理委员会三届七次会议，审议通过的事项主要包括：

1. 2021年全市住房公积金年度报告及2022年住房公积金运作计划；

2. 关于适当调整住房公积金贷款政策的建议；

3. 关于将中国农业发展银行常德市分行纳入住房公积金归集业务办理银行的建议。

（二）常德市住房公积金管理中心。为隶属于常德市人民政府不以营利为目的的公益一类事业单位，设9个部室，13个管理部。从业人员148人，其中，在编106人，非在编42人。

二、业务运行情况

（一）缴存。2022年，新开户单位256家，净增单位182家；新开户职工2.31万人，净增职工0.76万人；实缴单位5517家，实缴职工34.43万人，缴存额53.96亿元，同比增长3.55%、3.18%、6.75%。2022年末，缴存总额455.11亿元，比上年末增加13.45%；缴存余额183.69亿元，同比增长12.14%；受委托办理住房公积金缴存业务的银行15家。

（二）提取。2022年，10.12万名缴存职工提取住房公积金，提取额34.07亿元，同比增长7.85%；提取额占当年缴存额的63.14%，比上年增加0.65个百分点。2022年末，提取总额271.42亿元，比上年末增加14.35%。

（三）贷款。

1. 个人住房贷款。单缴存职工个人住房贷款最高额度50万元，双缴存职工个人住房贷款最高额度60万元。

2022年，发放个人住房贷款0.5473万笔、20.05亿元，同比分别下降19.99%、15.72%。

2022年，回收个人住房贷款15.74亿元。

2022年末，累计发放个人住房贷款10.7645万笔、271.68亿元，贷款余额151.25亿元，分别比上年末增加5.09%、7.97%、2.93%。个人住房贷款余额占缴存余额的82.34%，比上年末减少7.37个百分点。受委托办理住房公积金个人住房贷款业务的银行4家。

2. 异地贷款。2022年，发放异地贷款486笔、1.78亿元。2022年末，发放异地贷款总额11.53亿元，异地贷款余额7.79亿元。

（四）购买国债。2022年，未购买国债。

（五）资金存储。2022年末，住房公积金存款41.68亿元。其中，活期0.04亿元，1年（含）以下定期5亿元，1年以上定期28.48亿元，其他（协定、通知存款等）8.16亿元。

（六）资金运用率。2022年末，住房公积金个人住房贷款余额、项目贷款余额和购买国债余额的总和占缴存余额的82.34%，比上年末减少7.37个百分点。

三、主要财务数据

（一）业务收入。2022年，业务收入5.83亿元，同比增长10.63%。其中，存款利息1.03亿元，委托贷款利息4.81亿元，国债利息0万元，其他2.48万元。

（二）业务支出。2022年，业务支出2.92亿元。其中，支付职工住房公积金利息2.66亿元，归集手续费0万元，委托贷款手续费0万元，其他0.26亿元。

（三）增值收益。2022年，增值收益完成1.89亿元，增值收益率1.65%。

（四）增值收益分配。2022年，从增值收益中提取贷款风险准备金860.34万元，上交财政1.8亿元，其中管理费用4333.03万元。

（五）管理费用支出。2022年，管理费用支出4333.03万元。其中，人员经费2111.84万元，公用经费356.03万元，专项经费1865.16万元。

四、资产风险状况

2022年末，个人住房贷款逾期额0万元，逾期率0‰，个人贷款风险准备金余额30250.42万元。2022年，使用个人贷款风险准备金核销呆坏账0万元。

五、社会经济效益

（一）缴存业务

缴存职工中，国家机关和事业单位占46.68%，国有企业占15.38%，城镇集体企业占0.54%，外商投资企业占3.18%，城镇私营企业及其他城镇企业占22.41%，民办非企业单位和社会团体占2.59%，灵活就业人员占1.57%，其他占7.65%；中、低收入占99.23%，高收入占0.77%。

新开户职工中，国家机关和事业单位占20.82%，国有企业占8.67%，城镇集体企业占0.6%，外商投资企业占7.98%，城镇私营企业及其他城镇企业占43.89%，民办非企业单位和社会团体占3.78%，灵活就业人员占0.52%，其他占13.74%；中、低收入占99.85%，高收入占0.15%。

（二）提取业务

提取金额中，购买、建造、翻建、大修自住住房占13.48%，偿还购房贷款本息占52.43%，租赁住房占0.85%，支持老旧小区改造占0.14%，离休和退休提取占27.63%，完全丧失劳动能力并与单位终止劳动关系提取占2.57%，出境定居占0%，其他占2.90%。提取职工中，中、低收入占98.83%，高收入占1.17%。

（三）贷款业务

2022年，支持职工购建房68.09万平方米，年末个人住房贷款市场占有率为16.77%，比上年末增加0.37个百分点。通过申请住房公积金个人住房贷款，可节约职工购房利息支出48245.89万元。

职工贷款笔数中，购房建筑面积90（含）平方米以下占7.67%，90～144（含）平方米占81.14%，144平方米以上占11.19%。购买新房占70.92%（其中购买保障性住房占0%），购买二手房占29.08%，建造、翻建、大修自住住房占0%（其中支持老旧小区改造占0%），其他占0%。

职工贷款笔数中，单缴存职工申请贷款占39.43%，双缴存职工申请贷款占60.57%，三人及以上缴存职工共同申请贷款占0%。

贷款职工中，30岁（含）以下占39.56%，30岁～40岁（含）占37.71%，40岁～50岁（含）占18.66%，50岁以上占4.06%；购买首套住房申请贷款占86.66%，购买二套及以上申请贷款占13.34%；中、低收入占99.43%，高收入占0.57%。

（四）住房贡献率

2022年，个人住房贷款发放额、住房消费提取额的总和与当年缴存额的比率为79.43%，比上年减少15.23个百分点。

六、其他重要事项

（一）应对新冠肺炎疫情采取的措施，落实住房公积金阶段性支持政策情况和政策实施成效。

为应对新冠疫情，中心出台了相关惠企政策。政策规定，受疫情影响的困难企业可按规定向住房公积金中心申请缓缴住房公积金，到期后进行补缴。在此期间，住房公积金视同正常缴存，不影响正常提取和申请住房公积金贷款。截至2022年12月31日，我市共有6家企业申请了缓缴住房公积金，涉及职工696人。截至2022年12月31日，我市受疫情影响原已缓缴的企业中已有3家企业共115名职工恢复了正常缴存。目前未出现因受疫情影响缓缴造成的职工投诉情况。

（二）租购并举满足缴存人基本住房需求，加大租房提取住房公积金支持力度、支持缴存人贷款购买首套普通自住住房特别是共有产权住房等情况。

为了满足缴存人基本住房需求，加大租房提取住房公积金支持力度，2022年5月31日，发布《常德市住房公积金管理委员会关于实施住房公积金阶段性支持政策的通知》（常房金管〔2022〕3号），将月租金提取上限标准从800元提高至1500元。

（三）当年机构及职能调整情况、受委托办理缴存贷款业务金融机构变更情况。

2022年，无机构及职能调整情况。受委托办理缴存贷款业务金融机构无变化。

（四）当年住房公积金政策调整及执行情况，包括当年缴存基数限额及确定方法、缴存比例等缴存政策调整情况；当年提取政策调整情况；当年个人住房贷款最高贷款额度、贷款条件等贷款政策调整情况；当年住房公积金存贷款利率执行标准等；支持老旧小区改造政策落实情况。

1. 当年缴存基数限额及确定方法、缴存比例等缴存政策调整情况。

2022年8月25日，出台《常德市住房公积金管理委员会关于调整我市2022年度住房公积金缴存基数的通知》（常房金管〔2022〕4号），限定我市住房公积金月缴存额最高不超过5896元，最低不低于200元。缴存比例仍为5%～12%之间。

2. 当年提取业务调整情况。

2022年6月27日，发布《常德市住房公积金管理中心关于恢复办理异地购房提取业务的通知》（常房金发〔2022〕29号），恢复了异地购房住房公积金提取业务。

3. 当年个人住房贷款额度、贷款条件等贷款政策调整情况。

2022年5月5日，出台《常德市住房公积金管理委员会关于调整全市住房公积金贷款政策的通知》（常房金管〔2022〕1号），将单缴存职工个人住房贷款调整为50万元，双缴存职工个人住房贷款调整为60万元；高层次人才在常德购买首套住房，可享受本地住房公积金贷款额度上限1.5倍的贷款额度。

4. 当年住房公积金贷款利率执行标准。

2022年10月14日，发布《常德市住房公积金管理中心关于调整首套个人住房公积金贷款利率及第二套公积金贷款首付比例的通知》（常房金发〔2022〕38号），调整首套房五年以下（含5年）的贷款利率为2.6%，5年以上贷款利率为3.1%。

（五）当年服务改进情况，包括推进住房公积金服务“跨省通办”工作情况，服务网点、服务设施、服务手段、综合服务平台建设和其他网络载体建设服务情况等。

1. 推进住房公积金服务“跨省通办”情况。

中心设立住房公积金“跨省通办”业务专窗13个，分布各区县市管理部，设有“跨省通办”业务线上专区，并统一业务流程、办理环节、申请材料等要素。2022年度全程网办事项主要涉及住房公积金汇缴、住房公积金补缴、租房提取住房公积金、离退休提取住房公积金、偿还商业银行贷款等业务，数量达4万余笔；两地联办业务，如异地购房提取业务完成47笔，提取金额达270万元。通过聚焦单位和群众关切事项，实现多地企业和群众办事“无差别受理、同标准办理、就近一次办”，推进“跨省通办”工作落实落地。

2. 推行住房公积金服务事项证明材料免提交情况。

中心积极推行服务事项证明材料免提交，包括离职提取公积金、退休提取公积金等业务，通过取消相关证明材料，为缴存职工提供更加便捷的办理形式。

3. 共享市本级不动产数据情况。

已实现市本级不动产数据的共享查询，相关工作人员可通过市不动产中心网站进行不动产信息的查询、核实，为业务办理提供有效真实的数据支撑，也进一步提高了业务的办理效率和服务水平。

4. 开展远程审批工作情况。

学习借鉴外中心网上业务综合管理模式和先进经验，中心组织开展了多次集中研讨，并形成远程审批第一期方案。目前，第一期方案开发、测试已完成。

5. 清廉窗口建设情况。

中心积极打造清廉窗口示范点，实现了管理部清廉阵地建设全覆盖。直属管理部作为全市清廉机关建设现场会地点之一，接受一百多家市直单位观摩学习，中心主要负责同志在清廉机关建设现场会发言，相关经验在湖南《机关党建》推介。

（六）当年信息化建设情况，包括信息系统升级改造情况，基础数据标准贯彻落实和结算应用系统接入情况等。

1. 建设态势感知系统。

完成了中心态势感知系统项目的采购和前期建设。态势感知系统可实时监控和保障系统安全运行，及时对网络安全和数据安全进行预警，做到事前预警、事中监控、事后分析，全面提升公积金信息系统的安全管理与防护水平。

2. 开展历史档案数字化加工。

启动了中心历史档案数字化加工工作，目前已对部分管理部历史纸质档案扫描录入，预计 2023 年 9 月完成全市的历史档案数字化加工工作，全面提升电子档案质量，规范历史档案管理。

3. 推进“电子稽查、二代归集征信数据报送及系统运维服务项目”。

中心积极推进“电子稽查、二代归集征信数据报送及系统运维服务项目”，目前已通过技术评审，后续工作将稳步推进。届时可以实现二代归集征信数据上报、提升风险疑点排查及整改工作效率，也将推动中心信息化建设迈上新的台阶。

4. 接入“湘易办 App”。

已完成“湘易办 App”接入工作。积极响应市政务中心和省住房和城乡建设厅的文件要求，按期完成了软件开发、网络调试和功能测试等工作，并于 12 月上线查询功能。

（七）当年住房公积金管理中心及职工所获荣誉情况，包括：文明单位（行业、窗口）、青年文明号、工人先锋号、五一劳动奖章（劳动模范）、三八红旗手（巾帼文明岗）、先进集体和个人等。

2022 年，中心及职工个人获得了省、市级多项荣誉：

中心机关获得“2021 年度乡村振兴驻村帮扶先进单位”、“2022 年市直单位公众安全感民意调查全市前列”、“2021 年度平安建设优秀单位”、“2021 年度内部审计工作较好单位”、“2021 年度市直财政系统绩效管理先进单位”荣誉称号；

石门管理部获得“2021 年省级文明窗口”荣誉称号，直属管理部获得“市级‘青年文明号’”荣誉称号，武陵管理部获得“2021 年度武陵区平安建设驻区优秀单位”荣誉称号，津市管理部获得“2022 年度津市市巾帼文明岗”荣誉称号，鼎城、石门、津市、汉寿、桃源、临澧 6 个管理部获得“2021 年度绩效评估优秀（良好）单位”荣誉称号。

中心机关王琳媛获得“2022 年常德市最美文明实践志愿者”荣誉称号，武陵管理部陈佳琪、津市管理部朱红冰获得区县“2021—2022 年度‘青年岗位能手’”荣誉称号，汉寿管理部黄毅获得

“汉寿县‘身边的榜样’”荣誉称号，武陵管理部曾欣获得《住房公积金研究》编辑部征文活动“优秀奖”。

（八）当年没有对违反《住房公积金管理条例》和相关法规行为进行行政处罚和申请人民法院强制执行情况。

（九）当年没有对住房公积金管理人员违规行为的纠正和处理情况等。

湖南省及省内各城市住房公积金 2022 年年度报告二维码

名称	二维码
湖南省住房公积金 2022 年年度报告	
长沙市住房公积金 2022 年年度报告	
湘潭市住房公积金 2022 年年度报告	
株洲市住房公积金 2022 年年度报告	
岳阳市住房公积金 2022 年年度报告	
常德市住房公积金 2022 年年度报告	
衡阳市住房公积金 2022 年年度报告	

续表

名称	二维码
益阳市住房公积金 2022 年年度报告	
娄底市住房公积金 2022 年年度报告	
邵阳市住房公积金 2022 年年度报告	
张家界市住房公积金 2022 年年度报告	
郴州市住房公积金 2022 年年度报告	
永州市住房公积金 2022 年年度报告	
怀化市住房公积金 2022 年年度报告	
湘西土家族苗族自治州住房公积金 2022 年年度报告	

广东省

广东省住房公积金 2022 年年度报告

根据国务院《住房公积金管理条例》和住房和城乡建设部、财政部、人民银行《关于健全住房公积金信息披露制度的通知》（建金〔2015〕26 号）规定，现将广东省住房公积金 2022 年年度报告公布如下：

一、机构概况

（一）住房公积金管理机构。全省共设 21 个设区城市住房公积金管理中心，1 个独立设置的分中心（广州铁路分中心隶属广州住房公积金管理中心）。从业人员 2310 人，其中，在编 1159 人，非在编 1151 人。

（二）住房公积金监管机构。省住房和城乡建设厅、财政厅和人民银行广州分行负责对本省住房公积金管理运行情况进行监督。省住房和城乡建设厅设立住房公积金监管处，负责辖区住房公积金日常监管工作。

二、业务运行情况

（一）缴存。2022 年，新开户单位 9.61 万家，净增单位 5.93 万家，新开户职工 329.54 万人，净增职工 74.59 万人；实缴单位 59.12 万家，实缴职工 2218.74 万人，缴存额 3605.49 亿元，同比分别增加 11.15％、3.48％和 10.05％。2022 年末，累计缴存总额 27638.75 亿元，比上年末增加 15.00％；缴存余额 8746.22 亿元，同比增加 13.96％（表 1）。

2022 年分城市住房公积金缴存情况　　**表 1**

地区	实缴单位（万个）	实缴职工（万人）	缴存额（亿元）	累计缴存总额（亿元）	缴存余额（亿元）
广东省	**59.12**	**2218.74**	**3605.49**	**27638.75**	**8746.22**
广州	15.17	531.87	1162.02	9950.69	2652.27
深圳	24.56	718.86	1060.66	6652.08	2759.20
珠海	1.73	83.12	117.32	972.58	167.91
汕头	0.55	29.18	57.06	511.49	167.43
佛山	2.61	140.57	202.78	1645.05	457.03
韶关	0.62	26.89	48.24	458.86	122.72
河源	0.38	20.74	30.23	247.61	76.14
梅州	0.46	28.46	46.73	360.87	119.34
惠州	1.33	100.21	131.32	911.84	274.43
汕尾	0.20	12.36	22.74	148.99	56.13
东莞	6.02	215.98	207.44	1564.11	581.95
中山	1.18	63.12	85.33	610.35	202.95

续表

地区	实缴单位（万个）	实缴职工（万人）	缴存额（亿元）	累计缴存总额（亿元）	缴存余额（亿元）
江门	0.83	48.77	68.10	659.89	155.80
阳江	0.28	16.25	33.26	231.93	80.59
湛江	0.93	42.46	82.71	704.06	221.68
茂名	0.57	29.42	60.01	484.41	164.59
肇庆	0.51	33.48	49.46	396.36	99.10
清远	0.46	31.94	56.25	463.15	128.45
潮州	0.20	11.59	20.97	175.53	62.04
揭阳	0.22	17.46	32.97	259.41	119.38
云浮	0.33	16.00	29.91	229.48	77.11

（二）提取。2022 年，1026.51 万名缴存职工提取住房公积金；提取额 2534.10 亿元，同比增加 8.23%；提取额占当年缴存额的 70.28%，比上年减少 1.19 个百分点。2022 年末，累计提取总额 18892.52 亿元，比上年末增加 15.49%（表 2）。

2022 年分城市住房公积金提取情况 **表 2**

地区	提取额（亿元）	提取率（%）	住房消费类提取额（亿元）	非住房消费类提取额（亿元）	累计提取总额（亿元）
广东省	**2534.10**	**70.28**	**2161.39**	**372.71**	**18892.52**
广州	847.92	72.97	737.05	110.87	7298.42
深圳	683.77	64.47	594.49	89.29	3892.89
珠海	95.90	81.74	86.28	9.62	804.67
汕头	43.97	77.06	33.33	10.64	344.06
佛山	155.21	76.54	136.84	18.37	1188.02
韶关	36.91	76.52	28.02	8.90	336.14
河源	21.47	71.01	16.67	4.80	171.47
梅州	35.73	76.45	26.36	9.37	241.54
惠州	95.07	72.40	76.88	18.19	637.41
汕尾	14.50	63.78	11.68	2.83	92.86
东莞	123.19	59.39	106.45	16.74	982.16
中山	60.89	71.37	53.24	7.65	407.40
江门	55.19	81.05	44.74	10.46	504.09
阳江	23.70	71.28	18.52	5.18	151.34
湛江	59.35	71.75	46.03	13.32	482.38
茂名	43.08	71.79	33.46	9.62	319.82
肇庆	40.78	82.45	35.19	5.59	297.25
清远	43.73	77.74	35.44	8.29	334.71
潮州	14.98	71.45	11.03	3.95	113.49

续表

地区	提取额（亿元）	提取率（%）	住房消费类提取额（亿元）	非住房消费类提取额（亿元）	累计提取总额（亿元）
揭阳	17.72	53.75	12.56	5.16	140.03
云浮	21.02	70.29	17.14	3.88	152.37

（三）贷款。

1. 个人住房贷款。2022 年，发放个人住房贷款 20.11 万笔、1065.79 亿元，同比分别减少 20.81%、19.93%。回收个人住房贷款 549.62 亿元。

2022 年末，累计发放个人住房贷款 270.48 万笔、10885.96 亿元，贷款余额 6671.98 亿元，比上年末分别增加 8.03%、10.85%、8.39%。个人住房贷款余额占缴存余额的 76.28%，比上年末减少 3.93 个百分点（表 3）。

2022 年分城市住房公积金个人住房贷款情况　　**表 3**

地区	放贷笔数（万笔）	贷款发放额（亿元）	累计放贷笔数（万笔）	累计贷款总额（亿元）	贷款余额（亿元）	个人住房贷款率（%）
广东省	**20.11**	**1065.79**	**270.48**	**10885.96**	**6671.98**	**76.28**
广州	5.42	366.41	73.97	3659.13	2021.69	76.22
深圳	4.50	316.28	40.48	2596.54	1928.81	69.90
珠海	0.70	20.72	11.71	261.65	142.14	84.66
汕头	0.56	25.12	5.67	225.41	133.99	80.03
佛山	1.19	38.46	20.33	682.03	410.79	89.88
韶关	0.46	14.12	8.45	173.71	98.21	80.03
河源	0.36	10.98	5.03	111.37	61.17	80.34
梅州	0.65	14.62	8.67	180.21	95.27	79.83
惠州	0.94	39.65	13.55	379.72	230.57	84.02
汕尾	0.26	7.96	2.04	60.55	49.77	88.67
东莞	0.88	65.01	13.49	711.97	454.49	78.10
中山	0.60	28.61	7.75	285.54	176.05	86.75
江门	0.69	24.17	11.11	279.22	148.74	95.47
阳江	0.31	9.01	4.06	101.42	60.70	75.33
湛江	0.57	20.08	11.41	306.90	153.31	69.16
茂名	0.48	13.68	8.54	224.85	117.67	71.49
肇庆	0.26	5.46	7.23	157.61	90.15	90.96
清远	0.50	19.32	6.96	195.80	112.42	87.52
潮州	0.23	10.40	1.91	78.45	54.39	87.67
揭阳	0.33	11.58	3.73	115.85	78.18	65.49
云浮	0.22	4.14	4.37	98.02	53.46	69.33

2022 年，支持职工购建房 2101.00 万平方米。年末个人住房贷款市场占有率（含公转商贴息贷款）为 10.91%，比上年末减少 0.34 个百分点。通过申请住房公积金个人住房贷款，可节约职工购房利息支

出约 200.89 亿元。

2. 异地贷款。2022 年，发放异地贷款 1.34 万笔、54.30 亿元。2022 年末，累计发放异地贷款总额 392.75 亿元，异地贷款余额 277.05 亿元。

3. 公转商贴息贷款。2022 年，发放公转商贴息贷款 0.29 万笔、10.50 亿元，当年贴息额 0.99 亿元。2022 年末，累计发放公转商贴息贷款 4.04 万笔、169.10 亿元，累计贴息 7.77 亿元。

（四）购买国债。2022 年，购买（记账式、凭证式）国债 0 万元，（兑付、转让、收回）国债 0.3 亿元。2022 年末，国债余额 0 万元。

（五）融资。2022 年，融资 0 亿元，归还 6.92 亿元。2022 年末，累计融资总额 42.66 亿元，融资余额 0 亿元。

（六）资金存储。2022 年末，住房公积金存款 2157.62 亿元。其中，活期 0.86 亿元，1 年（含）以下定期 140.79 亿元，1 年以上定期 1680.29 亿元，其他（协定、通知存款等）335.69 亿元。

（七）资金运用率。2022 年末，住房公积金个人住房贷款余额、项目贷款余额和购买国债余额的总和占缴存余额的 76.28%，比上年末减少 3.93 个百分点。

三、主要财务数据

（一）业务收入。2022 年，业务收入 278.90 亿元，同比增长 13.22%。其中，存款利息 67.46 亿元，委托贷款利息 211.40 亿元，国债利息 0.01 亿元，其他 0.02 亿元。

（二）业务支出。2022 年，业务支出 138.72 亿元，同比增长 10.44%。其中，支付职工住房公积金利息 123.81 亿元，归集手续费 5.16 亿元，委托贷款手续费 8.60 亿元，其他 1.16 亿元。

（三）增值收益。2022 年，增值收益 140.18 亿元，同比增长 16.11%。增值收益率 1.70%，同比增长 0.03%。

（四）增值收益分配。2022 年，提取贷款风险准备金 37.63 亿元，提取管理费用 7.79 亿元，提取城市廉租住房（公共租赁住房）建设补充资金 94.76 亿元。

2022 年，上交财政管理费用 9.23 亿元，上缴财政城市廉租住房（公共租赁住房）建设补充资金 80.95 亿元。

2022 年末，贷款风险准备金余额 289.81 亿元。累计提取城市廉租住房（公共租赁住房）建设补充资金 602.31 亿元。

（五）管理费用支出。2022 年，管理费用支出 8.37 亿元，同比增长 7.26%。其中，人员经费 3.95 亿元，公用经费 0.33 亿元，专项经费 4.09 亿元。

四、资产风险状况

个人住房贷款。2022 年末，个人住房贷款逾期额 1.84 亿元，逾期率 0.28‰，个人贷款风险准备金余额 289.81 亿元，2022 年，使用个人贷款风险准备金核销呆坏账 0 亿元。

五、社会经济效益

（一）缴存业务

缴存职工中，国家机关和事业单位占 16.82%，国有企业占 9.65%，城镇集体企业占 1.05%，外商投资企业占 15.88%，城镇私营企业及其他城镇企业占 49.38%，民办非企业单位和社会团体占 2.65%，灵活就业人员占 0.45%，其他占 4.12%；中、低收入占 96.90%，高收入占 3.10%。

新开户职工中，国家机关和事业单位占 6.72%，国有企业占 6.10%，城镇集体企业占 0.68%，外商投资企业占 14.75%，城镇私营企业及其他城镇企业占 61.98%，民办非企业单位和社会团体占 3.08%，灵活就业人员占 1.05%，其他占 5.64%；中、低收入占 99.50%，高收入占 0.50%。

（二）提取业务

提取金额中，购买、建造、翻建、大修自住住房占10.19%，偿还购房贷款本息占54.19%，租赁住房占17.97%，支持老旧小区改造占0.03%，离休和退休提取占9.82%，完全丧失劳动能力并与单位终止劳动关系提取占0.40%，出境定居占0.42%，其他占6.98%。提取职工中，中、低收入占95.52%，高收入占4.48%。

（三）贷款业务

职工贷款笔数中，购房建筑面积90（含）平方米以下占33.54%，90～144（含）平方米占60.30%，144平方米以上占6.16%。购买新房占71.53%（其中购买保障性住房占5.63%），购买二手房占24.08%，建造、翻建、大修自住住房占0.02%（其中支持老旧小区改造占0%），其他占4.37%。

职工贷款笔数中，单缴存职工申请贷款占52.64%，双缴存职工申请贷款占47.16%，三人及以上缴存职工共同申请贷款占0.20%。

贷款职工中，30岁（含）以下占30.13%，30岁～40岁（含）占48.40%，40岁～50岁（含）占17.89%，50岁以上占3.58%；购买首套住房申请贷款占84.82%，购买二套及以上申请贷款占15.18%；中、低收入占96.26%，高收入占3.74%。

（四）住房贡献率

2022年，个人住房贷款发放额、公转商贴息贷款发放额、项目贷款发放额、住房消费提取额的总和与当年缴存额的比率为89.80%，比上年减少13.7个百分点。

六、其他重要事项

（一）加大住房公积金助企纾困力度，落实住房公积金阶段性支持政策。为切实抓好国务院、省政府扎实稳住经济一揽子政策措施在我省住房公积金领域落地落实，省住房和城乡建设厅会同省财政厅、中国人民银行广州分行积极推动全省各地级以上市住房公积金管理中心出台实施多项住房公积金阶段性助企纾困政策。实施的阶段性支持政策主要有三方面：一是受新冠肺炎疫情影响的企业，可按规定申请缓缴住房公积金，到期后进行补缴；二是受新冠肺炎疫情影响的缴存人，不能正常偿还住房公积金贷款的，不作逾期处理，不作为逾期记录报送征信部门；三是根据当地房租水平和合理租住面积，提高住房公积金租房提取额度等。广东省省、市两级住房公积金管理部门多措并举推进实施：一是迅速将国家政策落到广东。住房和城乡建设部等三部委文件公开后，一周内省住房和城乡建设厅、财政厅、中国人民银行广州分行随即联合印发贯彻落实意见，两周内全省绝大部分地市出台了实施措施。至6月20日，全省所有地市全部推出阶段性支持政策实施措施。二是主动靠前服务，精准送达政策。实行政策找人，帮助企业和职工了解政策规定。优化业务流程、简化程序，不增加企业和个人提供证明材料的负担。对受疫情影响严重的行业，例如餐饮、零售、旅游等行业的企业和职工，开设绿色通道等快速办理的方式。三是实现线上通办，提高政策执行效率。各地市住房公积金管理中心大力推行"网上办"，倡导"非接触""不见面"办理业务，支持微信小程序、"粤省事"政务服务平台、网上办事大厅等线上渠道受理业务。截至2022年末，住房公积金阶段性支持政策惠及1400余家企业、390余万名职工。

（二）推进住房公积金高频服务事项实现"跨省通办、省内通办"。全省住房公积金系统积极推进落实国家和省有关政务服务"跨省通办"的部署要求，继2021年圆满完成8个住房公积金高频服务事项"跨省通办"之后，2022年又提前完成"住房公积金汇缴""住房公积金补缴""提前部分偿还公积金贷款"3个高频服务事项"跨省通办"。截至12月底，全省通过线上渠道累计办理"住房公积金汇缴"194.3万笔、"住房公积金补缴"7.91万笔、"提前部分偿还公积金贷款"4.64万笔。依托国家、省、市三级联动信息化建设及自建服务渠道，上线"广东公积金"小程序，提供移动端"刷脸"认证、自助终端自主签约和网上办事大厅数字证书身份认证等多渠道服务。各地市住房公积金管理中心根据发展定位和需求侧实际提供公积金“跨省通办”服务精准化对接，搭建网络交流平台，上线人工在线即时解答、政策咨询、业务答疑和办理导航等多种人性化智能服务。

（三）开展“惠民公积金、服务暖人心”广东省住房公积金系统服务提升三年行动。按照住房和城乡建设部的部署要求，广东省住房和城乡建设厅研究制订《广东省住房公积金系统服务提升三年行动实施方案（2022—2024 年）》，加强工作统筹，督促指导各地市住房公积金管理中心制定贯彻落实具体措施，全力推动服务提升在我省走深走实。全省住房公积金系统积极推进服务提升三年行动，各地服务效能得到显著提高，住房公积金数字化进程显著加快，惠企便民政策深入人心。各地市中心通过加强党建引领，强化作风建设，树牢为民服务意识，培育和宣传先进典型；积极推进开展好“四个一次”活动[1]，扎实推动服务提升在全省落实落细。2022 年，珠海、韶关、清远中心获评全国住房和城乡建设系统先进集体，揭阳中心王晓丰、中山中心陈敏斯、湛江中心黄韧获评全国住房和城乡建设系统先进工作者，广州、佛山、东莞、惠州、江门中心基层窗口获评全国住房公积金系统服务提升三年行动星级服务岗。

---

[1] “四个一次”活动：市住房公积金管理中心负责同志每年要围绕服务提升讲一次党课、到基层窗口办一次业务、接一次群众来访、到缴存单位做一次政策宣讲。

广东省茂名市住房公积金 2022 年年度报告

根据国务院《住房公积金管理条例》和住房和城乡建设部、财政部、人民银行《关于健全住房公积金信息披露制度的通知》（建金〔2015〕26 号）的规定，经住房公积金管理委员会审议通过，现将茂名市住房公积金 2022 年年度报告公布如下：

一、机构概况

（一）住房公积金管理委员会。住房公积金管理委员会有 21 名委员，2022 年召开三次会议，审议通过的事项主要包括：《茂名市 2021 年度住房公积金归集、使用计划执行情况的报告》《茂名市 2022 年度住房公积金归集和使用计划》《茂名市 2021 年度住房公积金增值收益分配方案》《茂名市住房公积金 2021 年年度报告》《茂名市高层次人才和装配建筑项目商品房住房公积金贷款额度优惠政策（审议稿）》《广东省茂名市、黑龙江省伊春市住房公积金业务合作协议（审议稿）》《关于调整我市住房公积金个人住房贷款最高额度的请示》《关于提高我市住房公积金租房提取最高限额的通知（审议稿）》《关于提高我市住房公积金贷款风险准备金比例的请示》。

（二）住房公积金管理中心。住房公积金管理中心为直属市人民政府不以营利为目的的参照公务员管理的副处级事业单位，设 7 个科，5 个管理部。从业人员 84 人，其中，在编 47 人，非在编 37 人。

二、业务运行情况

（一）缴存。2022 年，新开户单位 536 家，净增单位 122 家；新开户职工 2.43 万人，净增职工 0.75 万人；实缴单位 5710 家，实缴职工 29.42 万人，缴存额 60.01 亿元，分别同比增长 2.18%、2.63%、6.84%。2022 年末，缴存总额 484.41 亿元，比上年末增加 14.14%；缴存余额 164.59 亿元，同比增长 11.46%。受委托办理住房公积金缴存业务的银行 9 家。

（二）提取。2022 年，10.44 万名缴存职工提取住房公积金；提取额 43.08 亿元，同比增长 4.47%；提取额占当年缴存额的 71.79%，比上年减少 1.62 个百分点。2022 年末，提取总额 319.82 亿元，比上年末增加 15.57%。

（三）贷款。

1. 个人住房贷款。个人住房贷款最高额度 45 万元。单缴存职工个人住房贷款最高额度 30 万元，双缴存职工个人住房贷款最高额度 45 万元。（另：符合我市高层次人才及装配式建筑优惠政策的职工贷款最高额度可上浮 20%）

2022 年，发放个人住房贷款 0.48 万笔、13.68 亿元，同比分别下降 33.24%、23.08%。

2022 年，回收个人住房贷款 13.86 亿元。

2022 年末，累计发放个人住房贷款 8.54 万笔、224.85 亿元，贷款余额 117.67 亿元，分别比上年末增加 5.92%、6.48%、－0.16%。个人住房贷款余额占缴存余额的 71.49%，比上年末减少 8.32 个百分点。受委托办理住房公积金个人住房贷款业务的银行 9 家。

2. 异地贷款。2022 年，发放异地贷款 85 笔、2208.90 万元。2022 年末，发放异地贷款总额 72622.10 万元，异地贷款余额 46292.65 万元。

（四）购买国债。2022 年，没有购买国债，收回国债 0.30 亿元。2022 年末，国债余额 0 亿元。

（五）资金存储。2022年末，住房公积金存款49.73亿元。其中，活期0.01亿元，1年（含）以下定期1.20亿元，1年以上定期43.02亿元，其他（协定、通知存款等）5.50亿元。

（六）资金运用率。2022年末，住房公积金个人住房贷款余额和购买国债余额的总和占缴存余额的71.49%，比上年末减少8.53个百分点。

三、主要财务数据

（一）业务收入。2022年，业务收入49864.05万元，同比增长8.77%。存款利息11261.81万元，委托贷款利息38499.98万元，国债利息100.62万元，其他收入1.64万元。

（二）业务支出。2022年，业务支出26737.91万元，同比增长11.74%。支付职工住房公积金利息23694.62万元，归集手续费1189.08万元，委托贷款手续费1854.21万元，无其他支出。

（三）增值收益。2022年，增值收益23126.14万元，同比增长5.54%。增值收益率1.47%，比上年减少0.09个百分点。

（四）增值收益分配。2022年，提取贷款风险准备金2017.14万元，提取管理费用1707.00万元，提取城市廉租住房（公共租赁住房）建设补充资金19402.00万元。

2022年，上交财政管理费用1584.80万元。上缴财政城市廉租住房（公共租赁住房）建设补充资金19301.07万元。

2022年末，贷款风险准备金余额25587.30万元。累计提取城市廉租住房（公共租赁住房）建设补充资金168574.97万元。

（五）管理费用支出。2022年，管理费用支出2451.27万元，同比增长0.83%。其中，人员经费1484.32万元，公用经费63.85万元，专项经费903.10万元。

四、资产风险状况

个人住房贷款。2022年末，个人住房贷款逾期额350.82万元，逾期率0.30‰。个人贷款风险准备金余额25587.30万元。2022年，使用个人贷款风险准备金核销呆坏账0万元。

五、社会经济效益

（一）缴存业务

缴存职工中，国家机关和事业单位占60.51%，国有企业占11.99%，城镇集体企业占1.60%，外商投资企业占1.65%，城镇私营企业及其他城镇企业占12.83%，民办非企业单位和社会团体占1.55%，灵活就业人员占0.16%，其他占9.71%；中、低收入占98.36%，高收入占1.64%。

新开户职工中，国家机关和事业单位占38.70%，国有企业占9.58%，城镇集体企业占1.41%，外商投资企业占1.80%，城镇私营企业及其他城镇企业占32.93%，民办非企业单位和社会团体占3.99%，灵活就业人员占0.81%，其他占10.78%；中、低收入占99.90%，高收入占0.10%。

（二）提取业务

提取金额中，购买、建造、翻建、大修自住住房占20.99%，偿还购房贷款本息占55.51%，租赁住房占0.86%，支持老旧小区等改造占0.31%，离休和退休提取占19.22%，完全丧失劳动能力并与单位终止劳动关系提取占1.52%，出境定居占0%，其他占1.59%。提取职工中，中、低收入占97.71%，高收入占2.29%。

（三）贷款业务

个人住房贷款。2022年，支持职工购建房62.98万平方米，年末个人住房贷款市场占有率为11.30%，比上年末减少0.97个百分点。通过申请住房公积金个人住房贷款，可节约职工购房利息支出20495.19万元。

职工贷款笔数中，购房建筑面积90（含）平方米以下占3.31%，90～144（含）平方米占74.59%，

144平方米以上占22.10%。购买新房占89.04%，购买二手房占10.96%，建造、翻建、大修自住住房占0%（其中支持老旧小区改造占0%），其他占0%。

职工贷款笔数中，单缴存职工申请贷款占28.58%，双缴存职工申请贷款占70.04%，三人及以上缴存职工共同申请贷款占1.38%。

贷款职工中，30岁（含）以下占30.32%，30岁～40岁（含）占34.80%，40岁～50岁（含）占26.98%，50岁以上占7.90%；购买首套住房申请贷款占92.42%，购买二套及以上申请贷款占7.58%；中、低收入占99.58%，高收入占0.42%。

（四）住房贡献率

2022年，个人住房贷款发放额、住房消费提取额的总和与当年缴存额的比率为78.55%，比上年减少15.39个百分点。

六、其他重要事项

（一）应对新冠肺炎疫情采取的措施，落实住房公积金阶段性支持政策情况和政策实施成效。出台住房公积金阶段性支持政策措施，帮助受疫情影响企业和缴存人共同渡过难关，推动阶段性支持政策快速“真落实”。截至2022年12月，已办理缓缴的企业共有9家，累计缓缴职工人数866人，累计缓缴金额373.96万元；已为21户受疫情影响职工办理暂缓偿还公积金贷款申请，对7户受疫情影响不能正常还款职工，不作逾期处理，不计罚息，不上报个人征信，不作逾期处理的贷款余额126.52万元。

（二）租购并举满足缴存人基本住房需求，加大租房提取住房公积金支持力度、支持缴存人贷款购买首套普通自住房特别是共有产权住房等情况。一是实施住房公积金高层次人才及装配式建筑支持政策。对符合条件的申请职工贷款额度最高可上浮20%。二是先后两次调整我市住房公积金个人住房贷款最高额度。现两人（含）以上申请住房公积金贷款购买同一套普通自住住房最高贷款额度由年初35万元调整到45万元，一人申请住房公积金贷款最高贷款额度由20万元调整到30万元。三是出台了《关于提高我市住房公积金租房提取最高限额的通知》（茂公积金管委会规〔2022〕2号），将职工个人租房提取最高额度从500元/月提高至700元/月，职工家庭租房提取最高额度从1000元/月提高至1400元/月。

（三）当年机构及职能调整、受委托办理缴存贷款业务金融机构变更情况。新增交通银行作为受委托办理缴存贷款业务金融机构，目前全市共有9家受委托办理缴存贷款业务金融机构。

（四）当年住房公积金政策调整及执行情况。一是印发《关于调整2022年度茂名市住房公积金缴存基数的通知》（茂住〔2022〕18号），明确全市执行统一缴存基数上限为22944元，下限为1620元。二是优化住房公积金贷款发放流程，对已办妥预售商品房抵押权预告登记手续的公积金贷款，可不待所购房屋主体结构封顶即可发放贷款，进一步加快房地产企业资金的回笼速度。三是调整首套个人住房公积金贷款利率，自2022年10月1日起，下调首套个人住房公积金贷款利率0.15个百分点，5年以下（含5年）和5年以上利率分别调整为2.6%和3.1%。四是印发了《关于明确住房公积金提取有关工作的通知》（茂住〔2022〕10号），明确了助学提取、增设电梯提取、离退休提取、购建房和还贷提取时限等6个事项的业务办理细节，进一步规范我市住房公积金提取工作。

（五）当年服务改进情况。一是扎实开展“惠民公积金、服务暖人心”住房公积金系统服务提升三年行动实施计划，持续深入改进工作作风，积极引导窗口一线人员对标先进典型，比学赶超，立足岗位做奉献。6月、7月、8月、10月，中心均有窗口一线人员被市政数局评为“窗口之星”。二是加大培训力度，推动服务水平提升。结合住房公积金发展和各项业务标准，先后召开各类培训会，对服务大厅窗口受理人员、受托银行经办柜员、12345热线话务员进行培训，提高其综合素质，促进服务效能提升。三是全面实施公积金缴存提取业务“两区三市”通办模式，打破事项办理属地限制，实现缴存企业和职工“就近办理”。四是实行企业服务官制度，主要领导每月定期到房地产开发企业了解困难，走访相关单位为企业排忧解难。

（六）当年信息化建设情况。一是完成灵活就业人员缴存功能及网上服务窗口渠道建设，发挥住房公积金信息化建设对个体工商户、自由职业者等无固定用工单位人员的住房保障作用。二是通过对接省政务服务“好差评”系统，实现服务对象对服务满意度评价，强化服务质量监督，促进服务水平提升。三是通过全国住房公积金信息共享平台、省数据资源一网共享平台、省住房公积金信息共享平台获取住房公积金个人账户信息、全国婚姻登记信息双方核验接口、省内银行商业贷款基本信息等 24 个共享信息和核验信息，进一步实现“让信息多跑路，让居民和企业少跑腿、好办事、不添堵”的目标。四是完成业务信息系统等级保护建设项目，进一步加强业务信息系统安全防护，提升中心防范重大网络安全风险能力，有效遏制网络安全事故，保障我市住房公积金业务正常开展。五是拓宽服务渠道，方便群众办事。新增公积金提前还贷款、偿还商业住房按揭贷款提取两个服务事项上线中心网上服务窗口；新增缴存信息、缴存明细、贷款信息、贷款明细、个人还款计划 5 个查询类服务事项，开具个人住房公积金贷款结清证明、开具职工缴存证明业务 2 个打印类服务事项进驻“粤智助”政务服务一体机。六是通过对接省电子印章系统，实现业务回单、业务明细单、证明文件等中心需对外提供的文件用章电子化。

（七）当年住房公积金机构及从业人员所获荣誉情况。2022 年，中心机关党支部被评为茂名市直机关“五星级”党支部、模范党支部。

（八）当年对违反《住房公积金管理条例》和相关法规行为进行行政处罚和申请人民法院强制执行情况。2022 年，我中心接到职工公积金维权投诉 7 宗，其中 3 宗因职工提交资料不齐暂未受理，3 宗处理完毕，1 宗正在受理。没有发生行政处罚。

（九）当年对住房公积金管理人员违规行为的纠正和处理情况等。无。

（十）其他需要披露的情况。无。

广东省及省内各城市住房公积金 2022 年年度报告二维码

名称	二维码
广东省住房公积金 2022 年年度报告	
广州住房公积金 2022 年年度报告	
深圳市住房公积金 2022 年年度报告	
珠海市住房公积金 2022 年年度报告	
汕头市住房公积金 2022 年年度报告	
佛山市住房公积金 2022 年年度报告	
韶关市住房公积金 2022 年年度报告	

续表

名称	二维码
河源市住房公积金 2022 年年度报告	
梅州市住房公积金 2022 年年度报告	
惠州市住房公积金 2022 年年度报告	
汕尾市住房公积金 2022 年年度报告	
东莞市住房公积金 2022 年年度报告	
中山市住房公积金 2022 年年度报告	
江门市住房公积金 2022 年年度报告	
阳江市住房公积金 2022 年年度报告	
湛江市住房公积金 2022 年年度报告	

续表

名称	二维码
茂名市住房公积金 2022 年年度报告	
肇庆市住房公积金 2022 年年度报告	
清远市住房公积金 2022 年年度报告	
潮州市住房公积金 2022 年年度报告	
揭阳市住房公积金 2022 年年度报告	
云浮市住房公积金 2022 年年度报告	

广西壮族自治区

广西壮族自治区住房公积金 2022 年年度报告

根据国务院《住房公积金管理条例》和住房和城乡建设部、财政部、人民银行《关于健全住房公积金信息披露制度的通知》（建金〔2015〕26 号）规定，现将广西壮族自治区住房公积金 2022 年年度报告汇总公布如下：

一、机构概况

（一）住房公积金管理机构。全区共设 14 个设区城市住房公积金管理中心，1 个独立设置的分中心（南宁住房公积金管理中心区直分中心，隶属广西壮族自治区机关事务管理局）。从业人员 1442 人，其中，在编 665 人，非在编 777 人。

（二）住房公积金监管机构。广西壮族自治区住房和城乡建设厅、财政厅和人民银行南宁中心支行负责对本自治区住房公积金管理运行情况进行监督。广西壮族自治区住房和城乡建设厅设立住房公积金监管处，负责辖区住房公积金日常监管工作。

二、业务运行情况

（一）缴存。2022 年，新开户单位 7827 家，净增单位 7775 家；新开户职工 38.09 万人，净增职工 14.23 万人；实缴单位 73685 家，实缴职工 354.71 万人，缴存额 628.86 亿元，分别同比增长 11.8%、4.18%和 5.21%。2022 年末，缴存总额 5158.31 亿元，比上年末增长 13.88%；缴存余额 1739.97 亿元，同比增长 12.56%（表 1）。

2022 年分城市住房公积金缴存情况　　**表 1**

地区	实缴单位（个）	实缴职工（万人）	缴存额（亿元）	累计缴存总额（亿元）	缴存余额（亿元）
广西壮族自治区	**73685**	**354.71**	**628.86**	**5158.31**	**1739.97**
南宁	22742	106.92	210.37	1694.18	559.77
柳州	6001	37.40	67.34	645.35	189.94
桂林	6482	35.20	59.80	538.17	180.52
梧州	4025	16.60	24.35	209.15	70.39
北海	3096	14.44	22.99	169.64	65.57
防城港	3107	10.77	16.34	117.12	40.66
钦州	3296	17.23	26.34	195.61	73.26
贵港	3470	17.53	24.95	201.59	67.82
玉林	4082	24.50	40.96	324.59	126.45
百色	4335	21.08	44.39	332.19	115.47
贺州	3649	11.46	18.34	142.85	55.17
河池	3465	18.12	32.67	263.61	90.01

续表

地区	实缴单位（个）	实缴职工（万人）	缴存额（亿元）	累计缴存总额（亿元）	缴存余额（亿元）
来宾	2745	11.24	20.75	173.03	52.88
崇左	3190	12.23	19.27	151.24	52.05

（二）提取。2022 年，154.61 万名缴存职工提取住房公积金；提取额 434.64 亿元，同比增长 6.17%；提取额占当年缴存额的 69.12%，比上年增加 0.62 个百分点。2022 年末，提取总额 3418.34 亿元，比上年末增加 14.57%（表 2）。

2022 年分城市住房公积金提取情况 **表 2**

地区	提取额（亿元）	提取率（%）	住房消费类提取额（亿元）	非住房消费类提取额（亿元）	累计提取总额（亿元）
广西壮族自治区	**434.64**	**69.12**	**339.42**	**95.22**	**3418.34**
南宁	144.32	68.60	112.79	31.53	1134.41
柳州	51.03	75.77	40.44	10.59	455.40
桂林	42.85	71.65	32.48	10.37	357.66
梧州	17.66	72.53	13.50	4.16	138.76
北海	14.06	61.17	10.19	3.88	104.07
防城港	11.14	68.20	9.22	1.92	76.46
钦州	17.00	64.55	13.49	3.52	122.35
贵港	17.83	71.44	14.21	3.62	133.77
玉林	28.50	69.59	21.96	6.55	198.14
百色	29.32	66.06	23.47	5.85	216.72
贺州	11.57	63.08	8.75	2.82	87.67
河池	22.72	69.55	18.39	4.33	173.60
来宾	14.51	69.93	11.27	3.24	120.15
崇左	12.12	62.89	9.27	2.85	99.18

（三）贷款。

1. 个人住房贷款。2022 年，发放个人住房贷款 6.98 万笔、279.28 亿元，同比增长 2.83%、10.48%。回收个人住房贷款 130.86 亿元。

2022 年末，累计发放个人住房贷款 93.89 万笔、2462.02 亿元，贷款余额 1528.14 亿元，分别比上年末增长 8.04%、12.79%、10.76%。个人住房贷款余额占缴存余额的 87.83%，比上年末减少 1.43 个百分点（表 3）。

2022 年分城市住房公积金个人住房贷款情况 **表 3**

地区	放贷笔数（万笔）	贷款发放额（亿元）	累计放贷笔数（万笔）	累计贷款总额（亿元）	贷款余额（亿元）	个人住房贷款率（%）
广西壮族自治区	**6.98**	**279.28**	**93.89**	**2462.02**	**1528.14**	**87.83**
南宁	2.24	121.40	23.54	743.29	469.66	83.90
柳州	0.66	20.78	11.02	281.10	172.31	90.71

续表

地区	放贷笔数（万笔）	贷款发放额（亿元）	累计放贷笔数（万笔）	累计贷款总额（亿元）	贷款余额（亿元）	个人住房贷款率(%)
桂林	0.62	20.32	13.32	301.71	156.94	86.94
梧州	0.24	7.33	5.67	114.69	64.02	90.96
北海	0.22	7.90	3.37	89.54	56.76	86.56
防城港	0.21	7.52	2.04	53.01	36.14	88.88
钦州	0.39	9.70	4.29	98.04	65.85	89.89
贵港	0.29	9.61	3.67	90.04	57.88	85.34
玉林	0.46	16.67	5.98	168.55	113.12	89.46
百色	0.57	20.94	5.52	157.09	108.57	94.02
贺州	0.29	9.51	3.83	89.38	55.14	99.93
河池	0.38	14.10	4.96	128.84	80.61	89.56
来宾	0.18	5.76	3.46	69.74	40.32	76.25
崇左	0.24	7.73	3.22	77.01	50.83	97.65

2022年，支持职工购建房838.08万平方米。年末个人住房贷款市场占有率（含公转商贴息贷款）为13.79%，比上年末增加4.4个百分点。通过申请住房公积金个人住房贷款，可节约职工购房利息支出55.94亿元。

2. 异地贷款。2022年，发放异地贷款1436笔、6.83亿元。2022年末，发放异地贷款总额60.28亿元，异地贷款余额45.02亿元。

3. 公转商贴息贷款。2022年，发放公转商贴息贷款1170笔、3.58亿元，支持职工购建房面积12.84万平方米。当年贴息额0.24亿元。2022年末，累计发放公转商贴息贷款1.25万笔、26.01亿元，累计贴息1.21亿元。

（四）购买国债。无。

（五）融资。2022年，融资1.8亿元，归还9.4亿元。2022年末，融资总额56.78亿元，融资余额3.9亿元。

（六）资金存储。2022年末，住房公积金存款258.37亿元。其中，活期12.9亿元，1年（含）以下定期40.17亿元，1年以上定期103.61亿元，其他（协定、通知存款等）101.69亿元。

（七）资金运用率。2022年末，住房公积金个人住房贷款余额、项目贷款余额和购买国债余额的总和占缴存余额的87.83%，比上年末减少1.43个百分点。

三、主要财务数据

（一）业务收入。2022年，业务收入54.34亿元，同比增长12.79%。其中，存款利息7.18亿元，委托贷款利息47.13亿元，国债利息0亿元，其他0.04亿元。

（二）业务支出。2022年，业务支出27.31亿元，同比增长13.08%。其中，支付职工住房公积金利息24.65亿元，归集手续费0.22亿元，委托贷款手续费1.74亿元，其他0.7亿元。

（三）增值收益。2022年，增值收益27.03亿元，同比增长12.5%；增值收益率1.64%，比上年增加0.02个百分点。

（四）增值收益分配。2022年，提取贷款风险准备金3.72亿元，提取管理费用3.52亿元，提取城市廉租住房（公共租赁住房）建设补充资金19.79亿元（表4）。

2022 年分城市住房公积金增值收益及分配情况　　表 4

地区	业务收入（亿元）	业务支出（亿元）	增值收益（亿元）	增值收益率（%）	提取贷款风险准备金（亿元）	提取管理费用（亿元）	提取公租房（廉租房）建设补充资金（亿元）
广西壮族自治区	**54.34**	**27.31**	**27.03**	**1.64**	**3.72**	**3.52**	**19.79**
南宁	17.33	8.91	8.43	1.59	0	0.76	7.67
柳州	5.85	2.92	2.93	1.62	0	0.32	2.62
桂林	5.45	2.85	2.60	1.51	0.03	0.23	2.35
梧州	2.24	1.30	0.94	1.41	0	0.15	0.79
北海	2.13	1.00	1.13	1.84	0.91	0.13	0.10
防城港	1.23	0.62	0.61	1.60	0.37	0.08	0.16
钦州	2.20	1.16	1.03	1.48	0	0.12	0.91
贵港	2.16	1.26	0.90	1.39	0.09	0.30	0.51
玉林	4.04	1.88	2.17	1.78	1.30	0.20	0.67
百色	3.57	1.70	1.87	1.70	0.12	0.17	1.58
贺州	1.86	0.87	0.99	1.88	0.04	0.09	0.85
河池	2.96	1.29	1.67	1.95	0.81	0.69	0.17
来宾	1.62	0.79	0.83	1.66	0.06	0.12	0.66
崇左	1.69	0.76	0.93	1.90	0	0.16	0.77

2022 年，上交财政管理费用 3.32 亿元，上缴财政城市廉租住房（公共租赁住房）建设补充资金 15.27 亿元。

2022 年末，贷款风险准备金余额 46.21 亿元，累计提取城市廉租住房（公共租赁住房）建设补充资金 130.37 亿元。

（五）管理费用支出。2022 年，管理费用支出 2.74 亿元，同比下降 5.86%。其中，人员经费 1.38 亿元，公用经费 0.21 亿元，专项经费 1.14 亿元。

四、资产风险状况

（一）个人住房贷款。2022 年末，个人住房贷款逾期额 0.54 亿元，逾期率 0.35‰，个人贷款风险准备金余额 46.16 亿元。2022 年，使用个人贷款风险准备金核销呆坏账 66.5 万元。

（二）住房公积金支持保障性住房建设项目贷款。无。

五、社会经济效益

（一）缴存业务

缴存职工中，国家机关和事业单位占 48.58%，国有企业占 21.26%，城镇集体企业占 0.92%，外商投资企业占 2.82%，城镇私营企业及其他城镇企业占 22.09%，民办非企业单位和社会团体占 1.12%，灵活就业人员占 1.54%，其他占 1.69%；中、低收入占 98.49%，高收入占 1.51%。

新开户职工中，国家机关和事业单位占 29.63%，国有企业占 13.33%，城镇集体企业占 0.83%，外商投资企业占 3.34%，城镇私营企业及其他城镇企业占 43.41%，民办非企业单位和社会团体占 2.4%，灵活就业人员占 4.37%，其他占 2.69%；中、低收入占 99.79%，高收入占 0.21%。

（二）提取业务

提取金额中，购买、建造、翻建、大修自住住房占 21.41%，偿还购房贷款本息占 48.7%，租赁住房占7.76%，支持老旧小区改造提取占0.2%；离休和退休提取占15.76%，完全丧失劳动能力并与单位终止劳动关系提取占3.87%，其他占2.28%。提取职工中，中、低收入占98.91%，高收入占1.09%。

（三）贷款业务

1. 个人住房贷款。

职工贷款笔数中，购房建筑面积90（含）平方米以下占13.49%，90～144（含）平方米占78.11%，144平方米以上占8.4%。购买新房占78.67%（其中购买保障性住房占2.53%），购买二手房占21.04%，建造、翻建、大修自住住房占0.28%，其他占0.01%。

职工贷款笔数中，单缴存职工申请贷款占51.7%，双缴存职工申请贷款占47.75%，三人及以上缴存职工共同申请贷款占0.54%。

贷款职工中，30岁（含）以下占35.65%，30岁～40岁（含）占42.34%，40岁～50岁（含）占17.69%，50岁以上占4.31%；购买首套住房申请贷款占83.21%，购买二套及以上申请贷款占16.79%；中、低收入占98.45%，高收入占1.55%。

2. 住房公积金支持保障性住房建设项目贷款。2022年，全区未发放住房公积金支持保障性住房建设项目贷款。截至2022年末，全区有3个住房公积金试点城市共4个试点项目，累计发放住房公积金贷款额度2.26亿元，建筑面积21.3万平方米，可解决1993户中低收入职工家庭的住房问题。4个试点项目已于2017年还清全部贷款本息。

（四）住房贡献率

2022年，个人住房贷款发放额、公转商贴息贷款发放额、项目贷款发放额、住房消费提取额的总和与当年缴存额的比率为100.72%，比上年增加1.68个百分点。

六、其他重要事项

（一）应对新冠肺炎疫情采取的政策措施，落实住房公积金阶段性支持政策情况和政策实施成效

为认真贯彻落实党中央、国务院关于高效统筹疫情防控和经济社会发展的决策部署，根据住房和城乡建设部及自治区党委、政府的工作要求，自治区住房和城乡建设厅联合自治区财政厅、人民银行南宁中心支行于2022年6月8日转发《住房和城乡建设部 财政部 人民银行关于实施住房公积金阶段性支持政策的通知》，积极实施住房公积金阶段性支持政策，进一步加大住房公积金助企纾困力度，帮助受疫情影响企业和缴存人共同渡过难关。2022年6月10日，自治区住房和城乡建设厅印发《关于贯彻落实住房公积金阶段性支持政策有关事项的通知》（桂建金管〔2022〕3号），要求全区各地统筹做好疫情防控和2022年住房公积金工作。截至2022年12月底，通过实施住房公积金阶段性支持政策，全区共为518家困难企业、13.72万名缴存职工缓缴住房公积金10.4亿元；共对2227名受疫情影响无法正常还款的缴存人不作逾期处理，不作逾期处理涉及贷款余额6.85亿元；共有23.64万名缴存人享受租房提取额度提高政策，累计提取住房公积金支付租金16.01亿元。

（二）当年住房公积金政策调整情况

加大住房公积金对缴存人租房和既有住宅加装电梯的支持力度。为进一步优化住房公积金使用政策，自治区住房和城乡建设厅于2022年6月13日印发《关于加大住房公积金对缴存人租房和既有住宅加装电梯支持力度的通知》（桂建发〔2022〕7号），从提高租房提取住房公积金额度、提高提取频次方面加大住房公积金对缴存人租房的支持力度，从简化申请材料、合理确定提取额度和频次、拓宽申请提取对象三个方面加大对既有住宅加装电梯提取住房公积金的支持力度，明确缴存人凭既有住宅加装电梯的建设工程规划许可证和房屋权属证明即可申请提取住房公积金，缴存人可在三年内一次或多次申请提取，额度不足部分可由配偶、子女、父母申请提取补足。

（三）当年开展监督检查情况

1. 开展年度监督和考核。2022年8～11月，自治区住房和城乡建设厅根据住房和城乡建设部重点工作及全区年度工作计划，进一步优化和调整审计工作内容，通过政府采购，以委托会计师事务所进行审计检查的方式，对全区 14 个住房公积金中心和南宁住房公积金管理中心区直分中心（以下简称公积金中心）2021 年度住房公积金内部控制情况开展审计监督。针对审计发现的制度建设、政策执行、业务管理、资金运作等方面存在的问题，由自治区住房和城乡建设厅印发监督检查意见书，提出整改意见，督促各地及时整改。此外，自治区住房和城乡建设厅会同自治区财政厅对各公积金中心 2021 年度业务管理情况进行考核并印发考核通报，全面、客观地评价各公积金中心业务发展和管理情况；以住房和城乡建设部年度重点工作和全区年度工作为导向，印发 2022 年度全区住房公积金业务管理工作考核指标，引导和督促各地认真贯彻落实国家、自治区的重要政策和重点工作，进一步加强和规范住房公积金管理。

2. 强化电子稽查工作。2022 年，自治区住房和城乡建设厅严格按照住房和城乡建设部关于开展住房公积金电子稽查工作要求，督促各地定期通过电子稽查工具对政策和业务的合规性进行检查，结合全国住房公积金监管服务平台应用，加快清理风险疑点和历史遗留问题。截至 2022 年 12 月底，各地通过电子稽查工具全面梳理核查风险疑点，持续开展数据治理工作，全区电子稽查疑点总数有 80.96 万个，疑点数同比减少 45.22%，其中缴存类 66.92 万，提取类 6.70 万，贷款类 6.69 万，财务类 0.6 万。通过全国住房公积金监管服务平台发现风险总数共 9352 个，整改完成 9352 个，整改完成率为 100%，全区业务数据质量明显提升，监管效率有效提高，风险防范机制不断完善，资金安全得到保障。

（四）当年服务改进情况

1. 全面推进住房公积金“跨省通办”工作。根据国务院新增的 2022 年全国政务服务“跨省通办”任务要求，自治区住房和城乡建设厅高度重视，认真督促各地积极贯彻落实，于 2022 年 7 月印发《住房城乡建设系统 2022 年政务服务“跨省通办”、全区通办事项办理流程规范的通知》（桂建政务〔2022〕5 号），指导各公积金中心对全区住房公积金“跨省通办”实施清单内容及操作流程进行统一和规范。2022 年 10 月，全区 15 个公积金中心全部实现住房公积金汇缴、住房公积金补缴、提前部分偿还住房公积金贷款 3 项服务事项“跨省通办”，提前 2 个月完成工作任务。截至 2022 年 12 月底，全区住房公积金汇缴“跨省通办”线上业务 355.64 万笔，线上业务量占比达到 96.08%；提前部分偿还住房公积金贷款“跨省通办”线上业务 7.53 万笔，线上业务量占比达到 96.03%。此外，全区已有 13 个公积金中心通过全程网办实现租房提取住房公积金的“跨省通办”，12 个公积金中心通过全程网办实现提前退休提取住房公积金的“跨省通办”，全区住房公积金高频服务事项“跨省通办”效果显著。

2. 积极推广住房公积金小程序服务。自治区住房和城乡建设厅持续指导各地积极推广和使用全国住房公积金小程序，确保各地业务系统与住房公积金小程序正常对接、平稳运行，及时处理异议数据，提升服务水平和改善服务体验。及时组织各地完成住房和城乡建设部住房公积金监管司下发的小程序服务事项上线测试和运行任务，推进更多服务事项全流程网上办理。截至 2022 年 12 月底，全区各地共办理跨城市住房公积金转移接续业务 7.79 万笔，累计划转资金 12.92 亿元，缴存人通过小程序可一键办理住房公积金账户查询、资金跨城市转移、个人年度账单查询等业务。

3. 制定广西住房公积金服务提升三年行动工作方案。为贯彻落实住房和城乡建设部办公厅印发的《“惠民公积金、服务暖人心”全国住房公积金系统服务提升三年行动实施方案（2022—2024 年）》精神，自治区住房和城乡建设厅于 2022 年 8 月 11 日印发《“惠民公积金、服务暖人心”广西壮族自治区住房公积金系统服务提升三年行动工作方案（2022—2024 年）》，明确在 2022—2024 年间，围绕强化服务意识、落实服务标准、打造服务品牌三个方面的内容，切实推进全区住房公积金行业管理水平和服务效能。2022 年是三年行动中的服务意识强化年，自治区住房和城乡建设厅狠抓落实，指导各地出台具体实施方案，落细落实行动时间表和路线图；开展多种形式的宣传活动，提升社会和人民群众对三年行动的知晓度；开展系统作风建设工作，强化全区公积金干部职工的为民服务情怀；及时进行阶段性总结，梳理有效做法、查找问题不足，将三年行动引向深入。

4. 进一步提高企业业务办理效率。自治区住房和城乡建设厅持续做好全区住房公积金业务系统与广西企业开办“一窗通”平台的数据对接和维护工作，不断提升住房公积金企业开户的全程网办水平。目前，全区住房公积金单位开户在一个工作日内办结，新登记企业网上办理率超过90%，限时开户办结反馈成功率达90%以上。积极协调自治区市场监管局，通过数据共享方式获取企业信息变更数据并及时推送给各公积金中心，实现全区住房公积金企业信息变更业务可全程网上办理，进一步提升业务办理效率。

（五）当年信息化建设情况

一是持续推进广西住房公积金数据共享和监管服务一体化平台（以下简称一体化平台）建设工作，于2022年11月通过政府采购方式完成一体化平台项目的招标投标工作，同时根据住房和城乡建设部印发的《关于加快住房公积金数字化发展的指导意见》要求，制定一体化平台的总体规划和实施方案，加快推进全区住房公积金数字化转型发展。二是认真做好征信信息共享工作，指导各地从加强征信数据报送管理、贷款数据整理、贷款数据个人授权、开展数据质量评估四个方面认真做好征信信息共享接入准备工作，做好全区住房公积金征信信息共享和贷款数据报送等工作，为全面实现与人民银行“总对总”的征信信息共享机制打下良好基础。三是完成全区住房公积金业务系统接入企业电子印章平台工作，自治区住房和城乡建设厅积极拓宽企业电子印章在住房公积金业务申办场景的应用，指导全区15个公积金中心业务系统接入广西企业电子印章平台，实现企业办理在线业务时同步完成电子印章的使用。2022年11月底，全区15个公积金中心实现办理线上缴存业务时同步完成企业电子印章的用印，业务办理效率进一步提高。四是积极配合接入“智桂通”平台工作，根据《广西壮族自治区数字广西建设领导小组办公室关于加快推广应用“智桂通”平台的通知》要求，积极做好住房公积金业务系统与广西智桂通平台的接入工作，实现广西移动政务服务由政府供给向企业和群众需求的导向转变，目前全区各公积金中心已全部完成接口开发，做好上线准备。

（六）住房公积金风险防控情况

进一步夯实全区住房公积金个人住房贷款逾期风险防控工作成果。自治区住房和城乡建设厅高度重视降低住房公积金个人住房贷款逾期工作（以下简称降逾工作），在巩固前期降逾工作成果上，通过定期召开贷款逾期催收研判分析会、定期监测分析各地贷款逾期情况、加强逾期风险防控及逾期贷款催收培训、实地调研约谈等方式，持续督促各公积金中心采取有效措施降低个人住房贷款逾期率，截至2022年末，全区住房公积金个人住房贷款逾期额0.54亿元、同比下降11.34%，逾期率为0.35‰、同比下降19.35%，其中，南宁、百色、崇左逾期率同比下降幅度超过50%，降逾工作成效明显。

（七）当年住房公积金机构及从业人员所获荣誉情况

2022年，南宁住房公积金管理中心区直分中心、贵港市住房公积金管理中心保留国家级“全国文明单位”荣誉称号；贵港市住房公积金管理中心、河池住房公积金管理中心荣获“广西三八红旗集体”、“广西五一劳动奖状”荣誉称号；北海市住房公积金管理中心服务窗口被继续认定为广西壮族自治区级青年文明号；桂林市住房公积金管理中心、玉林市住房公积金管理中心、崇左市住房公积金管理中心的市本级业务大厅和南宁住房公积金管理中心区直分中心政务中心管理部4个服务网点，荣获全国住房公积金“跨省通办”表现突出服务窗口荣誉称号。全区共有8个集体和个人获得省部级先进集体和个人称号，26个集体和个人获得地市级先进集体和个人称号，全区还有12个集体和个人获得其他类的省部级荣誉表彰、25个集体和个人获得其他类的地市级荣誉表彰。

广西壮族自治区柳州市住房公积金 2022 年年度报告

根据国务院《住房公积金管理条例》和住房和城乡建设部、财政部、人民银行《关于健全住房公积金信息披露制度的通知》（建金〔2015〕26 号）的规定，经住房公积金管理委员会审议通过，现将柳州市住房公积金 2022 年年度报告公布如下：

一、机构概况

（一）住房公积金管理委员会。住房公积金管理委员会有 27 名委员，2022 年召开 2 次会议，审议通过的事项主要包括：

1. 2022 第一次管委会通过议题

(1)《柳州市住房公积金管理中心 2021 年度住房公积金增值收益分配方案》;

(2)《柳州市住房公积金管理中心 2021 年度其他住房资金增值收益分配方案》;

(3)《关于 2022 年住房公积金归集、使用计划的请示》;

(4)《柳州市住房公积金 2021 年年度报告》;

(5)《柳州市住房公积金个人住房贷款轮候制实施办法》;

(6)《柳州市个人自愿缴存住房公积金管理办法》;

(7)《关于开展住房公积金个人住房贷款转商业性个人住房贷款业务的请示》。

2. 2022 第二次管委会通过议题

(1)《关于由市住房公积金中心承担市住房公积金管理委员会办公室日常职能的请示》;

(2)《关于开展逾期贷款管理委托工作的请示》;

(3)《关于委托桂林银行柳州分行办理住房公积金金融业务的请示》;

(4)《关于委托中国邮政储蓄银行柳州市分行办理住房公积金金融业务的请示》;

(5)《关于提高住房公积金租房提取额度的通知》;

(6)《关于调整住房公积金个人住房贷款额度上限、核定办法、首付比例及放款条件的通知》;

(7)《关于调整多孩家庭住房公积金个人住房贷款额度上限的通知》。

（二）住房公积金管理中心。住房公积金管理中心为直属柳州市人民政府不以营利为目的的参公事业单位，设 11 个处（科），5 个管理部，0 个分中心。从业人员 145 人，其中，在编 70 人，非在编 75 人。

二、业务运行情况

（一）缴存。2022 年，新开户单位 648 家，净增单位 546 家；新开户职工 3.41 万人，净增职工 1.03 万人；实缴单位 6001 家，实缴职工 37.40 万人，缴存额 67.34 亿元（图 1），分别同比增长 10.01%、2.84%、2.19%。2022 年末，缴存总额 645.35 亿元，比上年末增加 11.65%；缴存余额 189.94 亿元，同比增长 9.40%。受委托办理住房公积金缴存业务的银行 11 家。

（二）提取。2022 年，18.03 万名缴存职工提取住房公积金；提取额 51.03 亿元（图 2），同比增长 9.34%；提取额占当年缴存额的 75.77%，比上年增加 4.96 个百分点。2022 年末，提取总额 455.40 亿元，比上年末增加 12.62%。

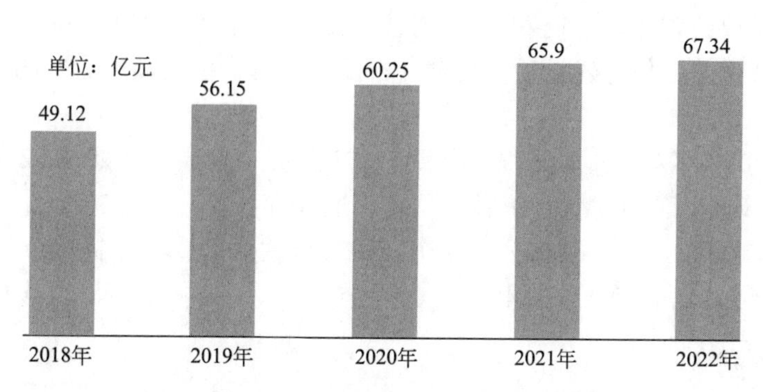

图1　2018—2022年住房公积金缴存额情况

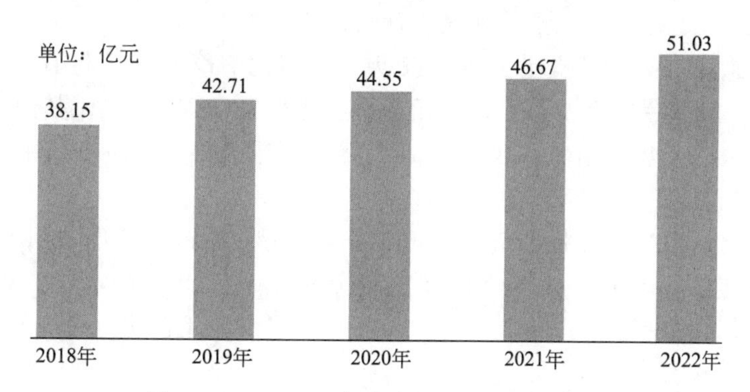

图2　2018—2022年住房公积金提取额情况

（三）贷款。

1. 个人住房贷款。个人住房贷款最高额度60万元（个人住房贷款最高额度政策不按单缴存职工和双缴存职工区分的城市填写）。

2022年，发放个人住房贷款0.66万笔、20.78亿元（图3），同比分别下降9.15%、21.56%。

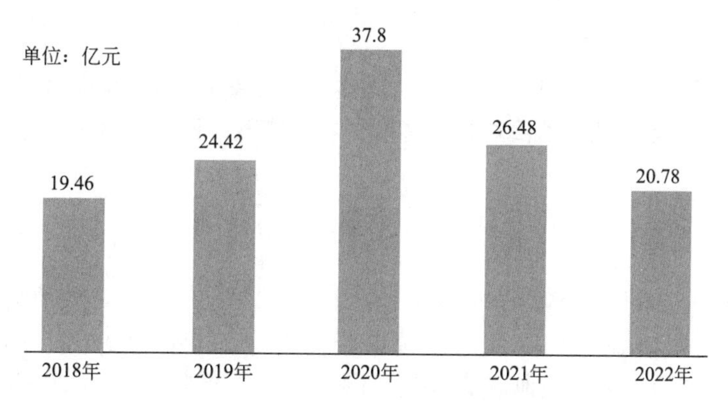

图3　2018—2022年住房公积金贷款发放额情况

2022年，回收个人住房贷款13.21亿元。

2022年末，累计发放个人住房贷款11.02万笔、281.10亿元，贷款余额172.31亿元，分别比上年末增加6.39%、7.98%、4.59%。个人住房贷款余额占缴存余额的90.71%，比上年末减少4.17个百分点。受委托办理住房公积金个人住房贷款业务的银行8家。

2. 异地贷款。2022年，发放异地贷款0笔、0万元。2022年末，发放异地贷款总额38505.20万元，异地贷款余额25751.50万元。

3. 公转商贴息贷款。2022年，发放公转商贴息贷款1170笔、35827万元，当年贴息额300.63万元。2022 年末，累计发放公转商贴息贷款 1170 笔、35827 万元，累计贴息 300.63 万元。

4. 住房公积金支持保障性住房建设项目贷款（本段仅项目贷款余额不为 0 的城市填写）。无。

（四）购买国债。 无。

（五）资金存储。 2022 年末，住房公积金存款 21.58 亿元。其中，活期 0.02 亿元，1 年（含）以下定期 3.5 亿元，1 年以上定期 0.8 亿元，其他（协定、通知存款等）17.26 亿元。

（六）资金运用率。 2022 年末，住房公积金个人住房贷款余额、项目贷款余额和购买国债余额的总和占缴存余额的 90.71%，比上年末减少 4.17 个百分点。

三、主要财务数据

（一）业务收入。 2022 年，业务收入 58525.89 万元，同比增长 9.53%。其中，存款利息 2888.68 万元，委托贷款利息 55629.54 万元，国债利息 0 万元，其他 7.67 万元。

（二）业务支出。 2022 年，业务支出 29201.21 万元，同比增长 11.09%。其中，支付职工住房公积金利息 26788.96 万元，归集手续费 0 万元，委托贷款手续费 1668.60 万元，其他 743.65 万元。

（三）增值收益。 2022 年，增值收益 29324.68 万元，同比增长 8.02%。其中，增值收益率 1.62%，比上年减少 0.05 个百分点。

（四）增值收益分配。 2022 年，提取贷款风险准备金 0 万元，提取管理费用 3173.89 万元，提取城市廉租住房（公共租赁住房）建设补充资金 26150.79 万元。

2022 年，上交财政管理费用 3173.89 万元。上缴财政城市廉租住房（公共租赁住房）建设补充资金 24130.01 万元。

2022 年末，贷款风险准备金余额 26316.43 万元。累计提取城市廉租住房（公共租赁住房）建设补充资金 203394.05 万元。

（五）管理费用支出。 2022 年，管理费用支出 2725.51 万元，同比下降 0.69%。其中，人员经费 1765.18 万元，公用经费 216.09 万元，专项经费 744.24 万元。

四、资产风险状况

（一）个人住房贷款。 2022 年末，个人住房贷款逾期额 478.67 万元，逾期率 0.28‰，个人贷款风险准备金余额 26316.43 万元。2022 年，使用个人贷款风险准备金核销呆坏账 0 万元。

（二）支持保障性住房建设试点项目贷款（本段仅项目贷款余额不为 0 的城市填写）。 无。

五、社会经济效益

（一）缴存业务

缴存职工中，国家机关和事业单位占 41.23%，国有企业占 32.33%，城镇集体企业占 0.38%，外商投资企业占 2.17%，城镇私营企业及其他城镇企业占 16.62%，民办非企业单位和社会团体占 0.87%，灵活就业人员占 0.72%，其他占 5.68%（图 4）；中、低收入占 97.85%，高收入占 2.15%。

新开户职工中，国家机关和事业单位占 25.51%，国有企业占 18.36%，城镇集体企业占 0.34%，外商投资企业占 3.95%，城镇私营企业及其他城镇企业占 39.50%，民办非企业单位和社会团体占 2.26%，灵活就业人员占 2.42%，其他占 7.66%（图 5）；中、低收入占 99.59%，高收入占 0.41%。

（二）提取业务

提取金额中，购买、建造、翻建、大修自住住房占 26.54%，偿还购房贷款本息占 45.30%，租赁住房占 7.14%，支持老旧小区改造占 0.17%，离休和退休提取占 14.75%，完全丧失劳动能力并与单位终止劳动关系提取占 4.26%，出境定居占 0%，其他占 1.84%（图 6）。提取职工中，中、低收入占 98.16%，高收入占 1.84%。

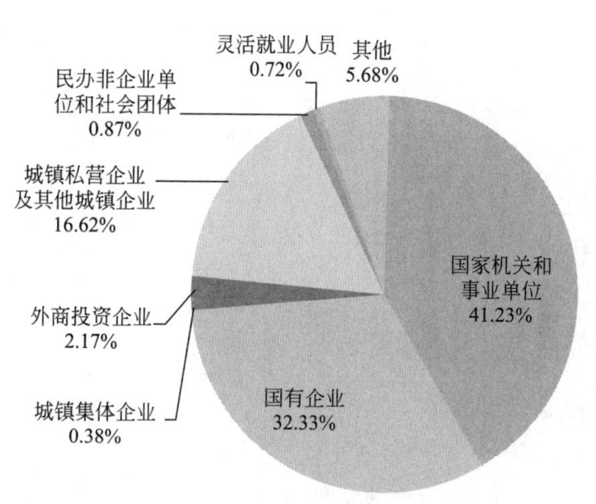

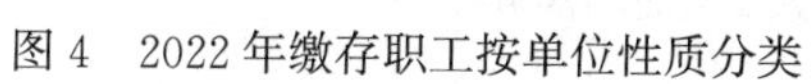
图 4　2022 年缴存职工按单位性质分类

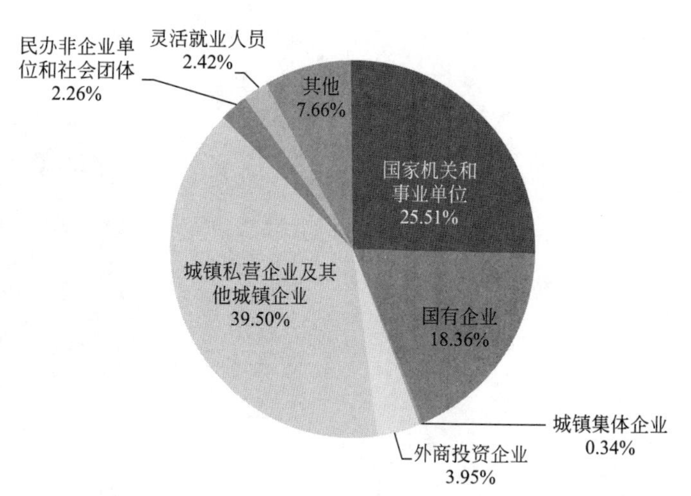

图 5　2022 年新开户职工按单位性质分类

（三）贷款业务

1. 个人住房贷款。2022 年，支持职工购建房 87.82 万平方米（含公转商贴息贷款），年末个人住房贷款市场占有率（含公转商贴息贷款）为 13.43%，比上年末增加 0.74 个百分点。通过申请住房公积金个人住房贷款，可节约职工购房利息支出 59025.31 万元。

职工贷款笔数中，购房建筑面积 90（含）平方米以下占 13.25%，90～144（含）平方米占 81.72%，144 平方米以上占 5.03%（图 7）。购买新房占 86.66%（其中购买保障性住房占 0.91%），购买二手房占 13.25%，建造、翻建、大修自住住房占 0.06%（其中支持老旧小区改造占 0%），其他占 0.03%。

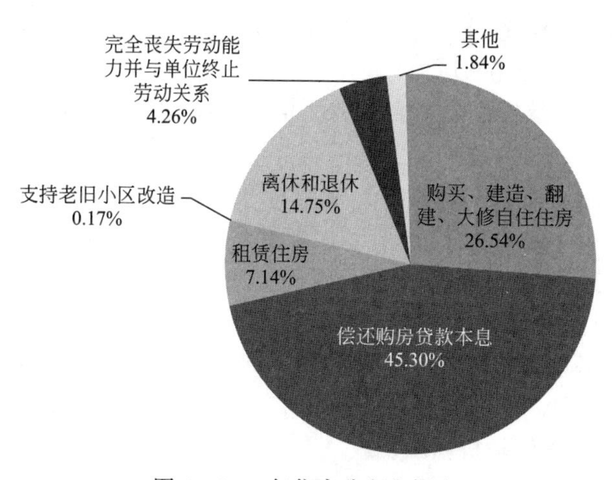

图 6　2022 年住房公积金提取金额按提取原因分类

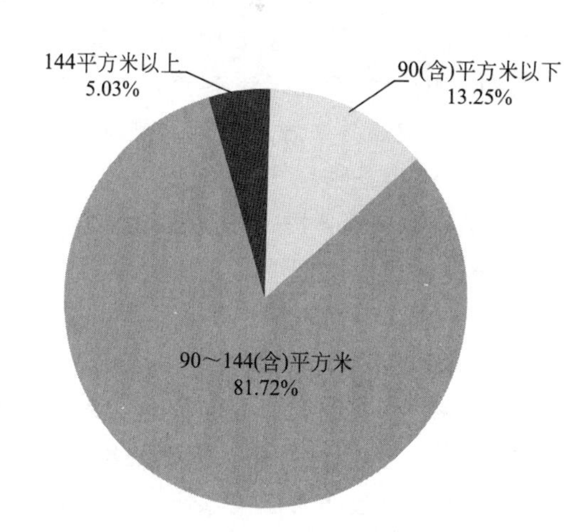

图 7　2022 年个人住房贷款笔数按购房建筑面积分类

职工贷款笔数中，单缴存职工申请贷款占 69.03%，双缴存职工申请贷款占 30.97%，三人及以上缴存职工共同申请贷款占 0%。

贷款职工中，30 岁（含）以下占 37.52%，30 岁～40 岁（含）占 40.98%，40 岁～50 岁（含）占 16.47%，50 岁以上占 5.03%（图 8）；购买首套住房申请贷款占 88.92%，购买二套及以上申请贷款占 11.08%；中、低收入占 98.19%，高收入占 1.81%。

2. 支持保障性住房建设试点项目贷款（本段仅项目贷款余额不为 0 的城市填写）。无。

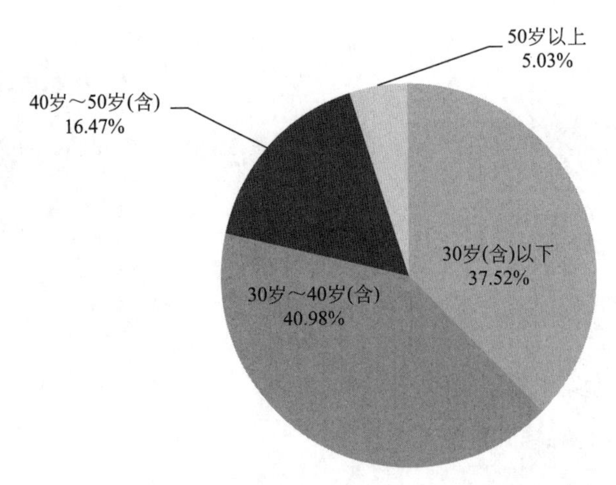

图 8　2022 年个人住房贷款笔数按主借款人贷款发放时年龄分类

（四）住房贡献率

2022 年，个人住房贷款发放额、公转商贴息贷款发放额、项目贷款发放额、住房消费提取额的总和与当年缴存额的比率为 96.21%，比上年减少 1.07 个百分点。

六、其他重要事项

（一）积极落实住房公积金阶段性支持政策，有效应对新冠肺炎疫情

2022 年 5 月 31 日，《柳州市住房公积金管理委员会关于实施住房公积金阶段性支持政策的通知》印发并实施，通过多种渠道做好政策宣传，提高政策的知晓率，同时简化审批流程，精简审批材料，确保“企业缓交公积金，职工缓还公积金贷款，支持租房提取”三方面政策措施落实落细。截至 2022 年 12 月 31 日，累计受理缓缴企业 83 个，缓缴职工 31394 人，缓缴金额（单位及职工部分）27396.84 万元，有效缓解了企业的资金压力；受理暂缓还贷业务 78 笔，不作逾期处理的贷款余额 2743.45 万元，不作逾期处理的贷款应还未还本金额 28.08 万元，缓解了借款人的还款压力。

（二）租购并举满足缴存人基本住房需求，加大租房提取住房公积金支持力度、支持缴存人贷款购买首套普通自住住房

2022 年 5 月下发《关于实施住房公积金阶段性支持政策的通知》、2022 年 12 月下发《关于提高住房公积金租房提取额度的通知》（柳公积规〔2022〕5 号），提高租房提取频次及额度，2022 年为 6183 名职工办理了二次或多次租房提取，提取金额达 4785.14 万元，全年办理租房提取 52277 笔、金额 3.64 亿元，比 2021 年分别增长了 44.4%，31.3%，以实际行动积极支持租赁市场的发展。

支持缴存人住房公积金贷款购买首套普通住房。借款申请人首次使用住房公积金贷款购买一手房（含商品房、保障性住房、集资建房、房改房、自建房）的，首付比例最低不低于 20%，贷款利率按照中国人民银行公布首套个人住房公积金贷款利率执行，优先保障贷款的发放。

（三）当年机构及职能调整情况、受委托办理缴存贷款业务金融机构变更情况

2022 年，机构及职能未发生调整，受委托办理缴存贷款业务金融机构未发生变更。

（四）住房公积金政策调整及执行情况

1. 缴存政策调整情况

2022 年度柳州市住房公积金月缴存基数上限为 23191 元。根据缴存基数不得低于柳州市现行最低工资标准的规定，2022 年度柳州市住房公积金月缴存基数下限为 1810 元（市区）、1430 元（五县）。

2022 年度柳州市（含五县）单位和个人住房公积金月缴存额上限由 2021 年的 5170 调整为 5565 元，月缴存额下限为 182 元（市区）、144 元（五县）；2022 年度柳州市（含五县）企业及其职工住房公积金缴存比例为 5%～12%，其他单位及其职工住房公积缴存比例为 8%～12%，具体缴存比例由各单位根据实际情况在上述标准范围内自行确定；自愿缴存个人住房公积金缴存比例为10%～24%，具体缴存比例自行确定。

2. 提取政策调整情况

2022年2月下发《关于进一步加强住房公积金提取管理工作的通知》（柳公积字〔2022〕3号），主要调整为：一是明确以购房事由提取住房公积金的，提取时间须与所购住房本次交易前的历次产权人以购房事由提取公积金的时间间隔12个月以上（含12个月）。二是明确以共同购房形式购买住房的可申请提取人员范围。三是明确夫妻间交易住房，并以此为由申请提取住房公积金的，不予受理。

3. 贷款政策调整情况

《关于调整住房公积金个人住房贷款额度上限、核定办法、首付比例及放款条件的通知》（柳公积规〔2022〕6号）、《关于调整多孩家庭住房公积金个人住房贷款额度上限的通知》（柳公积规〔2022〕7号）于2022年12月30日印发并实施。住房公积金贷款额度上限从40万元调整至50万元；符合国家生育政策生育二孩（含）以上的借款申请人家庭，申请首套住房公积金贷款时，贷款额度上限提高10万元；调整借款申请人住房公积金贷款额度的核定办法，新增缴存时间系数；第二次使用住房公积金贷款的首付比例由"不低于35%"调整为"不低于30%"；调整住房公积金贷款的放款条件，保障住房公积金贷款资金安全，降低借款申请人购房风险。

4. 当年住房公积金存贷款利率执行标准

2022年1月1日至9月30日，首次使用住房公积金贷款的，贷款利率按同期中国人民银行公布的住房公积金贷款基准利率执行；结清第一次住房公积金贷款后，第二次使用住房公积金贷款的，贷款利率为同期首套住房公积金贷款利率的1.1倍；对购买建筑产业现代化项目新建商品房的借款申请人家庭，按规定需上浮贷款利率的，贷款利率按人民银行公布的同期住房公积金贷款基准利率执行。

自2022年10月1日起，根据中国人民银行调整个人住房公积金贷款利率的决定，柳州市住房公积金贷款利率调整如下：首次使用住房公积金贷款的，贷款利率下调0.15个百分点，五年以下（含五年）和五年以上利率分别调整为2.6%和3.1%；第二次使用住房公积金贷款的，利率分别按五年以下（含五年）3.025%和五年以上3.575%执行。

5. 支持老旧小区改造政策落实情况

2022年9月下发《关于加大住房公积金对缴存人租房和既有住宅加装电梯支持力度的通知》（柳房金〔2022〕3号），主要调整为：一是简化加装电梯申请提取材料。加装电梯完工前，缴存人凭既有住宅加装电梯建设工程规划许可证、身份证、房屋权属证明，即可按定额预提住房公积金；加装电梯完工后，可凭实际支付的加装电梯费用凭证申请提取住房公积金。二是拓宽申请提取对象，无住房公积金或个人住房公积金账户余额不足以支付加装电梯自付费用的，其配偶、子女、父母可申请提取住房公积金补足。三是增加提取次数。自既有住宅加装电梯项目取得建设工程规划许可证之日起三年内，在不超出本户可提取额度的情况下，所有符合条件的提取申请人可每年提取一次住房公积金。

中心支持老旧小区改造政策落实，进一步优化柳州市既有住宅加装电梯提取住房公积金业务流程，2022年全年共计有216位职工加装电梯办理公积金提取，提取金额871.06万元。

（五）当年服务改进情况

服务水平持续提升，服务网点覆盖面逐年扩大，共设营业部、管理部业务大厅9个，住房公积金提取银行代办点32个，住房公积金贷款"一窗联办"银行网点40个，为缴存人办理业务提供更多的选择，柳江营业部业务大厅被柳江区评为"政务服务标杆大厅"。同时把推进住房公积金高频服务事项"跨省通办"作为提升行业服务的一项重要措施，一方面，认真做好已开通"跨省通办"事项的办理，2022年全年"跨省通办"业务两地联办（购房提取）77件次、正常退休提取4442笔、住房公积金单位登记开户11470笔、住房公积金单位及个人缴存信息变更61693笔，提前还清住房公积金贷款1402笔，出具贷款职工住房公积金缴存使用证明111笔、开具住房公积金个人住房贷款全部还清证明1402笔。另一方面，积极推进"跨省通办"新增事项的落实。为进一步扩大"跨省通办"服务范围，更大程度满足群众异地办事需求，2022 年新增“住房公积金汇（补）缴、提前部分偿还住房公积金贷款、住房公积金个人账户封存与启封、住房公积金个人账户设立、租房提取、住房公积金对冲还贷、偿还商业购房贷款本息提取、提前退休提取”8 个服务事项的“跨省通办”，共开通“跨省通办”服务事项达 20 项，超额完成住房和城乡建设部落实国务院为民办实事要求部署的工作任务 7 项、提前完成 2 项。

（六）当年信息化建设情况

1. 持续优化完善系统建设

一是完成住房公积金“冲还贷”功能模块开发，实现住房公积金贷款逐月冲还贷、一次性冲还贷业务的线上线下办理，减轻借款人还款压力，简化住房公积金贷款还款流程；二是优化缴存业务月缴存基数上下限控制，调整月缴存额核算规则，开通单位网厅比例调整功能，实现缴存单位办理基数调整、比例调整业务线上“零材料”申请，系统自动审批办结；三是推进住房公积金业务系统接入企业电子印章平台工作，在住房公积金缴存单位关键信息修改等业务场景中启用企业电子印章功能，实现相关材料在线加盖企业电子印章。

2. 深入推进信息互联

一是积极配合柳州市政务数据共享工作，根据自治区大数据局、市大数据局共享工作要求，在广西壮族自治区政务信息共享平台、柳州市政务信息共享平台完成编目、挂接等数据共享工作；二是积极对接“智桂通”平台，按时完成住房公积金服务整合接入智桂通 App 工作，为广大住房公积金缴存人再添网上服务渠道。

3. 开展数据治理，加强信息安全防护

一是围绕住房公积金风险隐患稽查整改、双贯标检查整改，开展历史冗余数据清查、治理工作。二是组织开展了多次信息系统安全防护、应急演练工作，有效消除系统漏洞、机房安全等相关隐患。三是完成核心系统信息安全等级保护三级测评，切实保障公积金系统安全、高效、稳定运行。

（七）当年对违反《住房公积金管理条例》和相关法规行为进行行政处罚和申请人民法院强制执行情况

无。

（八）当年对住房公积金管理人员违规行为的纠正和处理情况等

无。

（九）其他需要披露的情况

无。

广西壮族自治区及省内各城市住房公积金 2022 年年度报告二维码

名称	二维码
广西壮族自治区住房公积金 2022 年年度报告	
南宁住房公积金 2022 年年度报告(含区直分中心)	
桂林市住房公积金 2022 年年度报告	
柳州市住房公积金 2022 年年度报告	
梧州市住房公积金 2022 年年度报告	
北海市住房公积金 2022 年年度报告	
防城港市住房公积金 2022 年年度报告	

续表

名称	二维码
钦州市住房公积金 2022 年年度报告	
贵港市住房公积金 2022 年年度报告	
玉林市住房公积金 2022 年年度报告	
百色市住房公积金 2022 年年度报告	
贺州市住房公积金 2022 年年度报告	
河池市住房公积金 2022 年年度报告	
崇左市住房公积金 2022 年年度报告	
来宾市住房公积金 2022 年年度报告	

海南省

海南省住房公积金 2022 年年度报告

根据国务院《住房公积金管理条例》和住房和城乡建设部、财政部、人民银行《关于健全住房公积金信息披露制度的通知》（建金〔2015〕26 号）规定，现将海南省住房公积金 2022 年年度报告汇总公布如下：

一、机构概况

（一）住房公积金管理机构。全省共设 1 个住房公积金管理局，无独立设置的分支机构。从业人员 293 人，其中，在编 247 人，非在编 46 人。

（二）住房公积金监管机构。海南省住房和城乡建设厅、财政厅、人民银行海口中心支行和中国银保监会海南监管局负责对本省住房公积金管理运行情况进行监督。海南省住房和城乡建设厅设立住房公积金监管处，负责辖区住房公积金日常监管工作。

二、业务运行情况

（一）缴存。2022 年，新开户单位 9456 家，净增单位 6889 家；新开户职工 15.79 万人，净增职工 5.43 万人；实缴单位 48483 家，实缴职工 126.79 万人，缴存额 187.76 亿元，分别同比增长 16.56%、4.47%、15.83%。2022 年末，缴存总额 1452.02 亿元，比上年末增加 14.85%；缴存余额 622.44 亿元，同比增长 13.94%（表 1）。

2022 年分城市住房公积金缴存情况 表 1

地区	实缴单位（万个）	实缴职工（万人）	缴存额（亿元）	累计缴存总额（亿元）	缴存余额（亿元）
海南省	**4.85**	**126.79**	**187.76**	**1452.02**	**622.44**
海口	2.67	66.69	95.44	751.67	296.84
三亚	0.71	19.45	24.19	167.16	87.19
儋州	0.25	7.84	11.56	83.80	33.38
琼海	0.14	4.23	5.74	44.28	19.48
文昌	0.15	3.87	5.09	42.41	17.32
万宁	0.10	3.21	4.65	37.84	16.93
东方	0.07	2.94	4.68	40.10	17.78
五指山	0.05	1.24	2.05	17.84	7.67
澄迈	0.21	4.62	6.85	42.33	19.36
陵水	0.09	3.04	3.98	30.29	15.94
乐东	0.06	2.28	3.83	32.94	17.82
昌江	0.06	2.44	4.46	38.91	15.18
临高	0.05	2.05	3.27	25.74	12.04
定安	0.06	1.78	2.66	20.79	9.35

续表

地区	实缴单位（万个）	实缴职工（万人）	缴存额（亿元）	累计缴存总额（亿元）	缴存余额（亿元）
屯昌	0.04	1.48	2.36	20.00	8.25
琼中	0.06	1.62	2.61	21.75	9.95
白沙	0.04	1.41	2.11	16.62	8.20
保亭	0.05	1.45	2.21	17.55	9.74

（二）提取。2022 年，32.93 万名缴存职工提取住房公积金；提取额 111.61 亿元，同比增长 12.01%；提取额占当年缴存额的 59.44%，比上年减少 2.02 个百分点。2022 年末，提取总额 829.58 亿元，比上年末增加 15.55%（表 2）。

2022 年分城市住房公积金提取情况

表 2

地区	提取额（亿元）	提取率（%）	住房消费类提取额（亿元）	非住房消费类提取额（亿元）	累计提取总额（亿元）
海南省	**111.61**	**59.44**	**81.26**	**30.35**	**829.58**
海口	57.85	60.61	44.25	13.60	456.09
三亚	12.83	53.01	9.36	3.46	79.85
儋州	6.15	53.19	4.55	1.60	50.74
琼海	4.35	75.82	3.20	1.15	24.77
文昌	3.06	60.21	2.18	0.88	24.83
万宁	3.59	77.17	2.44	1.15	20.84
东方	3.10	66.11	2.16	0.93	22.28
五指山	1.26	61.78	0.82	0.44	9.98
澄迈	3.18	46.49	2.23	0.96	22.92
陵水	2.56	64.39	1.79	0.78	14.28
乐东	1.92	49.98	1.12	0.79	14.99
昌江	2.95	66.06	1.93	1.02	23.62
临高	2.05	62.52	1.34	0.71	13.70
定安	1.61	60.63	0.98	0.64	11.42
屯昌	1.31	55.27	0.90	0.40	11.72
琼中	1.52	58.38	0.89	0.63	11.53
白沙	1.21	57.68	0.61	0.60	8.30
保亭	1.10	49.91	0.51	0.59	7.73

（三）贷款。

1. 个人住房贷款。2022 年，发放个人住房贷款 1.68 万笔、100.71 亿元，同比下降 13.06%、18.11%。回收个人住房贷款 43.01 亿元。

2022 年末，累计发放个人住房贷款 23.21 万笔、843.69 亿元，贷款余额 555.61 亿元，分别比上年末增加 7.80%、13.56%、11.59%。个人住房贷款余额占缴存余额的 89.26%，比上年末减少 1.88 个百分点（表 3）。

2022 年，支持职工购建房 177.98 万平方米。年末个人住房公积金贷款市场占有率（含公转商贴息贷款）为 29.23%，比上年末增加 5.01 个百分点。通过申请住房公积金个人住房贷款，可节约职工购房利息支出 257310.05 万元。

2022 年分城市住房公积金个人住房贷款情况 **表 3**

地区	放贷笔数（万笔）	贷款发放额（亿元）	累计贷款总额（亿元）	贷款余额（亿元）	个人住房贷款率(%)
海南省	**1.6797**	**100.71**	**843.69**	**555.61**	**89.26**
海口	0.8926	55.13	550.45	373.20	125.72
三亚	0.2393	15.73	76.45	52.83	60.60
儋州	0.1095	6.43	54.86	36.00	107.84
琼海	0.1082	6.01	31.50	23.37	119.96
文昌	0.0526	3.38	23.22	14.39	83.09
万宁	0.0894	4.76	11.89	7.73	45.65
东方	0.0260	1.10	10.75	5.02	28.23
五指山	0.0079	0.29	4.01	1.70	22.11
澄迈	0.0430	2.37	21.04	13.54	69.92
陵水	0.0014	0.07	3.97	1.82	11.40
乐东	0.0048	0.31	3.35	0.86	4.81
昌江	0.0282	1.47	14.61	7.85	51.72
临高	0.0238	1.17	7.60	4.19	34.79
定安	0.0170	0.91	8.25	4.20	44.89
屯昌	0.0171	0.84	9.08	3.78	45.86
琼中	0.0110	0.37	6.83	3.03	30.44
白沙	0.0063	0.30	3.04	1.13	13.82
保亭	0.0016	0.08	2.80	0.97	9.98

2. 异地贷款。2022 年，发放异地贷款 75 笔、2179.90 万元。截至 2022 年末，累计发放异地贷款总额 99155.00 万元，异地贷款余额 88836.23 万元。

3. 公转商贴息贷款。2022 年，未发放公转商贴息贷款。2022 年末，无累计发放公转商贴息贷款。

（四）购买国债。2022 年，未购买国债。2022 年末，无国债余额。

（五）融资。2022 年，未融资，无当年归还。2022 年末，无融资总额，无融资余额。

（六）资金存储。2022 年末，住房公积金存款 69.73 亿元。其中，活期 0.05 亿元，1 年（含）以下定期 49.59 亿元，无 1 年以上定期，其他（协定、通知存款等）20.09 亿元。

（七）资金运用率。2022 年末，住房公积金个人住房贷款余额、项目贷款余额和购买国债余额的总和占缴存余额的 89.26%，比上年末减少 1.88 个百分点。

三、主要财务数据

（一）业务收入。2022 年，业务收入 227646.18 万元，同比增长 21.89%。其中，存款利息 55283.17 万元，委托贷款利息 172363.01 万元，无国债利息，无其他业务收入。

（二）业务支出。2022 年，业务支出 97915.18 万元，同比增长 15.92%。其中，支付职工住房公积金利息 89584.72 万元，归集手续费 786.17 万元，委托贷款手续费 7544.13 万元，其他 0.16 万元。

（三）增值收益。2022 年，增值收益 129731.01 万元，同比增长 26.82%；增值收益率 2.21%，比上年增加 0.23 个百分点。

（四）增值收益分配。2022 年，提取贷款风险准备金 77838.60 万元，提取管理费用 8981.86 万元，提取城市廉租住房（公共租赁住房）建设补充资金 42910.54 万元（表 4）。

2022 年分城市住房公积金增值收益及分配情况　　　　表 4

地区	业务收入（亿元）	业务支出（亿元）	增值收益（亿元）	增值收益率（%）	提取贷款风险准备金（亿元）	提取管理费用（亿元）	提取公租房(廉租房)建设补充资金(亿元)
海南省	**22.76**	**9.79**	**12.97**	**2.21**	**7.78**	**0.90**	**4.29**
海口	11.10	4.16	6.93	2.49	3.76	0.44	2.07
三亚	3.03	1.31	1.72	2.10	1.03	0.12	0.57
儋州	1.16	0.52	0.64	2.08	0.38	0.04	0.21
琼海	0.64	0.32	0.32	1.71	0.19	0.02	0.11
文昌	0.58	0.27	0.31	1.87	0.18	0.02	0.10
万宁	0.58	0.26	0.32	1.94	0.19	0.02	0.10
东方	0.67	0.27	0.40	2.32	0.24	0.03	0.13
五指山	0.29	0.12	0.18	2.41	0.11	0.01	0.06
澄迈	0.69	0.29	0.40	2.26	0.24	0.03	0.13
陵水	0.62	0.24	0.38	2.43	0.23	0.03	0.13
乐东	0.69	0.26	0.43	2.57	0.26	0.03	0.14
昌江	0.56	0.23	0.32	2.26	0.19	0.02	0.11
临高	0.44	0.18	0.26	2.26	0.16	0.02	0.09
定安	0.34	0.14	0.20	2.21	0.12	0.01	0.07
屯昌	0.30	0.12	0.18	2.33	0.11	0.01	0.06
琼中	0.38	0.15	0.23	2.43	0.14	0.02	0.08
白沙	0.32	0.12	0.20	2.54	0.12	0.01	0.07
保亭	0.38	0.14	0.24	2.55	0.14	0.02	0.08

备注：因海南省住房公积金实行全省统一会计核算，各城市相关数据为人工推算。

2022 年，上交财政管理费用 7490.38 万元，上缴财政城市廉租住房（公共租赁住房）建设补充资金 33576.53 万元。

2022 年末，贷款风险准备金余额 369223.81 万元，累计提取城市廉租住房（公共租赁住房）建设补充资金 232726.67 万元。

（五）管理费用支出。 2022 年，管理费用支出 7449.41 万元，同比增加 662.92 万元，同比增长 9.77%。其中，人员经费 4513.80 万元，公用经费 855.42 万元，专项经费 2080.19 万元。

四、资产风险状况

（一）个人住房贷款。 2022 年末，个人住房贷款逾期额 1763.77 万元，逾期率 0.317‰，个人贷款风险准备金余额 368427.81 万元。2022 年，未使用个人贷款风险准备金核销呆坏账。

（二）住房公积金支持保障性住房建设项目贷款。 2022 年末，无逾期项目贷款。项目贷款风险准备金余额 796 万元。2022 年，未使用项目贷款风险准备金核销呆坏账。

五、社会经济效益

（一）缴存业务。

当年缴存人数中，国家机关和事业单位占 27.17%，国有企业占 14.68%，城镇集体企业占 1.28%，外商投资企业占 2.20%，城镇私营企业及其他城镇企业占 46.11%，民办非企业单位和社会团体占 3.6%，灵活就业人员占 0.33%，其他占 4.63%；中、低收入占 99.31%，高收入占 0.69%。

当年缴存额中，国家机关和事业单位占 42.90%，国有企业占 22.99%。城镇集体企业占 0.96%，外商投资企业占 2.30%，城镇私营企业及其他城镇企业占 22.62%，民办非企业单位和社会团体占 2.03%，灵活就业人员占 0.10%，其他占 6.10%。

新开户职工中，公有单位占 19.72%，非公有单位占 80.28%。国家机关和事业单位占 10.10%，国有企业占 9.62%，城镇集体企业占 1.59%，外商投资企业占 2.13%，城镇私营企业及其他城镇企业占 66.69%，民办非企业单位和社会团体占 5.26%，灵活就业人员占 0.77%，其他占 3.84%；中、低收入占 98.80%，高收入占 1.2%。

（二）提取业务。

提取金额中，购买、建造、翻建、大修自住住房占 23.74%，偿还购房贷款本息占 48.57%，租赁住房占 0.50%，无支持老旧小区改造提取；离休和退休提取占 22.02%，完全丧失劳动能力并与单位终止劳动关系提取占 0.01%，出境定居占 0.01%，其他占 5.15%。提取职工中，中、低收入占 97.9%，高收入占 2.1%。

（三）贷款业务。

职工贷款笔数中，购房建筑面积 90（含）平方米以下占 20.81%，90～144（含）平方米占 75.17%，144 平方米以上占 4.02%。购买新房占 90.02%（其中购买保障性住房占 35.41%），购买二手房占 9.88%，建造、翻建、大修自住住房占 0.10%（无支持老旧小区改造）。

职工贷款笔数中，单缴存职工申请贷款占 36.57%，双缴存职工申请贷款占 63.25%，三人及以上缴存职工共同申请贷款占 0.18%。

贷款职工中，30 岁（含）以下占 28.55%，30 岁～40 岁（含）占 47.30%，40 岁～50 岁（含）占 18.38%，50 岁以上占 5.77%；购买首套住房申请贷款占 82.42%，购买二套及以上申请贷款占 17.58%；中、低收入占 99.46%，高收入占 0.54%。

（四）住房贡献率。2022 年，个人住房贷款发放额、公转商贴息贷款发放额、项目贷款发放额、住房消费提取额的总和与当年缴存额的比率为 96.92%，比上年减少 26.92 个百分点。

六、其他重要事项

（一）应对新冠肺炎疫情采取的政策措施，落实住房公积金阶段性支持政策情况和政策实施成效

根据我省疫情形势，及时出台一系列应变管用的住房公积金阶段性支持政策，明确缓缴减缴公积金、延后贷款还款期、贷款不作逾期处理、将职工租房提取额度从每月 900 元提高至 1200 元等措施，为保障社会民生和稳住经济大盘提供有力支持。自 5 月实施以来，全年完成 3849 家企业、涉及职工 5.97 万人缓缴和减缴审批，累计金额 1.18 亿元；对受疫情影响无法按期还款的，有 1311 笔贷款不作逾期处理，涉及应还未还本金额 135.81 万元；受理企业缓缴职工贷款申请 138 笔，贷款金额 6681 万元；1644 名租房职工将支付租金的每月约提金额提高至 900 元以上，其中约提金额每月 1200 元的有 1405 人。

（二）出台实施多项惠民政策，服务民生持续发力

2022 年，我局出台实施多项惠民政策，服务民生持续发力，充分发挥住房公积金住房保障作用。

1. 归集、提取业务方面。一是印发《关于进一步完善住房公积金提取相关问题的通知》（琼公积金归〔2022〕2 号），进一步完善便民服务举措；二是印发《海南省住房公积金管理局离职提取业务规定》（琼公积金归〔2022〕7 号），自 2022 年 8 月开展离职提取业务以来，当年已办理离职提取 2.65 亿元；三是印发《海南省住房公积金管理局关于落实住房公积金阶段性支持政策的通知》（琼公积金归〔2022〕4 号），助力企业和缴存职工纾困解难。四是印发《海南省住房公积金信用评价管理办法（试行）》（琼公积金法〔2022〕20 号），健全海南省住房公积金信用体系，促进住房公积金信用主体遵从住房公积金法规、履行诚信守法义务。

2. 贷款业务方面。一是印发《关于对本轮疫情影响个人住房公积金贷款逾期还款不作处理有关措施的通知》（琼公积金贷〔2022〕2号），缓解贷款职工还款压力；二是印发《关于调整我省住房公积金个人住房贷款支持购买二手房有关政策的通知》（琼公积金贷〔2022〕3号），助推房地产市场健康平稳发展；三是印发《关于降低住房公积金贷款保证金比例的通知》（琼公积金贷〔2022〕7号），减轻房地产企业资金压力；四是印发《海南省住房公积金管理局关于调整个人住房公积金贷款利率的通知》（琼公积金贷〔2022〕12号），下调首套个人住房公积金贷款利率0.15个百分点；五是印发《海南省住房公积金管理局关于落实阶段性住房公积金助企纾困特别措施的通知》（琼公积金归〔2022〕8号），帮助职工渡过新一轮疫情影响难关。

（三）风险防控有力有效，推动事业发展得到更强保障

组织开展2021年直属局考核工作。围绕党建、业务管理、内部制度执行、政务公开和文明服务、信息管理等方面对全省直属管理局进行检查和评价，综合评选出7个优秀直属管理局，推动住房公积金服务能力全面提升，增强风险防控能力，提高住房公积金运营管理水平。组织开展4个直属管理局的内部审计工作，发现归集、提取、贷款、财务管理等方面的问题65个。通过实施内部审计，进一步增强对直属管理局负责人的管理监督，规范住房公积金业务管理，有效防范资金安全。

（四）住房公积金服务改革升级，助力海南自贸港营商环境优化

我局围绕群众急难愁盼问题，完善便民举措，创新服务方式，进一步打通为民服务“堵点”、破解群众办事“难题”。一是实现住房公积金贷款“不见面审批”。作为系统集成创新的突破口，通过打通联网协同渠道，实现数据共享、证照互认，同人民银行以及我省28家相关单位建立跨部门跨系统联动协同机制，将贷款业务办理时限由20多个工作日缩短至5个工作日内办结，实现住房公积金贷款业务申请“极简”、业务流转“极便”、资金发放“极速”的转型。二是推进政务服务标准化规范化管理。制定服务事项标准化目录及实施清单，规范缴存、提取和贷款业务审批事项受理条件、办理渠道、流程、结果及办结时限，推动业务无差别受理、同标准办理。三是实现网上办理住房公积金补缴、专管员权限开通及变更业务，促进住房公积金单位业务“零跑动”。

（五）强化信息建设，数字化政府转型成效明显

我局以数字化转型为抓手，将流程融合、数据共享和电子证照互认作为突破口，不断完善信息化建设。一是完成征信系统接入。通过对接征信系统，实现联网查询征信报告零的突破，切实解决职工办理业务“折返跑”的难题。当年有3159笔贷款通过系统自动获取征信报告。二是上线住房公积金贷款不见面审批系统。按照数据共享、系统对接、协同联办三步走的建设思路，扎实推进贷款不见面系统的开发、部署和上线工作。三是推动政务服务“一网通办”向“一网好办”转变。将住房公积金服务事项集成进入海易办、海南政务服务网等各级政务办事服务平台，实现一网通办、跨省通办。深入推进住房公积金“无感申办”和“智能办结”服务事项升级改革，2022年网上办理率达97.09%，54项服务事项中的33项实现免审零材料自助办、6项实现主动智能办，联网社保卡支持免卡结算提取11.81万笔共计60.18亿元。

（六）当年住房公积金机构及从业人员所获荣誉情况

我局信息管理处荣获“全国住房和城乡建设系统先进集体”荣誉称号，我局被省委组织部表彰为抗击疫情表现突出集体。我局持续打造住房公积金优质服务品牌，多措并举推进“青年文明号”、文明单位的创建，2022年我局获评2021年度全省信用工作“优秀”单位、省直机关“创建文明单位示范点”；省直管理局、海口管理局、三亚管理局、儋州管理局服务窗口被住房和城乡建设部评为“跨省通办”表现突出服务窗口；省直管理局、定安管理局、五指山管理局、儋州管理局荣获第18届海南省“青年文明号”；定安管理局荣获当地“文明单位”称号。

（七）当年对住房公积金管理人员违规行为的纠正和处理情况等

当年无对住房公积金管理人员违规行为的纠正和处理情况。

（八）其他需要披露的情况

无其他需要披露的情况。

海南省住房公积金
2022 年年度报告二维码

名称	二维码
海南省住房公积金 2022 年年度报告	

重庆市

重庆市住房公积金 2022 年年度报告

根据国务院《住房公积金管理条例》和住房和城乡建设部、财政部、人民银行《关于健全住房公积金信息披露制度的通知》（建金〔2015〕26 号）的规定，经住房公积金管理委员会审议通过，现将重庆市住房公积金 2022 年年度报告公布如下：

一、机构概况

（一）重庆市住房公积金管理委员会

重庆市住房公积金管理委员会有 30 名委员，2022 年召开 1 次会议。审议通过的事项主要包括：《关于进一步优化住房公积金缴存提取政策的通知》《关于重庆市灵活就业人员参加住房公积金制度试点开展情况的报告》《重庆市住房公积金管理委员会办公室关于调整住房公积金管理委员会委员的请示》《2021 年重庆市住房公积金管理工作情况报告》《2021 年度住房公积金缴存使用计划执行情况及 2022 年度缴存使用计划》《重庆市住房公积金 2021 年年度报告》。

（二）重庆市住房公积金管理中心

重庆市住房公积金管理中心是隶属于重庆市住房和城乡建设委员会的副厅局级事业单位，设 10 个处室，7 个办事处，31 个分中心。从业人员 611 人，其中，在编 332 人，非在编 279 人。

二、业务运行情况

（一）缴存

2022 年，新开户单位（不含尚未缴存）9478 家，净增单位 6970 家；新开户职工（不含尚未缴存，下同）36.56 万人，净增职工 11.71 万人；实缴单位 55299 家，实缴职工 310.28 万人，缴存额 548.89 亿元，分别同比增长 14.42%、3.92%、4.22%。2022 年末，缴存总额 4463.88 亿元，比上年末增加 14.02%；缴存余额 1595.09 亿元，同比增长 14.19%。

受委托办理在职职工住房公积金缴存业务的银行 5 家。

受委托办理灵活就业人员参加住房公积金制度试点缴存业务的银行 10 家。

（二）提取

2022 年，103.23 万名缴存职工提取住房公积金；提取额 350.65 亿元，同比增长 2.80%；提取额占当年缴存额的 63.88%，比上年减少 0.88 个百分点。2022 年末，提取总额 2868.79 亿元，比上年末增加 13.93%。

（三）贷款

1. 个人住房贷款

单缴存职工个人住房贷款最高额度 50 万元，双缴存职工个人住房贷款最高额度 100 万元。

2022 年，发放个人住房贷款 5.36 万笔、225.43 亿元，同比分别下降 27.72%、22.80%。回收个人住房贷款 126.96 亿元。

2022 年末，累计发放个人住房贷款 85.69 万笔、2651.02 亿元，贷款余额 1618.39 亿元，分别比上年末增加 6.68%、9.29%、5.42%。其中，自有资金累计发放个人住房贷款 78.38 万笔、2389.13 亿元，贷款余额 1451.48 亿元；利用银行资金累计发放住房公积金公转商贴息贷款 7.31 万笔、261.89 亿元，贷款余额166.91亿元。自有资金个人住房贷款余额占缴存余额的91.00%，比上年末减少5.86个百分点。

受委托办理住房公积金个人住房贷款业务的银行16家。

2. 异地贷款

2022年，发放异地贷款3749笔、148588.70万元。2022年末，发放异地贷款总额912661.50万元，异地贷款余额742221.40万元。

3. 公转商贴息贷款

2022年，未发放公转商贴息贷款，为往年发放的公转商贴息贷款贴息24953.97万元。2022年末，累计发放公转商贴息贷款73154笔、2618975.33万元，累计贴息164062.78万元。

（四）购买国债

2022年，未购买国债。2022年末，无国债余额。

（五）资金存储

2022年末，住房公积金存款143.82亿元。其中，活期存款0.01亿元，1年（含）以下定期存款30.00亿元，协定存款113.81亿元。

（六）资金运用率

2022年末，住房公积金自有资金个人住房贷款余额、项目贷款余额和购买国债余额的总和占缴存余额的91.00%，比上年末减少5.86个百分点。

三、主要财务数据

（一）业务收入

2022年，业务收入479943.85万元，同比增长12.71%。其中，存款利息22531.25万元，委托贷款利息457401.21万元，其他11.39万元。

（二）业务支出

2022年，业务支出270983.09万元，同比增长11.52%。其中，支付职工住房公积金利息250815.90万元，归集手续费3125.38万元，委托贷款手续费15515.33万元，其他1526.48万元。

（三）增值收益

2022年，增值收益208960.76万元，同比增长14.29%；增值收益率1.39%，与上年持平。

（四）增值收益分配

2022年，提取贷款风险准备金9846.69万元，提取管理费用29794.23万元，提取城市廉租住房建设补充资金169319.84万元。

2022年，上交财政管理费用30577.47万元（其中，清缴2021年度增值收益分配的管理费用1777.47万元，预缴2022年增值收益分配的管理费用28800.00万元）。上缴财政城市廉租住房建设补充资金115908.32万元（其中，清缴2021年度增值收益分配的城市廉租住房建设补充资金72208.32万元，预缴2022年增值收益分配的城市廉租住房建设补充资金43700.00万元）。

2022年末，贷款风险准备金余额355391.41万元。累计提取城市廉租住房建设补充资金1039875.98万元。

（五）管理费用支出

2022年，管理费用支出23316.81万元，同比下降8.28%。其中，人员经费7483.26万元，公用经费1305.98万元，专项经费14527.57万元。

四、资产风险状况

2022年末，个人住房贷款逾期额5370.21万元，逾期率0.37‰。个人贷款风险准备金余额355391.41万元。当年未使用个人贷款风险准备金核销呆坏账。

五、社会经济效益

(一) 缴存业务

缴存职工中，国家机关和事业单位占 26.79%，国有企业占 11.90%，城镇集体企业占 0.29%，外商投资企业占 6.86%，城镇私营企业及其他城镇企业占 47.75%，民办非企业单位和社会团体占 1.18%，灵活就业人员占 2.10%，其他占 3.13%；中、低收入占 98.37%，高收入占 1.63%。

新开户职工中，国家机关和事业单位占 7.09%，国有企业占 5.61%，城镇集体企业占 0.17%，外商投资企业占 7.13%，城镇私营企业及其他城镇企业占 60.99%，民办非企业单位和社会团体占 1.62%，灵活就业人员占 13.65%，其他占 3.74%；中、低收入占 99.46%，高收入占 0.54%。

(二) 提取业务

提取金额中，购买、建造、翻建、大修自住住房占 3.97%，偿还购房贷款本息占 75.22%，租赁住房占 4.02%，支持老旧小区改造占 0.02%，离休和退休提取占 13.35%，完全丧失劳动能力并与单位终止劳动关系提取占 1.66%，出境定居占 0.001%，其他占 1.76%。提取职工中，中、低收入占 97.51%，高收入占 2.49%。

(三) 贷款业务

2022 年，支持职工购建房 542.11 万平方米，年末个人住房贷款市场占有率（含公转商贴息贷款）为 12.05%，比上年末增加 0.87 个百分点。2022 年发放的住房公积金个人住房贷款，偿还期内可为贷款职工节约利息支出 743878.60 万元。

职工贷款笔数中，购房建筑面积 90（含）平方米以下占 31.39%，90～144（含）平方米占 64.84%，144 平方米以上占 3.77%。购买新房占 60.11%（其中购买保障性住房占 0.007%），购买二手房占 39.89%。

职工贷款笔数中，单缴存职工申请贷款占 83.58%，双缴存职工申请贷款占 16.42%。

贷款职工中，30 岁（含）以下占 57.41%，30 岁～40 岁（含）占 32.44%，40 岁～50 岁（含）占 8.16%，50 岁以上占 1.99%；购买首套住房申请贷款占 77.59%，购买二套住房申请贷款占 22.41%；中、低收入占 99.72%，高收入占 0.28%。

(四) 住房贡献率

2022 年，自有资金个人住房贷款发放额、公转商贴息贷款发放额、项目贷款发放额、住房消费提取额的总和与当年缴存额的比率为 94.24%，比上年减少 17.25 个百分点。

六、其他重要事项

(一) 成渝地区双城经济圈住房公积金一体化发展情况

一是创新增加“个人住房公积金贷款提取”和“租房提取住房公积金”2 个“川渝通办”事项，共 12 个事项实现“川渝通办”。二是支持四川省住房公积金缴存职工在我市购房申请异地住房公积金个人住房贷款享受同城待遇。三是与成都中心实现降比缓缴、租房按月提取、灵活就业人员缴存公积金互认互贷等方面政策协同。成渝实现异地缴存证明无纸化后，成都缴存职工来我市办理的第一笔异地住房公积金贷款档案，参展了“奋进新时代”主题成就展。四是在与绵阳中心跨区域资金融通基础上，将合作对象拓展到达州中心，进一步扩大资金融通范围，相关做法被评为 2021 年“十大成渝地区协同发展创新案例”。

(二) 开展灵活就业人员参加住房公积金制度试点情况

一是我市灵活就业人员开户人数由 2021 年末的 4.59 万人增长至 12.31 万人。二是支持灵活就业人员购买家庭第二套自住住房可申请住房公积金贷款，提高个人最高贷款额度和多子女家庭最高贷款额度。三是推动灵活就业人员缴存住房公积金权益纳入《重庆市农民工工作“十四五”规划》《重庆市乡村振兴促进条例》。我市试点经验成效先后被住房和城乡建设部、中共重庆市委督查办采用，作为民生实事先进做法予以宣传推广，并被作为我市迎接党的二十大胜利召开改革创新经验材料予以报道。

（三）落实住房公积金阶段性支持政策情况

认真贯彻落实国家及我市稳住经济大盘相关决策部署，严格按照《关于落实住房公积金阶段性支持政策的通知》（渝建住保〔2022〕46号）要求，积极落实住房公积金阶段性支持政策。一是放宽降比缓缴条件，支持646家企业降低缴存比例，减少缴存3182.32万元，支持433家企业缓缴住房公积金4.09亿元。二是提高租房提取额度，中心城区缴存职工每人每月提取金额由1200元提高至1500元，其他区县缴存职工每人每月提取金额由900元提高至1200元。三是对1.28万笔受疫情影响无法正常还款的住房公积金贷款不作逾期处理。

（四）助力优化营商环境情况

一是进一步优化电子营业执照运用方式和功能，大幅提升企业办理缴存业务便捷度。二是在市政府“渝快办”App开办企业“E企办”平台，实现企业开办同步设立住房公积金账户功能。三是实现企业开办同步开立银行账户功能，开办企业“一网通”平台将企业开办登记信息和银行预赋账号信息自动推送至住房公积金系统，无需企业再行申报。

（五）政策调整情况

1. 调整首套个人住房公积金贷款利率

根据《中国人民银行关于下调首套个人住房公积金贷款利率的通知》，下调首套个人住房公积金贷款利率0.15个百分点，具体为：一是2022年10月1日后发放的首套个人住房公积金贷款，五年以下（含五年）贷款利率下调至2.6%，五年以上贷款利率下调至3.1%。二是2022年10月1日前已发放的首套个人住房公积金贷款，贷款期限在一年以内（含一年）的执行原合同利率；贷款期限在一年以上的，2023年1月1日前仍执行原合同利率，从2023年1月1日起执行调整后利率。三是第二套个人住房公积金贷款的利率政策不变。

2. 调整当年缴存基数上下限

出台《关于确定2022年度住房公积金缴存基数上、下限的通知》（渝公积金发〔2022〕83号），规定了2022年度月缴存基数上限为26742元，月缴存基数下限不得低于重庆市人力资源和社会保障局公布的我市现行最低工资标准。

3. 优化住房公积金缴存提取政策

一是加大对困难企业的支持力度，放宽企业缓缴申请条件，支持困难企业降低缴存比例至5%以下。二是支持职工按月提取住房公积金用于支付房屋租赁费用。三是全款购房提取办理时限由购房合同登记备案或取得房屋所有权证之日起一年内放宽至两年内。

4. 优化住房公积金贷款政策

一是住房公积金个人最高贷款额度上调至50万元，职工家庭最高贷款额度上调至100万元，多子女职工个人及家庭最高贷款额度分别上调至60万元、120万元。二是职工家庭购买第二套住房申请住房公积金贷款的，最低首付款比例下调至30%，多子女职工家庭下调至25%。

（六）服务提升情况

一是持续推进“跨省通办”。提前完成国务院办公厅要求新增的5个“跨省通办”事项，其中4个事项均以全程网办方式实现。5个服务网点被住房和城乡建设部评为“跨省通办”典型示范窗口。二是扎实推进网点服务。开展服务提升三年行动、印发《网点窗口服务规范》、组织“五心服务”创建活动、建成8个智能服务网点、对329个网点（含受托银行）80个细项开展神秘人暗访，管理服务水平持续提升。三是大力优化客户服务。整合网点公开电话、后台电话、12329热线等群众服务电话，建成云呼叫平台，提高网点公开电话接听率，及时解决群众关切。优化完善智能外呼平台，持续完善智能应答平台，不断提升机器人智能问答能力。四是不断完善渠道服务。在“渝快办”完成了3项业务办件数据以及“好差评”评价数据对接和实时推送。

（七）信息化建设情况

一是抓好信息系统建设。及时改造配套系统支撑提取、贷款优化政策落地，实现个人网厅与“渝快办”系统融合，建成灵活就业人员网厅。二是创新应用能力持续增强。推进住房公积金监管司软课题，专题研究全国住房公积金灵活就业人员系统集约化建设。推进市住房和城乡建委市级科研项目，探索研究公积金窗口服务标准化监督机制。开展住房公积金楼盘画像、贷款结构分析、系统健康度评估等课题研究。三是信息安全水平持续提升。编制网络安全发展规划，常态化开展等级保护测评、密码测评和安全漏洞扫描，携手商业银行建设“公积金信息共享联盟链”，项目入选“国家区块链创新应用综合性试点”重点应用场景。

（八）住房公积金管理中心及职工所获荣誉情况

重庆市住房公积金管理中心及下属办事处、分中心获重庆市“青年文明号”3个、“巾帼文明岗”3个、“三八红旗集体”1个、“巾帼建功标兵”1个、“第七批重庆市岗位学雷锋示范点”1个；获区县级“文明单位”1个、“青年文明号”1个、“工人先锋号”1个、“巾帼文明岗”1个、“三八红旗手”1个、“巾帼建功标兵”1个；集体、个人获其他市级荣誉15个、区县级荣誉22个。

（九）对违反《住房公积金管理条例》和相关法规行为进行行政处罚和申请人民法院强制执行情况

受理违反《住房公积金管理条例》和相关法规行为的案件907件，其中，立案前处理整改796件，立案查处111件。依法申请人民法院强制执行9件。

重庆市住房公积金
2022年年度报告二维码

名称	二维码
重庆市住房公积金2022年年度报告	

四川省

四川省住房公积金 2022 年年度报告

根据国务院《住房公积金管理条例》和住房和城乡建设部、财政部、人民银行《关于健全住房公积金信息披露制度的通知》(建金〔2015〕26 号)规定，现将四川省住房公积金 2022 年年度报告汇总公布如下：

一、机构概况

(一) 住房公积金管理机构。全省共设 21 个设区城市住房公积金管理中心，3 个独立设置的分中心(其中，四川省省级住房公积金管理中心隶属四川省机关事务管理局，四川石油管理局住房公积金管理中心隶属四川石油管理局有限公司，中国工程物理研究院住房公积金管理中心隶属中国工程物理研究院)。从业人员 2416 人，其中，在编 1329 人，非在编 1087 人。

(二) 住房公积金监管机构。省住房和城乡建设厅、财政厅和人民银行成都分行负责对本省住房公积金管理运行情况进行监督。省住房和城乡建设厅设立住房公积金监管处，负责辖区住房公积金日常监管工作。

二、业务运行情况

(一) 缴存。2022 年，新开户单位 28992 家，净增单位 16117 家；新开户职工 101.88 万人，净增职工 30.23 万人；实缴单位 172306 家，实缴职工 820.37 万人，缴存额 1468.17 亿元，分别同比增长 10.32%、3.83%、9.78%。2022 年末，缴存总额 11512.72 亿元，比上年末增加 14.63%；缴存余额 4453.52 亿元，同比增长 10.76%(表 1)。

2022 年分城市住房公积金缴存情况　　**表 1**

地区	实缴单位(万个)	实缴职工(万人)	缴存额(亿元)	累计缴存总额(亿元)	缴存余额(亿元)
四川省	**17.23**	**820.37**	**1468.17**	**11512.72**	**4453.52**
成都	10.32	448.63	736.09	5436.32	1968.46
自贡	0.26	13.98	26.72	241.01	99.75
攀枝花	0.20	14.42	29.38	307.87	112.19
泸州	0.43	27.85	47.58	383.21	144.68
德阳	0.41	26.25	47.55	459.23	163.51
绵阳	0.65	36.79	70.84	582.78	237.22
广元	0.30	14.79	30.66	228.55	119.32
遂宁	0.27	15.17	26.23	186.60	89.62
内江	0.24	14.65	26.72	228.55	101.84
乐山	0.45	22.92	40.28	388.16	137.97
南充	0.51	24.82	49.27	391.11	148.05
眉山	0.34	18.37	34.19	259.98	92.78

续表

地区	实缴单位（万个）	实缴职工（万人）	缴存额（亿元）	累计缴存总额（亿元）	缴存余额（亿元）
宜宾	0.57	33.27	64.23	509.20	186.33
广安	0.34	15.49	29.74	205.70	90.53
达州	0.34	20.68	42.63	332.20	160.37
雅安	0.25	10.06	20.48	182.83	62.25
巴中	0.26	12.14	22.51	169.77	102.58
资阳	0.19	10.34	20.14	162.12	71.36
阿坝	0.20	8.43	24.09	193.43	76.64
甘孜	0.23	8.59	27.47	222.32	99.65
凉山	0.48	22.72	51.38	441.76	188.41

（二）提取。2022年，315.58万名缴存职工提取住房公积金；提取额1036.35亿元，同比增长13.81%；提取额占当年缴存额的70.58%，比上年增加2.49个百分点。2022年末，提取总额7059.20亿元，比上年末增加17.21%（表2）。

2022年分城市住房公积金提取情况 **表2**

地区	提取额（亿元）	提取率（%）	住房消费类提取额（亿元）	非住房消费类提取额（亿元）	累计提取总额（亿元）
四川省	**1036.35**	**70.58**	**829.37**	**206.98**	**7059.20**
成都	557.31	75.71	472.52	84.79	3467.86
自贡	17.68	66.16	12.72	4.96	141.26
攀枝花	20.56	69.98	14.65	5.91	195.67
泸州	30.53	64.18	23.59	6.95	238.53
德阳	35.56	74.79	26.23	9.33	295.72
绵阳	46.92	66.23	34.15	12.76	345.56
广元	19.79	64.54	13.57	6.22	109.23
遂宁	15.65	59.65	11.25	4.39	96.98
内江	17.97	67.23	13.29	4.68	126.71
乐山	29.25	72.61	21.64	7.61	250.19
南充	31.38	63.70	24.15	7.23	243.07
眉山	24.37	71.28	19.63	4.74	167.21
宜宾	43.64	67.95	34.81	8.83	322.87
广安	16.68	56.10	13.18	3.50	115.16
达州	22.60	53.00	15.35	7.24	171.83
雅安	15.54	75.87	12.10	3.44	120.57
巴中	10.38	46.12	6.57	3.81	67.20
资阳	12.62	62.66	8.85	3.77	90.77
阿坝	15.30	63.51	12.05	3.25	116.79
甘孜	18.48	67.27	14.38	4.10	122.67
凉山	34.16	66.48	24.68	9.48	253.35

（三）贷款。

1. 个人住房贷款。2022 年，发放个人住房贷款 14.45 万笔、608.31 亿元，同比下降 20.60%、18.57%。回收个人住房贷款 388.28 亿元。

2022 年末，累计发放个人住房贷款 212.35 万笔、6138.02 亿元，贷款余额 3522.03 亿元，分别比上年末增加 7.30%、11.00%、6.66%。个人住房贷款余额占缴存余额的 79.08%，比上年末减少 3.04 个百分点（表 3）。

2022 年，支持职工购建房 1581.02 万平方米。年末个人住房贷款市场占有率（含公转商贴息贷款）为 17.36%，比上年末增加 0.54 个百分点。通过申请住房公积金个人住房贷款，可节约职工购房利息支出 1117540.70 万元。

2. 异地贷款。2022 年，发放异地贷款 23144 笔、1019209.50 万元。2022 年末，发放异地贷款总额 5968300.17 万元，异地贷款余额 4267891.26 万元。

2022 年分城市住房公积金个人住房贷款情况

表 3

地区	放贷笔数（万笔）	贷款发放额（亿元）	累计放贷笔数（万笔）	累计贷款总额（亿元）	贷款余额（亿元）	个人住房贷款率(%)
四川省	**14.45**	**608.31**	**212.35**	**6138.02**	**3522.03**	**79.08**
成都	7.39	339.58	78.10	2729.70	1678.08	85.25
自贡	0.27	9.43	6.79	160.79	82.81	83.02
攀枝花	0.27	10.26	6.99	159.72	76.41	68.10
泸州	0.37	13.29	6.32	175.46	109.98	76.02
德阳	0.55	20.44	9.28	239.68	128.79	78.76
绵阳	0.67	28.26	12.06	317.83	160.44	67.64
广元	0.24	10.13	4.57	131.39	75.91	63.61
遂宁	0.28	10.34	4.64	117.74	58.10	64.83
内江	0.40	13.78	4.92	146.99	92.19	90.53
乐山	0.41	14.98	9.32	230.90	113.51	82.27
南充	0.52	17.16	8.46	202.92	116.81	78.90
眉山	0.45	16.25	6.46	161.73	90.00	97.01
宜宾	0.80	30.31	14.08	316.67	150.03	80.52
广安	0.25	8.31	3.42	101.89	68.34	75.48
达州	0.32	11.39	5.60	160.07	102.91	64.17
雅安	0.21	8.21	2.84	87.68	54.33	87.27
巴中	0.18	5.57	4.75	117.61	71.42	69.62
资阳	0.17	5.72	5.37	100.39	53.87	75.49
阿坝	0.09	4.28	2.02	64.81	33.21	43.33
甘孜	0.19	10.58	6.12	161.73	61.97	62.19
凉山	0.44	20.06	10.23	252.29	142.93	75.86

3. 公转商贴息贷款。2022 年，未发放公转商贴息贷款。当年贴息额 449.03 万元。2022 年末，累计发放公转商贴息贷款 5965、笔 185649.49 万元，累计贴息 12367.69 万元。

（四）购买国债。无。

（五）融资。2022 年，融资 4.25 亿元，归还 6.25 亿元。年末，融资总额 169.61 亿元，融资余额 2.25 亿元。

（六）资金存储。2022年末，住房公积金存款994.55亿元。其中，活期10.60亿元，1年（含）以下定期86.05亿元，1年以上定期631.17亿元，其他（协定、通知存款等）266.73亿元。

（七）资金运用率。2022年末，住房公积金个人住房贷款余额、项目贷款余额和购买国债余额的总和占缴存余额的79.08%，比上年末减少3.04个百分点。

三、主要财务数据

（一）业务收入。2022年，业务收入1433279.00万元，同比增长11.08%。其中，存款利息306467.55万元，委托贷款利息1124958.19万元，其他1853.26万元。

（二）业务支出。2022年，业务支出693031.65万元，同比增长10.70%。其中，支付职工住房公积金利息647432.81万元，归集手续费223.96万元，委托贷款手续费37979.11万元，其他7395.77万元。

（三）增值收益。2022年，增值收益740247.34万元，同比增长11.44%；增值收益率1.75%，比上年增加0.01个百分点。

（四）增值收益分配。2022年，提取贷款风险准备金116779.02万元，提取管理费用69122.06万元，提取城市廉租住房（公共租赁住房）建设补充资金554354.31万元（表4）。

2022年，上交财政管理费用70276.04万元，上缴财政城市廉租住房（公共租赁住房）建设补充资金491612.64万元。

2022年末，贷款风险准备金余额1302929.50万元，累计提取城市廉租住房（公共租赁住房）建设补充资金3260707.89万元。

2022年分城市住房公积金增值收益及分配情况 **表4**

地区	业务收入（亿元）	业务支出（亿元）	增值收益（亿元）	增值收益率（%）	提取贷款风险准备金（亿元）	提取管理费用（亿元）	提取公租房（廉租房）建设补充资金（亿元）
四川省	**143.33**	**69.30**	**74.02**	**1.75**	**11.68**	**6.91**	**55.44**
成都	63.12	29.69	33.43	1.78	1.88	1.99	29.56
自贡	3.21	1.46	1.75	1.85	0	0.20	1.55
攀枝花	3.94	1.70	2.24	2.07	1.35	0.12	0.77
泸州	4.44	2.19	2.25	1.66	1.35	0.26	0.64
德阳	5.63	2.58	3.05	1.95	0.68	0.29	2.07
绵阳	7.51	3.85	3.66	1.63	0.04	0.30	3.32
广元	4.29	2.42	1.87	1.64	0.76	0.16	0.95
遂宁	2.95	1.37	1.58	1.86	0.53	0.05	1.00
内江	3.22	1.60	1.62	1.66	0.04	1.09	0.50
乐山	4.06	2.13	1.93	1.45	0	0.20	1.74
南充	4.83	2.41	2.42	1.75	1.45	0.23	0.74
眉山	2.98	1.54	1.44	1.63	0.10	0.26	1.08
宜宾	6.10	2.91	3.19	1.81	1.18	0.28	1.72
广安	2.64	1.38	1.26	1.49	−0.01	0.13	1.14
达州	4.90	2.26	2.63	1.75	0.01	0.16	2.46
雅安	2.09	0.97	1.12	1.86	0.67	0.14	0.31
巴中	3.01	1.73	1.28	1.33	0.48	0.06	0.74
资阳	2.37	1.23	1.14	1.74	0.54	0.09	0.51
阿坝	2.57	1.60	0.97	1.33	0.33	0.10	0.53
甘孜	3.38	1.54	1.84	1.92	0.11	0.30	1.44
凉山	6.08	2.73	3.35	1.87	0.17	0.52	2.66

（五）管理费用支出。2022 年，管理费用支出 59266.91 万元，同比增长 3.63%。其中，人员经费 35040.43 万元，公用经费 4010.76 万元，专项经费 20215.72 万元。

四、资产风险状况

个人住房贷款。2022 年末，个人住房贷款逾期额 3541.43 万元，逾期率 0.10‰，个人贷款风险准备金余额 1298035.10 万元。

五、社会经济效益

（一）缴存业务

缴存职工中，国家机关和事业单位占 32.73%，国有企业占 14.97%，城镇集体企业占 1.12%，外商投资企业占 4.03%，城镇私营企业及其他城镇企业占 43.23%，民办非企业单位和社会团体占 1.86%，灵活就业人员占 0.47%，其他占 1.59%；中、低收入占 96.13%，高收入占 3.87%。

新开户职工中，国家机关和事业单位占 19.80%，国有企业占 9.06%，城镇集体企业占 1.35%，外商投资企业占 5.00%，城镇私营企业及其他城镇企业占 57.64%，民办非企业单位和社会团体占 2.79%，灵活就业人员占 1.73%，其他占 2.63%；中、低收入占 99.09%，高收入占 0.91%。

（二）提取业务

提取金额中，购买、建造、翻建、大修自住住房占 18.18%，偿还购房贷款本息占 57.40%，租赁住房占 4.41%，支持老旧小区改造提取占 0.03%；离休和退休提取占 14.61%，完全丧失劳动能力并与单位终止劳动关系提取占 1.65%，出境定居占 0.34%，其他占 3.38%。提取职工中，中、低收入占 95.51%，高收入占 4.49%。

（三）贷款业务

个人住房贷款。职工贷款笔数中，购房建筑面积 90（含）平方米以下占 26.11%，90～144（含）平方米占 66.51%，144 平方米以上占 7.38%。购买新房占 72.85%，购买二手房占 25.97%，其他占 1.18%。

职工贷款笔数中，单缴存职工申请贷款占 58.31%，双缴存职工申请贷款占 41.66%，三人及以上缴存职工共同申请贷款占 0.03%。

贷款职工中，30 岁（含）以下占 42.73%，30 岁～40 岁（含）占 40.57%，40 岁～50 岁（含）占 13.53%，50 岁以上占 3.17%；购买首套住房申请贷款占 78.81%，购买二套及以上申请贷款占 21.19%；中、低收入占 93.92%，高收入占 6.08%。

（四）住房贡献率。2022 年，个人住房贷款发放额、公转商贴息贷款发放额、项目贷款发放额、住房消费提取额的总和与当年缴存额的比率为 97.92%，比上年减少 14.13 个百分点。

六、其他重要事项

2022 年，四川住房公积金行业坚决贯彻落实党中央、国务院关于“疫情要防住、经济要稳住、发展要安全”的决策部署，努力克服各项不利因素影响，坚持租购并举支持缴存人解决住房问题，积极发挥住房公积金惠民生、促发展作用。

（一）应对新冠肺炎疫情采取的措施，落实住房公积金阶段性支持政策情况和政策实施成效

1. 住房公积金阶段性支持政策见实效。坚决贯彻落实国家及我省稳住经济大盘相关决策部署，2022 年 6 月 1 日，四川省住房和城乡建设厅会同四川省财政厅、人民银行成都分行出台关于落实住房公积金阶段性支持政策的通知，全力帮助受影响的企业和缴存人纾困解难，助力经济社会持续稳定发展和营商环境改善。政策实施至 2022 年 12 月底，期间，全省共支持 533 家企业、4.56 万名职工缓缴住房公积金 2.66 亿元；对 767 笔受疫情影响无法正常偿还的个人住房贷款不作逾期处理；支持 46.73 万名职工提高租房提取额度，提取住房公积金 27.85 亿元。

2. 齐心战疫情服务不断档。疫情防控期间，为保障群众正常办理住房公积金业务，减少不必要外出，全省各公积金中心推行“网上办”“掌上办”等各项“不见面”的服务举措，全力做到疫情防控期间的公积金服务不间断、不停摆。

（二）开展灵活就业人员参加住房公积金制度试点情况

突出抓好住房和城乡建设部批复同意的成都试点，2022 年，成都新增灵活就业人员开户 2.94 万人，实缴 1.55 万人、1.34 亿元，累计实缴 4.10 万人、2.29 亿元，发放个人住房贷款 96 笔、0.25 亿元。为扩大成都试点效应，四川省住房和城乡建设厅根据各地请示，批复同意德阳、眉山、资阳、绵阳、宜宾、南充等 6 个城市开展试点，稳步推进灵活就业人员参加住房公积金制度，为探索解决城市新市民、青年人住房困难问题奠定基础。

（三）推进川渝住房公积金一体化发展和同城化工作

1. 川渝住房公积金一体化发展持续深入。实现当年新增“个人住房公积金贷款提取”和“租房提取住房公积金”2 个服务事项“川渝通办”，累计完成 11 个服务事项“川渝通办”。推进川渝两地住房公积金互认互贷，建立跨区域司法联动机制。推动成都中心与重庆中心政策协同，绵阳中心、达州中心与重庆中心资金融通。

2. 成德眉资住房公积金同城化紧密发展。4 市公积金中心进一步健全协同联动工作机制，推进业务办理要件和流程统一，实现“离职提取”和“提前部分还款”2 个服务事项同城化区域内“跨市通办”。

（四）扎实开展“结对子”帮扶工作，助力西藏公积金行业降逾期

根据住房和城乡建设部工作部署，四川省住房和城乡建设厅及时开展对西藏住房公积金个人住房贷款风险管控“结对子”帮扶工作。通过选派业务骨干和行业专家赴西藏实地调研指导、举办业务培训等方式，协助西藏公积金行业做好建章立制、风险防范、业务提升、人才培养等工作，帮助西藏公积金有效降低个贷逾期率。四川遴选了 8 个市级公积金中心与西藏的 8 个中心结成对子，将对接帮扶工作向纵深推进。

（五）当年开展监督检查情况

1. 加强住房公积金风险管理确保资金安全。进一步加强个贷管理的监督指导，结合全国住房公积金专项审计情况通报，指导全省各住房公积金中心梳理各自环节，查找有关风险点、短板和不足，对个贷逾期率高的中心，要求开展专项整治工作，并每月通报全省各中心个贷逾期情况。全省加大推进逾期贷款催收工作，截至 2022 年底，全省个贷逾期率 0.1‰。

2. 深入开展住房公积金数据治理。运用全国住房公积金监管服务平台和电子稽查工具开展数据质量治理。通过摸清数据质量底数、狠抓疑点数据治理、推进信息化建设，有效提升全省住房公积金监管水平。截至目前，全省住房公积金数据质量疑点数和疑点率为全国住房公积金行业最低。四川住房公积金先后两次在住房和城乡建设部干部学院组织的全国培训会上介绍有关工作经验。

3. 下调首套个人住房公积金贷款利率。根据中国人民银行决定，指导全省各公积金中心自 2022 年 10 月 1 日起下调首套个人住房公积金贷款利率，其中五年期以上个人住房公积金贷款利率由 3.25%下调至 3.1%，五年期以下（含五年）个人住房公积金贷款利率由 2.75%下调至 2.6%，第二套个人住房公积金贷款利率政策保持不变。

（六）当年服务改进情况

1. 推进高频事项“跨省通办”。新增实现住房公积金汇缴、住房公积金补缴、提前部分偿还住房公积金贷款 3 个事项跨省通办，累计完成“跨省通办”事项共计 11 个。通过完善全程网办、代收代办、两地联办模式，不断改进办事服务体验，推行跨省通办业务“全程网办”，让数据“多跑路”、群众“少跑腿”。

2. 开展“惠民公积金　服务暖人心”服务提升三年行动。一是将服务提升行动与文明行业创建有机结合，2022 年成功创建省级文明单位 3 个。在四川住房建设系统先进集体和先进个人评选中，全省住房公积金行业共有 11 个集体、24 名个人纳入表彰序列。二是进一步规范使用全国住房公积金服务标识统一服务标识，广泛运用在各地公积金中心及经办网点办公场所、服务大厅等显著位置，并以此为契机，推动服务场所改造更新，提升整体服务形象。三是着力打造服务意识好、服务效能好、群众满意度高的星级服务岗，增强为民服务意识，树立良好行业形象。

（七）当年信息化建设情况

1. 不断加强四川住房公积金管理服务平台建设，完成住房公积金系统与省高院网络执行查控系统对接，推进实现全省各级人民法院线上查询、冻结、扣划被执行人的住房公积金。通过接入银政通平台实现了数据共享，开展人民银行征信接入工作，完成企业电子营业执照对接。

2. 深入推进“一件事一次办”改革，配合完成企业开办一件事、员工录用一件事、退休一件事、身故一件事。

（八）荣誉获得情况

2022年全省住房公积金行业扎实开展文明创建活动，省内各地住房公积金机构及从业人员所获荣誉情况，包括：文明单位、行业、窗口（省部级3个、地市级4个），青年文明号（省部级2个、地市级6个），工人先锋号（地市级1个），三八红旗手（地市级2个），先进集体和个人（国家级2个、省部级38个、地市级123个）。

四川省成都住房公积金 2022 年年度报告

根据国务院《住房公积金管理条例》和住房和城乡建设部、财政部、人民银行《关于健全住房公积金信息披露制度的通知》(建金〔2015〕26 号)的规定,经成都住房公积金管理委员会审议通过,现将成都住房公积金 2022 年年度报告公布如下:

一、机构概况

(一)住房公积金管理委员会。成都住房公积金管理委员会有 31 名委员,2022 年召开 1 次全体委员会议,审议通过的事项主要包括:《成都住房公积金 2021 年年度报告》《成都住房公积金管理中心关于 2021 年住房公积金计划执行及增值收益分配情况和 2022 年计划及增值收益分配预案》《成都住房公积金管理中心省级分中心 2021 年计划执行情况和 2022 年计划》,书面审议通过《成都住房公积金骗提套取行为处理办法》《成都住房公积金管理中心关于报请审议重新选择贷款受托银行的请示》《关于成攀住房公积金一体化发展有关政策措施的通知》。

(二)住房公积金管理中心。成都住房公积金管理中心(以下简称市中心)为成都市政府直属公益二类事业单位,设 16 个正处级内设机构,7 个正处级业务经办管理机构(分中心),业务经办管理机构下设 22 个正科级业务经办机构(服务部)。四川省省级住房公积金管理中心(以下简称省级分中心)、四川石油管理局住房公积金管理中心(以下简称石油分中心)加挂成都住房公积金管理中心分中心牌子,在授权管理下独立运作。从业人员 575 人,其中,在编 200 人,非在编 375 人。

二、业务运行情况

(一)缴存。2022 年,新开户单位 21540 家,净增单位 14670 家;新开户职工 57.22 万人,净增职工 22.22 万人;实缴单位 103171 家,实缴职工 448.63 万人,缴存额 736.09 亿元,分别同比增长 16.58%、5.21%、11.89%。2022 年末,缴存总额 5436.32 亿元,比上年末增长 15.68%;缴存余额 1968.46 亿元,同比增长 10.05%。受委托办理住房公积金缴存业务的银行 11 家。

(二)提取。2022 年,184.11 万名缴存职工提取住房公积金;提取额 557.31 亿元,同比增长 21.58%;提取额占当年缴存额的 75.71%,比上年增加 6.03 个百分点。2022 年末,提取总额 3467.86 亿元,比上年末增长 19.15%。

(三)贷款。

1. 个人住房贷款。单缴存职工个人住房贷款最高额度 40 万元,双缴存职工首套住房个人住房贷款最高额度 80 万元,第二套住房个人住房贷款最高额度 70 万元。

2022 年,发放个人住房贷款 7.39 万笔、339.58 亿元,同比分别下降 9.77%、11.87%。其中,市中心发放个人住房贷款 6.84 万笔、313.12 亿元,省级分中心发放个人住房贷款 0.52 万笔、25.07 亿元,石油分中心发放个人住房贷款 297 笔、1.40 亿元。

2022 年,回收个人住房贷款 154.58 亿元。其中,市中心 136.19 亿元,省级分中心 18.09 亿元,石油分中心 0.31 亿元。

2022 年末,累计发放个人住房贷款 78.10 万笔、2729.70 亿元,贷款余额 1678.08 亿元,分别比上年末增长 10.44%、14.21%、12.39%。个人住房贷款余额占缴存余额的 85.25%,比上年末增加 1.78

个百分点。受委托办理住房公积金个人住房贷款业务的银行 18 家。

2. 异地贷款。2022 年，发放异地贷款 9735 笔、532960.10 万元。2022 年末，发放异地贷款总额 2136722.91 万元，异地贷款余额 1620619.39 万元。

3. 公转商贴息贷款。2022 年，未发放公转商贴息贷款，当年贴息额 72.68 万元。2022 年末，累计发放公转商贴息贷款 419 笔、13352.20 万元，累计贴息 556.39 万元。

（四）购买国债。2022 年，未购买国债，无国债余额。

（五）资金存储。2022 年末，住房公积金存款 324.29 亿元。其中，活期 0.05 亿元，1 年（含）以下定期 18.00 亿元，1 年以上定期 152.99 亿元，其他（协定、通知存款等）153.25 亿元。

（六）资金运用率。2022 年末，住房公积金个人住房贷款余额、项目贷款余额和购买国债余额的总和占缴存余额的 85.25%，比上年末增加 1.78 个百分点。

三、主要财务数据

（一）业务收入。2022 年，业务收入 631249.16 万元，同比增长 10.58%。其中，市中心 539317.80 万元，省级分中心 75259.98 万元，石油分中心 16671.38 万元；存款利息 105004.88 万元，委托贷款利息 526211.71 万元，其他 32.57 万元。

（二）业务支出。2022 年，业务支出 296923.30 万元，同比增长 10.24%。其中，市中心 251694.28 万元，省级分中心 37858.73 万元，石油分中心 7370.29 万元；支付职工住房公积金利息 282736.81 万元，归集手续费 223.94 万元，委托贷款手续费 13887.69 万元，其他 74.86 万元。

（三）增值收益。2022 年，增值收益 334325.86 万元，同比增长 10.88%。其中，市中心 287623.52 万元，省级分中心 37401.25 万元，石油分中心 9301.09 万元；增值收益率 1.78%，比上年增加 0.01 个百分点。

（四）增值收益分配。2022 年，实际分配增值收益 334333.90 万元。其中，提取贷款风险准备金 18787.10 万元，提取管理费用 19942.06 万元，提取城市廉租住房（公共租赁住房）建设补充资金 295604.74 万元。按现行财务管理办法，灵活就业人员的缴存补贴无增值收益分配项目，故 2022 年灵活缴存的增值收益对贷款风险准备金和城市廉租住房建设补充资金进行分配，灵活缴存补贴 72.16 万元暂列待分配增值收益。

2022 年，上交财政管理费用 19561.43 万元。上缴财政城市廉租住房（公共租赁住房）建设补充资金 276149.97 万元。其中，市中心上缴市财政 217154.74 万元，省级分中心上缴省财政 30000 万元，石油分中心上缴四川石油管理局有限公司 28995.23 万元。

2022 年末，贷款风险准备金余额 280988.41 万元。累计提取城市廉租住房（公共租赁住房）建设补充资金 1792343.44 万元。其中，市中心提取 1577952.68 万元，省级分中心提取 176490.19 万元，石油分中心提取 37900.57 万元。

（五）管理费用支出。2022 年，管理费用支出 20869.59 万元，同比增长 7.84%。其中，人员经费 13152.32 万元，公用经费 712.46 万元，专项经费 7004.81 万元。

市中心管理费用支出 17635.06 万元，其中，人员、公用、专项经费分别为 12185.14 万元、505.12 万元、4944.80 万元；省级分中心管理费用支出 3234.53 万元，其中，人员、公用、专项经费分别为 967.18 万元、207.34 万元、2060.01 万元；石油分中心管理费用由中国石油西南油气田分公司负担。

四、资产风险状况

个人住房贷款。2022 年末，个人住房贷款逾期额 990.89 万元，逾期率 0.06‰，其中，市中心 0.05‰，省级分中心 0.11‰。个人贷款风险准备金余额 277500.41 万元。2022 年，未使用个人贷款风险准备金核销呆坏账。

五、社会经济效益

(一) 缴存业务

缴存职工中，国家机关和事业单位占15.17%，国有企业占9.65%，城镇集体企业占0.37%，外商投资企业占6.11%，城镇私营企业及其他城镇企业占63.47%，民办非企业单位和社会团体占1.91%，灵活就业人员占0.72%，其他占2.60%；中、低收入占95.61%，高收入占4.39%。

新开户职工中，国家机关和事业单位占6.85%，国有企业占4.63%，城镇集体企业占0.17%，外商投资企业占7.57%，城镇私营企业及其他城镇企业占72.11%，民办非企业单位和社会团体占2.34%，灵活就业人员占2.52%，其他占3.81%；中、低收入占98.83%，高收入占1.17%。

(二) 提取业务

提取金额中，购买、建造、翻建、大修自住住房占21.72%，偿还购房贷款本息占57.32%，租赁住房占5.74%，支持老旧小区改造占0.01%，离休和退休提取占10.18%，完全丧失劳动能力并与单位终止劳动关系提取占1.58%，出境定居占0.01%，其他占3.44%。提取职工中，中、低收入占93.87%，高收入占6.13%。

(三) 贷款业务

个人住房贷款：2022年，支持职工购建房835.69万平方米，年末个人住房贷款市场占有率（含公转商贴息贷款）为15.84%，比上年末增加0.70个百分点。通过申请住房公积金个人住房贷款，可节约职工购房利息支出666326.44万元。

职工贷款笔数中，购房建筑面积90（含）平方米以下占26.44%，90～144（含）平方米占62.11%，144平方米以上占11.45%。购买新房占63.36%，购买二手房占36.34%，其他占0.30%。

职工贷款笔数中，单缴存职工申请贷款占57.45%，双缴存职工申请贷款占42.53%，三人及以上缴存职工共同申请贷款占0.02%。

贷款职工中，30岁（含）以下占42.29%，30岁～40岁（含）占44.05%，40岁～50岁（含）占11.21%，50岁以上占2.45%；购买首套住房申请贷款占73.47%，购买二套及以上申请贷款占26.53%；中、低收入占91.53%，高收入占8.47%。

(四) 住房贡献率

2022年，个人住房贷款发放额、公转商贴息贷款发放额、项目贷款发放额、住房消费提取额的总和与当年缴存额的比率为110.33%，比上年减少8.03个百分点。

六、其他重要事项

(一) 应对新冠肺炎疫情采取的措施，落实住房公积金阶段性支持政策情况和政策实施成效

2022年6月2日，出台《关于实施成都住房公积金阶段性支持政策措施的通知》（成公积金委办〔2022〕14号），聚焦“受疫情影响的企业、公积金借款人和公积金租房提取人”三类群体，实施“企业缓缴、公积金贷款逾期不作处理、加大租房支持力度”三项举措，被同步纳入成都“稳增长40条”。截至2022年末，市中心为366家企业办理阶段性缓缴，涉及职工3.11万人，金额2.14亿元，办理公积金贷款逾期不作处理业务36笔，41.22万人享受提高租房提取额度，提取金额22.19亿元；省级分中心为4家企业办理阶段性缓缴业务，金额55.28万元，办理公积金贷款逾期不作处理业务18笔，0.93万人享受提高租房提取额度，提取金额0.67亿元。

(二) 开展灵活就业人员参加住房公积金制度试点工作进展情况

有序开展试点工作，开展多轮深访和座谈，全面了解灵活就业人员住房需求和意见建议；针对长效运行等关键问题，开展跨城市转移接续、资金平衡、风险防控等课题研究，建立政策、业务、风险防控三级联动风控体系；制定4大类35项指标评价体系，全面系统评估试点运行质效；通过完善缴存协议、推动业务功能在新信息系统上线、拓宽线上缴款渠道等方式，分阶段解决试点难点、堵点问题16个，

推动试点完善。全年新增开户 2.94 万人、实缴 1.55 万人、缴存额 1.34 亿元，发生住房消费提取 2091 笔、0.08 亿元，发放个人住房贷款 96 笔、0.25 亿元。截至 2022 年末，累计开户 8.42 万人、实缴 4.10 万人、缴存额 2.29 亿元。试点参与群体中，青年人群体占 92%、新市民群体占 81%、新业态新就业群体占 78%。

（三）公积金成渝一体化和成德眉资同城化发展情况

为深入贯彻党中央国务院推动成渝地区双城经济圈建设重大战略部署，全面落实省委省政府实施成德眉资同城化发展决策部署和市委市政府安排部署，围绕推动公积金成渝一体化、成德眉资同城化、五区共兴等跨域合作发展。成都公积金中心进一步健全区域联席会议、省级协调、问题研处、部门落实“四级联动”统筹推进机制，强化工作保障，推动区域公积金合作发展落深落细。

在推进成渝公积金一体化发展方面，成都、重庆两地公积金中心印发《成渝住房公积金一体化发展工作方案》，明确年度工作任务、推进措施等，强化改革创新、政策协同、服务共进、信息共享等方面共 20 个年度工作任务的协同。2022 年推动成渝灵活缴存试点在支持购买第二套住房等方面实现政策协同，两地试点开户、实缴人数和缴存总额分别占全国首批 6 个试点城市的 63%、57%、57%，居全国试点城市前 2 位；实现单位缓缴降比、按月租房和离职提取 3 项强制缴存体系政策协同；新增第三批“川渝通办”2 个事项，形成统一的业务受理、办理流程。

在推进成德眉资同城化发展方面，印发《2022 年成德眉资公积金同城化发展工作方案》，完成灵活缴存试点、强制缴存体系政策趋同等 4 大板块 23 项任务。2022 年在提取管理等方面推动同城化区域内灵活缴存试点政策协同，协同推动德眉资三市灵活缴存试点顺利落地，截至 2022 年末同城试点总参与人数超 8 万；在缴存基数、提取频次等方面实现 5 项强制缴存体系政策协同；在规定的跨域通办事项外，创新推出首批“离职提取”和“提前部分还款”2 个地方自选事项；印发《成都住房公积金管理中心同城化公积金贷款实施细则（试行）》（成公积金〔2022〕38 号），完善同城化贷款政策二手房支持、组合贷配套机制。截至 2022 年末，成都中心已与 68 个同城化项目建立合作关系，发放同城化贷款 39 笔；省级分中心已与 2 个同城化项目建立合作关系，发放同城化贷款 2 笔。

（四）租购并举满足缴存人基本住房需求，加大租房提取住房公积金支持力度、支持缴存人贷款购买首套普通自住住房特别是共有产权住房等情况

市中心加大租房提取住房公积金支持力度，深度融合成都市“青年创新创业就业筑梦工程”，通过调优提取频次、提高租房额度、降低租房门槛、优享线上服务等方式，全年支持 49.43 万人租房提取住房公积金 30.52 亿元。调整贷款政策，支持缴存人贷款购买首套普通自住住房，贷款职工中，购买首套住房笔数占 74.22%。

省级分中心落实城镇老旧小区改造及既有住宅加装电梯提取政策，持续加大职工购、租房提取支持力度，提高提取频次，进一步梳理提取流程，强化办事效率。2022 年，租房提取金额同比增长 45.12%，支持缴存人贷款购买首套普通自住住房，贷款职工中，购买首套住房笔数占 65.08%。

（五）当年机构及职能调整情况、受委托办理缴存贷款业务金融机构变更情况

2022 年，市中心通过竞争性方式公开选择了 15 家贷款受托银行，为中国工商银行股份有限公司、中国农业银行股份有限公司、中国银行股份有限公司、中国建设银行股份有限公司、交通银行股份有限公司、中国邮政储蓄银行股份有限公司、中信银行股份有限公司、招商银行股份有限公司、上海浦东发展银行股份有限公司、兴业银行股份有限公司、广发银行股份有限公司、四川银行股份有限公司、成都银行股份有限公司、成都农村商业银行股份有限公司、绵阳市商业银行股份有限公司。

（六）当年住房公积金政策调整及执行情况

调整 2022 年住房公积金缴存基数执行标准，将缴存基数上限调整为 27790 元，缴存基数下限分区域分别调整为 2100 元和 1970 元。认真贯彻落实中央八项规定精神以及省住房和城乡建设厅等七部门进一步规范机关事业单位住房公积金缴存基数的相关要求，督促缴存单位完成不合规基数的调整工作。

市中心调整公积金贷款相关规定，购买首套住房申请公积金贷款，最低首付款比例从 30%调整为

20%；第二套住房申请公积金贷款，最低首付款比例从40%调整为30%；调整最高抵押率至80%；符合贷款条件的两人及以上缴存人家庭购买首套住房最高贷款额度调整为80万元。2022年，发放提高首套住房额度的贷款4249笔、33.76亿元，首付款比例下调的贷款2212笔、12.19亿元。

2022年10月1日起，下调首套个人住房公积金贷款利率0.15个百分点，5年以下（含5年）和5年以上利率分别调整为2.60%和3.10%，第二套个人住房公积金贷款利率保持不变。

（七）当年服务改进情况

市中心在服务改进上，一是落实精准服务模式转变。落实“帮办代办”服务、“提醒服务”，做好“绿色通道”服务，调优窗口配置推动“综窗”落地实施。根据企业群众需求，送服务进园区、到企业、入楼盘，开展上门服务、专场服务、个性化定制服务。二是深化智慧公积金建设。与人社、民政、住建等多个部门和39家商业银行实时信息互联互通，在手机App、网厅、天府市民云等13个渠道上提供90余项公积金服务事项，全年线上办理业务766.94万笔，办理率达94%以上。完成“一网通办”6项数据资源共享，实现23项公积金服务事项在“蓉易办”平台在线办理。三是提升服务便民水平。实现5类业务场景“一件事一次办”，11项“跨省通办”，11项“川渝通办”，9项成德眉资“同城化无差别”受理。全年“跨省通办”服务专窗代收代办3500余笔，通过“全程网办”方式提供信息查询等服务583万余次。

省级分中心在服务改进上，一是持续优化服务流程。推动异地业务办理“零跑腿、零材料、零等候”，精简业务资料一项，减少审批环节六项。“好差评”好评率达99.9%，12345便民服务热线办结满意度为98.3%。二是推动“一件事”落地可办。率先在四川省政务服务网“一件事”专区推出“公积金贷款一件事”业务。三是多举措提升便民服务。全力推动“一网通办”和“跨省通办”“川渝通办”。实现37个服务事项进入“天府通办”住房公积金服务专区，全程网办率为94.59%。优化服务环境，完成新业务用房改造及搬迁，打造“智慧服务大厅”，为缴存单位、缴存人提供更加优质高效的服务。

石油分中心落实“放管服”改革，简化职工提取办理要件和流程，针对油气田一线职工，组织银行到现场开展贷款“一站式”服务。

（八）当年信息化建设情况

市中心着力构建数字公积金运行新形态，设立智慧蓉城公积金城运分中心，接入物联感知平台和智慧社区，持续优化系统功能，有力推动中心业务、管理、服务模式创新；积极推动数据共享应用，打通各级数据共享平台，纵深推进“川渝通办”“跨省通办”等区域合作；实现数字人民币在公积金业务场景的应用，迈入数字经济民生服务领域新高地；进一步巩固基础数据贯标成果，不断提升数据质量，推动全国监管平台数据检核问题整改落实，数据治理取得阶段性成效；进一步强化风险管理，完善IT制度体系建设，切实保障信息安全，实现全年网络安全“零”事件。

省级分中心全面提升政务服务“一网通办”能力，完成公积金各项“一件事”建设；实现“川渝通办”“跨省通办”新增服务事项入驻四川省政务一体化平台。推进公积金系统与省高院网络执行查控系统对接，实现全省各级人民法院对住房公积金网上查询、冻结、扣划。

（九）当年住房公积金管理中心及职工所获荣誉情况

市中心获省住房和城乡建设厅“住房公积金政务服务先进单位”“监管服务平台试点先进单位”“川渝住房公积金一体化先进单位”等9个奖项，获省首届政务服务和公共资源交易服务技能大赛初赛（成都市）团体一等奖，“公积金服务”“租房提取”分别获评2022年天府市民云“十佳”口碑民生服务、“十佳”口碑新秀服务，城南服务部获“2021—2022年度四川省青年文明号”，第四分中心、第七分中心、城北服务部获“2022年度成都市青年文明号”，龙泉驿服务部获全国住房公积金“跨省通办”表现突出服务窗口；4名同志获四川省首届政务服务和公共资源交易服务技能大赛“四川省政务服务技术能手”。

省级分中心被评选为省委省政府“2016—2020年四川省普法先进单位”，省委网信办“2022年度四川省12345政务服务便民热线群众诉求办理质效典范单位”，省住房和城乡建设厅“住房公积金政务服务先进单位”“结对子帮扶工作先进单位”，敏感信息安全管理系统在第三届数字四川创新大赛（2022）活动中被评为数字政府赛道“优秀案例”；获第二届四川省数字化工匠人才大赛三等奖。

石油分中心被西南油气田公司党委授予“先进基层党组织”称号；4 名同志获西南油气田公司表彰。

（十）当年对违反《住房公积金管理条例》和相关法规行为进行行政处罚和申请人民法院强制执行情况

市中心 2022 年行政处罚 1 笔，处罚金额 1 万元。申请人民法院强制执行 84 笔，执行金额 64.76 万元。

（十一）当年对住房公积金管理人员违规行为的纠正和处理情况等

无。

四川省及省内各城市住房公积金 2022 年年度报告二维码

名称	二维码
四川省住房公积金 2022 年年度报告	
成都住房公积金 2022 年年度报告	
自贡市住房公积金 2022 年年度报告	
攀枝花市住房公积金 2022 年年度报告	
泸州市住房公积金 2022 年年度报告	
德阳市住房公积金 2022 年年度报告	
绵阳市住房公积金 2022 年年度报告	

续表

名称	二维码
广元市住房公积金 2022 年年度报告	
遂宁市住房公积金 2022 年年度报告	
内江市住房公积金 2022 年年度报告	
乐山市住房公积金 2022 年年度报告	
南充市住房公积金 2022 年年度报告	
眉山市住房公积金 2022 年年度报告	
宜宾市住房公积金 2022 年年度报告	
广安市住房公积金 2022 年年度报告	
达州市住房公积金 2022 年年度报告	

续表

名称	二维码
雅安市住房公积金 2022 年年度报告	
巴中市住房公积金 2022 年年度报告	
资阳市住房公积金 2022 年年度报告	
阿坝藏族羌族自治州住房公积金 2022 年年度报告	
甘孜藏族自治州住房公积金 2022 年年度报告	
凉山彝族自治州住房公积金 2022 年年度报告	

贵州省

贵州省住房公积金 2022 年年度报告

根据国务院《住房公积金管理条例》和住房和城乡建设部、财政部、人民银行《关于健全住房公积金信息披露制度的通知》（建金〔2015〕26 号）规定，现将贵州省住房公积金 2022 年年度报告汇总公布如下：

一、机构概况

（一）住房公积金管理机构。全省共设 9 个设区城市住房公积金管理中心，1 个独立设置的分中心。从业人员 873 人，其中，在编 638 人，非在编 235 人。

（二）住房公积金监管机构。贵州省住房和城乡建设厅、财政厅和人民银行贵阳中心支行负责对本省住房公积金管理运行情况进行监督。省住房和城乡建设厅设立住房公积金监管处，负责辖区住房公积金日常监管工作。

二、业务运行情况

（一）缴存。2022 年，新开户单位 11858 家，净增单位 6330 家；新开户职工 33.60 万人，净增职工 8.33 万人；实缴单位 65638 家，实缴职工 296.28 万人，缴存额 534.49 亿元，分别同比增长 10.67%、2.18%、6.11%。2022 年末，缴存总额 3962.69 亿元，比上年末增加 15.59%；缴存余额 1575.76 亿元，同比增长 9.40%（表 1）。

2022 年分城市住房公积金缴存情况 **表 1**

地区	实缴单位（万个）	实缴职工（万人）	缴存额（亿元）	累计缴存总额（亿元）	缴存余额（亿元）
贵州省	**6.56**	**296.28**	**534.49**	**3962.69**	**1575.76**
贵阳	3.05	112.20	174.62	1291.32	456.70
遵义市	0.72	45.70	96.44	669.06	267.25
六盘水市	0.25	19.78	33.22	269.71	103.85
安顺市	0.3	13.26	27.17	211.85	79.10
毕节市	0.47	26.18	46.55	329.57	138.23
铜仁市	0.32	18.65	35.44	269.07	120.44
黔东南州	0.47	20.56	45.16	354.56	169.65
黔南州	0.57	24.33	40.27	319.04	132.29
黔西南州	0.40	15.62	35.62	248.51	108.25

（二）提取。2022 年，131.97 万名缴存职工提取住房公积金；提取额 399.15 亿元，同比增长 14.83%；提取额占当年缴存额的 74.68%，比上年增加 5.67 个百分点。2022 年末，提取总额 2386.93 亿元，比上年末增加 20.08%（表 2）。

2022年分城市住房公积金提取情况 表2

地区	提取额（亿元）	提取率（%）	住房消费类提取额（亿元）	非住房消费类提取额（亿元）	累计提取总额（亿元）
贵州省	**399.15**	**74.68**	**321.60**	**77.55**	**2386.93**
贵阳	132.54	75.90	105.69	26.85	834.62
遵义市	74.59	77.34	62.35	12.24	401.82
六盘水市	20.74	62.43	17.63	3.11	165.87
安顺市	21.66	79.74	17.30	4.36	132.75
毕节市	32.13	69.02	25.16	6.97	191.34
铜仁市	22.72	64.11	16.82	5.90	148.63
黔东南州	34.06	75.42	26.28	7.78	184.91
黔南州	29.28	72.71	23.13	6.15	186.74
黔西南州	31.43	88.23	27.24	4.19	140.25

（三）贷款。

1. 个人住房贷款。2022年，发放个人住房贷款6.13万笔、249.09亿元，同比下降13.05%、10.55%。回收个人住房贷款175.00亿元。

2022年末，累计发放个人住房贷款95.42万笔、2585.38亿元，贷款余额1488.66亿元，分别比上年末增加6.87%、10.66%、5.24%。个人住房贷款余额占缴存余额的94.47%，比上年末减少3.74个百分点（表3）。

2022年分城市住房公积金个人住房贷款情况 表3

地区	放贷笔数（万笔）	贷款发放额（亿元）	累计放贷笔数（万笔）	累计贷款总额（亿元）	贷款余额（亿元）	个人住房贷款率（%）
贵州省	**6.13**	**249.09**	**95.42**	**2585.38**	**1488.66**	**94.47**
贵阳	1.62	76.65	22.79	734.26	445.91	97.64
遵义市	1.27	50.60	17.37	434.65	236.04	88.32
六盘水市	0.54	20.22	6.13	156.74	97.35	93.74
安顺市	0.34	12.30	5.92	128.37	69.91	88.39
毕节市	0.58	20.90	10.03	273.89	137.20	99.25
铜仁市	0.42	14.25	8.02	189.55	112.13	93.10
黔东南州	0.60	26.58	9.50	265.44	166.93	98.40
黔南州	0.25	7.64	8.98	212.84	119.62	90.42
黔西南州	0.51	19.94	6.67	189.64	103.55	95.65

2022年，支持职工购建房762.96万平方米。年末个人住房贷款市场占有率（含公转商贴息贷款）为21.57%，比上年末增加0.39个百分点。通过申请住房公积金个人住房贷款，可节约职工购房利息支出461017.13万元。

2. 异地贷款。2022年，发放异地贷款2370笔、95059.63万元。2022年末，发放异地贷款总额607939.23万元，异地贷款余额493071.46万元。

3. 公转商贴息贷款。2022年，发放公转商贴息贷款1372笔、46585.68万元，支持职工购建房面积7.24万平方米。当年贴息额4236.55万元。2022年末，累计发放公转商贴息贷款17761笔、521875.32万元，累计贴息35803.52万元。

4. 住房公积金支持保障性住房建设项目贷款。2022年，未发放支持保障性住房建设项目贷款，回收项目贷款1058万元。2022年末，累计发放项目贷款14.32亿元，项目贷款余额2064万元。

（四）购买国债。2022年，未购买国债。

（五）融资。2022年，未融资，归还14.98亿元。2022年末，融资总额46.36亿元，融资余额5.11亿元。

（六）资金存储。2022年末，住房公积金存款129.31亿元。其中，活期2.40亿元，1年（含）以下定期49.33亿元，1年以上定期9.33亿元，其他（协定、通知存款等）68.24亿元。

（七）资金运用率。2022年末，住房公积金个人住房贷款余额、项目贷款余额和购买国债余额的总和占缴存余额的94.49%，比上年末减少3.74个百分点。

三、主要财务数据

（一）业务收入。2022年，业务收入486255.82万元，同比增长9.82%。其中，存款利息19502.48万元，委托贷款利息465043.93万元，国债利息0万元，其他1709.42万元。

（二）业务支出。2022年，业务支出266738.79万元，同比增长9.08%。其中，支付职工住房公积金利息228114.48万元，归集手续费13964.65万元，委托贷款手续费18470.12万元，其他6189.53万元。

（三）增值收益。2022年，增值收益219517.03万元，同比增长10.73%；增值收益率1.44%，比上年减少0.16个百分点。

（四）增值收益分配。2022年，提取贷款风险准备金8117.71万元，提取管理费用24432.27万元，提取城市廉租住房（公共租赁住房）建设补充资金186967.05万元（表4）。

2022年分城市住房公积金增值收益及分配情况 表4

地区	业务收入（亿元）	业务支出（亿元）	增值收益（亿元）	增值收益率（%）	提取贷款风险准备金（亿元）	提取管理费用（亿元）	提取公租房（廉租房）建设补充资金（亿元）
贵州省	**48.63**	**26.67**	**21.95**	**1.44**	**0.81**	**2.44**	**18.70**
贵阳	14.17	8.32	5.85	1.33	0.39	0.29	5.19
遵义市	7.81	4.36	3.45	1.34	0.13	0.36	2.96
六盘水市	3.36	1.79	1.57	1.59	0.11	0.13	1.33
安顺市	2.39	1.27	1.12	1.46	0.03	0.14	0.95
毕节市	4.29	2.17	2.11	1.61	0.02	0.18	1.91
铜仁市	3.66	1.87	1.79	1.55	0.04	0.39	1.36
黔东南州	5.42	2.70	2.72	1.64	0.10	0.65	1.97
黔南州	4.08	2.26	1.81	1.43	0	0.16	1.65
黔西南州	3.43	1.93	1.50	1.40	0.01	0.14	1.35

2022年，上交财政管理费用25519.63万元，上缴财政城市廉租住房（公共租赁住房）建设补充资金179396.37万元。

2022年末，贷款风险准备金余额160914.17万元，累计提取城市廉租住房（公共租赁住房）建设补充资金1074898.88万元。

（五）管理费用支出。2022年，管理费用支出18626.07万元，同比下降5.31%。其中，人员经费11428.63万元，公用经费1517.54万元，专项经费5679.90万元。

四、资产风险状况

（一）个人住房贷款。2022 年末，个人住房贷款逾期额 8933.58 万元，逾期率 0.600‰，个人贷款风险准备金余额 160831.61 万元。2022 年，未使用个人贷款风险准备金核销呆坏账。

（二）住房公积金支持保障性住房建设项目贷款。2022 年末，未发生逾期项目贷款，逾期率为 0‰，项目贷款风险准备金余额 82.56 万元。2022 年，未使用项目贷款风险准备金核销呆坏账。

五、社会经济效益

（一）缴存业务。

缴存职工中，国家机关和事业单位占 45.35%，国有企业占 23.37%，城镇集体企业占 1.59%，外商投资企业占 1.08%，城镇私营企业及其他城镇企业占 23.28%，民办非企业单位和社会团体占 1.47%，灵活就业人员占 0.16%，其他占 3.42%；中、低收入占 93.67%，高收入占 6.33%。

新开户职工中，国家机关和事业单位占 24.29%，国有企业占 17.41%，城镇集体企业占 1.32%，外商投资企业占 1.20%，城镇私营企业及其他城镇企业占 42.89%，民办非企业单位和社会团体占 4.33%，灵活就业人员占 0.26%，其他占 8.30%；中、低收入占 98.73%，高收入占 1.27%。

（二）提取业务。

提取金额中，购买、建造、翻建、大修自住住房占 2.80%，偿还购房贷款本息占 71.11%，租赁住房占 12.95%，支持老旧小区改造提取占 0.02%；离休和退休提取占 3.36%，完全丧失劳动能力并与单位终止劳动关系提取占 7.62%，出境定居占 0.09%，其他占 2.87%。提取职工中，中、低收入占 88.14%，高收入占 11.86%。

（三）贷款业务。

1. 个人住房贷款。职工贷款笔数中，购房建筑面积 90（含）平方米以下占 6.47%，90～144（含）平方米占 81.28%，144 平方米以上占 12.25%。购买新房占 84.52%（其中购买保障性住房占 0.02%），购买二手房占 14.25%，建造、翻建、大修自住住房占 0.10%（其中支持老旧小区改造占 0%），其他占 1.14%。

职工贷款笔数中，单缴存职工申请贷款占 61.37%，双缴存职工申请贷款占 38.59%，三人及以上缴存职工共同申请贷款占 0.04%。

贷款职工中，30 岁（含）以下占 46.23%，30 岁～40 岁（含）占 34.95%，40 岁～50 岁（含）占 15.06%，50 岁以上占 3.76%；购买首套住房申请贷款占 86.78%，购买二套及以上申请贷款占 13.22%；中、低收入占 93.24%，高收入占 6.76%。

2. 住房公积金支持保障性住房建设项目贷款。2022 年末，全省有住房公积金试点城市 2 个，试点项目 14 个，贷款额度 14.32 亿元，建筑面积 107.12 万平方米，可解决 11936 户中低收入职工家庭的住房问题。12 个试点项目贷款资金已发放并还清贷款本息。

（四）住房贡献率。2022 年，个人住房贷款发放额、公转商贴息贷款发放额、项目贷款发放额、住房消费提取额的总和与当年缴存额的比率为 122.15%，比上年增加 9.36 个百分点。

六、其他重要事项

（一）落实住房公积金阶段性支持政策情况和政策实施成效

2022 年 6 月，我厅会同省财政厅、中国人民银行贵阳中心支行印发《关于落实住房公积金阶段性支持政策的通知》（黔建房资监通〔2022〕46 号）。指导各市（州）人民政府落实受困企业申请缓缴、受困职工逾期不计入征信、提高租房提取额度三大阶段性支持政策，帮助企业职工纾困解难。截至 12 月底，全省 9 个市（州）均已出台具体实施办法，累计申请缓缴企业 271 个，累计缓缴职工人数 18771 人，累计缓缴金额 11461.73 万元；不作逾期处理的贷款总笔数 141 笔，不作逾期处理的贷款余额

3830.26 万元；累计享受提高租房提取额度的缴存人数 35688 人，提取金额 39547.5 万元。

（二）当年服务改进情况

2022 年，根据《国务院办公厅关于扩大政务服务“跨省通办”范围进一步提升服务效能的意见》（国办发〔2022〕34 号）和住房和城乡建设部工作部署，积极指导督促各地加快推动住房公积金“跨省通办”服务。截至 2022 年 10 月，各地均已实现包括个人住房公积金缴存贷款等信息查询、出具贷款职工住房公积金缴存使用证明、住房公积金汇缴、住房公积金补缴、租房提取住房公积金、提前偿还住房公积金贷款等 11 项住房公积金“跨省通办”业务。为群众节约了时间和路费，大大提升群众的获得感和幸福感。

（三）当年信息化建设情况

一是开展征信信息共享接入试点工作。省直、安顺市、铜仁市、黔西南州、黔南州、黔东南州 6 个住房公积金管理中心被列为全国首批参加征信信息共享的试点单位，自 2022 年 7 月 1 日至 2023 年 12 月 31 日，重点完成征信信息查询、新增贷款信息和已取得借款人授权的存量贷款信息纳入征信系统工作。二是组织开展电子营业执照试用工作。在遵义市、黔南州、毕节市住房公积金管理中心组织开展电子营业执照试用工作，推动电子营业执照在住房公积金服务中的应用，进一步优化业务流程、提高服务效能，方便企业办事。三是加快住房公积金数字化发展，配合住房和城乡建设部做好《关于加快住房公积金数字化发展的指导意见（征求意见稿）》的意见征求及完善工作。

（四）当年住房公积金机构及从业人员所获荣誉情况

1. 黔南州住房公积金管理中心荣获“全国住房和城乡建设系统先进集体”称号。

2. 贵阳中心城区管理部、遵义中心城区管理部、六盘水中心直属管理部、安顺中心城区管理部、黔西南中心兴义市管理部被评为“全国住房公积金‘跨省通办’表现突出服务窗口”。

3. 安顺中心城区管理部、铜仁中心铜仁管理部被住房和城乡建设部评为“惠民公积金、服务暖人心”全国住房公积金系统服务提升三年行动 2022 年度表现突出星级服务岗。

4. 毕节中心、黔东南中心获国家机关事务局、国家发改委等四部门授予“节约型机关”称号。

贵州省贵阳住房公积金 2022 年年度报告

根据国务院《住房公积金管理条例》和住房和城乡建设部、财政部、人民银行《关于健全住房公积金信息披露制度的通知》（建金〔2015〕26 号）的规定，经住房公积金管理委员会审议通过，现将贵阳住房公积金 2022 年年度报告公布如下：

一、机构概况

（一）住房公积金管理委员会。 贵阳市住房公积金管理委员会有 29 名委员，2022 年召开一次会议，审议通过《贵阳市住房公积金管理委员会办公室关于推举第四届贵阳市住房公积金管理委员会主任委员和副主任委员的请示》《贵阳市 2021 年度住房公积金财务收支执行情况与 2022 年住房公积金管理归集使用预算（草案）报告》《贵阳住房公积金 2021 年年度报告》《贵阳市住房公积金管理中心关于制定〈贵阳市住房公积金管理中心关于支持人才在贵阳贵安购（租）房使用住房公积金的措施〉的请示》《贵阳市住房公积金管理中心关于申请增加 2022 年度住房公积金个人补息贷款额度的请示》等事项。

（二）住房公积金管理中心。 贵阳市住房公积金管理中心（以下简称市公积金中心）为贵阳市人民政府不以营利为目的的参公事业单位，设 6 个处（科），9 个管理部，2 个分中心，从业人员 150 人，其中，在编 81 人，非在编 69 人。

贵州省住房资金管理中心（以下简称省房资中心）为贵州省住房和城乡建设厅不以营利为目的的公益二类事业单位，主要负责贵州省省直单位住房公积金的归集、管理、使用和会计核算，设 2 个科，从业人员 15 人。其中，在编 6 人，非在编 9 人。

二、业务运行情况

（一）缴存。 2022 年，新开户单位 5838 家，净增单位 3340 家；新开户职工 14.09 万人，净增职工 0.05 万人；实缴单位 30539 家，实缴职工 112.20 万人，缴存额 174.62 亿元，分别同比增长 12.28%、0.04%、7.11%。截至 2022 年末，缴存总额 1291.32 亿元，比上年末增长 15.64%；缴存余额 456.70 亿元，同比增长 10.15%。

受委托办理住房公积金缴存业务的银行 5 家。

（二）提取。 2022 年，54.28 万名缴存职工提取住房公积金；提取额 132.54 亿元，同比增长 11.05%；提取额占当年缴存额的 75.90%，比上年增加 2.69 个百分点。截至 2022 年末，提取总额 834.62 亿元，比上年末增加 18.88%。

（三）贷款。

1. 个人住房贷款。单缴存职工个人住房贷款最高额度 50 万元，双缴存职工个人住房贷款最高额度 60 万元。

2022 年，发放个人住房贷款 1.62 万笔、76.65 亿元，同比分别下降 1.82%、3.49%。其中，市公积金中心发放个人住房贷款 1.41 万笔、65.72 亿元，省房资中心发放个人住房贷款 0.21 万笔、10.93 亿元。

2022 年，回收个人住房贷款 39.77 亿元。其中，市公积金中心 33.23 亿元，省房资中心 6.54 亿元。

截至 2022 年末，累计发放个人住房贷款 22.79 万笔、734.26 亿元，贷款余额 445.91 亿元，分别比上年末增加 7.60%、11.66%、9.02%。个人住房贷款余额占缴存余额的 97.64%，比上年末减少 1.02 个百分点。

受委托办理住房公积金个人住房贷款业务的银行 15 家。

2. 异地贷款。2022 年，发放异地贷款 95 笔、4379.50 万元。截至 2022 年末，发放异地贷款总额 40883.10 万元，异地贷款余额 34215.83 万元。

3. 公转商贴息贷款。2022 年，发放公转商贴息贷款 150 笔、7257.90 万元，当年贴息额 2759.60 万元。截至 2022 年末，累计发放公转商贴息贷款 9096 笔、286768.50 万元，累计贴息 26952.02 万元。

（四）购买国债。2022 年，无购买、兑付、转让、收回国债事项。截至 2022 年末，无国债余额。

（五）资金存储。2022 年末，住房公积金存款 24.55 亿元。其中，活期 0.05 亿元，1 年（含）以下定期 3 亿元，其他（协定、通知存款等）21.50 亿元。

（六）资金运用率。2022 年末，住房公积金个人住房贷款余额、项目贷款余额和购买国债余额的总和占缴存余额的 97.64%，比上年末减少 1.02 个百分点。

三、主要财务数据

（一）业务收入。2022 年，业务收入 141726.38 万元，同比增长 11.14%。其中，市公积金中心 116367.98 万元，省房资中心 25358.40 万元；存款利息 4589.86 万元，委托贷款利息 137122.05 万元，其他 14.47 万元。

（二）业务支出。2022 年，业务支出 83195.21 万元，同比增长 10.35%。其中，市公积金中心 69180.75 万元，省房资中心 14014.46 万元；支付职工住房公积金利息 65526.80 万元，归集手续费 6184.78 万元，委托贷款手续费 6728.54 万元，其他 4755.09 万元。

（三）增值收益。2022 年，增值收益 58531.17 万元，同比增长 12.28%。其中，市公积金中心 47187.23 万元，省房资中心 11343.94 万元；增值收益率 1.33%，比上年增加 0.01 个百分点。

（四）增值收益分配。2022 年，提取贷款风险准备金 3688.19 万元，提取管理费用 2920.05 万元，提取城市廉租住房（公共租赁住房）建设补充资金 51922.93 万元。

2022 年，上交财政管理费用 2920.05 万元。上缴财政城市廉租住房（公共租赁住房）建设补充资金 43896.30 万元，其中，市公积金中心上缴 34506.11 万元，省房资中心上缴 9390.19 万元。

2022 年末，贷款风险准备金余额 44591.38 万元。累计提取城市廉租住房（公共租赁住房）建设补充资金 325920.71 万元。其中，市公积金中心提取 257657.91 万元，省房资中心提取 68262.80 万元。

（五）管理费用支出。2022 年，管理费用支出 2529.98 万元，同比下降 18.31%。其中，人员经费 1569.63 万元，公用经费 378.86 万元，专项经费 581.49 万元。

市公积金中心管理费用支出 2213.67 万元，其中，人员经费 1353.30 万元，公用经费 278.88 万元，专项经费 581.49 万元。省房资中心管理费用支出 316.31 万元，其中，人员经费 216.33 万元，公用经费 99.98 万元。

四、资产风险状况

个人住房贷款。2022 年末，个人住房贷款逾期额 4214.08 万元，逾期率 0.95‰，其中，市公积金中心 0.97‰，省房资中心 0.84‰。个人贷款风险准备金余额 44591.38 万元。2022 年，未使用个人贷款风险准备金核销呆坏账。

五、社会经济效益

（一）缴存业务

缴存职工中，国家机关和事业单位占 22.04%，国有企业占 25.20%，城镇集体企业占 1.52%，外商投资企业占 2.06%，城镇私营企业及其他城镇企业占 41.91%，民办非企业单位和社会团体占 2.19%，灵活就业人员占 0.01%，其他占 5.07%；中、低收入占 97.62%，高收入占 2.38%。

新开户职工中，国家机关和事业单位占 12.47%，国有企业占 15.29%，城镇集体企业占 0.88%，外商投资企业占 2.02%，城镇私营企业及其他城镇企业占 56.70%，民办非企业单位和社会团体占 3.44%，灵活就业人员占 0.01%，其他占 9.19%；中、低收入占 99.58%，高收入占 0.42%。

（二）提取业务

提取金额中，购买、建造、翻建、大修自住住房占 7.13%，偿还购房贷款本息占 66.32%，租赁住房占 6.29%，支持老旧小区改造占 0.01%，离休和退休提取占 13.67%，完全丧失劳动能力并与单位终止劳动关系提取占 4.76%，出境定居占 0%，其他占 1.82%。提取职工中，中、低收入占 96.48%，高收入占 3.52%。

（三）贷款业务

个人住房贷款。2022 年，支持职工购建房 187.28 万平方米（含公转商贴息贷款），年末个人住房贷款市场占有率（含公转商贴息贷款）为 15.19%，比上年末增加 0.52 个百分点。通过申请住房公积金个人住房贷款，可节约职工购房利息支出 138791.38 万元。

职工贷款笔数中，购房建筑面积 90（含）平方米以下占 13.62%，90～144（含）平方米占 79.09%，144 平方米以上占 7.29%。购买新房占 87.03%（其中购买保障性住房占 0%），购买二手房占 12.97%，建造、翻建、大修自住住房占 0%（其中支持老旧小区改造占 0%），其他占 0%。

职工贷款笔数中，单缴存职工申请贷款占 81.96%，双缴存职工申请贷款占 18.04%，三人及以上缴存职工共同申请贷款占 0%。

贷款职工中，30 岁（含）以下占 58.44%，30 岁～40 岁（含）占 29.87%，40 岁～50 岁（含）占 9.38%，50 岁以上占 2.31%；购买首套住房申请贷款占 96.11%，购买二套及以上申请贷款占 3.89%；中、低收入占 98.01%，高收入占 1.99%。

（四）住房贡献率

2022 年，个人住房贷款发放额、公转商贴息贷款发放额、项目贷款发放额、住房消费提取额的总和与当年缴存额的比率为 104.84%，比上年减少 3.54 个百分点。

六、其他重要事项

（一）落实住房公积金阶段性支持政策情况

出台《贵阳市住房公积金管理中心关于实施住房公积金阶段性支持政策的通知》（筑公积金通字〔2022〕75 号）》。一是实施阶段性缓缴政策，受疫情影响企业可按规定在 2022 年 12 月 31 日前申请缓缴 2022 年 6 月至 12 月住房公积金，缓缴期间职工可正常办理提取、贷款业务。截至 2022 年末，共 84 家企业申请缓缴，涉及职工 7130 人，累计缓缴金额 3940.32 万元。二是受疫情影响的借款人，可在 2022 年 6 月 1 日至 12 月 31 日期间申请暂缓偿还公积金贷款本息，暂缓期内不作逾期处理，不计罚息，不作为逾期记录报送征信部门。三是将已婚职工家庭租住商品住房提取额度从 13400 元/年提高至 17200 元/年，享受政策的职工家庭累计提取住房公积金 9719.68 万元。

（二）政策调整及执行情况

1. 调整缴存基数上下限

印发《贵阳市住房公积金管理中心关于 2022—2023 年度贵阳市贵安新区住房公积金缴存比例及缴存基数执行标准的通知》（筑公积金通字〔2022〕76 号），明确 2022—2023 年度住房公积金缴存基数上限为 23050 元、下限为 1790 元，单位和职工的缴存比例下限均为 5%、上限均为 12%。

2. 出台支持政策，助力贵阳贵安“人才兴市”战略实施

出台《贵阳市住房公积金管理中心关于印发〈支持人才在贵阳贵安购（租）房使用住房公积金的措施〉的通知》（筑公积金通字〔2022〕56 号），持有“贵阳人才服务绿卡”的职工，一是贷款额度均可

在其计算可贷额基础上上浮50%，最高可贷额度可在现行最高额度上上浮50%至150%。二是租房提取额度可在现行额度基础上上浮50%。三是在贵阳市、贵安新区购房申请住房公积金贷款时，可提取本人及配偶住房公积金账户余额用于首付。

3. 支持缴存人合理住房需求，促进房地产市场平稳健康发展

（1）出台《贵阳市住房公积金管理委员会关于印发贵阳贵安住房公积金促进房地产业良性循环和健康发展若干措施的通知》（筑公积金管委字〔2022〕2号）。一是缴存职工家庭已经结清全部个人住房贷款或仅有一笔未结清的商业性个人住房贷款的，再次购房申请住房公积金个人住房贷款按首套房贷款确定首付款比例，最低不低于20%。二是取消两次住房公积金个人住房贷款须间隔12个月以上的限制。三是取消省内其他市（州）缴存职工申请住房公积金异地个人住房贷款户籍地限制。四是对同一套住房，职工可在提取住房公积金追加首付后，申请住房公积金个人住房贷款。

（2）出台《贵阳市住房公积金管理中心关于实施职工团购房公积金阶段性提取政策的通知》（筑公积金通字〔2022〕113号），职工参与贵阳市职工商品房团购活动，在2022年11月18日至2022年12月31日期间，可申请提取本人及配偶的住房公积金账户余额支付购房首付款。政策实施期间，共办理提取住房公积金支付首付1144笔、1.85亿元。

4. 调整公积金首套房贷款利率

自2022年10月1日起，将首套住房公积金个人住房贷款利率调整为贷款期限5年以下（含5年）2.6%、5年以上3.1%，其中2022年10月1日（不含）前发放的贷款自2023年1月1日起按调整后利率计息。

（三）服务改进情况

2022年，深入推进“惠民公积金　服务暖人心”全国住房公积金系统服务提升三年行动，不断提升政务服务水平。

1. 持续推动高频事项“跨省通办”

完成住房公积金汇缴、住房公积金补缴、提前偿还部分住房公积金贷款、租房提取住房公积金、提前退休提取住房公积金等5个服务事项“跨省通办”应用场景建设，“跨省通办”事项达到13项。

2. 不断提高便利化服务水平

一是推出7×24小时在线智能客服服务，为缴存单位和职工在不同场景中提供差异化的服务支持，企业可24小时在线申办住房公积金缴存业务。二是大力推进全程网办，依托数据共享、电子证照运用等技术手段，在全省范围率先完成自建系统与贵州省政务服务网系统融通，住房公积金服务事项“全程网办”率实现93.5%，29个服务事项可“全省通办”，其中涉企服务事项“全程网办”率达100%。三是优化和完善住房公积金缴存模式，推出住房公积金网络缴存“直通车”及“代扣代缴”缴款方式，缴款耗时最快仅需20秒。

（四）信息化建设情况

1. 聚焦政务数据“聚通用”，建立健全省市数据融合互联互通机制

依据数据生命周期特点，同相关部门共同梳理数据流转各环节难点，疏通数据流通改革堵点，在全省率先完成全量政务数据归集至贵州省数据共享交换平台贵阳专区。2022年，市公积金中心通过该交换平台获取民政、不动产、市场监管局等部门数据，办理缴存、提取业务37万余笔。

2. 聚焦数据安全，高质量完成人民银行二代征信系统数据采集切换工作

按照人民银行总行关于金融机构正式开展二代征信系统数据采集切换的有关工作要求，市公积金中心坚持科学分工、稳妥推进、应急响应、妥善处置的工作思路组织实施一二代征信系统数据采集切换专项工作，经过共七轮的调整和测试，在全省公积金系统率先通过人行切换评审和验收。

（五）所获荣誉情况

2022年，市公积金中心城区管理部被评为“全国住房公积金‘跨省通办’表现突出服务窗口”，1名职工获评“贵阳贵安‘筑城工匠’”称号。

（六）当年对违反《住房公积金管理条例》和相关法规行为进行行政处罚和申请人民法院强制执行情况

2022年，市公积金中心对存在住房公积金违法行为的单位立案调查98件。其中，向逾期不缴或少缴住房公积金的单位下达责令限期缴存决定53件，向贵阳市综合行政执法局移交单位不办理住房公积金缴存登记或不为本单位职工办理住房公积金账户设立手续案件10件，单位主动改正违法行为35件。依法申请人民法院强制执行单位逾期不缴或少缴案件5件。

贵州省及省内各城市住房公积金 2022 年年度报告二维码

名称	二维码
贵州省住房公积金 2022 年年度报告	
贵阳住房公积金 2022 年年度报告	
遵义市住房公积金 2022 年年度报告	
六盘水市住房公积金 2022 年年度报告	
安顺市住房公积金 2022 年年度报告	
毕节市住房公积金 2022 年年度报告	
铜仁市住房公积金 2022 年年度报告	

续表

名称	二维码
黔东南苗族侗族自治州住房公积金 2022 年年度报告	
黔南布依族苗族自治州住房公积金 2022 年年度报告	
黔西南布依族苗族自治州住房公积金 2022 年年度报告	

云南省

云南省住房公积金 2022 年年度报告

根据国务院《住房公积金管理条例》和住房和城乡建设部、财政部、人民银行《关于健全住房公积金信息披露制度的通知》（建金〔2015〕26 号）规定，现将云南省住房公积金 2022 年年度报告汇总公布如下：

一、机构概况

（一）住房公积金管理机构。全省共设 16 个城市住房公积金管理中心，1 个独立设置的分中心。从业人员 1531 人，其中，在编 1036 人，非在编 495 人。

（二）住房公积金监管机构。省住房和城乡建设厅、财政厅和人民银行昆明中心支行负责对本省住房公积金管理运行情况进行监督。省住房和城乡建设厅设立住房公积金监管处，负责辖区住房公积金日常监管工作。

二、业务运行情况

（一）缴存。2022 年，新开户单位 8065 家，净增单位 4967 家；新开户职工 27.06 万人，净增职工 6.63 万人；实缴单位 65651 家，实缴职工 307.72 万人，缴存额 673.14 亿元，分别同比增长 8.19%、2.2%、7.29%。2022 年末，缴存总额 5884.45 亿元，比上年末增长 12.92%；缴存余额 1953.06 亿元，同比增长 8.89%（表 1）。

2022 年分城市住房公积金缴存情况　　　　**表 1**

地区	实缴单位（万个）	实缴职工（万人）	缴存额（亿元）	累计缴存总额（亿元）	缴存余额（亿元）
云南省	**6.57**	**307.72**	**673.14**	**5884.45**	**1953.06**
昆明市	2.25	115.91	260.36	2248.42	568.46
曲靖	0.35	26.52	58.38	524.53	183.51
玉溪	0.40	14.46	35.00	353.38	105.82
保山	0.27	12.79	23.98	201.41	90.62
昭通	0.33	18.24	40.33	335.59	137.22
丽江	0.17	7.58	17.42	138.26	43.92
普洱	0.34	12.40	24.18	223.21	101.18
临沧	0.47	12.46	23.62	182.42	100.30
楚雄	0.28	12.69	26.06	253.29	72.33
红河	0.52	22.38	49.07	446.60	156.55
文山	0.31	15.97	29.65	252.33	90.77
西双版纳	0.19	6.64	14.85	129.53	63.60
大理	0.35	15.53	35.18	313.11	114.27
德宏	0.16	7.05	13.83	121.61	57.64
怒江	0.08	3.63	9.39	78.01	25.12
迪庆	0.09	3.46	11.87	82.73	41.77

（二）提取。 2022 年，132.38 万名缴存职工提取住房公积金；提取额 513.69 亿元，同比增长 4.61%；提取额占当年缴存额的 76.31%，比上年减少 1.96 个百分点。2022 年末，提取总额 3931.39 亿元，比上年末增长 15.03%（表 2）。

2022 年分城市住房公积金提取情况 表 2

地区	提取额（亿元）	提取率（%）	住房消费类提取额（亿元）	非住房消费类提取额（亿元）	累计提取总额（亿元）
云南省	**513.69**	**76.31**	**399.96**	**113.73**	**3931.39**
昆明市	209.69	80.54	171.27	38.42	1679.95
曲靖	40.20	68.86	29.87	10.33	341.03
玉溪	25.38	72.53	18.85	6.54	247.56
保山	15.85	66.11	11.29	4.56	110.80
昭通	31.61	78.39	24.60	7.02	198.37
丽江	13.85	79.52	11.62	2.24	94.34
普洱	17.35	71.78	12.72	4.64	122.03
临沧	14.38	60.87	9.89	4.48	82.12
楚雄	17.21	66.04	12.76	4.45	180.95
红河	40.62	82.79	31.43	9.19	290.06
文山	24.34	82.11	19.53	4.81	161.56
西双版纳	9.29	62.54	5.63	3.66	65.94
大理	25.27	71.83	18.53	6.73	198.84
德宏	10.02	72.47	6.58	3.44	63.97
怒江	7.72	82.19	6.47	1.25	52.90
迪庆	10.89	91.73	8.92	1.97	40.96

（三）贷款。

1. 个人住房贷款。2022 年，发放个人住房贷款 6.72 万笔、310.95 亿元，同比增长 11.81%、34.66%。回收个人住房贷款 207.62 亿元。

2022 年末，累计发放个人住房贷款 144.79 万笔、3368.87 亿元，贷款余额 1482.21 亿元，分别比上年末增长 4.87%、10.17%、7.49%。个人住房贷款余额占缴存余额的 75.89%，比上年末减少 0.99 个百分点（表 3、图 1）。

2022 年分城市住房公积金个人住房贷款情况 表 3

地区	放贷笔数（万笔）	贷款发放额（亿元）	累计放贷笔数（万笔）	累计贷款总额（亿元）	贷款余额（亿元）	个人住房贷款率（%）
云南省	**6.72**	**310.95**	**144.79**	**3368.87**	**1482.21**	**75.89**
昆明市	2.05	103.08	29.34	834.30	410.31	72.18
曲靖	0.49	22.01	18.99	309.80	119.46	65.1
玉溪	0.49	19.88	8.76	204.98	95.84	90.57
保山	0.19	7.95	5.34	128.50	62.32	68.78
昭通	0.57	22.80	10.45	244.92	119.75	87.27
丽江	0.29	15.66	6.19	104.23	36.50	83.11
普洱	0.36	16.91	9.19	189.37	88.26	87.23

续表

地区	放贷笔数（万笔）	贷款发放额（亿元）	累计放贷笔数（万笔）	累计贷款总额（亿元）	贷款余额（亿元）	个人住房贷款率（%）
临沧	0.22	10.67	4.83	141.27	77.41	77.19
楚雄	0.26	9.53	5.78	111.20	47.50	65.67
红河	0.57	23.63	16.18	382.69	128.61	82.16
文山	0.41	17.69	9.32	228.36	81.35	89.62
西双版纳	0.08	2.79	4.40	97.92	39.80	62.58
大理	0.21	10.58	6.62	170.89	84.32	73.79
德宏	0.22	9.95	4.38	100.49	52.62	91.29
怒江	0.13	6.82	2.85	58.43	17.70	70.46
迪庆	0.18	11.00	2.18	61.51	20.44	48.95

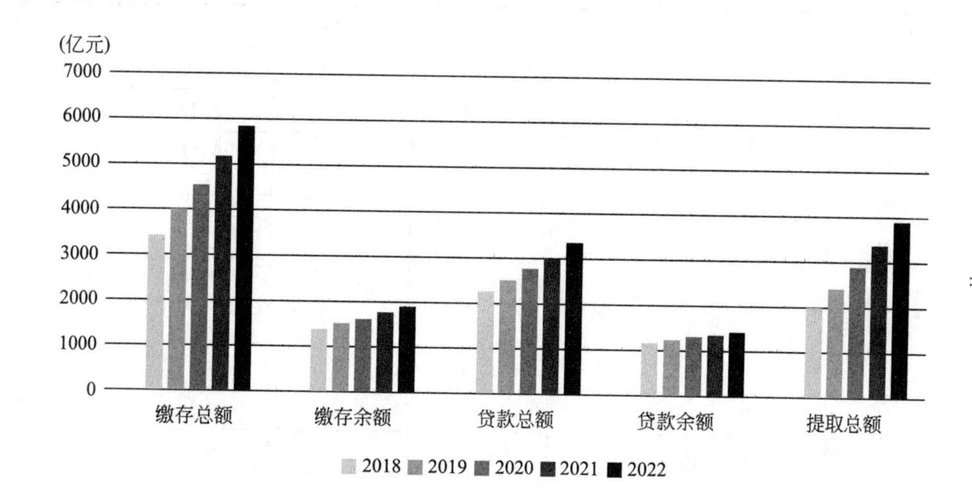

图 1　2018—2022 年缴存、提取、贷款情况比较

2022 年，支持职工购建房 917.90 万平方米。年末个人住房贷款市场占有率（含公转商贴息贷款）为 17.49%，比上年末增加 0.8 个百分点。通过申请住房公积金个人住房贷款，可节约职工购房利息支出 545635.48 万元。

2. 异地贷款。2022 年，发放异地贷款 2589 笔、118056.69 万元。2022 年末，发放异地贷款总额 419329.65 万元，异地贷款余额 298604.34 万元。

3. 公转商贴息贷款。2022 年，当年贴息额 2268.77 万元。2022 年末，累计发放公转商贴息贷款 7312 笔、344460.30 万元，累计贴息 13201.06 万元。

（四）资金存储。2022 年末，住房公积金存款 487.76 亿元。其中，活期 8.79 亿元，1 年（含）以下定期 104.24 亿元，1 年以上定期 299.86 亿元，其他（协定、通知存款等）74.86 亿元。

（五）资金运用率。2022 年末，住房公积金个人住房贷款余额、项目贷款余额和购买国债余额的总和占缴存余额的 75.89%，比上年末减少 0.99 个百分点。

三、主要财务数据

（一）业务收入。2022 年，业务收入 591209.90 万元，同比增长 7.43%。其中，存款利息 127369.44 万元，委托贷款利息 463706.61 万元，其他 133.85 万元。

（二）业务支出。2022 年，业务支出 304015.11 万元，同比增长 7.09%。其中，支付职工住房公积金利息 284993.21 万元，归集手续费 3932.70 万元，委托贷款手续费 12797.03 万元，其他 2292.17

万元。

(三) 增值收益。2022 年，增值收益 287194.79 万元，同比增长 7.80%；增值收益率 1.53%，比上年减少 0.01 个百分点。

(四) 增值收益分配。2022 年，提取贷款风险准备金 11286.52 万元，提取管理费用 54680.25 万元，提取城市廉租住房（公共租赁住房）建设补充资金 221228.01 万元（表 4）。

2022 年，按分级管理原则，上交财政管理费用 54000.39 万元，上缴财政城市廉租住房（公共租赁住房）建设补充资金 234029.12 万元。

2022 年末，贷款风险准备金余额 193814.60 万元，累计提取城市廉租住房（公共租赁住房）建设补充资金 1711861.74 万元。

2022 年分城市住房公积金增值收益及分配情况 **表 4**

地区	业务收入（亿元）	业务支出（亿元）	增值收益（亿元）	增值收益率（%）	提取贷款风险准备金（亿元）	提取管理费用（亿元）	提取公租房（廉租房）建设补充资金（亿元）
云南省	**59.12**	**30.40**	**28.72**	**1.53**	**1.13**	**5.47**	**22.12**
昆明	17.35	8.95	8.40	1.54	0.62	0.96	6.82
曲靖	5.43	2.97	2.46	1.41	0.01	0.10	2.34
玉溪	3.30	1.87	1.43	1.41	0.09	0.14	1.20
保山	2.90	1.36	1.54	1.79	0.01	0.46	1.07
昭通	4.44	2.07	2.37	1.79	0.08	0.34	1.95
丽江	1.26	0.64	0.63	1.49	0.09	0.47	0.06
普洱	3.05	1.29	1.76	1.87	0.07	0.24	1.46
临沧	3.05	1.55	1.50	1.57	0	0.20	1.30
楚雄	2.23	1.32	0.91	1.33	0.02	0.16	0.73
红河	4.64	2.55	2.09	1.35	0	0.29	1.80
文山	2.71	1.35	1.36	1.54	0.04	0.41	0.91
西双版纳	1.69	0.97	0.72	1.17	0	0.22	0.50
大理	3.16	1.60	1.56	1.42	0	0.47	1.09
德宏	1.82	0.91	0.91	1.62	0.04	0.69	0.19
怒江	0.68	0.37	0.31	1.28	0	0.09	0.22
迪庆	1.40	0.63	0.78	1.88	0.05	0.23	0.49

(五) 管理费用支出。2022 年，管理费用支出 33877.16 万元，同比下降 1.37%。其中，人员经费 20831.29 万元，公用经费 2461.73 万元，专项经费 10584.14 万元。

四、资产风险状况

个人住房贷款。2022 年末，个人住房贷款逾期额 3319.45 万元，逾期率 0.022%，个人贷款风险准备金余额 193814.60 万元。2022 年，使用个人贷款风险准备金核销呆坏账 9.39 万元。

五、社会经济效益

(一) 缴存业务。

缴存职工中，国家机关和事业单位占 47.93%，国有企业占 22.77%，城镇集体企业占 1.41%，外商投资企业占 1.31%，城镇私营企业及其他城镇企业占 21.19%，民办非企业单位和社会团体占 1.77%，灵活就业人员占 0.27%，其他占 3.35%；中、低收入占 98.15%，高收入占 1.85%。

新开户职工中，国家机关和事业单位占22.06%，国有企业占17.10%，城镇集体企业占1.83%，外商投资企业占2.05%，城镇私营企业及其他城镇企业占47.01%，民办非企业单位和社会团体占2.64%，灵活就业人员占1.46%，其他占5.85%；中、低收入占99.68%，高收入占0.32%。

（二）提取业务。

提取金额中，购买、建造、翻建、大修自住住房占36.30%，偿还购房贷款本息占37.69%，租赁住房占3.18%；离休和退休提取占16.48%，完全丧失劳动能力并与单位终止劳动关系提取占4.01%，出境定居占0.18%，其他占2.16%。提取职工中，中、低收入占94.16%，高收入占5.84%。

（三）贷款业务。

个人住房贷款。职工贷款笔数中，购房建筑面积90（含）平方米以下占10.76%，90～144（含）平方米占60.53%，144平方米以上占28.71%。购买新房占58.96%（其中购买保障性住房占0.05%），购买二手房占22.38%，建造、翻建、大修自住住房占0.94%，其他占17.72%。

职工贷款笔数中，单缴存职工申请贷款占35.35%，双缴存职工申请贷款占63.42%，三人及以上缴存职工共同申请贷款占1.23%。

贷款职工中，30岁（含）以下占35.86%，30岁～40岁（含）占41.17%，40岁～50岁（含）占18.30%，50岁以上占4.67%；购买首套住房申请贷款占83.73%，购买二套及以上申请贷款占16.27%；中、低收入占99.09%，高收入占0.91%（图2）。

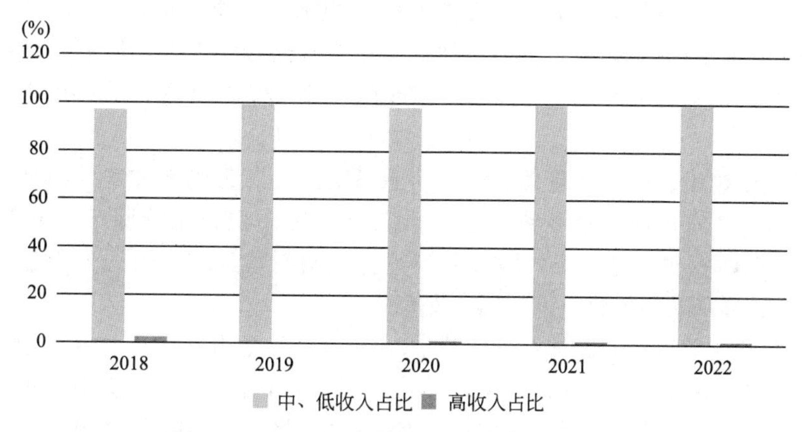

图2 2018—2022年贷款职工按收入情况占比

（四）住房贡献率。2022年，个人住房贷款发放额、公转商贴息贷款发放额、项目贷款发放额、住房消费提取额的总和与当年缴存额的比率为105.61%，比上年增加4.29个百分点。

六、其他重要事项

（一）云南省住房和城乡建设厅出台了《云南省住房公积金监管工作要点》。指导各中心进一步充实完善工作计划，认真履行职责，扎实做好各项工作，确保实现全年住房公积金工作的目标任务。《要点》强调要继续扩大住房公积金制度覆盖面，持续推进住房公积金数字化转型工作，充分发挥好全国住房公积金监管服务平台的作用，进一步提高公积金使用效率，重点支持新市民、青年人租赁住房等基本住房需求。

（二）扩大住房公积金制度覆盖面。开展住房公积金缴存扩面工作，改进住房公积金缴存机制，加强多部门信息共享、联合执法，推进用人单位及其职工依法缴存住房公积金，推行企业开办和住房公积金缴存登记一窗通办，提高企业缴存的便捷性。鼓励昆明市和有条件的州（市）积极开展灵活就业人员自愿缴存住房公积金调研工作，帮助灵活就业人员和青年人住有所居，用足用活住房公积金政策，《昆明市灵活就业人员参加住房公积金制度试点方案》已上报住房和城乡建设部。2022年，全省新设立住房公积金个人账户27.06万户，新设立住房公积金单位账户8065个。

（三）积极落实住房公积金阶段性支持政策。为贯彻落实党中央、国务院关于高效统筹疫情防控和经济社会发展的决策部署，更好地发挥住房公积金民生保障功能，对受疫情影响存在困难的企业和职工给予政策支持，云南省住房和城乡建设厅于2022年5月31日会同云南省财政厅、中国人民银行昆明中心支行转发了《住房和城乡建设部 财政部 人民银行关于实施住房公积金阶段性支持政策的通知》，并提出相关要求确保云南省住房公积金阶段性支持政策落地，有效纾解企业和缴存人困难。全省各地均按要求出台了具体的实施细则。全省累计缓缴企业289个，缓缴职工人数28071人，累计缓缴金额24241.64万元。

（四）落实住房公积金贷款利率政策。及时转发，并组织落实《中国人民银行关于下调首套个人住房公积金贷款利率的通知》（银发〔2022〕226号），自2022年10月1日起，下调首套个人住房公积金贷款利率0.15个百分点。

（五）加强逾期个人住房贷款的监管工作。根据《住房和城乡建设部住房公积金监管司关于加强对逾期住房公积金个人住房贷款监管的函》（建司局函金〔2021〕36号）的要求，督促各中心完善催收方案和贷款逾期风险防控方案，防止断贷的产生和个人住房贷款逾期风险。全省住房公积金个人住房贷款逾期率为0.022%，低于全国住房公积金个人住房贷款逾期率。

（六）积极推进住房公积金业务"跨省通办"。扎实推进"我为群众办实事"实践活动，聚焦群众异地办事的痛点难点，积极推进住房公积金业务全程网办、两地联办、代收代办工作。2022年，云南省新增3项，累计共11项高频服务事项全国"跨省通办"。共有151个"跨省通办"线下办理窗口，完成线上办理住房公积金汇缴419786笔，线上办理住房公积金补缴30815笔，线上办理提前部分偿还住房公积金贷款133925笔。切实解决群众异地办事"多地跑""往返跑"难题，大幅度提高了为群众服务办事的效率。

（七）加强精神文明建设，开展"惠民公积金，服务暖人心"云南省住房公积金系统服务提升三年行动。制定出台《"惠民公积金、服务暖人心"云南省住房公积金系统服务提升三年行动实施方案（2022—2024年）》，统筹推进全省住房公积金系统精神文明创建工作，树立公积金系统为民服务的良好形象，不断增强人民群众的获得感、幸福感、安全感。

（八）全省住房公积金管理中心获得荣誉情况。2022年，临沧市住房积金管理中心被云南省委党的建设领导小组命名为"云南省模范机关创建示范单位"；红河州住房积金管理中心被云南省民族宗教事务委员会命名为云南省民族团结进步示范单位；曲靖市住房积金管理中心职工驿站被中华全国总工会评为"最美工会户外劳动者服务站点"。

云南省昆明市住房公积金 2022 年年度报告

根据国务院《住房公积金管理条例》和《住房和城乡建设部 财政部 人民银行关于健全住房公积金信息披露制度的通知》（建金〔2015〕26 号）的规定，经昆明市住房公积金管理委员会审议通过，现将昆明市住房公积金 2022 年年度报告公布如下：

一、机构概况

（一）住房公积金管理委员会

昆明市住房公积金管理委员会有 30 名委员，2022 年召开 10 次会议，审议通过的事项主要包括：《关于上报〈昆明市灵活就业人员参加住房公积金制度试点方案〉的报告》《关于改选昆明市住房公积金管理委员会主任的请示》《关于昆明市住房公积金管理中心调整住房公积金个人住房贷款部分政策的请示》《关于昆明市住房公积金管理中心调整租房提取住房公积金政策的请示》《昆明市住房公积金 2021 年年度报告》《关于委托恒丰银行有限公司昆明分行承办住房公积金个人住房贷款业务的请示》《关于昆明市实施住房公积金阶段性支持政策的请示》《关于富滇银行股份有限公司受理县（区）住房公积金贷款业务的请示》《关于昆明中北公交有限责任公司缓缴职工住房公积金的请示》《西双版纳傣族自治州住房公积金管理中心　昆明市住房公积金管理中心关于磨憨住房公积金事项托管移交工作的实施方案》等。

（二）昆明市住房公积金管理中心

昆明市住房公积金管理中心（以下简称市住房公积金中心）为隶属昆明市人民政府不以营利为目的的全额拨款事业单位，内设 10 个部门（机关党委及 9 个处室）、17 个管理部、1 个分中心。从业人员 175 人，其中，在编 163 人，非在编 12 人。

（三）云南省省级职工住房资金管理中心（昆明市住房公积金管理中心省直机关分中心）

云南省省级职工住房资金管理中心（昆明市住房公积金管理中心省直机关分中心，以下简称省直分中心）为隶属于云南省住房和城乡建设厅不以营利为目的的公益一类事业单位，设 8 个科。从业人员 63 人，其中，在编 29 人，非在编 34 人。

二、业务运行情况

（一）缴存。2022 年，新开户单位 3790 家，净增单位 2486 家；新开户职工 12.25 万人，净增职工 1.97 万人；实缴单位 22483 家，实缴职工 115.91 万人，缴存额 260.35 亿元，分别同比增长 12.33%、1.73%、6.55%。2022 年末，缴存总额 2248.42 亿元，比上年末增加 13.10%；缴存余额 568.46 亿元，同比增长 9.78%。市住房公积金中心受委托办理住房公积金缴存业务的银行 5 家，省直分中心受委托办理住房公积金缴存业务的银行 4 家。

（二）提取。2022 年，56.73 万名缴存职工提取住房公积金；提取额 209.70 亿元，同比增长 0.46%；提取额占当年缴存额的 80.55%，比上年减少 4.89 个百分点。2022 年末，提取总额 1679.96 亿元，比上年末增加 14.26%。

（三）贷款。

1. 个人住房贷款。个人住房贷款最高额度 80 万元。单缴存职工个人住房贷款最高额度 50 万元，双缴存职工个人住房贷款最高额度80万元。

2022年，发放个人住房贷款2.06万笔、103.08亿元，同比分别增长85.59%、168.65%。其中，市住房公积金中心发放个人住房贷款1.56万笔、77.31亿元，省直分中心发放个人住房贷款0.47万笔24.12亿元，铁路分中心发放个人住房贷款0.03万笔、1.65亿元。

2022年，回收个人住房贷款41.50亿元。其中，市住房公积金中心32.36亿元，省直分中心8.16亿元，铁路分中心0.98亿元。

2022年末，累计发放个人住房贷款29.34万笔、834.30亿元，贷款余额410.31亿元，分别比上年末增加7.51%、14.10%、17.66%。个人住房贷款余额占缴存余额的72.18%，比上年末增加4.83个百分点。市住房公积金中心受委托办理住房公积金个人住房贷款业务的银行16家；省直分中心受委托办理住房公积金个人住房贷款业务的银行14家。

2.异地贷款。2022年，发放异地贷款930笔、54227.80万元。2022年末，发放异地贷款总额142877.00万元，异地贷款余额116121.63万元。

（四）资金存储。2022年末，住房公积金存款160.21亿元。其中，活期5.88亿元，1年（含）以下定期9.4亿元，1年以上定期129.52亿元，其他（协定、通知存款等）15.41亿元。

（五）资金运用率。2022年末，住房公积金个人住房贷款余额、项目贷款余额和购买国债余额的总和占缴存余额的72.18%，比上年末增加4.82个百分点。

三、主要财务数据

（一）业务收入。2022年，业务收入173480.76万元，同比增长8.76%。其中，市住房公积金中心124090.46万元，省直分中心36848.49万元，铁路分中心12541.81万元；存款利息52232.86万元，委托贷款利息121237.57万元，国债利息0万元，其他10.33万元。

（二）业务支出。2022年，业务支出89503.91万元，同比增长7.05%。其中，市住房公积金中心64794.53万元，省直分中心19081.50万元，铁路分中心5627.88万元；支付职工住房公积金利息82331.23万元，归集手续费3932.7万元，委托贷款手续费3239.98万元，其他0万元。

（三）增值收益。2022年，增值收益83976.85万元，同比增长10.64%。其中，市住房公积金中心59295.92万元，省直分中心17766.99万元，铁路分中心6913.94万元；增值收益率1.54%，比上年增加0.02个百分点。

（四）增值收益分配。2022年，提取贷款风险准备金6157.71万元；提取管理费用9578.07万元，提取城市廉租住房（公共租赁住房）建设补充资金68241.07万元。

2022年，上交财政管理费用9000万元。上缴财政城市廉租住房（公共租赁住房）建设补充资金95190.96万元，其中，市住房公积金中心上缴61221.28万元，省直分中心上缴20269.68万元，铁路分中心上缴13700万元。

2022年末，贷款风险准备金余额53815.70万元。累计提取城市廉租住房（公共租赁住房）建设补充资金642366.63万元。其中，市住房公积金中心提取462075.50万元，省直分中心提取126935.44万元，铁路分中心提取53355.69万元。

（五）管理费用支出。2022年，管理费用支出7315.54万元，同比增长1.88%。其中，人员经费5032.47万元，公用经费225.59万元，专项经费2057.48万元。

市住房公积金中心管理费用支出5360.48万元，其中，人员、公用、专项经费分别为3392.37万元、208.17万元、1759.94万元；省直分中心管理费用支出1955.06万元，其中，人员、公用、专项经费分别为1640.10万元、17.42万元、297.54万元。

四、资产风险状况

个人住房贷款。2022年末，个人住房贷款逾期额1206.97万元，逾期率0.30‰，其中，市住房公积金中心 0.29‰，省直分中心 0.32‰，铁路分中心 0.22‰。个人贷款风险准备金余额 53815.70 万元。2022 年，使用个人贷款风险准备金核销呆坏账 0 万元。

五、社会经济效益

（一）缴存业务

缴存职工中，国家机关和事业单位占 23.36%，国有企业占 30.49%，城镇集体企业占 1.01%，外商投资企业占 2.24%，城镇私营企业及其他城镇企业占 34.84%，民办非企业单位和社会团体占 2.83%，灵活就业人员占 0.02%，其他占 5.21%；中、低收入占 97.42%，高收入占 2.58%。

新开户职工中，国家机关和事业单位占 9.66%，国有企业占 19.22%，城镇集体企业占 1.18%，外商投资企业占 2.54%，城镇私营企业及其他城镇企业占 59.92%，民办非企业单位和社会团体占 2.86%，灵活就业人员占 0.09%，其他占 4.53%；中、低收入占 99.69%，高收入占 0.31%。

（二）提取业务

提取金额中，购买、建造、翻建、大修自住住房占 60.24%，偿还购房贷款本息占 17.16%，租赁住房占 4.27%，支持老旧小区改造占 0%，离休和退休提取占 12.31%，完全丧失劳动能力并与单位终止劳动关系提取占 4.93%，出境定居占 0.29%，其他占 0.80%。提取职工中，中、低收入占 96.51%，高收入占 3.49%。

（三）贷款业务

个人住房贷款。2022 年，支持职工购建房 235.12 万平方米（含公转商贴息贷款），年末个人住房贷款市场占有率（含公转商贴息贷款）为 8.84%，比上年末增加 1.26 个百分点。通过申请住房公积金个人住房贷款，可节约职工购房利息支出 230853.28 万元。

职工贷款笔数中，购房建筑面积 90（含）平方米以下占 23.60%，90～144（含）平方米占 66.97%，144 平方米以上占 9.43%。购买新房占 29.26%（其中购买保障性住房占 0%），购买二手房占 14.73%，建造、翻建、大修自住住房占 0%（其中支持老旧小区改造占 0%），其他占 56.01%。

职工贷款笔数中，单缴存职工申请贷款占 40.14%，双缴存职工申请贷款占 57.25%，三人及以上缴存职工共同申请贷款占 2.61%。

贷款职工中，30 岁（含）以下占 39.53%，30 岁～40 岁（含）占 45.54%，40 岁～50 岁（含）占 12.34%，50 岁以上占 2.59%；购买首套住房申请贷款占 90.02%，购买二套及以上申请贷款占 9.98%；中、低收入占 99.25%，高收入占 0.75%。

（四）住房贡献率

2022 年，个人住房贷款发放额、公转商贴息贷款发放额、项目贷款发放额、住房消费提取额的总和与当年缴存额的比率为 105.38%，比上年增加 17.24 个百分点。

六、其他重要事项

（一）应对新冠肺炎疫情采取的措施，落实住房公积金阶段性支持政策情况和政策实施成效

深入贯彻党中央、国务院关于高效统筹疫情防控和经济社会发展的决策部署，印发《关于昆明市实施住房公积金阶段性支持政策的通知》（昆公积金〔2022〕70 号），出台“一揽子”纾困政策，切实减轻企业负担，进一步疏解职工住房资金压力，充分发挥住房公积金制度的住房保障作用，帮助受疫情影响的企业和缴存职工共渡难关。一是支持企业阶段性缓缴住房公积金。因受疫情影响，面临生产经营困难且无法按时足额缴存住房公积金的企业，经企业职工代表大会或者工会讨论通过后，2022 年 7 月 1 日起至 2022 年 12 月 31 日可以向市住房公积金中心申请缓缴，已申请并获批准的缓缴企业在缓缴期间不作逾期缴存处理；职工的住房公积金缴存时间连续计算，不影响职工正常申请住房公积金贷款；缓缴申请审批时限由 10 个工作日缩短为 5 个工作日。二是支持缴存职工提高租房提取住房公积金额度。因受疫情影响支付房租压力较大的缴存职工可以向市住房公积金中心申请适当提高 2022 年 7 月 1 日至 2022

年 12 月 31 日期间的租房提取月提取额，限额由每户每月 1500 元整调高至每户每月 1800 元整。三是注重维护缴存职工权益。受疫情影响的缴存职工在 2022 年 7 月 1 日至 2022 年 12 月 31 日期间不能正常偿还住房公积金贷款的，向市住房公积金中心申请并经审核后不作逾期处理、不作为逾期记录报送征信部门；已办理按月委托扣划住房公积金偿还贷款业务、经市住房公积金中心批准同意缓缴的缴存职工，自批准缓缴之日起至 2022 年 12 月 31 日前不能正常偿还住房公积金贷款的，不作逾期处理、不作为逾期记录报送征信部门。

截至 2022 年底，共支持 35 家企业阶段性缓缴住房公积金，缓缴职工 4398 人，缓缴金额 3306.90 万元；支持 1 名缴存职工提高租房提取住房公积金额度；不作逾期处理住房公积金贷款 5 笔，贷款余额 152.89 万元，逾期贷款本金 3.17 万元，逾期利息 2.06 万元，免除罚息 61.61 元。

（二）租购并举满足缴存人基本住房需求，加大租房提取住房公积金支持力度、支持缴存人贷款购买首套普通自住住房特别是共有产权住房等情况

印发《昆明市住房公积金管理中心关于调整租房提取住房公积金政策的通知》（昆公积金〔2022〕54 号），取消市场租房月提取金额不得超过本人月缴存额的限制，已按照市场租房原因办理过租房提取的缴存职工，其租赁时间包含或部分包含 2022 年 1 月 1 日以后的，可补提因月缴存额限制形成的差额部分资金。截至 2022 年底，共计办理租房补提 9807 人次，补提金额 4386.22 万元。

（三）2022 年机构及职能调整情况、受委托办理缴存贷款业务金融机构变更情况

市住房公积金中心受委托办理住房公积金缴存业务的银行 5 家，比上年增加 0 家；省直分中心受委托办理住房公积金缴存业务的银行 4 家，比上年增加 0 家。

市住房公积金中心受委托办理住房公积金个人住房贷款业务的银行 16 家，比上年增加 2 家；省直分中心受委托办理住房公积金个人住房贷款业务的银行 14 家，比上年增加 0 家。

（四）2022 年缴存基数限额及确定方法、缴存比例等缴存政策调整情况

根据昆明市统计局提供的数据，2021 年昆明市城镇非私营单位在岗职工年均工资 111460.00 元，月平均工资为 9288.33 元。2022 年，昆明市单位职工缴存住房公积金的工资基数上限仍按统计部门公布上一年度职工月平均工资的 3 倍执行，缴存基数上限为 27865.00 元，月工资收入超过 27865.00 元的职工，以 27865.00 元为缴存基数缴存住房公积金。2022 年，昆明市住房公积金的缴存工资基数下限分别为：一类区为 1670.00 元/月，二类区为 1500 元/月。2022 年昆明市职工缴存住房公积金最高比例为 12%，最低比例为 5%。

（五）2022 年住房公积金个人住房贷款最高贷款额度、贷款条件等贷款政策调整情况

根据国家房地产宏观调控政策，结合昆明市房地产市场发展实际，印发《昆明市关于调整住房公积金个人住房贷款部分政策的通知》（昆公积金〔2022〕34 号），调整贷款最高额度：单缴存职工家庭由 30 万元调整至 50 万元，双缴存职工家庭由 50 万元调整至 80 万元；调整二套房首付款比例，缴存职工家庭购买二套改善型自住住房申请住房公积金个人住房贷款的，首付款比例不低于 30%。

（六）2022 年住房公积金存贷款利率调整及执行情况

根据《中国人民银行 住房和城乡建设部 财政部关于完善职工住房公积金账户存款利率形成机制的通知》（银发〔2016〕43 号），自 2016 年 2 月 21 日起，将职工住房公积金账户存款利率，由按照归集时间执行活期、三个月存款基准利率，调整为统一按一年期定期存款基准利率执行。

根据中国人民银行关于首套个人住房公积金贷款利率的决定，印发《昆明市住房公积金管理中心关于调整住房公积金贷款利率的通知》（昆公积金〔2022〕147 号），自 2022 年 10 月 1 日起，下调首套个人住房公积金贷款利率，五年以下（含五年）个人住房公积金贷款利率由 2.75%下调至 2.6%；五年以上个人住房公积金贷款利率由 3.25%下调至 3.1%；第二套个人住房公积金贷款利率政策保持不变，执行调整前原基准利率的 1.1 倍。

（七）2022 年服务改进情况

1. 以“一站式办理、一次性办结”为目标，持续巩固住房公积金贷款集中管理效用，进一步优化审批流程、提高审批效率、缩短审批时限。试点推进住房公积金个人贷款业务线上渠道受理（不见面审批），不断拓宽住房公积金贷款受理渠道，优化贷款线上渠道服务体验。

2. 综合服务平台于2016年10月28日正式上线运行以来，运行稳定，按照“智能服务、智能运营、智能决策、智能风控”四位一体的实施路径，持续发挥服务效能，为缴存单位和职工提供优质、便捷和高效的住房公积金服务。2022年，市住房公积金中心以数字化转型驱动治理方式变革，充分发挥数据赋能作用，重点围绕住房公积金业务服务数字化、网络化、智能化水平的提升，构建智慧公积金服务体系，实现政务服务事项“网上可办”，常用业务服务“掌上即办”“就近办”，高频业务服务“跨省通办”，进一步扩充跨省通办服务事项，优化跨省通办办理流程，缩短跨省通办办结时限。

截至2022年底，平台注册用户117.5万人，占全市实缴职工（含省直分中心）的101.37%，微信公众号“昆明公积金”关注人数为130.79万人。2022年，平台线上渠道办理个人提取类业务共计171.84万笔，平均每个工作日办理6901笔；单位经办人通过网上业务大厅办理缴存类业务25.98万笔，平均每个工作日1023笔。

截至2022年底，通过两地联办方式办理异地购房提取住房公积金540笔，累计金额4634.82万元；退休提取8笔，金额77.09万元；通过代收代办方式开具住房公积金缴存明细证明及出具无贷款证明104笔，房屋真实性协查、户口真实性核查、婚姻关系核查136笔。通过线上渠道办理的提前还清住房公积金贷款业务54人次，有统计的个人类“跨省通办”业务合计10372人次，累计金额9886.89万元。节约群众办事时间成本约20744天，节约经济成本约1804.73万元（按昆明市公务出差费用标准测算，城市间交通费1000元/人次，住宿费380元/天，伙食费100元/天，市内交通费80元/天，“跨省”办理一件事预估花费2天1夜，合计1740元/人次）。

3. 市住房公积金中心结合服务群众服务基层服务企业“三服务”清单，以“昆明公积金”微信公众号为牵引，提供标准化服务，以“金金乐道”为品牌，提供立体化服务，以“年度账单”为亮点，提供人性化服务，“昆明公积金”微信公众号被评为昆明市2021年度“年度优秀政务新媒体”。以12329服务热线为支撑，提供专业化服务，推行“无差别受理、同标准办理”。全年人工服务受理量约20万人次，政府热线转接接通率、新媒体交互接通率、新媒体交互回复率、留言回复率均保持在100%，缴存职工总体满意度保持在99%以上。截至2022年底，昆明公积金“金金乐道”微信专题上线以来，累计推文80篇，阅读量超过344万人次。

4. 市住房公积金中心以“一窗通”平台为抓手，携手昆明市市场监管局，深入推进在昆企业注册、歇业登记、“一窗通办”工作，进一步提高服务企业效能。

5. 市住房公积金中心组织开展“一把手走流程”专项行动和“惠民公积金、服务暖人心”为主题的“政府开放月”活动，围绕群众、企业急愁难盼问题，凝聚群众智慧，共同出谋划策，解决一批困扰企业、群众的公积金问题，上线职工个人缴存证明线上打印功能，优化网厅汇缴登记流程等，做好问题解决的“后半篇”文章，打通住房公积金服务的“最后一公里”难题。

（八）2022年信息化建设情况

为持续向昆明地区缴存单位及职工提供稳定高效的业务系统服务，市住房公积金中心加强了对运行超过13年的综合业务管理系统平台进行全天候的预警性维护及备品备件保障性工作，建立了职责明确、流程清晰的应急机制，全年系统运行稳定、未出现任何重大故障及安全事故等。

为提升柜面服务效能，市住房公积金中心在上级部门的大力支持下，一是对运行超过10年的UPS系统进行了全面的替换工作，实现了稳压供电及市电停电的情况下可以持续提供8小时以上的计算机系统正常服务；二是建立云桌面系统全面替换业务办公用机，实现计算机设备与程序标准化服务，为跨系统融合应用及统一管控奠定了良好的基础。

（九）2022年所获荣誉情况

市住房公积金中心被昆明市委市政府授予“文明单位”称号；市住房公积金中心主城区管理部被住房和城乡建设部授予“‘惠民公积金、服务暖人心’全国住房公积金系统服务提升三年行动2022年度表现突出星级服务岗”称号；市住房公积金中心安宁管理部被共青团昆明市市直机关工委授予“青年文明号”称号。

省直分中心被云南省住房和城乡建设厅直属机关党委评为第三季度“模范单位”；“跨省通办”窗口因业务办理效率高、窗口服务口碑好、群众满意度高，表现突出，于 2022 年 3 月得到住房和城乡建设部表扬；本部服务大厅被住房和城乡建设部授予“‘惠民公积金、服务暖人心’全国住房公积金系统服务提升三年行动 2022 年度表现突出星级服务岗”称号；顺利通过中央文明办复核，保留“全国文明单位”荣誉称号；被住房和城乡建设部授予“全国住房和城乡建设系统先进集体”称号。

云南省及省内各城市住房公积金2022年年度报告二维码

名称	二维码
云南省住房公积金2022年年度报告	
昆明市住房公积金2022年年度报告	
西双版纳傣族自治州住房公积金2022年年度报告	
文山壮族苗族自治州住房公积金2022年年度报告	
保山市住房公积金2022年年度报告	
迪庆藏族自治州住房公积金2022年年度报告	
曲靖市住房公积金2022年年度报告	

续表

名称	二维码
德宏傣族景颇族自治州住房公积金 2022 年年度报告	
红河哈尼族彝族自治州住房公积金 2022 年年度报告	
临沧市住房公积金 2022 年年度报告	
玉溪市住房公积金 2022 年年度报告	
普洱市住房公积金 2022 年年度报告	
楚雄彝族自治州住房公积金 2022 年年度报告	
大理白族自治州住房公积金 2022 年年度报告	
怒江傈僳族自治州住房公积金 2022 年年度报告	

续表

名称	二维码
昭通市住房公积金 2022 年年度报告	
丽江市住房公积金 2022 年年度报告	

西藏自治区

西藏自治区住房公积金 2022 年年度报告

根据国务院《住房公积金管理条例》和住房和城乡建设部、财政部、人民银行《关于健全住房公积金信息披露制度的通知》（建金〔2015〕26 号）规定，现将西藏自治区住房公积金 2022 年年度报告公布如下：

一、机构概况

（一）住房公积金管理机构。 全区共设 6 个设区城市住房资金管理中心，2 个独立设置的住房公积金管理中心（自治区住房资金管理中心、阿里地区住房资金管理中心）。从业人员 80 人（其中：在编 42 人，非在编 38 人）。

（二）住房公积金监管机构。 西藏自治区住房和城乡建设厅、西藏自治区财政厅和人民银行拉萨中心支行负责对全区住房公积金管理运行情况进行监督。西藏自治区住房和城乡建设厅设立规划财务处（住房公积金监管处），负责全区住房公积金日常监管工作。

二、业务运行情况

（一）缴存。 2022 年，全区住房公积金新开户单位 507 家，净增单位 302 家；新开户职工 2.91 万人，净增职工 2.21 万人；实缴单位 6262 家，实缴职工 42.37 万人，缴存额 152.98 亿元，分别同比增长 5.07%、5.5%、20.99%。截至 2022 年末，缴存总额 988.77 亿元，比上年末增加 18.3%；缴存余额 488.94 亿元，同比增长 24.16%（表 1）。

2022 年分城市住房公积金缴存情况

表 1

地区	实缴单位（万个）	实缴职工（万人）	缴存额（亿元）	累计缴存总额（亿元）	缴存余额（亿元）
西藏自治区	**0.63**	**42.37**	**152.98**	**988.77**	**488.94**
区直	0.08	8.18	32.17	238.22	109.18
拉萨市	0.18	8.49	24.36	143.11	75.44
山南市	0.11	4.54	14.74	97.12	45.00
日喀则市	0.06	5.81	25.15	153.12	85.53
林芝市	0.08	3.64	12.11	77.11	35.07
昌都市	0.08	5.38	17.95	117.80	58.95
那曲市	0.02	4.44	18.84	111.38	56.66
阿里地区	0.02	1.89	7.66	50.91	23.11

（二）提取。 2022 年，6.97 万名缴存职工提取住房公积金；提取额 57.84 亿元，同比减少 23.71%；提取额占当年缴存额的 37.81%，比上年减少 22.16 个百分点。截至 2022 年末，全区累计提取总额 499.83 亿元，比上年末增加 13.09%（表 2）。

2022 年分城市住房公积金提取情况　　表 2

地区	提取额（亿元）	提取率（%）	住房消费类提取额（亿元）	非住房消费类提取额（亿元）	累计提取总额（亿元）
西藏自治区	**57.84**	**37.81**	**45.41**	**12.44**	**499.83**
区直	13.12	40.78	8.77	4.35	129.04
拉萨市	8.24	33.83	6.61	1.62	67.67
山南市	5.57	37.79	4.62	0.95	52.12
日喀则市	9.30	36.98	7.86	1.45	67.59
林芝市	4.77	39.39	3.75	1.03	42.04
昌都市	7.08	39.44	5.87	1.22	58.85
那曲市	6.40	33.97	5.29	1.11	54.72
阿里地区	3.36	43.86	2.64	0.71	27.80

（三）贷款。

1. 个人住房贷款。2022 年，发放个人住房贷款 4996 笔共计 34 亿元，同比减少 50.04%、49.53%。回收个人住房贷款 35.81 亿元。

2022 年末，全区累计发放个人住房贷款 11.80 万笔，共计 523.11 亿元，分别比上年末增加 4.42%、6.95%。贷款余额 278.53 亿元，比上年末减少 0.65%。个人住房贷款余额占缴存余额的 56.97%，比上年末减少 14.22 个百分点（表 3）。

2022 年，支持职工购建房 471 万平方米，通过申请住房公积金个人住房贷款，可节约职工购房利息支出 875.9 万元。

2022 年分城市住房公积金个人住房贷款情况　　表 3

地区	放贷笔数（万笔）	贷款发放额（亿元）	累计放贷笔数（万笔）	累计贷款总额（亿元）	贷款余额（亿元）	个人住房贷款率（%）
西藏自治区	**0.50**	**34**	**11.80**	**523.11**	**278.53**	**56.97**
区直	0.10	6.94	2.63	118.99	66.24	60.67
拉萨市	0.04	2.80	1.92	81.51	39.08	51.80
山南市	0.06	3.71	1.25	58.02	31.40	69.78
日喀则市	0.11	8.24	2.58	110.09	56.94	66.57
林芝市	0.05	3.11	0.80	36.08	20.56	58.63
昌都市	0.05	3.12	1.02	45.69	24.99	42.39
那曲市	0.06	3.88	0.96	44.28	21.87	38.60
阿里地区	0.03	2.20	0.64	28.45	17.45	75.51

2. 异地贷款。2022 年，发放异地公积金个人住房贷款 30 笔，共计 1930 万元。截至 2022 年末，全区累计发放异地公积金个人住房贷款总额 29661 万元，异地公积金个人住房贷款余额 17487.4 万元。

（四）购买国债。我区未使用住房公积金购买国债。

（五）资金存储。截至 2022 年末，全区住房公积金存款 213.46 亿元。其中，活期 89.4 亿元，1 年（含）以下定期 45.06 亿元，1 年以上定期 78.90 亿元，通知存款 0.1 亿元。

（六）资金运用率。2022 年末，住房公积金个人住房贷款余额占缴存余额的 56.97%，比上年末减少 14.22 个百分点。

三、主要财务数据

（一）业务收入。2022年，业务收入92049.52万元，同比增长16.68%。其中，存款利息33738.21万元，委托贷款利息58270.3万元，其他41.01万元。

（二）业务支出。2022年，业务支出67671.81万元，同比增长15.98%。其中，支付职工住房公积金利息64749.72万元，委托贷款手续费2921.02万元，其他1.07万元。

（三）增值收益。2022年，增值收益24377.71万元，同比增长18.68%；增值收益率0.56%，比上年增加0.01个百分点。

（四）增值收益分配。2022年，提取贷款风险准备金14443.1万元，提取管理费用1004.04万元，提取城市廉租住房建设补充资金8930.57万元（表4）。

2022年分城市住房公积金增值收益及分配情况　　表4

地区	业务收入（亿元）	业务支出（亿元）	增值收益（亿元）	增值收益率（%）	提取贷款风险准备金（亿元）	提取管理费用（亿元）	提取公租房（廉租房）建设补充资金（亿元）
西藏自治区	**9.20**	**6.76**	**2.44**	**0.56**	**1.44**	**0.10**	**0.89**
区直	2.39	1.56	0.83	0.85	0.50	0.01	0.32
拉萨市	1.34	0.94	0.40	0.05	0.24	0.01	0.15
山南市	0.80	0.62	0.18	0.46	0.11	0.01	0.06
日喀则市	1.37	1.25	0.12	0.16	0.07	0.01	0.04
林芝市	0.78	0.49	0.29	0.93	0.18	0	0.12
昌都市	1.01	0.81	0.20	0.38	0.12	0	0.08
那曲市	1.12	0.77	0.35	0.71	0.21	0.01	0.13
阿里地区	0.39	0.32	0.07	0.33	0.02	0.05	0

2022年，上交财政管理费用1004.04万元，上缴财政城市廉租住房建设补充资金8930.57万元。

截至2022年末，贷款风险准备金余额84848.18万元，累计提取城市廉租住房建设补充资金42747.75万元。

（五）管理费用支出。2022年，管理费用支出1253.88万元，同比增长18.59%。其中，人员经费825.85万元，公用经费229.24万元，专项经费198.79万元。

四、资产风险状况

截至2022年末，全区个人住房贷款逾期额2870.83万元，逾期率1.03‰，个人贷款风险准备金余额84848.18万元。2022年未使用个人贷款风险准备金核销呆坏账。

五、社会经济效益

（一）缴存业务。缴存职工中，国家机关和事业单位占72.33%，国有企业占20.09%，外商投资企业占0.11%，城镇私营企业及其他城镇企业占7.08%，其他占0.39%；中、低收入占99.96%，高收入占0.04%。

新开户职工中，国家机关和事业单位占47.93%，国有企业占27.73%，外商投资企业占0.23%，城镇私营企业及其他城镇企业占23.39%，其他占0.72%；中、低收入占99.95%，高收入占0.05%。

（二）提取业务。提取金额中，购买、建造、翻建、大修自住住房占36.92%，偿还购房贷款本息占40.13%，租赁住房占1.45%，离休和退休提取占9.87%，完全丧失劳动能力并与单位终止劳动关系提取占3.28%，其他占8.35%。

提取职工中，中、低收入占 99.91%，高收入占 0.09%。

（三）贷款业务。职工贷款笔数中，购房建筑面积 90（含）平方米以下占 6.57%，90～144（含）平方米占 66.41%，144 平方米以上占 27.02%。购买新房占 66.89%，购买二手房占 16.23%，建造、翻建、大修自住住房占 1.2%，其他占 15.67%。

职工贷款笔数中，单缴存职工申请贷款占 37.21%，双缴存职工申请贷款占 62.79%。

贷款职工中，30 岁（含）以下占 30.44%，30 岁～40 岁（含）占 49.12%，40 岁～50 岁（含）占 17.29%，50 岁以上占 3.14%；首次申请贷款占 76.78%，二次及以上申请贷款占 18.53%；中、低收入占 99.98%，高收入占 0.02%。

（四）住房贡献率。2022 年，个人住房贷款发放额、住房消费提取额的总和与当年缴存额的比率为 51.91%，比上年减少 65.56 个百分点。

六、其他重要事项

（一）应对新冠肺炎疫情采取的政策措施，落实住房公积金支持政策情况。为深入贯彻落实自治区党委、政府关于高效统筹疫情防控和经济社会发展的决策部署，进一步加大住房公积金助企纾困力度，帮助受疫情影响的企业和缴存人共同渡过难关，根据住房和城乡建设部、财政部、人民银行《关于实施住房公积金阶段性支持政策的通知》（建金〔2022〕45 号）精神，结合我区实际，经自治区人民政府同意，2022 年 6 月 22 日我厅会同自治区财政厅、人民银行拉萨中心支行印发了《关于实施住房公积金阶段性支持政策的通知》（藏建金监管〔2022〕312 号），明确受新冠肺炎疫情影响的企业与职工充分协商一致后，可按规定在 2022 年 12 月 31 日前申请缓缴住房公积金。各住房资金管理中心及时将《关于实施住房公积金阶段性支持政策的通知》转发所有缴存单位，并通过西藏住房公积金微信公众号、新闻媒体、微信工作群（单位缴存工作群）等发布了上述政策，同时电话通知欠缴企业补缴或申请缓缴，做好政策宣传解释工作。2022 年全区共有 87 家企业 4160 人申请缓缴住房公积金 0.3 亿元。

（二）政策调整情况。为推进新形势下我区住房公积金事业高质量发展，更好指导和规范全区住房公积金管理和服务工作，在原有住房公积金政策基础上，2022 年我厅会同自治区财政厅、人行拉萨中心支行制订印发了《关于印发〈西藏自治区住房公积金归集管理暂行办法〉〈西藏自治区住房公积金提取管理暂行办法〉〈西藏自治区住房公积金贷款管理暂行办法〉的通知》（藏建金监管〔2022〕218 号），形成了住房公积金归集、提取、贷款业务的全流程政策体系，并自 2022 年 5 月 1 日起执行。一是公积金贷款最高额度为 90 万元，仅次于国内一线城市的最高贷款额度。二是下调首套个人住房贷款利率。自 2022 年 10 月 1 日起，下调首套个人住房贷款利率 0.15 个百分点，即：5 年以下（含 5 年）个人住房公积金贷款利率执行 1.61%（比全国同档次个人住房公积金贷款利率低 0.99 个百分点），5 年以上个人住房公积金贷款利率执行 1.93%（比全国同档次个人住房公积金贷款利率低 1.17 个百分点）。三是根据国家审计署的审计报告中提出的“关于西藏自治区尚未出台限制向购买第 3 套及以上住房家庭发放公积金贷款的政策问题”、“关于西藏自治区发放第 2 套住房贷款未按规定上浮利率问题”。按照中央第五、六、七次西藏工作座谈会精神，结合西藏高寒缺氧的气候特点，以及干部职工来自全国各地等因素，为切实解决西藏干部职工住房、养老等问题，在发放住房公积金贷款时无法简单套用其他省（区、市）“首套”、“二套”来定义购房，对于西藏干部职工来说工作地、籍贯地、安置地都可能存在购房需求，因此我区住房公积金贷款支持缴存职工家庭在同一地级及以上城市购买两套自住住房，以及对贷款期限在 5 年以下（含 5 年）的和贷款期限在 5 年以上的第二套个人住房公积金贷款，贷款利率分别执行不低于 1.936%和 2.288%。四是为防范私营企业针对性缴存住房公积金并贷后停缴，我区借鉴区外省市的做法，按缴存贡献与贷款权益相挂钩的原则制定“职工连续正常缴存住房公积金满 6 个月（含）的，按最高额度的 40%计算可贷额度，每累计多缴存 1 个月按 3%系数递增”的贷款可贷额度计算方式。五是为创新公积金贷款担保方式，切实解决缴存职工在申请住房贷款找自然人担保难的实际问题，公积金贷款采取抵押或保证两种担保方式，其中保证方式还引入了第三方机构担保的模式，要求各地原则上应当选择抵押担保，并应将贷款资金转入开发商账户。

（三）强化监管机制。为进一步提升我区住房公积金监管工作质量和水平，增强风险防控能力，2022年我区按照“消除存量、遏制增量”原则，充分依托电子稽查风控系统，通过对稽查报告全面分析，精准定位疑点问题，不断健全数据直连动态监测机制，稳步开展数据资源治理工作，提高了公积金整体数据的规范性、完整性、准确性，提升了向全国住房公积金监管平台报送数据的质量。紧紧围绕降低住房公积金贷款逾期率，规范住房公积金缴存、提取和贷款业务等重点工作，加强对各中心业务工作的指导和监督，及时发现风险隐患并进行警示。对住房公积金贷款逾期率较高的住房资金管理中心采用电话提醒、印发专项督办通知等方式督促其建立住房公积金贷款逾期台账，逐笔分析逾期原因，采取有力措施加强贷款催收。开发建设了全区住房公积金可视化系统，通过对各中心业务数据的实时采集，及时了解全区住房公积金业务运行情况，实时掌握全区住房公积金业务办理数据，为提升全区住房公积金监管水平提供了有力支撑。

（四）服务改进情况。一是推进自主核算。为进一步加强我区住房公积金贷款管理，防范化解贷款风险，切实保障资金安全，提高住房公积金贷款管理运行水平，将委托各商业银行发放并核算的住房公积金贷款转入全区住房公积金综合服务平台实行自主核算。自主核算后各中心无需每月待银行报送数据，能实时掌握公积金贷款的还款、逾期、余额等数据，切实降低资金风险。目前，邮储银行的住房公积金业务已完成自主核算，其他银行正抓紧核算数据，加速推进自主核算工作。二是持续推进网点延伸。为深入推进“放管服”改革，通过建立“商业银行营业网点受理、中心后台审核”模式，在全区各商业银行设立营业网点99个（其中54家网点在各县区），方便缴存职工可就近办理住房公积金业务，有效解决了中心人员少、业务办理窗口不足、职工排队等候时间长及审批往返路途远等服务对象反映的突出问题，特别是方便了基层县乡缴存职工。

（五）信息化建设情况。一是强化住房公积金服务创新。积极推进“互联网＋公积金”服务，缴存单位和职工可通过西藏住房公积金综合服务平台微信公众号、手机App、网厅等渠道办理公积金缴存、提取、贷款、查询等业务。实现提取住房公积金贷款上一年度还款本息高频事项和离退休、终止劳动关系提取“零材料”不见面办结，切实实现了“让数据多跑路、群众少跑腿”。2022年全区住房公积金综合服务平台网上办理业务量达6.54万笔，涉及资金51.39亿元，微信公众号关注人数达32.16万人。二是有力推进数据共享。目前我区住房公积金综合服务平台已实现与人社厅退休职工信息、房地产网签备案合同信息、不动产登记信息、民政部门婚姻登记信息共享，无需缴存职工提供相关证明。同时企业开办公积金缴存登记业务实现“一网通办”，在企业完成开办手续的同时实现公积金单位缴存登记。三是推进“跨省通办”。按照国家和自治区部署，我区已将异地出具贷款职工住房公积金缴存使用证明、异地正常退休提取住房公积金、异地购房提取住房公积金、异地提前还清住房公积金贷款等11个事项通过全程网办模式实现“跨省通办”，方便了缴存职工就近办理相关业务，得到广大缴存职工的一致好评。

西藏自治区昌都市住房公积金 2022 年年度报告

根据国务院《住房公积金管理条例》和住房和城乡建设部、财政部、人民银行《关于健全住房公积金信息披露制度的通知》（建金〔2015〕26 号）的规定，经住房公积金管理委员会审议通过，现将昌都市住房公积金 2022 年年度报告公布如下：

一、机构概况

（一）住房公积金管理委员会。住房公积金管理委员会有 33 名委员，2022 年召开 1 次会议，审议通过的事项主要包括：审议住房公积金管理中心 2022 年度报告、研究《昌都市住房公积金管理中心受托银行业务合作方案》、研究《昌都市住房公积金业务受托银行准入退出管理办法（试行）》、《昌都市住房公积金受托银行业务考核办法（试行）》、研究《昌都市租赁住房提取住房公积金管理办法》、审议住房公积金 2022 年增值收益分配和资金使用、研究公积金管理中心与市 6 家银行合作（含符合网点延伸条件的县（区）一级支行）设立公积金网点并分别向 6 家银行转存业务活期资金和大额定期存单、研究《卡若区人民政府关于解决达因卡廉租住房小区物业补贴的请示》事宜。

（二）住房公积金管理中心。住房公积金管理中心为隶属西藏昌都市住房和城乡建设局不以营利为目的的参公正科级科室。从业人员 11 人，其中，在编 7 人，非在编 4 人。

二、业务运行情况

（一）缴存。2022 年，新开户单位 25 家，净增单位 20 家；新开户职工 2538 人，净增职工 1847 人；实缴单位 791 家，实缴职工 5.37 万人，缴存额 17.95 亿元，分别同比增长 2.59%、4.68%、14.84%。2022 年末，缴存总额 117.81 亿元，比上年末增加 17.99%；缴存余额 58.95 亿元，同比增长 22.61%。受委托办理住房公积金缴存业务的银行 4 家。

（二）提取。2022 年，8897 名缴存职工提取住房公积金；提取额 7.08 亿元，同比下降 19.55%；提取额占当年缴存额的 39.44%，比上年减少 16.86 个百分点。2022 年末，提取总额 58.85 亿元，比上年末增加 13.67%。

（三）贷款。

1. 个人住房贷款。个人住房贷款最高额度 90 万元。

2022 年，发放个人住房贷款 484 笔、3.12 亿元，同比分别下降 62.85%、62.09%。2022 年，回收个人住房贷款 3.45 亿元。

2022 年末，累计发放个人住房贷款 1.02 万笔、45.69 亿元，贷款余额 24.99 亿元，分别比上年末增加 4.97%、7.33%、减少 1.30%。个人住房贷款余额占缴存余额的 42.39%，比上年末减少 10.27 个百分点。受委托办理住房公积金个人住房贷款业务的银行 3 家。

2. 异地贷款。2022 年，发放异地贷款 1 笔、84 万元。2022 年末，异地贷款余额 504.90 万元。

（四）资金存储。2022 年末，住房公积金存款 33.53 亿元。其中，活期 15.53 亿元，1 年（含）以下定期 13 亿元，1 年以上定期 5 亿元。

（五）资金运用率。2022 年末，住房公积金个人住房贷款余额、项目贷款余额和购买国债余额的总和占缴存余额的 42.40%，比上年末减少 10.26 个百分点。

三、主要财务数据

（一）业务收入。2022年，业务收入10099.18万元，同比增长13.68%。其中，存款利息4874.78万元，委托贷款利息5221.13万元，其他3.27万元。

（二）业务支出。2022年，业务支出8098.03万元，同比增长18.54%。其中，支付职工住房公积金利息7836.67万元，委托贷款手续费261.21万元，其他0.15万元。

（三）增值收益。2022年，增值收益2001.15万元，同比下降2.49%。其中，增值收益率0.38%，比上年减少0.09个百分点。

（四）增值收益分配。2022年，提取贷款风险准备金1200.69万元；提取管理费用34.92万元，提取城市廉租住房（公共租赁住房）建设补充资金765.54万元。

2022年，上交财政管理费用34.92万元。上缴财政城市廉租住房（公共租赁住房）建设补充资金765.54万元。

2022年末，贷款风险准备金余额7837.24万元。累计提取城市廉租住房（公共租赁住房）建设补充资金3732.26万元。

（五）管理费用支出。2022年，管理费用支出26.26万元，同比下降3.31%。其中，人员经费8.41万元，公用经费17.85万元。

四、资产风险状况

2022年末，个人住房贷款逾期额410.84万元，逾期率1.64‰，个人贷款风险准备金余额7837.24万元。2022年，使用个人贷款风险准备金核销呆坏账0万元。

五、社会经济效益

（一）缴存业务

缴存职工中，国家机关和事业单位占87.99%，国有企业占11.57%，城镇集体企业占0.31%，外商投资企业占0.01%，其他占0.12%；中、低收入占100%，高收入占0%。

新开户职工中，国家机关和事业单位占84.24%，国有企业占14.58%，城镇私营企业及其他城镇企业占0.98%，其他0.2%；中、低收入占100%，高收入占0%。

（二）提取业务

提取金额中，购买、建造、翻建、大修自住住房占42.11%，偿还购房贷款本息占35.10%，租赁住房占5.62%，离休和退休提取占5.96%，完全丧失劳动能力并与单位终止劳动关系提取占2.55%，其他占8.66%。提取职工中，中、低收入占100%，高收入占0%。

（三）贷款业务

2022年，支持职工购建房6.35万平方米（含公转商贴息贷款），年末个人住房贷款市场占有率（含公转商贴息贷款）为85.31%，比上年末减少2.14个百分点。通过申请住房公积金个人住房贷款，可节约职工购房利息支出7844.70万元。

职工贷款笔数中，购房建筑面积90（含）平方米以下占7.02%，90～144（含）平方米占75%，144平方米以上占17.98%。购买新房占68.39%（其中购买保障性住房占0%），购买二手房占18.80%，建造、翻建、大修自住住房占0%（其中支持老旧小区改造占0%），其他占12.81%。

职工贷款笔数中，单缴存职工申请贷款占39.46%，双缴存职工申请贷款占60.54%，三人及以上缴存职工共同申请贷款占0%。

贷款职工中，30岁（含）以下占36.98%，30岁～40岁（含）占50.62%，40岁～50岁（含）占10.95%，50岁以上占1.45%；购买首套住房申请贷款占90.29%，购买二套及以上申请贷款占9.71%；中、低收入占100%，高收入占0%。

（四）住房贡献率

2022 年，个人住房贷款发放额、公转商贴息贷款发放额、项目贷款发放额、住房消费提取额的总和与当年缴存额的比率为 50.08%，比上年减少 49.66 个百分点。

六、其他重要事项

（一）应对新冠肺炎疫情采取的措施，落实住房公积金阶段性支持政策情况和政策实施成效

2022 年 8 月，面对我市新冠肺炎疫情防控的严峻形势，纾解我市有关缴存企业和企业职工在疫情期间可能存在的住房公积金缴存和职工偿还住房公积金贷款的困难，8 月 14 日，昌都市住房和城乡建设局按照西藏自治区住房和城乡建设厅　财政厅　人行拉萨中心支行《关于实施住房公积金阶段性支持政策的通知》（藏建金监管〔2022〕312 号）文件要求及时向在昌的公积金缴存企业下发了《关于纾解企业受疫情影响落实住房公积金阶段性支持政策的通知》，明确：一是自 2022 年 8 月 11 日起至 2022 年 12 月 31 日，受疫情影响的企业，经与职工充分协商一致后，可按规定在 2022 年 12 月 31 日前申请缓缴住房公积金。需要申请缓缴住房公积金的企业，应提交书面申请，经本单位职代会同意，并制定后续补缴方案，缓缴期间连续计算缴存时间，不影响职工正常提取和申请住房公积金贷款。二是在本轮疫情期间，申请缓缴的企业困难职工确因受疫情影响不能正常还贷的，所在企业出具工资收入、收入减少证明材料后，通过核查属实的，2022 年 12 月 31 日前不作逾期处理。三是加大对受疫情影响导致房租压力较大的企业困难职工租房提取的支持力度，职工在工作地无自住住房及未租住单位周转房的，按实际支付租金或不超过工作所在地公布的上一年度最低工资标准的 2 倍提取租房费用（2021 年度全区最低工资标准为 1850 元）。

截至 2022 年 12 月 31 日，公积金管理中心收到 2 家企业（共 3 人）提交的《受疫情影响公积金缓缴申请》有关材料，并按照有关要求和程序办理住房公积金缓缴手续。2023 年 2 月恢复缴存。

（二）当年住房公积金政策调整及执行情况

下调首套个人住房公积金贷款利率。2022 年 10 月份起，执行人行拉萨中心支行转发《中国人民银行关于下调首套个人住房公积金贷款利率的通知》，下调西藏辖区首套个人住房公积金贷款利率 0.15 个百分点，5 年以下（含 5 年）和 5 年以上利率分别调整为 1.61%和 1.93%。第二套个人住房公积金贷款利率政策保持不变，即 5 年以下（含 5 年）和 5 年以上利率分别不低于 1.936%和 2.288%。此次下调首套个人住房公积金贷款利率，有利于更好稳定地产，有利于配合住房相关的商业按揭贷款利率的下行趋势，助力房地产市场信心回暖。对于政策覆盖范围继续限定首套房，也体现了政策渐进调整、坚持“房住不炒”的基本原则，也有利于支持和鼓励部分购房者考虑将商业贷款转为公积金贷款，进一步降低购房成本与负担。

（三）当年住房公积金管理中心及职工所获荣誉情况

2022 年，公积金管理中心常伟、顿珠扎西获得年度“优秀公务员”称号。

西藏自治区及省内各城市住房公积金 2022 年年度报告二维码

名称	二维码
西藏自治区住房公积金 2022 年年度报告	
西藏自治区区直住房公积金 2022 年年度报告	
拉萨市住房公积金 2022 年年度报告	
山南市住房公积金 2022 年年度报告	
日喀则市住房公积金 2022 年年度报告	
林芝市住房公积金 2022 年年度报告	
昌都市住房公积金 2022 年年度报告	

续表

名称	二维码
那曲市住房公积金 2022 年年度报告	
阿里地区住房公积金 2022 年年度报告	

陕西省

陕西省住房公积金 2022 年年度报告

根据国务院《住房公积金管理条例》和住房和城乡建设部、财政部、中国人民银行《关于健全住房公积金信息披露制度的通知》（建金〔2015〕26 号）有关规定，现将陕西省住房公积金 2022 年年度报告汇总公布如下：

一、机构概况

（一）住房公积金管理机构。全省共有 10 个设区市住房公积金管理中心，杨凌示范区和韩城市住房公积金管理中心，2 个独立设置的分中心（省直、长庆分中心隶属西安中心）。从业人员 1798 人，其中，在编 986 人，非在编 812 人。

（二）住房公积金监管机构。陕西省住房和城乡建设厅、陕西省财政厅和中国人民银行西安分行负责对本省住房公积金管理运行情况进行监督。陕西省住房和城乡建设厅设立住房公积金监管处，负责辖区住房公积金日常监管工作。

二、业务运行情况

（一）缴存。2022 年，新开户单位 16225 家，净增单位 10534 家；新开户职工 50.88 万人，净增职工 18.77 万人；实缴单位 90402 家、实缴职工 472.33 万人、缴存额 746.54 亿元，分别同比增长 13.19%、4.14%、12.05%。2022 年末，缴存总额 5793.66 亿元、缴存余额 2387.99 亿元，分别比上年末增长 14.79%、13.96%（表 1）。

2022 年分城市住房公积金缴存情况 **表 1**

地区	实缴单位（个）	实缴职工（万人）	缴存额（亿元）	累计缴存总额（亿元）	缴存余额（亿元）
陕西	**90402**	**472.33**	**746.54**	**5793.66**	**2387.99**
西安（含杨凌）	47174	264.83	455.15	3279.50	1368.17
宝鸡	5877	30.52	39.52	371.23	138.26
咸阳	6571	37.99	40.73	351.69	150.17
铜川	2632	8.56	10.07	89.70	33.79
渭南（含韩城）	4653	28.53	33.70	322.87	130.56
延安	5793	22.10	34.37	354.48	118.20
榆林	8039	39.98	75.76	499.29	211.15
汉中	4014	18.45	26.80	247.43	107.18
安康	3197	11.69	17.86	156.20	72.58
商洛	2452	9.69	12.58	121.28	57.94

（二）提取。2022 年，206.97 万名缴存职工提取住房公积金；提取额 453.96 亿元，同比增长 13.54%；提取额占当年缴存额的 60.81%，比上年增加 0.8 个百分点。2022 年末，提取总额 3405.68 亿元，比上年末增长 15.38%（表 2）。

2022 年分城市住房公积金提取情况　　表 2

地区	提取额（亿元）	提取率（%）	住房消费类提取额（亿元）	非住房消费类提取额（亿元）	累计提取总额（亿元）
陕西	**453.96**	**60.81**	**353.79**	**100.17**	**3405.68**
西安（含杨凌）	276.05	60.65	220.33	55.72	1911.33
宝鸡	25.11	63.54	17.52	7.59	232.97
咸阳	23.21	56.98	15.13	8.08	201.52
铜川	5.16	51.22	3.35	1.81	55.92
渭南（含韩城）	23.58	69.95	17.61	5.97	192.30
延安	24.28	70.64	19.68	4.60	236.28
榆林	41.51	54.79	35.27	6.24	288.14
汉中	15.54	57.99	10.39	5.15	140.26
安康	11.06	61.94	8.20	2.86	83.62
商洛	8.47	67.36	6.31	2.16	63.34

（三）贷款。

1. 个人住房贷款。

2022 年，发放个人住房贷款 7.44 万笔、385.30 亿元，分别同比下降 11.53%、0.23%。回收个人住房贷款 190.62 亿元。

2022 年末，累计发放个人住房贷款 103.28 万笔、3045.33 亿元，贷款余额 1902.43 亿元，分别比上年末增长 7.76%、14.48%、11.40%。个人住房贷款余额占缴存余额的 79.67%，比上年末减少 1.83 个百分点（表 3）。

2022 年分城市住房公积金个人住房贷款情况　　表 3

地区	放贷笔数（笔）	贷款发放额（亿元）	累计放贷笔数（万笔）	累计贷款总额（亿元）	贷款余额（亿元）	个人住房贷款率（%）
陕西	**74442**	**385.30**	**103.28**	**3045.33**	**1902.43**	**79.67**
西安（含杨凌）	41979	244.90	47.63	1696.48	1121.65	81.89
宝鸡	3990	12.30	7.35	176.67	116.46	84.23
咸阳	4466	19.60	6.75	195.41	129.90	86.50
铜川	1733	6.58	2.55	49.72	29.84	88.32
渭南（含韩城）	3425	11.45	5.69	153.10	101.28	77.57
延安	2872	13.98	7.59	151.90	73.09	61.83
榆林	8044	44.09	7.58	263.10	151.32	71.66
汉中	3432	12.66	6.27	149.29	78.93	73.65
安康	2573	11.09	7.34	127.58	61.95	85.36
商洛	1928	8.66	4.53	82.07	38.00	65.60

2022 年，支持职工购建房 913.61 万平方米。年末个人住房贷款市场占有率为 17.35%，比上年末增加 0.93 个百分点。通过申请住房公积金个人住房贷款，可节约职工购房利息支出 84.76 亿元。

2. 异地贷款。2022 年，发放异地贷款 9602 笔、485763 万元。2022 年末，发放异地贷款总额 4597948.46 万元，异地贷款余额 3191797.73 万元。

3. 住房公积金支持保障性住房建设项目贷款。2022 年，发放支持保障性住房建设项目贷款 0 亿元，回收项目贷款 0.64 亿元。2022 年末，累计发放项目贷款 83.1 亿元，项目贷款余额 1.3 亿元。

（四）购买国债。2022 年，购买国债 0 亿元。2022 年末，国债余额 1.75 亿元，比上年末减少 0 亿元。

（五）资金存储。2022 年末，住房公积金存款 534.08 亿元。其中，活期 56.65 亿元，1 年（含）以下定期 150.47 亿元，1 年以上定期 193.62 亿元，其他（协定、通知存款等）133.34 亿元。

（六）资金运用率。2022 年末，住房公积金个人住房贷款余额、项目贷款余额和购买国债余额的总和占缴存余额的 79.79%，比上年末减少 1.89 个百分点。

三、主要财务数据

（一）业务收入。2022 年，业务收入 719832.11 万元，同比增长 13.07%。其中，存款利息 135242.92 万元，委托贷款利息 583834.12 万元，国债利息 576.28 万元，其他 178.79 万元。

（二）业务支出。2022 年，业务支出 380599.96 万元，同比增长 11.74%。其中，支付职工住房公积金利息 340827.25 万元，归集手续费 15397.63 万元，委托贷款手续费 21217.75 万元，其他 3157.33 万元。

（三）增值收益。2022 年，增值收益 339232.15 万元，同比增长 14.60%；增值收益率 1.51%。

（四）增值收益分配。

2022 年，提取贷款风险准备金 59862.99 万元，提取管理费用 50476.96 万元，提取城市廉租住房（公共租赁住房）建设补充资金 228576.1 万元（表 4）。

2022 年分城市住房公积金增值收益及分配情况 **表 4**

地区	业务收入（亿元）	业务支出（亿元）	增值收益（亿元）	增值收益率（%）	提取贷款风险准备金（亿元）	提取管理费用（亿元）	提取公租房（廉租房）建设补充资金（亿元）
陕西	**71.98**	**38.06**	**33.92**	**1.51**	**5.99**	**5.05**	**22.86**
西安（含杨凌）	40.94	22.56	18.38	1.43	1.41	1.48	15.48
宝鸡	4.04	2.00	2.04	1.57	0.31	0.31	1.43
咸阳	5.21	2.24	2.97	2.10	0.09	0.30	2.59
铜川	1.02	0.48	0.54	1.72	0.08	0.41	0.06
渭南（含韩城）	4.00	2.23	1.78	1.41	1.07	0.26	0.45
延安	3.52	2.09	1.43	1.26	0.28	0.89	0.22
榆林	5.95	2.79	3.15	1.63	2.30	0.80	0.05
汉中	3.11	1.68	1.43	1.40	0.04	0.30	1.10
安康	2.18	1.14	1.04	1.50	0.04	0.14	0.86
商洛	2.01	0.86	1.16	2.04	0.38	0.17	0.61

2022 年，上交财政管理费用 35459.23 万元，上缴财政城市廉租住房（公共租赁住房）建设补充资金 238697.94 万元。

2022 年末，贷款风险准备金余额 413703.33 万元，累计提取城市廉租住房（公共租赁住房）建设补充资金 1457463.01 万元。

（五）管理费用支出。2022 年，管理费用支出 32904.67 万元，同比增长 8.22%。其中，人员经费 23215.16 万元，公用经费 2217.95 万元，专项经费 7471.56 万元。

四、资产风险状况

（一）个人住房贷款。2022 年末，个人住房贷款逾期额 1816.79 万元，逾期率 0.1‰，个人贷款风险准备金余额 411615.33 万元。2022 年，使用个人贷款风险准备金核销呆坏账 0 万元。

（二）住房公积金支持保障性住房建设项目贷款。2022 年末，逾期项目贷款 0 万元，逾期率为 0‰，项目贷款风险准备金余额 2088 万元。2022 年，使用项目贷款风险准备金核销呆坏账 0 万元。

五、社会经济效益

（一）缴存业务。

缴存职工中，国家机关和事业单位占 33.82%，国有企业占 30.90%，城镇集体企业占 0.86%，外商投资企业占 4.49%，城镇私营企业及其他城镇企业占 22.38%，民办非企业单位和社会团体占 1.85%，灵活就业人员占 0.69%，其他占 5.01%；中、低收入占 96.95%，高收入占 3.05%。

新开户职工中，国家机关和事业单位占 14.10%，国有企业占 23.23%，城镇集体企业占 0.85%，外商投资企业占 6.91%，城镇私营企业及其他城镇企业占 43.91%，民办非企业单位和社会团体占 2.95%，灵活就业人员占 3.71%，其他占 4.34%；中、低收入占 99.50%，高收入占 0.50%。

（二）提取业务。

提取金额中，购买、建造、翻建、大修自住住房占 29.03%，偿还购房贷款本息占 41.01%，租赁住房占 6.11%，支持老旧小区改造提取占 0.01%；离休和退休提取占 15.70%，完全丧失劳动能力并与单位终止劳动关系提取占 1.03%，出境定居占 0.67%，其他占 6.44%。提取职工中，中、低收入占 85.07%，高收入占 14.93%。

（三）贷款业务。

1. 个人住房贷款。

职工贷款笔数中，购房建筑面积 90（含）平方米以下占 11.38%，90～144（含）平方米占 75.66%，144 平方米以上占 12.96%。购买新房占 75.92%（其中购买保障性住房占 0.57%），购买二手房占 23.22%，建造、翻建、大修自住住房占 0.07%，其他占 0.79%。

职工贷款笔数中，单缴存职工申请贷款占 54.40%，双缴存职工申请贷款占 45.53%，三人及以上缴存职工共同申请贷款占 0.07%。

贷款职工中，30 岁（含）以下占 33.70%，30 岁～40 岁（含）占 45.08%，40 岁～50 岁（含）占 16.89%，50 岁以上占 4.33%；购买首套住房申请贷款占 90.05%，购买二套及以上申请贷款占 9.95%；中、低收入占 96.18%，高收入占 3.82%。

2. 住房公积金支持保障性住房建设项目贷款。2022 年末，全省（区）有住房公积金试点城市 4 个，试点项目 27 个，贷款额度 83.10 亿元，建筑面积 629.83 万平方米，可解决 66542 户中低收入职工家庭的住房问题。26 个试点项目贷款资金已发放并还清贷款本息。

（四）住房贡献率。2022 年，个人住房贷款发放额、公转商贴息贷款发放额、项目贷款发放额、住房消费提取额的总和与当年缴存额的比率为 99%，比上年减少 7.15 个百分点。

六、其他重要事项

（一）阶段性政策执行情况及成效

陕西省住房和城乡建设厅、陕西省财政厅、中国人民银行西安分行根据省政府贯彻落实国务院扎实稳住经济一揽子政策措施精神，按照《住房和城乡建设部 财政部 人民银行关于实施住房公积金阶段性支持政策的通知》要求，高度重视住房公积金助企纾困工作，千方百计帮助受疫情影响的企业和缴存人共同渡过难关，坚持精准施策稳发展，多措并举惠民生，抓早动快使实招，安排专人负责、快速部署任务、健全工作机制、实施定期调度，各市区全部制定了阶段性支持政策的实施方案，推进政策落实落细落地。政策实施期间成效显著，一是延缓缴存稳经营，累计为 149 家企业、27610 名缴存职工办理了住房公积金缓缴手续，其中企业缓缴 1.16 亿元、职工缓缴 1.04 亿元；二是不作逾期减压力，为贷款职工不作逾期处理共计 3.34 万笔，涉及贷款余额 96.16 亿元，应还未还贷款本金额 5185.20 万元；三是满足需求提额度，为 14.32 万名缴存职工，办理租房提取 13.98 亿元。

（二）当年开展监督检查情况

1. 积极开展“百日专项整治”。陕西省住房和城乡建设厅、陕西省财政厅、中国人民银行西安分行、陕西省自然资源厅下发《关于开展维护住房公积金缴存职工购房贷款权益“百日专项整治”活动的通知》，全面净化房地产市场环境，加大了对房地产开发企业、房地产经纪机构的监督检查和违法违规行为惩处力度，坚决杜绝房地产开发企业和房地产经纪机构拒绝或变相拒绝购房人使用住房公积金贷款行为，有效维护了缴存人的合法权益。

2. 组织开展体检评估工作。住房和城乡建设部在全国范围内选取 6 个省 24 个城市管理中心开展住房公积金管理中心体检评估工作。陕西省住房和城乡建设厅及西安、铜川、延安、商洛市 4 个管理中心参加。各参评管理中心全面梳理住房公积金业务运行和服务管理流程，全方位对标对表针对管理运行状况和制度功能发挥情况完成了体检评估。陕西省住房和城乡建设厅通过交叉评审、第三方审计机构评审和专家评审的方式，进一步复盘体检评估过程，使体检评估工作可学可鉴，探索出可复制可推广的方式方法，为全国全面展开提供陕西经验。

3. 开展第三方审计工作。陕西省住房和城乡建设厅每年选择 3～5 个管理中心开展第三方审计工作，重点审查中心执行国家住房公积金政策法规情况、制定制度办法的规范性，审查住房公积金资金存储及财务收支情况，审查住房公积金增值收益及其分配的合规性和真实性，审查各级审计、巡视巡察和各类专项检查反馈问题的整改情况等，不断指导各管理中心堵塞管理漏洞、消除风险隐患、纠正违规行为。

（三）当年服务改进情况

1. 制订出台地方标准。陕西省住房和城乡建设厅会同陕西省市场监管局在全国率先制定发布了住房公积金服务管理省级地方标准——《陕西省住房公积金服务管理标准》。为统一全省住房公积金服务管理标志标识，规范住房公积金管理中心设施设备配置，加强行业队伍建设提供了有效指引；进一步深化“放管服”改革要求，优化营商环境，有效推进住房公积金服务管理制度化、标准化和规范化；加快推动智慧公积金建设，为全国各地贡献住房公积金服务管理路径。

2. 推动落实“一件事一次办”。陕西省住房和城乡建设厅根据《国务院办公厅关于加快推进“一件事一次办”打造政务服务升级版的指导意见》精神，按照陕西省政府“一件事一次办”集成改革专题会议要求，指导各管理中心全力配合有关牵头部门做好集成改革工作。涉及住房公积金的“住房公积金单位登记开户”“个人住房公积金账户设立”“住房公积金离休、退休提取”“住房公积金死亡提取”4 项服务事项已全部实现。

3. 持续推进“我为群众办实事”。全省住房公积金系统认真践行“我为群众办实事”，积极开展“惠民公积金　服务暖人心”活动，着力解决群众“急难愁盼”问题。推动 11 项高频服务事项实现“跨省通办”业务办理，开设 142 个线下服务窗口、32 个线上专区。全年支持城镇老旧小区居民提取住房公积金 328 笔、1868.64 万元用于加装电梯工作，有效缓解加装电梯资金压力。

（四）当年信息化建设情况

全省住房公积金系统持续实施“互联网＋公积金”工程建设，进一步完善省级住房公积金监管信息平台、共享平台、12329 短信和热线服务平台，14 个管理中心综合服务平台。认真落实国务院、省政府“放管服”改革要求，推动“跨省通办”、“一件事一次办”；严格落实“小程序日清零”、网络三级等保制度；推进贷款信息接入中国人民银行征信系统等。

（五）当年住房公积金机构及从业人员所获荣誉情况

2022 年 1 个管理中心获得“全国住建系统先进集体”，1 人获得“全国住建系统先进个人”，1 个管理中心微信公众号被评为陕西省“走好网上群众路线”百个成绩突出账号；地市级文明单位（行业、窗口）5 个，青年文明号 4 个，先进集体和个人 18 个，其他荣誉称号 10 个。

陕西省榆林市住房公积金2022年年度报告

根据国务院《住房公积金管理条例》和住房和城乡建设部、财政部、人民银行《关于健全住房公积金信息披露制度的通知》（建金〔2015〕26号）的规定，经住房公积金管理委员会审议通过，现将榆林市住房公积金2022年年度报告公布如下：

一、机构概况

（一）住房公积金管理委员会。住房公积金管理委员会有21名委员，2022年召开3次会议，审议通过的事项主要包括：

1. 关于榆林万民房地产开发有限公司万民新天地住宅小区项目申请住房公积金贷款问题；
2. 关于市住房公积金管理中心对闲置资产开展租赁业务问题；
3. 关于榆林市住房公积金2021年年度报告有关问题；
4. 关于调整市住房公积金管委会委员有关问题；
5. 关于市住房公积金贷款政策阶段性调整有关问题。

（二）住房公积金管理中心。住房公积金管理中心为市政府不以营利为目的的正处级全额事业单位，设8个处（科）。从业人员372人，其中，在编125人，非在编247人。

二、业务运行情况

（一）缴存。2022年，新开户单位1329家，净增单位1185家；新开户职工4.92万人，净增职工4.34万人；实缴单位8039家，实缴职工39.98万人，缴存额75.76亿元，分别同比增长17.29%、12.18%、13.21%。2022年末，缴存总额499.29亿元，比上年末增加17.89%；缴存余额211.15亿元，同比增长19.36%。受委托办理住房公积金缴存业务的银行15家。

（二）提取。2022年，29.90万名缴存职工提取住房公积金；提取额41.51亿元，同比下降6.59%；提取额占当年缴存额的54.79%，比上年减少11.62个百分点。2022年末，提取总额288.14亿元，比上年末增加16.83%。

（三）贷款。

1. 个人住房贷款。个人住房贷款最高额度80万元。

2022年，发放个人住房贷款0.8万笔、44.09亿元，同比分别下降20.00%、23.16%。2022年，回收个人住房贷款19.91亿元。

2022年末，累计发放个人住房贷款7.58万笔、263.10亿元，贷款余额151.32亿元，分别比上年末增加11.80%、20.13%、19.03%。个人住房贷款余额占缴存余额的71.66%，比上年末减少0.21个百分点。受委托办理住房公积金个人住房贷款业务的银行15家。

2. 异地贷款。2022年，发放异地贷款896笔、47993万元。2022年末，发放异地贷款总额168089万元，异地贷款余额157180.63万元。

3. 公转商贴息贷款。我中心未发放公转商贴息贷款。

4. 住房公积金支持保障性住房建设项目贷款。我中心未发放保障性住房建设项目贷款。

（四）购买国债。2022年，我中心未购买国债。

(五) 资金存储。 2022 年末，住房公积金存款 65.53 亿元。其中，活期 0 亿元，1 年（含）以下定期 20.60 亿元，1 年以上定期 6.30 亿元，其他（协定、通知存款等）38.63 亿元。

(六) 资金运用率。 2022 年末，住房公积金个人住房贷款余额、项目贷款余额和购买国债余额的总和占缴存余额的 71.66%，比上年末减少 0.21 个百分点。

三、主要财务数据

(一) 业务收入。 2022 年，业务收入 59462.62 万元，同比增长 11.00%。存款利息 13971.87 万元，委托贷款利息 45486.86 万元，国债利息 0 万元，其他 3.89 万元。

(二) 业务支出。 2022 年，业务支出 27922.15 万元，同比下降 9.93%。支付职工住房公积金利息 26114.23 万元，归集手续费 0 万元，委托贷款手续费 1.83 万元，其他 1806.09 万元（支付委托贷款担保费）。

(三) 增值收益。 2022 年，增值收益 31540.47 万元，同比增长 39.76%。增值收益率 1.63%，比上年增加 0.26 个百分点。

(四) 增值收益分配。 2022 年，提取贷款风险准备金 22996.07 万元，提取管理费用 8000 万元，提取城市廉租住房（公共租赁住房）建设补充资金 544.40 万元。

2022 年，上交财政管理费用 6500 万元。上缴财政城市廉租住房（公共租赁住房）建设补充资金 8083.96 万元。

2022 年末，贷款风险准备金余额 48421.27 万元。累计提取城市廉租住房（公共租赁住房）建设补充资金 35718.61 万元。

(五) 管理费用支出。 2022 年，管理费用支出 5421.51 万元，同比下降 6.36%。其中，人员经费 3466.01 万元，公用经费 82.95 万元，专项经费 1872.55 万元。

四、资产风险状况

(一) 个人住房贷款。 2022 年末，个人住房贷款逾期额 93.37 万元，逾期率 0.06‰。个人贷款风险准备金余额 48421.27 万元。2022 年，使用个人贷款风险准备金核销呆坏账 0 万元。

(二) 支持保障性住房建设试点项目贷款。 我中心未发放保障性住房建设试点项目贷款。

五、社会经济效益

(一) 缴存业务。 缴存职工中，国家机关和事业单位占 50.77%，国有企业占 32.11%，城镇集体企业占 0.31%，外商投资企业占 0.09%，城镇私营企业及其他城镇企业占 9.32%，民办非企业单位和社会团体占 0.64%，灵活就业人员占 6.61%，其他占 0.15%；中、低收入占 94.23%，高收入占 5.77%。

新开户职工中，国家机关和事业单位占 12.62%，国有企业占 20.07%，城镇集体企业占 0.70%，外商投资企业占 0.10%，城镇私营企业及其他城镇企业占 28.38%，民办非企业单位和社会团体占 3.44%，灵活就业人员占 34.42%，其他占 0.27%；中、低收入占 99.07%，高收入占 0.93%。

(二) 提取业务。 提取金额中，购买、建造、翻建、大修自住住房占 46.40%，偿还购房贷款本息占 36.26%，租赁住房占 2.29%，支持老旧小区改造占 0%，离休和退休提取占 8.69%，完全丧失劳动能力并与单位终止劳动关系提取占 1.76%，出境定居占 0%，其他占 4.60%。提取职工中，中、低收入占 92.98%，高收入占 7.02%。

(三) 贷款业务。

1. 个人住房贷款。2022 年，支持职工购建房 102.93 万平方米（含公转商贴息贷款），年末个人住房贷款市场占有率（含公转商贴息贷款）为 51.29%，比上年末增加 5.67 个百分点。通过申请住房公积金个人住房贷款，可节约职工购房利息支出 122986.15 万元。

职工贷款笔数中，购房建筑面积 90（含）平方米以下占 7.30%，90～144（含）平方米占 76.14%，

144 平方米以上占 16.56%。购买新房占 68.21%（其中购买保障性住房占 0%），购买二手房占 31.63%，建造、翻建、大修自住住房占 0.16%（其中支持老旧小区改造占 0%），其他占 0%。

职工贷款笔数中，单缴存职工申请贷款占 32.94%，双缴存职工申请贷款占 66.52%，三人及以上缴存职工共同申请贷款占 0.54%。

贷款职工中，30 岁（含）以下占 32.04%，30 岁～40 岁（含）占 53.28%，40 岁～50 岁（含）占 12.29%，50 岁以上占 2.39%；购买首套住房申请贷款占 93.14%，购买二套及以上申请贷款占 6.86%；中、低收入占 94.98%，高收入占 5.02%。

2. 支持保障性住房建设试点项目贷款。我中心未发放保障性住房建设试点项目贷款。

（四）住房贡献率。 2022 年，个人住房贷款发放额、公转商贴息贷款发放额、项目贷款发放额、住房消费提取额的总和与当年缴存额的比率为 104.75%，比上年减少 38.66 个百分点。

六、其他重要事项

（一）统筹疫情防控，落实助企纾困政策

为有效应对新冠肺炎疫情带来的不利影响，中心制定了《榆林市住房公积金管理中心关于疫情防控期间保障各项业务正常运行的工作方案》，成立疫情期间业务应急工作专班，保障了各项业务正常有序的开展。中心全面贯彻落实《住房和城乡建设部 财政部 人民银行关于实施住房公积金阶段性支持政策的通知》（建金〔2022〕45 号）要求，全力支持受疫情影响企业、缴存职工申请缓缴住房公积金，支持缴存职工租房提取住房公积金，切实帮助企业和缴存职工减轻负担。截至 2022 年 12 月底，共为 7 家企业办理了缓缴手续，涉及缴存职工 846 人，缓缴金额 69.66 万元。

（二）坚持租购并举，最大满足缴存职工住房需求

坚持租购并举，积极支持职工租房提取住房公积金，职工以家庭为单位，租房每户家庭每年最高可提取住房公积金 3 万元。2022 年全市租房提取共计 4085 笔，金额 0.95 亿元。

2022 年全年支持缴存人贷款购买首套普通自住住房 7492 笔，占发放总笔数的 93.14%。发放金额 40.77 亿元，占发放总金额的 92.47%，体现了公积金贷款在支持刚性购房方面所做出的的贡献。

（三）全面优化住房公积金政策，助力全市房地产市场稳定健康发展

缴存方面：一是缴存基数上限不高于榆林市统计部门公布的 2021 年社会平均工资的 3 倍，最低不低于各县区最低工资标准。2022 年我市缴存基数上限为 24732 元。下限为南六县 1850 元，北六县市区 1950 元。个人、单位缴存比例最高不高于 12%，最低不低于 5%。二是市政府办下发了《关于印发〈榆林市住房公积金扩面提效实施方案〉的通知》（榆政办发〔2022〕27 号），有计划、有步骤的推进住房公积金扩面提效工作。

提取方面：对《榆林市住房公积金提取实施细则》进行修订，放宽偿还购房贷款提取和使用时间限制，切实解决职工住房困难问题。

信贷方面：市公积金管理委员会 2022 年 8 月 25 日会议审议通过了关于全市公积金贷款政策调整的意见。一是住房公积金贷款条件调整为连续、按时、足额缴存住房公积金六个月以上。二是全市住房公积金贷款可贷额度测算公式调整统一。

贷款利率执行情况：根据中国人民银行决定，自 2022 年 10 月 1 日起，下调首套个人住房公积金贷款利率，5 年以下（含 5 年）和 5 年以上利率分别调为 2.6%和 3.1%，第二套个人住房公积金贷款利率保持不变。我中心 2022 年 10 月 1 日前已发放的贷款，自 2023 年 1 月 1 日起执行调整后的利率，2022 年 10 月 1 日后发放的贷款，按调整后的利率执行。

（四）以信息化建设为抓手，推进放管服改革向纵深发展

榆林市住房公积金管理中心扎实推进业务“网上办、掌上办”工作，不断优化系统功能，最大限度地提升服务缴存人的数字化和智能化水平，业务离柜办结率达到了 90%以上。大力推进数据多源共享的深度和广度，已经共享了民政、房产、不动产、社保、市场监督管理局等部门和 7 家商业银行商贷数

据。同时，强化数据安全意识，实施了公积金核心业务数据“异地灾备”项目，将核心业务数据按照要求进行了异地灾备，有效提升了中心的数据安全保护能力。

（五）创先争优，系统内行业文明再上台阶

2022 年，佳县管理部获得“全市青年文明号”荣誉称号，中心财务科李婷同志获得“全国住建系统先进个人”荣誉称号。

（六）其他需要披露的事项

1. 全面落实扩面提效行动，公积金制度惠及更广泛群体。2022 年，住房公积金扩面提效工作被市政府列为十大民生工程之一，全市上下高度重视，市县两级部门和单位紧密配合，采取了一系列措施狠抓落实。中心积极对接市县两级各部门，争取各部门的支持，充分发挥商业银行的优势协助中心扩面，大力宣传公积金政策普惠性、统一灵活就业人员和其他缴存群体公积金贷款政策，进一步激发了灵活就业人员公积金建缴的积极性。全年扩面 4.92 万人，实缴职工 39.98 万人，住房公积金的普惠性得到进一步彰显。

2. 充分发挥党建引领作用，行业凝聚力得到进一步强化。2022 年，全市公积金系统持续强化党建引领，狠抓“一岗双责”。深入推进意识形态工作，开展主题鲜明的各项党建活动。进一步强化基层党组织建设，转正了党员 4 名。各基层党支部坚持以党建为引领、以业务为核心、以服务为抓手的“三务”融合，实现了党建工作与业务工作深度融合。深入推进支部特色品牌创建，树立了党支部品牌标杆，以“创先争优”为抓手，提升服务水平，树立党员先锋模范作用。

3. 公积金放管服改革更加深入，住房公积金服务管理更加高效。2022 年，全系统上下深入贯彻落实住房和城乡建设部、省住房和城乡建设厅“惠民公积金服务暖人心”三年行动计划要求，住房公积金服务管理提质增效成效显著。贷款审批时限大幅缩减，开通了贷款周期变更和还款方式变更业务，完善了住房公积金二手房按揭贷款流程，取消了“申请贷款前 6 个月内是否有提取记录”的限制，住房公积金政策进一步优化，服务管理更加高效。

陕西省及省内各城市住房公积金 2022 年年度报告二维码

名称	二维码
陕西省住房公积金 2022 年年度报告	
西安住房公积金 2022 年年度报告	
宝鸡市住房公积金 2022 年年度报告	
咸阳市住房公积金 2022 年年度报告	
铜川市住房公积金 2022 年年度报告	
渭南市住房公积金 2022 年年度报告	
延安市住房公积金 2022 年年度报告	

续表

名称	二维码
榆林市住房公积金 2022 年年度报告	
汉中市住房公积金 2022 年年度报告	
安康市住房公积金 2022 年年度报告	
商洛市住房公积金 2022 年年度报告	
杨凌示范区住房公积金 2022 年年度报告	

甘肃省

甘肃省住房公积金 2022 年年度报告

根据国务院《住房公积金管理条例》和住房和城乡建设部、财政部、人民银行《关于健全住房公积金信息披露制度的通知》（建金〔2015〕26 号）规定，现将甘肃省住房公积金 2022 年年度报告汇总公布如下：

一、机构概况

（一）住房公积金管理机构。全省共设 14 个设区城市住房公积金管理中心，2 个独立设置的分中心（其中，甘肃省住房资金管理中心隶属甘肃省住房和城乡建设厅，甘肃矿区住房公积金管理中心隶属甘肃矿区）。从业人员 1577 人，其中，在编 940 人，非在编 637 人。

（二）住房公积金监管机构。省住房和城乡建设厅、省财政厅和中国人民银行兰州中心支行负责对本省住房公积金管理运行情况进行监督。省住房和城乡建设厅设立住房公积金监管处，负责辖区住房公积金日常监管工作。

二、业务运行情况

（一）缴存。2022 年，新开户单位 3586 家，净增单位 1575 家；新开户职工 14.2 万人，净增职工 2.07 万人；实缴单位 38229 家，实缴职工 206.87 万人，缴存额 376.95 亿元，分别同比增长 4.30%、1.01%、6.81%。2022 年末，缴存总额 3306.27 亿元，比上年末增加 12.87%；缴存余额 1399.02 亿元，同比增长 10.65%（表 1）。

2022 年分城市住房公积金缴存情况 **表 1**

地区	实缴单位（万个）	实缴职工（万人）	缴存额（亿元）	累计缴存总额（亿元）	缴存余额（亿元）
甘肃省	**3.82**	**206.87**	**376.95**	**3306.27**	**1399.02**
兰州	1.30	73.38	139.70	1,333.71	487.05
武威	0.18	9.93	16.34	141.61	63.26
张掖	0.21	7.78	13.77	123.96	58.33
庆阳	0.27	12.66	20.31	159.43	83.21
定西	0.20	11.96	20.20	159.69	79.44
陇南	0.25	11.62	19.05	142.19	81.99
临夏	0.17	9.64	17.15	119.41	59.93
甘南	0.16	6.38	15.63	117.16	45.01
天水	0.24	15.82	26.20	206.95	91.61
嘉峪关	0.06	6.12	12.98	114.56	42.81
金昌	0.08	6.50	13.14	139.37	59.34
白银	0.16	13.52	17.49	175.39	78.06
平凉	0.22	12.19	22.99	190.36	100.51
酒泉	0.32	9.37	21.99	182.51	68.48

（二）提取。2022 年，103.85 万名缴存职工提取住房公积金；提取额 242.32 亿元，同比增长 3.56％；提取额占当年缴存额的 64.29％，比上年减少 2.02 个百分点。2022 年末，提取总额 1907.26 亿元，比上年末增加 14.55％（表 2）。

2022 年分城市住房公积金提取情况

表 2

地区	提取额（亿元）	提取率（％）	住房消费类提取额（亿元）	非住房消费类提取额（亿元）	累计提取总额（亿元）
甘肃省	**242.32**	**64.29**	**179.72**	**62.61**	**1907.26**
兰州	91.81	65.72	66.82	24.99	846.65
武威	9.14	55.95	6.27	2.87	78.35
张掖	9.71	70.50	6.78	2.93	65.64
庆阳	13.25	65.24	10.19	3.06	76.21
定西	15.96	79.03	12.83	3.14	80.25
陇南	15.05	79.00	11.31	3.74	60.19
临夏	9.49	55.31	7.80	1.69	59.48
甘南	9.20	58.88	8.05	1.15	72.15
天水	16.24	61.99	12.30	3.94	115.34
嘉峪关	7.48	57.63	5.73	1.75	71.76
金昌	7.51	57.13	4.78	2.73	80.03
白银	9.99	57.11	6.77	3.21	97.33
平凉	14.46	62.89	10.41	4.05	89.85
酒泉	13.03	59.26	9.69	3.34	114.03

（三）贷款。

1. 个人住房贷款。2022 年，发放个人住房贷款 3.4 万笔、135.73 亿元，同比下降 32.44％、31.88％。回收个人住房贷款 136.06 亿元。

2022 年末，累计发放个人住房贷款 92.08 万笔、2011.36 亿元，分别比上年末增加 3.84％、7.24％，贷款余额 941.19 亿元，比上年末减少 0.03％。个人住房贷款余额占缴存余额的 67.28％，比上年末减少 7.19 个百分点（表 3）。

2022 年分城市住房公积金个人住房贷款情况

表 3

地区	放贷笔数（万笔）	贷款发放额（亿元）	累计放贷笔数（万笔）	累计贷款总额（亿元）	贷款余额（亿元）	个人住房贷款率（％）
甘肃省	**3.40**	**135.73**	**92.08**	**2011.36**	**941.19**	**67.28**
兰州	0.79	36.62	24.05	702.83	354.63	72.81
武威	0.15	5.62	4.04	98.86	42.52	67.21
张掖	0.19	4.73	10.13	96.58	37.20	63.77
庆阳	0.21	7.74	6.06	109.83	54.59	65.61
定西	0.34	14.22	7.07	143.83	66.12	83.24
陇南	0.22	9.54	4.13	108.65	53.67	65.46
临夏	0.20	8.18	3.21	85.12	39.37	65.69
甘南	0.09	3.86	4.47	96.39	24.17	53.69
天水	0.21	7.49	3.98	123.12	75.87	82.82

续表

地区	放贷笔数（万笔）	贷款发放额（亿元）	累计放贷笔数（万笔）	累计贷款总额（亿元）	贷款余额（亿元）	个人住房贷款率（%）
嘉峪关	0.16	5.35	2.59	46.39	26.40	61.68
金昌	0.12	3.98	2.01	37.12	15.27	25.73
白银	0.23	9.36	5.24	108.77	45.54	58.34
平凉	0.28	11.12	10.07	156.96	69.54	69.19
酒泉	0.22	7.92	5.03	96.90	36.31	53.02

2022年，支持职工购建房407.69万平方米。年末个人住房贷款市场占有率（含公转商贴息贷款）为24.49%，比上年末减少0.91个百分点。通过申请住房公积金个人住房贷款，可节约职工购房利息支出23.5亿元。

2. 异地贷款。2022年，发放异地贷款4255笔、18.07亿元。2022年末，发放异地贷款总额218.39亿元，异地贷款余额144.87亿元。

3. 公转商贴息贷款。当年贴息额339.82万元。2022年末，累计发放公转商贴息贷款800笔、35236万元，累计贴息2389.87万元。

（四）资金存储。2022年末，住房公积金存款476.39亿元。其中，活期29.89亿元，1年（含）以下定期145.86亿元，1年以上定期177.59亿元，其他（协定、通知存款等）123.05亿元。

（五）资金运用率。2022年末，住房公积金个人住房贷款余额、项目贷款余额和购买国债余额的总和占缴存余额的67.28%，比上年末减少7.19个百分点。

三、主要财务数据

（一）业务收入。2022年，业务收入411355.65万元，同比增长7.34%。其中，存款利息100920.73万元，委托贷款利息310371.23万元，其他63.69万元。

（二）业务支出。2022年，业务支出222443.78万元，同比增长5.65%。其中，支付职工住房公积金利息202045.93万元，归集手续费7084.06万元，委托贷款手续费12894.98万元，其他418.81万元。

（三）增值收益。2022年，增值收益188911.86万元，同比增长9.40%；增值收益率1.42%，比上年减少0.01个百分点。

（四）增值收益分配。2022年，提取贷款风险准备金11847.95万元，提取管理费用34643.96万元，提取城市廉租住房（公共租赁住房）建设补充资金142419.96万元（表4）。

2022年，上交财政管理费用33466.89万元，上缴财政城市廉租住房（公共租赁住房）建设补充资金122235.9万元。

2022年末，贷款风险准备金余额131258.3万元，累计提取城市廉租住房（公共租赁住房）建设补充资金981045.24万元。

2022年分城市住房公积金增值收益及分配情况　　**表4**

地区	业务收入（亿元）	业务支出（亿元）	增值收益（亿元）	增值收益率（%）	提取贷款风险准备金（亿元）	提取管理费用（亿元）	提取公租房（廉租房）建设补充资金（亿元）
甘肃省	**41.14**	**22.24**	**18.89**	**1.42**	**1.18**	**3.46**	**14.24**
兰州	14.23	8.62	5.61	1.22	−0.07	0.78	4.90
武威	1.93	0.98	0.95	1.58	0	0.16	0.79

续表

地区	业务收入（亿元）	业务支出（亿元）	增值收益（亿元）	增值收益率（%）	提取贷款风险准备金（亿元）	提取管理费用（亿元）	提取公租房（廉租房）建设补充资金（亿元）
张掖	1.91	0.91	1.01	1.79	0	0.18	0.83
庆阳	2.30	1.28	1.02	1.28	0.01	0.21	0.80
定西	2.44	1.30	1.14	1.45	0.02	0.22	0.91
陇南	2.71	1.24	1.47	1.84	0	0.25	1.22
临夏	1.60	1.24	0.36	0.65	0.16	0.11	0.09
甘南	1.32	0.68	0.63	1.52	0	0.63	0
天水	2.64	1.49	1.15	1.33	0	0.26	0.90
嘉峪关	1.25	0.60	0.65	1.66	0.03	0.09	0.54
金昌	1.86	0.86	1.00	1.76	0.02	0.11	0.87
白银	2.40	1.20	1.20	1.61	0.09	0.11	1.00
平凉	2.77	0.95	1.83	1.89	0.84	0.18	0.80
酒泉	1.77	0.91	0.86	1.34	0.09	0.18	0.59

（五）管理费用支出。2022年，管理费用支出28919.55万元，同比下降34.52%。其中，人员经费15614.41万元，公用经费2509.29万元，专项经费10795.85万元。

四、资产风险状况

个人住房贷款。2022年末，个人住房贷款逾期额3239.61万元，逾期率0.34‰，个人贷款风险准备金余额129978.3万元。

五、社会经济效益

（一）缴存业务。

缴存职工中，国家机关和事业单位占54.74%，国有企业占29.47%，城镇集体企业占0.78%，外商投资企业占0.69%，城镇私营企业及其他城镇企业占11.36%，民办非企业单位和社会团体占0.44%，灵活就业人员占0.51%，其他占2.01%；中、低收入占98.88%，高收入占1.12%。

新开户职工中，国家机关和事业单位占32.4%，国有企业占24.87%，城镇集体企业占1.46%，外商投资企业占1.37%，城镇私营企业及其他城镇企业占30.58%，民办非企业单位和社会团体占1.17%，灵活就业人员占3.56%，其他占4.59%；中、低收入占99.75%，高收入占0.25%。

（二）提取业务。

提取金额中，购买、建造、翻建、大修自住住房占22.50%，偿还购房贷款本息占48.65%，租赁住房占2.94%，离休和退休提取占20.64%，完全丧失劳动能力并与单位终止劳动关系提取占1.26%，出境定居占0.11%，其他占3.90%。提取职工中，中、低收入占97.04%，高收入占2.96%。

（三）个人住房贷款业务。

职工贷款笔数中，购房建筑面积90（含）平方米以下占7.29%，90～144（含）平方米占84.84%，144平方米以上占7.87%。购买新房占83.17%（其中购买保障性住房占0.74%），购买二手房占16.15%，建造、翻建、大修自住住房占0.02%，其他占0.66%。

职工贷款笔数中，单缴存职工申请贷款占38.99%，双缴存职工申请贷款占60.98%，三人及以上缴存职工共同申请贷款占0.03%。

贷款职工中，30岁（含）以下占34.97%，30岁～40岁（含）占42.9%，40岁～50岁（含）占

15.8%，50 岁以上占 6.33%；购买首套住房申请贷款占 75.07%，购买二套及以上申请贷款占 24.93%；中、低收入占 99.44%，高收入占 0.56%。

（四）住房贡献率。2022 年，个人住房贷款发放额、公转商贴息贷款发放额、项目贷款发放额、住房消费提取额的总和与当年缴存额的比率为 84.62%，比上年减少 23.93 个百分点。

六、其他重要事项

（一）应对新冠肺炎疫情采取的政策措施，落实住房公积金阶段性支持政策情况和政策实施成效

1. 新冠肺炎疫情期间，认真贯彻落实党中央、国务院关于高效统筹疫情防控和经济社会发展的决策部署，及时印发《关于做好当前疫情防控工作的通知》，统筹安排疫情防控和公积金管理服务各项工作。通过网上服务大厅、12329 服务热线、全国住房公积金小程序等推行“网上办”“掌上办”“预约办”等，保证疫情期间住房公积金服务不打烊。12329 服务热线全年接听阶段性支持政策咨询 23301 件，办结缴存人预约登记等各类问题 6410 件。疫情期间，全系统干部职工响应号召、担当作为，主动下沉社区，配合街道社区开展核酸扫码、秩序维护、排查登记、物资配送、环境消杀、疫情宣传等具体工作。

2. 制定印发《甘肃省住房和城乡建设厅关于贯彻落实住房公积金阶段性支持政策的通知》（甘建发电〔2022〕102 号），安排专人负责、快速部署任务、健全工作机制、实施定期调度，指导全省 14 个市州于 2022 年 6 月 13 日前全部完成政策落地。全省共为 192 家企业、4.74 万名职工办理缓缴 4.59 亿元。对 6493 笔不能正常还款的贷款不作逾期处理。各地不同程度提高租房提取额度，将按年提取放宽为按需提取。实施以来，共支持 2.24 万名职工租房提取 3.24 亿元，同比增长 52.02%。

（二）当年住房公积金政策调整情况

1. 制定印发《甘肃省住房和城乡建设厅关于印发〈2022 年全省住房公积金管理工作要点〉的通知》（甘建金〔2022〕57 号），对调整优化提取使用政策进行全面安排部署。指导各地提高贷款最高额度、开展组合贷款业务、拓宽贷款业务类型、优化异地贷款政策、提高租房提取额度、支持已售城镇住宅发证提取、完善老旧小区改造加装电梯提取及自付工程部分提取政策。

2. 制定印发《甘肃省住房和城乡建设厅关于取消住房公积金贷款预售商品房项目备案准入流程的通知》（甘建金〔2022〕115 号），取消住房公积金贷款预售商品房项目备案准入流程，对于取得商品房预售许可证的房地产项目，不得随意设置准入门槛或向企业收取保证金。

（三）当年开展监督检查情况

2022 年，印发《甘肃省住房和城乡建设厅关于开展住房公积金“双查双提升”行动的通知》（甘建金〔2022〕73 号），组织全省开展政策制定执行检查和风险隐患排查、提升服务效能水平和行业社会形象行动。一是开展全面排查梳理，凡不符合、不执行或选择性执行国家住房公积金政策的，以及当地制定的管理办法和业务操作规程不符合国家标准和规范的，一律立即纠正。二是切实转变服务理念，改进工作方法，更加精准对接群众所盼、民心所向，对缴存职工反映较多的难点、堵点问题，加快研究制定解决办法，不断调整优化住房公积金提取使用政策。三是对存在风险隐患的，及时制定有效的防范措施，堵塞风险漏洞，消除风险隐患，严格落实“月调度、季检查、半年通报、年终考评”机制，开展月度统计、跟踪调度、监督检查，对责任不清晰、措施不到位、成效不明显的中心重点督办盯办。

（四）当年服务改进情况

全面推进标准化服务，规范住房公积金政策和管理，提高公积金中心和从业人员专业化能力，促进管理转型升级和效能提升。一是推进服务标准化。组织梳理编制住房公积金公共服务事项，推进名称、定义（场景）、编码等基本要素统一，规范受理条件、办理流程、申请材料、办结时限和表格样式等要素统一。二是全面落实高频服务事项“跨省通办”。以政策协同、信息共享、业务联办为目标，完善跨区域、跨部门信息协查机制，实现更多高频服务事项“跨省通办”，避免“多地跑”，杜绝“折返跑”。三是健全完善服务制度。聚焦缴存单位和缴存职工多层次多样化需求，推进线上线下服务深度融合、同步优化。夯实基层管理部工作职责，建立主动服务机制，深化各项特色服务，实现从“人找服务”到“服务找人”的转变。四是开展服务评价。指导各地在服务窗口醒目位置设置评价器或评价二维码，方便办事企业和群众自主评价，实现服务现场“一次一评”。针对网上具体服务事项细化评价问询表单，设置“服务指引是否清晰、办事程序是否便利、材料手续是否精简、操作界面是否友好、有何改进意见”等项目，推行网上服务“一事一评”。

（五）当年信息化建设情况

聚焦缴存职工“急难愁盼”，打破地域阻隔和信息壁垒，推动省内公积金一体化发展。一是制定印发《一体化共享协同平台操作手册》《一体化共享协同平台公积金中心业务办理流程》，开展一体化共享协同平台功能应用拓展培训，实现个人账户信息、贷款信息等数据在全省范围内在线核验。二是完成全省公积金业务、资金、服务数据汇聚，完善监管治理平台，对全省公积金数据进行疑点分析预警，积极对接推进省级部门间政务数据互联共享应用。三是会同省高法共同印发《关于建立住房公积金执行联动机制的若干意见》，协商开发相应端口接入高法“点对点”网络执行平台，实现执行案件基本信息及失信被执行人名单、限制消费名单等信息共享。

（六）当年住房公积金机构及从业人员所获荣誉情况

兰州住房公积金管理中心团支部获评“甘肃省五四红旗团支部”。甘肃省住房资金管理中心获评“一星级全国青年文明号”、“甘肃省三八红旗手（集体）”。酒泉市住房公积金管理中心 1 人被评为“省级会计工作先进个人”。

甘肃省兰州市住房公积金 2022 年年度报告

根据国务院《住房公积金管理条例》和住房和城乡建设部、财政部、人民银行《关于健全住房公积金信息披露制度的通知》（建金〔2015〕26 号）的规定，经住房公积金管理委员会审议通过，现将兰州市住房公积金 2022 年年度报告公布如下：

一、机构概况

（一）住房公积金管理委员会

住房公积金管理委员会有 31 名委员，2022 年召开 2 次会议，审议通过的事项主要包括：《关于 2021 年度归集计划和使用计划执行情况及 2022 年度归集计划和使用计划的报告》《关于 2021 年度财务预算执行情况、增值收益分配方案和 2022 年度财务预算的报告》《兰州住房公积金管理中心 2021 年年度报告》《关于调整兰州住房公积金管理中心铁路分中心归集业务手续费兑付比例的报告》《关于提高住房公积金贷款额度的报告》《兰州住房公积金管理中心关于调整持“陇原人才卡”缴存职工因支付房租提取住房公积金额度的报告》《兰州住房公积金管理中心关于调整“陇原人才卡”持卡人住房公积金个人住房贷款最高额度的报告》。

（二）住房公积金管理中心

本市目前共有 2 家住房公积金管理机构。

兰州住房公积金管理中心（以下简称兰州公积金中心）为市属不以营利为目的的参照公务员管理的事业单位，设 9 个科，10 个管理部，1 个分中心。从业人员 194 人，其中，在编 106 人，非在编 88 人。

甘肃省住房资金管理中心（以下简称省资金中心）为甘肃省住房和城乡建设厅下属的不以营利为目的的公益二类事业单位。设 6 个部，4 个业务受理大厅。从业人员 122 人，其中，在编 19 人，非在编 103 人。

二、业务运行情况

（一）缴存。2022 年，新开户单位 1712 家，净增单位 525 家；新开户职工 6.07 万人，净增职工－3.32 万人；实缴单位 12992 家，实缴职工 73.38 万人，缴存额 139.70 亿元，分别同比增长 4.21%、－4.33%、5.35%。2022 年末，缴存总额 1333.71 亿元，比上年末增加 11.70%；缴存余额 487.05 亿元，同比增长 10.90%。

受委托办理住房公积金缴存业务的银行，兰州公积金中心 3 家，省资金中心 10 家。

（二）提取。2022 年，53.27 万名缴存职工提取住房公积金；提取额 91.81 亿元，同比下降 0.40%；提取额占当年缴存额的 65.72%，比上年减少 3.79 个百分点。2022 年末，提取总额 846.66 亿元，比上年末增加 12.16%。

（三）贷款。

1. 个人住房贷款。个人住房贷款最高额度 70 万元。

2022 年，发放个人住房贷款 0.79 万笔、36.62 亿元，同比分别下降 43.97%、41.84%。其中，兰州公积金中心发放个人住房贷款 0.62 万笔、28.23 亿元，省资金中心发放个人住房贷款 0.17 万笔、8.39 亿元。

2022年，回收个人住房贷款43.83亿元。其中，兰州公积金中心29.06亿元，省资金中心14.77亿元。

2022年末，累计发放个人住房贷款24.05万笔、702.83亿元，贷款余额354.63亿元，分别比上年末增加3.40%、5.50%、-1.99%。个人住房贷款余额占缴存余额的72.81%，比上年末减少9.58个百分点。

受委托办理住房公积金个人住房贷款业务的银行兰州公积金中心15家，省资金中心16家。

2. 异地贷款。2022年，发放异地贷款1530笔、72953.40万元。2022年末，发放异地贷款总额1480741.06万元，异地贷款余额978378.32万元。

3. 公转商贴息贷款。2022年，发放公转商贴息贷款0笔、0万元，当年贴息额339.82万元。2022年末，累计发放公转商贴息贷款800笔、35236万元，累计贴息2389.87万元。

（四）购买国债。2022年，购买（记账式、凭证式）国债0亿元，（兑付、转让、收回）国债0亿元。2022年末，国债余额0亿元。

（五）资金存储。2022年末，住房公积金存款139.15亿元。其中，活期0.07亿元，1年（含）以下定期18.25亿元，1年以上定期49.35亿元，其他（协定、通知存款等）71.48亿元。

（六）资金运用率。2022年末，住房公积金个人住房贷款余额、项目贷款余额和购买国债余额的总和占缴存余额的72.81%，比上年末减少9.58个百分点。

三、主要财务数据

（一）业务收入。2022年，业务收入142314.95万元，同比增长5.55%。其中，兰州公积金中心94034.66万元，省资金中心48280.29万元；存款利息24545.71万元，委托贷款利息117754.88万元，国债利息0万元，其他14.36万元。

（二）业务支出。2022年，业务支出86167.52万元，同比增长15.03%。其中，兰州公积金中心57786.30万元，省资金中心28381.22万元；支付职工住房公积金利息73862.23万元，归集手续费6582.59万元，委托贷款手续费5320.26万元，其他402.44万元。

（三）增值收益。2022年，增值收益56147.43万元，同比下降6.29%。其中，兰州公积金中心36248.36万元，省资金中心19899.07万元；增值收益率1.22%，比上年减少0.32个百分点。

（四）增值收益分配。2022年，提取贷款风险准备金-721.50万元，提取管理费用7843.30万元，提取城市廉租住房（公共租赁住房）建设补充资金49025.63万元。

2022年，上交财政管理费用7459.19万元。上缴财政城市廉租住房（公共租赁住房）建设补充资金47211.10万元，其中，兰州公积金中心上缴31847.67万元，省资金中心上缴15363.43万元。

2022年末，贷款风险准备金余额35462.53万元。累计提取城市廉租住房（公共租赁住房）建设补充资金437591.96万元。其中，兰州公积金中心提取298510.94万元，省资金中心提取139081.02万元。

（五）管理费用支出。2022年，管理费用支出7296.33万元，同比下降66.68%。其中，人员经费2719.20万元，公用经费194.79万元，专项经费4382.34万元。

兰州公积金中心管理费用支出3644.55万元，其中，人员、公用、专项经费分别为2394.74万元、174.13万元、1075.68万元；省资金中心管理费用支出3651.78万元，其中，人员、公用、专项经费分别为324.46万元、20.66万元、3306.66万元。

四、资产风险状况

个人住房贷款。2022年末，个人住房贷款逾期额1527.50万元，逾期率0.4‰，其中，兰州公积金中心0.5‰，省资金中心0.3‰。个人贷款风险准备金余额35462.53万元。2022年，使用个人贷款风险准备金核销呆坏账0万元。

五、社会经济效益

（一）缴存业务

缴存职工中，国家机关和事业单位占 28.27%，国有企业占 45.46%，城镇集体企业占 0.60%，外商投资企业占 1.14%，城镇私营企业及其他城镇企业占 20.15%，民办非企业单位和社会团体占 0.69%，灵活就业人员占 0.08%，其他占 3.61%；中、低收入占 97.75%，高收入占 2.25%。

新开户职工中，国家机关和事业单位占 18.07%，国有企业占 33.56%，城镇集体企业占 0.29%，外商投资企业占 1.35%，城镇私营企业及其他城镇企业占 37.85%，民办非企业单位和社会团体占 1.35%，灵活就业人员占 0.31%，其他占 7.22%；中、低收入占 99.55%，高收入占 0.45%。

（二）提取业务

提取金额中，购买、建造、翻建、大修自住住房占 20.88%，偿还购房贷款本息占 46.39%，租赁住房占 5.43%，支持老旧小区改造占 0.0003%，离休和退休提取占 20.39%，完全丧失劳动能力并与单位终止劳动关系提取占 0.34%，出境定居占 0.0014%，其他占 6.57%。提取职工中，中、低收入占 98.87%，高收入占 1.13%。

（三）贷款业务

个人住房贷款。2022 年，支持职工购建房 86.69 万平方米（含公转商贴息贷款），年末个人住房贷款市场占有率（含公转商贴息贷款）为 19.26%，比上年末下降 0.57 个百分点。通过申请住房公积金个人住房贷款，可节约职工购房利息支出 72536.77 万元。

职工贷款笔数中，购房建筑面积 90（含）平方米以下占 14.01%，90～144（含）平方米占 82.16%，144 平方米以上占 3.83%。购买新房占 82.05%（其中购买保障性住房占 2.42%），购买二手房占 17.95%，建造、翻建、大修自住住房占 0%（其中支持老旧小区改造占 0%），其他占 0%。

职工贷款笔数中，单缴存职工申请贷款占 47.59%，双缴存职工申请贷款占 52.41%，三人及以上缴存职工共同申请贷款占 0%。

贷款职工中，30 岁（含）以下占 38.84%，30 岁～40 岁（含）占 39.38%，40 岁～50 岁（含）占 13.85%，50 岁以上占 7.93%；购买首套住房申请贷款占 76.08%，购买二套及以上申请贷款占 23.92%；中、低收入占 98.86%，高收入占 1.14%。

（四）住房贡献率

2022 年，个人住房贷款发放额、公转商贴息贷款发放额、项目贷款发放额、住房消费提取额的总和与当年缴存额的比率为 74.04%，比上年减少 42.95 个百分点。

六、其他重要事项

（一）应对新冠肺炎疫情采取的措施，落实住房公积金阶段性支持政策情况和政策实施成效。

兰州公积金中心：

中心认真贯彻落实党中央、国务院关于高效统筹疫情防控和经济社会发展工作的决策部署，第一时间启动机关干部常态化驻守社区工作机制，坚持“应下尽下”，干部职工到社区开展卡口点值守、防疫宣传、物资配送、特殊群体关爱等疫情防控工作，以实际行动体现公积金人的担当和作为。在疫情暂停部分机构线下服务期间，发挥了综合柜员制制度优势和线上办理业务的功能作用，高质量完成归集、提取、贷款、贷后等线上业务。

根据住房和城乡建设部要求，积极推出公积金阶段性支持措施，有效发挥住房公积金助企纾困、保障民生、稳定经济等方面的积极作用。一是允许单位缓缴住房公积金。在 2022 年 12 月 31 日前，住房公积金缴存企业等用人单位因受疫情影响，无法按时足额缴存住房公积金的，经职工代表大会或者工会讨论通过后，可向中心申请缓缴，手续齐全的及时办结缓缴业务。全年为 15 家企业办理了缓缴业务，缓缴金额超过 1700 万元。二是加大租房提取支持力度。本年度共为 26726 名缴存职工办理“租房提取”

业务，提取额3.4亿元，对比去年同期分别增长了53.36％和71.71％。三是做好受疫情影响的借款人不能正常还款期间的受理登记、统计报送工作，按照规定不作逾期处理、不计罚息、不作为逾期记录报送征信部门，为缴存职工解决困难、缓解压力。目前已登记受理153笔，不作逾期处理的贷款余额3856.63万元，不作逾期处理的贷款应还未还本金额144.47万元。

省资金中心：

贯彻落实上级疫情防控精神，全面开展“网上办、延期办”服务，切实保障缴存职工需要，对疫情防控期间归集、提取业务有时限要求的，线下业务暂停期内不计算相应时限，顺延办理，同时加强线上业务保障。

结合工作实际，执行住房公积金阶段性支持政策，支持受疫情影响的缴存单位和缴存职工解决困难、缓解压力：简化缓缴上会流程，方便企业缓缴住房公积金；加大租购并举提取力度，放宽租房提取条件，提高租房提取额度，提取额度由每月1500元提高至2500元，职工可按月、按年提取，方式更加多元；支持受疫情影响的缓缴单位职工正常办理住房公积金个人住房贷款；支持受疫情影响的借款人延期还款。自政策实施以来至2022年12月31日，累积缓缴企业11家，缓缴职工8632人，缓缴金额12805.11万元；累计享受提高租房提取额度和频次的职工1890人，提取金额4458.80万元；受新冠肺炎疫情影响的缴存职工已有15人享受政策支持，延期还款金额66835.14元。

（二）租购并举满足缴存人基本住房需求，加大租房提取住房公积金支持力度、支持缴存人贷款购买首套普通自住住房特别是共有产权住房等情况。

兰州公积金中心：

缴存职工因租房提取住房公积金的，提取次数由原来的每年提取1次放宽为每月或每年提取1次，提取额度提高为月不超过2500元，每年不超过30000元。

省资金中心：

积极响应租购并举住房制度，优化办理流程，加大提取力度。充分运用政务服务平台，优化面向市场租房提取流程，在业务受理大厅设置“自助服务区”，实现缴存职工现场打印无房证明，减少跑路次数，保障业务实现最多跑一次。截至2022年12月底，支持缴存职工提取住房公积金用于租赁住房6078人次，金额16369.90万元。放宽限购区房屋公积金贷款首付条件，统一施行首套住房贷款首付款比例不低于20％、二套贷款首付款比例不低于30％。

（三）当年机构及职能调整情况、受委托办理缴存贷款业务金融机构变更情况。

兰州公积金中心：

甘肃省电力公司住房公积金管理机构于2022年1月移交兰州公积金中心，新设立电力管理部，负责原甘肃省电力公司住房公积金管理机构管理的缴存职工的住房公积金归集、提取、贷款等业务。

省资金中心：

无机构及职能调整情况。2022年新增招商银行办理贷款业务，恢复了中国银行、兴业银行贷款发放；光大银行因考核不合格，暂停办理委托贷款发放。

（四）当年住房公积金政策调整及执行情况，包括当年缴存基数限额及确定方法、缴存比例等缴存政策调整情况；当年提取政策调整情况；当年个人住房贷款最高贷款额度、贷款条件等贷款政策调整情况；当年住房公积金存贷款利率执行标准等；支持老旧小区改造政策落实情况。

兰州公积金中心：

1. 当年缴存基数限额及确定方法、缴存比例、提取及支持老旧小区改造等政策调整情况：修订了住房公积金提取业务操作规程，持《不动产权证书》申请提取住房公积金的，由原来要求同时提供增值税票和税收完税证明精简为提供任一税务票据皆可；“异地购房”及“偿还异地自住住房贷款”提取公积金的，不再要求缴存职工提供本人或配偶在异地房屋所在地的户籍证明、住房公积金缴存证明及实际工作地认证证明。加大对“陇原人才卡”持卡人的政策支持力度，对持“陇原人才卡”缴存职工因支付房租提取住房公积金额度进行调整。对持A、B、C类人才卡的，住房公积金租房提取额度在本人当年住房公积金应缴存额基础上上浮 2 倍（即当年住房公积金应缴存额乘以 3）；对持 D 类人才卡的，租房提取额度在本人当年住房公积金应缴存额基础上上浮 1 倍（即当年住房公积金应缴存额乘以 2）。“偿还个人自住住房贷款”提取公积金的，由原来的同时提供购房资料与贷款资料精简为只提供贷款资料；“死亡”销户提取公积金的，账户余额在 5 万元以内的，简化代办人需提供的手续；降低职工因老旧楼院增设电梯提取公积金业务办理难度，延长业务办理时限至五年。自 2022 年 7 月 1 日起：单位缴存住房公积金的职工，缴存基数调整为本人上年度月平均工资，灵活就业人员的缴存基数调整为本人上年度月平均收入，且最高均不得超过我市 2021 年度城镇非私营单位在岗职工月平均工资 8066.08 元的 3 倍，即：24198.24 元，最低均不低于省政府最新发布的各区县最低工资标准，即：兰州新区为 1820 元，城关区等五区为 1820 元，永登县等三县为 1770 元。单位缴存住房公积金的职工，基本缴存比例仍为单位 12%，个人 9%；新开户单位的住房公积金单位缴存比例和个人缴存比例均最高不得超过 12%，最低不得低于 5%；确有实际困难，需要降低缴存比例的单位，在 5%～12%的范围内选择适当比例，经本单位职工代表大会或者工会讨论通过，报兰州公积金中心审批后执行。灵活就业人员无单位缴存部分，缴存比例统一为 10%。进一步简化“老旧房屋加装电梯”申请提取公积金的要件资料，精简调查备案的相关流程。取消填制《增设电梯提取住房公积金项目信息采集审批单》《兰州市老旧住宅小区增设电梯项目登记表》《兰州市老旧住宅小区增设电梯项目业主名册》《兰州市老旧住宅小区增设电梯项目业主信息登记表》，同时将提取时限从 2 年放宽至 5 年，积极支持我市老旧房屋改造工作。

2. 当年个人住房贷款最高贷款额度、贷款条件等贷款政策调整情况：对当年最高贷款额度进行调整，已婚家庭最高 70 万元，单身职工最高 60 万元；提高持有陇原人才卡缴存职工的公积金贷款最高额度，对持 A、B、C 类人才卡的，住房公积金个人住房贷款最高额度由已婚缴存职工 70 万元提高至 100 万元，单身缴存职工 60 万元提高至 80 万元。对持 D 类人才卡的，住房公积金个人住房贷款最高额度由已婚缴存职工 70 万元提高至 80 万元，单身职工 60 万元提高至 70 万元。贷款申请条件调整情况：一是对不得申请住房公积金贷款情形进行调整，取消上次住房公积金个人住房贷款已结清未满一年，不得申请住房公积金贷款的规定；二是对二套房认定规则进行调整，调整为合计有一次公积金贷款记录且本市住房和城乡建设部门的房产查询证明未记录该笔贷款所购房产的和有一套非该笔贷款所购房产登记的，再次申请贷款的，按二套房受理。取消商品房期房项目备案准入流程，对于取得商品房预售许可证的商品房期房项目，在中心进行信息登记后，即可受理购房人的贷款申请。调整按月冲还贷款政策：一是签约按月冲还贷协议不再要求本中心缴存职工留足 6 个月的缴存额；二是由原来扣划职工当月缴存额，不足部分扣划缴存职工银行卡资金变为扣划缴存职工公积金账户余额，不足部分扣划缴存职工银行卡资金。降低公积金贷款购房首付比例：10 月 8 日起，缴存职工通过公积金贷款及公积金组合贷款购买首套住房最低首付比例不低于 20%、购买二套住房最低首付比例不低于 30%。首套住房及二套住房的认定规则按照中心现行政策规定执行。

3. 当年住房公积金存贷款利率执行标准等：严格按照人民银行要求对住房公积金贷款利率进行调整，调整后首套房贷款期限为 5 年（含）以下年利率为 2.6%，5 年以上年利率为 3.1%。

省资金中心：

1. 当年缴存基数限额及确定方法、缴存比例、提取及支持老旧小区改造等政策调整情况：修订了《甘肃省住房资金管理中心归集业务操作规程》《甘肃省住房资金管理中心提取业务操作规程》，共规范归集业务标准、操作流程 36 项，提取业务标准、操作流程 34 项，对住房公积金归集提取相关业务进行了调整优化，简化归集提取业务要件 20 项。2022 年度严格执行缴存基数限额，办理缴存比例调整。职工缴存基数为职工本人上一年度月平均工资，缴存基数不高于兰州市统计部门公布的上年度月平均工资的 3 倍，且最低不得低于省政府发布的当年本市各区县最低工资标准（当前最低工资标准为 1820 元/月）。单位及职工缴存比例最低不低于 5%，且最高不高于 12%。2022 年度省资金中心积极对接加装电梯项目，截至 2022 年 12 月底已办理 6 个小区加装电梯提取备案事宜和提取工作，累计提取金额 41.15 万元。

2. 当年个人住房贷款最高贷款额度、贷款条件等贷款政策调整情况：修订《甘肃省住房资金管理中心住房公积金个人住房贷款操作规程》《甘肃省住房资金管理中心公积金个人住房贷款操作指引》，推出 7 项政策措施：一是提高住房公积金贷款最高可贷额度，本年已有 378 人享受了政策优惠，发放金额 24133.5 万元；二是降低房地产开发企业公积金贷款登记门槛，减少公司章程、企业信用报告等材料，取消楼盘施工进度审查要求，取得房屋销（预）许可证即可办理备案，政策优化后已为近 30 个开发商项目节省楼盘备案时间；三是积极推进保障人才住房权益的配套公积金贷款支持政策，“陇原人才”最高可贷额度上调至 100 万元，全年发放 4 笔，金额 323 万元；四是拓展公积金贷款业务模式，联动商业银行推出“公积金＋商业贷款”组合贷款业务，印发《个人住房组合贷款操作规程（试行）》，全年发放 53 笔，金额 3164.5 万元；五是持续优化冲还贷业务，取消按月冲还贷业务留存六个月缴存额的政策限制、取消业务办理的缴存时间限制，累计办理按月冲还贷业务 1.93 万笔，金额 48478.59 万元，办理提前还款冲还贷业务 7083 笔，金额 34014.44 万元；六是放宽贷款“认房认贷”限制，将仅有一套住房且有一次公积金贷款的缴存人纳入二次可贷范畴；七是探索推出“‘顺位抵’商转公贷款”新模式，为公积金缴存职工实打实节省利息开支，“顺位抵”走在了我省乃至全国公积金中心前列。

3. 当年住房公积金存贷款利率执行标准等：严格按照人民银行要求对住房公积金贷款利率进行调整，调整后首套房贷款期限为 5 年（含）以下年利率为 2.6%，5 年以上年利率为 3.1%。

（五）当年服务改进情况，包括推进住房公积金服务“跨省通办”工作情况，服务网点、服务设施、服务手段、综合服务平台建设和其他网络载体建设服务情况等。

兰州公积金中心：

1. 推进住房公积金服务“跨省通办”工作情况：完成住房公积金“跨省通办”“省内通办”“全市通办”全部事项的梳理并在甘肃省政务服务网通办专区和“甘快办”App 兰州厅展示。新增公积金汇缴、补缴、提前部分偿还贷款、租房提取、提前退休提取等 5 项高频服务事项“跨省通办”业务，“跨省通办”业务种类达到 13 项。全年共办理住房公积金“跨省通办”业务 435 笔、异地转入业务 8092 笔、异地转出业务 5876 笔、协查业务 594 笔，办理业务量及涉及资金规模均列全省行业内第一名。与济南、太原、呼和浩特、郑州、西安、西宁、银川等八市公积金中心以视频形式共同参加了《2022 年度黄河流域住房公积金高质量发展研讨推进会》，进一步深化黄河数字骨干通道建设，研究探讨开发更多住房公积金便民应用场景，推动黄河流域城市住房公积金发展不断取得新成效。八市公积金中心在住房公积金归集、提取、贷款、异地转移接续等业务等方面持续展开深度合作，建立灵活就业人员建缴公积金互认机制。持西宁、海东、济南、太原、呼和浩特、郑州、西安、银川社保缴纳证明的灵活就业人员均可在兰州公积金中心设立住房公积金个人缴存账户。持续推进兰西城市群住房公积金区域一体化发展战略实施，兰州、西宁两地公积金中心持续完善住房公积金政策协同、信息共享、两地联办工作机制，建立兰西两地公积金中心定期联席会议制度。邀请海东市公积金中心加入兰西城市群住房公积金区域协同发展“工作群”，推动形成兰州、西宁、海东三地公积金一体化发展新局面。持续简化兰州、西宁两地缴存单位及缴存职工办理公积金业务时所需要件，开通兰州、西宁两地公积金中心个人账户余额互相冲减逾期贷款业务。2022 年为购买西宁市住房和偿还西宁市购房贷款的缴存职工办理公积金提取业务 177 笔，提取金额 1064.98 万元；两地中心为 224 位缴存职工办理了跨中心账户余额转移业务，涉及金额近 360 万元。

2. 服务网点、服务设施、服务手段改进情况：住房公积金机构改革不断深化，电力管理部服务大厅正式投入使用，在全省 86 个县设置业务经办网点（当地受委托银行网点）。中心各分支机构全面实行综合柜员制，通过科学设置服务窗口，优化业务岗位，实现“一窗办理”所有公积金业务，服务效率显著提升，甘肃省住房和城乡建设厅将综合柜员服务作为 2022 年全省公积金行业亮点工作上报住房和城乡建设部公积金监管司。持续落实首问责任制、一次性告知制、限时办结制等窗口服务制度，不断提升窗口服务规范化水平。设置志愿者服务岗，摆放“军人优先”提示牌，张贴禁止吸烟等标识；配备电源插座、针线包、老花镜等服务设施，营造了舒适、便民的服务环境。加大对窗口服务工作的日常管理，建立常态化的视频监控督查检查制度，对窗口人员服务态度、工作纪律、行为规范等进行督导，推动窗口服务质量的提升。上年度在兰州市深化“放管服”改革优化营商环境提质提标考核中列市直部门第 3 名，在兰州市政务服务能力评估排名中列市直部门第 1 名。全面开展“好差评”工作，入驻省政务服务网 27 项住房公积金服务事项共产生“好差评”评价 319492 条，好评率 100%，居市级单位首位。

3. 综合服务平台建设和其他网络载体建设服务情况等：持续深化“放管服”改革，完成甘肃省一体化政务服务平台住房公积金事项的基本目录认领确认、业务流程配置、实施清单发布，可线上办理的住房公积金事项达 27 项，实现住房公积金服务事项“应进必进”。持续压减办理时限，总承诺办结时限从总法定时限 205 天缩减为 51 天，缩减承诺时限比率 75.12%。持续推进线上线下服务深度融合，增加住房公积金线上业务办理渠道，归集、提取类业务线上全面办理，住房公积金服务由“最多跑一次”向“一次都不跑”持续快速推进。入驻甘肃省一体化政务服务平台住房公积金事项的全程网办率和即办事项比率分别达到了 96.29%、92.59%。与全国住房公积金小程序系统对接，实现住房公积金缴存贷款信息查询、个税抵扣填报信息、住房公积金异地转移接续等高频事项的线上办理。

省资金中心：

1. 推进住房公积金服务“跨省通办”工作情况：持续推进“跨省通办”工作，以“网上办、异地办、一键办”为目标，积极推进住房公积金不见面办理，持续以 8+N 模式推进“跨省通办”业务，在住房和城乡建设部要求的 8 项高频服务事项实现“全程网办”的基础上，又增加个人账户设立、补缴办理、出境定居等 37 项业务实现“全程网办”。对不在跨省通办业务范围的，与业务属地公积金中心积极联系，充分利用监管平台，探索实现归集、提取业务跨省通办。通过“跨省通办”，减少群众办事时限和经济负担。同时科学利用“跨省通办”平台，借助全国住房公积金监管服务平台与外中心形成房屋协查机制，推送核查信息 180 余条，有效降低了异地购房提取业务资金风险。全年省资金中心使用“跨省通办”平台以“两地联办”“代收代办”方式办理各类业务 307 笔。

2. 服务网点、服务设施、服务手段改进情况：打造多元化线上贷款服务，实现了 12329 智能语音服务、微信小程序服务、网上大厅服务、智能自助终端服务等多渠道贷款业务办理功能，实现 12 项贷款业务“全程网办”，“全程网办”业务月均线上办理量 1000 笔，防疫期间为万户家庭提供了安全的办理服务；利用平台互联、数据互享、信息互认的方式，联合不动产登记中心、人民银行、担保公司建立兰州市不动产登记延伸服务点、征信查询专区及“线上”业务数据推送制，缩短贷款审核流程，减少贷款要件，实现了缴存职工从贷款到抵押的“一站式”服务；认真研究推进“省级区域一体化共享协同平台”各项业务功能，与兰州、庆阳市公积金中心开展异地业务协同试点，已实现逾期贷款冲还，部分业务初步达到了“省内通办”目标。

3. 综合服务平台建设和其他网络载体建设服务情况等：落实“放管服”改革，深化“我为群众办实事”。一是深入推进“全员建缴”工作，2022 年跟进 2 家缴存单位完成全员建缴工作，新增缴存职工 1155 人。截至 2022 年年底，已跟进完成 38 家缴存单位全员建缴工作，涉及缴存职工 6405 人。二是全面做好“陇原人才”服务事项。针对 ABC 类“陇原人才”持卡人员租房提取额度在本人当年住房公积金应缴存额基础上上浮 2 倍，D 类“陇原人才”持卡人员租房提取额度在本人当年住房公积金应缴存额基础上上浮 1 倍。在各业务受理大厅设立“陇原人才服务卡”持卡人员绿色通道，安排专人负责引导持卡人员办理住房公积金相关业务，截至 2022 年 12 月底，共服务 15 位陇原人才办理了住房公积金业务。三是优化异地购房及还贷提取流程。优化了异地购房及还贷提取流程，取消“缴存职工本人或配偶在异地房屋所在地的户籍证明或住房公积金缴存证明”要件。截至 2022 年 12 月底，办理异地购房提取 444 笔，提取金额 5925.53 万元；办理异地还贷提取 583 笔，提取金额 3952.89 万元。四是支持历史遗留住宅办证提取。截至 2022 年 12 月底，共办理历史遗留住宅办证提取 648 笔，提取金额 8222.13 万元。

（六）当年信息化建设情况，包括信息系统升级改造情况，基础数据标准贯彻落实和结算应用系统接入情况等。

兰州公积金中心：

持续深化“互联网＋公积金”建设，线上办理率稳步提升，2022年网上业务办理量占业务总量的78.8%。“兰州公积金”微信公众号关注人数56.99万人，被兰州市委网信办推荐为兰州市文明网站平台。接入甘肃省住房公积金区域一体化共享协同平台。全省首家通过住房和城乡建设部数据共享平台接入中国人民银行二代征信系统，强化信用信息建设。做好政务网、甘快办、智慧住建和小兰帮办等各类政务平台的数据报送及政务服务事项的技术对接，做好省市政务数据共享汇聚，完成政务事项资源挂载及后期服务等工作。定期召开系统运维联席会议，解决包括业务系统日常管理、新功能开发和网络安全管理各类问题，发现不足及时完善系统运行，提升业务系统运维质量。

省资金中心：

强化数字赋能，智慧服务展现新气象。一是坚持动态监管、科学决策，确保公积金管理信息新系统上线运营，实现业务办理无纸化、审批移动化、凭证电子化。实现8项“跨省通办”、65项“全省通办”事项线上办理，累计办理4042笔住房公积金转移接续业务，金额超过1.05亿元。二是成功将柜面业务延伸到移动互联网终端和八小时以外，住房公积金缴存网办率达91%，提取网办率达95%，贷款网办率达70%。实现34项业务“最多跑一次”，18项服务“一次都不跑”，综合服务平台注册用户约10万人。开通12329智能语音、智能自助服务终端等多渠道贷款业务办理功能。逐步与公安、民政、人社、国土等多个部门、14家商业银行、住房和城乡建设部实现互联互通，住房公积金数据共享从“有”到“全”、从“有”到“优”的升级，建立起跨地区、跨部门、跨层级的信息查询机制。三是紧跟中央和省厅步伐，做好部、省两级公积金业务服务平台接入工作，完成住房和城乡建设部公积金小程序、全省公积金区域一体化平台、全省智慧公积金平台接入，实现“账随人走，钱随账走”的工作目标，促成异地转移接续业务掌上办，省内数据共通、业务协同，90%的业务实现“一网通办”。

（七）当年住房公积金管理中心及职工所获荣誉情况，包括：文明单位（行业、窗口）、青年文明号、工人先锋号、五一劳动奖章（劳动模范）、三八红旗手（巾帼文明岗）、先进集体和个人等。

兰州公积金中心：

中心团支部获评“甘肃省五四红旗团支部”；榆中管理部获评市级卫生单位；兰州新区管理部获评兰州新区“工人先锋号”。

省资金中心：

中心获评“一星级全国青年文明号”、“甘肃省三八红旗手（集体）”、“甘肃省直五四红旗团支部”，安宁业务受理大厅被住房和城乡建设部评为“跨省通办”示范窗口等荣誉称号。

（八）当年对违反《住房公积金管理条例》和相关法规行为进行行政处罚和申请人民法院强制执行情况。

兰州公积金中心：

2022年对违反《住房公积金条例》的18家单位督促建缴住房公积金；当年向城关区人民法院申请，对不履行法院判决的7名逾期借款人进行强制执行。

省资金中心：

当年向安宁区人民法院申请，对不履行法院判决的2名逾期借款人进行强制执行。

（九）当年对住房公积金管理人员违规行为的纠正和处理情况等。

无

（十）其他需要披露的情况。

无

注：本报告各项数据为兰州公积金中心、省资金中心两家机构的合并数据。兰州公积金中心相应内容已经2023年3月16日第四届兰州住房公积金管理委员会第四次会议审议通过。

甘肃省及省内各城市住房公积金 2022 年年度报告二维码

名称	二维码
甘肃省住房公积金 2022 年年度报告	
兰州市住房公积金 2022 年年度报告	
临夏回族自治州住房公积金 2022 年年度报告	
天水市住房公积金 2022 年年度报告	
甘南藏族自治州住房公积金 2022 年年度报告	
张掖市住房公积金 2022 年年度报告	
金昌市住房公积金 2022 年年度报告	

续表

名称	二维码
平凉市住房公积金 2022 年年度报告	
武威市住房公积金 2022 年年度报告	
嘉峪关市住房公积金 2022 年年度报告	
陇南市住房公积金 2022 年年度报告	
定西市住房公积金 2022 年年度报告	
酒泉市住房公积金 2022 年年度报告	
白银市住房公积金 2022 年年度报告	
庆阳市住房公积金 2022 年年度报告	

青海省

青海省住房公积金 2022 年年度报告

根据国务院《住房公积金管理条例》和住房和城乡建设部、财政部、人民银行《关于健全住房公积金信息披露制度的通知》（建金〔2015〕26 号）规定，现将青海省住房公积金 2022 年年度报告汇总公布如下：

一、机构概况

（一）住房公积金管理机构。全省共设 8 个设区城市住房公积金管理中心，1 个独立设置的分中心（其中，省直分中心隶属青海省住房和城乡建设厅）和 1 个行业中心。从业人员 377 人，其中，在编 224 人，非在编 153 人。

（二）住房公积金监管机构。省住房和城乡建设厅、财政厅和人民银行西宁中心支行负责对本省住房公积金管理运行情况进行监督。省住房和城乡建设厅设立住房公积金监管处，负责辖区住房公积金日常监管工作。

二、业务运行情况

（一）缴存。2022 年，新开户单位 1439 家，净增单位 987 家；新开户职工 7.09 万人，净增职工 0.88 万人；实缴单位 12717 家，实缴职工 58.59 万人，缴存额 155.31 亿元，分别同比增长 9.46%、1.54%、12.37%。2022 年末，缴存总额 1301.34 亿元，比上年末增加 13.55%；缴存余额 445.88 亿元，同比增长 17.6%（表 1）。

2022 年分城市住房公积金缴存情况　　表 1

地区	实缴单位（万个）	实缴职工（万人）	缴存额（亿元）	累计缴存总额（亿元）	缴存余额（亿元）
青海省	**1.27**	**58.59**	**155.31**	**1301.34**	**445.88**
西宁市	0.64	38.23	94.81	816.31	272.11
海东市	0.12	5.41	15.8	129.74	42.73
海北州	0.06	1.66	5.61	43.78	14.06
海南州	0.08	2.21	6.98	60.42	20.19
黄南州	0.12	1.95	5.17	39.28	15.94
果洛州	0.03	1.29	4.8	32.37	11.03
玉树州	0.07	1.76	6.88	54.84	22.03
海西州	0.15	6.08	15.26	124.6	47.79

（二）提取。2022 年，21.99 万名缴存职工提取住房公积金；提取额 88.59 亿元，同比下降 15.18%；提取额占当年缴存额的 57.04%，比上年减少 18.53 个百分点。2022 年末，提取总额 855.46 亿元，比上年末增加 11.55%（表 2）。

2022 年分城市住房公积金提取情况

表 2

地区	提取额（亿元）	提取率（%）	住房消费类提取额（亿元）	非住房消费类提取额（亿元）	累计提取总额（亿元）
青海省	**88.59**	**57.04**	**62.96**	**25.64**	**855.46**
西宁市	53.71	56.65	37.1	16.62	544.19
海东市	10.19	64.49	7.39	2.8	87.01
海北州	3.3	58.82	2.62	0.68	29.72
海南州	4.08	58.45	3.17	0.91	40.23
黄南州	2.78	53.77	2.12	0.65	23.34
果洛州	2.67	55.63	2.01	0.66	21.33
玉树州	3.47	50.44	2.98	0.49	32.83
海西州	8.39	54.98	5.57	2.83	76.81

（三）贷款。

1. 个人住房贷款。2022 年，发放个人住房贷款 0.99 万笔、45.45 亿元，同比下降 42.77%、43.65%。回收个人住房贷款 26.38 亿元。

2022 年末，累计发放个人住房贷款 31.84 万笔、740.22 亿元，贷款余额 330.3 亿元，分别比上年末增加 3.18%、6.54%、6.12%。个人住房贷款余额占缴存余额的 74.08%，比上年末减少 8.01 个百分点（表 3）。

2022 年，支持职工购建房 112.51 万平方米。年末个人住房贷款市场占有率（含公转商贴息贷款）为 37.95%，比上年末增加 1.61 个百分点。通过申请住房公积金个人住房贷款，可节约职工购房利息支出 68327.57 万元。

2. 异地贷款。2022 年，发放异地贷款 1333 笔、59689.61 万元。2022 年末，发放异地贷款总额 903540.82 万元，异地贷款余额 552735.17 万元。

2022 年分城市住房公积金个人住房贷款情况

表 3

地区	放贷笔数（万笔）	贷款发放额（亿元）	累计放贷笔数（万笔）	累计贷款总额（亿元）	贷款余额（亿元）	个人住房贷款率（%）
青海省	**0.99**	**45.45**	**31.84**	**740.22**	**330.3**	**74.08**
西宁市	0.57	27.74	16.99	427.28	209.05	76.83
海东市	0.09	3.57	4.7	85.54	28.11	65.79
海北州	0.04	1.37	1.43	30.1	10.39	73.90
海南州	0.04	1.62	1.86	41.54	15.53	76.92
黄南州	0.04	2.03	1.47	29.82	11.86	74.40
果洛州	0.02	1.27	0.36	11.88	7.82	70.90
玉树州	0.03	1.53	2.04	46.15	13.64	61.96
海西州	0.16	6.32	2.99	67.91	33.9	70.94

3. 公转商贴息贷款。2022 年，发放公转商贴息贷款 0 笔、0 万元，支持职工购建房面积 0 万平方米。当年贴息额 2143.79 万元。2022 年末，累计发放公转商贴息贷款 5929 笔、185776.93 万元，累计贴息 4129.28 万元。

4. 住房公积金支持保障性住房建设项目贷款。无。

（四）购买国债。无。

（五）融资。2022年，融资0亿元，归还0.47亿元。2022年末，融资总额0.47亿元，融资余额0亿元。

（六）资金存储。2022年末，住房公积金存款129.34亿元。其中，活期7.19亿元，1年（含）以下定期40.94亿元，1年以上定期69.02亿元，其他（协定、通知存款等）12.19亿元。

（七）资金运用率。2022年末，住房公积金个人住房贷款余额、项目贷款余额和购买国债余额的总和占缴存余额的74.08%，比上年末减少8.01个百分点。

三、主要财务数据

（一）业务收入。2022年，业务收入140195.25万元，同比增长13.18%。其中，存款利息35362.74万元，委托贷款利息104792.78万元，国债利息0万元，其他39.73万元。

（二）业务支出。2022年，业务支出60114.55万元，同比增长21.27%。其中，支付职工住房公积金利息48388.73万元，归集手续费5287.55万元，委托贷款手续费4291.74万元，其他2146.53万元。

（三）增值收益。2022年，增值收益80080.69万元，同比增长7.78%；增值收益率1.95%，比上年减少0.11个百分点。

（四）增值收益分配。2022年，提取贷款风险准备金37111.67万元，提取管理费用6313.62万元，提取城市廉租住房（公共租赁住房）建设补充资金36655.4万元（表4）。

2022年，上交财政管理费用5480.02万元，上缴财政城市廉租住房（公共租赁住房）建设补充资金28115.06万元。

2022年末，贷款风险准备金余额266147.32万元，累计提取城市廉租住房（公共租赁住房）建设补充资金185994.76万元。

2022年分城市住房公积金增值收益及分配情况

表4

地区	业务收入（亿元）	业务支出（亿元）	增值收益（亿元）	增值收益率（%）	提取贷款风险准备金（亿元）	提取管理费用（亿元）	提取公租房（廉租房）建设补充资金（亿元）
青海省	**14.02**	**6.01**	**8.01**	**1.95**	**3.71**	**0.63**	**3.67**
西宁市	8.48	2.58	5.9	2.36	2.49	0.4	3.02
海东市	1.29	0.67	0.62	1.56	0.37	0.09	0.16
海北州	0.4	0.19	0.21	1.58	0.1	0	0.1
海南州	0.58	0.36	0.22	1.17	0.16	0.06	0.005
黄南州	0.48	0.36	0.12	0.85	0.07	0.05	0.005
果洛州	0.41	0.22	0.19	1.88	0.07	0.001	0.12
玉树州	0.69	0.35	0.34	1.68	0.2	0.04	0.09
海西州	1.69	1.28	0.41	0.94	0.25	0	0.17

（五）管理费用支出。2022年，管理费用支出7837.78万元，同比增长4.38%。其中，人员经费5536.04万元，公用经费524.34万元，专项经费1777.4万元。

四、资产风险状况

（一）个人住房贷款。2022年末，个人住房贷款逾期额1446.41万元，逾期率0.44‰，个人贷款风险准备金余额266147.32万元。2022年，使用个人贷款风险准备金核销呆坏账0万元。

（二）住房公积金支持保障性住房建设项目贷款。无。

五、社会经济效益

（一）缴存业务

缴存职工中，国家机关和事业单位占46.06%，国有企业占31.55%，城镇集体企业占2.62%，外商投资企业占0.73%，城镇私营企业及其他城镇企业占12.42%，民办非企业单位和社会团体占0.76%，灵活就业人员占0.79%，其他占5.07%；中、低收入占99.08%，高收入占0.92%。

新开户职工中，国家机关和事业单位占27%，国有企业占17.92%，城镇集体企业占7.45%，外商投资企业占0.6%，城镇私营企业及其他城镇企业占28.42%，民办非企业单位和社会团体占1.4%，灵活就业人员占1.31%，其他占15.9%；中、低收入占99.65%，高收入占0.35%。

（二）提取业务

提取金额中，购买、建造、翻建、大修自住住房占18.54%，偿还购房贷款本息占48.78%，租赁住房占3.57%，支持老旧小区改造提取占0%；离休和退休提取占23.42%，完全丧失劳动能力并与单位终止劳动关系提取占2.73%，出境定居占0%，其他占2.96%。提取职工中，中、低收入占99.3%，高收入占0.7%。

（三）贷款业务

1. 个人住房贷款。

职工贷款笔数中，购房建筑面积90（含）平方米以下占10.97%，90～144（含）平方米占81.12%，144平方米以上占7.91%。购买新房占77.29%（其中购买保障性住房占0.03%），购买二手房占22.57%，建造、翻建、大修自住住房占0%（其中支持老旧小区改造占0%），其他占0.14%。

职工贷款笔数中，单缴存职工申请贷款占66.81%，双缴存职工申请贷款占33.17%，三人及以上缴存职工共同申请贷款占0.02%。

贷款职工中，30岁（含）以下占47.38%，30岁～40岁（含）占38.61%，40岁～50岁（含）占11.71%，50岁以上占2.30%；购买首套住房申请贷款占74.57%，购买二套及以上申请贷款占25.43%；中、低收入占99.6%，高收入占0.4%。

2. 住房公积金支持保障性住房建设项目贷款。无。

（四）住房贡献率

2022年，个人住房贷款发放额、公转商贴息贷款发放额、项目贷款发放额、住房消费提取额的总和与当年缴存额的比率为69.8%，比上年减少45.47个百分点。

六、其他重要事项

（一）应对新冠肺炎疫情采取的政策措施，落实住房公积金阶段性支持政策情况和政策实施成效情况。一是印发《关于加强住房公积金行业疫情防控工作的通知》，对住房公积金行业疫情防控及管理服务工作提出了明确要求，指导各住房公积金管理中心落实防控措施、优化线上服务、强化宣传引导等工作。二是会同省财政厅、人民银行西宁中心支行下发《关于全面落实住房公积金阶段性支持政策的通知》（青建房〔2022〕119号），要求各地严格执行住房公积金阶段性支持政策规定，有效提升服务效能，加强政策宣传舆情引导，及时评估政策实施效果，督促各地把阶段性支持政策落到实处。疫情期间，全省累计为受疫情影响的139家企业10071名职工缓缴了住房公积金，缓缴金额达6481.59万元。为2069名受疫情影响无法正常偿还住房公积金贷款的职工未作逾期处理，不作逾期处理的贷款涉及应还未还本金额646.56万元。指导各中心及时调整租房限额，持续加大对职工租房提取支持力度。租房提取限额最高提高至每年14400元，共计享受提高租房提取额度职工15218人，提取金额12699.43万元。有效减轻了企业压力，保障了缴存职工权益，为促进经济社会发展贡献了行业力量。

（二）当年住房公积金政策调整情况。一是印发《关于2022年全省住房公积金工作要点的通知》

（青建房〔2022〕28号），围绕落实政策规定，规范业务管理、强化风险防控、推进数字化发展，提高服务效能等方面对各地住房公积金管理中心提出了具体工作要求。二是在省政府印发的《关于贯彻落实国务院扎实稳住经济一揽子政策措施的实施方案》中进一步放宽了住房公积金租房提取的额度、频次，优化了住房公积金贷款政策，加大对缴存职工的租购房需求支持力度。

（三）当年开展监督检查情况。2022年4月至8月，省审计厅对2019年至2021年全省住房公积金进行专项审计。我厅积极配合审计厅做好各项工作，向各中心下发《关于积极配合审计厅做好住房公积金审计工作的通知》，要求各地高度重视、全力配合，对审计过程中提出的疑问事项，及时分析原因，细心的做好解释工作，对审计反馈的各类问题及时回应积极整改。在审计取证结束后，我厅组织召开全省住房公积金审计发现问题整改工作推进会，主动加强与审计厅的沟通对接，对发现的问题深入剖析、举一反三，倒排工期、挂图作战，推进审计发现问题全面整改。

（四）当年服务改进情况。年内印发《“惠民公积金、服务暖人心”全省住房公积金系统服务提升三年行动实施方案（2022—2024年）》，并以此为抓手，积极指导我省10家中心有序开展“跨省通办”工作。目前，我们在历年完成8项“跨省通办”事项基础上，已完成2022年度确定的“住房公积金缴存、住房公积金汇缴、提前部分偿还住房公积金贷款”等3项事项，西宁住房公积金管理中心已率先完成2023年的“租房提取住房公积金、提前退休提取住房公积金”等2项事项。

（五）当年信息化建设情况。2022年“青海智慧住房公积金H9”平台成功升级，业务系统和综合服务平台得到全面提升。年内上线了“全国住房公积金小程序”，住房公积金账户信息查询、资金异地转移接续业务实现“一键办”。目前，缴存职工可通过缴存中心微信公众号、网上业务大厅、手机App等线上渠道更加便捷地办理相关业务事项，还可通过全国住房公积金小程序以及我省政务服务平台“一网通办”专栏、“青松办”等平台，通过跳转至公积金中心线上服务渠道方式办理服务事项，有效提升了住房公积金缴存职工的服务体验。

（六）当年住房公积金机构及从业人员所获荣誉情况。西宁、省直、海东、海南中心被住房和城乡建设部评为全国住房公积金“跨省通办”表现突出服务窗口。西宁中心被青海省精神文明建设指导委员会办公室授予2019—2021年度省级精神文明单位，被市直机关工委命名为民族团结进步“进机关”活动示范单位，中心综合业务大厅被省妇联评为“青海省三八红旗集体”。海北中心行政服务窗口被海北州政务服务监督管理局评为“2022年度精神文明建设文明窗口”，窗口工作人员华太被评为“2022年度精神文明建设文明个人”。黄南中心被青海省精神文明建设指导委员会办公室授予2019—2021年度省级精神文明单位。海西中心连续8次荣获州政务服务监督管理局“月度文明窗口”，荣获党员先锋岗1次，18人次被评为“月度服务之星”。

青海省西宁住房公积金 2022 年年度报告

根据国务院《住房公积金管理条例》和住房和城乡建设部、财政部、人民银行《关于健全住房公积金信息披露制度的通知》(建金〔2015〕26 号)的规定，经住房公积金管理委员会审议通过，现将西宁住房公积金 2022 年年度报告公布如下：

一、机构概况

(一) 住房公积金管理委员会。西宁住房公积金管理委员会有 18 名委员，2022 年召开 1 次会议，审议通过的事项主要包括：一是 2021 年住房公积金管理工作报告；二是 2021 年住房公积金归集使用计划完成情况及 2022 年住房公积金归集使用计划；三是 2021 年住房公积金增值收益分配情况及 2022 年住房公积金增值收益分配计划；四是同意关于增加住房公积金归集业务受托银行的请示；五是同意关于高层次人才住房公积金支持政策的汇报；六是向住房公积金管理委员会各委员书面征求 2021 年度年报公开的意见建议。

油田中心住房公积金管理委员会有 22 名委员，2022 年召开 1 次会议，审议通过的事项主要包括：一是住房公积金管理中心 2021 年工作汇报；二是 2021 年度住房公积金增值收益分配的意见；三是青海油田住房公积金管理中心 2022 年管理费用预算；四是同意《关于调整青海油田住房公积金管理委员会成员的通知》；五是同意《2021 年青海油田住房公积金年度报告》。

(二) 住房公积金管理中心。西宁住房公积金管理中心为直属于西宁市人民政府不以营利为目的的公益一类事业单位，设 10 个部室，1 个分中心，5 个管理部。从业人员 84 人，其中，在编 64 人，非在编 20 人。

西宁住房公积金管理中心省直分中心(青海省住房公积金信息中心)隶属于青海省住房和城乡建设厅，是不以营利为目的的公益一类事业单位，目前中心内设归集提取部、信贷部、财务部、信息技术服务部和综合部五个部门，从业人员 28 人，其中，在编 20 人，非在编 8 人。

青海油田住房公积金管理中心为青海油田公司不以营利为目的的直属单位，设 4 个科，1 个管理部。从业人员 22 人，其中，在编 22 人。

二、业务运行情况

(一) 缴存。2022 年，新开户单位 762 家(其中，西宁中心 735 家，省直分中心 22 家，油田中心 5 家)，净增单位 257 家(其中，西宁中心 353 家，省直分中心减少 101 家，油田中心 5 家)；新开户职工 4.69 万人(其中，西宁中心 3.97 万人，省直分中心 0.68 万人，油田中心 0.04 万人)，净增职工 0.42 万人(其中，西宁中心 1.69 万人，省直分中心减少 1.20 万人，油田中心减少 0.07 万人)；实缴单位 6418 家(其中，西宁中心 5517 家，省直分中心 847 家，油田中心 54 家)，实缴职工 38.23 万人(其中，西宁中心 25.92 万人，省直分中心 10.43 万人，油田中心 1.88 万人)，缴存额 94.81 亿元(其中，西宁中心 51.63 亿元，省直分中心 33.88 亿元，油田中心 9.3 亿元)，分别同比增长 4.17%、1.11%、11.90%。2022 年末，缴存总额 816.31 亿元(其中，西宁中心 435.11 亿元，省直分中心 273.20 亿元，油田中心 108 亿元)，比上年末增加 13.14%；缴存余额 272.11 亿元(其中，西宁中心 138.25 亿元，省直分中心 96.72 亿元，油田中心 37.14 亿元)，同比增长 17.79%。受委托办理住房公积金缴存业务的银行7家，增加中国邮储银行和西宁农商银行2家行为归集业务受托银行。

（二）提取。2022年，13.58万名缴存职工提取住房公积金；提取额53.71亿元（其中，西宁中心30.89亿元，省直分中心17.57亿元，油田中心5.25亿元），同比下降15.02%；提取额占当年缴存额的56.65%，比上年减少17.94个百分点。2022年末，提取总额544.20亿元（其中，西宁中心296.86亿元，省直分中心176.48亿元，油田中心70.86亿元），比上年末增加10.95%。

（三）贷款。

1. 个人住房贷款。西宁中心及省直分中心单缴存职工个人住房贷款最高额度60万元，双缴存职工个人住房贷款额度最高可上浮至70万元。油田中心不区分单双缴存职工，贷款额度最高60万元。

2022年，发放个人住房贷款0.57万笔、27.74亿元，同比分别下降40.63%、40.82%。其中，西宁中心发放个人住房贷款0.36万笔、17.21亿元，省直分中心发放个人住房贷款0.20万笔、10.10亿元，油田中心发放个人住房贷款0.01万笔、0.43亿元。

2022年，回收个人住房贷款8.14亿元。其中，西宁中心实际回收个人住房贷款13.25亿元，贴息贷款回购15.25亿元冲减贷款回收额，省直分中心9.13亿元，油田中心1.01亿元。

2022年末，累计发放个人住房贷款16.99万笔、427.28亿元，贷款余额209.05亿元，分别比上年末增加3.47%、6.94%、10.35%。个人住房贷款余额占缴存余额的76.83%，比上年末减少5.18个百分点。其中，西宁中心90.79%，省直分中心83.22%，油田中心8.19%。受委托办理住房公积金个人住房贷款业务的银行15家，较上年无变化。

2. 异地贷款。2022年，发放异地贷款137笔、5412.70万元。2022年末，发放异地贷款总额455963.14万元，异地贷款余额202615.51万元。

3. 公转商贴息贷款。2022年，西宁中心未发放公转商贴息贷款，当年贴息额2143.79万元。2022年末，累计发放公转商贴息贷款5929笔、185776.93万元，累计贴息4129.28万元。

4. 住房公积金支持保障性住房建设项目贷款。无。

（四）购买国债。无。

（五）资金存储。2022年末，住房公积金存款68.06亿元（其中，西宁中心15.17亿元，省直分中心20.13亿元，油田中心32.76亿元）。其中，活期0.39亿元，1年（含）以下定期13.95亿元，1年以上定期49.80亿元，其他（协定、通知存款等）3.92亿元。

（六）资金运用率。2022年末，住房公积金个人住房贷款余额、项目贷款余额和购买国债余额的总和占缴存余额的76.83%，比上年末减少5.18个百分点。

三、主要财务数据

（一）业务收入。2022年，业务收入84740.91万元，同比增长11.25%。其中，西宁中心42399.63万元，省直分中心29465.67万元，油田中心12875.61万元；存款利息19686.23万元，委托贷款利息65051.91万元，国债利息0万元，其他2.77万元。

（二）业务支出。2022年，业务支出25752.29万元，同比增长30.53%。其中，西宁中心10944.96万元，省直分中心9465.80万元，油田中心5341.53万元；支付职工住房公积金利息16978.66万元，归集手续费3732.63万元，委托贷款手续费2896.83万元，其他2144.17万元。

（三）增值收益。2022年，增值收益58988.62万元，同比增长4.51%。其中，西宁中心31454.67万元，省直分中心19999.87万元，油田中心7534.08万元；增值收益率2.36%（其中，西宁中心2.47%，省直分中心2.28%，油田中心2.13%），比上年降低0.21个百分点。

（四）增值收益分配。2022年，增值收益分配金额为58988.62万元。提取贷款风险准备金24855.88万元，提取管理费用3950.74万元，提取城市廉租住房（公共租赁住房）建设补充资金30182.00万元（其中，西宁中心16824.96万元，省直分中心7157.07万元，油田中心6199.97万元）。

2022年，上交财政管理费用2816.96万元（其中，西宁中心2000万元，省直分中心816.96万元，油田中心 0 万元）。上缴财政城市廉租住房（公共租赁住房）建设补充资金 23149.39 万元，其中，西宁中心上缴 16336 万元，省直分中心上缴 6813.39 万元，油田中心上缴 0 万元。

2022 年末，贷款风险准备金余额 177262.11 万元。累计提取城市廉租住房（公共租赁住房）建设补充资金 156839.65 万元，其中，西宁中心提取 73267.36 万元，省直分中心提取 45335.85 万元，油田中心提取 38236.44 万元。

（五）管理费用支出。2022 年，管理费用支出 3814.74 万元，同比增长 6.52%。其中，人员经费 2726.92 万元，公用经费 265.14 万元，专项经费 822.68 万元。

西宁中心管理费用为 2077.86 万元，其中，人员、公用、专项经费分别为 1525.49 万元、49.56 万元、502.81 万元；省直分中心管理费用为 769.75 万元，其中，人员、公用、专项经费分别为 429.34 万元、20.54 万元、319.87 万元；油田中心管理费用为 967.13 万元，其中，人员、公用、专项经费分别为 772.09 万元、195.04 万元、0 万元。

四、资产风险状况

（一）个人住房贷款。2022 年末，个人住房贷款逾期额 821.89 万元，逾期率 0.39‰，其中，西宁中心 0.06‰，省直分中心 0.87‰，油田中心 1.34‰。个人贷款风险准备金余额 177262.11 万元。2022 年，使用个人贷款风险准备金核销呆坏账 0 万元。

（二）支持保障性住房建设试点项目贷款。无。

五、社会经济效益

（一）缴存业务

缴存职工中，国家机关和事业单位占 33.33%，国有企业占 38.78%，城镇集体企业占 2.65%，外商投资企业占 1.05%，城镇私营企业及其他城镇企业占 15.79%，民办非企业单位和社会团体占 0.85%，灵活就业人员占 1.03%，其他占 6.52%；中、低收入占 98.62%，高收入占 1.38%。

新开户职工中，国家机关和事业单位占 14.53%，国有企业占 19.15%，城镇集体企业占 6.44%，外商投资企业占 0.73%，城镇私营企业及其他城镇企业占 36.49%，民办非企业单位和社会团体占 1.30%，灵活就业人员占 1.86%，其他占 19.50%；中、低收入占 99.70%，高收入占 0.30%。

（二）提取业务

提取金额中，购买、建造、翻建、大修自住住房占 15.91%，偿还购房贷款本息占 50.35%，租赁住房占 2.64%，支持老旧小区改造 0.0005%，离休和退休提取占 25.03%，完全丧失劳动能力并与单位终止劳动关系提取占 3.44%，出境定居占 0%，其他占 2.6295%。提取职工中，中、低收入占 98.90%，高收入占 1.10%。

（三）贷款业务

1. 个人住房贷款。2022 年，支持职工购建房 62.90 万平方米（含公转商贴息贷款），年末个人住房贷款市场占有率（含公转商贴息贷款）31.69%，比上年末减少 0.1 个百分点。通过申请住房公积金个人住房贷款，可为职工节约贷款利息支出 40622.48 万元。

职工贷款笔数中，购房建筑面积 90（含）平方米以下占 14.18%，90～144（含）平方米占 80.18%，144 平方米以上占 5.64%。购买新房占 73.89%（其中购买保障性住房占 0.02%），购买二手房占 25.86%，建造、翻建、大修自住住房占 0%（其中支持老旧小区改造占 0%），其他占 0.25%。

职工贷款笔数中，单缴存职工申请贷款占 64.36%，双缴存职工申请贷款占 35.64%，三人及以上缴存职工共同申请贷款占 0%。

贷款职工中，30 岁（含）以下占 50.55%，30 岁～40 岁（含）占 37.65%，40 岁～50 岁（含）占 10.11%，50 岁以上占 1.69%；购买首套住房申请贷款占 73.10%，购买二套及以上申请贷款占 26.90%；中、低收入占 99.35%，高收入占 0.65%。

2. 支持保障性住房建设试点项目贷款。无。

（四）住房贡献率

2022年，个人住房贷款发放额、公转商贴息贷款发放额、项目贷款发放额、住房消费提取额的总和与当年缴存额的比率为68.38%（其中，西宁中心74.55%，省直分中心67.09%，油田中心38.82%），比上年减少54.32个百分点。

六、其他重要事项

（一）应对新冠肺炎疫情采取的措施，落实住房公积金阶段性支持政策情况和政策实施成效

西宁中心：

1. 主动助企纾困，缓解企业资金压力。全面落实住房公积金阶段性支持政策，班子成员带头走访缴存企业，了解企业生产经营状况及意见诉求，帮助受疫情影响的缴存企业和职工共渡难关。根据疫情期间企业需求改进业务办理程序，实现缓缴业务线上办理，确保政策落地落实。全年累计为120家企业办理了缓缴手续（其中疫情缓缴109家），受益职工8777人，月缓缴额794.33万元，预计可为企业减负资金7555.34万元；电话回访缓缴企业84次。

2. 落实惠民措施，减轻职工资金负担。人性化延长购房提取业务认定时限，提高租房提取额度，放宽提取频率，推出按月支付房租的便民举措。对受新冠肺炎疫情影响，不能正常偿还住房公积金贷款的，不作逾期处理，不计收罚息，解决缴存职工后顾之忧。政策执行以来，办理延长提取时限业务48笔，提取金额331.56万元；受理租房提取业务1.74万人次，提取金额10220.92万元。受理、审批缓缴单位职工住房公积金贷款申请62笔金额2265.5万元，对1642名受疫情影响无法正常偿还住房公积金贷款的职工未作逾期处理，涉及贷款本金404.23万元。

省直分中心：

扎实推进省厅稳住经济一揽子政策措施的任务要求，积极落实公积金阶段性支持政策，帮助受疫情影响的单位和缴存人共渡难关。推出"缓缴停缴视正常、逾期不罚不失信、购房提取可延期、租房提取有调增"等缴存职工权益保障措施。一是及时调整租房限额，对受疫情影响的职工，租房提高提取限额，同时对已办理过2022年度租房提取的，放宽至2022年12月31日前按新标准续提增加部分。截至12月底，1075人享受"提高租房提取额度"政策，租房提取金额1086万元。二是对受新冠肺炎疫情影响不能正常偿还住房公积金贷款的缴存人，将还款期限放宽至2022年12月31日，期间还款不计罚息，不作逾期处理，逾期记录不报送征信部门。截至2022年12月31日，有167户受新冠肺炎疫情影响的职工，疫情期间应偿还的贷款本息729.66万元未作逾期处理、逾期记录未报送人行征信系统。

（二）开展灵活就业人员参加住房公积金制度试点工作进展情况

西宁中心：

2018年11月起，中心执行《西宁市自主缴存人员缴存使用住房公积金管理办法（试行）》，开办灵活就业人员住房公积金业务。允许自由职业者、个体工商户、进城务工人员及大学生四类人群自主缴存住房公积金，缴存基数上下限按照工作地上年度职工月平均工资的3倍和工作地最低工资标准执行，缴存比例按照最低10%，最高24%确定。连续正常缴存住房公积金满一年（含）以上的，可按照中心贷款政策申请住房公积金贷款。在执行中心提取政策的基础上，允许未贷款的灵活就业人员每年自主提取一次住房公积金。截至2022年12月31日，西宁中心共为8566名灵活就业人员建立账户，归集公积金1.85亿元，2022年全年为1161名灵活就业人员开设了住房公积金账户，缴存住房公积金5529.18万元；共为符合贷款条件的灵活就业人员发放住房公积金贷款513笔、1.97亿元，支持购房面积4.9万平方米，住房公积金已成为灵活就业人员解决住房问题的重要渠道。

（三）租购并举满足缴存人基本住房需求，加大租房提取住房公积金支持力度、支持缴存人贷款购买首套普通自住住房特别是共有产权住房等情况

西宁中心：

1. 提高租房提取限额。租房提取限额由每年 9180 元提高至 14400 元；职工租住公租房、政策性住房或在西宁市住房租赁监管服务平台备案租房的，按租房实际租金提取住房公积金。

2. 按月提取支付房租。职工与中心签订《按月提取住房公积金支付房租授权承诺书》，首次提交资料审批通过后，住房公积金将约定每月自动转入职工指定个人银行账户，用于缴纳租房费用，并支持无房职工按月或按年提取。

3. 优化租房提取办理。简化办理要件，畅通办理渠道，职工提供本人和配偶的缴存地无房证明原件（电子证明）即可通过微信公众号、手机 App 等多种网上渠道进行办理，实现要件电子化，全程"零纸质、秒到账"办理。

4. 加大刚需购房支持力度。降低普通商品住房首付比例，首套、二套房最低首付比例降低为 20%和 30%。最高贷款额度由 60 万元调整至 70 万元。拓宽贷款政策保障范围，支持外地缴存职工在宁购房。

省直分中心：

为满足缴存人基本住房需求，一是将租房提取限额由每年 9180 元提高至 14400 元。二是完善差别化信贷政策，加大对刚需家庭支持力度，对夫妻双方均正常足额缴存住房公积金的，购买首套住房，住房公积金贷款额度提高到 70 万元；购买首套普通商品住房最低首付比例降为 20%，并按人民银行规定及时下调首套房个人公积金贷款利率。2022 年，共有 13 户家庭享受"提高贷款额度"政策，涉及贷款金额 892 万元。

（四）当年机构及职能调整情况、受委托办理缴存贷款业务金融机构变更情况

当年机构及职能未作调整；西宁中心新增中国邮储银行及西宁农商银行 2 家行为归集业务受托银行。受委托办理贷款业务金融机构未作变更。

（五）当年住房公积金政策调整及执行情况，包括当年缴存基数限额及确定方法、缴存比例等缴存政策调整情况；当年提取政策调整情况；当年个人住房贷款最高贷款额度、贷款条件等贷款政策调整情况；当年住房公积金存贷款利率执行标准等；支持老旧小区改造政策落实情况

西宁中心：

1. 严格落实缴存政策。缴存基数按照西宁地区城镇非私营单位就业人员上年度月平均工资计算，2022 年度住房公积金缴存基数上限为 27034 元，下限不得低于西宁地区现行最低工资标准 1700 元。灵活就业人员月缴存额上限为 6488 元，下限为 170 元。职工和单位的住房公积金缴存比例均不得低于职工上一年度月平均工资的 5%，不得高于上一年度月平均工资的 12%。

2. 优化提取业务政策。推进减证便民工作，将身份信息完备的达到法定退休年龄的暂存部职工提取资料由 3 项精简为 1 项；推出"房租提取"按月委托提取模式，实现"离职提取""正常退休提取"零材料自动审批；简化死亡提取要件，死亡职工公积金账户余额在 1 万元以内的由合法继承人填写《承诺书》后办理；支持老旧小区改造，办理既有多层住宅加装电梯提取公积金 12 笔，提取金额 31.26 万元。

3. 加大刚需支持力度。购买首套自住住房且首次申请住房公积金贷款，夫妻双方均正常足额缴存住房公积金的职工，贷款最高额度由 60 万元上浮至 70 万元；单方缴存住房公积金的职工，执行贷款最高额度 60 万元。购买第二套自住住房或第二次申请住房公积金贷款，执行贷款最高额度 50 万元。自 2022 年 10 月 1 日起，下调首套个人住房公积金贷款利率 0.15 个百分点，5 年以下（含 5 年）和 5 年以上利率分别调整为 2.6%和 3.1%。进一步压缩住房公积金贷款发放时限，贷款经审批并办理抵押登记手续后，1 至 2 个工作日即可完成放款。降低贷款项目准入条件，对信用等级 4A 级房地产企业高层住宅单体工程主体完成 50%可进行项目准入，购房职工可申请住房公积金贷款。

省直分中心：

1. 缴存。住房公积金缴存基数为职工本人上一年度月平均工资。缴存基数上限按西宁地区城镇非私营单位就业人员上年度月平均工资 3 倍的要求确定为 27034 元，缴存基数下限不得低于西宁地区现行最低工资标准 1700 元。缴存基数调整已实现全程网办。

2. 提取。调整租房提取限额，租房提取限额由每年 9180 元提高至 14400 元。

3. 贷款。一是对夫妻双方均正常足额缴存住房公积金的，购买首套自住住房且之前从未申请过住房贷款的，住房公积金贷款额度提高到 70 万元。购买首套普通商品住房最低首付比例降为 20%、购买二套普通商品住房最低首付比例降为 30%。对信用等级 4A 房地产企业降低住房公积金贷款项目准入条件，高层住宅单体工程主体完成 50%即可申请住房公积金贷款。二是根据银发〔2022〕226 号《中国人民银行关于下调首套个人住房公积金贷款利率的通知》要求，自 2022 年 10 月 1 日起，下调首套个人住房公积金贷款利率 0.15 个百分点，5 年以下（含 5 年）和 5 年以上利率分别调整为 2.6%和 3.1%。第二套个人住房公积金贷款利率政策保持不变，即 5 年以下（含 5 年）和 5 年以上利率分别不低于 3.025%和 3.575%。

4. 支持老旧小区改造，进一步落实加装电梯提取政策。截至 12 月，共有 4 名缴存职工提取 11.12 万元住房公积金用于老旧小区加装电梯。

油田中心：

缴存基数按照 2021 年度海西州城镇非私营单位从业人员（含油田）平均工资计算，2022 年度住房公积金缴存基数上限为 30249 元，下限不得低于青海省最低工资标准 1700 元。

（六）当年服务改进情况，包括推进住房公积金服务“跨省通办”工作情况，服务网点、服务设施、服务手段、综合服务平台建设和其他网络载体建设服务情况等

西宁中心：

1. 全面推进“跨省通办”。提前完成拓展 5 个规定事项的目标任务，主动新增“离职提取住房公积金”和“偿还按揭住房贷款提取”两个高频事项，累计实现“跨省通办”服务事项 15 项，拓展服务专窗 15 个，建设网上服务专区 3 个。全年通过全国公积金监管服务平台办理跨省通办业务 160 笔。

2. 推进“一件事一次办”改革。将贷款受理环节和抵押登记环节进行整合，贷款审批和抵押登记环节全部通过网上进行办理，贷款办理时限压缩为 20 个工作日，办理环节由 6 个压缩为 5 个，实现贷款申请人最多跑一次，办理事项入驻青海政务服务网“一件事一次办”专区。同时积极对接市社保部门，将“退休提取”纳入“我要办理退休”一件事套餐。

3. 优化流程精简要件。巩固“我为群众办实事”活动成果，持续开展业务瘦身专项行动，压缩业务办理环节，提高审批效率，优化业务流程 6 项。结合服务对象诉求，打通抵押环节中的堵点问题，开办了商转公贷款直转业务，改变了以往办理商转公贷款还需职工先行结清商业贷款的状况，缓解职工资金压力。

4. 深化线下服务模式。深化延时服务，实行中午“不断岗”、周末“不打烊”工作模式，统一各业务大厅“全国住房公积金”服务标识，在业务大厅设置征信自助查询机。新增 2 家住房公积金归集业务银行，新增贷款业务网点 3 家，“一件事”综合业务网点 1 家，累计设立业务网点 71 个，方便缴存职工就近办理。

5. 强化行业区域合作。积极落实黄河流域住房公积金协作和兰西城市群住房公积金一体化建设措施，拟定《住房公积金异地个人住房贷款合作协议》，推动实现与省内各公积金中心以及省外黄河流域城市公积金中心之间实现互认互贷，完善《公积金异地个人住房贷款实施细则》，不断加大异地贷款业务办理力度，更好满足省内职工异地购房需求。

6. 讲好“惠民生”故事。充分利用新媒体等渠道发布中心政策规定、工作动态、服务指南等丰富内容，发布宣传信息 224 篇，各类媒体采编报道 50 余篇次；开展“住房公积金服务进房企”助企惠民专项行动、做客《作风聚焦》电视栏目等宣传活动 120 余次；组建服务专班赴拉萨为青藏铁路职工集中办理提取业务用于缴纳购房尾款，有效解决职工购房资金困难和拉萨铁路小区历史遗留问题。

省直分中心：

坚持党建引领，聚焦人民群众需求，坚持用习近平新时代中国特色社会主义思想武装头脑、指导实践、推动工作，秉持住房公积金“小窗口连着大民生”的理念，切实发挥住房保障职能，向社会公众展示了“公积金风采”。一是拓展服务渠道，提升综合服务能力。省直中心以“异地业务跨省办，本地业务就近办，特殊业务上门办，办事不用跑远路”为目标，不断推进线上与线下服务渠道融合。2022 年以来，通过两地联办、全程网办方式，让广大市民体验了“跨省通办”带来的便捷、便利，“跨省通办”服务窗口受到住房和城乡建设部办公厅通报表扬。同时，依托信息系统统一管理的架构优势，借助商业银行点多面广的服务优势，在全省范围内 42 家网点开办公积金贷款业务、19 家网点开办提取业务，方便职工就近办理。转变服务理念，积极上门服务，为有业务需求但行动不便的市民服务到家中办理相关业务。二是聚焦群众期盼，全力彰显政策温度。2022 年，省直中心积极落实阶段性支持政策，保障缴存职工刚性住房消费需求，双缴存职工家庭首套房、首次公积金贷款额度提高至 70 万，购买首套、二套普通商品住房最低首付比例降为 20%、30%，下调首套房个人公积金贷款利率。推出“缓缴停缴视正常、逾期不罚不失信、购房提取可延期、租房提取有调增”等缴存职工权益保障措施。利用微信公众号、门户网站等渠道开展宣传，电访困难企业，实现政策应知尽知。三是积极履职尽责，全力服务省内中心。全面履行住房公积金信息中心职责，全力保障升级住房公积金信息系统平稳运行的同时，积极推进信息化建设，2022 年“青海智慧住房公积金 H9”平台成功上线，业务系统和综合服务平台得到全面提升。中心年均处理各类系统维护需求 2000 余次，定期安排运维团队赴相关中心走访，实地调研各类业务需求，以高效率工作保障全省各地中心系统平稳运行。四是树立良好形象，推进精神文明建设。中心狠抓精神文明建设，成果丰硕，2017 年以来先后获评全国住房城乡建设系统先进集体、第 5 届“全国文明单位”，2008 年以来连续 13 年获评“全国青年文明号”荣誉称号。

（七）当年信息化建设情况，包括信息系统升级改造情况，基础数据标准贯彻落实和结算应用系统接入情况等

西宁中心：

结合服务对象需求和中心管理工作实际，对系统进行优化升级，利用信息赋能推动数字政务建设。加大电子印章、电子证照在住房公积金开户、缴存等业务中的推广应用。结合疫情期间阶段性支持政策增加了企业开户、缓缴业务的线上申请和审批功能。进一步拓宽服务渠道，接入“青松办”App 省级政务服务平台，累计开通 14 种线上办理渠道；不断扩展网上办事广度和深度，通过“单点登录”方式实现信息查询、单位缴存、个人提取以及提前还款等 39 项住房公积金业务在省政务服务平台“一网通办”，并根据办事群众反馈不断优化线上业务流程，提升职工线上办事体验，减少纸质档案要件，中心业务网办率超 95%。平台办理事项与本部门政务服务事项比例达到 97%以上。全面实施“电子对账”业务，实现了会计凭证的无纸化传输，有效提升公积金财务核算效率。定期开展网络安全检测，对用户权限风险、不动户提取风险、网站信息泄露风险进行专项排查，维护数据信息安全。

省直分中心：

信息化建设在“一套生产设备、一套数据库、一套业务系统、一套结算系统、一套灾难性备份系统集中运行，各中心独立核算，在线办理缴存、提取和贷款业务；同时，建设一个住房公积金综合服务平台，向广大公积金缴存单位和缴存职工提供服务”的发展目标下，进一步完善系统应用，一是利用招行智能语音客服平台，顺利完成我省“12329 语音热线平台”升级工作，实现语音热线 7×24 小时自动化应答。二是重新梳理汇缴、贷款流程，以线上线下相结合的方式一次性完成了公积金中心新版业务系统和综合服务平台整体升级工作。三是按住房和城乡建设部要求完成与人民银行征信“总对总”上报共享数据的阶段性工作，与西宁人行协商确定公积金中心测试数据接入、上报和验收方式，并协调软件公司开发二代征信取数和上报接口。四是按住房和城乡建设部和省政府要求，以单点登录方式完成公积金中心八项服务事项“跨省通办”。

油田中心：

10 月 8 日智慧住房公积金 H9 信息系统全面上线。新系统强化信息系统安全管理，完善信息系统功能，对各业务环节条件、额度、审核流程等要素和环节进行控制。做到资金实时调拨，财务实时处理，账户实时监控，“三账联动”让财务核算更加合规、高效。新系统提高群众体验度和满意度为目标，做到提取实时到账，贷款实时放款，全力推进线上线下业务融合，优化办事流程，压缩办事时限。

（八）当年住房公积金管理中心及职工所获荣誉情况，包括：文明单位（行业、窗口）、青年文明号、工人先锋号、五一劳动奖章（劳动模范）、三八红旗手（巾帼文明岗）、先进集体和个人等

西宁中心：

2022年2月，中心被住房和城乡建设部评为全国住房公积金“跨省通办”表现突出服务窗口；

2022年3月，中心被市直机关工委命名为民族团结进步“进机关”活动示范单位；

2022年3月，中心综合业务大厅被省妇联评为“青海省三八红旗集体”；

2022年6月，中心荣获“2020—2021年度市直模范机关”荣誉称号；

2022年10月，中心被“青海省精神文明建设指导委员会办公室”纳入青海省2019—2021年度文明单位拟表彰名单。

（九）当年对违反《住房公积金管理条例》和相关法规行为进行行政处罚和申请人民法院强制执行情况

西宁中心：

我中心将违反《住房公积金管理条例》规定，未给职工缴存公积金的行为作为依法治理工作重点，加大行政执法力度，全年对13起违反《条例》规定，欠缴住房公积金的案件进行上门执法，为2049名职工追回欠缴的住房公积金4346.2万元，切实维护了缴存职工的合法权益。对1起未按规定缴存住房公积金企业，经限期缴存及催告后，仍不履行补缴义务的，依法向人民法院申请了强制执行，目前正在法院执行阶段。

（十）当年对住房公积金管理人员违规行为的纠正和处理情况等

无。

（十一）其他需要披露的情况

无。

青海省及省内各城市住房公积金 2022 年年度报告二维码

名称	二维码
青海省住房公积金 2022 年年度报告	
西宁住房公积金 2022 年年度报告	
海东市住房公积金 2022 年年度报告	
海西蒙古族藏族自治州住房公积金 2022 年年度报告	
海南藏族自治州住房公积金 2022 年年度报告	
海北藏族自治州住房公积金 2022 年年度报告	
玉树藏族自治州住房公积金 2022 年年度报告	

续表

名称	二维码
黄南藏族自治州住房公积金 2022 年年度报告	
果洛藏族自治州住房公积金 2022 年年度报告	

宁夏回族自治区

宁夏回族自治区住房公积金2022年年度报告

根据国务院《住房公积金管理条例》和住房和城乡建设部、财政部、人民银行《关于健全住房公积金信息披露制度的通知》（建金〔2015〕26号）规定，现将宁夏回族自治区住房公积金2022年年度报告汇总公布如下：

一、机构概况

（一）住房公积金管理机构

全区共设5个设区城市住房公积金管理中心，1个独立设置的分中心（其中，自治区住房资金管理中心隶属自治区住房和城乡建设厅）。从业人员306人，其中在编199人，非在编107人。

（二）住房公积金监管机构

自治区住房和城乡建设厅、财政厅和人民银行银川中心支行负责对本区住房公积金管理运行情况进行监督。自治区住房和城乡建设厅设立住房公积金监管处，负责辖区住房公积金日常监管工作。

二、业务运行情况

（一）缴存。

2022年，新开户单位1828家，净增单位1375家；新开户职工9.34万人，净增职工2.46万人；实缴单位12544家，实缴职工74.65万人，缴存额161.85亿元，分别同比增长12.31%、3.41%、27.66%。2022年末，缴存总额1297.35亿元，比上年末增加14.25%；缴存余额446.88亿元，同比增长16.24%（表1）。

2022年分城市住房公积金缴存情况

表1

地区	实缴单位（万个）	实缴职工（万人）	缴存额（亿元）	累计缴存总额（亿元）	缴存余额（亿元）
宁夏回族自治区	**1.25**	**74.65**	**161.85**	**1297.35**	**446.88**
银川	0.73	47.14	100.40	836.86	271.68
石嘴山	0.13	7.78	13.25	107.76	40.42
吴忠	0.15	7.48	18.59	137.41	51.41
固原	0.13	6.13	18.34	123.55	48.25
中卫	0.11	6.11	11.27	91.78	35.12

（二）提取。

2022年，25.33万名缴存职工提取住房公积金；提取额99.40亿元，同比增长3.24%；提取额占当年缴存额的61.41%，比上年减少14.53个百分点。2022年末，提取总额850.48亿元，比上年末增加13.24%（表2）。

2022 年分城市住房公积金提取情况 表 2

地区	提取额（亿元）	提取率（%）	住房消费类提取额（亿元）	非住房消费类提取额（亿元）	累计提取总额（亿元）
宁夏回族自治区	**99.40**	**61.41**	**75.99**	**23.41**	**850.48**
银川	64.21	63.95	50.24	13.97	565.17
石嘴山	7.65	57.74	5.25	2.40	67.34
吴忠	10.49	56.43	7.86	2.63	86.00
固原	9.30	50.71	6.48	2.82	75.30
中卫	7.75	69.00	6.16	1.59	56.66

（三）贷款。

1. 个人住房贷款。2022 年，发放个人住房贷款 0.97 万笔、45.10 亿元，同比下降 28.15%、25.22%。回收个人住房贷款 57.82 亿元。

2022 年末，累计发放个人住房贷款 32.29 万笔、760.34 亿元，贷款余额 285.80 亿元，分别比上年末增加 3.10%、6.31%、-2.86%。个人住房贷款余额占缴存余额的 63.95%，比上年末减少 12.58 个百分点（表 3）。

2022 年，支持职工购建房 124.86 万平方米。年末个人住房贷款市场占有率（含公转商贴息贷款）为 17.26%，比上年末减少 2.38 个百分点。通过申请住房公积金个人住房贷款，可节约职工购房利息支出 49218.13 万元。

2. 异地贷款。2022 年，发放异地贷款 1104 笔、50691.70 万元。2022 年末，发放异地贷款总额 651823.80 万元，异地贷款余额 308129.36 万元。

2022 年分城市住房公积金个人住房贷款情况 表 3

地区	放贷笔数（万笔）	贷款发放额（亿元）	累计放贷笔数（万笔）	累计贷款总额（亿元）	贷款余额（亿元）	个人住房贷款率（%）
宁夏回族自治区	**0.97**	**45.10**	**32.29**	**760.34**	**285.80**	**63.95**
银川	0.58	28.28	18.10	497.01	190.59	70.15
石嘴山	0.08	2.72	3.49	50.23	17.61	43.57
吴忠	0.11	4.81	5.15	86.09	25.28	49.18
固原	0.11	5.13	3.28	72.80	32.08	66.49
中卫	0.09	4.16	2.27	54.21	20.23	57.60

（四）资金存储。2022 年末，住房公积金存款 171.79 亿元。其中，活期 2.85 亿元，1 年（含）以下定期 89.78 亿元，1 年以上定期 71.54 亿元，其他（协定、通知存款等）7.62 亿元。

（五）资金运用率。2022 年末，住房公积金个人住房贷款余额、项目贷款余额和购买国债余额的总和占缴存余额的 63.95%，比上年末减少 12.58 个百分点。

三、主要财务数据

（一）业务收入

2022 年，业务收入 125684.00 万元，同比增长 9.26%。其中，存款利息 31231.10 万元，委托贷款利息 94398.56 万元，国债利息 0 万元，其他 54.34 万元。

（二）业务支出

2022 年，业务支出 67328.54 万元，同比增长 6.19%。其中，支付职工住房公积金利息 59999.16

万元，归集手续费 1051.64 万元，委托贷款手续费 2601.19 万元，其他 3676.55 万元。

（三）增值收益

2022 年，增值收益 58355.46 万元，同比增长 13.03%；增值收益率 1.27%，比上年减少 0.12 个百分点。

（四）增值收益分配

2022 年，提取贷款风险准备金 100.16 万元，提取管理费用 8160.81 万元，提取城市廉租住房（公共租赁住房）建设补充资金 50094.48 万元（表 4）。

2022 年，上交财政管理费用 7481.71 万元，上缴财政城市廉租住房（公共租赁住房）建设补充资金 43014.03 万元。

2022 年末，贷款风险准备金余额 33432.48 万元，累计提取城市廉租住房（公共租赁住房）建设补充资金 363112.91 万元。

2022 年分城市住房公积金增值收益及分配情况

表 4

地区	业务收入（亿元）	业务支出（亿元）	增值收益（亿元）	增值收益率（%）	提取贷款风险准备金（亿元）	提取管理费用（亿元）	提取公租房（廉租房）建设补充资金（亿元）
宁夏回族自治区	**12.57**	**6.73**	**5.84**	**1.27**	**0.0100**	**0.82**	**5.01**
银川	7.86	4.22	3.64	1.45	0	0.33	3.31
石嘴山	1.13	0.59	0.54	1.42	−0.0036	0.11	0.43
吴忠	1.36	0.72	0.64	1.36	0	0.15	0.49
固原	1.19	0.67	0.52	1.18	0.0131	0.13	0.38
中卫	1.03	0.53	0.50	1.50	0.0005	0.10	0.40

（五）管理费用支出

2022 年，管理费用支出 7101.73 万元，同比增长 5.64%。其中，人员经费 4276.42 万元，公用经费 427.96 万元，专项经费 2397.35 万元。

四、资产风险状况

（一）个人住房贷款。

2022 年末，个人住房贷款逾期额 551.38 万元，逾期率 0.19‰，个人贷款风险准备金余额 33432.48 万元。2022 年，使用个人贷款风险准备金核销呆坏账 0 万元。

（二）住房公积金支持保障性住房建设项目贷款。无。

五、社会经济效益

（一）缴存业务

缴存职工中，国家机关和事业单位占 36.04%，国有企业占 27.64%，城镇集体企业占 2.89%，外商投资企业占 1.15%，城镇私营企业及其他城镇企业占 30.13%，民办非企业单位和社会团体占 1.52%，灵活就业人员占 0.22%，其他占 0.41%；中、低收入占 96.85%，高收入占 3.15%。

新开户职工中，国家机关和事业单位占 21.89%，国有企业占 13.21%，城镇集体企业占 1.68%，外商投资企业占 1.51%，城镇私营企业及其他城镇企业占 55.87%，民办非企业单位和社会团体占 4.72%，灵活就业人员占 0.61%，其他占 0.51%；中、低收入占 99.69%，高收入占 0.31%。

（二）提取业务

提取金额中，购买、建造、翻建、大修自住住房占 19.35%，偿还购房贷款本息占 54.60%，租赁住房占 2.10%，支持老旧小区改造提取占 0.01%；离休和退休提取占 17.57%，完全丧失劳动能力并与单位终止劳动关系提取占 3.83%，出境定居占 0.76%，其他占 1.78%。提取职工中，中、低收入占 95.48%，高收入占 4.52%。

（三）贷款业务

职工贷款笔数中，购房建筑面积 90（含）平方米以下占 4.29%，90～144（含）平方米占 84.10%，144 平方米以上占 11.61%。购买新房占 74.85%（其中购买保障性住房占 0.07%），购买二手房占 24.71%，建造、翻建、大修自住住房占 0%（其中支持老旧小区改造占 0%），其他占 0.44%。

职工贷款笔数中，单缴存职工申请贷款占 46.08%，双缴存职工申请贷款占 53.60%，三人及以上缴存职工共同申请贷款占 0.32%。

贷款职工中，30 岁（含）以下占 28.96%，30 岁～40 岁（含）占 45.05%，40 岁～50 岁（含）占 18.57%，50 岁以上占 7.42%；购买首套住房申请贷款占 78.59%，购买二套及以上申请贷款占 21.41%；中、低收入占 98.17%，高收入占 1.83%。

（四）住房贡献率

2022 年，个人住房贷款发放额、公转商贴息贷款发放额、项目贷款发放额、住房消费提取额的总和与当年缴存额的比率为 74.82%，比上年减少 33.88 个百分点。

六、其他重要事项

（一）应对新冠肺炎疫情采取的政策措施，落实住房公积金阶段性支持政策情况和政策实施成效。 自治区住房和城乡建设厅、财政厅、人民银行银川中心支行印发《关于转发住房和城乡建设部等国家部委实施住房公积金阶段性支持政策的通知》（宁建（金管）发〔2022〕7 号），督促全区各中心严格贯彻落实住房公积金阶段性支持政策。主要针对受新冠肺炎疫情影响的企业和缴存人推出缓缴住房公积金的阶段性支持政策，实施时限至 2022 年 12 月 31 日。阶段性支持政策实施期间，全区共为 48 个企业办理了住房公积金缓缴业务，累计缓缴职工 16450 名，累计缓缴金额 17533.46 万元，纾解企业资金压力，以实际行动帮助企业渡过难关。受疫情影响职工无法正常还款不作逾期处理的贷款申请 10 笔，贷款余额 187.04 万元，不作逾期处理的贷款应还未还本金 0.99 万元。

（二）当年住房公积金政策调整情况。 一是印发《关于全面推行发放住房公积金与商业银行组合贷款的通知》（宁建<金管>发〔2022〕8 号），在自治区范围内全面推行发放住房公积金于商业银行组合贷款业务。二是修编《宁夏回族自治区住房公积金业务操作规范（试行）》，在全区范围内实现业务分类、办理要件、办理时限、业务流程、业务表单、档案管理、监督考核“七统一”。三是组织开展电子证照试用工作，在全区推进电子营业执照等高频电子证照在住房公积金领域应用。

（三）当年开展监督检查情况。 持续开展公积金监督检查工作，切实发挥监管作用。一是加强电子监管应用。利用全国电子化稽查手段和信息化监督平台，建立住房公积金业务实时动态监管体系。二是抓好专项监督。对住房公积金阶段性政策落实情况、住房公积金调整政策支持房地产市场平稳健康发展的实施情况、专项审计反馈问题整改落实情况等方面对各中心进行监督检查。三是强化信息公开。发送住房公积金短信近 390 万条，公积金互联网+平台网上查询量超 3 千万人次。

（四）当年服务改进情况。 一是贯彻落实住房和城乡建设部“惠民公积金、服务暖人心”服务提升三年行动安排部署，制定印发《“惠民公积金、服务暖人心”全区住房公积金系统服务提升三年行动实施方案（2022—2024 年）》（宁建〈金管〉〔2022〕9 号），落实服务意识强化年各项安排，建立完善群众评价反馈与改进服务联动工作机制，推动各中心服务水平不断提升。二是全面推行公积金“网上办”“掌上办”“一窗办”和“跨省通办”，开通“宁夏住房公积金”微信小程序，“退休提取”等 12 个事项实现“跨省通办”，“企业开办”等 3 个事项实现“一件事一次办”。三是深入落实公积金窗口服务“首问负责、一次性告知、限时办结、延时服务”四项制度和“好差评”评价率，缴存企业、职工获得感、幸福感、安全感不断增强。

（五）当年信息化建设情况。一是完善住房公积金综合服务平台服务功能，开通全国异地缴存职工银行卡提前部分还款、结清业务，避免异地缴存职工跨省域现场办理提前还款业务。二是全面完成全国住房公积金小程序接入工作，实现住房公积金信息查询、异地转移接续申请受理等首批服务事项在小程序上办理。三是优化住房公积金网上业务办理事项5项，进一步简化流程、精简要件、压缩服务时限。截至2022年底，住房公积金平台开通网上办理事项31项，占总服务事项的78%。

（六）当年住房公积金机构及从业人员所获荣誉情况。

1. 银川住房公积金管理中心灵武分中心、吴忠市住房公积金管理中心红寺堡分中心、石嘴山市住房公积金管理中心大武口管理部被评为全国住房公积金“跨省通办”表现突出服务窗口，银川住房公积金管理中心贺兰分中心、吴忠市住房公积金管理中心盐池分中心、固原市住房公积金管理中心西吉分中心被评为2022年度表现突出星级服务岗。

2. 石嘴山市、中卫市住房公积金管理中心被评为“自治区文明单位”，宁夏回族自治区住房资金管理中心（银川住房公积金管理中心区直分中心）被自治区政府办公厅表彰为“2022年度优秀分厅”。

3. 银川住房公积金管理中心被评为“全市政务服务先进单位”“全市网上政务服务能力先进单位”“全市政务服务改革示范先进单位”“市网络安全等级保护工作先进单位”，石嘴山市住房公积金管理中心被评为“石嘴山市精神文明建设工作先进集体”，固原市住房公积金管理中心被评为“固原市文明单位”，吴忠市住房公积金管理中心被评为创建“让党中央放心、让人民群众满意”模范机关达标单位。

宁夏回族自治区石嘴山市住房公积金 2022 年年度报告

据国务院《住房公积金管理条例》和住房和城乡建设部、财政部、人民银行《关于健全住房公积金信息披露制度的通知》（建金〔2015〕26 号）的规定，经市住房公积金管理委员会审议通过，现将石嘴山市住房公积金 2022 年年度报告公布如下：

一、机构概况

（一）住房公积金管理委员会。市住房公积金管理委员会有 18 名委员，2022 年召开 1 次会议，审议通过的事项主要包括：《关于 2021 年度住房公积金归集使用计划执行情况的报告》《关于 2021 年度住房公积金增值收益分配方案的报告》《石嘴山市住房公积金 2021 年年度报告》《关于 2022 年度住房公积金归集使用计划的报告》和《关于销户处置长期封存账户事宜的请示》。

（二）住房公积金管理中心。市住房公积金管理中心为石嘴山市人民政府直属管理的事业单位，机构规格县处级，中心内设 4 个科室，派出 3 个管理部。从业人员 36 名，其中，在编 26 名，非在编 10 名。

二、业务运行情况

（一）缴存。2022 年，新开户单位 84 家，净增单位 49 家；新开户职工 10762 人，净增职工 2660 人；实缴单位 1314 家，实缴职工 7.78 万人，缴存额 13.25 亿元，分别同比增长 2.18%、6.87%，39.33%。2022 年末，缴存总额 107.76 亿元，比上年末增长 14.03%，缴存余额 40.42 亿元，同比增长 16.12%。

受委托办理住房公积金缴存业务银行 5 家，与上年一致。

（二）提取。2022 年，2.02 万名缴存职工提取住房公积金；提取额 7.65 亿元，同比增长 11.68%；占当年缴存额的 57.74%，比上年减少 14.29 个百分点。2022 年末，提取总额 67.34 亿元，比上年末增长 12.82%。

（三）贷款。

1. 个人住房贷款。个人住房贷款最高额度 80 万元，其中，单缴存职工最高额度 60 万元，双缴存职工最高额度 80 万元。

2022 年，发放个人住房贷款 810 笔、2.72 亿元，同比分别减少 21.66%、22.73%。其中，大武口管理部发放个人住房贷款 449 笔、1.43 亿元，平罗管理部发放个人住房贷款 219 笔、0.81 亿元，惠农管理部发放个人住房贷款 142 笔、0.48 亿元。

2022 年，回收个人住房贷款 2.9 亿元。其中，大武口管理部 1.67 亿元，平罗管理部 0.71 亿元，惠农管理部 0.52 亿元。

2022 年末，累计发放个人住房贷款 34911 笔、50.23 亿元，分别比上年末增长 2.38%、5.73%、贷款余额 17.61 亿元，比上年末减少 1.01%。个人住房贷款余额占缴存余额的 43.57%，比上年减少 7.54 个百分点。

受委托办理住房公积金个人住房贷款业务银行 3 家，与上年一致。

2. 异地贷款。2022 年，发放异地贷款 53 笔、1612.6 万元。2022 年末，发放异地贷款总额 12922.8 万元，异地贷款余额 5869.73 万元。

3. 公转商贴息贷款。2022 年无公转商贴息贷款。

（四）购买国债。2022 年未购买国债，期末国债余额为零。

（五）资金存储。2022 年末，住房公积金存款 22.59 亿元。其中，活期 1.74 亿元，1 年（含）以下定期 5.4 亿元，1 年以上定期 15.45 亿元。

（六）资金运用率。2022 年末，住房公积金个人住房贷款余额、项目贷款余额和购买国债余额的总和占缴存余额的 43.57%，比上年减少 7.54 个百分点。

三、主要财务数据

（一）业务收入。2022 年，业务收入 11312.61 万元，同比增长 9.71%。其中，存款利息收入 5538.48 万元，委托贷款利息收入 5746.37 万元，其他收入 27.76 万元。

（二）业务支出。2022 年，业务支出 5932.12 万元，同比增长 12.79%。其中，支付职工住房公积金利息 5743.91 万元，归集手续费 13.81 万元，委托贷款手续费 169.59 万元，其他支出 4.81 万元。

（三）增值收益。2022 年，增值收益 5380.49 万元，同比增长 6.51%。增值收益率 1.42%，比上年减少 0.09 个百分点。

（四）增值收益分配。2022 年，提取贷款风险准备金－36.16 万元，提取管理费用 1119.76 万元，提取城市廉租住房（公共租赁住房）建设补充资金 4296.89 万元。

2022 年，上交财政管理费用 1006.63 万元。上缴财政城市廉租住房（公共租赁住房）建设补充资金 3910.04 万元。

2022 年末，贷款风险准备金余额 3522.7 万元。累计提取城市廉租住房（公共租赁住房）建设补充资金 28614.52 万元。

（五）管理费用支出。2022 年，管理费用支出 1004.56 万元，同比增长 10.43%。其中，人员经费支出 660.01 万元，公用经费支出 47.39 万元，专项经费支出 297.16 万元。

四、资产风险状况

个人住房贷款。2022 年末，个人住房贷款逾期额 9.4 万元，逾期率 0.05‰。其中，大武口管理部 0.05‰，平罗管理部 0，惠农管理部 0。个人贷款风险准备金余额 3522.7 万元。2022 年，未使用个人贷款风险准备金核销呆坏账。

五、社会经济效益

（一）缴存业务。

缴存职工中，国家机关和事业单位占 37.42%，国有企业占 22.25%，城镇集体企业占 1.74%，外商投资企业占 2.27%，城镇私营企业及其他城镇企业占 33.07%，民办非企业单位和社会团体占 0.57%，灵活就业人员占 0.94%，其他占 1.74%。中、低收入占 99.73%，高收入占 0.27%。

新开户职工中，国家机关和事业单位占 23.29%，国有企业占 6.06%，城镇集体企业占 3.08%，外商投资企业占 2.63%，城镇私营企业及其他城镇企业占 61.01%，民办非企业单位和社会团体占 0.99%，灵活就业人员占 0.94%，其他占 2%。中、低收入占 99.84%，高收入占 0.16%。

（二）提取业务。

提取金额中，购买、建造、翻建、大修自住住房占 22.35%，偿还购房贷款本息占 44.18%，租赁住房占 2.09%，离休和退休提取占 22.88%，完全丧失劳动能力并与单位终止劳动关系提取占 3.66%，其他占 4.84%。中、低收入占 99.16%，高收入占 0.84%。

（三）贷款业务。

个人住房贷款。2022 年，支持职工购建房 10.2 万平方米，年末个人住房贷款市场占有率为 45.54%，比上年减少 2.28 个百分点。通过申请住房公积金个人住房贷款，缴存职工可少支付购房利息 4414.21 万元。

职工贷款笔数中，购房建筑面积 90（含）平方米以下占 5.06%，90～144（含）平方米占 80.37%，144 平方米以上占 14.57%。购买新房占 66.79%（其中购买保障性住房占 0.86%），购买再交易自住住房占 33.21%。

职工贷款笔数中，单缴存职工申请贷款占 36.17%，双缴存职工申请贷款占 63.83%。

贷款职工中，30 岁（含）以下占 31.23%，30 岁～40 岁（含）占 45.8%，40 岁～50 岁（含）占 16.79%，50 岁以上占 6.18%。首次申请贷款占 79.75%，二次及以上申请贷款占 20.25%。中、低收入占 99.75%，高收入占 0.25%。

（四）住房贡献率。2022 年，个人住房贷款发放额、公转商贴息贷款发放额、项目贷款发放额、住房消费提取额的总和与当年缴存额的比率为 60.15%，比上年减少 28.52 个百分点。

六、其他重要事项

（一）应对新冠肺炎疫情采取的措施，落实住房公积金阶段性支持政策情况和政策实施成效

根据住房和城乡建设部、财政部、人民银行《关于实施住房公积金阶段性支持政策的通知》（建金〔2022〕45 号）、《关于转发住房和城乡建设部等国家部委实施住房公积金阶段性支持政策的通知》（宁建（金管）发〔2022〕7 号），中心印发《石嘴山市住房公积金管理中心落实住房公积金阶段性支持政策实施方案》（石公积金〔2022〕101 号），实施企业住房公积金缓缴、个人住房贷款延期还款申请及租房额度提高等政策。2022 年，办理贷款延期还款 4 笔，享受租房额度提高提取 297 人 412.91 万元，助力企业和职工共渡难关。

（二）当年住房公积金政策调整及执行情况

1. 根据国务院《住房公积金管理条例》、住房和城乡建设部《关于进一步落实住房公积金降成本政策的通知》（建金〔2018〕181 号），以及《石嘴山市统计局提供数据记录》关于 2021 年全市在岗职工年平均工资统计数据，调整 2022 年度住房公积金最高月缴存额和缴存比例。2022 年度我市职工住房公积金月缴存基数为职工本人 2021 年度月平均工资（在岗职工），最高月缴存工资基数不得超过 2021 年度全市在岗职工月平均工资 7626 元的三倍，即 22878 元。住房公积金最高缴存比例为单位和个人分别为 12%，住房公积金缴存单位和职工个人最高月缴存总额不超过 5490 元。最低月缴存基数下限按地区最低工资标准对应调整，本市包括大武口区、惠农区内的住房公积金月缴存基数下限为 1950 元，平罗县辖区内的住房公积金月缴存基数下限为 1840 元。列入财政预算的单位，应执行财政部门预算中确认的工资基数；超出预算范围规定的，应由本级财政部门同意后办理。执行年度为 2022 年 7 月 1 日至 2023 年 6 月 30 日。

2. 中心出台了《石嘴山市住房公积金管理中心关于实施住房公积金支持政策的通知》（石房中发〔2022〕45 号），进一步加大住房公积金助企纾困力度，促进房地产市场健康平稳发展。

一是受新冠肺炎疫情影响的企业，在 2022 年 12 月 31 日前可申请缓缴住房公积金，缓缴期间视同连续正常缴存，不影响缴存职工正常提取和申请住房公积金贷款。申请缓缴的企业应在缓缴期满一个月内补缴缓缴部分的公积金，最迟不能超过 2023 年 1 月 31 日。

二是受新冠肺炎疫情影响的缴存人，不能正常偿还住房公积金个人住房贷款的，可申请住房公积金个人住房贷款延期还款，不作逾期处理，逾期罚息予以退还，不作为逾期记录报送征信部门。申请人应在延期还款期满一个月内足额归还延期期间所欠贷款本息，最迟不得超过 2023 年 1 月 31 日。

三是提高住房公积金租房提取额度，最高额度每户由 15000 元/年提高到 16000 元/年，简化租赁提取手续，取消缴存职工提供《无房证明》，经中心查询审核后办理。

四是缴存职工购买自住住房后，只要缴存职工（含配偶）账户余额留足贷款金额要求的倍数，可以先办理购房提取，再申请住房公积金个人住房贷款，购房提取金额与贷款金额之和不得超过所购房屋总价。

五是提高个人住房贷款最高贷款额度。单职工缴存住房公积金贷款最高额度由50万元提高至60万元，双职工缴存住房公积金贷款最高额度由70万元提高至80万元。

六是进一步扩大异地贷款范围，允许全国范围内缴存住房公积金职工在石嘴山市范围内购房申请住房公积金贷款。

七是结合石嘴山实际，制定“组合贷”实施细则，推行“组合贷”业务。

八是缴存职工通过住房公积金贷款购买首套房或第二套改善型自住住房最低首付款比例下调至20%。

3. 根据中国人民银行《关于下调首套个人住房公积金贷款利率的通知》（银发〔2022〕226号），2022年10月1日起，石嘴山市住房公积金管理中心下调首套个人住房公积金贷款利率，具体为2022年10月1日以后发放的首套住房公积金贷款执行新利率。2022年10月1日（含当日）以后发放（发放日期以贷款借据日期为准，下同）的首套个人住房公积金贷款，5年期以下（含5年）利率调整为2.6%，5年期以上利率调整为3.1%；第二套个人住房公积金贷款利率保持不变，即5年期以下（含5年）和5年以上利率分别为3.025%和3.575%。2022年10月1日以前发放的首套个人住房公积金贷款利率，自2023年1月1日（含）开始，执行调整后的利率标准。

（三）当年服务改进情况

1. 提高管理能力，提升服务高效化

一是制定《石嘴山市住房公积金管理中心封存账户清理工作安排》，持续推进职工长期封存账户清理，已累计清理长期封存账户11400个，涉及资金10877.89万元，切实维护了缴存职工的合法权益。二是实施“惠民公积金、服务暖人心”服务提升三年行动，将服务提升行动与创建全国文明单位有机结合，不断提升文明单位创建质量和服务水平。三是推行服务标准化，积极开展“亮标准、亮身份、亮承诺，比技能、比作风、比业绩”活动，严格落实首问负责、限时办结、容缺受理和服务承诺制度，积极开展延时、上门、预约、帮办代办等特色服务300余次，以实际行动塑造好、维护好住房公积金行业形象。四是实行住房公积金专管员制度，通过设置缴存单位专管员，由各专管员对缴存单位进行全程管理和精准服务，进一步拉近中心与缴存企业、缴存职工的距离，为企业和职工提供更贴心的服务。五是依托政务服务“好差评”、石嘴山议政网、中心网站等平台，倾听群众“心声”，及时分析网民诉求，不断改进和提升政务服务水平。今年以来，回复网民诉求和办理转办件80件，政务服务“好差评”评价率达到90%以上，整改率达到100%。六是不断扩大“跨省通办”业务覆盖范围，提高办理效率，方便办事群众。2022年，办理“跨省通办”业务32笔，全国异地转移接续业务1948笔。

2. 优化业务办理，实现服务惠民化

一是协调银川、贺兰不动产管理部门，集中统一移交线上抵押业务纸质资料，完成在线异地抵押，进一步提高办事效率，方便缴存职工办事。二是推行住房公积金组合贷款，研究制定关于推进住房公积金与商业银行组合贷款实施细则和合作协议，合理解决缴存职工住房公积金贷款需求不足问题。三是优化业务系统，增加住房公积金等额本金还款方式，满足缴存职工不同需求，为缴存职工提供贷款还款多种选择方式。四是进一步优化完善了网厅及业务系统租赁商品住房提取操作流程，简化了无房证明和房产备案信息查询证明要件，缴存职工只需提供身份要件和无房产承诺，即可办理租赁住房提取。

（四）当年信息化建设情况

一是实施档案电子化项目，完成电子档案系统的开发、测试、上线，实现档案在线采集、调阅、复用，推进档案管理标准化、信息化，极大地方便办事群众。二是引入电子签章服务，实现信息数据的完整性、合法性、合规性。办事群众通过CA签字、电子签章的方式替代原有的纸质签名文件，在保证合法有效的前提下实现归集、提取业务办理无纸化，贷款业务部分无纸化，使电子化数据可溯源，数据合法合规。三是深化“互联网+住房公积金”服务，开发上线手机 App 和微信小程序业务办理功能，实现离退休提取、与单位解除劳动关系提取等 5 个服务事项“掌上办、移动办”。四是进一步优化政务云系统安全策略配置，系统的运行安全得到进一步提升，为系统安全运行提供了有力的支撑保障。

(五) 当年住房公积金管理中心获荣誉情况

2022 年 1 月被评为“石嘴山市精神文明建设工作先进集体”。

2022 年 2 月大武口管理部被住房和城乡建设部评为全国住房公积金“跨省通办”表现突出服务窗口。

2022 年 4 月被评为“自治区文明单位”。

(六) 当年对住房公积金管理人员违规行为的纠正和处理情况等

无上述情况。

宁夏回族自治区及自治区内各城市住房公积金 2022 年年度报告二维码

名称	二维码
宁夏回族自治区住房公积金 2022 年年度报告	
银川住房公积金 2022 年年度报告	
石嘴山市住房公积金 2022 年年度报告	
吴忠市住房公积金 2022 年年度报告	
固原市住房公积金 2022 年年度报告	
中卫市住房公积金 2022 年年度报告	

新疆维吾尔自治区

新疆维吾尔自治区住房公积金 2022 年年度报告

根据国务院《住房公积金管理条例》和住房和城乡建设部、财政部、人民银行《关于健全住房公积金信息披露制度的通知》（建金〔2015〕26 号）规定，现将新疆维吾尔自治区住房公积金 2022 年年度报告汇总公布如下：

一、机构概况

（一）住房公积金管理机构。全区共设 14 个设区城市住房公积金管理中心。从业人员 1159 人，其中，在编 723 人，非在编 436 人。

（二）住房公积金监管机构。自治区住房和城乡建设厅、自治区财政厅和中国人民银行乌鲁木齐中心支行负责对全区住房公积金管理运行情况进行监督。自治区住房和城乡建设厅设立住房公积金监管处，负责辖区住房公积金日常监管工作。

二、业务运行情况

（一）缴存。2022 年，新开户单位 4664 家，净增单位 2390 家；新开户职工 17.29 万人，净减职工 1.25 万人；实缴单位 41779 家，实缴职工 229.93 万人，缴存额 534.25 亿元，分别同比增长 6.07%、下降 0.54%、增长 8.28%。2022 年末，缴存总额 4643.84 亿元，比上年末增加 13.00%；缴存余额 1653.28 亿元，同比增长 12.51%（表 1）。

2022 年分城市住房公积金缴存情况

表 1

地区	实缴单位（万个）	实缴职工（万人）	缴存额（亿元）	累计缴存总额（亿元）	缴存余额（亿元）
新疆维吾尔自治区	**4.18**	**229.93**	**534.25**	**4643.84**	**1653.28**
乌鲁木齐	1.30	66.70	167.20	1467.45	526.76
伊犁州	0.32	19.12	37.38	317.77	117.83
塔城地区	0.18	8.23	17.58	145.45	50.60
阿勒泰地区	0.26	7.70	16.18	133.33	43.72
克拉玛依	0.20	14.83	47.96	535.55	134.84
博州	0.11	4.38	9.30	76.50	26.30
昌吉州	0.33	17.41	30.96	287.14	111.58
哈密市	0.14	9.44	21.74	222.39	86.17
吐鲁番市	0.11	6.86	12.79	97.34	38.47
巴州	0.28	17.14	37.46	332.32	121.18
阿克苏地区	0.30	16.33	36.63	276.30	96.01
克州	0.10	6.00	15.07	105.48	47.35
喀什地区	0.36	23.67	54.81	422.07	163.65
和田地区	0.19	12.12	29.19	224.75	88.82

（二）提取。2022年，91.02万名缴存职工提取住房公积金；提取额350.42亿元，同比下降12.81%；提取额占当年缴存额的65.59%，比上年减少15.87个百分点。2022年末，提取总额2990.56亿元，比上年末增加13.27%（表2）。

2022年分城市住房公积金提取情况

表2

地区	提取额（亿元）	提取率（%）	住房消费类提取额（亿元）	非住房消费类提取额（亿元）	累计提取总额（亿元）
新疆维吾尔自治区	**350.42**	**65.59**	**268.19**	**82.24**	**2990.56**
乌鲁木齐	100.47	60.09	75.22	25.26	940.68
伊犁州	23.68	63.36	17.95	5.73	199.95
塔城地区	12.36	70.34	10.06	2.30	94.84
阿勒泰地区	11.53	71.26	9.03	2.50	89.61
克拉玛依	31.50	65.67	24.13	7.37	400.71
博州	5.93	63.72	4.23	1.70	50.20
昌吉州	21.36	68.98	14.46	6.89	175.56
哈密市	12.66	58.25	8.37	4.30	136.22
吐鲁番市	7.89	61.71	5.71	2.18	58.88
巴州	23.90	63.79	17.69	6.21	211.14
阿克苏地区	23.46	64.06	19.25	4.22	180.30
克州	11.48	76.20	9.42	2.06	58.13
喀什地区	41.20	75.16	34.05	7.14	258.42
和田地区	23.00	78.79	18.62	4.38	135.92

（三）贷款。

1.个人住房贷款。2022年，发放个人住房贷款4.53万笔、182.52亿元，同比下降51.45%、47.57%。回收个人住房贷款148.41亿元。

2022年末，累计发放个人住房贷款114.77万笔、2499.68亿元，贷款余额1253.82亿元，分别比上年末增加4.12%、7.88%、2.80%。个人住房贷款余额占缴存余额的75.84%，比上年末减少7.16个百分点（表3）。

2022年分城市住房公积金个人住房贷款情况

表3

地区	放贷笔数（万笔）	贷款发放额（亿元）	累计放贷笔数（万笔）	累计贷款总额（亿元）	贷款余额（亿元）	个人住房贷款率（%）
新疆维吾尔自治区	**4.53**	**182.52**	**114.77**	**2499.68**	**1253.82**	**75.84**
乌鲁木齐	1.29	68.37	28.05	833.87	452.05	85.82
伊犁州	0.28	10.01	11.28	211.31	96.42	81.84
塔城地区	0.29	10.44	4.96	86.28	42.02	83.03
阿勒泰地区	0.22	8.13	4.94	89.53	40.81	93.35
克拉玛依	0.25	10.32	9.31	191.78	72.34	53.65
博州	0.11	3.48	2.92	50.50	21.56	81.98

续表

地区	放贷笔数（万笔）	贷款发放额（亿元）	累计放贷笔数（万笔）	累计贷款总额（亿元）	贷款余额（亿元）	个人住房贷款率（%）
昌吉州	0.29	10.10	10.25	207.81	94.30	84.51
哈密市	0.17	6.20	4.44	91.01	46.54	54.01
吐鲁番市	0.17	4.20	3.00	49.08	21.17	55.03
巴州	0.34	11.50	6.43	132.96	66.50	54.88
阿克苏地区	0.26	8.24	7.70	142.61	78.88	82.15
克州	0.20	7.21	4.10	58.47	22.50	47.53
喀什地区	0.03	1.26	11.99	233.93	128.42	78.47
和田地区	0.63	23.06	5.40	120.54	70.31	79.16

2022年，支持职工购建房面积712.36万平方米。年末个人住房贷款市场占有率（含公转商贴息贷款）为33.16%，比上年末增加1.28个百分点。通过申请住房公积金个人住房贷款，可节约职工购房利息支出410758.88万元。

2. 异地贷款。2022年，发放异地贷款3721笔、168572.49万元。2022年末，发放异地贷款总额1140571.17万元，异地贷款余额713344.59万元。

3. 公转商贴息贷款。2022年，发放公转商贴息贷款13607笔、480789.50万元，支持职工购建房面积167.13万平方米。当年贴息额13316.23万元。2022年末，累计发放公转商贴息贷款30353笔、1309918.76万元，累计贴息31138.39万元。

（四）资金存储。2022年末，住房公积金存款414.19亿元。其中，活期55.52亿元，1年（含）以下定期87.80亿元，1年以上定期188.16亿元，其他（协定、通知存款等）82.71亿元。

（五）资金运用率。2022年末，住房公积金个人住房贷款余额、项目贷款余额和购买国债余额的总和占缴存余额的75.84%，比上年末减少7.16个百分点。

三、主要财务数据

（一）业务收入。2022年，业务收入497034.59万元，同比增长5.74%。其中，存款利息90891.18万元，委托贷款利息406079.16万元，国债利息0万元，其他64.25万元。

（二）业务支出。2022年，业务支出255816.06万元，同比增长10.41%。其中，支付职工住房公积金利息244704.45万元，归集手续费0万元，委托贷款手续费7973.34万元，其他3138.27万元。

（三）增值收益。2022年，增值收益241218.53万元，同比增长1.20%；增值收益率1.56%，比上年减少0.11个百分点。

（四）增值收益分配。2022年，提取贷款风险准备金6035.68万元，提取管理费用26500.77万元，提取城市廉租住房（公共租赁住房）建设补充资金208682.08万元（表4）。

2022年分城市住房公积金增值收益及分配情况　　**表4**

地区	业务收入（亿元）	业务支出（亿元）	增值收益（亿元）	增值收益率（%）	提取贷款风险准备金（亿元）	提取管理费用（亿元）	提取公租房（廉租房）建设补充资金（亿元）
新疆维吾尔自治区	**49.70**	**25.58**	**24.12**	**1.56**	**0.60**	**2.65**	**20.87**
乌鲁木齐	16.07	8.33	7.74	1.58	0.19	0.43	7.12
伊犁州	3.44	1.79	1.65	1.51	0	0.21	1.45

续表

地区	业务收入（亿元）	业务支出（亿元）	增值收益（亿元）	增值收益率（%）	提取贷款风险准备金（亿元）	提取管理费用（亿元）	提取公租房（廉租房）建设补充资金（亿元）
塔城地区	1.57	0.72	0.84	1.76	0.06	0.17	0.62
阿勒泰地区	1.34	0.82	0.53	1.28	0.16	0.10	0.26
克拉玛依	4.23	2.01	2.21	1.77	0	0.12	2.09
博州	0.74	0.39	0.35	1.43	0	0.11	0.24
昌吉州	3.48	1.78	1.70	1.61	0	0.36	1.34
哈密市	2.64	1.38	1.26	1.55	0	0.17	1.09
吐鲁番市	1.28	0.54	0.75	2.09	0	0.09	0.66
巴州	3.48	1.77	1.70	1.50	0	0.23	1.47
阿克苏地区	2.81	1.46	1.35	1.52	0	0.22	1.13
克州	1.40	0.68	0.72	1.61	0.04	0.07	0.61
喀什地区	5.05	2.64	2.42	1.56	0	0.20	2.21
和田地区	2.17	1.27	0.90	1.07	0.15	0.17	0.58

2022 年，上交财政管理费用 21629.33 万元，上缴财政城市廉租住房（公共租赁住房）建设补充资金 211557.53 万元。

2022 年末，贷款风险准备金余额 245910.63 万元，累计提取城市廉租住房（公共租赁住房）建设补充资金 1226213.75 万元。

（五）管理费用支出。2022 年，管理费用支出 24888.97 万元，同比增长 0.36%。其中，人员经费 16655.46 万元，公用经费 1523.29 万元，专项经费 6710.22 万元。

四、资产风险状况

个人住房贷款。2022 年末，个人住房贷款逾期额 2714.30 万元，逾期率 0.20‰，个人贷款风险准备金余额 245910.63 万元。2022 年，使用个人贷款风险准备金核销呆坏账 0 万元。

五、社会经济效益

（一）缴存业务。

缴存职工中，国家机关和事业单位占 54.51%，国有企业占 24.82%，城镇集体企业占 1.46%，外商投资企业占 0.64%，城镇私营企业及其他城镇企业占 14.14%，民办非企业单位和社会团体占 0.73%，灵活就业人员占 0.03%，其他占 3.67%；中、低收入占 98.51%，高收入占 1.49%。

新开户职工中，国家机关和事业单位占 28.61%，国有企业占 23.69%，城镇集体企业占 1.65%，外商投资企业占 1.36%，城镇私营企业及其他城镇企业占 36.22%，民办非企业单位和社会团体占 1.18%，灵活就业人员占 0.22%，其他占 7.07%；中、低收入占 99.59%，高收入占 0.41%。

（二）提取业务。

提取金额中，购买、建造、翻建、大修自住住房占 26.77%，偿还购房贷款本息占 48.47%，租赁住房占 1.29%，支持老旧小区改造提取占 0%；离休和退休提取占 14.66%，完全丧失劳动能力并与单位终止劳动关系提取占 6.10%，出境定居占 0%，其他占 2.71%。提取职工中，中、低收入占 98.48%，高收入占 1.52%。

（三）贷款业务。

个人住房贷款。职工贷款笔数中，购房建筑面积 90（含）平方米以下占 9.26%，90～144（含）平方米占81.60%，144平方米以上占9.14%。购买新房占81.73%（其中购买保障性住房占0.07%），购买二手房占18.26%，建造、翻建、大修自住住房占0%（其中支持老旧小区改造占0%），其他占0.01%。

职工贷款笔数中，单缴存职工申请贷款占67.37%，双缴存职工申请贷款占32.63%，三人及以上缴存职工共同申请贷款占0%。

贷款职工中，30岁（含）以下占38.85%，30岁～40岁（含）占37.32%，40岁～50岁（含）占18.24%，50岁以上占5.59%；购买首套住房申请贷款占78.55%，购买二套及以上申请贷款占21.45%；中、低收入占98.69%，高收入占1.31%。

（四）住房贡献率。2022年，个人住房贷款发放额、公转商贴息贷款发放额、项目贷款发放额、住房消费提取额的总和与当年缴存额的比率为108.88%，比上年减少30.35个百分点。

六、其他重要事项

（一）应对新冠肺炎疫情采取的政策措施，落实住房公积金阶段性支持政策情况和政策实施成效。一是实施阶段性支持政策。落实《关于实施住房公积金阶段性支持政策的通知》（建金〔2022〕45号）要求，帮助受疫情影响的缴存单位和职工共渡难关。全年共支持275家企业3.41万名职工缓缴住房公积金4.15亿元，对17749笔、421610.10万元因疫情影响未正常还款的个人住房贷款不作逾期处理，支持4.53万名职工租房提取住房公积金4.52亿元。二是保障线上业务服务。疫情防控期间，启动“单位值守+居家办公+线上办理”的工作机制，以“非接触、不见面”方式办理业务122.12万笔，12329热线日均接听电话2853通以上，升级完善业务预约引导系统对办事人员进行合理分流，确保了特殊时期的“业务不停顿、服务不断档、监管不缺位”。

（二）当年住房公积金政策调整情况。研究制定适度提高住房公积金贷款额度、进一步降低二手房首付比例、压缩住房公积金个人住房贷款审批时限等措施，纳入《关于印发〈自治区贯彻落实国发〔2022〕12号文件精神推进经济稳增长一揽子政策措施〉的通知》（新政发〔2022〕61号）。研究制定并提请自治区人民政府办公厅印发《关于强化住房公积金服务民生保障进一步做好全区住房公积金异地个人住房贷款政策的通知》（新政办发〔2022〕51号），14个地州市全面落实异地贷款政策。

（三）当年开展监督检查情况。组织14个中心重点围绕落实《住房公积金管理条例》、“跨省通办”、住房公积金阶段性支持政策等方面情况展开交叉互查互学，总结经验、加强学习、查找问题、补齐短板、提升水平。

（四）当年服务改进情况。一是开展“惠民公积金、服务暖人心”全国住房公积金系统服务提升三年行动（2022—2024年），制定实施方案，并纳入自治区住房和城乡建设系统文明创建重点工作。各中心根据实际情况，制定本中心实施细则，确保“三年行动”在新疆落地见效。二是稳步推进“一件事一次办”，研究制定《自治区住房公积金贷款一件事实施工作方案（试行）》，牵头的“住房公积金贷款一件事”和配合的4项任务按时完成。指导各中心在已完成8项高频服务事项“跨省通办”基础上，新增5项“跨省通办”服务事项，21项业务实现“全程网办”。全年共办理“跨省通办”服务事项24.38万笔，通过互联网办理业务122.12万笔，业务离柜台率达85%以上。三是加强信息公开和政策宣传解读，通过自治区广播电视台《新疆新闻联播》《新广行风热线》等栏目，做好政策宣传解读工作。在“新疆住房公积金”微信公众号上推出“小金讲住房公积金故事”系列动漫宣传栏目，将住房公积金政策融入小金的工作经历、生活变化之中，让群众能够很容易地从小金身上找到自己相对应的经历，从而活学活用住房公积金。截至2022年底，微信公众号关注人数达到124万人，累计阅读量超过1000万人次，被评为“走好网上群众路线新疆优秀账号”。

（五）当年信息化建设情况。升级自治区住房公积金监管平台，对接住房和城乡建设部监管服务平台，通过全国范围数据共享完善“一人多户、一人多贷”等问题处理机制，并做好接入全国征信平台准备工作。对监管系统进行IPv6改造和信息安全等级保护测评，进一步提高网络安全管理水平。

（六）当年住房公积金机构及从业人员所获荣誉情况。2022 年全区住房公积金行业积极开展精神文明创建工作，共获得文明单位（行业、窗口）3 个、三八红旗手 1 个、先进集体和个人 12 个。其中，阿克苏地区住房公积金管理中心荣获“全国住房和城乡建设系统先进集体”称号，阿克苏地区住房公积金管理中心地直管理部主任齐英华、乌鲁木齐住房公积金管理中心水磨沟区管理部副主任陈园园荣获“全国住房和城乡建设系统先进工作者”称号。

新疆维吾尔自治区哈密市住房公积金 2022 年年度报告

根据国务院《住房公积金管理条例》和住房和城乡建设部、财政部、人民银行《关于健全住房公积金信息披露制度的通知》（建金〔2015〕26 号）的规定，经住房公积金管理委员会审议通过，现将哈密市住房公积金 2022 年年度报告公布如下：

一、机构概况

（一）住房公积金管理委员会。住房公积金管理委员会有 23 名委员，2022 年召开 1 次会议，审议通过的事项主要包括：审议《关于调整管委会组成人员的报告》；审议《关于 2021 年度住房公积金业务运行情况及 2022 年度住房公积金归集使用预算安排建议的报告》；审议《关于提高住房公积金贷款额度的请示》；审议《关于将巴里坤哈萨克自治县农村信用合作联社纳入哈密市住房公积金管理中心贷款承办银行的请示》。

（二）住房公积金管理中心。住房公积金管理中心为隶属哈密市政府管理不以营利为目的的自收自支事业单位，设 8 个科室，4 个管理部，1 个分中心。从业人员 76 人，其中，在编 21 人，非在编 55 人。

二、业务运行情况

（一）缴存。2022 年，新开户单位 104 家，净增单位 46 家；新开户职工 0.81 万人，净增职工 0.09 万人；实缴单位 1401 家，实缴职工 9.44 万人，缴存额 21.74 亿元，分别同比增长 3.39%、0.96%、6.52%。2022 年末，缴存总额 222.39 亿元，比上年末增加 10.83%；缴存余额 86.17 亿元，同比增长 11.76%。受委托办理住房公积金缴存业务的银行 2 家。

（二）提取。2022 年，3.13 万名缴存职工提取住房公积金；提取额 12.66 亿元，同比下降 13.29%；提取额占当年缴存额的 58.23%，比上年减少 13.30 个百分点。2022 年末，提取总额 136.22 亿元，比上年末增加 10.25%。

（三）贷款。

1. 个人住房贷款。个人住房贷款最高额度 80 万元。

2022 年，发放个人住房贷款 0.17 万笔、6.20 亿元，同比分别下降 46.88%、39.75%。

2022 年，回收个人住房贷款 5.33 亿元。

2022 年末，累计发放个人住房贷款 4.44 万笔、91.01 亿元，贷款余额 46.54 亿元，分别比上年末增加 4.23%、7.30%、1.90%。个人住房贷款余额占缴存余额的 54.01%，比上年末减少 5.22 个百分点。受委托办理住房公积金个人住房贷款业务的银行 7 家。

2. 异地贷款。2022 年，发放异地贷款 128 笔、5016.20 万元。2022 年末，发放异地贷款总额 66129.90 万元，异地贷款余额 34086.24 万元。

（四）资金存储。2022 年末，住房公积金存款 39.31 亿元。其中，活期 0.01 亿元，1 年（含）以下定期 6.55 亿元，1 年以上定期 30.30 亿元，其他（协定、通知存款等）2.45 亿元。

（五）资金运用率。2022 年末，住房公积金个人住房贷款余额、项目贷款余额和购买国债余额的总和占缴存余额的 54.01%，比上年末减少 5.22 个百分点。

三、主要财务数据

（一）业务收入。2022 年，业务收入 26398.80 万元，同比增长 5.56%。其中，存款利息 11207.38 万元，委托贷款利息 15190.10 万元，国债利息 0 万元，其他 1.32 万元。

（二）业务支出。2022 年，业务支出 13823.78 万元，同比增长 18.93%。其中，支付职工住房公积金利息 13395.86 万元，归集手续费 0 万元，委托贷款手续费 417.24 万元，其他 10.68 万元。

（三）增值收益。2022 年，增值收益 12575.02 万元，同比下降 6.04%。增值收益率 1.55%，比上年减少 0.25 个百分点。

（四）增值收益分配。2022 年，提取贷款风险准备金 0 万元；，提取管理费用 1680 万元，提取城市廉租住房（公共租赁住房）建设补充资金 10895.02 万元。

2022 年，上交财政管理费用 1680 万元。上缴财政城市廉租住房（公共租赁住房）建设补充资金 17266.68 万元。

2022 年末，贷款风险准备金余额 10988.87 万元（含项目贷款风险准备金余额 1019.03 万元）。累计提取城市廉租住房（公共租赁住房）建设补充资金 82978.08 万元。

（五）管理费用支出。2022 年，管理费用支出 1604.26 万元，同比增长 13.81%。其中，人员经费 1055.85 万元，公用经费 244.45 万元，专项经费 303.96 万元。

四、资产风险状况

个人住房贷款。2022 年末，个人住房贷款逾期额 61.25 万元，逾期率 0.13‰。个人贷款风险准备金余额 9969.84 万元。2022 年，使用个人贷款风险准备金核销呆坏账 0 万元。

五、社会经济效益

（一）缴存业务

缴存职工中，国家机关和事业单位占 40.56%，国有企业占 42.38%，城镇集体企业占 0.64%，外商投资企业占 0.45%，城镇私营企业及其他城镇企业占 14.32%，民办非企业单位和社会团体占 0.59%，灵活就业人员占 0%，其他占 1.06%；中、低收入占 97.37%，高收入占 2.63%。

新开户职工中，国家机关和事业单位占 19.08%，国有企业占 29.15%，城镇集体企业占 1.74%，外商投资企业占 1.05%，城镇私营企业及其他城镇企业占 46.32%，民办非企业单位和社会团体占 1.21%，灵活就业人员占 0%，其他占 1.45%；中、低收入占 99.40%，高收入占 0.60%。

（二）提取业务

提取金额中，购买、建造、翻建、大修自住住房占 22.63%，偿还购房贷款本息占 42.87%，租赁住房占 0.55%，支持老旧小区改造占 0%，离休和退休提取占 24.25%，完全丧失劳动能力并与单位终止劳动关系提取占 5.90%，出境定居占 0%，其他占 3.80%。提取职工中，中、低收入占 97.48%，高收入占 2.52%。

（三）贷款业务

个人住房贷款。2022 年，支持职工购建房 21.52 万平方米（含公转商贴息贷款），年末个人住房贷款市场占有率（含公转商贴息贷款）为 59.71%，比上年末增加 0.10 个百分点。通过申请住房公积金个人住房贷款，可节约职工购房利息支出 12879.25 万元。

职工贷款笔数中，购房建筑面积 90（含）平方米以下占 9.79%，90～144（含）平方米占 80.30%，144 平方米以上占 9.91%。购买新房占 81.44%（其中购买保障性住房占 0%），购买二手房占 18.56%，建造、翻建、大修自住住房占 0%（其中支持老旧小区改造占 0%），其他占 0%。

职工贷款笔数中，单缴存职工申请贷款占 80.07%，双缴存职工申请贷款占 19.93%，三人及以上缴存职工共同申请贷款占0%。

贷款职工中，30岁（含）以下占46.45%，30岁～40岁（含）占33.50%，40岁～50岁（含）占14.72%，50岁以上占5.33%；购买首套住房申请贷款占82.07%，购买二套及以上申请贷款占17.93%；中、低收入占98.28%，高收入占1.72%。

（四）住房贡献率

2022年，个人住房贷款发放额、公转商贴息贷款发放额、项目贷款发放额、住房消费提取额的总和与当年缴存额的比率为66.99%，比上年减少35.50个百分点。

六、其他重要事项

（一）落实住房公积金阶段性支持政策情况及实施成效

为进一步贯彻落实住房和城乡建设部、财政部、人民银行《关于实施住房公积金阶段性支持政策的通知》和哈密市《推进经济稳增长一揽子政策措施》工作要求，出台了《哈密市住房公积金关于落实住房公积金阶段性支持政策实施办法》，一是压缩贷款审批和发放时间，申请二手房住房公积金贷款首付款比例由30%降低至20%；二是受疫情影响企业，可以申请缓交住房公积金，在此期间申请贷款和提取的职工不受缓缴影响；三是在疫情期间不能正常还款的贷款职工，不作逾期处理、不计罚息和不报征信部门；四是租房提取额度提高至16000元，租住公共租赁住房的提取额度按实际房租提取；五是受疫情影响购买自住住房提取公积金超过时限的，可以延期办理。截至年末，申请缓缴住房公积金企业13家2200人708.92万元。不作逾期处理贷款977笔，贷款本金268.52万元，贷款余额1.87亿元。

（二）当年机构及职能调整情况

2022年4月，根据《哈密市实施（优化营商环境条例）办法》以及深化“放管服”改革要求，在哈密市政务服务和公共资源交易服务中心设立一件事一次办公积金业务服务窗口，开展服务事项19项，充分依托一体化在线政务服务平台，办理公积金相关业务。

（三）住房公积金缴存政策调整执行情况

2022年7月1日起，职工住房公积金月缴存工资基数由2020年月平均工资调整为2021年月平均工资。职工本人和单位住房公积金缴存比例上、下限标准为各12%至5%，月缴存工资基数上、下限标准为25202元、1540元，月缴存额上、下限标准为6048元、154元。2022年6月30日，支付10.66万户缴存职工住房公积金利息1.13亿元，利率按一年期定期存款1.5%计息。缴存职工可以通过全国住房公积金小程序、新疆住房公积金微信公众号、新疆住房公积金网站和手机公积金App，随时查询个人账户结息情况。

（四）住房公积金个人住房贷款政策执行情况

2022年4月，个人住房贷款发放额由60万元提高到80万元。根据人民银行规定，自2022年10月1日起，下调首套个人住房公积金贷款利率0.15个百分点，5年以下（含5年）和5年以上利率分别调整为2.6%和3.1%。第二套个人住房公积金贷款利率政策保持不变，即5年以下（含5年）和5年以上利率分别不低于3.025%和3.575%。申请第二套住房公积金贷款需结清第一套住房公积金贷款。

（五）住房公积金服务推进情况

2022年，中心将住房公积金高频服务事项列为“我为群众办实事”实践活动重要内容，一是推动“跨省通办”政务服务，在“一体化”平台发布8项“跨省通办”事项，在分中心、管理部业务大厅设置“跨省通办”线下服务窗口7个，进一步提升服务效能；二是持续深化“放管服”改革，实现线上、线下业务深度融合，做到“掌上办、指尖办”，“好办、易办、快办”。疫情期间，中心除贷款受理业务受到影响外，支取、归集业务没有停摆。线上业务执行不见面审批，网上业务大厅、手机App、12329服务热线、微信公众号等服务渠道运行平稳正常，通过公开办事流程，推送政策信息，基本满足缴存职工需求；三是加入全国住房公积金协同共享机制，享受跨区域信息协查、业务协同联办等，让信息查询更畅通，缴存职工办事更加高效便捷；四是围绕住房公积金系统框架，夯实系统基础，稳步推进服务提升。目前，全国住房公积金小程序、新疆住房公积金微信公众号、新疆住房公积金网站、单位网厅、个人网厅、12329 服务热线和自助查询终端七个服务渠道，为缴存职工提供了多方位实时查询和办理住房公积金业务的服务。截至 2022 年底，通过全国住房公积金微信小程序，累计办理跨城市住房公积金转移接续 877 笔、转移资金 0.12 亿元。12329 热线服务 12.69 万次、短消息服务 75 万条。通过新疆住房公积金微信公众号累计向缴存职工提供住房公积金信息查询 138.45 万次。

（六）住房公积金规范化管理情况

一是防范资金风险，规范资金账户在应用系统中的使用。下设的住房公积金存款专户、增值收益专户及其子账户，全部在全国住房公积金结算应用系统中注册；二是统一全区（疆）异地贷款政策，缴存职工在全区（疆）范围内购房可以向缴存地住房公积金管理中心申请住房公积金个人贷款，也可以向购房地申请个人贷款；三是减轻缴存职工异地贷款还款压力，7 月 25 日开通异地贷款“按月对冲”还贷款业务，受到贷款职工普遍欢迎；四是简化担保能力评估，房地产开发企业阶段性担保履约能力统一由房地产项目所在地中心进行评估，评估后予以认可，不再重复评估；五是建立购买二手房屋评估评价体系，每位办理二手房的贷款职工人均可节约评估费用 1500 元左右；六是强化内审内控和贷款管理，推行线上线下审核监督相结合管理体系，探索稽核信息化系统功能建设，将内审与业务系统关联，实现信息数据共享，设置预警提示，通过控制，个贷逾期率在较低水平的基础上进一步下降。

（七）信息化建设情况

2022 年，中心持续完善信息系统建设，一是规范线上服务和线下操作行为，根据业务需求对系统功能和流程进行再改造；二是加强对失信人员的管理，完善信息系统“黑名单”模块，系统自动限止其在规定时间内提取和贷款；三是推进服务窗口“好差评”工作，将分中心、管理部的服务窗口无线排号系统及评价器纳入统一的局域网和数据库中，实现全口径业务数据量、满意度的统计分析；四是充分运用区块链技术，实现全口径业务数据每日上报至全国住房公积金数据平台；五是进一步完善电子签章应用系统的运行与维护，实现票据掌上、线上打印电子化；六是推进涉密域与内部域建设，实现国产化替代；七是加强网络运行安全检查，购入监控运维管理系统，实现全中心每一台设备运行的实时监控管理。

新疆维吾尔自治区及自治区内各城市住房公积金2022年年度报告二维码

名称	二维码
新疆维吾尔自治区住房公积金2022年年度报告	
乌鲁木齐住房公积金2022年年度报告	
伊犁哈萨克自治州住房公积金2022年年度报告	
塔城地区住房公积金2022年年度报告	
阿勒泰地区住房公积金2022年年度报告	
克拉玛依市住房公积金2022年年度报告	
博尔塔拉蒙古自治州住房公积金2022年年度报告	

续表

名称	二维码
昌吉回族自治州住房公积金 2022 年年度报告	
哈密市住房公积金管理中心 2022 年年度报告	
吐鲁番市住房公积金 2022 年年度报告	
巴音郭楞蒙古自治州住房公积金 2022 年年度报告	
阿克苏地区住房公积金 2022 年年度报告	
克孜勒苏柯尔克孜自治州住房公积金 2022 年年度报告	
喀什地区住房公积金 2022 年年度报告	
和田地区住房公积金 2022 年年度报告	

新疆生产建设兵团

新疆生产建设兵团住房公积金 2022 年年度报告

根据国务院《住房公积金管理条例》和住房和城乡建设部、财政部、人民银行《关于健全住房公积金信息披露制度的通知》（建金〔2015〕26 号）规定，现将新疆生产建设兵团住房公积金 2022 年年度报告汇总公布如下：

一、机构概况

（一）住房公积金管理机构。全兵团共设 1 个住房公积金管理中心，从业人员 80 人，其中，在编 62 人，非在编 18 人。

（二）住房公积金监管机构。兵团住房和城乡建设局、兵团财政局和人民银行乌鲁木齐中心支行负责对兵团住房公积金管理运行情况进行监督。兵团住房和城乡建设局设立住房公积金监管处，负责辖区住房公积金日常监管工作。

二、业务运行情况

（一）缴存。2022 年，新开户单位 562 家，净增单位 480 家；新开户职工 3.18 万人，净增职工 1.45 万人；实缴单位 6067 家，实缴职工 28.85 万人，缴存额 60.37 亿元，分别同比增长 6.10%、3.45%、11.93%。2022 年末，缴存总额 458.84 亿元，比上年末增加 15.15%；缴存余额 193.28 亿元，同比增长 17.23%（表 1）。

2022 年分城市住房公积金缴存情况 表 1

地区	实缴单位（万个）	实缴职工（万人）	缴存额（亿元）	累计缴存总额（亿元）	缴存余额（亿元）
新疆兵团	0.61	28.85	60.37	458.84	193.28

（二）提取。2022 年，8.94 万名缴存职工提取住房公积金；提取额 31.96 亿元，同比下降 22.67%；提取额占当年缴存额的 52.94%，比上年减少 23.68 个百分点。2022 年末，提取总额 265.56 亿元，比上年末增加 13.68%（表 2）。

2022 年分城市住房公积金提取情况 表 2

地区	提取额（亿元）	提取率（%）	住房消费类提取额（亿元）	非住房消费类提取额（亿元）	累计提取总额（亿元）
新疆兵团	31.96	52.94	21.50	10.46	265.56

（三）贷款

1. 个人住房贷款。2022 年，发放个人住房贷款 0.45 万笔、17.06 亿元，同比下降 67.43%、69.95%。回收个人住房贷款 13.51 亿元。

2022 年末，累计发放个人住房贷款 8.96 万笔、231.45 亿元，贷款余额 149.57 亿元，分别比上年末增加 5.24%、7.96%、2.43%。个人住房贷款余额占缴存余额的 77.39%，比上年末减少 11.18 个百分点（表 3）。

2022 年，支持职工购建房 53.95 万平方米。通过申请住房公积金个人住房贷款，可节约职工购房利息支出 2830.29 万元。

2. 异地贷款。2022 年，发放异地贷款 52 笔、2192.9 万元。2022 年末，发放异地贷款总额 38283.13 万元，异地贷款余额 31108.79 元。

2022 年分城市住房公积金个人住房贷款情况

表 3

地区	放贷笔数（万笔）	贷款发放额（亿元）	累计放贷笔数（万笔）	累计贷款总额（亿元）	贷款余额（亿元）	个人住房贷款率（%）
新疆兵团	0.45	17.06	8.96	231.45	149.57	77.39

（四）资金存储。2022 年末，住房公积金存款 48.52 亿元。其中，活期 7.82 亿元，1 年（含）以下定期 15 亿元，1 年以上定期 18.2 亿元，其他（协定、通知存款等）7.5 亿元。

（五）资金运用率。2022 年末，住房公积金个人住房贷款余额、项目贷款余额和购买国债余额的总和占缴存余额的 77.39%，比上年末减少 11.18 个百分点。

三、主要财务数据

（一）业务收入。2022 年，业务收入 57951.06 万元，同比增长 2.51%。其中，存款利息 8859.84 万元，委托贷款利息 49090.84 万元，国债利息 0 万元，其他 0.38 万元。

（二）业务支出。2022 年，业务支出 29878.07 万元，同比增长 17.87%。其中，支付职工住房公积金利息 29267.94 万元，归集手续费 0 万元，委托贷款手续费 564.69 万元，其他 45.44 万元。

（三）增值收益。2022 年，增值收益 28072.99 万元，同比下降 9.97%；增值收益率 1.58%，比上年减少 0.39 个百分点。

（四）增值收益分配。2022 年，提取贷款风险准备金 1065.91 万元，提取管理费用 3215.50 万元，提取城市廉租住房（公共租赁住房）建设补充资金 23791.58 万元（表 4）。

2022 年，上交财政管理费用 2655.87 万元，上缴财政城市廉租住房（公共租赁住房）建设补充资金 14500 万元。

2022 年末，贷款风险准备金余额 45786.26 万元，累计提取城市廉租住房（公共租赁住房）建设补充资金 152433.09 万元。

2022 年分城市住房公积金增值收益及分配情况

表 4

地区	业务收入（亿元）	业务支出（亿元）	增值收益（亿元）	增值收益率（%）	提取贷款风险准备金（亿元）	提取管理费用（亿元）	提取公租房（廉租房）建设补充资金（亿元）
新疆兵团	5.80	2.99	2.81	1.58	0.11	0.32	2.38

（五）管理费用支出。2022 年，管理费用支出 2121.1 万元，同比下降 14.42%。其中，人员经费 1399.16 万元，公用经费 199.20 万元，专项经费 522.74 万元。

四、资产风险状况

个人住房贷款。2022 年末，个人住房贷款逾期额 135.09 万元，逾期率 0.09‰，个人贷款风险准备金余额 44210.26 万元。2022 年，使用个人贷款风险准备金核销呆坏账 0 万元。

五、社会经济效益

（一）缴存业务

缴存职工中，国家机关和事业单位占 54.44%，国有企业占 23.48%，城镇集体企业占 2.21%，外商投资企业占 1.37%，城镇私营企业及其他城镇企业占 6.69%，民办非企业单位和社会团体占 4.58%，灵活就业人员占 0%，其他占 7.23%；中、低收入占 100%，高收入占 0%。

新开户职工中，国家机关和事业单位占 44.00%，国有企业占 23.30%，城镇集体企业占 3.30%，外商投资企业占 0.95%，城镇私营企业及其他城镇企业占 17.59%，民办非企业单位和社会团体占 5.01%，灵活就业人员占 0%，其他占 5.85%；中、低收入占 100%，高收入占 0%。

（二）提取业务

提取金额中，购买、建造、翻建、大修自住住房占 19.88%，偿还购房贷款本息占 46.42%，租赁住房占 0.99%，支持老旧小区改造提取占 0%；离休和退休提取占 21.94%，完全丧失劳动能力并与单位终止劳动关系提取占 7.43%，出境定居占 0%，其他占 3.34%。提取职工中，中、低收入占 100%，高收入占 0%。

（三）贷款业务

个人住房贷款。职工贷款笔数中，购房建筑面积 90（含）平方米以下占 10.46%，90～144（含）平方米占 81.78%，144 平方米以上占 7.76%。购买新房占 78.26%（其中购买保障性住房占 0%），购买二手房占 21.74%，建造、翻建、大修自住住房占 0%（其中支持老旧小区改造占 0%），其他占 0%。

职工贷款笔数中，单缴存职工申请贷款占 34.84%，双缴存职工申请贷款占 65.16%，三人及以上缴存职工共同申请贷款占 0%。

贷款职工中，30 岁（含）以下占 24.40%，30 岁～40 岁（含）占 46.94%，40 岁～50 岁（含）占 19.07%，50 岁以上占 9.59%；购买首套住房申请贷款占 88.77%，购买二套及以上申请贷款占 11.23%；中、低收入占 100%，高收入占 0%。

（四）住房贡献率。2022 年，个人住房贷款发放额、公转商贴息贷款发放额、项目贷款发放额、住房消费提取额的总和与当年缴存额的比率为 63.88%，比上年减少 95.93 个百分点。

六、其他重要事项

（一）应对新冠肺炎疫情采取的政策措施，落实住房公积金阶段性支持政策情况和政策实施成效

坚决贯彻执行国家、兵团应对新冠肺炎疫情阶段性支持政策，有效发挥住房公积金纾困作用，帮助受疫情影响的缴存单位和缴存职工共渡难关。自 2022 年 6 月 1 日阶段性支持政策实施以来，累计不作逾期处理的住房公积金个人住房贷款 1234 笔，金额 9961.02 万元；提高租房提取额度惠及职工 85 人，受惠金额 31.32 万元。

（二）当年住房公积金政策调整情况

1. 当年缴存基数限额及确定方法、缴存比例调整情况。

依据乌鲁木齐市统计局公布的上一年月社会平均工资的三倍确定 2022 年度住房公积金缴存基数上限为 27297 元/月，下限为 1540 元/月。

缴存比例：最高缴存比例 12%，最低缴存比例 5%。

兵团各师执行属地化管理原则，其缴存基数上下限执行驻地标准。

2. 住房公积金个人住房贷款可贷额度由借款申请人（含共同借款人）住房公积金余额的 10 倍，调整为借款申请人（含共同借款人）住房公积金余额的 15 倍。

3. 二手房住房公积金个人住房贷款首付比例由 30%调整至 20%。

4. 2022 年贷款最高额度调整情况、存贷款利率执行情况。

（1）最高贷款额度：正常缴存职工最高贷款额度为70万元。

（2）当年住房公积金存贷款利率调整及执行情况。

存款利率：一年期存款基准利率执行1.50%。

贷款利率：自2022年10月1日起，下调首套住房公积金个人住房贷款利率0.15个百分点。5年以内（含）和5年以上年利率分别调整为2.65%和3.1%。第二套住房公积金个人住房贷款利率政策保持不变。5年以内（含）3.025%，5年以上3.575%。

（三）当年开展监督检查情况

1. 2022年4月接受兵团财政局委托中介机构对2021年度住房公积金归集、使用、管理情况和管理费用预算执行情况进行审计。

2. 2022年8月接受住房和城乡建设部住房公积金监管司委派济南住房公积金中心对审计整改情况“回头看”进行审计。

（四）当年服务改进情况

持续推进住房公积金“跨省通办”，2022年全程网办“跨省通办”业务4959笔（不含汇缴补缴业务），两地联办“跨省通办”业务176笔。

（五）当年信息化建设情况

1. 完成全国住房公积金小程序年度账单测试工作。

2. 接入全国住房公积金数据共享平台，完成住房公积金缴存总览和贷款总览两个数据口的接入工作。

3. 完成2022年度住房公积金信息系统等级保护测评工作。

（六）当年住房公积金机构及从业人员所获荣誉情况

1. 第五师管理部切仁巴特2022年度因工作突出被师市政务服务和大数据局评为第五师双河市政务服务工作“党员先锋示范岗”。

2. 第四师管理部党锋2022年度因政务服务工作中表现突出和在2022年新冠疫情防控工作中积极参与志愿服务表现突出，被第四师可克达拉市政务服务管理办公室党组分别授予“优秀工作人员”和“志愿服务”荣誉证书。

新疆生产建设兵团住房公积金 2022 年年度报告二维码

名称	二维码
新疆生产建设兵团住房公积金 2022 年年度报告	

第三部分

住房公积金管理运行有关经验做法

一、综合篇

综合篇

住房和城乡建设部推动建立军地住房公积金协同对接机制　切实维护退役军人权益

住房和城乡建设部贯彻落实党中央、国务院关于做好退役军人管理保障工作的决策部署，坚持问题导向、目标导向、结果导向，与退役军人事务部、军委后勤保障部等部门密切配合，加强军地协同对接，完善法规政策，推动建立军地住房公积金转移接续机制，确保军人住房公积金在退役后能接得上、用得好，帮助退役军人在安置地更好地解决住房问题。

一、坚持问题导向，摸清退役军人实际需求

通过书面和电话沟通、座谈走访、问卷调查等方式开展调研。

（一）深入了解退役军人实际需求。近年来，军人退役安置后，希望享受住房公积金提取和低息贷款政策，愿意将服役期间缴存的住房公积金转移到安置地，以便连续计算缴存时间、增加贷款额度。

（二）摸清办事难点堵点。军人退役安置到地方后，办理住房公积金转移接续还不顺畅，主要原因是退役前后的住房公积金由军地不同机构管理，军地之间在政策衔接、信息共享等方面尚未建立协同对接机制。

（三）总结地方实践经验。经调研了解，近年来北京、南京、青岛、广州等地在为退役军人开立住房公积金账户，实现“账随人走、钱随账走”方面，探索出不少可复制的实践经验，为建立军地住房公积金转移接续机制创造了条件。

二、坚持目标导向，会同军队部门加强军地协同

主动对接军委后勤保障部，协同开展政策研究。

（一）研究军地衔接方案。两部门相关司局多次会商，分析做好退役军人住房公积金转移接续的关键节点，明确军地部门职责，简化办理手续，减少证明材料。

（二）提出政策思路框架。以切实保障退役军人权益为目标，尊重退役军人个人意愿，坚持因人因需施策。军人退役时，根据自身住房需求，可以选择一次性领取住房公积金，也可以选择将住房公积金转移接续到安置地。转移到安置地的，由地方住房公积金管理机构做好后续服务，确保缴存时间连续计算，享受安置地的使用政策。

（三）确保政策可落地。住房和城乡建设部按照“最少够用”原则，向军队部门提出信息共享需求，实现“一表可办”，方便退役军人办事。组织北京市提前开展业务办理实操推演，确保退役军人住房公积金转移接续能够顺利办理。

三、坚持结果导向，配合做好法规政策制定工作

积极配合退役军人事务部等部门，推进军地住房公积金转移接续机制制度化。

（一）配合起草相关法规。将军地住房公积金转移接续内容纳入退役军人安置相关法规，确保有法可依。

（二）及时出台配套政策。2021 年 12 月以来，配合退役军人事务部印发 3 项政策文件，细化了住房公积金转移接续办理的具体规定。

（三）指导地方跟踪落实。召开全国住房公积金系统视频会周密部署，提出工作要求，确保首批逐月领取退役金退役军人安置工作顺利完成。

综合篇

重庆市推进住房公积金体检评估助推事业高质量发展取得实效

2022年，重庆市住房公积金管理中心（以下简称“重庆中心”）在住房和城乡建设部住房公积金监管司指导下，继续做好住房公积金管理中心体检评估工作。重庆中心积极探索体检评估工作新机制，推动体检评估客观准确反映中心管理运行状况，促进住房公积金管理服务水平进一步提升。

一、夯实工作基础，健全体检评估机制

（一）建立专班推进。锚定“补短板、强弱项、扬优势、谋发展、促管理”的工作目标，成立体检评估工作领导小组，形成中心领导牵头、各处室协同参与的工作队伍。

（二）完善闭环工作机制。构建“制定方案—收集资料—开展分析—问题诊断—撰写报告—第三方复评—整改落实”闭环式体检评估工作流程。制定体检评估工作实施方案，将各阶段工作任务分解到部门以及具体经办人，细化“责任表”，明晰“时间轴”，画好“路线图”。

（三）内外共同发力。坚持系统思维，树立“一盘棋”思想，统筹协调，充分发挥专家智慧力量，建立形成“系统内部成员与外部专家团队相结合”“独立研究与集体综合诊断相结合”“线上协调和线下会商相结合”等机制，扎实高效推进体检评估工作。

二、抓住关键环节，探索指标体系和评估方法

（一）构建实用的指标体系。按照群众关切、科学实用、重点突出、数据易得可信的原则，构建由基础指标、选检指标，以及体现重点工作推进情况的特色指标组成的体检指标体系。

（二）确保数据真实可靠。综合运用数字技术、调查问卷、案例分析等方式，借助住房公积金统计信息系统、电子稽查工具、住房公积金监管服务平台、住房公积金年度报告等途径，多措并举确保指标数据来源明确、准确、可信赖。

（三）抓综合诊断，提升评估能力。组织专家学者开展“联合会诊”，对标指标参考标准值，采用行业对标、历史对比、协同分析等方法进行多维数据分析，找准病灶、深挖病根、对症下药。

三、强化总结提炼，建立可复制的体检评估工作模板

（一）形成自评报告模板。坚持边测评边研究边总结，及时复盘体检评估开展情况，形成包括总体运行情况、工作亮点、问题不足和对策措施等内容的自评报告。

（二）建立第三方复评机制。委托中房协开展体检评估复评工作，确保评价客观公正，问题查找充分准确，原因剖析深刻透彻，对策措施有力有效，达到“把脉、问诊、开方、治病”的目的。

（三）探索“专项自检”工作。在常规体检评估基础上，围绕高质量发展目标以及阶段性重点工作，有针对性地拓展“专项自检”项目。2021年对住房公积金个贷风控体系建设开展专项评估，2022年对区域一体化发展、灵活就业人员参加住房公积金制度试点工作、数字化发展等13个方面的创新工作开展专项评估，为健全住房公积金缴存、使用、管理和运行机制提供新的研究视角。

四、注重成果转化，推动工作取得实效

（一）发挥业务发展的“助推器”作用。把整改体检评估发现的薄弱点作为中心工作的重要任务，作为制定分支机构、受托银行考核标准的重要参考；推动中心运用数字化手段开展精准扩面，截至2022年末，灵活就业人员累计实缴8.51万人，暂居试点城市首位。

（二）发挥管理运行的“诊断器”作用。把体检评估重点指标融入常态化监测、资金运行分析、服务网点暗访等全过程，及时发现问题，消除隐患；针对流动性紧张等问题，在加大自有归集的基础上，推动建立贴息贷款、借用增值收益、跨区域资金融通、资产证券化等多元化资金供应渠道，2022年末，个贷率同比下降5.86个百分点，流动性压力减小。

（三）发挥政策制定的“工具箱”作用。将体检评估结果作为政策制定的重要依据，推动出台提高租房提取额度、支持租房按月提取，提高个贷额度上限等政策，有力支持新市民、青年人解决住房问题。2022年，支持青年人租房提取人数、金额均同比增长80%以上。

综合篇

陕西省自评对标对表　复评多措并举
建立城市管理中心体检评估新机制

2022年，陕西省住房和城乡建设厅（以下简称“陕西省厅”）在住房和城乡建设部住房公积金监管司指导下，积极组织西安、铜川、延安、商洛四个住房公积金管理中心（以下简称“中心”）参加住房公积金管理中心体检评估试评价工作，对标对表梳理住房公积金管理运行状况、制度功能发挥情况等，形成体检评估自评报告。陕西省厅通过交叉评审、第三方审计机构评审和专家评审的方式，进一步复盘体检评估过程，使体检评估工作可学可鉴，评估结果真实可信，评估质量有效提升，进一步推动全省住房公积金服务管理迈上新台阶。

一、对标对表、实事求是，中心严格自评“找准病根”

（一）加强组织领导、制定工作方案。及时召开专题会议研究安排中心体检评估工作，成立以中心主要领导为组长，分管领导为副组长，各职能部门协调配合的领导小组，全面指导开展体检评估工作。认真组织学习《2022年住房公积金管理中心体检评估工作方案》（以下简称《方案》）、指标体系说明、体检评估定量指标行业标准值、中心体检评估指标体系等文件，并结合实际制定本中心体检方案。

（二）收集数据资料、分析测算评估。按照《方案》明确的发展绩效、管理规范化、信息化建设、风险防控、服务能力五个方面，结合中心制度建设、业务发展、管理运行、服务能力等实际，研究确定指标体系，收集数据资料。对照参考阈值或行业标准值，合理选用行业对标、历史对标、协同分析等评价方法，逐项对指标进行测算和分析。

（三）诊断问题原因、撰写评价报告。针对体检发现的问题，对照中心运行现状进行归纳分析，找准“病因”，并依据专家指导意见，按照单位基本情况及业务开展、体检指标情况及评价分析、工作特色亮点、问题诊断、改进措施五个模块完成体检评估自评报告。

二、多措并举、客观公正，省厅创新复评“科学诊断”

（一）参评中心交叉评。组织中心开展互评，互评中心根据对方自评报告情况，围绕突出问题、自评易忽视问题，统一提出整改意见。评审过程中，各互评中心取长补短，相互借鉴，特别是一些特色亮点、典型经验等方面，实现了相互学习，相互进步，形成“你追我赶”的良好局面。

（二）邀请审计机构评。邀请审计经验丰富的会计师事务所作为第三方专业性机构，对住房公积金增值收益、资金存储及财务收支情况的合规性和真实性进行审计，提出具体的意见建议和整改措施。

（三）省厅组织专家评。组织陕西省住房公积金研究中心专家组对参评中心进行复评，有效发现自评工作短板，并从多个方面提供行之有效的建议，并在后期整改过程中全程提供意见咨询。

三、改进措施、提升质效，强化运用“对症下药”

（一）充分运用评价结果。各参评中心对体检评估中反映出的突出问题，及时制定改进工作方案，并把当年的体检评价结果作为下一步工作的重点，完善形成“体检评估—科学诊断—提出建议—改进工作”的闭环管理机制，以评促改，以评促建，着力提升住房公积金服务管理水平。

（二）建立监督指导机制。不定期开展交流推进会，组织参评中心深刻剖析服务、管理、业务运行等方面存在的问题，加快改进工作，着力解决体检过程中发现的有关问题，助力提升服务能力。

（三）大力推广体检评估。在全省 14 个中心（分中心）大力推广体检评估机制，客观评价中心管理运行状况，督促各中心健全内控机制、有效防范化解重大风险、提升服务管理效能，促进陕西省住房公积金事业高质量发展。

综合篇

甘肃省强化数据校核治理　提升统计工作质量

按照住房和城乡建设部工作部署，甘肃省住房和城乡建设厅认真落实住房公积金统计工作要求，坚持问题导向、结果导向，创新统计工作方式方法，充分发挥智慧公积金平台功能作用，积极构建数据质量控制体系，指导所辖住房公积金管理中心（以下简称“中心”）稳步推进数据治理和统计工作双提升。

一、固本强基，夯实统计工作基础

（一）高度重视、统筹安排。组织开展全省统计业务培训，认真学习《住房公积金统计管理办法》《住房公积金统计调查制度》等文件要求，全面准确掌握统计调查制度。印发通知，要求各地充分认识统计工作的重要性，严格落实统计调查制度，严把源头数据关，不断提升统计数据质量和统计工作水平。

（二）完善机制、落实责任。认真落实住房公积金统计数据质量控制要求，组织各地中心按照统计规则及时准确采集、汇总和报送统计数据。做到“严把四关”：（1）严把数据质量关，实行数据初审、复审、终审三级审核制度，保证业务数据、财务数据和年报数据的一致性、准确性和完整性；（2）严把工作责任关，明确各中心主任为第一责任人，责任科室负责同志为具体负责人。指导各地逐项细化统计工作任务，每一项任务都定岗、定责、定时，确保分工协作高质量完成各项工作；（3）严把过程管控关，采取逐级审核、交叉核对的方式，严控数据质量。指定专人逐项逐条核实排查，横向、纵向对比分析，查找数据异常原因；（4）严把审核管理关，督促各地中心强化责任意识，严格遵守相关法律法规和规章制度，杜绝虚报、少报、瞒报、漏报现象，坚决抵制统计弄虚作假行为。

（三）强化联动、形成合力。指导各地中心加强内部科室间的沟通衔接，建立信息技术科牵头抓总，业务科室协同联动的工作机制，进一步规范管理信息系统的数据统计和审核逻辑，确保数据的严谨性和准确性，减少人工统计的失误和差错率。

二、创新驱动，提升统计智慧化水平

（一）规范标准、健全体系。参照全国住房公积金平台数据采集标准和统计报表填报规则，分析全国平台数据采集过程及省级监管工作需求，梳理编制智慧公积金数据采集内容，确定数据采集标准。结合住房公积金统计信息系统、电子稽查工具、数据质检工具等功能应用，建立涵盖159项基础数据核验指标、107项数据逻辑核验指标的数据核验指标体系，搭建数据校验比对框架。

（二）交叉校验、标本兼治。通过智慧公积金开展统计数据和业务数据交叉比对校验，对明显异常数据进行监测预警，并对预警信息进行直观、详实的可视化、动态化展示，同时反馈中心进行数据核实整改，对质量不达标的数据要求中心整改完成后重新上报，进行再次校验核对，形成“采集-校验-反馈-治理”的数据管控闭环体系。

（三）跟踪核验、量质齐升。智慧公积金直接从数据仓库中归并各相关数据项生成全省住房公积金统计报表，同时进行数据核验，查找填报差错，发现数据疑点。要求中心报送的统计报表，必须通过智慧公积金的跟踪核验，才能汇总上报全国统计系统。2022 年全省住房公积金年度报告数据差错由 2021 年的 34 项下降至 2 项，统计数据质量得到全面提升。

三、数字赋能，推动统计工作发挥重要作用

（一）实现动态化分析。充分应用智慧公积金数据监管治理能力，进一步加强对中心业务运行数据的动态监管，依照统计调查指标动态分析数据变动情况，将统计分析成果作为调整政策、规范管理、提升服务、加强监管的重要依据。

（二）开展科学化评估。按照中心业务运行趋势及特点，结合当地经济社会发展情况和房地产市场状况，及时确定年度统计分析重点。针对逾期率、个贷率、大额资金调拨等重要业务指标，健全风险预警数据模型，查找业务运行中的风险点和薄弱环节，深入剖析原因，有针对性地提出相应改进措施和办法。

（三）实施精细化监管。在智慧公积金建设大数据数字看板，集中展示全省公积金归集、提取、贷款、资金、财务等指标数据，将异地业务、贷款逾期率、个贷率、缴存额增长率、提取率等 220 项指标数据转化为简洁的可视化图表，利用图表对数据进行筛选、分析，展示正常运行数据、标记异常数据，为省级监管工作提供了全方位、多维度的数据化决策依据。

二、政策篇

住房和城乡建设部多措并举推动住房公积金阶段性支持政策落地落实落细

2022 年，住房和城乡建设部认真贯彻落实党中央、国务院关于高效统筹疫情防控和经济社会发展的决策部署，会同财政部、人民银行出台应对新冠肺炎疫情住房公积金阶段性支持政策（以下简称“阶段性支持政策”），进一步加大住房公积金助企纾困力度，全力帮助受疫情影响的企业和缴存人共同渡过难关，取得了积极成效。

一、总结经验，分析研判，优化调整支持政策内容

我部贯彻落实党中央、国务院关于疫情要防住、经济要稳住、发展要安全的要求，围绕有效缓解 2022 年上半年新一轮疫情冲击影响，企业和职工困难明显增多的状况，在总结评估 2020 年阶段性支持政策顺利有效实施的基础上，提出 2022 年阶段性支持政策的预案：

一是政策内容整体沿用 2020 年的框架。

二是在具体政策措施上予以调整，优化对企业的支持方式，仅支持缓缴，不支持停缴和降低缴存比例，延续对缴存人逾期贷款的支持政策，缓解缴存人还款压力。

三是进一步增强对租房的支持力度，将扩大租房提取支持作为一项单独的政策措施，主要是考虑到 2020 年租房提取支持政策深受职工欢迎，同时也有结合租购并举支持新市民、青年人解决住房问题的长期考虑。

四是将落实地方政府主体责任、保障疫情期间住房公积金服务平稳运行纳入政策内容。

二、快速部署、紧抓落实，指导各地精准施策

我部采取非常规措施推进阶段性支持政策实施。

一是迅速召开直达基层的全国性住房公积金阶段性支持政策会议，对住房公积金系统助企纾困工作进行部署，对政策落地实施提出明确要求，督促指导各地制定出台落实住房公积金阶段性支持政策具体措施，并对政策到期后衔接过渡做了妥善安排。会议召开 40 天内，全国各省（区）和 341 个设区城市均出台了具体实施措施，比 2020 年阶段性支持政策落实周期明显缩短。

二是强化督促跟踪指导，建立实施情况跟踪机制。采取分类指导、实地督导、视频远程督导和建立专班工作机制等方式，通过住房公积金统计信息系统，建立定期报送工作机制，定期报送阶段性支持政策实施情况，动态跟踪并监测梳理政策执行效果，确保政策执行不走样，政策措施落实到位。督促相关城市排查政策执行堵点，对症下药，抓好政策落实。特别是加强指导，切实推动地方提高租房提取额度，切实缓解缴存人租房负担。

三是梳理经验，提升政策实施效果。通过定期报送工作机制，发现地方好的做法、经验等落实情况，定期总结住房公积金阶段性支持政策实施效果，为推进阶段性支持政策实施提供创新思路。

四是做好政策宣传解读。为加强住房公积金阶段性支持政策的宣传力度，同时有效提高住房公积金制度的知晓度和影响力，在我部召开的新闻发布会上，介绍阶段性支持政策实施情况，并及时回应社会

关注的热点问题。

五是指导各地做好政策有效衔接。指导各地阶段性支持政策到期后，通过制定缓缴、补缴计划，调整政策措施等方式帮助受疫情影响尚未恢复生产能力的企业，确保阶段性支持政策与常规政策的有效衔接。

阶段性支持政策实施期间，我们严守政策底线，多次召开视频会议，采取多种方式，对违规出台政策的进行指导纠正；对政策理解存在偏差、政策落实打折扣的及时督导；对“搭便车”出台放宽贷款政策的，与房地产市场监管司联合明确相关要求，予以指导规范；对政策到期后自行延长政策实施时限的，及时提出纠正要求，防止形成“破窗效应”。

三、数字赋能，不间断服务，统筹疫情防控和服务工作

一是推动住房公积金监管服务平台建设和应用，推进跨区域、跨部门信息共享，扩大电子营业执照等电子证照应用范围，为各地服务减材料、减要件、减时限提供支撑，为疫情期间住房公积金服务不间断奠定了基础。阶段性支持政策实施期间，各地累计调用共享数据 1813.10 万次，是 2021 年同期调用次数的 19 倍。

二是统筹抓好业务服务工作。指导各地优化线上线下服务渠道，推动更多业务网上办、掌上办、指尖办，确保疫情防控与业务办理两不误，实现住房公积金服务平稳运行，缴存、提取业务量较 2021 年同期均有增加，缴存、提取金额同比增长 8.37%、6.81%。群众对住房公积金服务满意度非常高，不少城市实现“零投诉”。

三是推广应用全国住房公积金小程序，为缴存人提供全国统一的线上服务渠道，推动住房公积金账户、资金跨城市转移“一键办”。阶段性支持政策实施期间，全国小程序累计访问 2.43 亿次，办理转移接续业务 163.08 万笔，转移资金 160 亿元，分别比 2021 年同期增长 268.18%、193.94%、180.70%。

天津市惠民利企抓落实　努力推动住房公积金阶段性支持政策取得实效

2022 年，为深入贯彻落实党中央、国务院关于高效统筹疫情防控和经济社会发展的决策部署，按照住房和城乡建设部等部门《关于实施住房公积金阶段性支持政策的通知》要求，天津市出台住房公积金阶段性支持政策，帮助受疫情影响的企业和职工，取得明显成效。截至 2022 年底，全市共支持 1464 家企业为 4.5 万名职工缓缴住房公积金 28249.4 万元；支持 1.4 万笔贷款职工无法正常偿还的个人住房贷款不作逾期处理，涉及贷款应还未还本金 3704.9 万元；提高了租房提取额度，共支持 3.2 万名职工提高租房提取额度、提取资金 18905 万元。主要做法如下：

一、迅速落实政策，一体化统筹推进

根据国务院总体部署，市委、市政府迅速响应、统筹部署，市住房公积金管理委员会、天津中心立即行动、一体推进，第一时间将国家政策落地落细。6 月 1 日，市公积金管委会发布《关于提高租房提取住房公积金最高限额的通知》，将租房提取住房公积金的最高限额由 2400 元提高到 3000 元。天津中心连夜升级相关业务系统，确保政策 6 月 2 日顺利实施。同日，天津中心发布通知，明确受新冠肺炎疫情影响的企业可以申请缓缴，缓缴期间职工提取住房公积金和申请住房公积金贷款不受影响；受新冠肺炎疫情影响的职工不能正常偿还个人住房公积金贷款的，不计收逾期罚息，不作为逾期贷款报送征信部门。

二、坚持精准定向发力助企纾困

天津中心强化宣传引导，全方位、多角度、多形式、多轮次开展针对性宣传，实现宣传全覆盖，确保缴存单位和职工“应知尽知”“应享尽享”。通过网站专栏、微信号等渠道集中发布了政策、图解、明白纸、典型案例等，通俗易懂解读政策，公开业务办理流程；通过视频会议、上门服务等方式对 4.7 万家企业进行集中宣传；对正常缴存及短期欠缴的 7 万余家缴存企业和 2.2 万名已办理租房提取的职工，通过微信或短信方式点对点推送阶段性支持政策和租房提取新政，推送失败的，逐个摸排情况，确保不漏一家企业；在大数据分析基础上，对 1.3 万家因疫情影响可能存在经营困难的企业，通过电话、上门等方式开展一对一个性化服务。对受疫情影响的制造业、批发零售业等非公企业，精准定位企业需求，重点给予专项支持。办理缓缴的单位中，受疫情影响较大的制造业、批发零售业、服务业企业 627 家，占比 42.83%；非公企业 1423 家、占比 97.2%。

三、坚持惠民便民政策目标导向

天津中心坚持服务群众的理念，严格落实政策要求，精简业务流程，充分维护缴存企业和职工合法权益。严格落实“首问负责、首办负责”制，企业办理缓缴业务“一张表、即刻办”、当场办结；对无法到场办理的企业，开通邮寄办理方式；对部分因客观原因暂时无法提供工会证明的企业，实行承诺制、容缺办理，确保单位及时享受支持政策；缓缴企业职工申请公积金贷款无需提供缓缴证明资料，经公积金中心审核属于阶段性缓缴范围的，与正常缴存职工享受相同政策、相同要件、相同时限，保证缓缴职工及时获得公积金贷款；对受新冠肺炎疫情影响暂时不能按期偿还的公积金贷款，采取“免申请、自动办”方式，业务系统自动不计收罚息。累计处理因疫情影响无法正常还款且不作逾期处理的贷款总笔数1.4万笔，其中非公企业职工的贷款占比70.8%，帮助受疫情影响职工渡过难关。已作缓缴处理的有关职工，不影响办理住房公积金贷款，全年向135名办理缓缴的职工发放住房公积金贷款共计6691.1万元。

四、坚持租购并举保障职工基本住房需求

天津中心严格落实中央关于“加快建立多主体供给、多渠道保障、租购并举的住房制度”的决策部署，进一步完善租房提取政策，重点支持年轻人和新市民的租房需求。租房职工可通过“天津公积金”App或微信小程序自助办理租房约定提取业务，无需提供资料，足不出户即可提取住房公积金。2022年6月至12月，办理租房提取的职工4.45万人，提取住房公积金31982.6万元，同比分别增长95.4%和155.1%。享受租房提取政策的群体中，35岁以下职工占比79.1%，外地来津工作职工占比63.5%。进一步优化提取操作，住房公积金阶段性支持政策出台以来，租房提取网上办、掌上办占比达到了92.2%，为缴存人提供了极大的便利。

山东省济南市发挥住房公积金平台作用
促进企业从“要我缴”向“我要缴”转变

济南住房公积金中心（以下简称“济南中心”）以服务社会经济和企业发展为切入点，搭建银企对接平台，发挥住房公积金信用信息作用，助力企业增信融资，实现地方经济、企业融资和住房公积金制度扩面的多方共赢发展模式。通过金融赋能，有效提升缴存企业的获得感；通过纾困助企，支持地方经济发展，加大政府各部门对住房公积金工作的支持力度；通过活动宣传，提高对住房公积金制度的认可，激发企业缴存积极性，促进企业从“要我缴”向“我要缴”转变。截至目前，助企活动直接带动3537家单位，为37573名职工缴存了住房公积金。

一、摸清需求，助力企业增信

为更好地服务缴存企业和职工，济南中心深入走访企业调研了解到，一些企业特别是中小微企业因缺乏信用记录，面临融资难、融资贵问题；商业银行也因无法审核其信用状况而无法发放贷款。考虑到住房公积金缴存情况在一定程度上能够反映企业持续经营状况，是企业信用的重要体现，济南中心研究提出运用住房公积金信用信息、助力企业信用提升的服务新模式。针对县区、开发园区的企业分布较多的特点，济南中心主动对接县区金融、发展改革、财政等部门，了解区县、园区产业项目发展需求和企业融资需求，与市重点支持项目比对分析后，联系商业银行分类制定金融支持方案。银行提前研究涉及行业和项目的信贷支持政策，对各企业和项目进行相应研究分析和对接，定制精准的金融支持方案。由济南中心组织相关银行进驻县区、园区，召开银企对接会，为商业银行、政府部门、企业三方搭建平台，组织银行与企业面对面沟通交流，点对点进行惠企金融辅导，形成地方政府各部门、商业银行和住房公积金管理中心多方参与的工作合力。通过面对面倾听企业声音、心贴心回应企业诉求、切实解决企业发展痛难点，使缴纳住房公积金成为助力企业发展的“真金白银”。

二、搭建平台，实现银企对接

济南中心牵头组织合作商业银行进驻县区、园区，召开银企对接会，为商业银行、政府部门、企业三方搭建平台。一是组织商业银行与企业面对面沟通交流，点对点进行金融惠企辅导，实现企业通过缴存住房公积金有效提升信用，获得金融机构融资支持。二是开展住房公积金制度普法宣传，宣讲住房公积金制度意义和政策优势，现场答疑释惑，引导尚未建缴住房公积金的企业依法缴存。三是建立服务企业工作台账，全程跟踪服务，引导商业银行向缴存企业提供展期、续贷等多种支持措施，进一步提高服务效能。在此基础上，发挥首批获得融资支持企业的示范作用，将扩面工作由重点企业扩大到县区、园区所有企业，建立“未建缴单位清单”，带动更多县区、园区企业依法缴存住房公积金。四是对接会后，定期调度、形成闭环，督促各银行综合运用展期、续贷、再融资、调整还款计划等多种措施，提高金融支持效能。截至目前，已组织11个县区、园区政银对接会，由商业银行向企业发放贷款186亿元，既有力支持了当地基础设施、生态环保、乡村振兴等重点项目，又有效提升了企业对住房公积金制度的认知度。

三、建立服务机制，持续促进扩面增缴

济南中心制定住房公积金常态化服务企业工作方案，以服务助企业发展，以发展促制度扩面。一是全流程服务常态化。联合商业银行，建立工作机制，自下而上的伞状服务体系，通过金字塔型纵向到底、横向到边的组织体系和伞状有求必应、有问必答的服务体系的双向融合，为企业提供涵盖缴存、转移、提取等全链条一站式服务，达到服务民生、加强宣传、增进了解的积极作用，带动公积金归集业务发展，最终实现增缴扩面。二是主动服务常态化。联合不动产登记等部门和商业银行，主动进园区、进项目、进企业，从“坐等上门”到“主动上门”，打通服务最后一公里，为企业便捷办理住房公积金业务和自身发展提供持续支持。三是助企服务常态化。以党建引领服务升级，打造“党建引领常态化服务企业”新模式，将党建工作与支持经济社会发展相融合。以党支部为单位组建助企小分队，通过实地调研、定期走访、建微信群等形式，搭建线上线下需求快速搜集和响应机制，对企业发展中遇到的所需、所急、所盼问题能现场解决的现场解决，不能解决的形成调研报告，由济南中心统一梳理形成问题清单，协调相关部门解决，其中共性问题报告市政府决策使用，进一步补充市里对企业的精准扶持政策。四是金融赋能常态化。济南中心积极与银行等金融机构联合研判企业资信，要求金融机构把公积金缴存信息作为判定企业资信的核心指标，加快住房公积金与金融数据深度融合，从服务发展大局出发，建立合作机制、共享交换信息、创新融资方式，着力破解中小微企业融资难题，形成了公积金与银行互动从无到有、从“线下”到“线上”、公积金信用与贷款信用无缝对接的良好局面，实现了公积金、银、企三方共赢的社会效应，通过公积金中心与银行数据直连，依托良好的公积金缴存记录，协助银行开发精准信贷模型，向缴存企业提供利率优惠的惠企贷。自 2021 年 9 月以来，商业银行向企业共发放贷款 7224 笔、30 亿元，让依法缴存住房公积金的企业切实享受优惠政策。

贵州省黔南州推动村（社区）干部建缴住房公积金精准有效

2022年，黔南州住房公积金管理中心（以下简称“黔南公积金中心”）贯彻落实新国发2号文件关于“扩大住房公积金制度覆盖面”要求，以推动村（社区）干部建缴住房公积金为突破点，协同部门精准发力、靶向施策，推动全州1455个村（社区）7387名村干部建立个人住房公积金制度，进一步扩大制度受益范围。2022年，黔南公积金中心被人力资源和社会保障部住房和城乡建设部联合表彰为“全国住房和城乡建设系统先进集体”。

一、精准定标，算清“缴存账”

一是摸清村干意愿。由组织部、公积金等部门组成调研组，采取领导带队、州县联动的方式，按照县（市）全覆盖、镇村分片选点的形式进行调研摸底，走访93个村镇，访谈干部534人，95%的受访者支持或认可，摸清了村干部的“需求点”，找准了基层满意的“方向标”，为实现“政策围着基层定、服务跟着需求走”打下基础。

二是兼顾财力所能。立足县级财力，按照高低适当、承受可及原则，依据本州住房公积金缴存比例最低不得低于5%、最高不得高于12%的规定，引入上中下“三线”（比例分别为12%、10%、5%）核算概念，以中线为基准，重点参考上下线，以村干部平均工资水平3000元为基数，测算出每年全州财政需负担费用，按县级负责原则分摊到县，做到心中有数、量入为出，充分体现“花小钱办大事”。

三是划定缴存比例。注重统一区域标准、兼顾县（市）情况，严格执行评估论证、公开征求意见、合规性审查、集体审议决定的决策制度，参照职工住房公积金缴存比例，由各县（市）按照“可持续、保基本”的原则合理确定，确保城乡统一、公平合理和财政可承担、村干能接受。

二、精准实施，用足“政策包”

一是构建灵活的政策体系。抓住新国发2号文件政策机遇，将村干部住房公积金纳入村干部薪酬体系，作为政金合作黔南宜居“聚保增”改革重点事项统筹谋划，明确适用对象为村党组织书记和副书记、村委会主任和副主任及文书等村“两委”常务干部，做到有策可依、有章可循。同时，明确规范了村干部缴存期满6个月后，在购买、建造、翻修和大修自住住房时的使用、审批条件，村干部任期内无购房、建房支出需求的，子女购房时若为共同购房人，同样可以申请贷款或提取使用，充分保障缴存村干部的受益权。

二是建立个性化服务体系。针对不同县（市）制定个性化菜单式服务方案，采取领导分片联系、业务科室包保相结合的方式，开展全过程跟踪服务指导，及时帮助协调解决问题，确保村干部住房公积金制度制定实施的行业性、专业性和规范性。

三是实行分步式推进覆盖。坚持州级引导、县级为主，充分尊重县（市）发展水平差异，按照因地制宜、循序渐进、逐步实施的原则，采取“一县一策、一县一标”的办法，引导县（市）在财力允许、村干部响应的前提下，探索推行村干部住房公积金制度，不设“时间表”，不搞“一刀切”，不追求一步到位，成熟一个推进一个，坚决避免“水土不服”、难以落地。

三、精准宣传，送上“定心丸”

一是“双线”宣解。坚持线上线下宣解和动态静态宣解相结合，线上充分利用州公积金中心门户网站、微信公众号、短信等，刊播推送村干部建缴公积金的对象、比例、流程等重点内容，线下组建宣讲队伍进镇入村，通过“院坝会”“解答会”等形式面对面零距离进行讲解，提高政策知晓率，营造良好建缴环境。

二是“双向”宣解。建立上下联动的双向宣传机制，制定宣传册页，下沉村寨点对点开展政策宣讲，同时邀请缴存村干部进行“现身说法”，分享获得感、幸福感和危机感、责任感，调动工作积极性主动性，提振干事创业精气神。

三是“双语”宣解。针对部分少数民族聚居区群众听不懂汉语、参与选举村干部热情不高的现状，优选懂政策、精通民族语言的干部，深入少数民族村寨开展“住房公积金轻骑兵”宣传活动，运用汉语和少数民族语言进行“双语”宣讲，确保群众听得懂能理解，广泛激发少数民族群众参与选举村干部的热情，同时让群众感受政策温度。

四、精准管理，确保“安全性”

一是专户收缴。每名村干部设立一个账户管理，由所在县（市）组织部或镇（街道）作为缴存单位申请办理，20日内完成账户设立，无需个人跑路。并加强账户安全监管，采取随时更新与定期维护、账户年检与日常监管相融合的办法，确保账户基础信息准确、规范，每年按国家规定结息。

二是依酬实缴。以村干部个人上年度月平均薪酬和绩效考核奖为缴存基数，个人缴纳部分从个人薪酬中代扣，财政补助部分由县级财政保障。缴存基数原则上每年变更一次，不低于省人力资源和社会保障部门公布的上年度黔南州各县（市）职工月最低工资标准，不超过上年度省人社厅和省统计局公布的黔南州全口径城镇单位就业人员月平均工资的三倍，确保增长上调与经济发展水平相适应。

三是按规缴提。坚持原则性与灵活性相结合，村干部离任后，封存原有个人账户，按照个人自愿原则，可以申请转为灵活就业人员继续缴存，继缴资金由个人全部承担；重新就业的，也可以转入新单位继续缴存；未重新就业且已结清住房公积金贷款的，在原有账户封存6个月后，还可以提取个人账户全部余额，同时进行销户，充分保障离任村干部的继缴和提取选择权。

三、试点篇

试点篇

江苏省常州市深化灵活就业人员参加住房公积金制度试点　支持高校毕业生“青春留常”

常州市自2021年12月1日正式实施灵活就业人员参加住房公积金制度试点政策以来，受益群体不断扩大，社会影响力持续提升。为进一步深化试点工作，常州市住房公积金管理中心（以下简称“常州中心”）出台了《常州市住房公积金支持在常高校和职业院校毕业生“青春留常”实施办法》，对在常高校和职业院校毕业生留在常州就业创业的，给予“300元开户补贴＋2500元缴存补贴＋5年内购房额外20万元贷款额度”的支持。

一、注重集思广益，精准施策

（一）摸清底子。认真调研常州市政府出台的《关于促进创新发展的若干政策》系列实施细则，领会文件精神，学习其他部门工作经验。

（二）找准路子。在2022年初开展了《住房公积金支持在常高校毕业生“青春留常”安居计划调查》，以问卷调查的形式向3606名毕业生了解留常意愿、政策需求、信息渠道等，深入剖析毕业生需求。

（三）开对方子。一方面创新扶持范围，根据常州市制造业为主和职业教育的特色，政策扶持范围覆盖了普通高校、职业院校和技工院校；另一方面创新补贴机制，建立从毕业前介入宣传、毕业时享受开户补贴、毕业后6个月享受缴存补贴、5年内购房享受增加贷款额度支持的无缝衔接机制。

二、加强组织领导，明确目标

（一）建立组织保障。2022年4月12日，经市住房公积金管委会审议通过政策文件后，常州中心第一时间成立工作小组，“一把手”挂帅抓总责，分管领导抓落实，集中业务骨干力量，合力协作推进政策落地实施。

（二）加强目标管理。摸排在常高校、职业院校历年毕业生的留常就业情况，开展定量分析，制定了2022年—2025年“青春留常”的年度目标任务。根据目标任务，对分中心实行定期通报，落实督促整改，坚持“日常查、季度督、半年评、年终考”，加强对项目落实的督查检查。

（三）争取政府支持。常州中心拟定的支持8000名在常高校毕业季大学生青春留常安居计划，被纳入2022年常州市民生实事项目。

三、创新工作形式，建立机制

（一）落实内部责任部门。明确由业务管理部门牵头“青春留常”计划项目，各分中心根据属地化管理原则，分别负责对接辖区内高校、职业院校的政策推广工作。

（二）建立多跨协作机制。积极对接市人社局、市教育局等部门，加强部门间的信息共享和工作联动，合力推进项目，形成跨部门、跨行业的联动机制。

（三）建立外部协作机制。在受托银行中，考察筛选确定合适的合作银行，协助常州中心开展政策推广。

四、强化政策宣传，扩大影响

（一）抓特点，创新宣传。积极联系在常高校和职业院校招生就业部门负责人、系（年级）辅导员、班主任，并在学生会中聘请“校园推广大使”，让政策进校园、进班级、进宿舍、到个人。

（二）抓需求，精准推广。常州中心在内部挑选业务精、形象好、善表达的年轻同志，组建网络宣传员队伍。同时，主动对接团市委、合作银行等，累计开展 100 多场次网络直播推介政策、面对面介绍政策、手把手指导政策，让政策宣传更富成效。

（三）抓覆盖，广泛传播。一方面，用好中心网站、微信公众号，以及常州日报、常州晚报、现代快报、常州电视台等传统媒体，开展“面上”的政策普及性宣传；另一方面，在高校、职业院校周边的公益电子屏、公交路线和公寓电梯，进行“点上”的政策精准性推广。

2022 年，常州住房公积金支持“青春留常”计划取得了较好的效果。截至 2022 年末，常州中心共为 12500 名毕业生发放开户补贴 375 万元，且已有 1 名留常人才享受了贷款额度支持。常州中心还将于 2023 年 7 月发放 2022 届毕业生的留常缴存补贴，预计超 2000 万元，并持续关注留常人才贷款情况。

四、服务篇

北京市巧做“加减乘除”法　便民服务再上新台阶

北京住房公积金管理中心（以下简称“北京中心”）按照住房和城乡建设部党组“我为群众办实事”实践活动工作部署，不断优化住房公积金个人住房贷款业务流程，巧做“加减乘除”法，让住房公积金便民服务水平再上新台阶。

一、做加法，全心写好民生大文章

（一）成立通州管理部e通厅示范点，打造城市副中心住房公积金示范窗口。示范点以“一流从业队伍、一流技术设备、一流服务环境”为目标，开通全业务柜台“一窗通办”，方便企事业单位、职工了解政策、办理业务。

（二）增加服务渠道，深化掌上办。充分利用现代科技设备，全力推广“网上办”“掌上办”“自助办”“柜台办”便民措施，新增自助机具办理渠道，受理贷款的申请、面签、变更和还款业务，从各网点精心挑选了业务能力强、服务意识好的业务骨干走出办事柜台，在自助服务区域为企业百姓提供面对面的咨询指导、即时审核等贴心服务。

（三）加推送、勤提醒，动态智能掌握情况。充分利用新媒体平台，向借款人推送贷款放款、还款、还清信息，让借款人动态掌握自己的贷款情况。在自助机具上，还可以通过客户画像模型对用户进行智能识别，实现了“猜你要办什么业务”，并主动将不同功能进行智能推送。

二、做减法，全方位优化提升服务环境

（一）减证便民，推行贷款证明告知承诺制。住房公积金贷款业务采用了告知承诺制办理方式，对于需提供《异地贷款职工住房公积金缴存使用证明》和原缴存地住房公积金管理中心开具的《缴存证明》的借款申请人，在贷款申请过程中可自主选择是否采用告知承诺制办理。

（二）减材料，让数据多跑路、群众少跑腿。通过启用电子证照核实信息，借款人无需再提供身份证、户口本和结婚证（离婚证）3份材料。通过中心内部数据核实，借款人无需再提供还款卡、首付款收据、卖方不动产权证书和收款卡4份材料。

（三）减签字，让群众办事更简单。通过启用借款人电子签字和调整借款合同，减少了借款人的签字数量。以夫妻办理二手房贷款申请为例，流程优化后可以减少2份纸制借款申请表签字和4处借款合同签字，借款人只需在4份借款合同的借款人及抵押人2处签名，签字数量由36个减少为16个。

三、做乘法，全力共享建设智慧公积金

（一）调用数据信息，织密防控风险网。推动民政、公安等部门的数据共享，实现严防严控。通过调用全国婚姻关系电子数据信息，核查借款人真实婚姻情况，防范虚假婚姻关系套取贷款的风险。通过调用北京市户籍数据信息，精准识别借款人户籍所在地。

（二）“跨省通办”，解民生之忧。北京中心进一步贯彻落实住房和城乡建设部《关于做好住房公积金服务“跨省通办”工作的通知》，实现提前还清住房公积金贷款、开具住房公积金个人住房贷款全部

还清证明两个服务事项“跨省通办”，深化“跨省通办”服务力度，扩大“跨省通办”服务事项范围，满足缴存职工异地办事需求。

（三）切实加大对失信被执行人的联合惩戒力度，促进社会诚信体系建设。调用全国信用信息共享平台（北京）数据，查询借款申请人是否为失信被执行人，明确是失信被执行人的，北京中心不受理失信被执行人的贷款申请，进一步强化了社会信用体系的应用。

四、做除法，全情去除审核环节暖民心

（一）申请贷款更便利。“宁可自己麻烦一点，也要让群众更便捷一些”，北京中心坚持从多谋民生之利、多解民生之忧入手，通过调用电子证照和精简信息录入项，减少了贷款资料录入、拍照和上传的时间，申请贷款更加快捷。

（二）向前一步，去除群众自办环节。借款人无需再联系开发商取得《关于同意销售和解除抵押权证明》和《售房人银行开户情况说明》，无需再联系开发商给《收证合同》签章，改由银行和担保中心联系开发商，让群众办事少跑腿，让贷款申请更省心。

（三）去除二手房评估费用，进一步减轻群众负担。落实《住房和城乡建设部关于取消部分部门规章和规范性文件设定的证明事项的决定》（建法规〔2019〕6号），住房公积金个人住房贷款二手房评估费不再由借款申请人承担，进一步减轻了借款申请人负担。

江苏省连云港市实施标准化管理 打造有温度的服务窗口

江苏省连云港市住房公积金管理中心（以下简称“连云港中心”）认真落实《国务院关于加快推进政务服务标准化规范化便利化的指导意见》的要求，通过对服务窗口的人、事、物三大要素实施全方位、全流程标准化管理，推动建立完善公积金管理服务标准化体系，为广大缴存单位和职工提供有温度的公积金服务。

一、突出规划建设，塑造优美服务形象

将标准化管理理念引入服务窗口管理，通过“四定”工作法确定物品定点摆放，科学合理划分八大功能专区，全方位、多角度、多维度打造公积金优美环境空间。

（一）实施定点定位。实行物品“固定位置、固定容器、固定方向、固定方法”“四定”法，通过在服务窗口各区域、物品放置处采取标线、标签、色彩等标识，对硬件设施、业务资料等要素进行定位管理，有效解决了服务窗口物品凌乱、摆放无序的状况，实现物品迅速拿取、立即使用，提高窗口整体服务效率。

（二）科学功能划分。设置咨询引导区、业务办理区、智能服务区、休息等候区等八大功能区域，对服务窗口现场人员、业务服务、物品等要素进行标准化管理，设立“办不成事反映”专窗、“跨省通办”专窗、“高层次人才”服务专区，以及老年人、军人等优先服务通道，人性化、个性化满足各类服务群体的服务需求。

（三）打造优良秩序。结合“放管服”改革和政务公开工作的有关要求，全面推行首问负责制、一次告知制、服务承诺制等服务制度，合理配置叫号机、自助办理设备等便捷化设施，设置轮椅、站式AED（自动体外除颤器）等便民设施，推行延时办、上门办等便民服务，所有业务均实施“零收费”制度，确保窗口业务办理忙而不乱、秩序井然。

二、系统高效治理，定义精美服务标准

围绕线上、线下和管理机制三大服务标准体系建设，对操作流程、服务规范、监管机制等事项进行梳理规范，固化形成了90余条具体服务标准，确保同一事项全市无差别受理、同标准办理，不断提升办事群众的获得感、幸福感和满意度。

（一）业务集成“一次办”。充分利用房产交易、社保、公安、民政等信息资源共享，优化再造服务流程，精简审批环节材料，实现窗口提取“一窗受理、当场办结、即时到账”，单笔提取业务可节约办理时间约15分钟，以该业务约5万件年办理量测算，每年可节约1.25万人工工时。推进贷款“一件事一次办”，将抵押登记、委托放款等事项在贷款申请时前置集成化办理，实现住房公积金贷款全程“只跑一次、一窗通办”。

（二）数字赋能“网上办”。加快推进住房公积金数字化建设，全面建设开通网上业务大厅、“我的连云港”App、“苏服办”App、支付宝、微信等12项综合服务渠道，将数字技术广泛应用于公积金贷

款、提取、企业全生命周期等方面，开通线上提取、贷款等个人公积金业务28项，高频业务全部实现“零材料”“零审批”“即时办结”，不见面率达97%；开通线上开户、缴存等单位公积金业32项，不见面率达100%，推进服务事项更加好办易办。

（三）评价运用“满意办”。创新“3+2+1+1”内部服务评价模式，即“每日3次巡检、每周2次晨夕会、每月1次服务通报、每年1次贯标服务评优”，通过多形式对标找差，确保服务标准落实。推进公积金12329热线与12345政务热线双号并行，主动接受外部监督，委托第三方开展窗口服务“体检”，全面推行“好差评”系统，实现“线上+线下”评价全覆盖，以群众的“口碑”来促进公积金服务水平的提升。

三、坚持党建引领，打造醇美服务品质

深化“党务+业务+服务”三务融合，将一方水土、一方人情、一方风物渗透到公积金服务管理的全过程、各环节，酝酿了醇美温厚的连云港市住房公积金服务特色文化。

（一）党建品牌提炼。发挥连云港市公积金“金镶玉竹·筑梦驿站”主品牌示范引领，结合地方文化特色，打造“筑梦”之“山海”“伊心”“惠泽”“榆悦”“晶彩”“圆梦公积金”等系列子品牌，推动形成“1+N”党建品牌矩阵。邀请行业专家开展服务培训，开展“喜迎二十大岗位建新功”公积金业务技能大赛、6S服务标准化礼仪展示赛，编制优秀服务案例，拍摄服务宣传短片，授牌命名“党员示范窗口”“党员示范岗”，强化岗位练兵，树立榜样标杆。

（二）文化特色提升。按照“5+X”流程，定期开展道德讲堂，引入新职工“入职礼”“成长礼”等创新环节，邀请“时代楷模”钟佰均、“中国好人”马善明、“最美抗疫先锋”宋明译来我中心作主题分享，用先进文化筑牢干部职工思想道德防线。积极开展各项文体活动，组织开展元宵节猜灯谜、端午节划龙舟等“我们的节日”系列主题活动，自编自演音乐快板《学习党史颂党恩》和情景剧《1921—2021穿越时空的对话》，营造了健康向上、催人奋进的人文环境。

（三）文明服务提质。推进窗口文明服务标准化建设，创建公积金窗口文明服务“九步曲”，展示统一化、标准化住房公积金服务礼仪。在全市6个服务大厅的窗口设立文明监督岗，设置文明引导员，负责对前来办理业务的市民进行文明习惯、文明礼仪等引导。

山东省临沂市聚焦“三个标准化” 推动服务提质效

2022 年，临沂市住房公积金中心坚持“以人民为中心”的发展思想，以开展“惠民公积金、服务暖人心”服务提升三年行动为抓手，深入推进窗口、业务、服务标准化工作，围绕中心，服务大局，精心打造“金心办 惠沂居”服务品牌，更好满足群众刚性住房需求、更好服务民生改善和企业发展。

一、以窗口标准化为突破点，打造便民服务新阵地

突出“便民化、样板化、人性化”，对全市 13 个住房公积金服务大厅进行提档升级，打造有质感、有内涵、有温度的服务大厅。

（一）硬件设施“便民化”。将统一的公积金服务标识融入服务大厅，设置 24 小时自助服务区、综合受理区、休息等待区等功能区，配备自助查询机、智能叫号机、电子显示屏、“好差评”服务器等设施设备，提供饮水、雨具、轮椅、老花镜、母婴室、应急药品等便民服务，为企业、群众营造秩序井然、温馨舒适的办事环境。

（二）窗口设置“样板化”。按照临沂市四级政务服务体系建设要求，在市直和各县区公积金服务大厅统一打造“综窗＋专窗”服务模式，方便企业、群众办事。设置综合办事窗口，所有业务实现“一窗受理”；设置“跨省通办”“全省通办”窗口，提供异地办事服务；设置“办不成事”反映窗口，解决疑难事项和复杂问题。

（三）服务制度“人性化”。紧盯企业群众需求，着眼服务细微之处，推出周末节假日、工作日午间“不打烊”服务，做到服务“不断档”。健全一次告知、首问负责、容缺受理、帮办代办、培训考核机制，切实把便民利企要求落细落小。

二、以流程标准化为着力点，推进业务运行高质量

按照“颗粒化、便捷化、系统化、可视化”原则，对住房公积金事项进行标准化梳理规范，确保同一事项全市无差别受理、同标准办理。

（一）业务事项“颗粒化”。将所有服务事项分解成“最小颗粒度”，更加直观地展示业务办理依据、条件、材料、时限，进一步提升企业、群众办事清晰度。逐项梳理业务操作流程，编制形成《临沂公积金业务操作手册》，严格规范操作。

（二）办事流程“便捷化”。接入住建部行业内共享数据接口，对接市级政务信息资源共享交换平台，共享 14 个部门的数据资源，依托丰富的数据资源，进一步优化办事流程，减免 13 项证明材料，8 项业务实现“零材料”办理。

（三）业务处理“系统化”。将全部业务归类细化成 31 类 93 项，做到从受理初审到复核审批相互贯通、前后一致，形成权责清晰、协同合作、全程留痕、责任可追溯的运行机制。

（四）服务指南“可视化”。制作 23 个业务办理小视频，涵盖提取、贷款、缴存等网办业务，在官网、微信公众号等发布，播放量达 5 万余次，方便群众办事。

三、以服务标准化为落脚点，提升缴存职工获得感

通过业务集成、终端延伸、数据赋能、多方联动等举措，实现公积金业务“减事项、减材料、减环节、减时限”，有效提升企业、群众办事满意度和获得感。

（一）业务集成“一次办”。把关联性较强的高频“单事项”整合为企业群众视角下的“一件事”，为群众提供“少跑快办”的政务服务。一是推出公积金贷款“一件事”，将原来分散在4个部门的8个事项整合为一个链条，在公积金贷款“一件事”窗口即可完成公积金贷款受理、房产预告登记等业务。二是推出拆迁还建房“一件事”，与住房保障中心协同联动，通过回迁资料在部门之间“跑路”，回迁户不用筹资支付尾款即可办理公积金提取和贷款业务。三是推出企业员工保障“一件事”，联合市人社局、税务局，实现企业只跑一次即可办结公积金、医保、税务等15项业务。

（二）终端延伸“就近办”。按照“试点先行、有序推进”的原则，将公积金服务窗口由办事大厅向银行网点延伸，全力打造从登记开户到缴存、提取、贷款的全链条一站式服务新模式，变“银行柜台”为“公积金前台”。其中，公积金贷款由“两步走”变为“一步走”，受理、抵押等步骤在银行实现一站式办理，最快2个工作日即可完成放款。

（三）数据赋能“网上办”。在全省率先接入人民银行二代征信系统，上线新一代综合管理系统，改版单位网厅和个人网厅，整合爱山东、支付宝等各类办事渠道，24项单位业务、29项个人业务实现网上可办，11项业务实现“跨省通办”，2项业务实现“秒批秒办”，5类证明材料实现自助盖章打印。2022年，业务网办率由年初的31%提升至94%。

（四）多方联动“携手办”。与受托银行、企业三方联动，开展“金银携手　惠企利民”系列活动，有效提高企业建缴积极性、扩大制度覆盖面，同时促进银行贷款产品投放。针对公积金缴存企业，银行在规模管控、限额管理等方面提供优惠政策，为企业发展提供有力支持，全年共发放普惠贷款1049户、25.47亿元。针对缴存职工，银行推出利率优惠的“网捷贷”“建易贷”“公积金信用贷”等金融产品，全年共发放消费贷3.47万户、36.25亿元。

五、数字化发展篇

数字化发展篇

黑龙江省伊春市加快数据赋能　打造“7×24 小时”掌上贷款新方式

伊春市住房公积金管理中心以“不打烊、零要件、掌上办”为目标，充分发挥大数据思维，打破“信息孤岛”“数据壁垒”，着力攻克数据共享不充分、跨窗办理多头跑、业务审批效率低等突出问题，成功打造出公积金贷款“7×24 小时”掌上服务新方式，让群众办理贷款像网购一样方便，真正实现了“数据多跑路，群众少跑腿”。

一、落实顶层设计，聚力攻坚打通堵点

（一）锚定发展目标

深入贯彻落实住房和城乡建设部关于住房公积金信息化建设的安排部署，在公积金监管司的大力支持和指导下，大胆实施决战三年、全部高频业务“不打烊、零要件、掌上办”的数字化赶超战略，依托政务数据共享协调机制，着力打破贷款“最后一公里”梗阻。

（二）坚持高位推动

数字化建设涉及电子证照、部门数据及相关流程再造等方面多个部门。为此，中心借助住建部与人民银行“总对总”信息共享机制，积极开展征信信息共享接入工作，并在省住建厅帮助下，协调营商、税务等部门通过直连方式获取相应数据，破解数据获取难题。

（三）实施专班调度

全市成立贷款数字操作系统建设专班，加大工作统筹，合理配置各方资源，集中力量攻克机制体制上、审批流程上、系统功能上的制约问题。

二、坚持刀刃向内，标本兼治破解难点

（一）全面加强数据治理

强化数据全生命周期质量管理。一是通过“双贯标”验收规范住房公积金信息系统数据，提高数据质量和信息资源利用水平。二是利用电子稽查工具全面稽查风险疑点，逐步将政策规定、业务规范、操作流程和服务标准数据化。三是开展征信贷款数据验收，调整数据口径，确保准确规范。四是全面清理历史数据，比照原始档案，对 2543 家缴存单位数据、20 万笔个人缴存数据、2.5 万笔贷款数据查错纠弊，数据准确率达到 100％。

（二）持续简化业务流程

通过关键环节的改革创新，将旧有流程打破和重建，着力“减肥瘦身”。一是重新梳理业务流程，经互联互通可获取的所有要件均免于提供。二是更新非必扫项业务要件，精简不合时宜的部分要件。三是完善线上抵押登记流程，优化不动产业务办理，共取消要件 36 项，减少办事环节 11 个，实现业务流程便利化、规范化、标准化。

（三）实现数据高效共享

以业务需求为牵引，拓展共享数据范围，打破公积金与相关部门、单位数据条块分割难题。在全省

率先通过“总对总”方式实现征信信息查询功能，办理公积金业务免提供个人信用报告。与公安、民政、住建、人社、不动产等部门及相关商业银行实现跨系统、跨部门、跨层级的数据共享和业务协同，成功获取到户籍、婚姻、网签、发票、征信等办理公积金贷款所需的全量化信息。

三、着眼成果转化，画龙点睛彰显亮点

（一）创新开通贷款数字操作系统

采用身份认证、OCR 识别、语音识别、音视频云端录制、电子签章、区块链等新技术，突破传统的面谈方式，由智能语音机器人替代工作人员与借款人进行面签。过去需要携带 13 项要件、跑 3 个部门，最少耗时 2 个工作日的公积金贷款业务，如今做到了掌上 7×24 小时办理、借款人 20 分钟内办结。

（二）建立数字化内部控制体系

通过身份多层认证、贷款资格核验、购房信息查询、视频面签等环节，购房贷款办理过程全程上链，数据存证留痕、业务流程可追溯，永久存储数据源信息，有效控制业务风险。把各项制度规定转为控制参数，通过核心系统进行限制，扎紧数字“笼子”，消除人为自由裁量权，有效防止权力寻租和“任性”。能贷多少钱、能贷多少年、利息多少一目了然、公开透明，让群众“一看就能懂、一点就能办”，真正实现“办事不求人”。

（三）加强数据共享授权管理

利用区块链技术去中心化、可追溯、不可篡改的特点，建成区块链＋住房公积金数据安全与个人信息保护项目，在跨部门数据共享中解决个人精准授权与信息保护难题，推进公积金服务从“线上化”到“链上化”升级，做到了用户个人信息数据“可用不可见”，使数据主权真正回归到用户手中。

数字化发展篇

新疆维吾尔自治区坚持共建共治共享推动住房公积金数字化发展

2022 年，新疆住房公积金系统深入学习贯彻习近平新时代中国特色社会主义思想，牢固树立以人民为中心的发展思想，聚焦缴存职工急难愁盼问题，坚持共建共治共享，努力推动新疆住房公积金数字化发展。

一、合力共建，打造数字化统一业务支撑平台

（一）贯彻行业标准，建立政策标准体系。严格贯彻住房和城乡建设部《住房公积金信息化建设导则》《住房公积金基础数据标准》等系统设计规范，并结合新疆工作实际，制定《自治区住房公积金监管系统数据基础标准》《自治区住房公积金事业改革发展“十四五”规划》，为新疆住房公积金信息化发展提供顶层设计和标准支撑。今年，为更好服务租购并举住房制度、适应住房公积金事业发展需要，我们结合审计整改和试行中发现的问题，对四项业务规范进行了修订，从技术和政策两个方面实现新疆住房公积金的“车同轨、书同文”，为全面实现“全区通办”奠定了基础。

（二）依托云平台，建立统一信息系统。集中技术力量，采取“统招分签”建设方式，建成全区统一、统分结合的住房公积金信息管理系统。系统基于“华为云”专有云平台，14 个中心共用一个数据库、一套业务逻辑、一个访问入口，实现业务管理、综合服务、数据共享、监督管理的集中统一运行。同时，也解决了各中心长期以来缺乏专业技术人员、数据孤岛、重复建设等困扰行业发展的问题。

（三）强化责任落实，同步建设信息安全体系。落实信息安全“同步规划、同步建设、同步使用”要求，在系统立项阶段即按照信息安全等级保护（三级）标准进行规划和设计，聘请监理公司和中国软件测评中心深度参与系统开发全过程。采用加密、脱敏、授权访问等技术手段保证数据安全。定期开展信息安全等级保护测评、关键信息基础设施风险评估、国产密码应用安全性评估，不断提升对潜在风险的智能感知和溯源能力。

二、多元共治，完善数字化管理运行监督机制

（一）应用全融合，提高管理运行效能。系统通过一体化应用流程将业务受理与资金结算有机整合，推动业务流程再造，更加方便职工办理异地贷款、转移接续等跨地区业务。各中心充分发挥委托承办银行点多面广、覆盖城乡优势，不断优化业务网点布局，在“全区通办”基础上，积极构建和拓展 15 分钟便民服务圈。现在，缴存职工无论身处新疆何处，都可在就近的住房公积金业务网点办理业务且资金秒到，不受缴存地限制。

（二）数据全共享，提升风险防控水平。对接全国住房公积金监管服务平台和自治区政务服务一体化平台，形成纵向联通，横向联动的数据流通体系。以应用场景为牵引，推动与房产网签、不动产、婚姻登记、市场监管、税务、征信等系统的数据共享，拓展风险信息的获取维度，初步建立覆盖 5 大类 45 项预警参数的智能风控体系。对恶意拖欠贷款、提供虚假证明等严重失信行为，各中心共享风险数据，构建“一处失信、全区受限”的信用约束机制。

（三）业务全监控，丰富数字化监管手段。运用大数据采集、处理、分析技术，设立业务运行、资金结算、大额存单、逾期监控等监管指标，实现对全区住房公积金运行情况的实时汇聚和综合分析。只需一部经授权的手机，即可按权限实时查看县市管理部、地州中心、自治区三个层级的业务运行情况，基层上报的数据报表减少 80%以上。对接全国住房公积金监管服务平台，实现风险状况的闭环整改，推动中心合规意识和合规水平的不断提高。

（四）运维全闭环，组建专职管理团队。以乌鲁木齐中心为依托，每季度轮流从各中心抽调技术骨干组成自治区信息系统运维管理团队，担负全区统一系统日常管理职责，充实省厅层面技术实力，壮大住房公积金"腰部"力量。运维团队既是开展系统运维和安全监测的"生力军"，也是以干代训的"大学校"，为事业发展储备了一批懂业务、精技术的复合型人才。目前已有 13 个中心 19 名同志参与运维团队工作，返回工作岗位后，都为中心业务发展做出了积极贡献。

三、能力共享，构建数字化便捷高效服务体系

（一）推进服务标准化规范化。按照《"惠民公积金　服务暖人心"全国住房公积金系统服务提升 3 年行动实施方案》，在自治区政务服务一体化平台发布住房公积金归集、提取、贷款、"跨省通办"等自治区特色服务目录 27 项，编制服务指南，实现住房公积金服务"三级十二同"。积极开展政务服务主题集成，与市场监管、人社、自然资源、税务、民政等部门开展多层级合作，"住房公积金贷款一件事""公民退休一件事""公民身后一件事""企业开办一件事""企业招聘一件事"陆续完成。

（二）丰富互联网应用场景。发挥互联网服务"不打烊"优势，推进住房公积金业务"全程网办"，解决新疆地广人稀、服务成本高问题。以缴存职工"第一人称"视角构建互联网应用场景，覆盖查询、提取、贷款全业务类型。不论是在新疆的边境小镇，还是在城市县城，缴存职工都可一样享受到便捷、高效的住房公积金服务，"网上办、掌上办、就近办、一次办"成效初显。

六、改革创新篇

山东省青岛市用活增值收益探索支持租赁住房发展路径

青岛市住房公积金管理中心（以下简称“青岛中心”）贯彻落实党中央建立租购并举住房制度的重要部署，积极探索利用住房公积金增值收益支持租赁住房发展，使用增值收益 5.29 亿元，购入 426 套、4.97 万平方米租赁住房，为扩大保障性租赁住房供给、加快发展长租房市场提供有力支持。

一、科学规划布局，有力扩大供给渠道

（一）争取政府支持，构建联动机制。青岛中心将住房和城乡建设部关于住房和公积金支持租赁住房发展等工作要求和青岛市租赁住房发展规划结合起来，主动向青岛市委市政府报告住房公积金制度创新工作思路，提出使用住房公积金增值收益支持租赁住房发展的工作建议。青岛市委市政府给予批示肯定，要求相关部门尽快落实落地，推动青岛中心与财政、住建等部门建立通力协作工作机制，打通住房公积金管理、财政预算管理、租赁住房供给的政策协商通道，为青岛中心开展制度创新工作提供了有力支持。

（二）综合考量要素，优选购置项目。青岛中心积极征求青岛市住房保障部门意见建议，综合考虑交通便利、配套齐全、价格实惠、开发企业资质等因素，从在建或建成的租赁住房项目中选择拟收购的租赁住房，做到风险可控、质量过硬。收购的两个项目地处中心城区，紧邻地铁站、公交站，交通便利，商业发达，医疗教育资源丰富。两个项目的开发企业分别为国企和本地头部开发企业，建筑质量和售后服务均有保障。

（三）规范筹集资金，明晰产权归属。租赁住房的交易价格由发改委参照经济适用房的核价原则核定，价格组成为成本、一定比例的利润、税金，其中利润不得超过成本的 3%，确保了交易价格公平合理。青岛中心收购项目周边的住房价格约为 27000 元/平方米，收购成本约为 10000 元/平方米，收购成本远低于市场价格，在实现社会效益目标的基础上，资金保值增值效果显著。青岛中心严格遵守住房公积金财务管理、财政预算管理等有关规定要求，先将住房公积金增值收益上缴市财政，再由青岛市财政局向青岛中心拨付专项资金用于收购租赁住房。收购后的住房产权直接登记在青岛中心名下，确保产权明晰。

二、强化运营管理，持续做优居住品质

（一）建立委托运营管理模式，提升服务质效。青岛中心按照全市统一要求，面向新市民、青年人等群体进行配租，通过招标方式委托第三方专业机构运营管理，按照“收支两条线”要求将运营收入全额上缴市财政，运营费用由市财政预算进行安排。同时，青岛中心研究明确了租赁管理、房屋使用管理、维修养护、安全管理、综合管理等委托运营服务标准，建立了运营管理监督制度，通过主动报告、满意度调查、服务考核、现场检查等方式督促租赁住房运营机构按照服务标准规范开展运营服务，有效提升居住服务质量。

（二）打造租赁住房服务品牌，建设和谐社区。青岛中心将租赁住房服务品牌创建与住房公积金服

务品牌建设相结合，积极打造“金惠万家”租赁服务品牌，将收购的两个项目分别命名为“金惠万家·惠寓”和“金惠万家·荷寓”，以品牌建设为抓手提高运营管理质量。在收购小区打造住房公积金宣传文化园地，做好租赁住房使用政策宣传解读，建设党员之家，组织入住群体开展读书会、观看露天电影等弘扬社会主义核心价值观的社群活动，营造邻里和谐的居住氛围，不断丰富品牌内涵，为拓展住房公积金租赁服务塑造品牌效应。

三、支持住房建设，充分释放改革红利

（一）打好租购并举组合拳，助力住房公积金制度改革。使用住房公积金增值收益收购租赁住房，让住房公积金优惠政策和便民服务延伸到租赁住房建设领域，从住房供给和服务运营两个层面弥补了政策“租”的短板，能够更好发挥住房公积金支持作用，进一步丰富以提取、贷款为基础的住房公积金制度保障体系，为加快建立多主体供给、多渠道保障、租购并举的住房制度贡献更多公积金力量。

（二）打通租赁住房供给新渠道，促进新市民、青年人安居。目前我国正在加快完善以公租房、保障性租赁住房和共有产权住房为主体的住房保障体系。青岛市住建部门将使用住房公积金增值收益收购的租赁住房纳入保障性租赁住房体系，扩大了保障性租赁住房供给，为长租房市场蓬勃发展提供了稳定的房源支持。目前，房屋租金按照不高于市场价格的60%收取，让入住的新市民、青年人享受到实实在在的政策优惠。

（三）打造住房公积金资产新结构，拓宽业务发展路径。住房公积金关系到缴存职工的切身利益，必须加强资金风险管理、兜牢资金安全底线。住房公积金的运行管理缺少自有资本，使用住房公积金增值收益收购租赁住房，将住房产权登记在公积金中心名下成为固定资产，可以进一步充实住房公积金的资本储备，为未来制度改革提供更多路径选择。下一步，通过合理的制度设计，公积金中心可以根据住房公积金贷款风险状况，出售租赁住房补充资本或贷款风险准备金，实现资产保值增值和推动制度发展的双促进。

七、风险防控篇

风险防控篇

河北省唐山市强化机制筑牢屏障 切实提升资金存储管理水平

为加强资金存储安全、择优、竞争、长效管理，推进科学决策，规范权力运行，唐山市住房公积金管理中心创新构建结余资金存储机制，推进资金竞争性存储，进一步提高资金管理效益，引导银行业金融机构加大实体经济、民生事业融资支持作用。

一、强化“三个机制”，突出质效收益

（一）强化引导机制，促作用发挥。通过制定《资金存储操作办法》和《资金存储评审小组议事规则》，建立资金存储规范机制，引入市委、市政府关注的存贷比、缴纳税费情况、贷款增量、贷款余额、银行业金融机构评价结果指标等五方面指标值，对合作银行各项指标进行评分，实现了与《唐山市银行业金融机构服务实体经济发展指导评价办法》紧密衔接，着力发挥资金存储考核引导作用，建立起住房公积金激励引导合作银行服务全市大局的工作机制。

（二）强化管理机制，提响应质效。为进一步调度合作银行在归集扩面、贷款业务规模匹配等方面的积极性，将协助扩面建制、委托贷款发放额和管理响应程度作为重点考评内容，由相关处室汇总季度内参评银行各项指标数据，依据指标值进行评分；由科技信息处和分中心、管理部对各银行配合中心工作的合作效果进行综合评分，不断促进合作银行努力提升对公积金业务的管理服务水平。

（三）强化利率机制，增资金收益。通过竞争性报价机制，将利率报价指标纳入考评体系，实现三年期存款品种利率上浮 30 个基点以上，在基础分值基础上，每上浮 5 个基点增加 1 分，设计利率综合报价计算公式中的存期因子和权重因子，加大资金存放考评与业务实操匹配度，科学、合理安排定期存款存期。

二、筑牢“三大屏障”，守好安全关口

（一）筑牢准入屏障。从合作银行的经营规模、财务状况、内控措施方面明确准入条件，综合考虑受委托银行承办业务量、社会信誉度、风险防控能力等指标，将存款安全性纳入考核维度，分别对国有银行、股份制银行和地方城市银行进行评分，持续对合作银行进行动态监控。

（二）筑牢廉洁屏障。存储方案经财政部门和地方金融管理部门共同参与评审，严格按照资金存储方案评审结果安排定期存款；明确要求资金存放银行出具廉洁承诺书，承诺不得向中心相关人员输送任何利益，不得将资金存款与中心相关人员在银行工作亲属的业绩、收入、晋升等利益挂钩。对违反廉洁承诺的银行，取消参与定期存款额度分配资格，并视情节严重程度予以处置。

（三）筑牢优选屏障。中心每季度制定资金存储实施方案，按季度对合作银行进行考评，考评结果与资金存储规模挂钩，根据《资金存储评审小组议事规则》，对无业务的银行账户暂不参与评审，对于业务关联度较低的银行降低安排存储资金比例，同时引入“末位淘汰制”和“奖励机制”，激励合作银行落实中心提高增值收益的诉求，实现了对资金存储科学、快速、公平、精准、模型化考核，提升资金安全和使用效率。

三、推动“三个公开”，构建阳光体系

（一）资金存储规则公开。按照国家、省、市关于事业单位资金存放的要求，向所有业务合作银行公开《资金存储操作办法》和《资金存储评审小组议事规则》，通过对存款安全性、金融业贡献度、利率水平、委托贷款发放额、协助扩面建制和管理响应程度等六个维度分析量化，确定分值、占比与权重，依据存储考核模型，计算综合权重考核分值并进行排名，有效规避在资金存储中的人为操作和干扰。

（二）资金存储决策公开。把资金存储工作纳入“三重一大”决策事项，建立财政、金融等多个部门协同配合的考评机制，通过定期开展调度工作会议、资金存储评审会议，促进资金调度的科学、公开、透明，对合作银行的考评结果和资金存储的规模、期限等均由集体决策，须经评审小组三分之二以上通过方可执行。

（三）资金存储结果公开。对合作银行的每季度评审由内审部门和纪检部门参加，考评结果报中心机关纪委存档，在中心网站进行公开和通报，强化对资金存储考核使用情况的全程审计监督，大大防范了资金存储安全风险和廉政风险，实现了规范银行账户管理，提高资金使用效率和科学存储的综合效益。

四、实施“三个回看”，持续提升成效

（一）实施资金存储管理机制“回看”。对已经安排的存储资金，参照存储操作办法和存储评审小组议事规则进行回头看，及时发现评估方法、要素等存在的不足。通过回看机制，中心发现《办法》中个别评分指标相关分值拉开的差距不大，资金存储存在不科学、不平衡的情况，一定程度上降低了主要合作银行的业务主动性。为进一步完善资金存储办法，纠正资金存储不科学、不平衡的问题，将委托贷款发放额和协助扩面建制两项评分指标修订工作，列入下年修订计划，以达到拉开档次、提高资金存储精准度的目的。

（二）实施资金使用效率“回看”。为更好地提升资金使用效率，强短板、补漏洞，中心通过对过往资金使用过程中影响资金管理使用效率的问题回看，发现并推动问题解决，规范银行账户管理，提高资金使用效率，提升资金存放综合效益，2022 年实现增值收益 7.33 亿元，同比增长 13.55%。

（三）实施优化提升服务质量和水平“回看”。为更好的鼓励住房公积金业务承办银行积极参与住房公积金业务，开展业务服务双向评价，持续做好全渠道客户诉求“一站式”解决，全方位优化提升服务质量和水平。

风险防控篇

四川省扎实开展“结对子”帮扶工作帮助西藏提升住房公积金管理水平

针对西藏住房公积金个贷管理薄弱、逾期率长期较高的情况，住房和城乡建设部指导四川省与西藏自治区建立个贷风险管控“结对子”帮扶工作机制，助力西藏加强个贷风险管控规范制度建设，推动个贷逾期持续下降。截至 2022 年 12 月底，西藏个贷逾期率为 1.03‰，比 2021 年 1 月底下降 60.81%。

一、强化组织领导，推进结对帮扶走深走实

（一）建立组织保障机制。四川省住房和城乡建设厅（以下简称“四川省厅”）高度重视“结对子”帮扶工作，切实提高政治意识，成立帮扶领导小组，形成省厅牵头负责、城市住公积金管理中心（以下简称“城市中心”）具体负责的组织体系，精心制定详细可行的工作计划，为帮扶工作提供良好的组织保障。

（二）构建制度保障机制。四川、西藏两地住房和城乡建设厅联合印发“结对子”帮扶工作通知，以帮助西藏有效降低个贷逾期率、完善个贷管理工作机制为目标，明确“任务图”和“时间表”，全力帮助西藏全面修订、补充完善管理制度，加强个贷全流程管理，有效遏制逾期贷款增量、减少存量。

（三）加强人员保障机制。四川省厅多次组织召开专题研究会分阶段安排部署工作，在与西藏远程交流的基础上，克服时间紧任务重和高原缺氧的困难，组织专班深入西藏辖内城市中心开展实地调研。指导辖内城市中心“一对一”派驻业务骨干深入西藏相关城市中心驻点指导。

二、健全内控机制，筑牢个贷安全屏障

（一）加强制度建设。四川工作专班指导并协助西藏结合国家审计署问题整改要求，修订缴存、提取、贷款三个办法，形成全流程政策体系，自 2022 年 5 月 1 日起执行。新的贷款办法包括：明确房屋套数认定标准，不支持在同一地级及以上城市购买第三套及以上住房；要求落实第二套房差别化贷款利率政策；按缴存贡献与贷款权益相关挂钩的贷款计算方式；贷款资金转入开发商监管账户；建立失信名单管理制度等。

（二）强化逾期管控。四川工作专班按照“降存量”“控增量”的工作原则，协助日喀则、那曲等 6 家问题突出的城市中心制定逾期贷款催收管理规定、逾期贷款催收计划和催收方案。西藏自治区住房和城乡建设厅将降逾期工作作为年度重点工作，加强对辖内城市中心指导和监督，采用电话提醒、印发专项督办通知等方式对个贷逾期较高的城市中心建立台账，逐笔分析逾期原因，落实催收举措。城市中心主任负责抓落实，采取上门催收等有力措施加强催收，联动地市部门，形成住建、纪检、组织、法院、信用等层面齐抓共管。其中日喀则中心针对公积金贷款逾期进行了逐笔催收，逾期金额从 2022 年 3 月 1926.55 万元降至 1061.09 万元，降幅达 45%，有力保障贷款资金的安全。

（三）提升管理服务能力。一是推动信息共享。结合西藏缴存人在四川贷款购房占比较高的实际，四川省厅要求辖区内各城市中心积极配合西藏有关城市中心做好缴存人在四川省内的婚姻、不动产等信息核查、比对等工作，全力帮助西藏做好个贷风险管控。二是推进自主核算。西藏自治区住房和城乡建

设厅要求辖内城市中心将委托各商业银行发放并核算的个贷转入全区住房公积金综合服务平台，实时掌握贷款的还款、逾期、余额等数据。目前，邮储银行的住房公积金业务已完成自主核算。

三、加强互动交流，形成长效帮扶机制

（一）实施人才培训。针对西藏全区 8 家城市中心服务点多面广线长，且仅有 70 多名从业人员的实际，四川省厅主动把帮扶工作同加强本行业人才队伍建设、促进人才作用发挥结合起来。组织开展了 2 期业务培训，在个贷管理、防范化解逾期风险、电子稽查、内审内控、互联网＋政务服务、区域一体化发展、办公网点建设、委托银行合作与管理方式等 13 个方面对西藏住房公积金从业人员进行全覆盖、系统性培训。同时，不断总结培训经验，进一步深化研究制定，形成课堂教学、参观见学、跟岗深学、总结研学的总体培训安排，采取多部门联动和面对面交流的模式，对西藏提出的亟需解决的一些典型问题和案例，认真研究和分析，进行经验做法介绍和思路建议，力争取得最好的培训实效。

（二）实施"一对一"帮扶。四川省厅遴选辖内 8 家综合能力突出的城市中心与西藏全区的 8 家城市中心"一对一"结对子，常态化协助西藏各城市中心持续推进建章立制、个贷管理、风险防控、人才培养等工作。自"结对子"工作开展以来，西藏已 14 次选派 161 人次到四川实地调研学习，其中阿里中心先后 6 次派员到广元中心学习。四川已 5 次选派业务骨干 22 人次前往西藏相关城市中心驻点指导。目前川藏两地有关城市中心正按照"业务互学""支部共建""生活互助"和"文化共兴" 4 项积极开展帮扶工作，成都中心还动员职工与西藏职工驻蓉家属开展"结对认亲"，帮助解决生活中的实际困难，进一步将部里赋予的"结对子"帮扶工作向纵深推进。

（三）加强两地联动。通过开展"结对子"工作，有力促进川藏公积金行业在工作研究、规范业务管理的互学交流，中心与中心之间、省区监管部门之间建立起密切的工作联系，在互助互学的过程中，增强了干部职工的思想认同和情感认同，增进了共识和团结，展示了"川藏一家亲、公积金一家人"的良好风貌，助推了住房公积金系统精神文明建设。

风险防控篇

甘肃省金昌市多点发力分级管理进一步强化贷后风险管控

2022年度，金昌市住房公积金管理中心（以下简称“金昌中心”）深入开展个贷逾期攻坚行动，多举措全流程严控贷后风险，坚持做好源头治理、层层压实责任，分类施策、靶向发力、全面管控，有效管控住房公积金贷后逾期风险，切实保障资金安全。截至2022年底，全市个贷逾期率仅为0.094‰，降逾工作成效显著。

一、完善制度、狠抓落实，把好贷前调查“源头关”

（一）从严完善制度。修订《金昌市住房公积金个人住房贷款管理办法》，制定《住房公积金个人贷款担保业务风险防控预案》《金昌市住房公积金贷款适用个人征信审核制度》，健全完善“谁审批、谁签字、谁负责”制度体系，进一步明确贷前调查、贷中严审、贷后跟踪各个环节工作责任，为住房公积金贷款业务戴上安全“紧箍咒”。

（二）从严落实制度。严格执行《金昌市住房公积金个人住房贷款业务操作规程》，梳理业务流程，坚决落实住房公积金业务各项规范标准；从严落实责任追究制，督促管理部初审、复审、终审岗位人员严格履行岗位职责，坚决做到贷前调查“准”、贷中审查“严”、贷后跟踪“紧”。

（三）从严筛查资格。综合个人征信报告、社会关系情况、单位评价等信息，严格把控借款人信用审查，加强对公积金贷款人的资信审查力度，对于有连续逾期记录和严重不良信用的贷款人取消贷款资格，坚持从源头上严控贷款风险。

二、压实责任、凝聚合力，画好贷中审查“同心圆”

（一）领导包抓、上下联动。建立住房公积金贷款风险防控包抓机制，坚持领导班子成员包抓各管理部贷款风险防控工作，构建起党组班子、管理部协调联动的工作机制，积极营造“人人有压力、人人有动力、人人有责任”的攻坚工作氛围。

（二）三级审批、压实责任。严格执行贷款三级审批机制，形成“窗口前台受理、后台复审、管理部审贷会审批”的高效协同审贷模式，严格审核贷款材料是否真实、齐全，借款人在受理期内是否正常缴存公积金、房产状态是否正常等相关信息，层层把关每笔贷款的完备性、合规性，强化贷中审查，确保每笔贷款依法合规。

（三）动态跟踪，科学预警。对借款人进行动态跟踪，建立预警机制，重点对借款人收入证明与其年龄、职业不相称，月还款额超过家庭收入60%以上等贷款风险点进行分类排查，确认为非风险点的列入“白名单”继续按流程办理，确认为风险点的暂停办理。

三、系统谋划、分类施策，打好贷后跟踪“主动仗”

（一）建立台账、销号管理。根据逾期贷款形成的时间、金额、性质等进行综合分析，摸清逾期原因，做好逾期贷款催收分类工作，建立工作台账。按照“盯紧1-2期、打准逾期阻击战；盯实3-5期、打好逾期攻坚战；盯牢 6 期及以上、打赢逾期歼灭战”的工作思路，建立逾期贷款催收工作台账，实行销号管理，制定中长期催收计划，明确催收措施和时限，确保按计划分类分步推进。

（二）分类施策、靶向发力。采取灵活催收方法，全程分级跟踪治理。1-2 期逾期户，安排专人按日进行电话催收；3-5 期逾期户，在电话催收后仍不履行义务的，进行上门催收、单位协调或纪检部门协助催收，并向借款人、共同借款人、担保人送达《逾期贷款催收通知书》；对 6 期以上逾期户，按照《借款合同》约定直接扣划借款人、共同借款人及保证人名下账户的住房公积金，置业担保的按规定程序划扣置业担保保证金，直至向法院提起民事诉讼。对于多次逾期重点户实施“一人一策”，多措并举抓好逾期贷款清偿，全面确保资金安全。

（三）多方发力、齐抓共管。将逾期贷款清收工作分解到人，明确时限要求，定期召开住房公积金贷款逾期催收工作会议，分析催收难点堵点，做到月初有计划、月中有追踪、月底有总结。同时，把逾期贷款催收和贷款逾期率纳入管理部和受委托贷款银行考核指标，将贷款催收成效与管理部受托银行年度考核手续费挂钩，促进形成降逾工作合力。

四、强化监督、全面管控，筑牢风险防范“安全线”

（一）全面排查、抓早抓小。利用电子稽查工具，全面筛查业务数据明细、梳理核查风险疑点，建立健全整改工作机制，每月根据住房公积金电子稽查报告及数据明细，及时制定问题整改责任清单，建立问题整改工作台账，严格落实整改工作推进责任，归类处置风险疑点，有效提升风险隐患排查能力。

（二）动态稽核、全程监督。每天通过业务系统稽核功能进行事前、事中审计，以“痕迹化管理、过程化控制”为目标，采取“机控”与“人控”并行的方式加强内部稽核的动态监督和全程监督。根据操作风险点、政策风险点、管理风险点进行实时动态稽核，确保住房公积金贷款在可观、可测、可控的监督体系中运行。

（三）加强内审、防范风险。强化内部审计稽核，加大稽核范围、加密稽核频次，实行月稽核制，每月对各管理部贷款业务进行 100%现场检查，并对住房公积金贷款发放的真实性、合规性、及时性、完整性进行稽核，真正以内审促规范防风险，确保住房公积金各项业务安全运行。

八、助力区域协同发展篇

上海市深化服务便利共享
助力长三角住房公积金一体化发展走深走实

习近平总书记强调，上海要在推动长三角更高质量一体化发展中进一步发挥龙头带动作用，把长三角一体化发展的文章做好。在住房和城乡建设部指导下，上海市会同浙江、江苏、安徽三省，持续深入贯彻落实习近平总书记指示要求，主动融入国家战略，构建区域“一网通办”政务服务平台，通过跨区域业务协同、跨部门信息共享，更好满足缴存人异地办事需求，助力推动住房公积金长三角一体化发展迈上新台阶。

一、找准区域合作切入点，同向发力推进住房公积金长三角一体化

（一）找准区域合作项目。上海始终坚持将需求导向、问题导向作为长三角区域合作切入点，聚焦长三角区域职工异地、跨省办理住房公积金业务的高频应用场景和线下办理痛点、堵点问题，从众多住房公积金服务事项中用心遴选出适合长三角区域合作的项目。继前两年异贷证明、购房提取业务作为长三角一体化合作项目后，2022 年，一市三省将解决退休职工尤其是异地或提前退休职工线上办理的关键小事作为提升长三角住房公积金服务的共同发力点。

（二）找准区域合作平台。在政务服务“一网通办”改革和数字化转型发展的大背景下，一市三省紧紧依托长三角政务服务“一网通办”平台和长三角“一网通办”专窗协查系统开展区域合作。利用上海作为平台总部及其连通三省政务服务平台的优势，联合三省积极攻坚探索了统一登录、统一界面、统一流程的“全程网办”服务模式及专窗系统信息协查管理模式。同时，还在平台上推出长三角“一网通办”住房公积金服务专栏作为区域合作的展现载体。

（三）找准区域合作方式。上海在牵头推进住房公积金业务接入长三角“一网通办”平台时，始终遵循“求同存异”、“先试点后推广”的原则。在设计业务流程、受理界面时充分听取意见，通过做加减法、灵活配置等方式最大程度求同存异进而达成区域合作共识。在合作共识基础上，从浙江、江苏、安徽三省内分别选取条件成熟的部分城市公积金中心作为试点接入城市，并以此为样板，成熟一个对接一个，逐步实现长三角区域内城市及行业公积金中心全覆盖，进一步彰显长三角区域一体化效应。

二、建立合作协同机制，多措保障推进住房公积金长三角一体化

（一）顶层设计先行。为更好落实长三角一体化国家战略，在前期信息协查合作经验基础上，上海赴三省开展深入调研，推进凝聚区域业务协同发展顶层设计共识，一市三省签订《长三角住房公积金一体化战略合作框架协议》，明确了区域住房公积金一体化发展合作目标。上海方面积极申报推动住房公积金长三角合作项目纳入当年国务院办公厅相关文件，凝聚一市三省住建部门、大数据中心等相关部门合力，推动合作项目高质量完成。相关文件也为一市三省公积金中心系统功能改造提供了依据。例如，退休提取公积金事项被列入《2022 年长三角地区依托全国一体化政务服务平台推进政务服务“一网通办”和公共数据共享应用工作要点》（国办电政函〔2022〕15 号）。

（二）工作专班跟进。在推进合作项目过程中，上海牵头召集一市三省大数据、住房和城乡建部门、

试点城市公积金中心等多城市、多条线部门组建工作专班，共同商议业务合作方案、技术标准、推进计划。2022年，受疫情影响，采用远程视频会议和工作群的方式，定期沟通、通报开发、测试工作进展，确保一体化合作事项如期推进。

（三）工作机制保障。建立联席会议制度和日常工作机制，每年轮值省市担任牵头方，共同商定具体合作项目、牵头责任部门、完成时间节点等重要内容，定期组织召开工作例会，通报工作进展，总结成效经验，分析问题原因，形成解决方案。

三、实现信息互融互通，数据赋能推进住房公积金长三角一体化

（一）分级分类共享核验。一市三省秉持“让数据多跑路，职工少跑腿”的原则，积极推进信息分级分类共享核验，协调通过长三角“一网通办”平台进行人脸识别及全国婚姻信息的核验，由住房和城乡建设部门协调政务服务平台调用当地归集的社保、房产等政务数据核验，明确住房公积金、银行卡信息利用自有资源核验，有效打通住房公积金长三角一体化信息壁垒。

（二）汇聚提取记录数据池。2022年，上海牵头倡议，与三省住房和城乡建设部门及公积金中心共谋共建长三角数据共享交换平台“房屋提取记录数据池”，汇聚长三角地区所有中心所有渠道近一年内办理的购房提取数据。通过主动归集和共享住房公积金信息，为打击同一套房屋在长三角区域内多次交易进行套取住房公积金行为和区域内风险联防联控提供数据赋能。

（三）积极配合信息协查。为更好地满足长三角区域内线下办理公积金贷款、购房提取业务跨地区信息核验需求，进一步理顺和畅通协查流程，上海紧密联系大数据中心，牵头设计长三角“一网通办”专窗系统住房公积金协查功能，同时持续做好三省用户及协查项目开通、变更等服务，充分发挥长三角区域信息共享机制作用，助力提升长三角区域线下网点住房公积金服务能效。

湖北省武汉市聚力服务人才自由流动 推动武汉都市圈住房公积金同城化发展

在住房和城乡建设部指导下，武汉住房公积金管理中心（以下简称“武汉中心”）将住房公积金同城化发展作为推动实现武汉都市圈“人才流动”“民生同保”“区域发展”等目标的重要手段，通过建设公用平台等方式，实现武汉、鄂州、黄冈、黄石等九城公积金业务互联互通，切实增加住房公积金缴存职工的获得感、实惠感和幸福感。

一、建立健全推进同城化的工作体制机制

对标省、市工作机制，2021 年底，武汉都市圈住房公积金同城化发展联络办公室制发了工作和运行机制的实施意见，经过近一年的运行，三级运作体制的组织架构基本完善，确保了公积金同城化发展工作落实落细。

（一）决策高效。武汉都市圈住房公积金同城化发展联席会议为最高决策机构，由武汉中心主任召集，八市公积金中心及省相关部门负责人出席，主要审议和决策武汉都市圈住房公积金同城化发展中涉及的重大事项和重大项目等，以会议决议形式作出决策，增强约束力，凝聚工作合力，为各项政策的顺利落地实施提供了依据。

（二）联络顺畅。在武汉中心统筹协调下，九市公积金中心联合组建了联络办公室，成员由各中心业务分管领导组成，武汉中心贷款管理处为联络办公室日常工作机构，建立了常态化的工作联系机制，今年采取多种形式召开了 10 余次专题会议研讨专项工作，强力推进武汉都市圈住房公积金同城化相关政策落地见效。

（三）执行有力。围绕年度工作重点，2022 年上半年，在八市公积金中心的大力支持配合下，武汉中心牵头先后成立了同城化业务服务平台、互为业务办理窗口、本地公积金委托扣划偿还异地贷款等多个工作专班，并分别在武汉、孝感、咸宁等地召开专题工作会议，同时组织多场线上视频会议，商讨解决业务服务平台业务需求、窗口直联和异地委扣实现路径、异地贷款操作规程、贷后管理及相关接口文档等难点问题，有力促进了各专项工作稳步深入推进。

二、武汉都市圈同城化便民惠民措施落地见效

聚焦九城群众“急难愁盼”问题，以“高效办成一件事”为目标，九市公积金中心高度重视，重塑政策，创新发展，共同签署同城化发展合作协议，2022 年已实施了五项便民惠民新举措，取得了阶段性成果，助推武汉都市圈民生同保。

（一）九城待遇相同，贷款条件“相互认”。一是武汉都市圈内任一城市缴存住房公积金的职工，在圈内其他城市申请住房公积金贷款，其缴存金额、缴存时长与本地缴存职工相同，都可作为核定申请住房公积金贷款的依据，不受住房公积金资金流动性不足的影响。二是当购房地住房公积金管理中心资金流动性不足时，可由缴存地公积金中心发放住房公积金贷款，共同支持自由流动人员在九城住有所居、住有宜居。2022 年，武汉都市圈九市住房公积金管理中心累计发放异地个人住房贷款 1994 笔、金额

8.07 亿元。

（二）取消转移限制，账户资金“自由转”。住房公积金缴存职工在武汉都市圈内发生工作变动时，已缴存的住房公积金可实时转入至新工作地，取消一切限制条件，不仅实现“账随人走，钱随账走”，而且住房公积金可在都市圈内“权益接续、马上使用”。2022 年，九市之间共办理异地转移接续业务 1.71 万笔、金额 3.69 亿元。

（三）办理机制协同，他城业务“就地办”。通过建立业务窗口直联办理机制、共享业务知识库和强化相互间业务培训，武汉都市圈住房公积金缴存职工可在任一城市住房公积金服务窗口，办理本人在缴存城市的住房公积金业务，实现都市圈内业务“就地办”，打造“跨省通办”升级版。“就地办”业务范围更广、要件更少、时效更快，有效避免了企业和职工办事“多地跑、折返跑”，增强了圈内职工的认同感和归属感。自 2022 年 4 月该项创新举措实施以来，九市公积金中心互办各项业务 709 笔，涉及提取、缴存贷款信息查询等多项业务。

（四）还贷自动扣划，异地资金“打通用”。面对住房公积金属地化管理资金封闭运行难题，武汉中心协同八市公积金中心反复磋商实时“委扣还贷”业务的具体路径、办理流程、操作细则和技术方案。以武汉都市圈住房公积金同城化业务服务平台为载体，制定《武汉都市圈住房公积金委托扣划偿还异地贷款业务操作规程》，签署《委托扣划偿还异地贷款业务合作协议》，明确了湖北省建设银行作为委托扣划偿还异地公积金贷款的结算专户。以“业务办理驱动资金结算”的原则，通过全国住房公积金结算应用系统实现资金实时结算，确保缴存职工跨城市扣划还贷资金实时到账。自平台 2022 年 9 月 17 日上线试运行至 12 月底，武汉与八市双向共委托扣划偿还异地贷款 671 笔、金额 116.32 万元。

（五）建设公用平台，多地信息“系统联”。武汉中心牵头建设都市圈住房公积金同城化业务服务平台，实现各公积金中心核心业务系统的相互联通，为实现住房公积金“九城即一城”的同城化发展模式提供强大的科技基础支撑。该平台于 2022 年 9 月上线试运行后，在都市圈内各公积金中心间具备了信息查询与核验、数据传输与交互、业务办理与融合等功能，并将逐步实现与各城市相关职能部门之间的信息互联互通、数据共享共用，以期进一步拓宽住房公积金业务办理范围，防范资金风险，提升服务时效。

广东省广州市多措并举助力粤港澳大湾区建设

广州住房公积金管理中心把助力粤港澳大湾区建设作为广州住房公积金事业发展的大机遇抓紧抓实，多措并举推动住房公积金事业高质量发展。

一、聚焦释放政策红利，加快构建广覆盖多层次住房公积金保障体系

粤港澳大湾区建设的基本内涵之一是建设宜居宜业宜游的优质生活圈。广州住房公积金管理中心充分发挥住房公积金民生保障功能，实现住房公积金制度全覆盖，构建起“租购并举”的住房公积金保障体系，助力缴存人在穗安居乐业。

（一）打破政策壁垒，将港澳人员纳入覆盖范围，实现住房公积金制度全覆盖。2019 年《粤港澳大湾区发展规划纲要》颁布实施，广州将持有居住证的企业港澳职工纳入缴存范围。2021 年，开展灵活就业人员参加住房公积金制度试点，将在穗灵活就业的港澳台人士和拥有永久居留权的外国人纳入制度覆盖范围，实现政策全覆盖。2022 年 6 月，国务院印发了《广州南沙深化面向世界的粤港澳全面合作总体方案》。广州住房公积金管理中心主动谋划，制定了支持“南沙方案”的实施方案，从制度保障、构建和谐劳动关系、改善居住环境等 9 方面发力，并会同统战、人社、共青团、工会等，深入港澳创新创业孵化基地、青创空间、自媒体部落等 30 个机构送政策、送服务。截至 2022 年底，共有 6676 名港澳台人员缴存了住房公积金，1559 人提取住房公积金用于住房消费，92 人通过住房公积金贷款购买了住房。

（二）着力解决租房需求加强兜底保障，有效完善租房提取政策。按照“提取优先于贷款、租房优先于购房”的原则，不断加大租房支持力度。2022 年，将无租赁合同或租赁合同未登记备案的月提取限额从 600 元/人提高至 900 元/人，增幅达 50%。保障困难群体刚需，租住公租房、廉租房、直管公房的，按实际租金据实提取。推广保障性租赁住房“按月付房租”项目，已在南沙人才公寓等 5 个项目试点，缴存人不仅可以使用公积金据实支付每月房租，还享受免押金、租金折扣等优惠。动态调整市场化租赁提取额度，满足缴存人多元化的租房提取需求。2022 年底，110.49 万人提取住房公积金 93.71 亿元用于租房，同比分别增长 6.71%、10.30%。

（三）以保障新市民、青年人为重点，建立多层次、立体式的住房公积金保障体系。随着粤港澳大湾区建设的持续推进，广州吸引了大量的新市民、青年人。为助力他们在穗稳业安居，广州住房公积金管理中心通过首创保障性租赁住房“按月付房租”新模式、发放低息购房贷款等，全方位支持公租房、保障性租赁住房、市场化租赁住房、共有产权住房、商品房或租或购的立体式住房公积金保障体系，支持缴存人“从租到购”的多层次住房需求。2022 年，237.56 万名缴存人提取 847.92 亿元，发放个人住房贷款 5.42 万笔 366.41 亿元。

二、聚焦提升数字化赋能水平，持续升级全流程一站式政务服务体系

粤港澳大湾区人员交往密切，流动频繁。广州住房公积金管理中心积极推进数字化发展，不断从技

术创新中激发新动能，着力打造政务服务集约化、数字化、便利化的新引擎。中心连续5期获评广州市政务服务效能排榜第一。

（一）完善线上服务功能，提供全天候在线服务。依托全国、广东住房公积金微信小程序，粤省事、穗好办及中心微信公众号、网上业务大厅等渠道向缴存人提供“7×24”小时线上服务。2022年，中心微信公众号办理业务582.33万笔；对接联通政务平台，为缴存人提供更加多样化的政务服务入口。个人缴存、提取、贷款信息接入全国住房公积金小程序，39项业务接入广东住房公积金小程序，17项业务接入粤省事，35项业务接入穗好办，14项业务接入市政数局政务服务一体机。

（二）率先开启“云窗口”服务。2022年，依托政务“智慧晓屋”，在全国住房公积金领域内率先上线“云窗口”服务。充分运用5G、人脸识别、远程视频等数字化技术手段，实现52项服务事项“云窗口”全覆盖，通过遍布全国13省23市220多个政务“晓屋”，为群众提供面对面咨询—指导—办理的一站式、全流程帮办导办服务，实现线上线下服务有效融合。

（三）引入OCR图像识别技术，提升服务效能。2022年，在核心业务系统、移动端、网厅等全部办理渠道引入OCR图像识别技术，实现对18类材料96项关键信息的智能识别和一键回填，实现了秒响应、速读取、精准录，相关业务整体效能提升75%，截至2022年底，累计提供28.1万次OCR图像识别服务，节约缴存人业务办理时间达8842小时。

（四）推动数字人民币使用场景落地。2022年，落地灵活就业人员数字人民币缴存住房公积金业务场景，打造线上、线下全场景数字人民币综合服务应用生态。截至2022年底，办理数字人民币缴存1702笔，其中移动端占比约97.7%。

（五）依托共享平台资源，实现“跨省通办”“异地可办”。高质量完成国务院“跨省通办”工作任务，实现高频业务全程网办，完成与全国、省共享平台的对接和全国、省住房公积金微信小程序建设工作。借助区块链技术，深化广州、深圳两地住房公积金信息交互机制。2022年线上办理“跨省通办”业务261万笔，线下受理1090笔，同比增长207%、534%。

三、聚焦优化营商环境，助力增强城市竞争力

广州住房公积金管理中心牢牢抓住广州建设国家营商环境创新试点城市重大机遇，助力广州营造市场化、法治化、国际化一流营商环境，吸引汇聚全球高端要素资源。

一是共建业务通办系统，提高业务办理效率。配合市市场监管局等部门共同开办企业“一网通办”平台，将商事登记、住房公积金缴存登记等整合为一个环节办理；与税务部门联合建设所得税、社保、住房公积金合并申报“三表合一”平台，方便缴存单位一次登录、一键申报。

二是率先将住房公积金纳入创建劳动关系和谐单位评审标准。将依法缴存住房公积金纳入了《广州市创建劳动关系和谐单位评审办法》，这是全国首次将住房公积金纳入创建劳动关系和谐单位评审指标，使住房公积金在构建和谐劳动关系上发挥出更积极的作用。

三是与广州市中级人民法院联合印发《关于进一步优化破产企业涉住房公积金事务办理的实施意见》，建立企业破产住房公积金债权申报协作机制，大幅提高破产程序中住房公积金债权处置质效，推动产业优化升级；率先实践诉前联调稳妥解决信访投诉案件，通过积极调解妥善解决劳资双方矛盾，被市中院、市司法局高度评价为“取得良好政治效果、法律效果和社会效果”，维护了社会和谐稳定。

2022 年住房公积金大事记

2022 年 5 月，住房和城乡建设部会同财政部、中国人民银行出台住房公积金阶段性支持政策。

2022 年 5 月，住房和城乡建设部、财政部、中国人民银行印发《全国住房公积金 2022 年年度报告》，全面披露 2021 年全国住房公积金管理运行情况。

2022 年 5 月，住房和城乡建设部印发《“惠民公积金、服务暖人心”全国住房公积金系统服务提升三年行动实施方案（2022—2024 年）》，部署住房公积金系统服务提升三年行动相关工作，树立住房公积金良好行业形象。

2022 年 7 月，完成《住房公积金统计调查制度》修订和国家统计局续批工作。印发部办公厅文，要求各地贯彻执行。

2022 年 8 月，住房和城乡建设部发布《住房公积金业务档案管理标准》，12 月 1 日起实施。

2022 年 9 月，住房和城乡建设部住房公积金监管司印发《关于开展 2022 年住房公积金管理中心体检评估工作的函》，在黑龙江、陕西、湖南、浙江、江苏、山东省住房和城乡建设厅支持下，组织重庆、哈尔滨、西安、长沙、温州市等 26 个住房公积金管理中心开展了体检评估试评价工作。

2022 年 9 月，国务院办公厅印发《关于扩大政务服务“跨省通办”范围进一步提升服务效能的意见》，新增“住房公积金汇缴、住房公积金补缴、提前部分偿还住房公积金贷款、租房提取住房公积金、提前退休提取住房公积金”5 项住房公积金“跨省通办”服务事项。

2022 年 10 月，中国人民银行下调住房公积金首套个人住房贷款利率 0.15 个百分点，5 年及以下和 5 年以上利率分别调整为 2.6％和 3.1％。

2022 年 12 月，住房和城乡建设部如期实现了“住房公积金汇缴、住房公积金补缴、提前部分偿还住房公积金贷款”3 项服务事项“跨省通办”。

2022 年 12 月，住房和城乡建设部印发《关于加快住房公积金数字化发展的指导意见》，加快推进全系统数字化发展，让数字化发展成果更多更公平惠及住房公积金缴存人和缴存单位。

后　记

习近平总书记强调，住房问题关系民生福祉，关系经济社会发展全局。住房公积金制度是中国特色社会主义住房制度的重要组成部分。2022年，党的二十大胜利召开，明确了新时代新征程党的使命任务，为住房公积金事业指明了发展方向，提供了根本遵循。

一、新时代住房公积金制度发展取得新成就

住房公积金制度1991年在上海市率先建立，此后在全国普遍推行。制度建立30多年来，始终服从服务于解决城镇住房问题的目标，住房公积金制度逐步规范，提取、使用和监管机制不断改进，支持了城镇住房建设，对帮助广大缴存人解决基本住房问题、促进实现住有所居发挥了重要作用。

进入新时代，住房和城乡建设部坚决贯彻落实党中央、国务院决策部署，践行“以人民为中心”的发展思想，坚持房住不炒定位，持续优化缴存使用政策，加大租购并举支持力度，提升管理服务效能，加强资金安全监管，推动住房公积金制度不断完善和创新发展。新时代10年，全国住房公积金实缴人数从1.02亿人增长至1.64亿人，缴存总额从5.05万亿元增长至22.5万亿元，缴存余额从2.68万亿元增长至8.19万亿元，年归集资金已近3万亿元。10年来，全国累计提取住房公积金12.44万亿元，发放住房公积金贷款10.28万亿元，支持约7000万缴存人租房、购房安居。在贷款中，首套住房贷款占比超过80%，40岁（含）以下职工贷款占比超过70%。住房公积金已经成为解决缴存人基本住房问题的“垫脚石”，稳定住房市场和完善住房保障的“压舱石”。

二、住房公积金数字化发展迈上新台阶

近年来，党中央、国务院高度重视数字化发展，就加快建设数字经济、数字社会、数字政府作出总体部署。住房和城乡建设部党组高度重视住房和城乡建设领域数字化建设，部党组书记、部长倪虹明确提出要深化“数字住建”建设，推进住房和城乡建设行业各领域数字化应用和发展。

2022年，我部发布了加快住房公积金数字化发展的指导意见，提出“将数字技术广泛应用于住房公积金管理服务，推进业务流程优化、模式创新和履职能力提升，打造全系统业务协同、全方位数据赋能、全业务线上服务、全链条智能监管的住房公积金数字化发展新模式，更好地服务缴存人和缴存单位、服务住房工作大局，服务国家治理体系和治理能力现代化”。明确了住房公积金数字化发展的顶层设计，并就如何落实该指导意见，在全系统进行了动员和部署。

近年来，住房公积金在信息化推进、数字化发展方面的工作成效，可以概括为“一体两面”。

“一体”是指支撑住房公积金信息化、数字化的基础设施和共性应用建设。形象地说，就是深埋在地下，虽然“看不见”，却是支撑住房公积金整个信息化、数字化大厦的基石。探索运用区块链技术建设数据平台，实现全国地方公积金中心数据全部接入汇聚。深入推进跨部门数据共享。

“两面”就是建在基石上，深化应用的载体。“一面”是指全国住房公积金公共服务平台（全国住房公积金小程序），直接服务于全国1.64亿住房公积金缴存人。2021年，全国住房公积金公共服务平台上线运行，形成了统一的对外住房公积金服务入口，实现了全国住房公积金服务渠道的互联互通。同时，依托全国住房公积金公共服务平台，上线异地转移接续“掌上办”功能，全国住房公积金“账随人走，钱随账走”。“另一面”是指全国住房公积金监管服务平台，主要服务全国住房公积金系统4万余从

业人员。平台提供了数据展示、数据治理、风险防控等数字化基础服务能力，建立起两地联办协同工作机制、统一的风险防控指标体系，大幅提高了跨区域业务办理效率，推动织密监管网络，助力地方强化风险防控，保障资金安全。

三、住房公积金高频服务事项"跨省通办"取得新进展

近年来，认真贯彻落实国务院深化"放管服"改革、优化营商环境相关要求，以及加快推进政务服务"跨省通办"的工作部署，运用数字技术，推动住房公积金高频服务事项"跨省通办"尽快落地见效。聚焦人民群众在异地办事中的急难愁盼问题，将推进"跨省通办"工作列为部党史学习教育"我为群众办实事"实践活动重点内容。在2021年实现"办理异地购房提取住房公积金"等5项高频服务事项"跨省通办"基础上，2022年新增"住房公积金汇缴"等3项高频服务事项实现"跨省通办"，"跨省通办"服务事项增加至11项。为破解"跨省通办"难题，主要在三个方面开展攻坚。

一是多措并举，让群众异地办事更加高效便捷。指导各地公积金中心加快畅通异地办理渠道，建立异地协查联办工作机制，设立"跨省通办"服务专区，创建业务办理全国黄页，上线运行专门的应用程序，大大提升了业务办理效率。截至2022年底，全国已为"跨省通办"业务设立3423个线下专窗和1043个线上专区。仅2022年一年共办理"住房公积金汇缴"8414万笔，"住房公积金补缴"463万笔，"提前部分偿还住房公积金贷款"252万笔。

二是数字赋能，让"跨省通办"更加好办、易办。推动数字技术广泛应用于住房公积金管理服务场景，建立系统内和部门间数据共享机制，支撑各地住房公积金服务事项减环节、减要件、减时限。持续丰富全国住房公积金公共服务平台功能，编织全国住房公积金服务"一张网"，让数据多跑路，让群众少跑腿。截至2022年底，累计有8506万缴存人使用全国住房公积金公共服务平台功能，累计查询个人住房公积金4.64亿次，累计办理转移接续业务315万笔，转移资金310亿元。

三是优化服务，让服务更加规范惠民。以推动"跨省通办"工作为契机，大力推进住房公积金服务标准化、规范化、便利化。按照无差别受理、同标准办理的目标要求，开展全国住房公积金服务事项基本目录和实施清单研究编制工作。积极开展"三个一百"活动（创建百个"跨省通办"示范窗口、讲述百个"跨省通办"小故事、开展"百名城市公积金中心主任零距离真体验"活动）、"惠民公积金、服务暖人心"全国住房公积金系统服务提升三年行动等，统筹推进文明行业创建工作，宣传推广一批有代表性、指导性、示范性的先进服务典型，努力推动从"群众找服务"向"主动送服务"转变，切实提高各地为民服务能力和水平。

四、住房公积金监管有了新成效

住房公积金，是缴存人的长期住房储金，属于缴存人个人所有。资金安全是必须守牢的底线，是住房公积金监管工作的重中之重。2022年，多措并举提高住房公积金风险防控能力。重点关注个贷逾期率较高或增长较快的省市，通过行政监管建议函、结对帮扶指导等举措，进一步降低个贷逾期率。加强住房公积金资金存储风险管理，督促各地认真落实审计等各类整改，持续推进行业分支机构调整。

坚持底线思维，探索"互联网＋监管"新模式，充分利用大数据、区块链等技术，建成了全国住房公积金监管服务平台，辅以电子稽查工具，不断提高住房公积金数字化监管和风险防控水平。目前，初步建立了"部—省—市"三级联动、外部监管和内部风控相结合、线上发现问题和线下核查处置相衔接的住房公积金风险防控体系，助力地方提高风险防控的精准性，有效保障资金安全。我们将进一步强化全链条监管，不断丰富数字化监管手段，健全数字化监管机制，多维度动态监测管理运行情况，逐步从事后监管向事前、事中、事后全过程监管转变，守好缴存人的"钱袋子"。

为保障缴存人的知情权和监督权，我们积极主动接受外部监督。建立健全住房公积金信息披露制度，每年全国各城市、省（自治区），以及住房和城乡建设部通过官方网站、报刊、电视等多种渠道向社会披露住房公积金年度报告，"晒一晒"住房公积金的"家底"。同步对年度报告进行解读，围绕人民

群众关心的热点问题，积极回应社会关切，用通俗的语言、客观的分析、多样的形式，进一步阐释年度相关数据，提高年度报告的可读性，让广大缴存人及社会各界全面、准确、及时地了解住房公积金相关政策、管理运行情况和制度发挥的作用。

住房公积金制度迈过起步的10年，走过探索的10年，经历发展的10年，现在正意气风发迎来改革完善的下一个10年。新时期，我们将持续推动住房公积金事业高质量发展，更好发挥住房公积金制度作用，重点从四个结合点入手：

一是要与稳业安居相结合，发挥制度更大优势和作用。俗话说“安居乐业”，住房公积金制度要坚守制度创立初心，坚持“租购并举”，着力解决青年人、新市民住房问题，与住房市场、住房保障等相关政策更加协同，形成合力，不断放大制度“乘数效应”。

二是要与推动共同富裕相结合，不断增强群众获得感和幸福感。大力推进灵活就业人员参加住房公积金制度，持续扩大制度覆盖面，实现住房公积金“应缴尽缴，愿缴能缴”，让制度惠及面更广泛。

三是要与支持实体经济相结合，促进经济高质量增长。住房公积金制度一头连着广大缴存人，另一头连着大量的缴存单位。要坚持“以人民为中心”的发展理念，充分发挥住房公积金广泛联系企业、行业、缴存人的纽带作用，架起各行各业各群体沟通合作桥梁，创新提供增值服务，助力实体经济可持续高质量发展。

四是要与构建全国统一大市场相结合，助力劳动力等各类要素自由流动。积极主动融入构建“双循环”新发展格局，持续优化营商环境，推进公共服务便利共享。不断推动住房公积金服务向标准化、规范化、便利化迈进，更好满足缴存人异地办事需求，对支持营商环境改善发挥了积极促进作用。

心系百姓安居梦，俯首甘为孺子牛。住房公积金系统以党建引领，牢记初心使命，全面贯彻新发展理念，坚持以人民为中心的发展思想，牢牢抓住安居这个基点，推动住房公积金制度更好地发挥作用，为助圆百姓安居梦贡献新的力量！